“十四五”时期国家重点出版物出版专项规划项目

新基建核心技术与融合应用丛书

永磁同步电机——基础理论、共性问题与电磁设计

王秀和　杨玉波　朱常青　张　岳　赵文良　邢泽智　著

机 械 工 业 出 版 社

永磁同步电机结构简单紧凑，功率密度、转矩密度、效率和功率因数高，转速与供电频率成正比，控制性能好，在工农业生产、国防工业、航空航天、机器人、新能源、电动汽车等领域得到越来越广泛的应用。

本书是作者多年来从事永磁同步电机研究和产品开发的成果总结。本书首先介绍了永磁材料的特性、性能特点与防护，以及永磁同步电机的磁路计算方法；然后分析了永磁同步电机的轴电压、齿槽转矩、电磁振动、不可逆退磁等共性问题；最后介绍了异步起动永磁同步电机、变频调速永磁同步电机、圆筒型永磁同步直线电机、高速永磁同步电机等的结构特点、性能分析方法和电磁设计方法。

本书既可供从事永磁同步电机研究、产品研发的科研人员、工程技术人员使用，也可作为高等学校相关专业的研究生教材，以及继续教育的教材。

图书在版编目（CIP）数据

永磁同步电机：基础理论、共性问题与电磁设计/王秀和等著. —北京：机械工业出版社，2022.8（2024.10重印）
（新基建核心技术与融合应用丛书）
ISBN 978-7-111-71165-0

Ⅰ.①永…　Ⅱ.①王…　Ⅲ.①永磁同步电机　Ⅳ.①TM351

中国版本图书馆CIP数据核字（2022）第117756号

机械工业出版社（北京市百万庄大街22号　邮政编码100037）
策划编辑：付承桂　　责任编辑：付承桂　闫洪庆
责任校对：潘　蕊　王　延　封面设计：鞠　杨
责任印制：邓　博
北京盛通数码印刷有限公司印刷
2024年10月第1版第3次印刷
184mm×260mm · 27.75印张 · 670千字
标准书号：ISBN 978-7-111-71165-0
定价：148.00元

电话服务　　网络服务
客服电话：010-88361066　　机　工　官　网：www.cmpbook.com
010-88379833　　机　工　官　博：weibo.com/cmp1952
010-68326294　　金　书　网：www.golden-book.com
封底无防伪标均为盗版　　机工教育服务网：www.cmpedu.com

前言
Preface

永磁电机的发展与永磁材料息息相关。20 世纪 30 年代、50 年代，相继出现了铝镍钴永磁和铁氧体永磁，各种微型永磁电机不断出现，但这两种永磁材料的磁能积低，制约了永磁电机的发展。1967 年问世的钐钴永磁和 1983 年问世的钕铁硼永磁，具有优良的磁性能，大大提高了电机的功率密度、转矩密度和效率，使永磁电机成为电机行业研究、开发和生产最活跃的领域，永磁电机的基础理论、分析方法和设计方法得到了快速发展。到 20 世纪末，已形成了较为系统的永磁电机理论体系。

进入 21 世纪以来，对高性能电机的需求日益迫切，永磁同步电机以其高功率密度、高效率、高功率因数和良好的控制性能而得以迅速发展，成为永磁电机研发中最活跃的分支，在工农业生产、国防工业、航空航天、机器人、新能源、电动汽车等领域得到越来越广泛的应用。

随着产品研发和工程应用的不断深入，永磁电机在高性能场合的应用日益广泛，对转矩波动、振动、噪声和工作可靠性等指标的要求越来越高，永磁电机共性问题研究的不足逐渐显现，严重制约了高性能永磁电机的发展。有鉴于此，从 21 世纪初至今，本书作者对永磁电机的齿槽转矩、轴电压、不可逆退磁、电磁振动等共性问题进行了较为深入的研究，取得了一些成果。在工程应用方面，与企业联合开发了十余个系列四百多个规格的永磁同步电机产品并推广应用，积累了较为丰富的永磁同步电机设计经验。特以这些研究成果和设计经验为基础，撰写了本书。希望本书的出版能对永磁电机行业的发展产生一定的推动作用。

本书由王秀和提出总体撰写思路和提纲，并对全书进行统稿和定稿。各章的撰写分工如下：朱常青编写了第 1、2 章；王秀和编写了第 3~7、9、12 章和附录；杨玉波编写了第 8、10 章；张岳编写了第 11 章；赵文良、邢泽智、张岳分别参与了第 2、5、8 章的编写。

作为本书撰写基础的一些科研工作，得到了国家自然科学基金委员会等科研管理部门的项目资助，包括：国家自然科学基金重点项目“变频器供电永磁同步电动机电磁振动关键基础问题研究（51737008）”；国家自然科学基金面上项目“新型变极起动永磁同步电动机研究（51577107）”“异步起动永磁同步电动机若干难点问题的研究（51177089）”“高性能永磁电机轴承工作可靠性的共性科学问题——固有轴电压的基础理论与削弱方法研究（52077122）”“新型并联式结构混合励磁无刷爪极发电机的基础研究（51177090）”“新型分块动子磁通切换旋转直线两自由度电机系统研究（52177053）”“高电压中大功率鼠笼复合实心转子自起动永磁同步电动机系统研究（51777118）”“新型磁链正弦化高速轴向磁通永磁电机系统研究（52077123）”“粉块层级结构永磁转子高速电机及其模块化控制研究（52077121）”；国家自然科学基金青年科学基金项目“混合励磁磁通切换型磁阻电机系统的研究（51107075）”“新型非对称转子永磁聚磁式同步磁阻电机研究（51707107）”；国家重点研发计划项目“区域飞机‘绿色滑行’高效机电能量转换系统关键技术合作研究（2021YFE0108600）”；山东省重大科技创新工程项目“高功率密度大推力永磁变频电机油气举升智能成套装备产业化开发（2019TSLH0313）”“电动汽车用轻量化高功率密度智能永磁电驱动系统产业化（2019JZZY020815）”；山东省自然科学基金优秀青年基金项目“高性能永磁电机及其系统（ZR2021YQ35）”。

王道涵、唐旭、张冉、田蒙蒙、闫博博士，彭博、曾文欣、徐定旺、冀溥、赵军伟、刘琳、李莹、孟笑雪、于浩霞、陈天民、陈洪萍、李昌、王康、刘晓盼、张超、马冠群、张鑫、赵方伟、赵俊杰、祁振宁硕士在攻读博士或硕士学位期间参与了本书部分成果的研究工作。

在读博士研究生谷新伟、刘峰、李娴、任杰，在读硕士研究生周涵、李长斌、彭一峰、魏宏烨在成书过程中做了大量工作。

在本书的撰写过程中，得到了山东山博电机集团有限公司、山东力久特种电机股份有限公司、山东威马泵业股份有限公司，以及山东大学电机与电器研究所各位同事的大力支持和帮助。

在此，作者一并表示衷心感谢！

由于作者水平有限，书中难免存在错误和不妥之处，恳请广大读者批评指正。

王秀和

2022 年 3 月 22 日

目录
Contents

Chapter 1

第1章 永磁材料

永磁材料是一种重要的磁性功能材料，经外部磁场饱和磁化后，无需外部能量即可建立恒定磁场。永磁电机是由永磁材料建立磁场的电机，功率从几毫瓦到几千千瓦，应用范围从玩具电机、工业应用的电机到舰船牵引用的大型永磁电机，在日常生活、国民经济、交通运输、国防工业、航空航天等各个方面得到了广泛应用。特别是第一、二、三代稀土永磁材料的相继出现，为永磁电机性能的提升和快速发展奠定了坚实的基础。

本章首先阐述永磁材料的发展概况和性能特点，然后介绍永磁材料的制备和防护。

1.1 永磁材料的发展概述

磁场是电机实现机电能量转换的媒介。早期的电机采用永磁体建立磁场，但当时的永磁体均由天然磁铁矿石制成，磁性能低，导致电机体积庞大、性能差。1845 年，英国的惠斯通用电磁铁代替永久磁铁并于 1857 年发明了自激电励磁发电机，开创了电励磁方式的新纪元。电励磁方式能产生足够强的磁场，使电机体积小、重量轻、性能优良，电励磁电机的理论研究和研发得到了迅猛发展，而永磁材料在电机中的应用则较少。

从 20 世纪 30 年代出现铝镍钴永磁开始，永磁电机重新进入人们的视野，经过近 90 年的发展，永磁电机在基础理论、设计和制造技术上已经较为成熟。永磁电机的快速发展，得益于永磁材料性能的不断提高。

永磁材料的发展经历了碳钢、铝镍钴系合金、铁氧体、稀土永磁等阶段。

1. 碳钢

1910 年以前，主要用含碳 1.5%的高碳钢作为硬磁材料，后来将碳、钨、铬添加到钢中，使钢在常温下内部产生各种不均匀性（晶体结构的不均匀、内应力的不均匀、磁性强弱的不均匀等）以改善钢的磁性能，制成了碳钢、钨钢、铬钢等多种永磁材料。1900 年，钨钢的最大磁能积达到 0.34MGOe（$1\text{MGOe}\approx 8\text{kJ/m}^3$）。1916 年，日本金属物理学家本多光太郎发现加钴（Co）的钨钢具有强磁性，开始了新型永磁合金的研究，1917 年制成含钴 36%的 Fe-Co 硬磁合金，其最大磁能积达到 1.8MGOe。

2. 铝镍钴永磁

1931 年，日本的三岛德七发明了 Fe-Ni-Al 三元硬磁合金，1933 年，本多光太郎研制出铝镍钴永磁（AlNiCo）。1938 年，英国人奥利弗等在 Fe-Ni-Al 的基础上加入钴并采用磁场热处理方法改善了合金的磁性能。20 世纪 40 年代初，荷兰的范于尔克等人用同样方法制成高性能的 AlNiCo5 合金。后来美国的埃贝林和英国的麦凯旋格等人发现定向结晶法可显著改善合金的磁性能。1956 年，荷兰人科赫等制成含钛的 FeNiCoAlTi 合金，矫顽力显著提高。1960 年，出现了定向结晶的 AlNiCo5 永磁体，后来又出现了定向结晶含钛的 AlNiCo8 合金，与最初的铝镍钴永磁相比，矫顽力提高了 200%，剩磁密度提高了 56%，最大磁能积提高了 557%。

3. 铁氧体永磁

1913 年，Hausknecht 对氧化铁和氧化钡的混合物进行试验，发现 $BaO+5Fe_2O_3$ 的退火样品有较高的磁性能。1938 年，日本的 Kato 和 Takei 用粉末氧化物制成永磁，标志着铁氧体永磁的诞生。1947 年，新西兰的 J. L. Snoeck 出版了 *New Developments in Ferromagnetic Materials*（铁磁材料的最新发展），公布了他们所发明的具有强磁性、高电阻率的铁氧体永磁。1952 年，Went 等人研制成功了最大磁能积为 1MGOe 的各向同性钡铁氧体永磁，并取得了专利。1954 年，各向异性钡铁氧体问世，最大磁能积达 4.45MGOe。1959 年，J. Smit 和 H. P. J. Wijn 出版了关于铁氧体永磁的专著 *Ferrites*（铁氧体）。1963 年，高矫顽力锶铁氧体永磁诞生，当时的研究水平已达 5MGOe。

4. 稀土永磁

顾名思义，稀土永磁是添加了稀土元素的永磁材料。稀土元素包括镧、铈、镨、钕、钷、钐、铕、钆、铽、镝、钬、铒、铥、镱、镥、钪和钇，共 17 种元素。第二次世界大战后，随着稀土元素分离技术和低温技术的发展，人们对稀土元素的低温特性进行了研究，发现稀土元素在低温下大多有很强的磁性，但由于其居里温度低于室温，因此不能直接制成永磁材料。考虑到铁、镍、钴等元素在常温下具有很强的磁性，人们开始研究利用稀土与铁、钴的合金来提高稀土元素在常温下的磁性能。

稀土永磁材料自 20 世纪 60 年代问世以来，经历了三代：第一代为 1∶5 型钐钴（$SmCo_5$），第二代为 2∶17 型钐钴（Sm_2Co_{17}），第三代为钕铁硼（NdFeB）。1∶5 型钐钴和 2∶17 型钐钴统称为钐钴，也称为稀土钴。

1959 年出现的 $GdCo_5$ 合金具有较强的磁晶各向异性，1966 年发现了 YCo_5 合金，1967 年，美国学者 k. J. Strant 等人研制出最大磁能积为 5MGOe 的 $SmCo_5$ 粉末粘结永磁材料，标志着第一代稀土永磁材料的诞生。1968 年采用普通制粉法制造的 $SmCo_5$ 的最大磁能积为 8MGOe，同年采用静压工艺，制造出最大磁能积为 17.5MGOe 的 $SmCo_5$ 永磁体。1970 年首次采用液相烧结法制造 $SmCo_5$ 永磁体，从而使 $SmCo_5$ 的制造工艺逐步走向完善与成熟。

1977 年日本的 T. Ojima 等人利用粉末冶金法研制出最大磁能积为 30MGOe 的 Sm_2Co_{17} 永磁材料，标志着第二代稀土永磁材料的诞生。

由于 $SmCo_5$ 中含有 66%左右的钴，而钴是昂贵的战略元素。因此，在 $SmCo_5$ 出现后，人们就开始考虑钴的替代材料。1983 年，日本住友特殊金属公司用粉末冶金法研制出最大磁能积为 36MGOe 的钕铁硼永磁材料[1]，美国通用汽车公司也宣布了钕铁硼实用永磁体的开发成功，标志着第三代稀土永磁材料的诞生。钕铁硼永磁采用稀土元素钕代替了钐钴永磁中的钐（在稀土矿中，钕的含量为钐的 5~10 倍），且不含战备物资钴，这正是人们研究新型永磁材料所追求的目标。1995 年，钕铁硼的最大磁能积已达到 51.2MGOe，用快淬与热挤压法生产的各向异性快淬永磁体的最大磁能积已经达到 40MGOe，用还原扩散法制造的钕铁硼最大磁能积达到36MGOe。1987年，日本住友特殊金属公司宣布最大磁能积为50.6MGOe的钕铁硼永磁体研制成功；1990年，日本东北金属公司的研究者声称可以得到最大磁能积为52.3MGOe的钕铁硼永磁体；1993年，日本住友特殊金属公司宣布制成世界最大磁能积的钕铁硼永磁体，最大磁能积为54MGOe。

20世纪90年代以来，我国的永磁材料产业得到了巨大发展，永磁材料的产量快速增长。1990年，我国铝镍钴产量已居世界第一。2000年，我国烧结铁氧体永磁的产量位居世界第一。2001年，我国烧结钕铁硼永磁体的产量居全球第一。目前，我国各类永磁材料产量都居于世界首位。2018年我国钕铁硼永磁产量为13.8万吨，占全球总产量的87%。2019年我国钕铁硼产量为17万吨，占全球总产量的94.3%。在铁氧体永磁方面，2018年我国产量为54.54万吨，约占全世界产量的65%。

2020年，为积极应对全球气候变化，我国政府提出二氧化碳排放力争于2030年前达到峰值，努力争取2060年前实现碳中和，这对我国在改善能源结构、发展可再生能源、节能减排、倡导低碳生活等方面提出了新的要求，也为永磁材料在风力发电、新能源汽车和节能家电等低碳经济产业方面提供了广阔的市场空间。

1.2 材料磁性的产生机理

1. 磁性的来源

磁性是物质的一种基本属性，任何物质都有或强或弱的磁性，任何空间都存在或强或弱的磁场。通常把磁性强的物质称为磁性材料，它主要由铁、钴、镍及其合金组成。

现代物理学认为，磁性是由构成物质的原子内部结构决定的。原子结构与磁性的关系可归纳为：①物质的磁性来源于原子磁矩，而原子磁矩来源于电子的自旋和轨道运动；②原子内具有未被填满的电子轨道是物质具有磁性的前提；③电子的“交换作用”是原子具有磁性的根本原因。

在原子内部，电子除了绕原子核公转外，还绕自身的轴线自转（即自旋）。电子绕原子核做轨道运动时，形成一环形电流，产生一磁矩，称为电子的轨道磁矩，如图1-1a所示。电子自旋产生自旋磁矩，如图1-1b所示。原子核自旋也产生自旋磁矩，如图1-1c所示，但由于原子核质量大，运动速度慢，只是电子自旋速度的几千分之一，其磁矩与电子自旋磁矩相比可以忽略不计。因此，原子磁矩就等于原子核外所有电子的自旋磁矩和轨道磁矩之和，而物质的磁性来源于所有原子磁矩的总和。从图1-1b可以看出，电子的自转方向有逆时针和顺时针两种，所产生的磁矩方向相反。当一个轨道被电子填满时，轨道中的电子对自旋相反，它们的电子磁矩会互相抵消，原子对外不形成磁矩；如果要让原子对外形成磁矩，必须有未被填满的电子轨道，这是材料具有磁性的必要条件[2]。

在原子具有未被填满的电子轨道时，物质是否具有宏观磁性还要受原子磁矩间的交换作用的影响。原子间的交换作用是指由邻近原子的电子相互交换位置引起的静电作用，交换作用有正负两种：正的交换作用使电子的自旋磁矩互相平行且同方向，即这些原子磁矩之间被整齐地排列起来，物体就有了磁性；负的交换作用使电子的自旋磁矩反平行排列，物体不显示磁性。

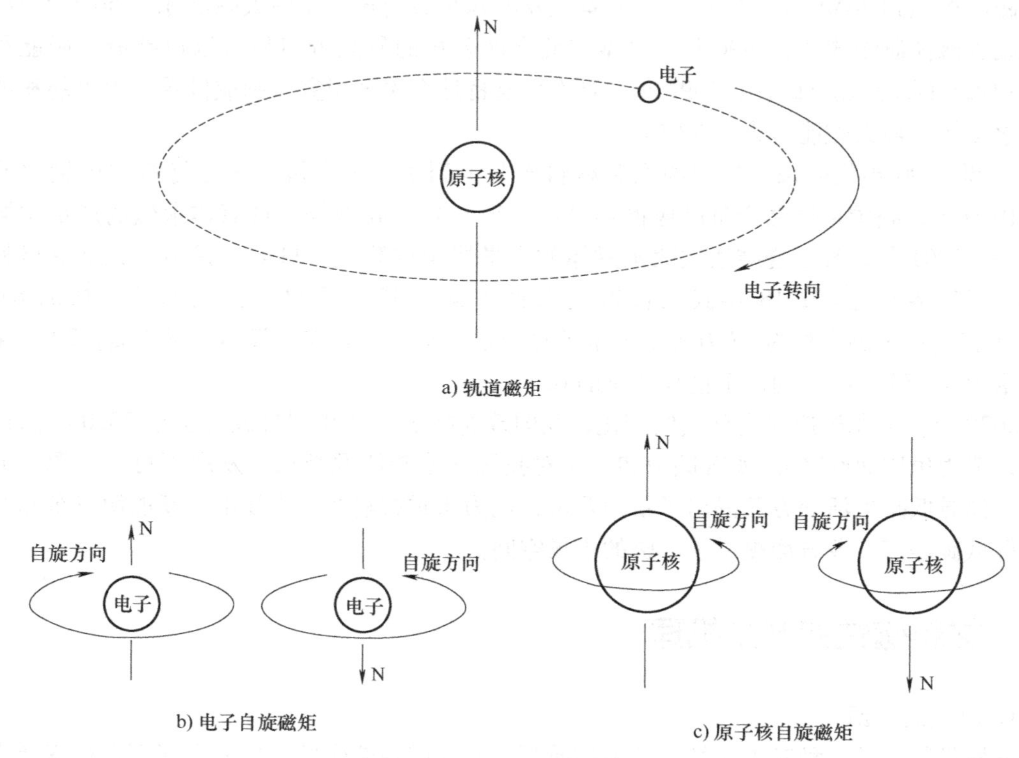

图 1-1　原子内的磁矩

材料的宏观磁性来源于分子或原子磁矩。将单位体积内的总磁矩称为该材料的磁化强度，用 M 表示，单位为 A/m。对于非真空介质，磁感应强度 B 和磁场强度 H 之间满足

$$B=\mu_0\mu_r H=\mu H=\mu_0(H+M)=\mu_0 H+J \tag{1-1}$$

式中，μ_0 为真空的磁导率，$\mu_0=4\pi\times10^{-7}$H/m；μ 为介质的磁导率；μ_r 为介质的相对磁导率；J 为极化强度（T），$J=\mu_0 M$。

任何物质在外加磁场作用下均会出现一定的磁性能响应，称为磁化。不同物质对外磁场的反应不同，用磁化率 χ 表征材料的磁化属性，χ 与 μ_r 之间满足

$$\chi=\mu_r-1 \tag{1-2}$$

磁化强度 M 与磁场强度 H 之间满足

$$M=\chi H \tag{1-3}$$

当磁化率为正时，介质对外磁场有助磁作用，为负则有去磁作用。

2. 磁性材料的分类

根据磁化率的大小和正负，可将材料划分为以下五类[3]：

（1）抗磁性材料

原子无磁矩，或者原子有磁矩、但原子组成的分子无磁矩。在外加磁场作用下，电子的轨道运动将在洛伦兹力作用下产生一个附加运动，产生一个与外磁场方向相反但数值很小的感应磁矩，因此磁化率 $\chi<0$ 且 $|\chi|<10^{-5}$。惰性气体、许多有机化合物、石墨以及若干金属、非金属等，大多数物质属于这一类。

（2）顺磁性材料

原子具有磁矩，但磁矩间相互混乱排列，且每一磁矩在热运动作用下的空间取向不断变化，对外作用互相抵消，宏观上也不具有磁性。在外磁场作用下，顺磁性材料能呈现出十分微弱的磁性，且磁化强度的方向与外磁场方向相同，磁化率$\chi>0$，一般为$10^{-8}\sim10^{-5}$。铝、镁、含水硫酸亚铁等，属于这类材料。

（3）铁磁性材料

在一定温度下，原子间电子的交换作用为正时，原子的未配对电子自旋倾向于平行排列，在没有外磁场的作用下就可以自发磁化，显示很强的磁性，为铁磁性材料，包括铁、镍、钴及它们的合金，某些稀土元素的合金和化合物，铬和锰的一些合金等。其特点是，在相当弱的磁场作用下也能磁化，其磁化率$\chi\gg0$，一般为$10^{-1}\sim10^{5}$。χ不但是磁场强度的函数，还与磁化前样品的磁状态有关，表现为磁滞回线。另外，当温度超过某一温度时，磁性消失，转变为顺磁性材料。

（4）反铁磁性材料

反铁磁性材料是指由于原子间电子的交换作用为负导致原子磁矩反向平行排列，磁矩互相抵消，宏观上不显示磁性。当外加磁场时，各原子磁矩勉强地转向外磁场，由于它们的磁矩没有完全被抵消，显示出较弱的磁性。其磁化率$\chi>0$，一般为$10^{-5}\sim10^{-3}$，如铬、锰等。

（5）亚铁磁性材料

虽然相邻原子之间的磁矩取向相反，但若电子的自旋磁矩不能互相抵消，也会显示一定磁性，为亚铁磁性材料，电子技术中大量使用的软磁铁氧体就是亚铁磁性材料。与铁磁性材料一样，亚铁磁性材料很容易被磁化，其磁化率$\chi\gg0$。

在上述材料中，抗磁性材料、顺磁性材料和反铁磁性材料都是弱磁性材料，它们的磁性只有用精密仪器才能测出，称为非磁性材料。亚铁磁性材料和铁磁性材料具有很强的磁性，属于强磁性材料，通常称为铁磁性材料。

目前铁磁性材料大体上可分成三类：软磁材料、永磁材料和其他磁功能材料。软磁材料的特点是磁导率高、矫顽力低，大量用于制造电机、变压器以及其他电磁装置的铁心，常用的有硅钢片、纯铁和软磁铁氧体等；其他磁功能材料包括磁光材料、磁电阻材料、磁敏感材料、磁致伸缩材料、磁记录材料、磁致冷材料、电磁波吸收材料、磁致形状记忆合金、磁性薄膜、微波磁性材料、磁性液体、磁流变体等。随着材料科学的发展，新型的磁功能材料将不断涌现。永磁材料是具有高剩磁、高矫顽力的磁性材料，一经充磁，便可为外部磁路提供稳定的磁场，在电磁装置中代替磁极铁心和励磁绕组，应用非常广泛。

3. 永磁材料的磁化

在一定温度下，铁磁性物质原子可以自发磁化而形成磁畴。在强磁性材料中，磁畴占据的空间很小，一般为微米级，磁性非常强。由于不同磁畴具有不同的磁化方向，磁畴之间磁场相互抵消，整体对外不一定显示磁性。

当对铁磁性材料施加外磁场时，受外磁场的影响，铁磁性材料内的磁畴发生移动，其取向也会发生偏转，当某一方向的取向取得优势时，材料被磁化，对外表现出磁性。随着外磁场的增强，该物质的磁化逐渐趋于饱和，当所有磁畴取向完全一致，磁性能达到饱和，此时的磁化强度称为饱和磁化强度。

永磁材料加工完毕后，往往不显示磁性或者磁性能未达到最佳。因此，在永磁体使用之前，需要利用外磁场对其进行磁化，也就是充磁。为充分发挥永磁材料的磁性能，必须使永磁体充磁达到或接近饱和。通常情况下，饱和磁场强度 H_m 与永磁材料矫顽力 H_c 的关系为 $H_m>5H_c$。H_m 不是充磁装置产生的磁场强度，而是对永磁体真正起磁化作用的磁场强度。对于矫顽力较低的铝镍钴和铁氧体永磁，将其充磁至饱和并不困难；对于稀土永磁，由于其矫顽力很高，要充磁至饱和非常困难。有关研究表明，在 5570kA/m 的超导磁场中测得的 $SmCo_5$ 磁滞回线仍然不对称，说明磁化没有达到饱和，要产生足以使稀土永磁饱和磁化的外磁场非常困难。

永磁材料经外磁场饱和磁化后，由于磁滞作用，当外磁场去掉后，永磁体对外仍显示强磁性。

1.3 永磁材料的特性曲线

1. 铁磁性材料的磁滞曲线

铁磁性材料包括铁、镍、钴及它们的合金，某些稀土元素的合金和化合物，铬和锰的一些合金等。如图 1-2 所示，将未磁化的铁磁性材料置于外磁场中，当 H 从零开始增加到 H_m 时，B 相应地沿曲线 oa 增加到 B_m，然后逐渐减小 H，B 将沿曲线 ab 下降，H 下降到零后，反方向增加 H 到 $-H_m$，B 沿曲线 bcd 变化到 $-B_m$，再逐渐减小 H 的绝对值，B 沿着曲线 de 变化，当 H 为零后，再增加 H 到 H_m，则 B 沿曲线 efa 增加到 B_m，如此反复磁化，就得到图中的 $B=f(H)$ 闭合曲线，称为磁滞回线，其最突出的特点是 B 的变化落后于 H 的变化，这种现象称为磁滞。

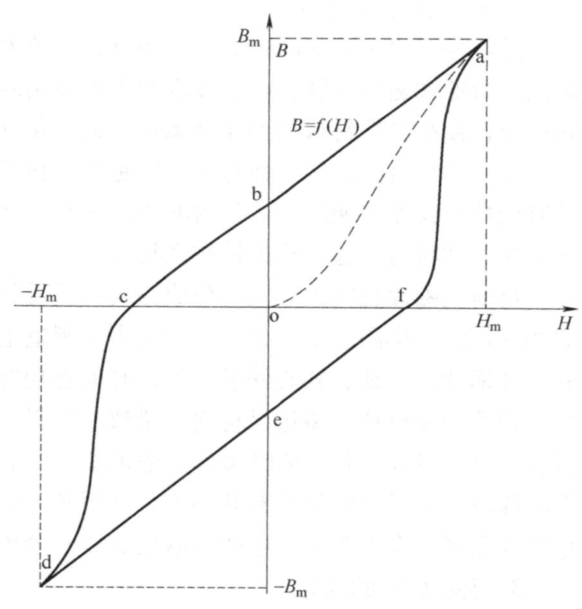

图 1-2 磁滞回线

根据磁滞回线形状的不同，可将铁磁性材料分为软磁材料和永磁材料。软磁材料的磁滞回线如图 1-3a 所示，磁滞回线窄，在较弱的外磁场作用下可得到较高的磁通密度，一旦去掉外磁场，其磁性基本消失，主要用作导磁材料。永磁材料的磁滞回线如图 1-3b 所示，磁滞回线宽，其特点是不容易被磁化，也不容易退磁；一旦被外磁场磁化，当外磁场消失后，仍具有相当强而稳定的磁性，可以向外部磁路提供恒定磁场，也称为硬磁材料，包括铝镍钴、铁氧体、钐钴和钕铁硼等，在永磁电机中应用广泛。在外加磁场对其磁化的最初几个周期内，所得到的磁滞回线虽然接近，但并不相同，经过多次反复磁化后，磁滞回线趋于稳定。磁滞回线的面积与最大磁场强度 H_m 有关，H_m 越大，面积越大。当 H_m 达到或超过材料的饱和磁化强度时，磁滞回线面积最大，磁性能最稳定。面积最大的磁滞回线称为饱和磁滞回线。

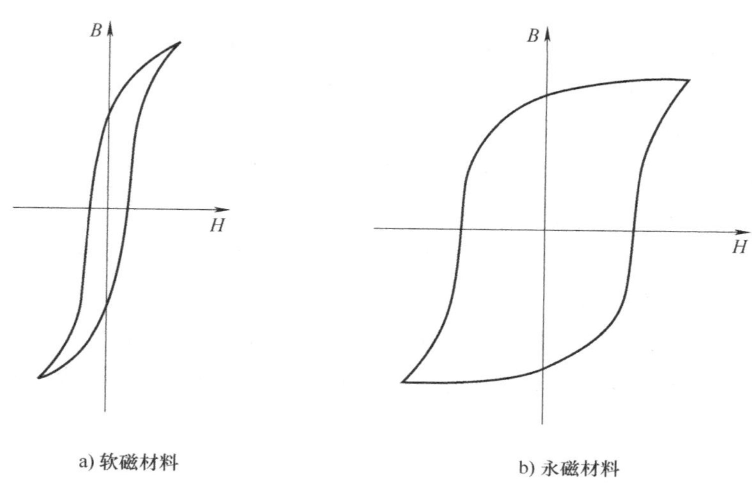

图1-3 软磁材料和永磁材料的磁滞回线

2. 永磁材料的退磁曲线

对于永磁材料，可用其磁滞回线的第二象限部分描述其特性，称为退磁曲线。由于退磁曲线的 B 为正而 H 为负，使用不便，故将 H 坐标轴的方向取反，如图1-4中曲线 $B=f(H)$ 所示。根据铁磁学理论，在上述坐标系下，永磁材料中的磁场满足

$$B=-\mu_0 H+\mu_0 M \tag{1-4}$$

可以看出，在永磁材料中，B 包括两个分量，即与真空中相同的 $\mu_0 H$ 和磁化后产生的分量 $\mu_0 M$，$\mu_0 M$ 称为内禀磁感应强度，用 B_i 表示。

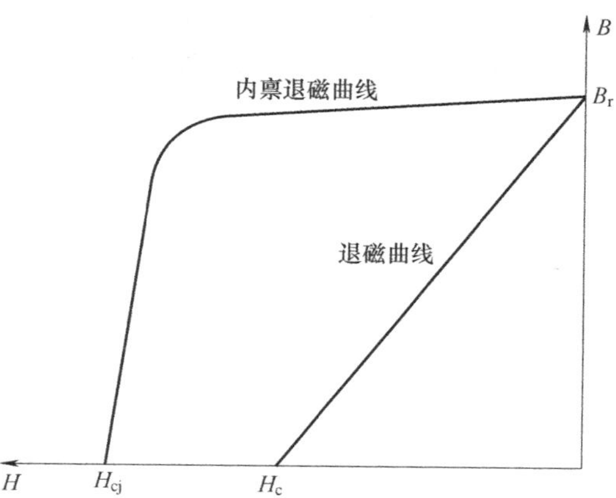

图1-4 永磁材料的退磁曲线和内禀退磁曲线

铁氧体永磁的退磁曲线上部为直线，下部弯曲；钕铁硼永磁的退磁曲线在室温下为直线，但温度升高到一定程度时下部会出现弯曲。退磁曲线上明显发生弯曲的点，称为拐点（或膝点）。如果永磁体的工作点在拐点以下，会产生磁性能的不可逆损失。

3. 永磁材料的内禀退磁曲线

由式（1-4）可知，内禀磁感应强度 B_i 与磁感应强度 B 之间满足

$$B_i=B+\mu_0 H \tag{1-5}$$

描述式（1-5）关系的曲线 $B_i=f(H)$ 称为内禀退磁曲线，如图1-4所示。

1.4 永磁材料的性能参数

1. 磁性能参数

（1）剩磁

永磁体经外磁场饱和磁化后，将外磁场的磁场强度减小到零，此时磁感应强度不为零，称为剩余磁感应强度或剩磁，用 B_r 表示，单位为 T。

（2）矫顽力与内禀矫顽力

在永磁材料的退磁曲线上，当磁感应强度为零时，磁场强度 H 不为零，而是 H_c，H_c 称为磁感应矫顽力，通常简称为矫顽力，单位为 A/m。

在永磁材料的内禀退磁曲线上，当内禀磁感应强度为零时，H 不为零，而是为 H_{cj}，称为内禀矫顽力，单位也为 A/m。

对于低矫顽力永磁材料，如铝镍钴，H_c 和 H_{cj} 差别不大；对于高矫顽力永磁材料，如铁氧体、稀土永磁等，H_c 和 H_{cj} 有较大差别。从本质上讲，H_{cj} 比 H_c 更能表征材料保持磁化状态的能力。

（3）最大磁能积

永磁体退磁曲线上各点都代表永磁体的一个磁状态。任意一点 B 和 H 的乘积表征了该磁状态下永磁体所具有的磁场能量密度，称为磁能积。磁能积随 B 变化的曲线称为磁能积曲线，如图 1-5 中纵轴右边的曲线所示。

退磁曲线上必然存在一点 d，其磁能积最大，称为最大磁能积，用 $(BH)_{max}$ 表示。最大磁能积越大，永磁材料磁性能越高。从理论上讲，在进行磁路设计时，将永磁体的工作点设计在最大磁能积点，永磁体的利用率最高。

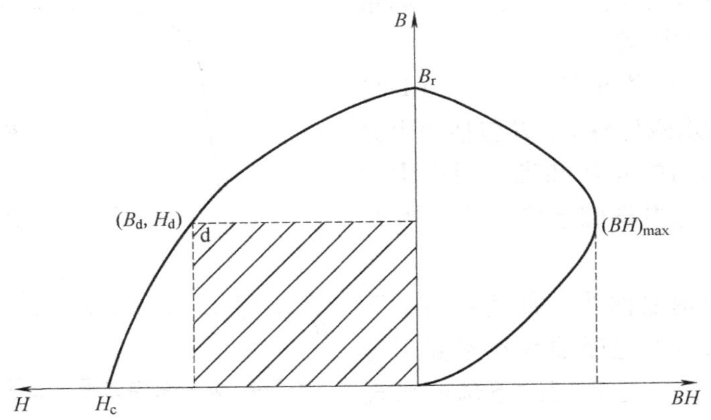

图 1-5 永磁材料的磁能积曲线

（4）回复磁导率

若退磁曲线为如图 1-6a 所示的弯曲形状，永磁体处于某外加磁场中，工作点位于 A 点，当去掉外加磁场时，工作点不是沿着退磁曲线回到点$(0, B_r)$，而是到一个新的点 A′，如果循环地改变该外磁场，得到一个非常窄的局部磁滞回线，可用图中的虚线代替，称为回复线。回复线的斜率称为回复磁导率 μ_{rec}

$$\mu_{rec} = \tan\alpha = \frac{\Delta B}{\Delta H} \tag{1-6}$$

μ_{rec}与μ_0的比值称为相对回复磁导率，用μ_r表示。回复线与退磁曲线在点$(0,B_r)$的切线平行。

若退磁曲线的形状如图1-6b所示，上部为直线，下部弯曲，当回复线的起点在拐点以上时，回复线与退磁曲线的直线部分重合；当起点在拐点以下时，回复线不与退磁曲线直线部分重合，而是平行于退磁曲线的直线部分。

可以看出，用相对回复磁导率表示永磁体的特性时，满足

$$\begin{cases} B = B_r - \mu_0 \mu_r H \\ B_i = B_r - \mu_0(\mu_r - 1)H \\ M = M_0 - (\mu_r - 1)H \end{cases} \tag{1-7}$$

式中，M_0为剩余磁化强度，$M_0 = B_r/\mu_0$。

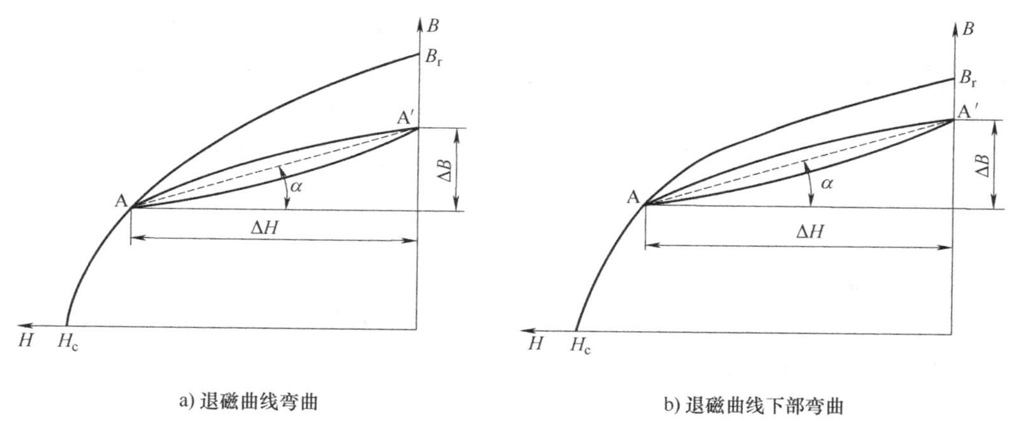

a) 退磁曲线弯曲　　b) 退磁曲线下部弯曲

图1-6　回复线

（5）取向方向

在永磁体成形过程中，往往对其施加外磁场，使其磁畴的易磁化方向都沿同一方向，该方向称为取向方向，这样得到的永磁体称为各向异性永磁体；成形过程中不施加外磁场的永磁体为各向同性永磁体。各向同性永磁体在任意方向上充磁都可得到相同的磁性能。各向异性永磁体沿取向方向充磁，能获得最佳磁性能。

2. 温度特性参数

环境温度对永磁材料的磁性能有较大影响，主要由以下参数表征：

（1）温度系数

在永磁体允许的工作范围内，其温度每变化1℃，剩余磁感应强度变化的百分比，称为剩磁温度系数，用α_{B_r}表示；内禀矫顽力变化的百分比，称为内禀矫顽力温度系数，用$\alpha_{H_{cj}}$表示。

$$\begin{cases} \alpha_{B_r}(t) = \dfrac{B_r(t) - B_{r20}}{B_{r20}(t-20)} \times 100\% \\ \alpha_{H_{cj}}(t) = \dfrac{H_{cj}(t) - H_{cj20}}{H_{cj20}(t-20)} \times 100\% \end{cases} \tag{1-8}$$

式中，t 为永磁体的温度，$\alpha_{B_r}(t)$、$\alpha_{H_{cj}}(t)$ 分别为温度 t 时的剩磁温度系数和内禀矫顽力温度系数，$B_r(t)$、$H_{cj}(t)$ 分别为温度 t 时的剩磁和内禀矫顽力，B_{r20}、H_{cj20} 分别为 20℃ 时的剩磁和内禀矫顽力。

温度系数表征了永磁材料的温度稳定性。

（2）居里温度 T_c

永磁材料并不是在任何温度下都具有磁性。存在一个临界温度 T_c，在该温度以上，原子的热运动会削弱永磁材料原子之间的电子交换作用，材料的磁畴会随温度增加而减小直至消失，材料不再显示磁性；在此温度以下，原子磁矩排列整齐，产生自发磁化，材料表现出磁性。居里首先发现了这一现象，因而人们将此温度称为居里温度。居里温度是永磁材料保持磁性能的最高温度。

（3）最高工作温度

将规定尺寸的永磁材料样品加热到某一特定温度，保持 1000h，然后冷却到室温，其开路磁通不可逆损失小于 5%的最高保温温度，称为该永磁材料的最高工作温度。

永磁体刚制成时，内部组织结构不是处于最稳定的状态，随着时间的推移，不稳定的组织结构逐渐变到稳定状态，在没有外界影响的情况下，永磁体的性能随着时间的推移而逐渐降低，且经过重新磁化仍不能恢复到最初状态。组织结构的变化，通常随着温度的升高而加剧，因此在使用永磁体时，应避免其温度超过最高工作温度。

3. 物理参数

永磁材料作为永磁电机的关键部件，在进行电机性能分析时往往需要永磁材料的一些物理参数，例如，进行永磁电机温度场分析时，需要永磁材料的导热系数、比热容等参数；分析永磁体内的涡流损耗时，需要永磁材料的电阻率。表 1-1 给出了几种永磁材料的常用物理参数[4]。

表 1-1 永磁材料的常用物理参数

材料	铝镍钴	铁氧体永磁	1：5 型钐钴	2：17 型钐钴	烧结钕铁硼
电阻率/Ω·cm	45×10^{-6}	$>10^4$	8.6×10^{-5}	约 8.6×10^{-5}	14.4×10^{-5}
密度/(g/cm³)	7.0~7.3	4.8~5.0	8.1~8.3	8.3~8.5	7.5~7.6
热膨胀系数 $(\times10^{-6})$/℃$^{-1}$	11	13(//)，8(⊥)	6(//)，12(⊥)	−8(//)，11(⊥)	6.5~7.4(//)，−0.5(⊥)
导热系数 /[W/(m²·K)]	20~24	4		约 12	6~8
比热容 /[J/(kg·℃)]		0.04778	0.031		0.0287

注：//表示平行于永磁材料的取向方向，⊥表示垂直于永磁材料的取向方向。

4. 力学参数

在进行永磁电机的力学分析时，往往需要其力学参数。表 1-2 给出了几种永磁材料的力学参数[4,5]。

表 1-2　永磁材料的力学参数

材料	铝镍钴	铁氧体永磁	1∶5 型钐钴	2∶17 型钐钴	烧结钕铁硼
韦氏硬度	650	530	500~600	500~600	600
弯曲强度/(N/m^2)		$1.27×10^8$	$1.2×10^8$	$1.5×10^8$	$2.457×10^8$
抗压强度/(N/m^2)		$8.64×10^8$	$>2×10^8$	$8×10^8$	$1.05×10^9$
抗张强度/(N/m^2)		$3.97×10^7$		$3.5×10^7$	$7.87×10^8$
弹性模量/(N/m^2)			0.139	0.108	0.15
泊松比		0.28			0.24

1.5　常用永磁材料及其性能

目前在电机中常用的永磁材料包括铁氧体永磁、钐钴永磁、钕铁硼永磁和粘结永磁，它们在材料成分和制备工艺上有很大差别，导致它们在磁性能、稳定性、经济性和机械性能方面既各有所长，又各有所短，因而在加工方式和使用上也有较大差异。下面分别介绍其特点。

1. 铁氧体永磁

烧结铁氧体永磁体主要有钡铁氧体（$BaO \cdot 6Fe_2O_3$）和锶铁氧体（$SrO \cdot Fe_2O_3$）两类，又分为各向异性和各向同性两种。各向同性铁氧体永磁的磁性能较弱，但可在不同方向上充磁。各向异性铁氧体永磁拥有较强的磁性能，但只能沿着永磁体的取向方向充磁。铁氧体永磁通常用于对电机功率密度和转矩密度要求不高的场合。

（1）磁性能

与稀土永磁相比，铁氧体永磁的特点是最大磁能积低、剩磁低、矫顽力低，剩磁范围为0.2~0.44T，矫顽力范围为128~264kA/m。通常情况下，退磁曲线的上部为直线，下部弯曲。表1-3所示为常用烧结铁氧体永磁的性能。

（2）温度特性

烧结铁氧体永磁可以在-40~200℃下工作，居里温度达450℃以上。温度系数大，剩磁温度系数为-(0.18~0.2)%/K，剩磁随温度的升高而下降；内禀矫顽力温度系数为0.27%/K，在正常工作范围内，内禀矫顽力随温度的升高而升高，随温度的下降而下降，低温时易出现退磁现象。

（3）经济性

铁氧体永磁的原料中不含稀土元素及钴、镍等贵金属，且其生产工艺相对简单，故其价格低廉。相对于钕铁硼永磁，铁氧体永磁的密度小，相同的体积下具有较小的质量。

（4）稳定性

烧结铁氧体永磁的主要原材料是氧化物，故一般不受环境或化学物质（除了几种强酸之外）影响而产生腐蚀，化学稳定性好。

（5）导电性

烧结铁氧体永磁的电阻率很高，几乎不会产生涡流损耗，这是其优于稀土永磁的一个重要特点。

（6）机械性能

铁氧体永磁硬且脆，易破碎，在磨加工时必须用软砂轮，工件和磨头的线速度要低，对工件和砂轮须充分淋水冷却。

（7）使用

实际应用中，铁氧体永磁做成扁平形状，通常先充磁、后安装。在功率较小的永磁电机中，有时先安装，后整体充磁。

铁氧体永磁是目前应用最广的一种永磁材料，大量应用于永磁电机等产品。

图 1-7 为常用烧结铁氧体的退磁曲线。

表 1-3　常用烧结铁氧体的性能

牌号	剩磁 /T	矫顽力 /(kA/m)	磁能积 /(kJ/m³)	密度 /(g/cm³)	居里温度 /℃	相对回复磁导率	剩磁温度系数/(%/K)
Y10T	≥0.20	128~160	6.4~9.6	4.0~4.9	450	1.05~1.3	-0.18~-0.20
Y15	0.28~0.36	128~192	14.3~17.5	4.5~5.1	450	1.05~1.3	-0.18~-0.20
Y20	0.32~0.38	128~192	18.6~21.5	4.5~5.1	450~460	1.05~1.3	-0.18~-0.20
Y25	0.35~0.39	152~208	22.3~25.5	4.5~5.1	450~460	1.05~1.3	-0.18~-0.20
Y30	0.38~0.42	160~216	26.3~29.5	4.5~5.1	450~460	1.05~1.3	-0.18~-0.20
Y35	0.40~0.44	176~224	30.3~33.4	4.5~5.1	450~460	1.05~1.3	-0.18~-0.20
Y15H	≥0.31	232~248	≥17.5	4.5~5.1	460	1.05~1.3	-0.18~-0.20
Y20H	≥0.34	248~264	≥21.5	4.5~5.1	460	1.05~1.3	-0.18~-0.20
Y25BH	0.36~0.39	176~216	23.9~27.1	4.5~5.1	460	1.05~1.3	-0.18~-0.20
Y30BH	0.38~0.40	224~240	27.1~30.3	4.5~5.1	460	1.05~1.3	-0.18~-0.20

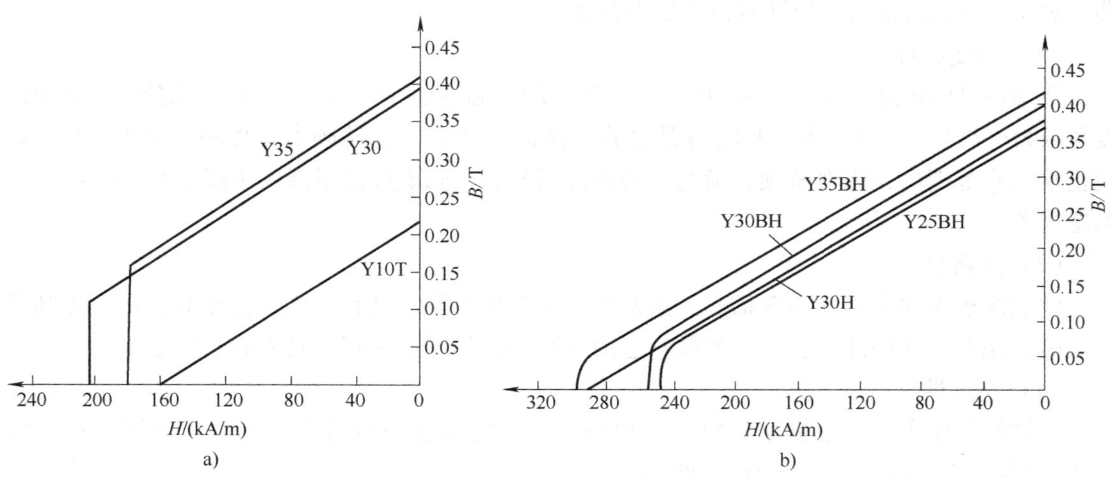

图 1-7　常用烧结铁氧体的退磁曲线

2. 钐钴永磁

目前生产的钐钴永磁主要有两类：一类是 RCo_5，称为 1∶5 型钐钴，其中 R 代表稀土元素；另一类是 R_2Co_{17}，称为 2∶17 型钐钴。前者的矫顽力比后者高，而后者的剩磁比前者高。钐钴永磁磁性能优异，但价格昂贵，主要用于要求电机功率和转矩密度高、性能稳定性高的场合。

（1）磁性能

钐钴永磁体的剩磁一般为 0.77~1.15T，矫顽力可达 850kA/m，最大磁能积达 $255kJ/m^3$，退磁曲线基本为直线，抗去磁能力强。

（2）温度特性

钐钴永磁的居里温度高，一般为 750℃以上，剩磁温度系数为-(0.03~0.09)%/K，磁性能稳定性好，可在 250℃高温下使用。

（3）经济性

钐钴永磁含有储量稀少的稀土金属钐和昂贵的战略金属钴，价格高，应用受到很大限制。

（4）稳定性

钐钴永磁具有很强的抗腐蚀和抗氧化能力，通常不需做表面处理。

（5）机械性能

钐钴永磁硬而脆，弯曲强度、拉伸强度及抗压强度较小。

（6）使用

实际应用中，钐钴永磁做成扁平形状，先充磁、后安装。

表 1-4 是部分钐钴永磁的性能。图 1-8 是 YXG-30H 在不同温度时的退磁曲线和内禀退磁曲线。

表 1-4 部分钐钴永磁的性能

材料	牌号	剩磁 /T	矫顽力 /(kA/m)	内禀矫顽力 /(kA/m)	最大磁能积 /(kJ/m^3)	居里温度 /℃	最高工作温度/℃	剩磁温度系数/(%/K)	内禀矫顽力温度系数 /(%/K)
1∶5 型钐钴 $(SmPr)Co_5$	YX-16	0.81~0.85	620~660	1194~1830	110~127	750	250	-0.05	-0.3
	YX-18	0.85~0.9	660~700	1194~1830	127~143	750	250	-0.05	-0.3
	YX-20	0.9~0.94	680~725	1194~1830	150~167	750	250	-0.05	-0.3
	YX-22	0.92~0.96	710~750	1194~1830	160~175	750	250	-0.05	-0.3
	YX-24	0.96~1.0	730~770	1194~1830	175~190	750	250	-0.05	-0.3
1∶5 型钐钴 $SmCo_5$	YX-20S	0.9~0.94	680~725	1433~1830	143~160	750	250	-0.045	-0.28
	YX-22S	0.92~0.96	710~750	1433~1830	160~175	750	250	-0.045	-0.28
铈钴铜铁 $Ce(CoFeCu)_5$	YX-12	0.70~0.74	358~390	358~478	80~103	450	200	—	—

（续）

材料	牌号	剩磁 /T	矫顽力 /(kA/m)	内禀矫顽力 /(kA/m)	最大磁能积 /(kJ/m³)	居里温度 /℃	最高工作温度/℃	剩磁温度系数/(%/K)	内禀矫顽力温度系数 /(%/K)
2：17 型钐钴 $Sm_2(CoFeCuZr)_{17}$	YXG-24H	0.95～1.02	700～750	≥1990	175～191	800	350	-0.03	-0.2
	YXG-26H	1.02～1.05	750～780	≥1990	191～207	800	350	-0.03	-0.2
	YXG-28H	1.03～1.08	756～796	≥1990	207～220	800	350	-0.03	-0.2
	YXG-30H	1.08～1.10	788～835	≥1990	220～240	800	350	-0.03	-0.2
	YXG-24	0.95～1.02	700～750	≥1433	175～191	800	300	-0.03	-0.2
	YXG-26	1.02～1.05	750～780	≥1433	191～207	800	300	-0.03	-0.2
	YXG-28	1.03～1.08	756～796	≥1433	207～220	800	300	-0.03	-0.2
	YXG-30	1.08～1.10	788～835	≥1433	220～240	800	300	-0.03	-0.2
	YXG-26M	1.02～1.05	750～780	955～1273	191～207	800	300	-0.03	-0.2
	YXG-28M	1.03～1.08	756～796	955～1273	207～220	800	300	-0.03	-0.2
	YXG-30M	1.08～1.10	788～835	955～1273	220～240	800	300	-0.03	-0.2
	YXG-28L	1.02～1.08	398～478	438～557	207～220	800	250	-0.03	-0.2
	YXG-30L	1.08～1.15	398～478	438～557	220～240	800	250	-0.03	-0.2

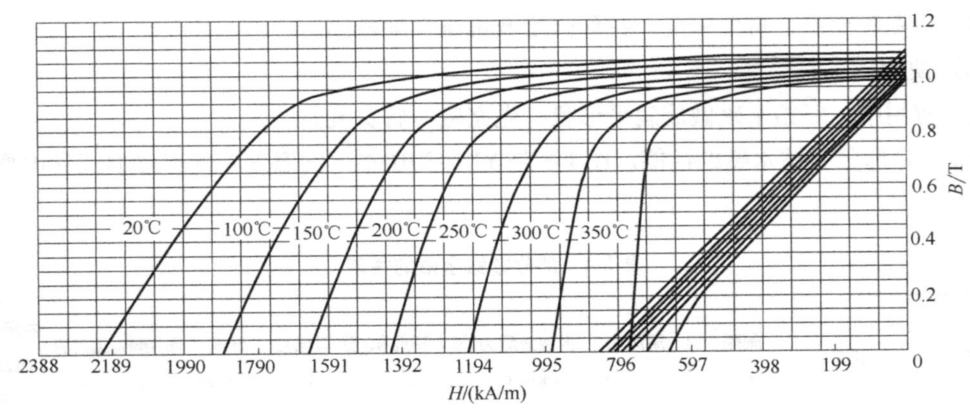

图 1-8 不同温度时 YXG-30H 的退磁曲线和内禀退磁曲线

3. 钕铁硼永磁

钕铁硼永磁的主要成分是 $Nd_2Fe_{14}B$，是目前磁性能最强的永磁材料，主要特点是，磁性能高，价格较钐钴低，温度稳定性差，用于功率和转矩密度要求高、温度稳定性要求不很高的场合。

（1）磁性能

最大磁能积最高可达 474kJ/m³，为铁氧体永磁材料的 5～12 倍，理论值为 527kJ/m³；剩磁最高可达 1.52T，矫顽力最高可超过 1000kA/m，能吸起相当于自身重量 640 倍的重物。

常温下退磁曲线为直线，但高温下退磁曲线的下部发生弯曲。

（2）温度特性

钕铁硼永磁的居里温度低，为 310～410℃，温度稳定性较差，剩磁温度系数为 -(0.095～0.15)%/K，矫顽力温度系数为-(0.4～0.7)%/K，通常最高工作温度为 150℃，目前已有商业化的耐 250℃高温的钕铁硼永磁。

（3）经济性

由于不含钴且钕在稀土中的含量远高于钐，故钕铁硼永磁的价格比钐钴永磁低。

（4）稳定性

钕铁硼永磁含有大量的钕和铁，易锈蚀，化学稳定性欠佳，其表面通常需做电镀处理，如镀锌、镍、锡、银、金等，也可以做磷化处理或喷涂环氧树脂以减慢其氧化速度，通常涂层厚度为 10～40μm。

（5）机械性能

钕铁硼永磁的机械性能较好，可进行切割加工及钻孔等。

（6）使用

由于钕铁硼永磁的退磁曲线在高温下发生弯曲，若设计时未考虑最严重的退磁工况，易于发生不可逆退磁。

表 1-5 为部分烧结钕铁硼产品的性能，图 1-9 为 44EH 钕铁硼永磁的温度特性。

表 1-5　部分烧结钕铁硼产品的性能

<table>
<tr><th>牌号</th><th>剩磁
/T</th><th>内禀矫顽力
/(kA/m)</th><th>矫顽力
/(kA/m)</th><th>最大磁能积
/(kJ/m³)</th><th>剩磁
温度系数
/(%/K)</th><th>内禀矫顽力
温度系数
/(%/K)</th><th>相对回复
磁导率</th><th>最高工作
温度/℃</th><th>密度
/(g/cm³)</th></tr>
<tr><td>48N</td><td>1.37～1.43</td><td>876</td><td>836</td><td>358～390</td><td>-0.1</td><td>-0.75</td><td rowspan="18">1.05</td><td rowspan="3">80</td><td rowspan="12">7.5</td></tr>
<tr><td>50N</td><td>1.40～1.46</td><td>876</td><td>836</td><td>374～406</td><td>-0.1</td><td>-0.75</td></tr>
<tr><td>53N</td><td>1.44～1.50</td><td>876</td><td>836</td><td>398～430</td><td>-0.1</td><td>-0.75</td></tr>
<tr><td>48M</td><td>1.37～1.43</td><td>1114</td><td>1019</td><td>358～390</td><td>-0.105</td><td>-0.65</td><td rowspan="3">100</td></tr>
<tr><td>50M</td><td>1.40～1.46</td><td>1114</td><td>1043</td><td>374～406</td><td>-0.1</td><td>-0.65</td></tr>
<tr><td>52M</td><td>1.42～1.48</td><td>1114</td><td>1051</td><td>390～422</td><td>-0.1</td><td>-0.65</td></tr>
<tr><td>50H</td><td>1.40～1.46</td><td>1274</td><td>1043</td><td>374～406</td><td>-0.105</td><td>-0.55</td><td rowspan="6">120</td></tr>
<tr><td>40H</td><td>1.26～1.32</td><td>1353</td><td>939</td><td>302～334</td><td>-0.105</td><td>-0.55</td></tr>
<tr><td>42H</td><td>1.28～1.34</td><td>1353</td><td>963</td><td>318～350</td><td>-0.105</td><td>-0.55</td></tr>
<tr><td>44H</td><td>1.30～1.36</td><td>1353</td><td>971</td><td>326～358</td><td>-0.105</td><td>-0.55</td></tr>
<tr><td>46H</td><td>1.33～1.39</td><td>1353</td><td>995</td><td>342～374</td><td>-0.105</td><td>-0.55</td></tr>
<tr><td>48H</td><td>1.37～1.43</td><td>1274</td><td>1019</td><td>358～390</td><td>-0.105</td><td>-0.55</td></tr>
<tr><td>38SH</td><td>1.22～1.29</td><td>1592</td><td>907</td><td>287～318</td><td>-0.105</td><td>-0.55</td><td rowspan="6">150</td><td rowspan="6">7.55</td></tr>
<tr><td>40SH</td><td>1.26～1.32</td><td>1592</td><td>939</td><td>308～334</td><td>-0.105</td><td>-0.55</td></tr>
<tr><td>42SH</td><td>1.29～1.35</td><td>1592</td><td>963</td><td>318～350</td><td>-0.105</td><td>-0.55</td></tr>
<tr><td>44SH</td><td>1.30～1.36</td><td>1592</td><td>971</td><td>326～358</td><td>-0.105</td><td>-0.55</td></tr>
<tr><td>46SH</td><td>1.33～1.39</td><td>1592</td><td>995</td><td>342～374</td><td>-0.105</td><td>-0.55</td></tr>
<tr><td>48SH</td><td>1.37～1.43</td><td>1592</td><td>1019</td><td>358～390</td><td>-0.105</td><td>-0.55</td></tr>
</table>

（续）

<table>
<tr><th>牌号</th><th>剩磁
/T</th><th>内禀矫顽力
/(kA/m)</th><th>矫顽力
/(kA/m)</th><th>最大磁能积
/(kJ/m³)</th><th>剩磁
温度系数
/(%/K)</th><th>内禀矫顽力
温度系数
/(%/K)</th><th>相对回复
磁导率</th><th>最高工作
温度/℃</th><th>密度
/(g/cm³)</th></tr>
<tr><td>35UH</td><td>1.17~1.24</td><td>1990</td><td>860</td><td>263~295</td><td>-0.11</td><td>-0.5</td><td rowspan="15">1.05</td><td rowspan="5">180</td><td rowspan="5">7.55</td></tr>
<tr><td>38UH</td><td>1.22~1.29</td><td>1990</td><td>907</td><td>287~318</td><td>-0.11</td><td>-0.5</td></tr>
<tr><td>40UH</td><td>1.26~1.32</td><td>1990</td><td>939</td><td>302~334</td><td>-0.11</td><td>-0.5</td></tr>
<tr><td>42UH</td><td>1.29~1.35</td><td>1990</td><td>963</td><td>318~350</td><td>-0.11</td><td>-0.5</td></tr>
<tr><td>44UH</td><td>1.30~1.36</td><td>1990</td><td>971</td><td>326~358</td><td>-0.11</td><td>-0.5</td></tr>
<tr><td>33EH</td><td>1.14~1.21</td><td>2388</td><td>852</td><td>247~279</td><td>-0.11</td><td>-0.5</td><td rowspan="6">200</td><td rowspan="10">7.6</td></tr>
<tr><td>35EH</td><td>1.17~1.24</td><td>2388</td><td>868</td><td>263~295</td><td>-0.11</td><td>-0.5</td></tr>
<tr><td>38EH</td><td>1.22~1.29</td><td>2388</td><td>915</td><td>287~318</td><td>-0.11</td><td>-0.5</td></tr>
<tr><td>40EH</td><td>1.26~1.32</td><td>2388</td><td>939</td><td>302~334</td><td>-0.11</td><td>-0.5</td></tr>
<tr><td>42EH</td><td>1.29~1.35</td><td>2388</td><td>963</td><td>318~350</td><td>-0.11</td><td>-0.5</td></tr>
<tr><td>44EH</td><td>1.30~1.36</td><td>2388</td><td>971</td><td>326~358</td><td>-0.11</td><td>-0.5</td></tr>
<tr><td>30AH</td><td>1.08~1.15</td><td>2786</td><td>804</td><td>223~255</td><td>-0.115</td><td>-0.45</td><td rowspan="3">230</td></tr>
<tr><td>33AH</td><td>1.14~1.21</td><td>2786</td><td>852</td><td>247~279</td><td>-0.115</td><td>-0.45</td></tr>
<tr><td>35AH</td><td>1.17~1.24</td><td>2786</td><td>868</td><td>263~295</td><td>-0.115</td><td>-0.45</td></tr>
<tr><td>28ZH</td><td>1.04~1.11</td><td>3184</td><td>772</td><td>207~239</td><td>-0.115</td><td>-0.45</td><td>250</td></tr>
</table>

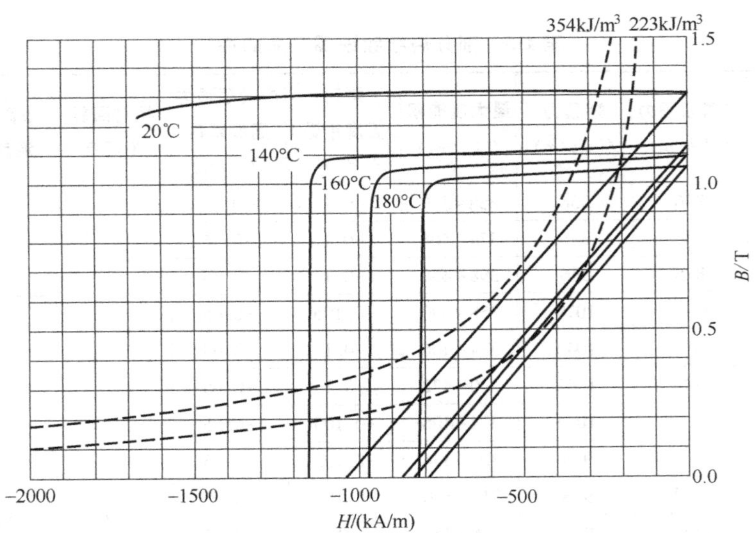

图 1-9　44EH 钕铁硼永磁的温度特性

4. 粘结永磁

粘结永磁是将永磁材料粉末与其他材料，如合成橡胶、塑料、低熔点金属、树脂等混合制成的永磁材料。采用注入成形、压缩成形、挤压成形等方法，可以制成形状复杂的永磁体，具有机械性能好、尺寸精度高、不变形、材料利用率高、形状可以复杂多样等优点。但也存在明显的缺点，在一般的粘结永磁体中，粘结剂大约占体积的 40%，因此与相应的烧结永磁体相比，磁性能成倍下降，且其允许使用温度不如烧结的高。铁氧体、钐钴和钕铁硼都可以制成粘结永磁体。表1-6、表1-7分别是粘结铁氧体永磁和粘结钕铁硼永磁的性能。

表1-6 部分粘结铁氧体永磁的性能

牌号	剩磁/mT	矫顽力/(kA/m)	内禀矫顽力/(kA/m)	最大磁能积/(kJ/m³)
YN1T	63~83	50~70	175~210	0.8~1.2
YN4H	135~155	85~105	175~210	3.2~4.5
YN4TH	150~180	95~120	180~230	3.8~5.5
YN6T	180~220	120~140	175~200	5.0~7.0
YN10	220~240	145~165	190~225	9.2~10.6
YN10H	220~250	150~200	190~220	9.2~11.0
YN11	230~250	160~185	225~260	9.2~12.0
YN12	240~250	140~160	200~230	11.4~13.6

注：表中数据来源为https://wenku.baidu.com/view/8cabda7f27284b73f2425080.html? rec_flag=default&fr=Recommend_RelativeDoc-60273,60321,40251,60311,40356-kpdrec_doc_pc_view-5d8de37daf1ffc4ffe47acc9&sxts=1632384997138。

表1-7 部分粘结钕铁硼永磁的性能

牌号	剩磁 B_r/T	矫顽力/(kA/m)	内禀矫顽力/(kA/m)	最大磁能积/(kJ/m³)	相对磁导率	剩磁温度系数/(%/K)	最高工作温度/℃
BNP-6	0.55~0.62	285~370	600~755	44~56	1.15	-0.13	100
BNP-8L	0.60~0.64	360~400	715~800	56~64	1.15	-0.13	110
BNP-8	0.62~0.69	385~445	640~800	64~72	1.15	-0.13	120
BNP-8SR	0.62~0.66	410~465	880~1120	64~72	1.13	-0.13	150
BNP-8H	0.61~0.65	410~455	1190~1440	64~72	1.15	-0.07	125
BNP-9	0.65~0.70	400~440	640~800	70~76	1.22	-0.12	120
BNP-10	0.68~0.72	420~470	640~800	76~84	1.22	-0.11	120
BNP-11	0.70~0.74	445~480	680~800	80~88	1.22	-0.11	120
BNP-11L	0.70~0.74	400~440	520~640	78~84	1.26	-0.11	110
BNP-12L	0.74~0.80	420~455	520~600	84~92	1.26	-0.08	110

注：表中数据来源为https://wenku.baidu.com/view/f71772194531b90d6c85ec3a87c24028915f8547.html。

1.6 永磁材料的磁性能稳定性

永磁材料磁性能稳定性直接影响永磁电机的性能稳定性。影响永磁材料磁性能稳定性的因素有多种，除了本身的磁化状态、外磁场和外磁路外，环境温度、机械冲击、环境侵蚀、放射性辐照等也是重要影响因素。

1. 温度

在永磁体使用过程中，其所处环境温度处于变化中，温度对磁性能的影响特别显著，会造成磁性能的可逆变化或不可逆变化。

（1）可逆变化

随着温度的变化，永磁体内部电子自旋的排列受热运动的干扰而发生变化，使其磁化强度随温度的上升而变化，导致磁性能的变化。当恢复到原温度时，磁性能恢复的部分变化称为可逆变化。

（2）不可逆变化

永磁体加热到高温或降至低温时，组织结构发生变化，磁畴中的不稳定畴在稳定方向上重新配置，造成永磁体性能的变化，这种变化是不可逆的，称为不可逆变化，也称为不可逆损失。

烧结铁氧体永磁的主要缺点是温度系数大，且内禀矫顽力温度系数为正，温度越低，矫顽力越低，若磁路设计不合理，低温时易出现不可逆退磁。若在低温下退磁，重新充磁可完全恢复其磁性能。

钕铁硼永磁体居里温度低，温度稳定性较差，剩磁温度系数和内禀矫顽力温度系数高。常温下退磁曲线为直线，但高温下退磁曲线的下部弯曲，若设计不当，易在高温时发生不可逆退磁。

为了缓解温度变化对磁性能的影响，生产实践中往往采用人工老化处理的方法，即在永磁材料充磁后投入应用之前，将永磁体在可预期的使用温度以上放置一段时间，以消除高温对磁性能的干扰，以使永磁体在使用时磁性能保持稳定。铝镍钴、铁氧体、稀土永磁等永磁体在制造过程中已经经过高温热处理或烧结，常温下使用时，磁性能比较稳定。

2. 环境侵蚀

永磁材料在长时间工作或长时间放置过程中，周边环境（温度、湿度、酸、碱、氧气、腐蚀性气体等）都可能导致永磁材料的物理或化学性质改变，由表及里造成永磁材料的相结构和微结构发生不可恢复的变化，引起磁性能的不可逆变化。例如，钕铁硼永磁含有铁和钕元素，易于氧化；酸碱会腐蚀钕铁硼永磁；钕铁硼易吸氢产生“氢脆”现象，导致永磁体产生裂纹，甚至粉化；钐钴永磁材料不能承受酸碱和盐雾的腐蚀等。

为了保证永磁材料能长期保持磁性能和物理、化学性能的稳定性，必须对永磁体进行防护，具体内容将在本章 1.8 节讨论。

3. 外磁场

永磁体在使用过程中常处于外磁场中。此外，永磁体充磁后，在存储、运输及装配时，常处于其他永磁体产生的磁场中或与其他永磁体或铁磁性物质相接触，这些都会导致永磁体的工作点发生变化。若工作点在退磁曲线拐点以下，会发生不可逆去磁。这种情况主要出现在铝镍钴中，因此铝镍钴在使用过程中严禁接触任何铁器，以免造成永磁体局部退磁或磁路中磁通发生畸变。

4. 核辐射

只要核辐射不导致永磁体温度过高，铁氧体、铝镍钴、钐钴和钕铁硼永磁都能经受核辐射而不退磁。

5. 振动与冲击

机械振动和冲击会引起永磁体的退磁。这种影响主要出现在马氏体型永磁体中，对铝镍钴、铁氧体、稀土永磁的影响较小。

铁氧体在承受强烈的冲击（50～100g）和振动（5～10g），以及在三级路面颠簸过程中不退磁。钐钴和钕铁硼永磁能承受 10g 的振动、100g 的冲击而不退磁。振动和冲击会使铝镍钴的磁通量降低 2%左右[6]。

1.7　永磁材料的制备

1. 铁氧体永磁的制备[4]

制备铁氧体的方法有多种，包括固相烧结法、化学合成法等。在大批量生产中，以固相烧结法为主，其制备工艺包括三部分：制粉工艺、成形工艺和烧结工艺。传统固相烧结法的具体流程是，铁的氧化物和钡（或锶）的化合物按一定比例混合，经过预烧结（1300℃），然后破碎、制粉、压制成形，最后进行二次烧结和磨制加工。工艺流程如图 1-10 所示。

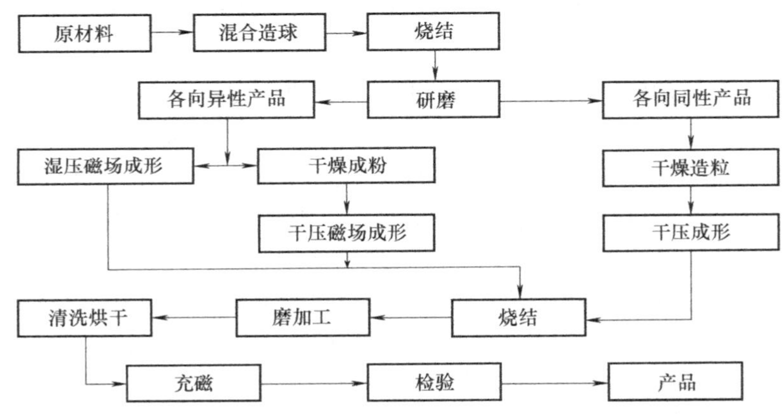

图 1-10　传统固相烧结法制备铁氧体工艺流程

压制成形的方法有干式和湿式两种。湿法成形就是以水为润滑剂和粘结剂，把已经制备好的铁氧体永磁料浆，通过压力注入模具型腔中（同时施加取向磁场），再施加压力，压制成具有一定几何形状、尺寸、密度和机械强度的坯件。在这过程中，由于外加磁场的作用，模腔内单畴颗粒的易磁化轴在水的良好润滑作用下逐渐转向磁场方向。由于晶粒的取向排列一致性高，所以产品的各向异性好，磁性能较高。但是，湿法工艺生产率和成品率低，成形压坯依靠自然干燥，易受环境因素影响，另外，成形时需在模具中垫滤纸和滤布，导致设备和工艺复杂，难以实现自动化大规模生产。

干式成形是将不含水而混有少量粘结剂的粉料放入模具中，加以足够的压力，在外磁场作用下把粉料压制成形。由于干粉之间摩擦力大，选用的粘结剂数量和润滑效果有限，铁氧体颗粒在磁场中转动困难，导致磁性能比湿法产品低。但与湿法产品相比，也具有较多优点，如工艺简单，生产效率高，压坯密度和机械强度高，制造成本低，适于制造精度高、形状复杂的产品。

技术的发展对铁氧体永磁的内在性能和外观尺寸提出了更高要求，也对其制备工艺提出了更高的挑战。进入 21 世纪以来，传统铁氧体制造技术与其他行业的相关技术相结合，有力地推动了铁氧体行业技术与工艺的发展，特别是针对铁氧体永磁粉末制备、烧结新技术以及铁氧体永磁纳米颗粒制备的研究方兴未艾，如低温烧结技术中的微波烧结技术、放电等离子烧结技术，烧结温度低，烧结时间短，环境污染小，对节能降耗具有重要意义。

2. 钕铁硼永磁的制备[4]

钕铁硼永磁优异的磁性能来源于三元化合物 $Nd_2Fe_{14}B$，该化合物不仅具有高的磁晶各向异性，同时具有大的分子磁矩。由于 Nd 可以由其他稀土元素（RE）替代，Fe 可以由 Co 替代，因此通常所说的钕铁硼永磁实际上是包括一系列具有相同结构的 $RE_2(FeCo)_{14}B$ 化合物的永磁材料。

钕铁硼永磁按照制备工艺可以分成三类，即粘结永磁体、烧结永磁体和热变形永磁体。粘结永磁体主要由磁性粉末和粘结剂组成，非磁性粘结剂的存在使材料的饱和磁化强度降低，同时永磁体大多为各向同性。烧结永磁体和热变形永磁体中没有粘结剂，致密度接近100%，均为各向异性。在显微组织方面，粘结永磁体由磁场取向的硬磁晶粒和高稀土相组成，烧结永磁体和热变形永磁体由具有变形织构的硬磁晶粒和富稀土相组成，但富稀土相含量低。

烧结永磁体主要使用粉末冶金烧结工艺制备，21 世纪之前，通常使用感应熔炼设备制备含有富 Nd、富 B 成分的铸锭，最典型的成分为 $Nd_{15}Fe_{77}B_8$，通过机械球磨破碎铸锭，再利用氮气气流磨获得颗粒约 3μm 的粉末。粉末在磁场下（10kOe）排列并进行垂直于磁场方向的压制成形。压制坯经过烧结、冷却、时效处理。为了提高压坯致密度，有时候还需要在烧结前进行冷等静压。获得的烧结磁体经过切削和磨削加工，进行表面涂层后形成最终产品。21 世纪开始，为了提高冷却速度，普通熔铸被快速凝固片铸（Strip Casting，SG）技术取代。另外，机械破碎+气流磨的工艺逐渐被氢爆（Hydrogen Decrepitation，HD）+气流磨新工艺取代，因此目前最新的烧结钕铁硼永磁体的制备工艺包括铸锭、制粉、压制成形（磁场取向压制）、烧结和热处理等，如图 1-11 所示。由于使用了磁场取向，烧结工艺主要产生各向异性永磁体。

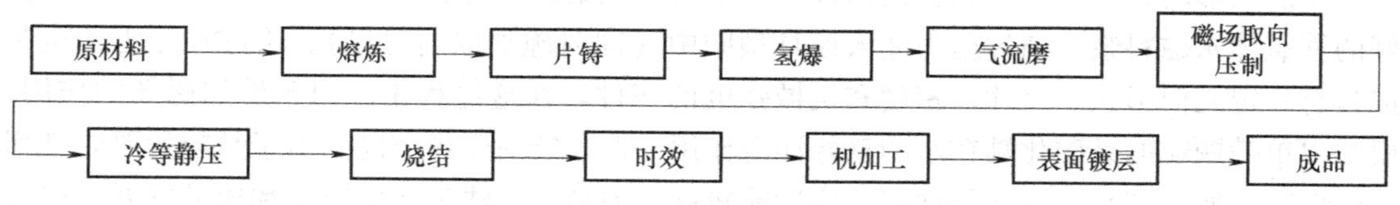

图 1-11　钕铁硼烧结永磁体工艺的基本流程

粘结工艺包括制粉和粘结两步，钕铁硼磁粉的制备方法主要有熔体快淬（MQ）法、气喷雾（GM）法、机械合金（MA）法和氢处理（HDDR）法，其中以 MQ 法和 HDDR 法的使用最为广泛。

MQ 法是指在快淬速度条件下得到非晶态的合金薄带，然后进行热处理（晶化处理）提高磁粉的矫顽力，快淬带材经粉碎后得到的磁粉称为 MQ 粉[7]。MQ 法主要制备各向同性磁粉。传统 HDDR 法的工艺是钕铁硼合金在 700～900℃ 温度下与氢气（氢压为 10^5Pa）反应，合金吸氢并歧化，然后在同样温度下真空脱氢（真空度为 2～10Pa）以及再结合，形成晶粒大小约为 300μm 的 HDDR 粉末。这种粉末可以不经处理用于制备磁体。由于粉末一般是各向同性的，获得的粘结磁体也是各向同性的。通过调整 HDDR 工艺，还可以获得各向异性的粘结磁体。

粘结是指将磁粉与粘结剂（如树脂或尼龙等聚合物）混合进行压制成形，最后在合适温度下固化。根据粘结剂的特性，粘结永磁体成形方式分为压缩、注射、挤出和压延四种。表 1-8 给出了粘结永磁体的成形方法。

粘结钕铁硼具有尺寸精度高、形状复杂、一致性好、原料利用率高等优点，绝大多数以多极充磁圆环的形式应用于各类精密电机，成为烧结钕铁硼的重要补充。

表 1-8 粘结永磁体的成形方法

成形方法	压缩成形	注射成形	挤出成形	压延成形
成形加工性	非常好	非常好	好	好
成形形状	平板状，块体状	各种复杂形状	薄片或薄环状	宽幅带板状
磁粉填充率(%)	80	70	75	70
形状自由度	差	好	好	好
可挠性	刚性	刚性/柔性	刚性/柔性	柔性
后续加工	涂层保护	不需要	不需要	切割
特点	易获得高性能永磁体	工艺简单，制造各向异性永磁体，可径向取向，与其他构件一体化成形	适于批量生产	适于批量生产

热压变形是将金属粉末致密化最经济的一种方式。通常是将磁粉在模具中热压获得热压钕铁硼永磁体，颗粒被烧结在一起，形成致密的永磁体。热压永磁体主要是各向同性永磁体，性能比烧结永磁体低。但热压+热变形法制备的各向异性永磁体，磁性能大幅提高。目前得到的热变形永磁体的磁性能与烧结永磁体不相上下，而且具有工艺温度低、时间短、晶粒小、抗腐蚀特性强等优点，有望获得更大规模的应用。

粘结、烧结和热变形是三种批量制备钕铁硼的工艺。但针对小微永磁体的生产，上述传统工艺存在着工艺复杂、工序繁多和精加工困难等缺陷。随着快速凝固技术的发展，人们开始尝试采用直接铸造这一简单工艺获得钕铁硼永磁。简单地说，就是将合金熔化之后通过吸铸或吹铸进入冷却的铜模具，合金在模具内快速凝固得到最终永磁体。永磁体的尺寸和形状都可以通过改变模具的型腔来调整。这种快速凝固晶化技术具有如下优势：简化了工艺，可以根据产品的形状设计不同模具进行一次成形，降低了成本；解决了材料中的粉末冶金缺陷问题；提高了永磁体的致密度，提升了永磁体的抗腐蚀能力。

3. 钐钴永磁的制备

$SmCo_5$ 和 Sm_2Co_{17} 是 Sm-Co 二元合金中最主要的两种化合物，而 Sm_2Co_{17} 晶体结构可以从 $SmCo_5$ 晶体结构中派生出来。

$SmCo_5$ 基永磁合金的制备方法有两种[4]：

（1）粉末冶金法

主要包括四个过程：真空熔炼、制粉、磁场取向、烧结。具体地说，第一步是真空熔炼，一般加热到1300~1400℃保温1~2h，降温时在900℃保温1h使熔炼的合金成分均匀化，提高矫顽力。第二步是将熔炼后的合金经过粗破碎后细磨至3~5μm。第三步是取磁场强度≥1.2T进行磁场取向，磁力线和加压方向垂直以提高磁性能。最后一步是烧结，采用液相烧结，包括在1120~1140℃高温烧结1~1.5h后逐步缓冷到840~920℃，最后急冷到室温。在烧结过程中加入吸气剂，可以降低合金中的氧含量，显著提高矫顽力和稳定性。

（2）还原扩散法

主要过程包括：配料、混料、还原扩散、除去还原剂、磨粉、磁场取向成形、高温烧结、热处理和磨加工等。主要原理是用金属钙还原稀土氧化物得到稀土金属，再通过稀土金属和Co或Fe元素的相互扩散，直接得到$SmCo_5$永磁粉末。

Sm_2Co_{17}永磁体属于沉淀硬化型合金，可在500℃高温环境下应用。目前其基本工艺可以划分为制备磁粉和成形两个阶段。前者包括粉末冶金法、还原扩散法、熔体快淬法等；后者包括磁粉成形烧结法、磁粉粘结法、磁粉热压热轧法、直接铸造法等。目前工业生产大多采用粉末冶金+液相烧结工艺，其基本流程为配料、熔炼、粗破碎、中破碎、细破碎、磁场中成形、高温烧结、时效处理、机加工、磁测量和包装等，其中液相烧结是为了获得高致密度的永磁体。固溶处理是为了得到组织均匀一致的单相固溶体，固溶处理后需要急冷，还要经过复杂的时效处理来获得具有高矫顽力的Sm_2Co_{17}永磁体。

1.8 永磁材料的失效与防护

前已述及，环境侵蚀是影响永磁材料能否长期稳定使用的重要因素，因此有必要了解永磁材料失效的原因及相应的防护措施。

1.8.1 稀土永磁材料的失效类型[8]

气体、电解质、有机溶剂等外界化学环境因素，压力、振动、高温、辐照等外界物理环境因素，均可能造成永磁材料的失效，其中材料在环境介质的物理化学因素作用下发生破坏的现象称为腐蚀。由于永磁材料失效多由化学因素引起，因此本节主要讨论化学腐蚀和电化学腐蚀对永磁材料的作用和影响。

1. 化学腐蚀

化学腐蚀是金属基体与非电解质直接发生反应而引起的腐蚀，钕铁硼永磁、钐钴永磁在干燥空气中的氧化就是典型的化学腐蚀。

2. 电化学腐蚀

有电解质环境中，金属在电解质中形成原电池，电解质中离子与金属发生电子交换，电子在金属中传输，离子在电解质中传输，使氧化反应与还原反应在不同区域发生，比较活泼的金属失去电子而被氧化，这种腐蚀称为电化学腐蚀。电化学腐蚀与化学腐蚀的区别是前者有电流产生。水是最常见的电解质，金属材料在潮湿空气中的氧化速度远大于在干燥空气中的氧化速度，金属的电化学腐蚀更为普遍。

1.8.2 稀土永磁材料的腐蚀形式[8]

按照永磁材料腐蚀破坏的规模和形式，可以分为以下几种：

1. 全面腐蚀

全面腐蚀通常为均匀腐蚀，金属表面各个部分的腐蚀速度在宏观上是均匀的，腐蚀产物通常也均匀覆盖基体，可以对基体起到一定保护作用。全面腐蚀程度通常可以通过测量材料的失重或增重来表征。钕铁硼在酸洗时发生的腐蚀、高温下稀土永磁体表面的氧化一般为全面腐蚀。

2. 电偶腐蚀

两种不同的金属相互接触且同时处于电解质中所产生的电化学腐蚀称为电偶腐蚀，也称为接触腐蚀，通常认为电偶腐蚀发生在两个较为宏观的金属构件之间或金属与镀层之间。

3. 点蚀

点蚀是在金属表面部分区域出现纵深发展的腐蚀小孔而其余区域不腐蚀或腐蚀轻微的一种腐蚀形态，又称为孔蚀或小孔腐蚀。点蚀有大有小，经常发生在表面有钝化膜或保护膜的金属上。金属在含氯等卤素离子的介质中更容易出现点蚀现象。通常导致金属失效的腐蚀都是从点蚀开始的，多数防护镀层的失效也从点蚀开始。

4. 晶间腐蚀

晶间腐蚀是金属材料在特定的腐蚀介质中，沿着晶粒之间的晶界发生腐蚀，使晶粒之间丧失结合力的一种局部腐蚀现象。这种腐蚀使材料丧失强度，出现粉化现象，是烧结钕铁硼永磁在湿热环境下常见的腐蚀形式。

1.8.3 钕铁硼永磁的失效与防护

1. 钕铁硼永磁的腐蚀[4]

钕铁硼永磁的组成成分复杂，是由主相（$Nd_2Fe_{14}B$）、富B相（$Nd_{1+\varepsilon}Fe_4B_4$）、富Nd相（$Nd_4Fe_4$）等组成的多相结构。在钕铁硼永磁烧结过程中，内部及表面容易出现微孔、结构疏松、表面粗糙等缺陷，而钕铁硼永磁常应用于高温、高湿环境，这些缺陷在这种环境下易造成钕铁硼永磁的腐蚀。此外，钕铁硼永磁制造过程中易含有O、H、Cl等杂质及其化合物，其中最具腐蚀性的是O和Cl元素，永磁体与O发生氧化腐蚀，而Cl及其化合物加速氧化过程。

钕铁硼永磁的腐蚀主要发生在三种环境，即高温环境（>250℃）、暖湿的空气环境和电化学环境，具体腐蚀机理如下：

（1）高温氧化腐蚀

研究表明，在干燥环境下，当温度低于150℃时，钕铁硼永磁氧化腐蚀缓慢，但在长时间高温环境下钕铁硼永磁氧化腐蚀速度加快。高温氧化主要是富Nd相的氧化和主相的氧化。较活泼的富Nd相首先被氧化，随后主相会分解和氧化，降低了硬磁相含量，从而降低磁性能，氧化区深度与时间的平方根成正比。

（2）吸氢腐蚀

吸氢腐蚀是钕铁硼永磁在湿热环境中的腐蚀。在湿热环境下，Nd元素与水蒸气产生氢离子，氢离子与富Nd相生成氢化物，氢化物的产生为水蒸气参与反应提高了便利，如此循环反应会造成晶界相体积膨胀，晶界被破坏，最终导致主相脱落、永磁体粉化。

（3）电化学腐蚀

由于各种合金相的电化学电位不同，钕铁硼永磁容易腐蚀。在潮湿环境下，电化学电位较低的富 Nd 相和富 B 相充当原电池的阳极，主相充当原电池的阴极。在一定条件下，腐蚀电流密度较大的富 Nd 相和富 B 相被侵蚀破坏，从而削弱了主相晶粒之间的结合力，导致主相脱落，形成晶界腐蚀，最终造成永磁体粉化。

钕铁硼永磁的另一种电化学腐蚀是其在不同介质中的腐蚀。研究发现，钕铁硼在同种溶液中腐蚀速度随温度的升高而加快，随 pH 值的增加而减小，因此钕铁硼在碱性溶液中保持很好的电化学稳定性，且稳定性随浓度的增加而增加，随浸泡时间的延长而显著增加，所以碱性环境有利于永磁体的加工处理和应用。钕铁硼永磁在 NaCl 介质、蒸馏水、自来水及酸性介质中的腐蚀形态主要表现为晶间腐蚀，特别是在硫酸和硝酸溶液中发生严重的晶间腐蚀，在 NaCl 介质中还存在小孔腐蚀。

此外，在钕铁硼磁体表面外加防护涂层时，如果涂层质量不高，表面存在孔隙、裂纹等时，在腐蚀介质中磁体与涂层之间也会由于电化学电位的差异形成腐蚀原电池而发生电化学腐蚀。

2. 钕铁硼永磁的防护

目前，提高钕铁硼永磁耐腐蚀性的方法主要有包括：添加合金元素和表面防护。

（1）添加合金元素抑制晶间腐蚀

主相与富 Nd 相、富 B 相之间的电位差最终导致钕铁硼永磁的晶间腐蚀，如果降低各相之间的腐蚀电位差，可以避免或减弱晶间腐蚀。由于钕铁硼永磁的磁性能主要由硬磁相决定，所以不能通过改变主相的合金成分入手，而是在晶界处添加合金促进晶界处金属化合物的形成，从而改善晶间相的腐蚀电位[4]。目前添加的合金元素有两大类：①添加稀土元素如 Dy、Pr、Tb 等以取代 Nd，或加入 Nb、Ta、V、Ti、Al 中的一两种元素，使之在晶界上偏析，减小晶界上的富 Nd 相；②添加 Zr、V、Nb、Ta、Mo、W、Al 中的一两种元素来部分取代 Fe，从而提高钕铁硼永磁的耐腐蚀性能。

添加合金元素在一定程度上可以提高永磁体的耐腐蚀性，同时也会造成磁性能的损失，且增加了材料成本，并不能完全解决钕铁硼永磁耐腐蚀性差的问题，因此，表面防护成为钕铁硼永磁抗腐蚀的主要方法。

（2）表面防护

目前，钕铁硼永磁的主要防护措施是表面镀层，主要方法有电镀、化学镀、磷化、涂覆有机涂层等，实际生产中以电镀工艺最为常用。

1）电镀。电镀是将永磁体作为阴极，将电镀溶液中的金属阳离子在永磁体表面还原，形成金属镀层，以保护永磁体。用于钕铁硼永磁体防护的金属主要有 Zn、Ni、Cu、Cr 等。该方法的优点是工艺相对简单，成膜速度快，易于大批量生产。工程实际中，烧结钕铁硼永磁常采用镀锌、镀镍以及镍-铜-镍复合镀。

锌是非导磁材料，用作防护镀层对永磁体的磁性能影响小，且价格低廉，但锌的硬度较低，不适用于防护易磨损的钕铁硼永磁体。在干燥空气中，锌的稳定性较高；在潮湿空气中，生成碳酸锌薄膜，能延缓锌腐蚀速度；在酸碱盐溶液、海洋性大气、高温高湿空气中，耐腐蚀性较差。锌镀层在空气中会变暗，因此镀锌后还需进行钝化处理，钝化处理可显著提升锌镀层的耐腐蚀性能。

镍容易与氧生成极薄的钝化膜，在常温下对大气、碱和某些酸有很好的耐腐蚀性。然而，若电解质渗入镀层内部，会加速永磁体腐蚀，导致镀层和永磁体表面的结合力变小，出现镀层分层、起泡等缺陷，实际应用中对镍镀层致密度的要求非常高。

铜的化学性质活泼，容易生锈，所以一般不单独使用，而是作为底镀层或中间层来提高基底与表面镀层的结合力。由于钕铁硼永磁具有多孔结构且化学性质活泼，单层镀层常不能满足较高的耐腐蚀要求，而镍-铜-镍复合镀可提供更为有效的防护。

2）化学镀。化学镀与电镀的相同之处是，都通过氧化还原反应将镀液中的金属离子还原并附着在永磁体表面。两者的不同在于，前者无需外部电源，镀液中有还原剂，永磁体表面需要催化。化学镀可在形状复杂的永磁体表面形成厚度均匀的镀层，镀层硬度高、空隙小、化学稳定性高。

3）磷化。磷化是将永磁体放入磷酸盐溶液中，通过溶液与永磁体表面的化学反应，形成对永磁体有保护作用的磷化膜。磷化膜难溶于水，能改善永磁体的防水性和耐腐蚀性，可用于短期的抗腐蚀或使用环境要求不高的场合。

4）涂覆有机涂层。有机涂料的种类很多，通过电泳、喷涂和浸涂等方式将有机涂料（通常是环氧树脂）牢固地吸附在永磁体表面形成保护层。有机涂层成膜致密，对盐雾、水蒸气等有较好的阻隔作用。有机涂层可与电镀技术结合使用，为永磁体提供更有效的防护。

1.8.4 钐钴永磁的防护

1. 钐钴的老化层

相对于钕铁硼永磁，钐钴的磁性能受高压、高湿环境影响较小。从各类环境下的腐蚀实验来看，总体上钐钴永磁耐受电化学腐蚀的能力较强[8]。

Sm_2Co_{17}的磁性能比 $SmCo_5$ 高，居里温度可达 800℃，且矫顽力随温度下降较慢，适合在高温环境使用，在军工和航空航天领域受到广泛关注，因此高温下的磁性能稳定性是钐钴永磁研究的重点。

通过实验和研究发现，Sm_2Co_{17}在高温下长时间工作会发生老化，造成磁性能的衰减。目前普遍认为老化层的形成与 Sm 元素的挥发有关，挥发导致永磁体原始胞状结构被破坏，导致磁性能的下降。另外，比较 Sm_2Co_{17}磁体在 500℃、不同真空度的环境下老化层总厚度以及外部老化层的厚度，发现在真空环境中的厚度均小于空气环境中的厚度。真空度提高，氧含量降低，老化层的形成速率就会降低，因此老化层的形成也与氧的扩散有关[8]。

2. 钐钴的防护

Sm_2Co_{17}永磁体高温下出现老化层。如果对高温使用的永磁体采用表面处理的方法加以防护，隔绝氧向永磁体内部的扩散，就可以抑制磁性能的下降。另外，钐钴永磁体脆性大，在机加工以及使用过程中很容易出现开裂和缺角现象。通过电镀、物理气相沉积等手段，可以改善钐钴的脆性，提高使用可靠性。

Chen[9,10]等进行了有镀层和无镀层的高温 Sm_2Co_{17}永磁在空气和真空环境下的长期热稳定性对比实验，结果显示，在空气环境下，永磁体经过 500℃、2700h 的等温处理，无镀层样品的磁通损失为20.8%，有Ni镀层样品的磁通损失为2.4%；在真空环境下，永磁体经过500℃、3000h的等温处理，镀镍样品的磁通损失为0.9%，仅为无镀层样品的2.2%；铝离子蒸发沉积镀层防护的永磁体在空气中经过300℃、3年的等温处理，几乎未检测到磁通损失。由此可见，样品有表面镀层以及在真空环境下磁通损失较低，其主要原因是样品表面镀层以及真空环境有效防止了样品在高温下Sm的挥发损失引起的表面破坏，进而防止永磁体内部相结构的破坏，从而减少了永磁体的磁通损失。

除了金属镀层，很多金属氧化物也是良好的防氧化镀层，其中氧化铝和氧化铬制成的镀层结构致密、工艺控制相对简单。Al_2O_3 薄膜镀层与 Sm_2Co_{17} 永磁体的热膨胀系数相差不大，且非晶的 Al_2O_3 薄膜镀层结构致密，能够有效抑制O元素向 Sm_2Co_{17} 永磁体的扩散，因此 Al_2O_3 薄膜适用于钐钴永磁体的防护。研究还发现，Cr_2O_3 镀层可以降低钐钴永磁体在高温下的氧化速度，因而钐钴永磁体表面沉积 Cr_2O_3 薄膜，在高温下防护效果明显。另外，在450℃下，Pt包覆涂层、溅射的 SiO_2 涂层、含有Ti和Mg氧化物的油漆涂层等对 Sm_2Co_{17} 具有较好的防护效果。

总之，寻找和研究适用于钐钴永磁防护的镀层材料以及工艺控制更简单、成本更低的防护薄膜制备技术一直是关乎钐钴高温长期稳定性的重要课题，对于钐钴永磁在高温环境下的长期稳定使用也具有重要价值。

参考文献

[1] 任伯胜，等. 稀土永磁材料的开发和应用［M］. 南京：东南大学出版社，1989.

[2] 冯文麒，姚中栋. 工程材料与化学［M］. 北京：高等教育出版社，1989.

[3] 林其壬，赵佑民. 磁路设计原理［M］. 北京：机械工业出版社，1987.

[4] 刘仲武. 永磁材料基本原理与先进技术［M］. 广州：华南理工大学出版社，2017.

[5] 李安华，董生智，李卫. 稀土永磁材料的力学性能［J］. 金属功能材料，2002，9（4）：7-10.

[6] 宋后定. 常用永磁材料及其应用基本知识讲座 第六讲 常用永磁材料的稳定性［J］. 磁性材料及器件，2008，39（1）：66-68.

[7] 朱海燕，张敏刚. 黏结NdFeB永磁体的制备［J］. 山西冶金，2009，32（5）：1-4+57.

[8] 宋振纶. 稀土永磁材料的失效与防护［M］. 北京：科学出版社，2017.

[9] Chen C H, Walmer M S, et al. Thermal stability of Sm-TM high temperature magnets at 300～550℃［J］. IEEE Transactions on Magnetics，2000，36（5）：3291-3293.

[10] Chen C H，Huang M，Higgins A，et al. Improved mechanical properties and thermal stability of Sm-Co high temperature magnets resulting from surface modifications［J］. Journal of Iron & Steel Research International，2006，13（S1）：112-118.

Chapter 2

第2章 永磁同步电机的磁路计算

磁场是电机实现机电能量转换的基础，磁场计算是电机性能计算的前提。在永磁电机中，磁场由永磁体、绕组电流、导磁材料和非导磁材料共同产生。由于漏磁和铁心饱和的影响，电机内磁场的分布极为复杂。磁场有限元法虽可准确计算磁场，但有限元建模和计算工作量大，所需时间长，不能进行快速准确的磁场计算，且难以与电机性能计算程序进行集成。在工程实际中，为实现永磁同步电机磁场的快速计算，通常将永磁体外的磁场简化为由主磁路和漏磁路组成的外磁路并计算其空载特性，然后将其与永磁体等效磁路相结合，确定永磁体工作点，进而确定电机内各部分磁路的磁通、磁压降、磁密和磁场强度，为电机性能的计算奠定基础。

本章将以径向磁场永磁同步旋转电机为例，介绍永磁同步电机的等效磁路、外磁路特性计算及电机磁路的计算方法。

2.1 永磁同步电机的磁路结构

永磁同步电机的电枢结构与电励磁交流电机相同，主要区别在于转子磁极结构。电励磁交流电机的磁极由磁极铁心和绕组组成，而永磁同步电机的磁极由永磁体构成。与电励磁电机相比，永磁磁极具有体积小、结构简单、形状多样的特点，使永磁同步电机的磁极结构多种多样。

1. 按永磁转子所在位置分类

按永磁体所在的位置，可分为内转子和外转子两种磁极结构。图 2-1 为内转子磁极结构，静止的电枢在外，旋转的永磁转子在内，这是永磁同步电机最典型的结构。图 2-2 为外转子磁极结构，静止的电枢在内，旋转的永磁转子在外。与内转子磁极结构相比，外转子磁极结构对转子的机械强度要求低，永磁体易于固定，但由于大多数热量由电枢产生，散热条件差，通常用于对电机安装方式有特殊要求的场合。

2. 按永磁体安装位置分类

按永磁体安装的位置，可分为表面式和内置式两种磁极结构，如图 2-3 所示。表面式结构的永磁体位于转子铁心表面，具有加工和安装方便的优点，但永磁体直接承受电枢反应的去磁作用，抗去磁能力差，用于高速电机时，机械强度差，需要外加护套。内置式结构的永磁体置于铁心内部，可以放置较多的永磁体，提高气隙磁密，提高电机的功率和转矩密度，抗去磁能力强，但加工和安装工艺复杂，漏磁大，永磁体用量多，机械强度低，不适于转速很高的场合。

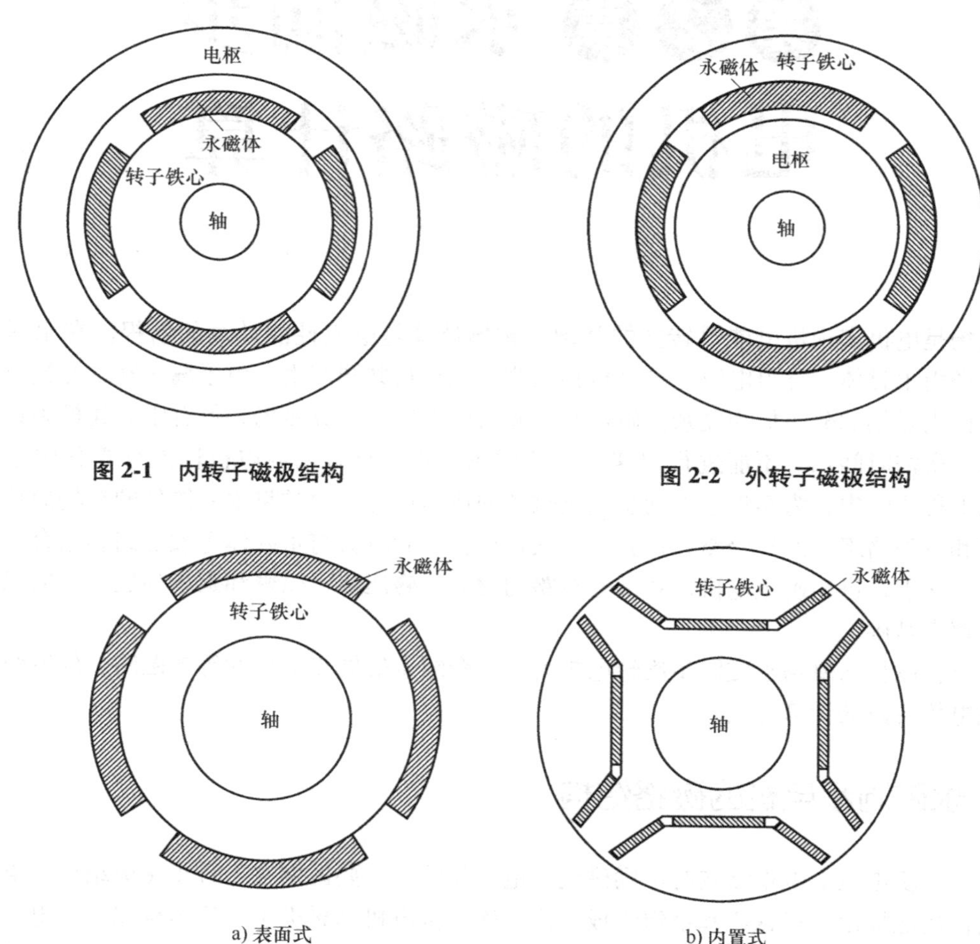

图 2-1 内转子磁极结构

图 2-2 外转子磁极结构

a) 表面式

b) 内置式

图 2-3 表面式和内置式结构

3. 按永磁体的形状分类

根据永磁体的形状，可分为同心瓦片形磁极、不等厚磁极、圆环形磁极和矩形磁极等磁极结构。

（1）同心瓦片形磁极结构

同心瓦片形磁极如图 2-4 所示，其特点是永磁体内外圆弧的圆心重合。图 2-4a、b 中永磁体边缘的形状不同。由于气隙均匀，产生的气隙磁场接近于平顶波，谐波含量较大，导致感应电动势和电枢电流中存在大量谐波，产生较大的杂散损耗和电磁转矩波动，以及较强的电磁振动和噪声。

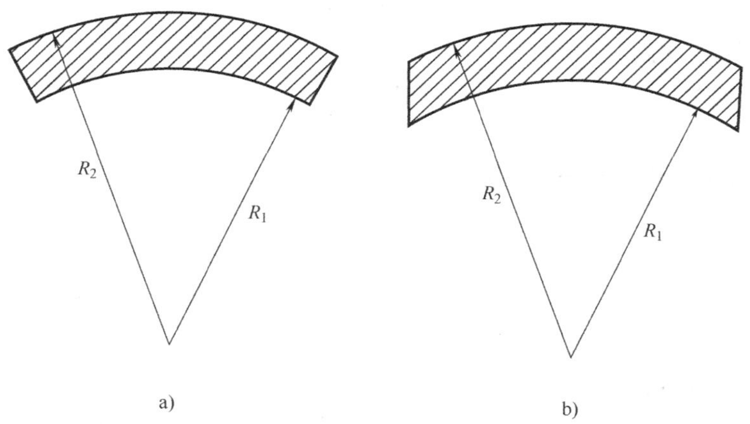

图 2-4　同心瓦片形磁极

（2）不等厚磁极结构

如上所述，同心瓦片形磁极产生的气隙磁场中谐波含量较大。为改善气隙磁场波形，可采用图 2-5 所示的不等厚永磁磁极。

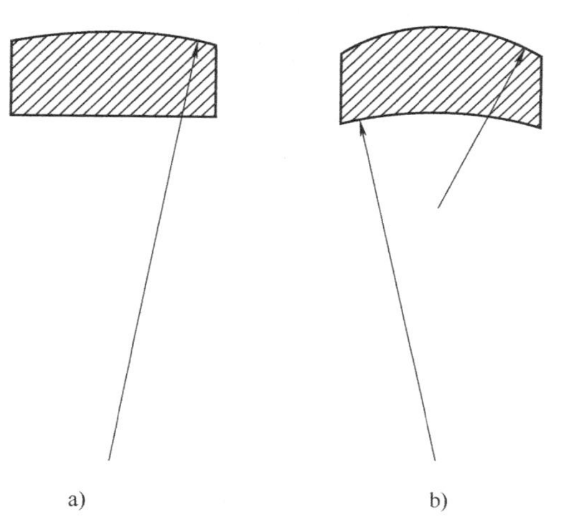

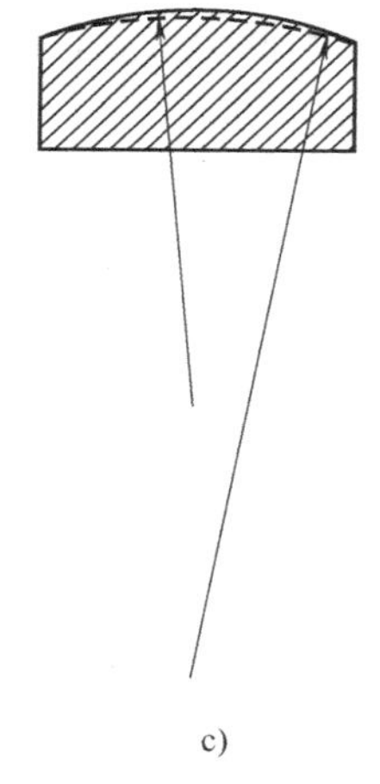

图 2-5　不等厚永磁磁极

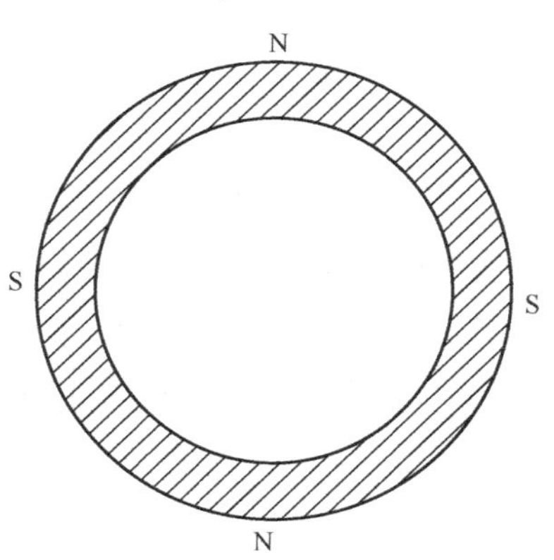

图 2-6　圆环形磁极结构

图 2-5a 靠近转子铁心的一侧为直线，靠近气隙的一侧为圆弧，其圆心在电机轴线上，电机气隙均匀。图 2-5b 靠近转子铁心的一侧为圆弧，其圆心在电机轴线上，靠近气隙的一侧也为圆弧，但其圆心不在电机轴线上，电机气隙不均匀。图 2-5c 靠近转子铁心的一侧为直线，靠近气隙的一侧为圆弧，其圆心不在电机的轴线上，电机气隙不均匀。

（3）圆环形磁极结构

圆环形磁极如图 2-6 所示，为一整体圆环，具有结构简单、加工和装配方便等优点，多用于高速永磁同步电机。

（4）矩形磁极结构

矩形磁极结构简单，加工方便，材料利用率高，在内置式永磁同步电机中应用广泛。

2.2 永磁同步电机的等效磁路

在永磁同步电机中，将永磁电机的磁路分为永磁体和外磁路两部分，其中外磁路是指永磁同步电机中除永磁体之外的那部分磁路。本节将介绍永磁体的等效磁路、外磁路的等效磁路，以及永磁同步电机的等效磁路。

1. 永磁体的等效磁路

对于钐钴永磁材料和常温下的钕铁硼永磁材料，其退磁曲线基本为直线，因此回复线与退磁曲线重合，为连接（$0,B_r$）和（$H_c,0$）两点的直线，如图 2-7a 所示，可表示为

$$B=B_r-\frac{B_r}{H_c}H=B_r-\mu_0\mu_r H \tag{2-1}$$

对于铁氧体和高温下的钕铁硼永磁材料，其退磁曲线的拐点以上部分为直线，拐点以下为曲线，只要永磁体工作在拐点以上，回复线就与退磁曲线重合，在设计时，需采取措施保证永磁体的工作点不低于拐点，因此其工作曲线为退磁曲线的直线部分及其延长线，如图 2-7b 所示，可表示为

$$B=B_r-\frac{B_r}{H'_c}H=B_r-\mu_0\mu_r H \tag{2-2}$$

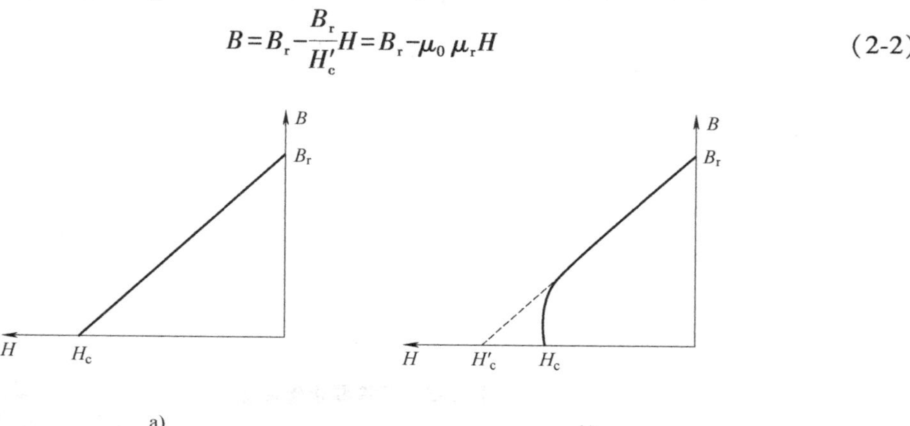

图 2-7　永磁体的回复线

在永磁电机中，永磁体是以一定的尺寸出现的，对外表现是磁动势 F_m 和磁通 Φ_m。假设永磁体在垂直于充磁方向上的截面积都相同（为 A_m，单位为 cm^2），充磁方向长度均匀（为 h_m，单位为 cm），磁化均匀，则

$$\begin{cases}\Phi_m=BA_m\times10^{-4}\\ F_m=Hh_m\times10^{-2}\end{cases} \tag{2-3}$$

将式（2-2）两端同乘以截面积得

$$\begin{aligned}\Phi_{\mathrm{m}} &= B_{\mathrm{r}}A_{\mathrm{m}}\times 10^{-4}-\mu_0\,\mu_{\mathrm{r}}HA_{\mathrm{m}}\times 10^{-4}\\ &=\Phi_{\mathrm{r}}-\frac{\mu_0\,\mu_{\mathrm{r}}A_{\mathrm{m}}}{h_{\mathrm{m}}}Hh_{\mathrm{m}}\times 10^{-4}=\Phi_{\mathrm{r}}-\frac{F_{\mathrm{m}}}{R_{\mathrm{m}}}=\Phi_{\mathrm{r}}-F_{\mathrm{m}}\Lambda_{\mathrm{m}}\end{aligned}\tag{2-4}$$

式中，Φ_{r} 称为虚拟内禀磁通，$\Phi_{\mathrm{r}}=B_{\mathrm{r}}A_{\mathrm{m}}\times 10^{-4}$；$R_{\mathrm{m}}$ 为永磁体的内磁阻，$R_{\mathrm{m}}=\dfrac{h_{\mathrm{m}}}{\mu_0\,\mu_{\mathrm{r}}A_{\mathrm{m}}}\times 10^{2}$；$\Lambda_{\mathrm{m}}$ 为永磁体的磁导，$\Lambda_{\mathrm{m}}=\dfrac{1}{R_{\mathrm{m}}}$。可以看出，永磁体可等效为一个恒定磁通源和一个磁阻的并联，如图 2-8a 所示。

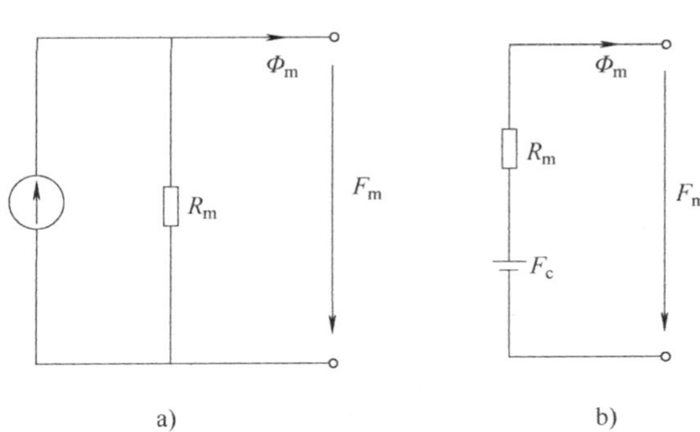

图 2-8　永磁体的等效磁路

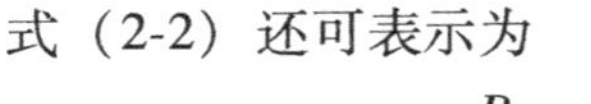

式（2-2）还可表示为

$$H=H_{\mathrm{c}}'-\frac{B}{\mu_0\,\mu_{\mathrm{r}}}\tag{2-5}$$

两端同乘以充磁方向长度，得

$$F_{\mathrm{m}}=h_{\mathrm{m}}H_{\mathrm{c}}'\times 10^{-2}-\frac{Bh_{\mathrm{m}}}{\mu_0\,\mu_{\mathrm{r}}}\frac{A_{\mathrm{m}}}{A_{\mathrm{m}}}\times 10^{-2}=F_{\mathrm{c}}-\Phi_{\mathrm{m}}R_{\mathrm{m}}\tag{2-6}$$

式中，F_{c} 称为虚拟内禀磁动势，$F_{\mathrm{c}}=H_{\mathrm{c}}'h_{\mathrm{m}}\times 10^{-2}$。可以看出，永磁体也可等效为一个恒定磁动势和一个磁阻的串联，如图 2-8b 所示。

2. 永磁同步电机的外磁路

永磁同步电机的外磁路由主磁路和漏磁路组成。永磁体向外磁路提供磁通，该磁通的绝大部分交链电枢绕组，是实现机电能量转换的基础，称为主磁通，也就是通常所说的每极气隙磁通，用 Φ_{δ} 表示，该磁通经过的路径称为主磁路。还有一部分磁通不与电枢绕组交链，在永磁磁极之间、永磁磁极和结构件之间形成磁场，称为漏磁场，对应的磁通称为漏磁通，用 Φ_{σ} 表示，该磁通经过的路径称为漏磁路。主磁路和漏磁路对应的磁导分别称为主磁导 Λ_{δ} 和漏磁导 Λ_{σ}。

在电机中，漏磁场的分布非常复杂，难以准确计算漏磁导。对于表面式永磁同步电机，其漏磁路大部分由空气组成，空气的磁导率低、磁阻大，漏磁路中铁磁部分的影响可以忽略，只考虑其中空气部分的影响，因此漏磁导近似为常数。而对于内置式永磁同步电机，由于永磁体放置在铁心内部，漏磁较大，漏磁路由铁心组成，漏磁导取决于铁心的饱和程度，不是常数。主磁导通过主磁路的计算获得，而漏磁路的影响通常用漏磁系数来考虑。主磁路和漏磁路的计算将在本章 2. 3 节讨论。

当电机负载运行时，电枢绕组中的电流产生电枢反应磁场，其中的直轴电枢反应磁动势 F_{ad}经过主磁路作用在永磁体上，对永磁体有助磁或去磁作用，此时主磁路用其磁阻 $R_{\delta}=1/\Lambda_{\delta}$ 和直轴电枢反应磁动势 F_{ad}的串联来表示（当 F_{ad}为正时，起去磁作用；当 F_{ad}为负时，起助磁作用），漏磁路用其磁阻 $R_{\sigma}=1/\Lambda_{\sigma}$ 表示，主磁路和漏磁路并联，得到图 2-9a 所示的外磁路等效磁路。为便于磁路分析，对该等效磁路进行简化，得到图 2-9b 所示的等效磁路。两者之间的变换满足

$$\begin{cases} F'_{ad}=\dfrac{F_{ad}}{\sigma} \\ R_n=\dfrac{R_\delta R_\sigma}{R_\delta+R_\sigma} \end{cases} \tag{2-7}$$

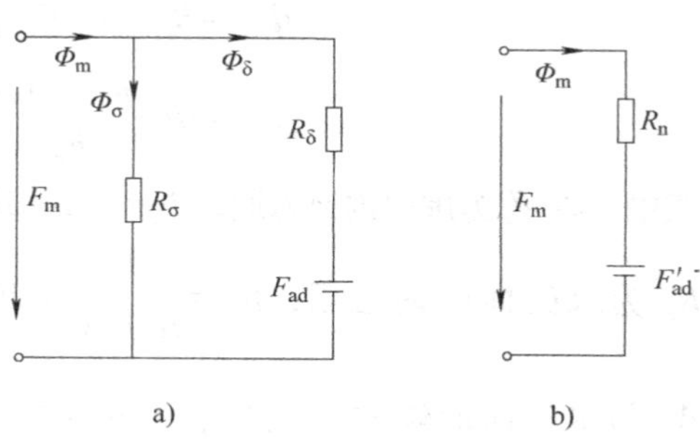

图 2-9　外磁路的等效磁路

电机空载时，$F_{ad}=0$，从等效磁路可以看出，空载总磁通 Φ_m 与空载主磁通 Φ_δ 之比等于外磁路合成磁导 Λ_n 与主磁导 Λ_δ 之比，所以漏磁系数 σ 可以用磁导表示为

$$\sigma=\frac{\Phi_m}{\Phi_\delta}=\frac{\Lambda_n}{\Lambda_\delta}=\frac{\Lambda_\delta+\Lambda_\sigma}{\Lambda_\delta}=1+\frac{\Lambda_\sigma}{\Lambda_\delta} \tag{2-8}$$

3. 永磁同步电机的等效磁路

因永磁体提供的磁动势和磁通分别等于外磁路的磁压降和磁通，将永磁体等效磁路和外磁路结合在一起，就得到永磁同步电机的等效磁路，如图 2-10 所示。

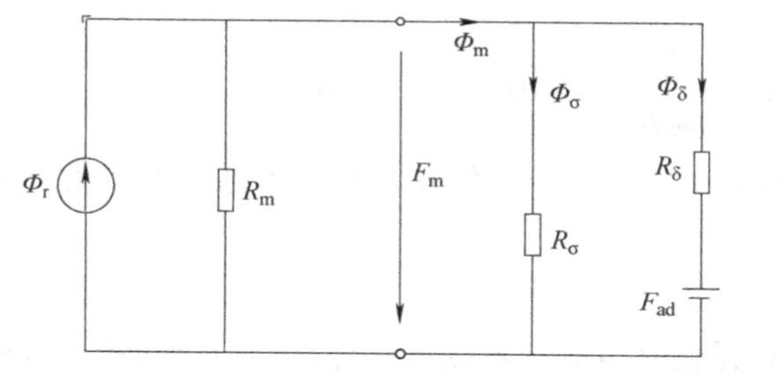

a) 基于永磁磁通源的等效磁路

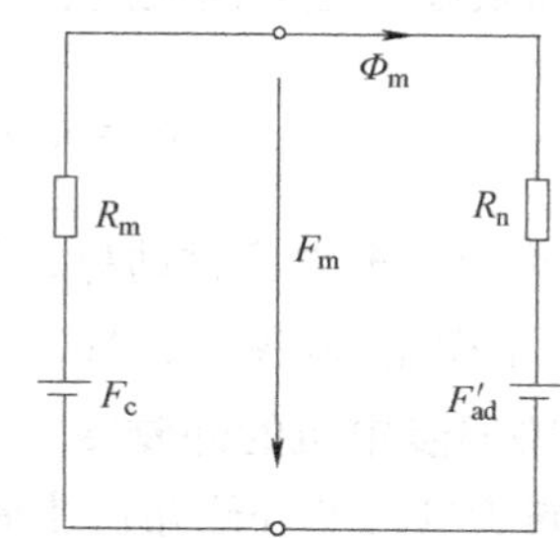

b) 基于永磁磁动势源的等效磁路

图 2-10　永磁同步电机的等效磁路

2.3　永磁同步电机的外磁路计算

永磁同步电机的外磁路包括主磁路和漏磁路两部分。永磁同步电机外磁路计算的关键是计算主磁路的磁压降 F 与主磁通 Φ_δ 之间的关系，即外磁路的空载特性。漏磁路的空载特性可通过漏磁系数与主磁路的空载特性得到。

2.3.1　主磁路的计算

1. 主磁路空载特性的计算

永磁同步电机的主磁路包括空气隙、定子齿、定子轭、转子轭和转子齿等。主磁路空载特性的计算，一般遵循以下步骤：

1）确定气隙磁通。对于结构数据一定的永磁电机，每极气隙磁通的预估值 Φ'_δ 可如下粗略确定

$$\Phi'_\delta=b_m L_m B'_k \tag{2-9}$$

式中，b_m 为每极永磁体的总宽度，L_m 为永磁体的轴向长度，B'_k 为永磁体的预估工作点。

2）选取不同的气隙磁通 Φ_δ =（0.2、0.3、0.4、0.5、0.6、0.7、0.8、0.9、0.95、1.0、1.05、1.1、1.15、1.2、1.25）Φ_δ'，计算各部分磁路的磁压降，相加即可得到主磁路总磁压降 F。

对于表面式永磁同步电机和内置式变频调速永磁同步电机，其总磁压降为

$$F=F_\delta+F_{t1}+F_{j1}+F_{j2} \tag{2-10}$$

式中，F_δ 为气隙磁压降，F_{t1}为定子齿磁压降，F_{j1}、F_{j2}分别为定、转子轭部磁压降。

对于异步起动永磁同步电机，其总磁压降为

$$F=F_\delta+F_{t1}+F_{t2}+F_{j1}+F_{j2} \tag{2-11}$$

式中，F_{t2}为转子齿部磁压降。

3）计算出不同 Φ_δ 对应的磁压降 F，$\Phi_\delta=f(F)$ 就是主磁路的空载特性。

由于主磁路的磁通 Φ_δ 与相应磁动势 F 的比值就是主磁路的磁导 Λ_δ，可以方便地得到 $\Lambda_\delta=f(F)$。

式（2-10）、式（2-11）的各磁压降中，定子齿部、定子轭部、转子齿部、转子轭部磁压降的计算方法与电励磁电机基本相同，在此不再赘述。由于永磁体的存在，永磁电机的齿槽效应、气隙磁场分布与电励磁电机之间存在明显差异，因此气隙磁压降的计算方法也不同。

2. 永磁电机的气隙磁压降计算

若气隙长度均匀、气隙磁密在一个极距范围内均匀分布、铁心端部无磁场边缘效应，则气隙磁压降为

$$F_\delta=H_\delta\delta=\frac{B_\delta}{\mu_0}\delta=\frac{\delta}{\mu_0}\frac{\Phi_\delta}{\tau_1 L_a} \tag{2-12}$$

式中，Φ_δ 为每极磁通，δ 为气隙长度，τ_1 为极距，L_a 为铁心轴向长度。

然而，由于齿槽效应、气隙磁密的分布不均匀以及电机端部磁场边缘效应的存在，气隙磁压降计算变得比较复杂，通常用气隙系数 k_δ、计算极弧系数 α_i 和电枢铁心有效长度 L_{ef}分别考虑上述三种因素的影响。在进行磁路计算时，通常每极磁通已知，则不考虑齿槽影响时，磁极中心对应的气隙磁密为

$$B_\delta=\frac{\Phi_\delta}{\alpha_i\tau_1 L_{ef}} \tag{2-13}$$

再考虑齿槽对气隙有效长度的影响，气隙磁压降为

$$F_\delta=k_\delta H_\delta\delta=k_\delta\frac{B_\delta}{\mu_0}\delta \tag{2-14}$$

因此，气隙磁压降计算的关键在于气隙系数 k_δ、计算极弧系数 α_i 和电枢铁心有效长度 L_{ef}的确定。

（1）计算极弧系数的确定

永磁同步电机的极弧系数 α_p 为极弧对应的圆心角 α 与 180°/p（p 为电机极对数）的比值，α 的意义如图 2-11 所示。在气隙均匀时，永磁同步电机的气隙磁密近似为矩形波，考虑磁极的边缘效应，计算极弧系数 α_i 为

$$\alpha_i=\alpha_p+\frac{2\delta}{\tau_1} \tag{2-15}$$

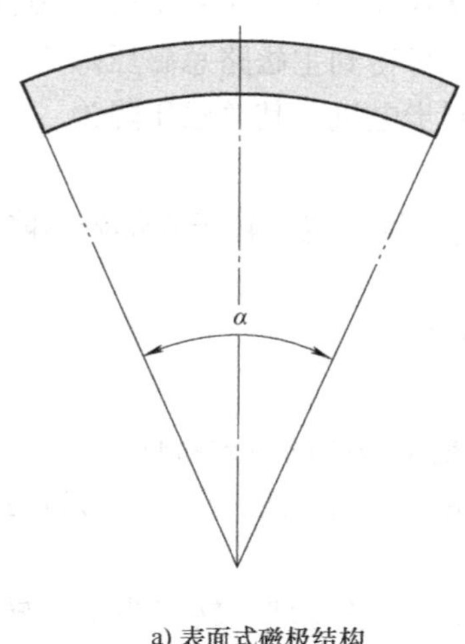

a) 表面式磁极结构

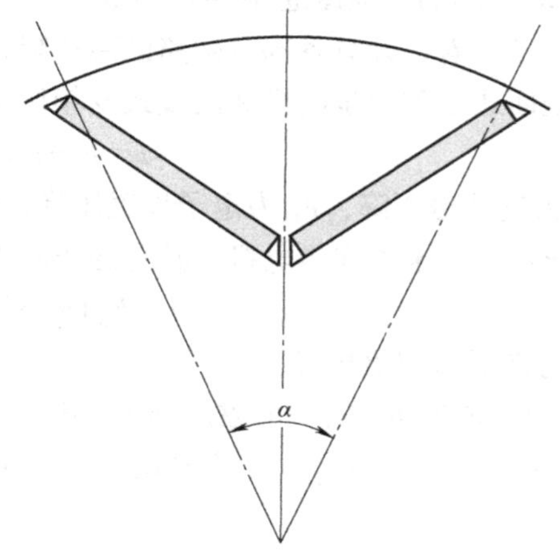

b) 内置式磁极结构

图 2-11　极弧对应的圆心角

（2）电枢铁心有效长度的确定

为了计及定子铁心两端边缘效应对气隙磁通的影响，引入电枢铁心有效长度 L_{ef}

$$L_{ef}=L_a+2\delta \tag{2-16}$$

（3）气隙系数

对于内置式变频调速永磁同步电机，气隙系数 k_δ 为

$$k_\delta=\frac{\delta_e}{\delta}=\frac{t}{t-\sigma_s b_0} \tag{2-17}$$

式中，δ_e 为有效气隙长度，t 为电枢齿距，b_0 为槽口宽，σ_s 为槽宽缩减因子。

$$\sigma_s=\frac{2}{\pi}\left\{\arctan\left(\frac{b_0}{2\delta}\right)-\frac{\delta}{b_0}\ln\left[1+\left(\frac{b_0}{2\delta}\right)^2\right]\right\} \tag{2-18}$$

对于异步起动永磁同步电机，永磁体内置于铁心中，定、转子都存在齿槽。假设定子侧有齿槽、转子侧无齿槽，据式（2-17）求出气隙系数 $k_{\delta1}$，再假设转子侧有齿槽、定子侧无齿槽，据式（2-17）求出气隙系数 $k_{\delta2}$，则异步起动永磁同步电机的气隙系数 k_δ 为

$$k_\delta=k_{\delta1}k_{\delta2}\text{或}\ k_\delta=k_{\delta1}+k_{\delta2}-1 \tag{2-19}$$

对于表面式永磁同步电机，永磁体直接面对气隙，式（2-17）不能直接使用。若永磁体的厚度为 h_m，将 $h_m+\delta$ 代替式（2-17）、式（2-18）中的 δ，得

$$k_{\delta m}=\frac{t}{t-\sigma_{sm}b_0} \tag{2-20}$$

式中

$$\sigma_{sm}=\frac{2}{\pi}\left\{\arctan\left(\frac{1}{2}\frac{b_0}{\delta+h_m}\right)-\frac{\delta+h_m}{b_0}\ln\left[1+\left(\frac{1}{2}\frac{b_0}{\delta+h_m}\right)^2\right]\right\} \tag{2-21}$$

电机的有效气隙为

$$\delta_e=k_{\delta m}(h_m+\delta)-h_m \tag{2-22}$$

气隙系数为

$$k_\delta=\frac{\delta_e}{\delta}=k_{\delta m}\left(\frac{h_m}{\delta}+1\right)-\frac{h_m}{\delta} \tag{2-23}$$

2.3.2　漏磁路的计算

在电机中，漏磁场的分布非常复杂，通常采用漏磁系数考虑漏磁场的影响，因此漏磁系数的准确与否直接影响磁路计算的准确性。下面介绍表面式永磁同步电机和内置式变频调速永磁同步电机漏磁系数的计算方法。

1. 表面式永磁同步电机的漏磁系数

表面式永磁同步电机的永磁体直接面向气隙，其漏磁路大部分为空气，可以忽略其中的铁磁材料的影响。参考文献［1］基于磁路法，得到表面式永磁同步电机漏磁系数的近似计算公式

$$\sigma=1+\frac{\frac{2}{\pi}k_\delta\delta\ln\left(1+\frac{\pi k_\delta\delta}{h_m}\right)}{\alpha_i\tau_1}+\frac{4\ (k_\delta\delta)^2}{(1-\alpha_p)\alpha_i\tau_1^2} \tag{2-24}$$

2. 内置式永磁电机的漏磁系数[2]

对于永磁体内置的永磁电机，由于永磁体放置在铁心内部，漏磁较大，通常采用磁桥进行隔磁，漏磁路主要由铁心组成，漏磁系数与极数、气隙长度、磁桥尺寸、铁心饱和程度等直接相关。在进行电机磁路计算时，往往根据经验直接给定一个漏磁系数值，严重影响磁路计算和电机性能计算的准确性。若采用有限元法计算漏磁系数，虽计算准确，但一旦调整电机结构参数，就需重新进行有限元计算，这种磁路计算和有限元分析交错进行的方式，其计算效率很低。

本节以 V 形内置式变频调速永磁同步电机为例，介绍基于磁路的漏磁系数计算方法。其他形式的内置式永磁同步电机可仿照此方法计算。

在内置式永磁同步电机中，永磁体产生的磁通 Φ_m 包括穿过气隙进入电枢的主磁通 Φ_δ 和不穿过气隙而在转子内部闭合的漏磁通 Φ_σ，因此如何求 Φ_σ 是获得漏磁系数的关键。

漏磁系数计算的基本思路是，忽略磁桥以外的转子铁心磁压降，在每极范围内存在两个等磁位面，如图 2-12 中虚线所示。这两个等磁位面的磁位差 $F_{\delta tj}$ 等于气隙磁压降 F_δ、定子齿部磁压降 F_{t1} 和定子轭部磁压降 F_{j1} 之和，即

$$F_{\delta tj}=F_\delta+F_{t1}+F_{j1} \tag{2-25}$$

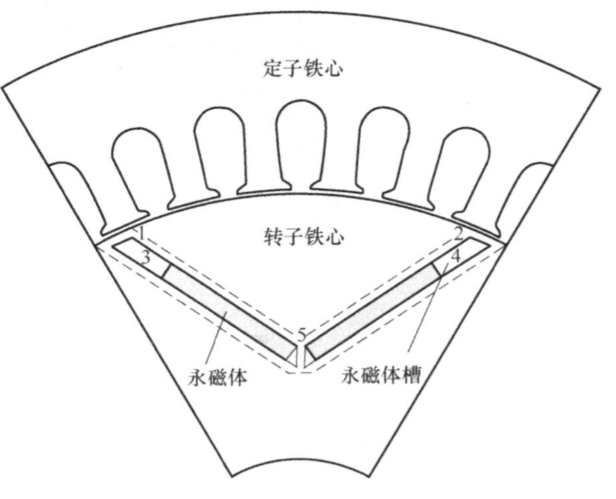

图 2-12　漏磁系数的计算

在进行磁路计算时，每极气隙磁通 Φ_δ 已知，根据 Φ_δ 通过磁路计算可得到 $F_{\delta tj}$，进而根据 $F_{\delta tj}$ 求出通过磁桥 1、2、5 和永磁体槽中没有永磁体的部分 3、

4 的磁通，相加即得到转子漏磁通 Φ_σ，最终可求得漏磁系数。

（1）通过磁桥的磁通

该模型的每个磁极有 3 个磁桥，其中通过磁桥 1、2 的磁通相同，用 Φ_{b1} 表示。通过磁桥 5 的磁通用 Φ_{b2} 表示，故通过磁桥的总磁通为

$$\Phi_b = 2\Phi_{b1} + \Phi_{b2} \tag{2-26}$$

1）磁通 Φ_{b1} 的计算。设磁桥 1 的宽度为 b_1，长度为 l_{b1}，单位都是 cm。由于 $F_{\delta tj}$ 加在 l_{b1} 上，故磁桥 1 内的磁场强度（A/cm）为

$$H_{b1} = \frac{F_{\delta tj}}{l_{b1}} \tag{2-27}$$

理论上讲，根据硅钢片的磁化曲线即可得到与 H_{b1} 对应的磁密，但 H_{b1} 可能远超出了硅钢片正常的磁化曲线范围，无法利用硅钢片的正常磁化曲线求得其对应的磁密。为解决这一问题，利用图 2-13 所示的“齿部磁密≥1.8T 时的校正磁化曲线”中 $k_s = 0.2$ 对应的那条磁化曲线近似求取高饱和下硅钢片的磁密。

查图 2-13，得到与 H_{b1} 对应的磁密 B_{b1}，则通过磁桥 1 的磁通（Wb）为

$$\Phi_{b1} = B_{b1} b_1 L_{ef} \times 10^{-4} \tag{2-28}$$

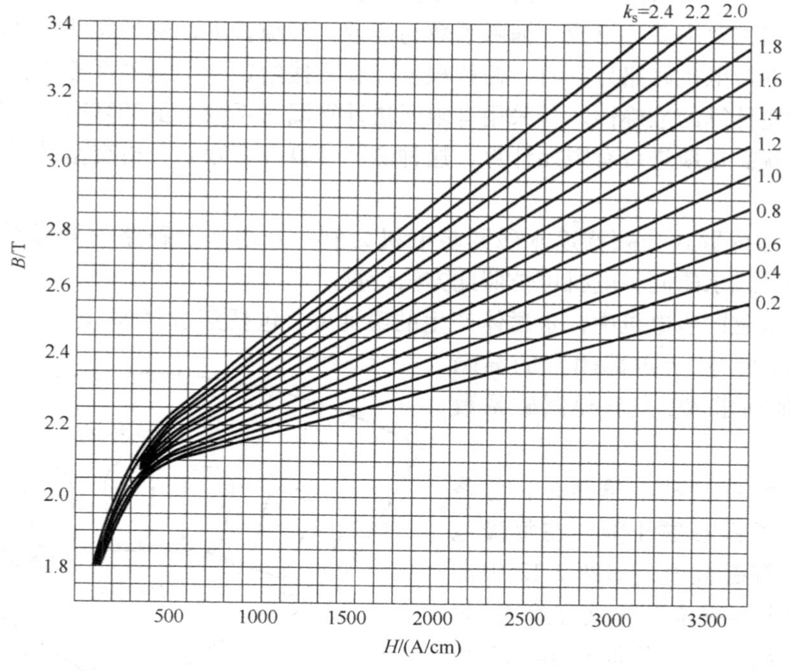

图 2-13 齿部磁密≥1.8T 时的校正磁化曲线

2）磁通 Φ_{b2} 的计算。磁桥 5 的宽度为 b_2，长度 l_{b2}，单位都为 cm。$F_{\delta tj}$ 加在 l_{b2} 上，则磁桥内的磁场强度（A/cm）为

$$H_{b2} = \frac{F_{\delta tj}}{l_{b2}} \tag{2-29}$$

查图 2-13，得到与 H_{b2}对应的磁密 B_{b2}，通过磁桥 5 的磁通（Wb）为

$$\Phi_{b2}=B_{b2}b_2L_{ef}\times 10^{-4} \tag{2-30}$$

（2）通过永磁体槽的漏磁通 Φ_r

设每极的范围内不放置永磁体的部分永磁体槽的长度为 l_{air}，永磁体槽的宽度为 b_{air}，单位都是 cm。$F_{\delta tj}$加在转子槽的两个槽壁之间，则通过永磁体槽的漏磁通 Φ_r(Wb)为

$$\Phi_r=\mu_0\frac{F_{\delta tj}}{b_{air}}l_{air}L_{ef}\times 10^{-2} \tag{2-31}$$

（3）漏磁系数

漏磁系数为

$$\sigma=\frac{\Phi_\delta+\Phi_r+\Phi_b}{\Phi_\delta} \tag{2-32}$$

3. 漏磁路的计算

由空载漏磁系数的定义可知

$$\sigma=\frac{\Phi_\delta+\Phi_\sigma}{\Phi_\delta} \tag{2-33}$$

因而有

$$(\sigma-1)\Phi_\delta=\Phi_\sigma \tag{2-34}$$

两端同除以磁压降 F，有

$$(\sigma-1)\frac{\Phi_\delta}{F}=\frac{\Phi_\sigma}{F} \tag{2-35}$$

即

$$\Lambda_\sigma=(\sigma-1)\Lambda_\delta \tag{2-36}$$

因此可以通过主磁导和漏磁系数确定漏磁导，进而得到漏磁路的空载特性曲线 $\Phi_\sigma=\Lambda_\sigma F$。

根据主磁路和漏磁路的空载特性曲线，可以得到外磁路的合成特性曲线。

2.4　永磁体工作点的确定方法

2.4.1　永磁体工作图法

如前所述，在永磁电机中，永磁体向外磁路提供的磁动势和磁通分别等于外磁路上的磁动势和磁通，因此永磁体的工作点取决于永磁体的特性和外磁路的特性。永磁体的特性用回复线描述，外磁路的特性用外磁路合成特性曲线 $\Phi=f(F)$表示，两者的交点就是永磁体的工作点。永磁体工作图的绘制方法如下：

1）将退磁曲线 $B=f(H)$的横坐标乘以每极永磁体充磁方向长度，纵坐标乘以提供每极磁通的永磁体面积，得到 $\Phi_m=f(F_m)$曲线，如图 2-14a 所示。

2）确定回复线的位置和起点。工作于电机中的永磁体的工作点是动态变化的，为保证电机工作性能稳定，将电机中可能出现的最大去磁点(F_k,Φ_k)作为回复线的起点，画出回

复线。

3）画出主磁路的空载特性曲线 $\Phi_\delta=f(F)$ 和漏磁路的空载特性曲线 $\Phi_\sigma=\Lambda_\sigma F$，将两者叠加，得到外磁路的合成特性曲线 $\Phi=f(F)$，与回复线的交点就是永磁体的空载工作点，所对应的磁动势和磁通分别是空载时永磁体向外磁路提供的磁动势 F_{m0} 和磁通 Φ_{m0}，经过该点的垂线与主磁路特性曲线的交点为空载气隙磁通 $\Phi_{\delta 0}$。

4）负载运行时，存在电枢反应磁动势 F_a，其中的直轴分量 F_{ad} 对永磁体有助磁或去磁作用，其对永磁体的等效磁动势为 $F'_{ad}=F_{ad}/\sigma$。当该磁动势起去磁作用时，将外磁路合成特性曲线向左平移 F_{ad}/σ，与回复线的交点就是永磁体的负载工作点，如图 2-14b 所示；当该磁动势起助磁作用时，将外磁路合成特性曲线向右平移 F_{ad}/σ，与回复线的交点就是永磁体的负载工作点，如图 2-14c 所示。工作点所对应的磁动势和磁通分别是负载时永磁体向外磁路提供的磁动势 F_m 和磁通 Φ_m，经过该点的垂线与漏磁路特性曲线的交点所对应的磁通就是漏磁通 Φ_σ，气隙磁通 $\Phi_\delta=\Phi_m-\Phi_\sigma$。

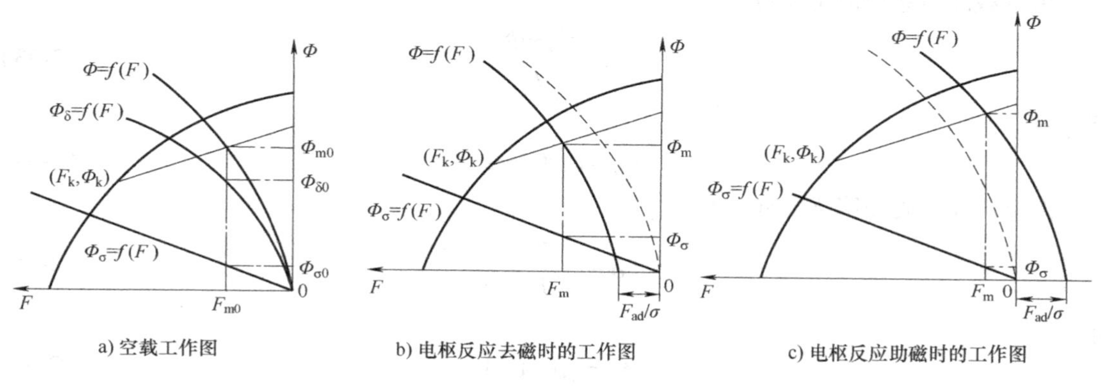

图 2-14　永磁体工作图法

2.4.2　解析法[3]

在电机的工程计算中，有时不用各种物理量的实际值进行计算，而是采用标幺值。所谓标幺值就是某一物理量的实际值与所选定的基值之比，即

$$标幺值=\frac{实际值}{基值} \tag{2-37}$$

采用标幺值进行磁路计算，可以使磁路计算的公式大为简化。

1. 磁路计算中基值的选取

采用标幺值，首先要选定物理量的基值。基值用该物理量符号加下标“b”表示，如磁密 B 的基值用 B_b 表示。在永磁电机磁路计算中，最基本的两个基值是磁通基值 B_b 和磁场强度基值 H_b，分别取为

$$\begin{cases}B_b=B_r\\H_b=H_c\end{cases} \tag{2-38}$$

其他物理量的基值，如磁通基值 Φ_b、磁动势基值 F_b、磁导基值 Λ_b 和磁阻基值 R_b 可以根据这两个基值求得

$$
\begin{cases}
\Phi_b = \Phi_r = B_r A_m \times 10^{-4} \\
F_b = H_c h_m \times 10^{-2} = F_c \\
\Lambda_b = \dfrac{\Phi_b}{F_b} = \dfrac{\Phi_r}{F_c} = \dfrac{B_r A_m \times 10^{-4}}{H_c h_m \times 10^{-2}} = \mu_0 \mu_r \dfrac{A_m}{h_m} \times 10^{-2} = \Lambda_m \\
R_b = R_m
\end{cases}
\tag{2-39}
$$

2. 标幺值的计算

各物理量的标幺值用相应的小写字母表示。磁通的标幺值为

$$
\begin{cases}
\varphi_m = \dfrac{\Phi_m}{\Phi_r} = \dfrac{B_m}{B_r} = b_m \\
\varphi_r = \dfrac{\Phi_r}{\Phi_r} = \dfrac{B_r}{B_r} = b_r = 1
\end{cases}
\tag{2-40}
$$

磁动势的标幺值为

$$
\begin{cases}
f_m = \dfrac{F_m}{F_c} = \dfrac{H_m}{H_c} = h_M \\
f'_{ad} = \dfrac{F'_{ad}}{F_c} = \dfrac{H'_{ad}}{H_c} = h'_{ad} \\
f_c = \dfrac{F_c}{F_c} = \dfrac{H_c}{H_c} = h_c = 1 \\
f_{ad} = \dfrac{F_{ad}}{F_c} = \dfrac{H_{ad}}{H_c} = h_{ad}
\end{cases}
\tag{2-41}
$$

磁导的标幺值为

$$
\begin{cases}
\lambda_\delta = \dfrac{\Lambda_\delta}{\Lambda_b} \\
\lambda_m = \dfrac{\Lambda_m}{\Lambda_b} = 1 \\
\lambda_\sigma = \dfrac{\Lambda_\sigma}{\Lambda_b} \\
\lambda_n = \dfrac{\Lambda_n}{\Lambda_b}
\end{cases}
\tag{2-42}
$$

磁阻的标幺值为

$$
\begin{cases}
r_\delta = \dfrac{R_\delta}{R_b} = \dfrac{1}{\lambda_\delta} \\
r_m = \dfrac{R_m}{R_b} = 1 = \dfrac{1}{\lambda_m} \\
r_\sigma = \dfrac{R_\sigma}{R_b} = \dfrac{1}{\lambda_\sigma} \\
r_n = \dfrac{R_n}{R_b} = \dfrac{1}{\lambda_n}
\end{cases}
\tag{2-43}
$$

磁密和磁场强度的标幺值分别为

$$\begin{cases} b=\dfrac{B}{B_r} \\ h=\dfrac{H}{H_c} \end{cases} \tag{2-44}$$

直线的退磁曲线用标幺值表示为

$$f_m=\frac{F_m}{F_b}=\frac{F_c-\dfrac{\Phi_m}{\Lambda_m}}{F_b}=\frac{F_c}{F_b}-\frac{\Phi_m}{\Lambda_m}\frac{\Lambda_b}{\Phi_b}=1-\varphi_m \tag{2-45}$$

也可将直线的退磁曲线表示为

$$h_M=1-b_m \tag{2-46}$$

3. 基于标幺值的磁路解析计算

根据上述的基值选取方法和标幺值计算方法，可得到用标幺值表示的永磁电机等效磁路，如图 2-15 所示。

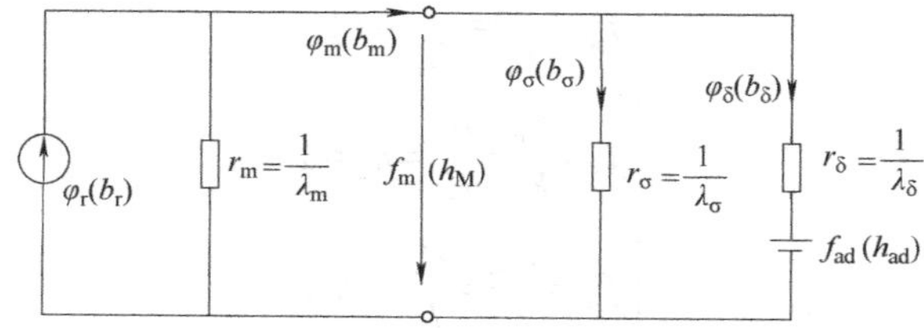

a) 基于永磁磁通源的等效磁路

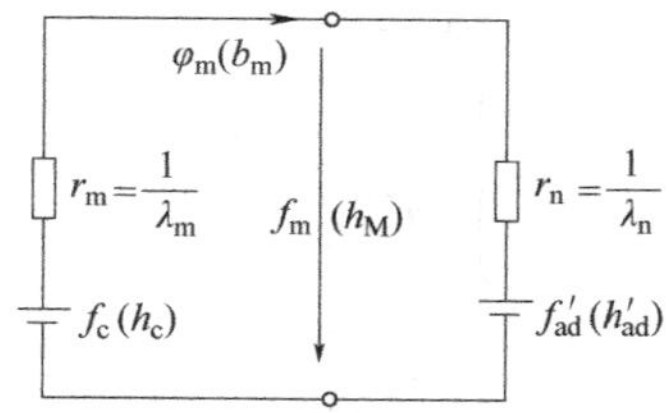

b) 基于永磁磁动势源的等效磁路

图 2-15 用标幺值表示的永磁电机等效磁路

当磁路不饱和时，λ_δ、λ_σ、$\lambda_n\left(\lambda_n=\dfrac{\varphi_{m0}}{f_{m0}}=\lambda_\delta+\lambda_\sigma\right)$都是常数，可以直接用解析法求解磁路。当磁路饱和时，λ_σ 不变，λ_δ 和 λ_n 随磁路饱和程度的变化而变化，不再是常数，但当磁路饱和程度不很高时，λ_δ 和 λ_n 变化不大，可认为是额定负载时的 λ_δ 和 λ_n，也可以用解析法求解磁路。

（1）空载时

电机空载时，可认为没有电枢反应磁动势，永磁体产生的磁动势和磁通的标幺值满足

$$f_{m0}=1-\varphi_{m0} \tag{2-47}$$

外磁路满足

$$\frac{\varphi_{m0}}{f_{m0}}=\lambda_{\delta}+\lambda_{\sigma}=\lambda_{n} \tag{2-48}$$

将上面两式联立求解得

$$\begin{cases}\varphi_{m0}=\dfrac{\lambda_{n}}{\lambda_{n}+1}=b_{m0}\\ f_{m0}=\dfrac{1}{\lambda_{n}+1}=h_{m0}\end{cases} \tag{2-49}$$

(b_{m0},h_{m0})就是永磁体的空载工作点，据此可得到空载时永磁体产生的总磁通 Φ_{m0}、漏磁通 $\Phi_{\sigma0}$和气隙主磁通 $\Phi_{\delta0}$

$$\begin{cases}\Phi_{m0}=b_{m0}B_{r}A_{m}\times10^{-4}\\ \Phi_{\sigma0}=h_{m0}\lambda_{\sigma}B_{r}A_{m}\times10^{-4}\\ \Phi_{\delta0}=\Phi_{m0}-\Phi_{\sigma0}\end{cases} \tag{2-50}$$

单位都为 Wb。

（2）负载时

电机负载时，存在电枢反应磁动势f'_{ad}，此时磁路满足

$$\begin{cases}f_{mN}=1-\varphi_{mN}\\ \dfrac{\varphi_{mN}}{f_{mN}-f'_{ad}}=\lambda_{n}\end{cases} \tag{2-51}$$

求解得

$$\begin{cases}\varphi_{mN}=\dfrac{\lambda_{n}(1-f'_{ad})}{\lambda_{n}+1}=b_{mN}\\ f_{mN}=\dfrac{1+\lambda_{n}f'_{ad}}{\lambda_{n}+1}=h_{mN}\end{cases} \tag{2-52}$$

(b_{mN},h_{mN})就是永磁体的负载工作点，据此可得到负载时永磁体产生的总磁通 Φ_{mN}、漏磁通 $\Phi_{\sigma N}$和气隙磁通 $\Phi_{\delta N}$

$$\begin{cases}\Phi_{mN}=b_{mN}B_{r}A_{m}\times10^{-4}\\ \Phi_{\sigma N}=h_{mN}\lambda_{\sigma}B_{r}A_{m}\times10^{-4}\\ \Phi_{\delta N}=\Phi_{mN}-\Phi_{\sigma N}\end{cases} \tag{2-53}$$

参考文献

［1］ 荆中金，张磊磊. 表面式永磁电机空载漏磁系数分析与计算［J］. 上海大中型电机，2011（4）：36-41.
［2］ 徐定旺. 调速永磁同步电动机系列化设计新方法的研究［D］. 济南：山东大学，2017.
［3］ 唐任远. 现代永磁电机理论与设计［M］. 北京：机械工业出版社，1997.

Chapter 3

第3章 永磁同步电机的轴电压

3.1 轴电压概述

据统计，轴承损坏引起的电机故障约占电机故障的41%。引起轴承故障的原因包括轴电压、负载突变、负载振动、过载、轴承污染、过热、润滑油不足或失效、安装错位、松动和维护不当等，其中轴电压引起的轴承故障占轴承故障的40%以上，是轴承损坏的重要原因。本节主要介绍电机内轴电压的产生原因及危害。

1. 轴电压的产生原因

轴电压的产生原因主要归纳为以下五类[1]：

（1）轴向磁通单极效应

电励磁同步电机内存在各种环绕转轴的电路，如集电环装置和转子绕组端部等，在设计时应保证它们产生的磁动势相互抵消。当设计不当或转子绕组发生匝间短路时，磁动势不能相互抵消，就会产生轴向的剩磁。此外，当发电机短路或其他异常工况下，常会使大轴、轴瓦、机壳等部件磁化并保留一定的剩磁。磁力线流经轴瓦，当机组大轴转动时，就会产生轴电压。轴向磁通单极效应产生的轴电压为直流分量，并随负载的变化而变化。

（2）发电机静态励磁系统

在电励磁同步电机的静态励磁系统中，整流器会在转子绕组中引入幅值较高的电压脉冲，这些电压脉冲经转子绕组和转轴之间的分布电容，在转轴上产生轴电压。

（3）静电电荷聚集

在汽轮发电机中，蒸汽中的水分子聚合物冲击汽轮发电机的叶片，发生碰撞和摩擦而在高速旋转的汽轮发电机转子上产生静电电荷，静电电荷的聚集引起轴电压。

（4）磁路不平衡

电机制造偏差和轴承磨损等引起的转子偏心、扇形片结构、分数槽结构、三相绕组不平衡、三相供电电压不平衡、绕组匝间短路等导致磁路不平衡，产生一个环绕转轴的交变净磁通，在转轴上感应出交变电压，称为固有轴电压。

(5) 变频器的共模电压

在常规 PWM 控制下，虽然变频器三相输出电压满足相位角互差 120°的关系，但三相输出电压之和并不为零，存在阶梯式跃变的零序电压，称为共模电压，其交变频率为变频器的开关频率。由于电机内存在分布电容，共模电压通过线圈与转子、线圈与定子铁心、线圈与机壳之间的不同回路，产生施加在轴承上的轴电压，称为共模轴电压。

2. 轴电压的危害

当轴电压较低时，由于轴承内润滑油膜的绝缘作用，轴电压不足以击穿油膜而产生轴电流。但当轴电压较高或电机起动瞬间油膜未稳定形成时，轴电压将击穿润滑油膜，发生火花放电，所产生的热量恶化润滑油性能；放电产生的高温在轴承内圈、外圈或滚珠上形成凹槽，长时间的持续放电会腐蚀轴承滚道，增大滚道的表面粗糙度，产生如图 3-1 所示的电腐蚀痕迹；不平整的滚道较平整的滚道更容易发生击穿现象，电腐蚀程度会成倍增加；大的凹槽还会加大电机的振动和噪声。若不能及时发现和处理，将严重降低轴承的可靠性，甚至损坏轴承。轴电压对轴承造成的损伤也称为轴承电腐蚀。

美国 NEMA 标准 MG1—2016 "Motors and Generators" 的 31.4.4.3 部分指出[2]，在正弦电压供电的大机座号（通常为 500 及以上机座号）电动机中，会出现由磁路不对称引起的轴电压。当根据 IEEE 112—2017 标准测得的该种轴电压的峰值超过 300mV 时，需进行轴承的绝缘。

国家标准 GB/T 20161—2008《变频器供电的笼型感应电动机应用导则》指出[3]，正弦波供电的笼型感应电动机，若轴电压峰值超过 500mV，能在相对短的时间内损坏轴承。电流型变频器供电的笼型感应电动机，供电电流中的谐波使轴电压略有增加，轴电压的上限也推荐为 500mV（峰值）。电压型变频器供电的笼型感应电动机，280 及以下机座号的电机因变频器供电而损伤的现象很少，但若变频器输出电压大于 400V（有效值）、脉冲频率高于 10kHz，应考虑对一个轴承加以绝缘；315 及以上机座号的电机，建议采用 1MHz 时的绝缘阻抗至少为 100Ω 的绝缘轴承。

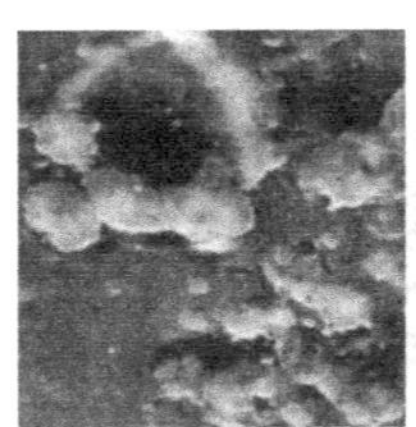

a) 凹坑

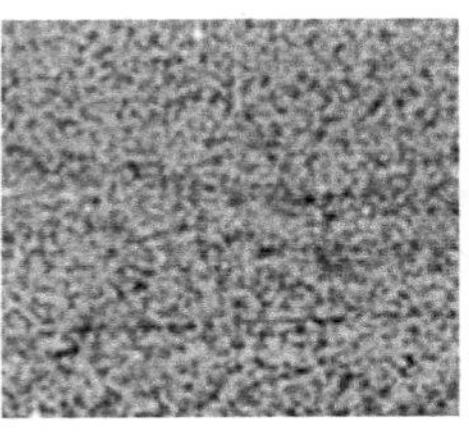

b) 表面粗糙

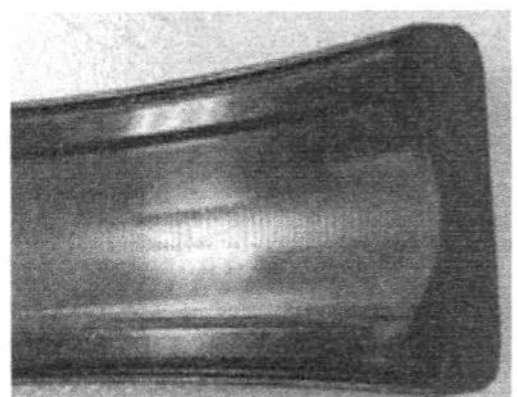

c) 波纹状凹槽

图 3-1　轴承的电腐蚀痕迹

3.2　永磁电机的轴电压及产生机理

在永磁电机发展的早期，单机功率小、转速低、每极槽数为整数（磁路对称），电机不产生轴电压或轴电压很低，轴电压的危害不明显。

20 世纪 80 年代，高性能钕铁硼永磁材料的出现，使永磁电机的研究、开发和使用进入了快速发展的新时期。永磁电机的单机容量和转速不断提高，分数槽绕组永磁电机（磁路可能不对称）和变频器供电永磁电机的应用快速增长，轴电压的危害日益显著。例如，在6kV、10kV大功率异步起动永磁同步电机中，普遍存在由于转子偏心、加工偏差等引起的固有轴电压，且数值较高；在小功率变频器供电永磁同步电机中，共模轴电压的危害非常普遍。目前在高压大功率和较大机座号的低压小功率永磁电机中，需采取相应措施降低轴电压对轴承的危害。

异步起动永磁同步电机由电网直接供电，只存在固有轴电压；变频器供电的永磁同步电机同时存在固有轴电压和共模轴电压。下面介绍两类轴电压的产生机理和特点。

1. 固有轴电压

在永磁电机中，存在永磁磁场和电枢反应磁场，这两个磁场都能产生固有轴电压，分别称为永磁磁场固有轴电压和电枢反应磁场固有轴电压。

（1）永磁磁场固有轴电压

如前所述，电机制造偏差和轴承磨损等引起的转子偏心、扇形片结构、分数槽定子结构都可能引起电机磁路的不对称。永磁体与不对称定子磁路结构相互作用产生的轴电压称为永磁磁场固有轴电压。

以图3-2所示的6极9槽永磁同步电机为例。将各极下磁通按其在定子铁心中流通路径的方向分为顺时针磁通 $\boldsymbol{\Phi}_{\mathrm{Y}}$ 和逆时针磁通 $\boldsymbol{\Phi}_{\mathrm{S}}$ 两部分。当电机磁路不平衡时，$\boldsymbol{\Phi}_{\mathrm{Y}}$ 不等于 $\boldsymbol{\Phi}_{\mathrm{S}}$，此时，可以等效出一个环绕转轴的净磁通 $\pm(\boldsymbol{\Phi}_{\mathrm{Y}}-\boldsymbol{\Phi}_{\mathrm{S}})$。当电机转动时，该净磁通随时间变化，在转轴上感应出交变的永磁磁场固有轴电压。永磁磁场固有轴电压一旦击穿轴承的油膜，会产生轴电流，其路径为：轴→一端轴承→端盖→机壳→另一端的端盖→另一端轴承→轴，如图3-3中带箭头的虚线所示。可以通过对一端的轴承进行绝缘（采用绝缘轴承、绝缘轴承室等）而减小其对轴承的危害。

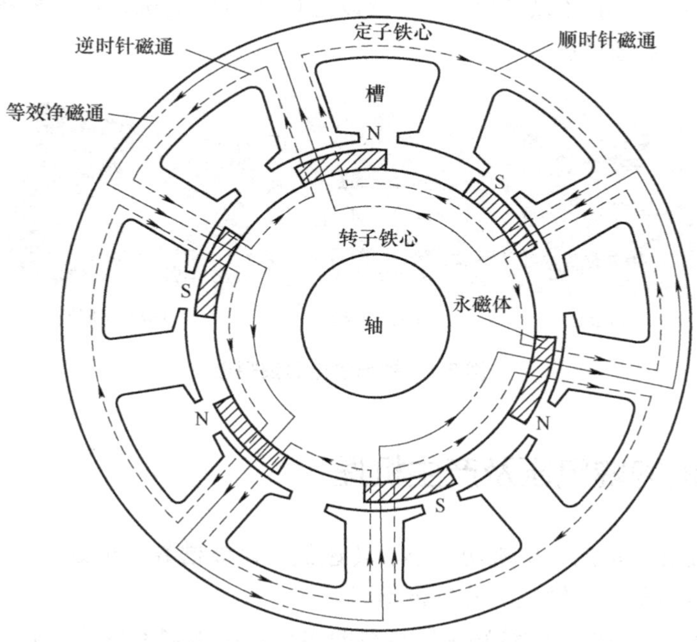

图3-2　6极9槽永磁同步电机的等效净磁通

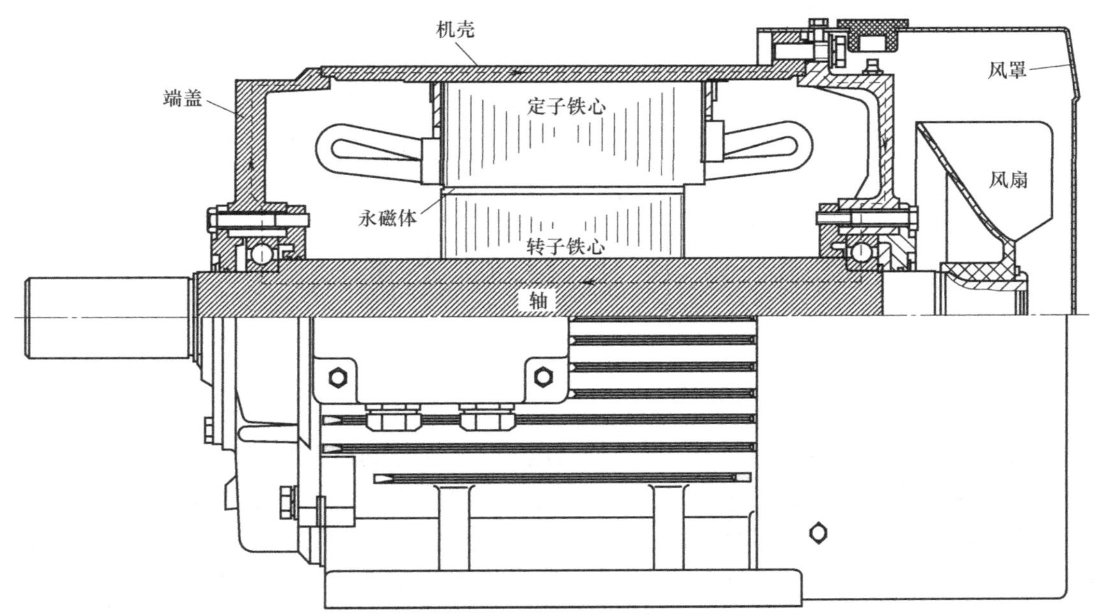

图 3-3　固有轴电压产生的轴电流的流通路径

（2）电枢反应磁场固有轴电压

由电枢反应磁场引起的轴电压称为电枢反应磁场固有轴电压。对于气隙均匀的表贴式永磁同步电机，若采用整数槽绕组，施加三相对称或不对称电流，都不会产生电枢反应磁场固有轴电压；对于分数槽永磁同步电机，施加三相对称或不对称电流，通常都会产生电枢反应磁场固有轴电压。

电枢反应磁场固有轴电压也是交变的，其产生的轴电流的流通路径与永磁磁场固有轴电压相同。

2. 共模轴电压

随着电力电子技术、永磁材料和永磁同步电机技术的迅速发展，永磁同步电机交流调速技术在电机节能、调速控制和伺服控制等场合得到越来越广泛的应用，但同时也带来了若干负面影响，包括轴承电腐蚀、电机绕组局部绝缘击穿和电磁干扰等，其中轴承电腐蚀是由变频器共模电压经电机内部分布电容在轴承上产生的共模轴电压引起的。

电机的共模电压是指电机的中性点与参考地（直流母线中点）之间的电压。当永磁同步电机采用正弦波三相对称电压供电时，共模电压为零。当采用变频器供电时，三相电压由一系列脉冲组成，共模电压不再为零，而是由脉冲组成的交变电压，如图 3-4 所示。共模电压通过电机的定子、转子、绕组和永磁体各部分之间的分布电容以及轴承电容形成电路，从而形成轴电流。根据流通路径的不同，共模轴电压产生的电流有以下三种[4]。

（1）电容性放电电流

共模电压通过定子绕组、定子铁心与转子之间的分布电容感应出轴电压，若击穿轴承油膜，则产生高频轴电流，其流通路径是，定子绕组→转子→轴→两端轴承→两端的端盖→机壳→接地线→变频器，在轴承上产生轴电压。通常采用轴通过电刷或保护环接地的方式来保护轴承，对轴承进行绝缘不能避免该种轴电压对轴承的危害。

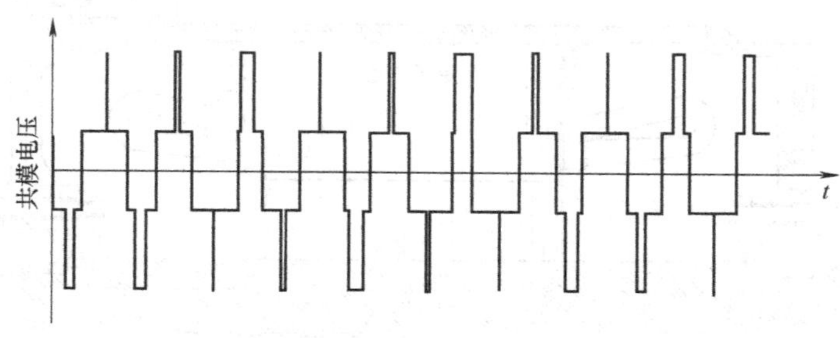

图 3-4　共模电压

（2）转轴接地电流

共模电压通过定子绕组与定子铁心之间的电容，产生流到机壳的高频泄漏电流，该电流必须回到变频器中，因此其中大部分经机壳接地线返回变频器，不经过轴承，对轴承没有影响。但任何回流路线都包含阻抗，机壳比地电平的电位高，如果电机轴经金属联轴器连接至齿轮箱或其他牢固接地且与变频器外壳具有相近电位的传动机械，则轴承将承受机座增加的电压，若击穿轴承油膜，将有部分电流流经轴承、轴和传动机械再返回变频器；如果转轴与地电平没有直接接触，则部分电流经由齿轮箱或负载机械的轴承流通，这些轴承将先于电机轴承损坏。

（3）高频循环电流

如上所述，共模电压通过定子绕组与定子铁心之间的电容产生泄漏到定子铁心和机壳的高频电流，因此从变频器进入定子绕组的高频电流大于从定子绕组流回变频器的高频电流，导致绕组的轴向净电流不为零，轴向净电流产生高频环路磁通，该磁通交变，产生与固有轴电压路径相同的高频轴电压，若轴承油膜被击穿，则产生流过轴承的高频循环电流。

3.3　永磁磁场固有轴电压的解析分析方法

本章介绍的固有轴电压解析方法，目的不在于轴电压的准确计算，而是用于分析轴电压与电机参数之间的关系，得到相应的结论，便于从设计角度削弱轴电压。为简化分析，假设铁心磁导率无穷大，且不计电机制造误差的影响。

1. 固有轴电压产生判据

在电机中，环绕转轴的交变净磁通为

$$\Phi_{\mathrm{net}} = L_{\mathrm{a}}\int_0^{2\pi} B(\theta)\,\mathrm{d}\theta = L_{\mathrm{a}}\int_0^{2\pi} F(\theta)\lambda(\theta)\,\mathrm{d}\theta \tag{3-1}$$

式中，L_{a} 为铁心轴向长度，$B(\theta)$、$F(\theta)$ 和 $\lambda(\theta)$ 分别是气隙磁密、气隙磁动势和气隙磁导。

若该交变净磁通不为零，则在轴上产生交变的固有轴电压。

2. 不考虑斜槽时的永磁磁场固有轴电压

在表贴式和内置式永磁同步电机中，永磁体产生的气隙磁动势都可近似为矩形波，如图 3-5 所示，可用傅里叶级数形式表示为

$$F(\theta_r)=\sum_{n=1}^{\infty}F_{2n-1}\cos[(2n-1)p\theta_r] \tag{3-2}$$

式中，p 为极对数，θ_r 为转子上沿圆周方向的位置角。F_{2n-1}为 $2n-1$ 次谐波($n=1,2,3,\cdots$)的幅值，

$$F_{2n-1}=\frac{4F_0}{(2n-1)\pi}\sin\left[\frac{(2n-1)\alpha_p\pi}{2}\right] \tag{3-3}$$

式中，α_p 为极弧系数。

转子坐标系角度 θ_r 和定子坐标系角度 θ_s 之间的关系为

$$\theta_r=\theta_s-\omega_r t \tag{3-4}$$

式中，ω_r 为转子机械角速度。将式（3-4）代入式（3-2）得

$$F(\theta_s)=\sum_{n=1}^{\infty}F_{2n-1}\cos[(2n-1)p(\theta_s-\omega_r t)] \tag{3-5}$$

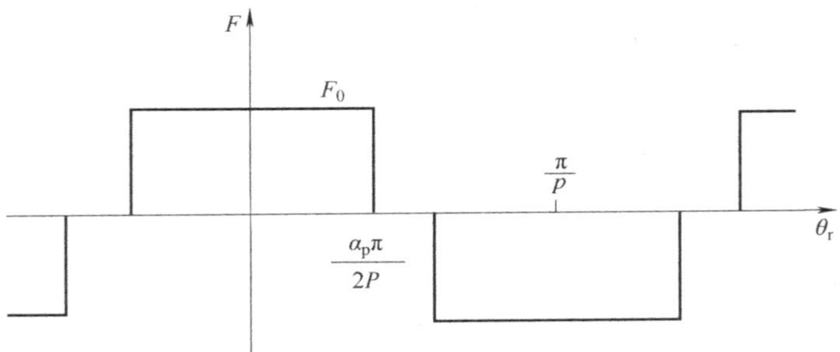

图 3-5　永磁磁极产生的气隙磁动势

图 3-6 为考虑定子齿槽效应的气隙磁导分布，可表示为傅里叶级数形式

$$\lambda(\theta_s)=\lambda_0+\sum_{k=1}^{\infty}\lambda_k\cos(kQ_1\theta_s) \tag{3-6}$$

式中，Q_1 为定子槽数；λ_0 为气隙磁导的恒定分量；λ_k 为气隙磁导的 k 次谐波分量，$k=1,2,3,\cdots$。

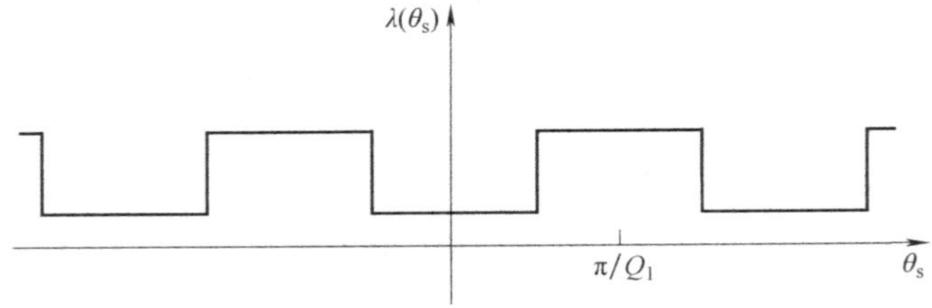

图 3-6　气隙磁导

根据式（3-5）和式（3-6），得到电机气隙磁密为

$$\begin{aligned}B(\theta_s,t)&=\left[\lambda_0+\sum_{k=1}^{\infty}\lambda_k\cos(kQ_1\theta_s)\right]\sum_{n=1}^{\infty}F_{2n-1}\cos[(2n-1)p(\theta_r-\omega_r t)]\\&=\lambda_0\sum_{n=1}^{\infty}F_{2n-1}\cos[(2n-1)p(\theta_r-\omega_r t)]+\end{aligned}$$

$$\sum_{n=1}^{\infty}\sum_{k=1}^{\infty}\frac{F_{2n-1}\lambda_k}{2}\cos\{kQ_1\theta_s+[(2n-1)p\theta_s-(2n-1)p\omega_r t]\}+$$
$$\sum_{n=1}^{\infty}\sum_{k=1}^{\infty}\frac{F_{2n-1}\lambda_k}{2}\cos\{kQ_1\theta_s-[(2n-1)p\theta_s-(2n-1)p\omega_r t]\} \tag{3-7}$$

该磁密产生的环绕电机轴的净磁通为

$$\Phi_{net}=\frac{D_{i1}L_a}{2}\int_0^{2\pi}B(\theta_s,t)\mathrm{d}\theta_s \tag{3-8}$$

式中，D_{i1}为定子铁心内径度。

对于极槽配合满足 $Q_1/p\neq(2n-1)/k$ 的电机，基于三角函数正交性，式（3-7）中三项磁密产生的环绕电机轴的净磁通都为零，不会产生轴电压。

对于极槽配合满足 $Q_1/p=(2n-1)/k$ 的电机，因$(2n-1)p=kQ_1$，故式（3-7）中前两项磁密产生的净磁通为零，不产生轴电压；而第三项产生的净磁通不为零，整理得

$$\Phi_{net}=\frac{\pi D_{i1}L_a}{2}\sum_{n=1}^{\infty}\sum_{k=1}^{\infty}\lambda_k F_{2n-1}\cos[(2n-1)p\omega_r t] \tag{3-9}$$

电机轴可视为一根导体，考虑到电角速度 $\omega_e=p\omega_r$，根据电磁感应定律，可以推出轴电压的解析表达式

$$V_{shaft}=-\frac{\mathrm{d}\Phi_{net}}{\mathrm{d}t}=\frac{\pi D_{i1}L_a}{2}\sum_{n=1}^{\infty}\sum_{k=1}^{\infty}(2n-1)\omega_e\lambda_k F_{2n-1}\sin[(2n-1)\omega_e t] \tag{3-10}$$

从 $Q_1/p=(2n-1)/k$ 可知，轴电压的谐波次数满足 $2n-1=k\dfrac{Q_1}{p}$，是奇数。对于 6 极 9 槽电机，谐波次数为 $2n-1=k\dfrac{Q_1}{p}=k\dfrac{9}{3}=3k$，即 3 和 3 的奇数倍；对于 8 极 9 槽电机，谐波次数为 $2n-1=k\dfrac{Q_1}{p}=\dfrac{9}{4}k$，即 9 和 9 的奇数倍。也就是说，轴电压中谐波次数是基波次数的奇数倍。

从式（3-10）可以看出，轴电压与极槽配合、气隙磁动势分布、气隙磁导分布和电机转速直接相关，反映了永磁磁场固有轴电压与电机结构参数之间的关系，据此可分析结构参数对轴电压的影响并研究轴电压的削弱方法。

3. 考虑斜槽时的永磁磁场固有轴电压

式（3-10）没有考虑斜槽的影响。图 3-7 为电枢斜槽示意图，若 N_s' 为电枢所斜的槽数，θ_{s1}为用弧度表示的电枢齿距，则轴向长度 L 处所斜的角度为$\dfrac{L}{L_a}N_s'\theta_{s1}$，相应的气隙磁导为

$$\lambda=\lambda_0+\sum_{k=1}^{\infty}\lambda_k\cos\left[kQ_1\left(\theta_s+\frac{L}{L_a}N_s'\theta_{s1}\right)\right] \tag{3-11}$$

推导得斜槽时的轴电压为

$$V_{shaft}=\frac{D_{i1}L_a}{2N_s'}\sum_{n=1}^{\infty}\sum_{k=1}^{\infty}\frac{\sin(kN_s'\pi)}{k}\lambda_k F_{2n-1}(2n-1)\omega_e\sin[(2n-1)\omega_e t+kN_s'\pi)] \tag{3-12}$$

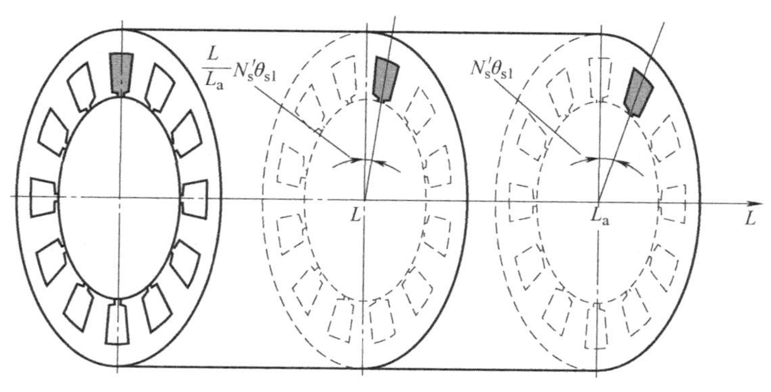

图 3-7　电枢斜槽

从式（3-12）可以看出，若要消除 λ_k 引起的轴电压，需满足 $\sin kN_s'\pi=0$，即 $N_s'=\frac{m}{k}$，其中 $m=1,2,3,\cdots$。取 $m=1$，则得到最小斜槽数 $N_s'=\frac{1}{k}$。也就是说，当斜槽数为 $1/k$ 时，可消除 λ_k 引起的轴电压谐波。以轴电压主谐波对应的 k 为 $k_{\min}$，取斜槽数为 $1/k_{\min}$，即可消除所有轴电压谐波。以 8 极 12 槽永磁电机为例，其轴电压谐波次数为 $2n-1=\frac{kQ_1}{p}=3,9,15,21,27,\cdots$，对应的 k 分别为 $1,3,5,7,9,\cdots,k$ 对应的最小斜槽数分别为 $1,1/3,1/5,1/7,1/9,\cdots$，若斜槽数取为 1，则对于所有的 k，都满足 $\sin kN_s'\pi=0$，即可消除轴电压。

3.4　极槽配合对永磁磁场固有轴电压的影响

从式（3-10）可以看出，轴电压与极槽配合有直接关系，本节分析极槽配合对永磁磁场固有轴电压的影响。

1. 极槽配合对永磁磁场固有轴电压的影响规律

为清晰地分析极槽配合与永磁磁场固有轴电压之间的关系，将极槽配合写成如下形式

$$\frac{Q_1}{p}=\frac{Q_0}{p_0} \tag{3-13}$$

式中，Q_0/p_0 为定子槽数与极对数比值的最简分式，可以看成是该极槽配合下永磁电机单元电机的定子槽数 Q_0 与极对数 p_0 之比，即 Q_1 槽、$2p$ 极永磁电机的单元电机为 Q_0 槽、$2p_0$ 极。

对式（3-10）进行分析，可得永磁磁场固有轴电压与极槽配合的关系：

1）当 $Q_0\neq 2n-1$ 时，满足 $p(2n-1)\neq kQ_1$，该极槽配合下单元电机的定子槽数 Q_0 为偶数，电机内无环绕转轴的净磁通，不会产生永磁磁场固有轴电压。

对于整数槽绕组永磁电机，其单元电机的定子槽数 Q_0 始终为偶数（例如，8 极 24 槽整数槽绕组永磁电机的单元电机为 2 极 6 槽，定子槽数为偶数），所以不存在由齿槽效应引起的轴电压。

对于分数槽绕组永磁电机，某些极槽配合的单元电机定子槽数 Q_0 也为偶数（例如，10 极 12 槽分数槽绕组永磁电机，其本身为单元电机，定子槽数为偶数），满足 $p(2n-1)\neq kQ_1$，不存在由齿槽效应引起的轴电压。

2）当 $Q_0=2n-1$ 时，满足 $p(2n-1)=kQ_1$，Q_0 为奇数，存在环绕转轴的净磁通，产生永磁磁场固有轴电压。

极槽配合满足这种关系的电机，全部为分数槽电机。例如，6 极 9 槽永磁电机的单元电机为 2 极 3 槽，单元电机槽数为 3，满足 $p(2n-1)=kQ_1$，会产生轴电压，且轴电压主谐波频率为基波频率的 3 倍，同时也包含 9 次、15 次等高次谐波。对于 8 极 9 槽永磁电机，其本身为单元电机，定子槽数为 9，满足 $p(2n-1)=kQ_1$，也会产生轴电压，轴电压主谐波频率为 9 倍的基波频率，同时也包含 27 次、45 次等高次谐波。

表 3-1 为常见的集中绕组分数槽绕组永磁电机极槽配合与永磁磁场固有轴电压主谐波频率之间的关系，其中 f 为基波感应电动势的频率。表中，N 表示该极槽配合下不产生固有轴电压。

表 3-1　三相分数槽绕组永磁电机不同极槽配合下的固有轴电压主谐波频率

Q_1 \ $2p$	3	6	9	12	15	18	21	24	27	30
2	$3f$									
4	$3f$	$3f$								
6			$3f$							
8		$3f$	$9f$	$3f$						
10			$9f$	N	$3f$					
12			$3f$			$3f$				
14				N	$15f$	N	$3f$			
16				$3f$	$15f$	$9f$	$21f$	$3f$		
18									$3f$	
20					$3f$	$9f$	$21f$	N	$27f$	$3f$

2. 计算实例

为验证上述结论的正确性，选择包括整数槽（8 极 24 槽），以及分数槽（6 极 9 槽、8 极 6 槽、8 极 12 槽、10 极 15 槽、8 极 9 槽、10 极 9 槽、10 极 12 槽、16 极 15 槽）在内的 8 台表贴式永磁同步电机，转速设置为 $3000/p$，利用有限元法计算了永磁磁场固有轴电压的波形，如图 3-8 所示。其中 8 极 24 槽和 10 极 12 槽电机的轴电压几乎为零，其余 6 台电机的轴电压不为零，验证了轴电压与极槽配合之间的关系。将 6 台产生轴电压的电机的轴电压波形进行傅里叶分解，得到图 3-9 所示的轴电压主要谐波频率分布图，验证了前述关于轴电压主谐波频率的结论。

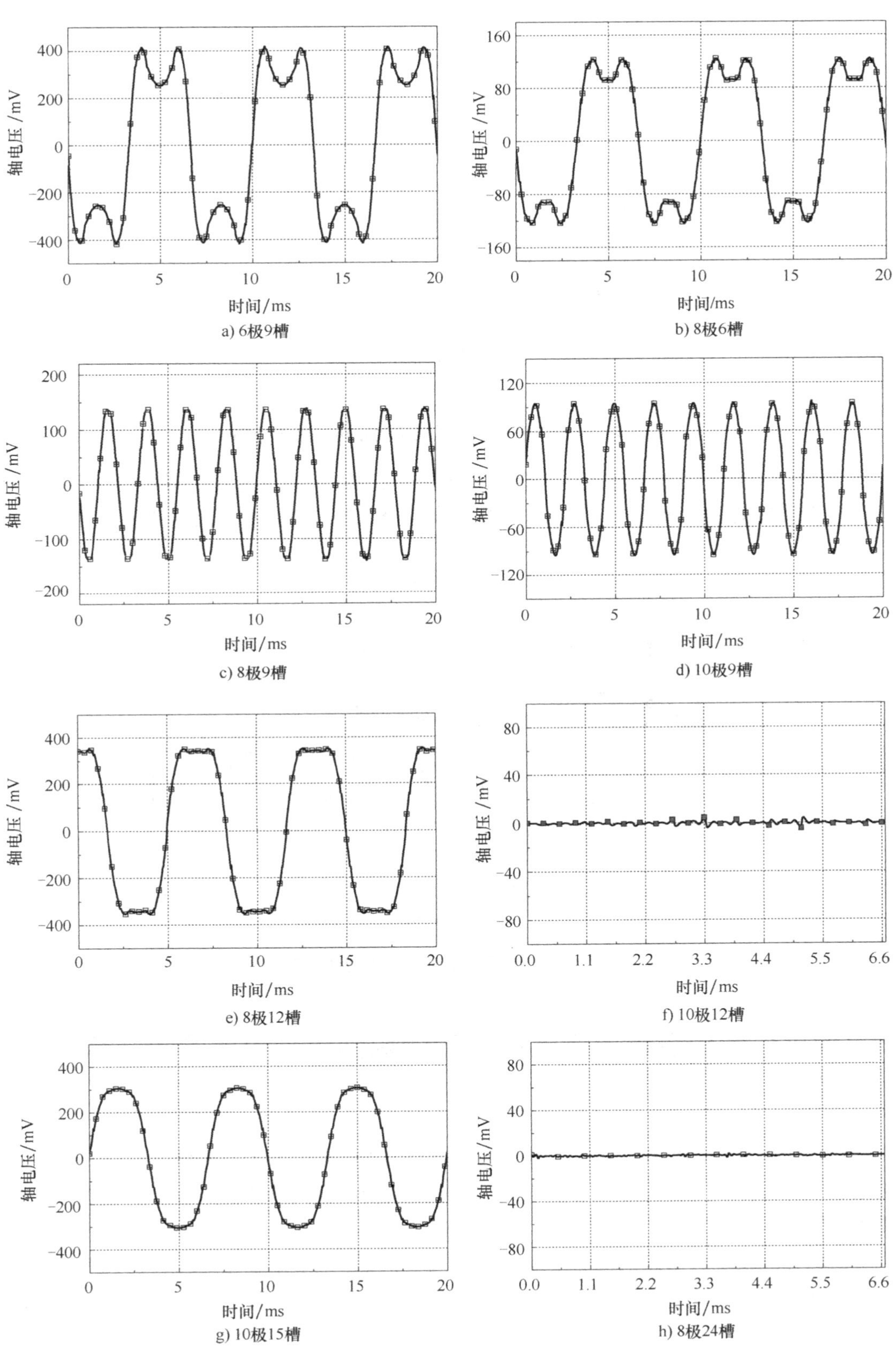

图 3-8　不同极槽配合永磁电机的轴电压

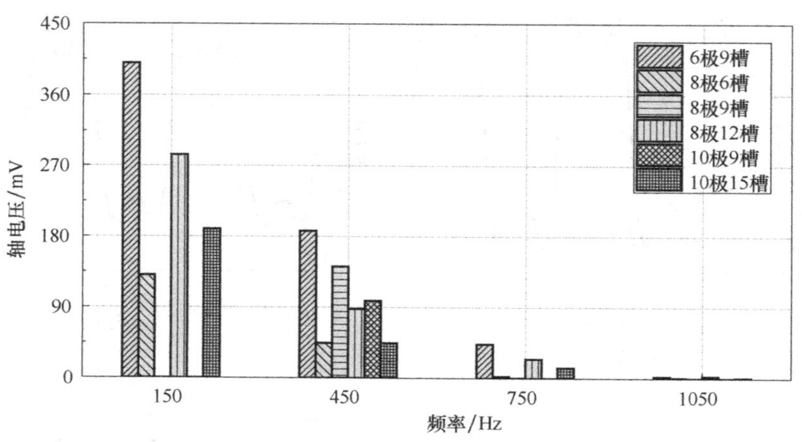

图 3-9　不同极槽配合永磁电机的轴电压频率分布

图 3-10 为 6 极 9 槽永磁电机在 750~5000r/min 范围内不同转速时的轴电压，可以看出，轴电压随着转速的上升而增大，所以轴电压对高速分数槽电机具有更大的危害。

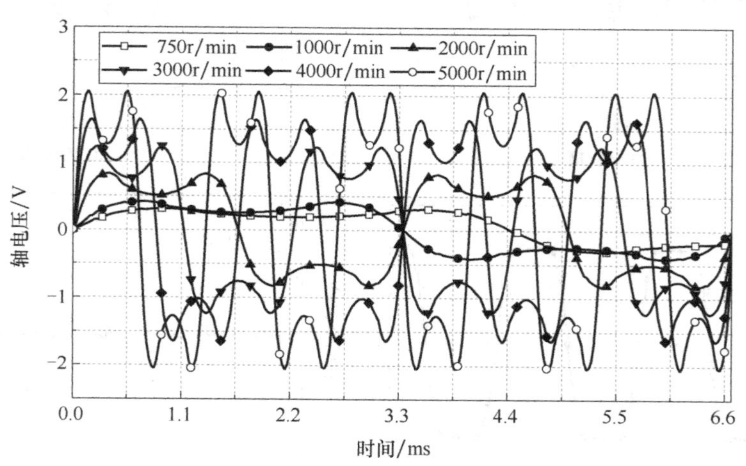

图 3-10　6 极 9 槽永磁电机不同转速时的轴电压

3.5　抑制分数槽绕组永磁电机永磁磁场固有轴电压的极弧系数选择方法

从前述分析可知，在转子不偏心时，整数槽绕组永磁电机和某些极槽配合的分数槽绕组永磁电机中不存在永磁磁场固有轴电压，而大多数极槽配合的分数槽绕组永磁电机存在永磁磁场固有轴电压。

为削弱分数槽绕组永磁电机的固有轴电压，本节基于上述永磁磁场固有轴电压解析分析模型，推导轴电压与极弧系数之间的关系，给出将固有轴电压基波削弱为零的最优极弧系数确定方法；然后利用有限元法，寻找可使固有轴电压基波削弱为零的最优极弧系数。

1. 抑制固有轴电压的最优极弧系数确定方法

由式（3-10）可知，永磁磁场固有轴电压的谐波幅值与永磁磁动势 $2n-1$ 次分量 F_{2n-1} 有关。由 $F_{2n-1}=\dfrac{4F}{(2n-1)\pi}\sin\left[\dfrac{(2n-1)\alpha_p\pi}{2}\right]$ 可知，对于不同的极弧系数 α_p，所对应的 $2n-1$ 次磁动势幅值 F_{2n-1} 也不同。因此，选择合适的极弧系数，可以减小 F_{2n-1}，达到削弱永磁磁场固有轴电压的目的。

由 F_{2n-1} 的表达式可知，要使 F_{2n-1} 为零，需满足

$$\sin\frac{(2n-1)\alpha_p\pi}{2}=0 \tag{3-14}$$

则极弧系数为

$$\alpha_p=\frac{2m}{2n-1},\ m、n=1,2,3,\cdots \tag{3-15}$$

利用式（3-15）计算得到的最佳极弧系数为 0.667。

2. 计算实例

以 6 极 9 槽永磁电机为例验证最优极弧系数确定方法的有效性。根据式（3-15）得其最佳极弧系数为 0.667，将该电机的转速设定为 1000r/min，此时基波频率 $f=50\text{Hz}$，利用有限元法计算了不同极弧系数时的永磁磁场固有轴电压波形，如图 3-11 所示。可以看出，使轴电压最小的极弧系数为 0.626，而解析法确定的最优极弧系数 0.667 不能达到抑制轴电压的最好效果。

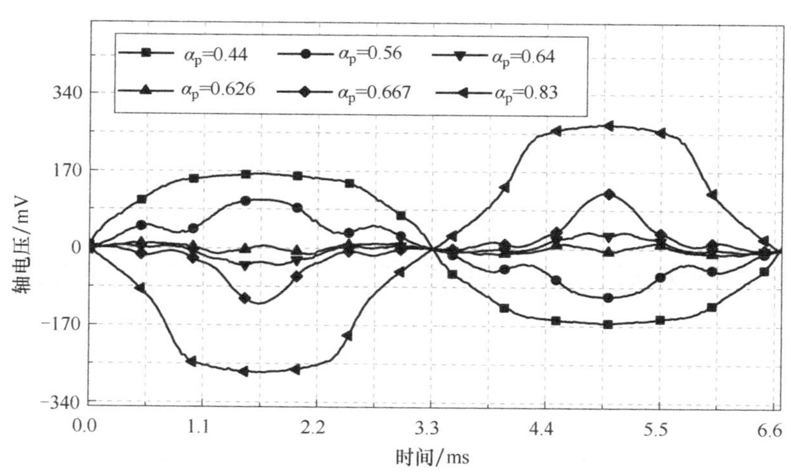

图 3-11 不同极弧系数下 6 极 9 槽永磁电机的永磁磁场固有轴电压

解析法产生误差的原因是，忽略了铁磁性材料的饱和、漏磁以及槽口尺寸的影响。图 3-12 为采用有限元法确定的上述 6 极 9 槽电机在不同槽口宽和槽口高时的最优极弧系数，可以看出，槽口宽和槽口高对最优极弧系数有较大影响。

解析法虽然不够准确，但使用方便快捷，所确定的极弧系数值可用来缩小有限元法的极弧系数优化区间。在确定最优极弧系数时，先利用式（3-15）确定极弧系数，然后采用有限元法在该极弧系数周围的一定范围内计算多个极弧系数下的轴电压，据此确定最优极弧系数。

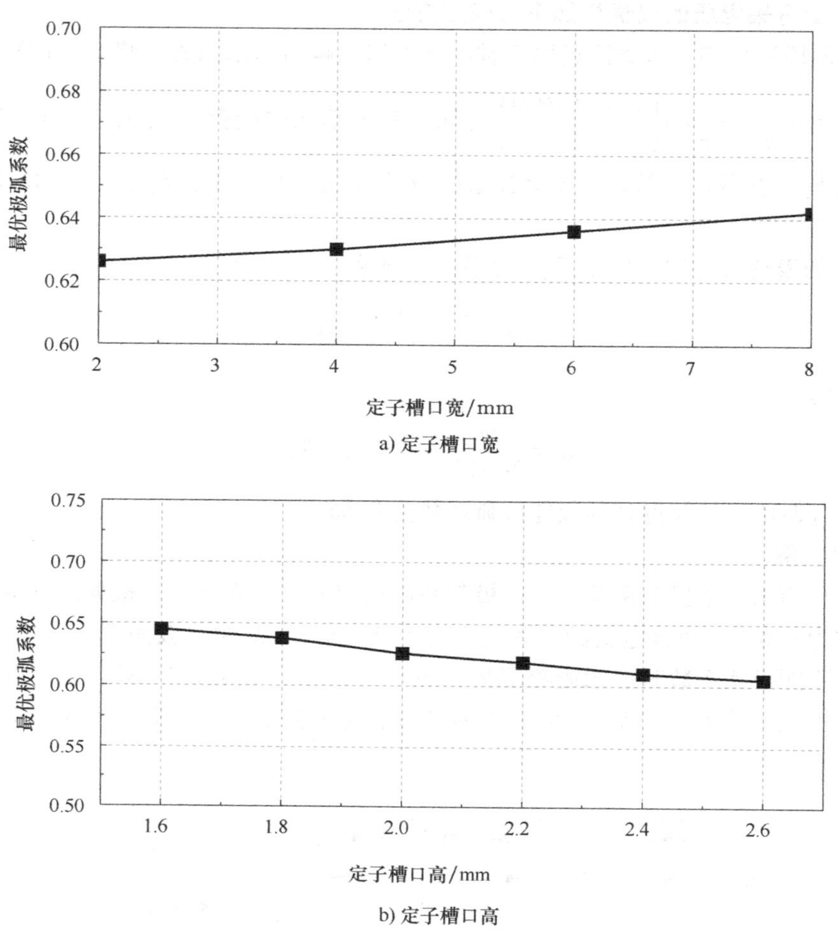

a) 定子槽口宽

b) 定子槽口高

图 3-12　定子槽口尺寸对最优极弧系数的影响

3.6　抑制分数槽绕组永磁电机永磁磁场固有轴电压的转子分段斜极方法

在永磁电机中，采用斜槽和斜极是削弱齿槽转矩的有效方法，这两种方法对削弱永磁磁场固有轴电压同样有效。但斜槽减小了槽有效面积，斜极增加了永磁体加工难度和成本，作为斜极的一种替代方式，分段斜极较好地避免了上述问题。本节讨论采用分段斜极削弱轴电压及相邻永磁体之间错开角度的确定方法。

1. 削弱固有轴电压的转子分段斜极方法

图 3-13 为采用分段斜极的永磁转子，每极永磁体沿轴向均分为若干段，相邻两段永磁体之间沿圆周方向依次错开一定角度。假设永磁体沿轴向分为 q 段，相邻两段永磁体之间错开的角度为 $N_s\theta_{s1}$。为简化分析，忽略各转子段的端部效应，根据式（3-10），采用转子分段斜极时，每个转子段产生的固有轴电压为

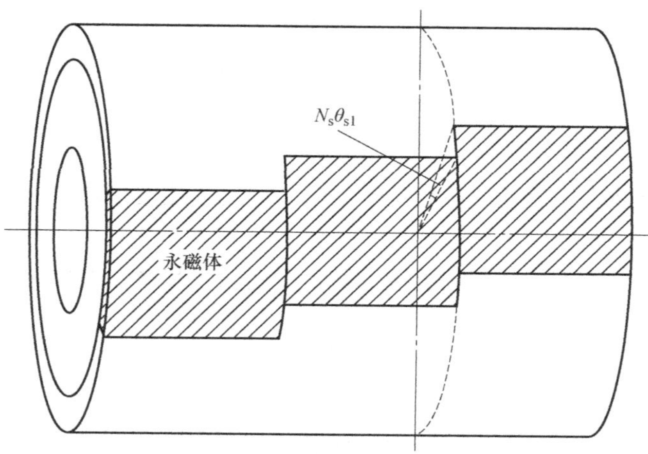

图 3-13　分段斜极的永磁转子

$$
\begin{cases}
V_{\text{shaft\_1}}=\dfrac{\pi D_{i1}L_a}{2q}\sum\limits_{n=1}^{\infty}\sum\limits_{k=1}^{\infty}(2n-1)\omega_e\lambda_k F_{2n-1}\sin[(2n-1)(\omega_e t)]\\
V_{\text{shaft\_2}}=\dfrac{\pi D_{i1}L_a}{2q}\sum\limits_{n=1}^{\infty}\sum\limits_{k=1}^{\infty}(2n-1)\omega_e\lambda_k F_{2n-1}\sin[(2n-1)(\omega_e t-pN_s\theta_{s1})]\\
\quad\vdots\\
V_{\text{shaft\_}i}=\dfrac{\pi D_{i1}L_a}{2q}\sum\limits_{n=1}^{\infty}\sum\limits_{k=1}^{\infty}(2n-1)\omega_e\lambda_k F_{2n-1}\sin[(2n-1)(\omega_e t-(i-1)pN_s\theta_{s1})]\\
\quad\vdots\\
V_{\text{shaft\_}q}=\dfrac{\pi D_{i1}L_a}{2q}\sum\limits_{n=1}^{\infty}\sum\limits_{k=1}^{\infty}(2n-1)\omega_e\lambda_k F_{2n-1}\sin[(2n-1)(\omega_e t-(q-1)pN_s\theta_{s1})]
\end{cases}
\tag{3-16}
$$

对各段转子的轴电压进行叠加，可以得到整个转轴上感应出的轴电压：

$$
\begin{aligned}
V_{\text{shaft}}&=\sum_{i=1}V_{\text{shaft\_}i}\\
&=\frac{\pi D_{i1}L_a}{2q}\sum_{\substack{n=1\\ \text{但}(2n-1)\frac{pN_s}{Q_1}\neq 1,2,3,\cdots}}^{\infty}\sum_{k=1}^{\infty}(2n-1)\omega_e\lambda_k F_{2n-1}\frac{\sin\dfrac{2n-1}{2}qpN_s\theta_{s1}}{\sin\dfrac{2n-1}{2}pN_s\theta_{s1}}\\
&\quad\sin\left[(2n-1)\left(\omega_e t+\frac{1-q}{2}pN_s\theta_{s1}\right)\right]+\frac{\pi D_{i1}L_a}{2}\sum_{\substack{n\text{为整数且}\\ (2n-1)\frac{pN_s}{Q_1}=1,2,3,\cdots}}^{\infty}\sum_{k=1}^{\infty}(2n-1)\\
&\quad\omega_e\lambda_k F_{2n-1}\sin[(2n-1)\omega_e t]
\end{aligned}
\tag{3-17}
$$

可以看出，式(3-17)由两项组成。对于第一项，使 $2n-1$ 次的轴电压谐波削弱为零的条件是

$$
\begin{cases}
(2n-1)qpN_s\theta_{s1}=360°m \quad (m=1,2,3,\cdots)\\
(2n-1)pN_s\theta_{s1}\neq 360°m \quad (m=1,2,3,\cdots)
\end{cases}
\tag{3-18}
$$

采用分段斜极削弱轴电压的核心是以最小的偏移角度削弱轴电压的最低次谐波，其次数为$(2n-1)_{\min}$，则相邻两段永磁体错开的最小角度对应的N_s为

$$N_s=\frac{Q_1}{(2n-1)_{\min}qp} \tag{3-19}$$

由于轴电压中谐波次数是基波次数的奇数倍，因此上述偏移角度可消除式（3-17）中的第一项中所有谐波。

式（3-17）的第二项不能全部用上述偏移角度消除，其谐波次数为

$$2n-1=\frac{mQ_1}{pN_s}=\frac{mQ_1}{p\dfrac{Q_1}{(2n-1)_{\min}qp}}=m(2n-1)_{\min}q \quad (m=1,2,3,\cdots) \tag{3-20}$$

由于分数槽电机的固有轴电压不含偶数次谐波，所以当转子斜极段数为偶数时，第二项固有轴电压的所有谐波均可以被消除。当分段数为奇数时，无法削弱分段数整数倍次数的固有轴电压谐波，但可抑制其他次数的谐波。

以8极12槽永磁电机为例，其永磁磁场固有轴电压的基波频率为$3f$，$p=4$，$(2n-1)_{\min}=3$，齿距$\theta_{s1}=30°$，则$N_s=1/q$，相邻两段错开角度为$N_s\theta_{s1}=30°/q$。表3-2为该电机采用转子分段斜极后剩余的轴电压谐波，N表示采用某分段数和斜极角度配合时，电机内不会存在的谐波的次数，O表示采用某分段数和斜极角度配合时，电机内仍会存在的谐波的次数。从表中可以看出，采用奇数段斜极时，斜极段数越多，剩余的固有轴电压谐波的次数越高，幅值也越小，抑制固有轴电压的效果越好。

表3-2　8极12槽永磁电机采用转子分段斜极后剩余的轴电压谐波

分段数	错开角度（°）	1×3f	3×3f	5×3f	7×3f	9×3f
9	3.33	N	N	N	N	O
7	4.29	N	N	N	O	N
5	6	N	N	O	N	N
3	10	N	O	N	N	O
2	15	N	N	N	N	N
q(偶数)	30/q	N	N	N	N	N

2. 计算实例

以8极12槽永磁电机为例，验证分段斜极设计方法的正确性和有效性。采用有限元法计算了不同分段数时的固有轴电压，并与不分段斜极时的轴电压进行比较，如图3-14所示。

（1）采用奇数段斜极

从图3-14可以看出，采用3段斜极时，固有轴电压剩余的主谐波频率为$9f$(450Hz)，除频率为$9f$奇数倍的谐波外，其他谐波几乎被削弱为零；采用5段斜极时，固有轴电压剩余的主谐波频率为$15f$(750Hz)，除频率为$15f$奇数倍的谐波外，其他谐波几乎被削弱为零；采用7段斜极时，固有轴电压中频率为$21f$(1050Hz)的谐波幅值很小，主谐波频率为$63f$(3150Hz)，除频率为$63f$奇数倍的谐波外，其他谐波几乎被削弱为零；采用9段斜极时，

固有轴电压剩余的主谐波频率为 27f(1350Hz)，除频率为 27f 奇数倍的谐波外，其他谐波几乎被削弱为零。采用奇数分段斜极后的剩余主谐波频率与上述结论相符。

（2）采用偶数段斜极

从图 3-14 可以看出，采用 2、4、6、8 等偶数段斜极时，固有轴电压几乎为零，验证了上述结论。

综上所述，采用本节方法确定的错开角度，可有效削弱轴电压，证明了方法的有效性。

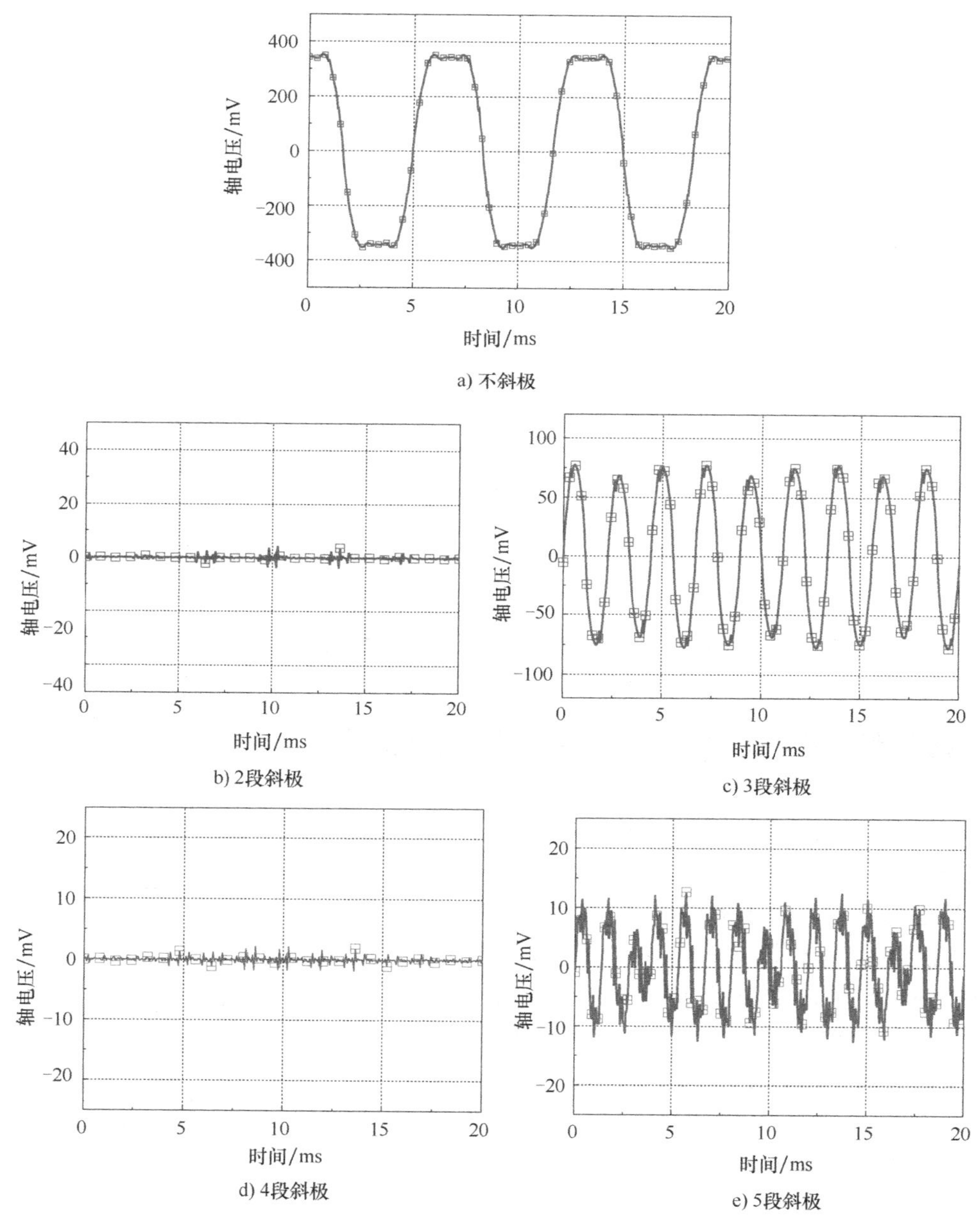

图 3-14　8 极 12 槽电机不同分段数时的永磁磁场固有轴电压

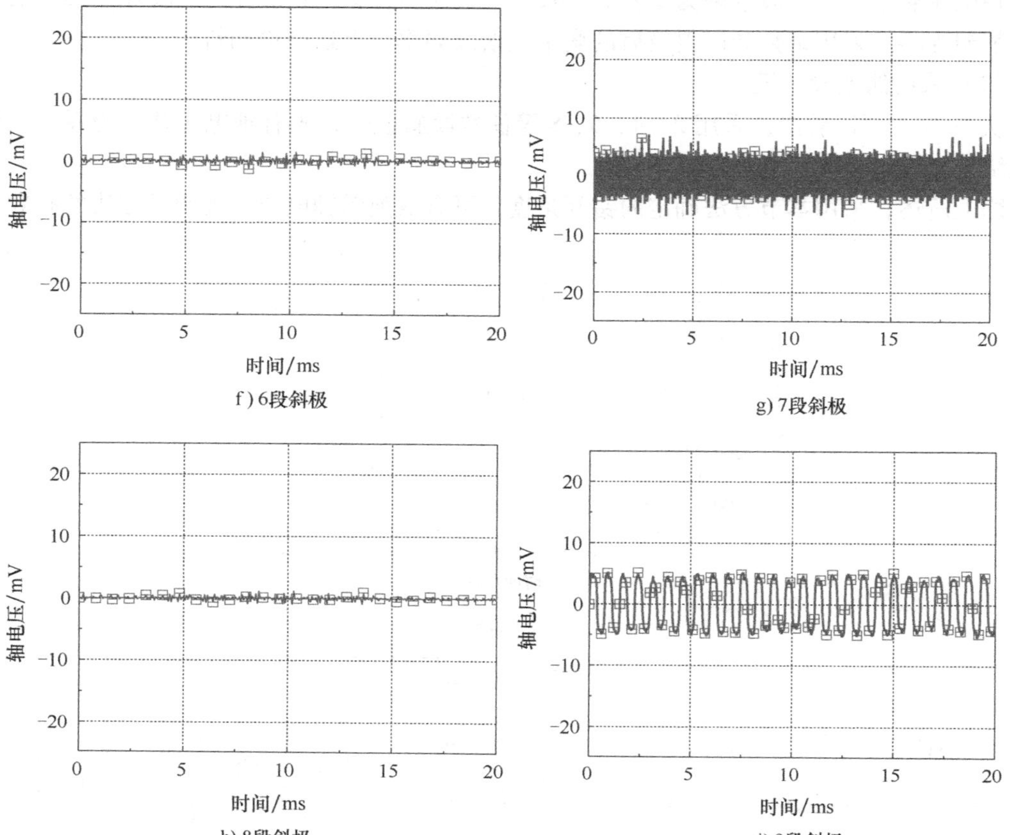

f) 6段斜极

g) 7段斜极

h) 8段斜极

i) 9段斜极

图 3-14　8 极 12 槽电机不同分段数时的永磁磁场固有轴电压（续）

3.7　转子偏心对永磁磁场固有轴电压的影响

在电机中，轴承磨损、转子刚度不足以及制造安装误差都可能导致转子偏心，即转子的中心 O_r 和定子的中心 O_s 不重合，如图 3-15 所示。当转子静态偏心时，转子的中心 O_r 和定子的中心 O_s 均是固定的，转子围绕其中心 O_r 旋转。当转子动态偏心时，定子的中心 O_s 固定，转子和转子中心 O_r 都围绕定子的中心 O_s 旋转。当转子偏心时，气隙长度沿圆周方向的分布不均匀，导致磁路不对称，进而产生一个环绕转轴的净磁通，交变的净磁通与转轴交链进而感应出轴电压。

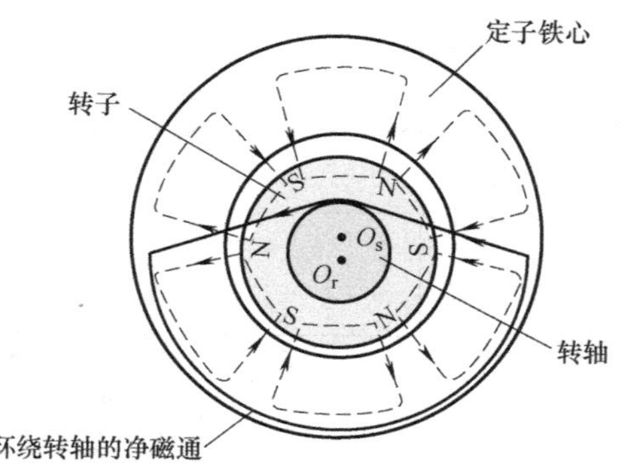

图 3-15　转子偏心

本节建立计及转子偏心和齿槽效应的表贴式永磁电机轴电压解析分析方法，据此分析轴电压与转子动、静态偏心的关系。

1. 转子偏心时永磁磁场固有轴电压解析分析

为简化分析，假设铁心磁导率无穷大，且不考虑电机的端部效应。转子偏心时的气隙偏心函数可表示为

$$\varepsilon_{ecc}(\theta_s,t)=1+\sum_{\nu}\varepsilon_{\nu}\cos(\nu\theta_s+\chi\nu\omega_r t) \tag{3-21}$$

式中，ε_{ν} 为气隙偏心函数的 ν 次谐波分量，$\nu=1,2,3,\cdots$；$\chi=0$ 表示静态偏心，$\chi=1$ 表示动态偏心。

考虑转子偏心和齿槽效应时的气隙磁密为

$$\begin{aligned}B_{se}(\theta_s,t)&=F(\theta_s,t)\lambda(\theta_s,t)\varepsilon_{ecc}(\theta_s,t)\\&=\sum_n F_{2n-1}\cos[(2n-1)p(\theta_s-\omega_r t)](\lambda_0+\sum_k\lambda_k\cos kQ_1\theta_s)\\&\quad[1+\sum_{\nu}\varepsilon_{\nu}\cos(\nu\theta_s+\chi\nu\omega_r t)]\end{aligned} \tag{3-22}$$

将其整理为以下四部分磁密之和

$$\begin{cases}B_{se1}(\theta_s,t)=\sum\limits_n F_{2n-1}\lambda_0\cos[(2n-1)p(\theta_s-\omega_r t)]\\B_{se2}(\theta_s,t)=\sum\limits_n\sum\limits_k F_{2n-1}\lambda_k\cos[(2n-1)p(\theta_s-\omega_r t)]\cos(kQ_1\theta_s)\\B_{se3}(\theta_s,t)=\sum\limits_n\sum\limits_{\nu} F_{2n-1}\lambda_0\varepsilon_{\nu}\cos[(2n-1)p(\theta_s-\omega_r t)]\cos(\nu\theta_s+\chi\nu\omega_r t)\\B_{se4}(\theta_s,t)=\sum\limits_n\sum\limits_k\sum\limits_{\nu} F_{2n-1}\lambda_k\varepsilon_{\nu}\cos[(2n-1)p(\theta_s-\omega_r t)]\cos(\nu\theta_s+\chi\nu\omega_r t)\cos(kQ_1\theta_s)\end{cases} \tag{3-23}$$

下面分别对这四项磁密产生的轴电压进行分析：

1）对于第一项磁密 $B_{se1}(\theta_s,t)$，因恒有

$$\int_0^{2\pi}\cos[(2n-1)p(\theta_s-\omega_r t)]\mathrm{d}\theta_s=0 \tag{3-24}$$

所以该磁密不产生环绕转轴的净磁通，不会产生轴电压。

2）第二项磁密 $B_{se2}(\theta_s,t)$ 可整理为

$$\begin{aligned}B_{se2}(\theta_s,t)&=\sum_n\sum_k F_{2n-1}\lambda_k\cos[(2n-1)p(\theta_s-\omega_r t)]\cos(kQ_1\theta_s)\\&=\sum_n\sum_k\frac{1}{2}F_{2n-1}\lambda_k\begin{Bmatrix}\cos[((2n-1)p+kQ_1)\theta_s+(2n-1)p\omega_r t]+\\\cos[((2n-1)p-kQ_1)\theta_s+(2n-1)p\omega_r t]\end{Bmatrix}\end{aligned} \tag{3-25}$$

$(2n-1)p+kQ_1\neq0$ 恒成立，因此式（3-25）中第一项不产生轴电压。当满足 $(2n-1)p=kQ_1$ 时，式（3-25）中第二项可整理为

$$B_{n\_s}=\frac{1}{2}\sum_n\sum_k\lambda_k F_{2n-1}\cos[(2n-1)p\omega_r t] \tag{3-26}$$

该磁密能产生轴电压，轴电压的频率为电机基波频率的 $(2n-1)$ 倍。

3）当电机静态偏心时，$\chi=0$，第三项磁密 $B_{se3}(\theta_s,t)$ 可表示为

$$\begin{aligned}B_{se3}(\theta_s,t)&=\sum_n\sum_{\nu}F_{2n-1}\lambda_0\varepsilon_{\nu}\cos[(2n-1)p(\theta_s-\omega_r t)]\cos(\nu\theta_s)\\&=\frac{1}{2}\sum_n\sum_{\nu}F_{2n-1}\lambda_0\varepsilon_{\nu}\begin{Bmatrix}\cos[((2n-1)p+\nu)\theta_s+(2n-1)p\omega_r t]+\\\cos[((2n-1)p-\nu)\theta_s+(2n-1)p\omega_r t]\end{Bmatrix}\end{aligned} \tag{3-27}$$

$(2n-1)p+\nu\neq 0$ 恒成立，因此式（3-27）中第一项不产生轴电压。当满足$(2n-1)p=\nu$时，式（3-27）中第二项可整理为

$$B_{n\_bs}=\frac{1}{2}\sum_{n}\sum_{\nu}F_{2n-1}\lambda_0\varepsilon_\nu\cos[(2n-1)p\omega_r t] \tag{3-28}$$

该磁密能产生轴电压，轴电压的频率为电机基波频率的$(2n-1)$倍。

4）当电机静态偏心时，第四项磁密 $B_{se4}(\theta_s,t)$ 可表示为

$$\begin{aligned}
B_{se4_s}&=\sum_{n}\sum_{k}\sum_{\nu}F_{2n-1}\lambda_k\varepsilon_\nu\cos[(2n-1)p(\theta_s-\omega_r t)]\cos(\nu\theta_s)\cos(kQ_1\theta_s)\\
&=\frac{1}{2}\sum_{n}\sum_{k}\sum_{\nu}F_{2n-1}\lambda_k\varepsilon_\nu\cos[(2n-1)p(\theta_s-\omega_r t)]\begin{Bmatrix}\cos[(kQ_1+\nu)\theta_s]+\\ \cos[(kQ_1-\nu)\theta_s]\end{Bmatrix}\\
&=\frac{1}{4}\sum_{n}\sum_{k}\sum_{\nu}F_{2n-1}\lambda_k\varepsilon_\nu\begin{Bmatrix}\cos[((2n-1)p+(kQ_1+\nu))\theta_s+(2n-1)p\omega_r t]+\\ \cos[((2n-1)p+(kQ_1-\nu))\theta_s+(2n-1)p\omega_r t]+\\ \cos[((2n-1)p-(kQ_1+\nu))\theta_s+(2n-1)p\omega_r t]+\\ \cos[((2n-1)p-(kQ_1-\nu))\theta_s+(2n-1)p\omega_r t]\end{Bmatrix}
\end{aligned} \tag{3-29}$$

$(2n-1)p+(kQ_1+\nu)\neq 0$ 恒成立，因此式（3-29）中第一项不产生轴电压。

当满足$(2n-1)p=\nu-kQ_1$、$(2n-1)p=kQ_1+\nu$和$(2n-1)p=kQ_1-\nu$时，式（3-29）中第二、三、四项磁密均能产生净磁通，其表达式都为

$$B_{n\_as}=\frac{1}{4}\sum_{n}\sum_{k}\sum_{\nu}F_{2n-1}\lambda_k\varepsilon_\nu\cos[(2n-1)p\omega_r t] \tag{3-30}$$

能产生轴电压，轴电压的频率为电机基波频率的$(2n-1)$倍。

5）当电机动态偏心时，$\chi=1$，第三项磁密 $B_{se3}(\theta_s,t)$ 可表示为

$$\begin{aligned}
B_{se3}(\theta_s,t)&=\sum_{n}\sum_{\nu}F_{2n-1}\lambda_0\varepsilon_\nu\cos[(2n-1)p(\theta_s-\omega_r t)]\cos(\nu\theta_s+\nu\omega_r t)\\
&=\frac{1}{2}\sum_{n}\sum_{\nu}F_{2n-1}\lambda_0\varepsilon_\nu\begin{Bmatrix}\cos[((2n-1)p+\nu)\theta_s-((2n-1)p-\nu)\omega_r t]+\\ \cos[((2n-1)p-\nu)\theta_s-((2n-1)p+\nu)\omega_r t]\end{Bmatrix}
\end{aligned} \tag{3-31}$$

$(2n-1)p+\nu\neq 0$ 恒成立，因此式（3-31）中第一项磁密不产生净磁通，不产生轴电压。当$(2n-1)p=\nu$时，式（3-31）中第二项磁密为

$$B_{n\_bd}=\frac{1}{2}\sum_{n}\sum_{\nu}F_{2n-1}\lambda_0\varepsilon_\nu\cos[(2n-1)p+\nu]\omega_r t \tag{3-32}$$

可以产生频率为基波频率$[(2n-1)p+\nu]/p$倍的轴电压。

6）当电机动态偏心时，第四项磁密 $B_{se4}(\theta_s,t)$ 可表示为

$$\begin{aligned}
B_{se4}(\theta_s,t)&=\sum_{n}\sum_{k}\sum_{\nu}F_{2n-1}\lambda_k\varepsilon_\nu\cos[(2n-1)p(\theta_s-\omega_r t)]\cos(\nu\theta_s+\nu\omega_r t)\cos(kQ_1\theta_s)\\
&=\sum_{n}\sum_{k}\sum_{\nu}\frac{1}{2}F_{2n-1}\lambda_k\varepsilon_\nu\cos[(2n-1)p(\theta_s-\omega_r t)]\begin{bmatrix}\cos((\nu+kQ_1)\theta_s+\nu\omega_r t)+\\ \cos((\nu-kQ_1)\theta_s+\nu\omega_r t)\end{bmatrix}\\
&=\sum_{n}\sum_{k}\sum_{\nu}\frac{1}{4}F_{2n-1}\lambda_k\varepsilon_\nu\begin{Bmatrix}\cos[((2n-1)p+(\nu+kQ_1))\theta_s-((2n-1)p+\nu)\omega_r t]+\\ \cos[((2n-1)p-(\nu+kQ_1))\theta_s-((2n-1)p-\nu)\omega_r t]+\\ \cos[((2n-1)p+(\nu-kQ_1))\theta_s-((2n-1)p+\nu)\omega_r t]+\\ \cos[((2n-1)p-(\nu-kQ_1))\theta_s-((2n-1)p-\nu)\omega_r t]\end{Bmatrix}
\end{aligned} \tag{3-33}$$

$(2n-1)p+(\nu+kQ_1)\neq 0$ 恒成立，因此式（3-33）中第一项不产生轴电压。当满足 $(2n-1)p=\nu+kQ_1$ 或 $(2n-1)p=\nu-kQ_1$ 时，式（3-33）中第二、四项为

$$B_{n\_ad1}=\sum_{n}\sum_{k}\sum_{\nu}\frac{1}{4}F_{2n-1}\lambda_k\varepsilon_\nu\cos[(2n-1)p-\nu]\omega_r t \tag{3-34}$$

能产生轴电压，轴电压的频率为电机基波频率的 $[(2n-1)p-\nu]/p$ 倍。

当满足 $(2n-1)p=kQ_1-\nu$ 时，式（3-33）中第三项为

$$B_{n\_ad2}=\sum_{n}\sum_{k}\sum_{\nu}\frac{1}{4}F_{2n-1}\lambda_k\varepsilon_\nu\cos[(2n-1)p+\nu]\omega_r t \tag{3-35}$$

能产生轴电压，轴电压的频率为电机基波频率的 $[(2n-1)p+\nu]/p$ 倍。

综合上述分析，可以得到静态偏心时能产生轴电压的磁密为

$$B_{net\_static}=B_{n\_s}+B_{n\_bs}+B_{n\_as} \tag{3-36}$$

动态偏心时能产生轴电压的磁密为

$$B_{net\_dynamic}=B_{n\_s}+B_{n\_bd}+B_{n\_ad1}+B_{n\_ad2}=B_{n\_s}+B_{n\_bd}+B_{n\_ad} \tag{3-37}$$

根据电磁感应定律，可以推导出转子动态偏心和静态偏心时的轴电压，在此不再赘述。

2. 结论

综合上述分析，给出了静态偏心和动态偏心时轴电压的产生条件和频率，并给出了五台不同极槽配合永磁电机产生的轴电压的谐波频率，分别如表 3-3、表 3-4 所示。表中谐波阶数为谐波频率与电机基波频率的比值。

从表 3-3 可以看出，对于整数槽电机（如 8 极 24 槽）以及极对数和槽数满足 $(2n-1)p\neq kQ_1$ 的分数槽电机（如 10 极 12 槽），转子静态偏心可能会产生满足 $(2n-1)p=\nu$、$(2n-1)p=kQ_1\pm\nu$、$(2n-1)p=\nu-kQ_1$ 的三种类型的轴电压，其谐波的阶数均为 $2n-1$；对于极对数和槽数满足 $(2n-1)p=kQ_1$ 的分数槽电机（如 8 极 12 槽、10 极 9 槽等），不仅可能产生前述三种类型轴电压，还存在由齿槽效应引起的轴电压，其谐波阶数为 $2n-1$。

表 3-3　静态偏心时轴电压产生条件与谐波阶数

产生条件	$(2n-1)p=\nu$	$(2n-1)p=kQ_1$	$(2n-1)p=kQ_1\pm\nu$	$(2n-1)p=\nu-kQ_1$
谐波阶数	$2n-1$	$2n-1$	$2n-1$	$2n-1$
8 极 12 槽	1,3,5,…	3,9,…	1,3,5,…	1,3,5,…
8 极 24 槽	1,3,5,…	N	1,3,5,…	1,3,5,…
10 极 9 槽	1,3,5,…	9,27,…	1,3,5,…	1,3,5,…
10 极 12 槽	1,3,5,…	N	1,3,5,…	1,3,5,…
8 极 9 槽	1,3,5,…	9,27,…	1,3,5,…	1,3,5,…

从表 3-4 可以看出，对于整数槽电机以及极对数和槽数满足 $(2n-1)p\neq kQ_1$ 的分数槽电机，转子动态偏心会产生阶数为 $[(2n-1)p\pm\nu]/p$ 的轴电压谐波，阶数可能是奇数、偶数或分数；对于极对数和槽数满足 $(2n-1)p=kQ_1$ 的分数槽电机，不仅产生阶数为 $[(2n-1)p\pm\nu]/p$ 的轴电压谐波，还存在由齿槽效应引起的轴电压，其谐波阶数为 $2n-1$。

表 3-4　动态偏心时轴电压产生条件与谐波阶数

产生条件	$(2n-1)p=kQ_1$	$(2n-1)p=\nu\pm kQ_1$	$(2n-1)p=kQ_1-\nu$
谐波阶数	$2n-1$	$[(2n-1)p\pm\nu]/p$	$[(2n-1)p+\nu]/p$
8 极 12 槽	3,9,…	3,6,9,…	3,6,9,…
8 极 24 槽	N	6,12,18,…	6,12,18,…
10 极 9 槽	9,27,…	9/5,18/5,27/5,…	9/5,18/5,27/5,…
10 极 12 槽	N	12/5,24/5,36/5,…	12/5,24/5,36/5,…
8 极 9 槽	9,27,…	9/4,18/4,27/4,…	9/4,18/4,27/4,…

3. 计算实例

为验证转子动、静态偏心引起的轴电压的规律，以 8 极 12 槽、10 极 9 槽、10 极 12 槽、8 极 9 槽、8 极 24 槽等五台分数槽绕组永磁电机和整数槽绕组永磁电机为例，利用有限元法分别求取各电机在动、静态偏心情况下的轴电压波形。在进行有限元分析时，五台电机的转速均设置为 3000/p，并忽略电枢反应的影响。图 3-16、图 3-17 分别为五台永磁电机在不同静态偏心程度、不同动态偏心程度时的轴电压。

从图 3-16c～e 可以看出，对于极对数和槽数满足$(2n-1)p=kQ_1$ 的分数槽绕组永磁电机，即使不存在转子静态偏心和动态偏心，也会产生轴电压，其谐波阶数为 $2n-1$。10 极 12 槽虽为分数槽绕组电机，但不满足$(2n-1)p=kQ_1$，所以转子不偏心时，不产生轴电压。

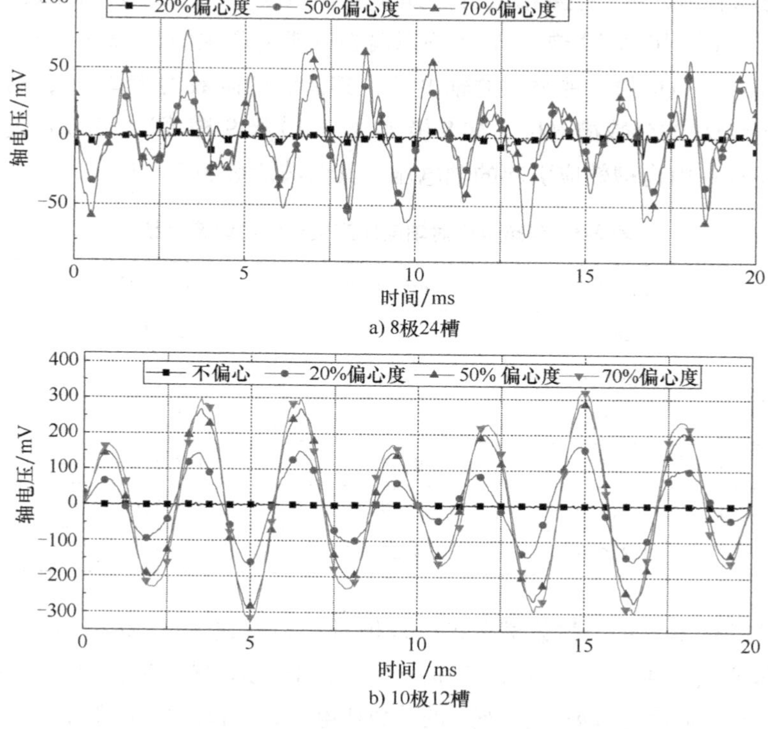

图 3-16　不同极槽配合永磁电机存在及不存在静态偏心时的轴电压

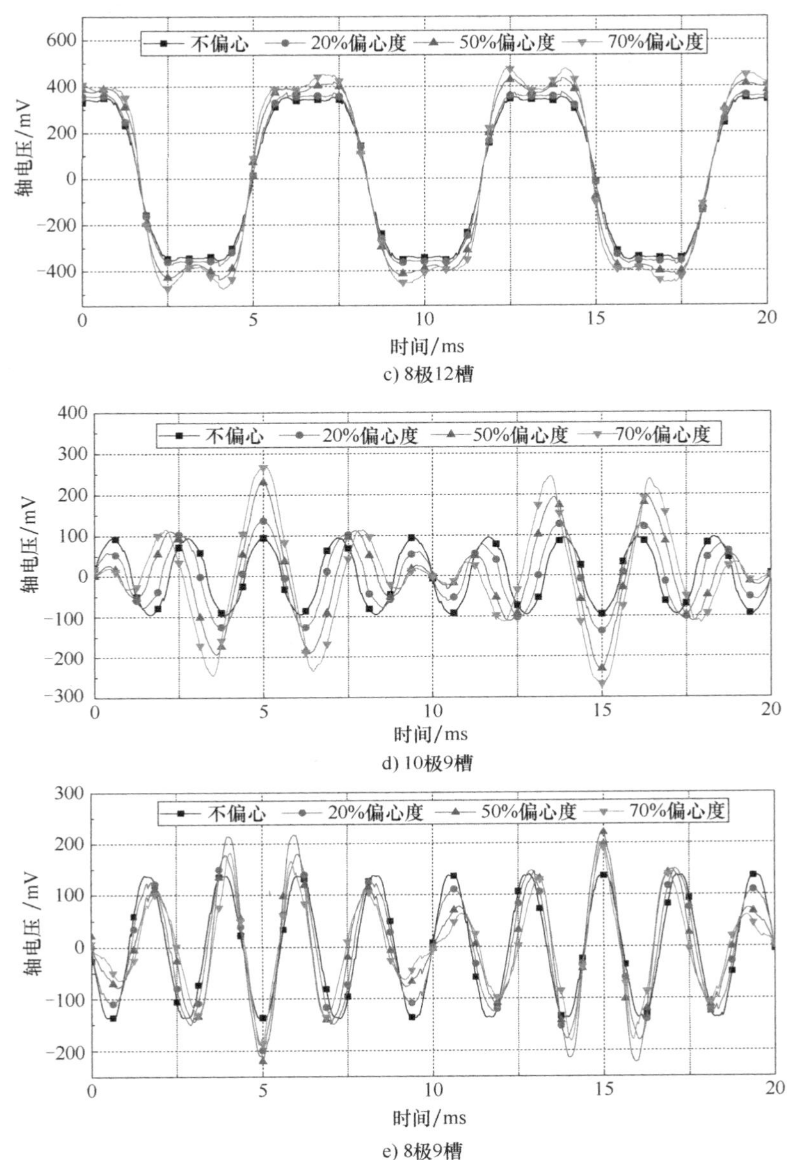

c) 8极12槽

d) 10极9槽

e) 8极9槽

图 3-16　不同极槽配合永磁电机存在及不存在静态偏心时的轴电压（续）

从图 3-16、图 3-17 可以看出，静态偏心与动态偏心都会对轴电压产生较大影响，且除 8 极 9 槽电机之外，动态和静态偏心情况下的轴电压幅值均会随着偏心程度的增加而增大，而 8 极 9 槽电机在 70%偏心时的轴电压幅值明显低于 50%偏心时。

对不偏心、50%静态偏心、50%动态偏心三种情况下五台电机的轴电压进行傅里叶分解，得其频谱图，如图 3-18 所示。可以看出，静态偏心时，8 极 24 槽永磁电机轴电压的主要谐波的阶数为 1($\nu=1$)、11、13($k=2,\nu=4$)、5、7($k=1,\nu=4$)、23、25($k=4,\nu=4$)等，同时也存在其他奇数阶数的谐波；10 极 12 槽永磁电机轴电压的主要谐波阶数为 5($k=2,\nu=1$)、7($k=3,\nu=1$)等，同时也存在 17、19 等阶数的谐波；8 极 12 槽永磁电机轴电压的主要谐波阶数为 3($k=1$)、9($k=3$)、11($k=4,\nu=4$)、15($k=5$)等，与转子不偏心时相比，出现了阶数为 11、17 的谐波；10 极 9 槽永磁电机轴电压的主要谐波阶数为 5、7($k=4,\nu=1$)、9($k=5$)、11($k=6,\nu=1$)等；8 极 9 槽永磁电机轴电压的主要谐波阶数为 9($k=4$)、11($k=5,\nu=1$)等。

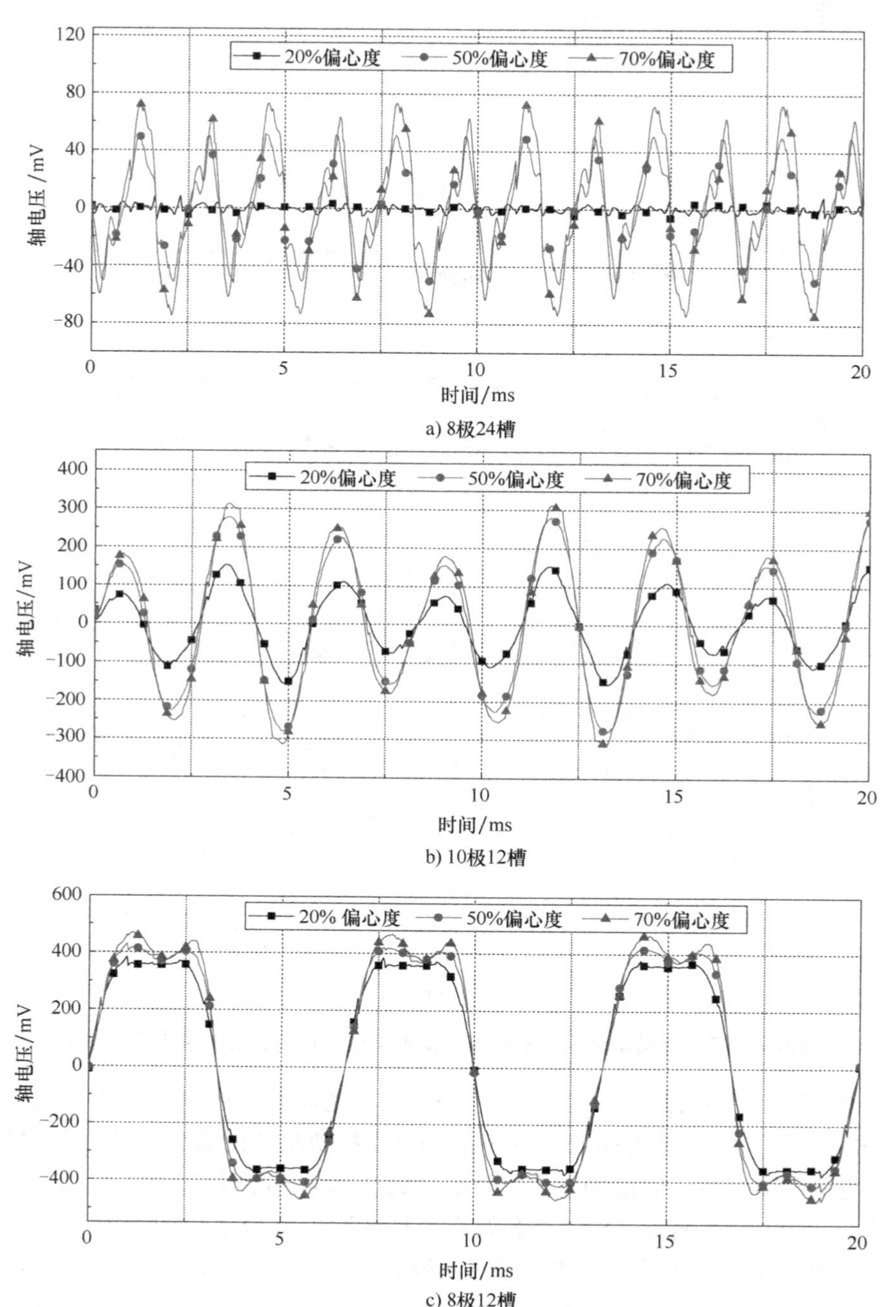

图 3-17　不同极槽配合永磁电机动态偏心时的轴电压

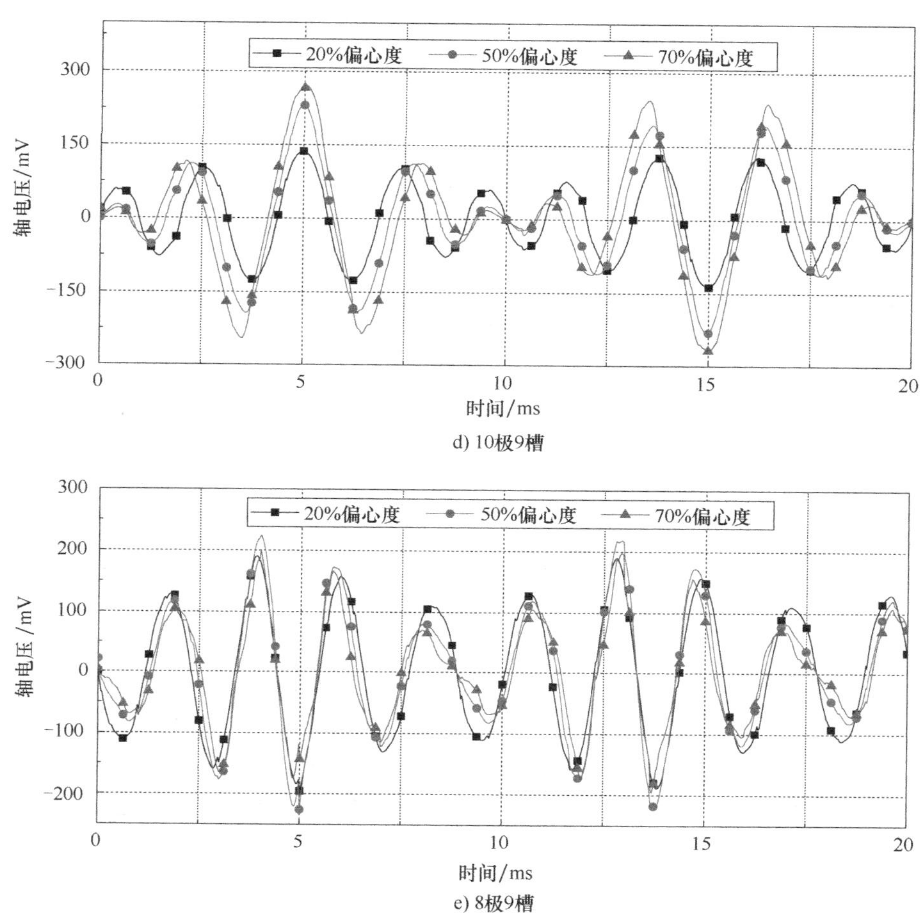

d) 10极9槽

e) 8极9槽

图 3-17　不同极槽配合永磁电机动态偏心时的轴电压（续）

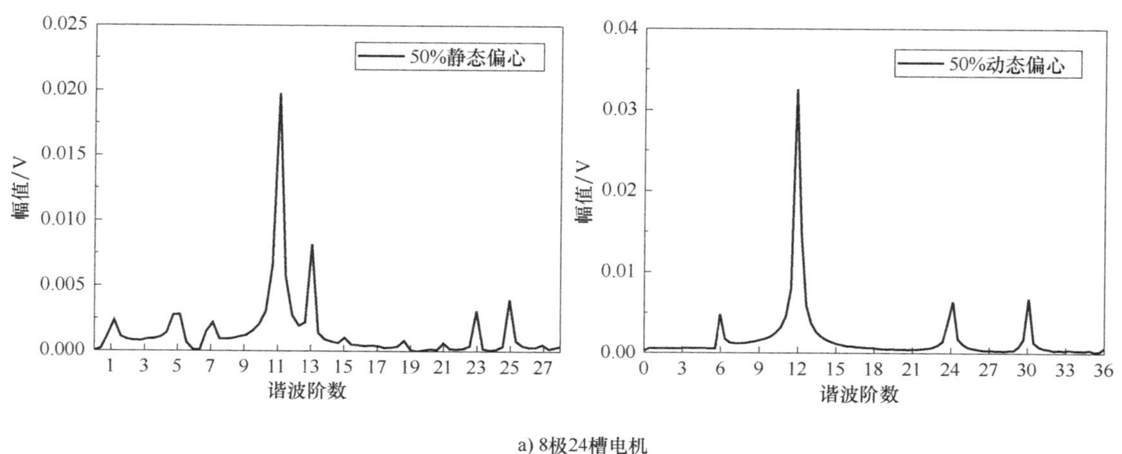

a) 8极24槽电机

图 3-18　不同极槽配合永磁电机内存在及不存在转子偏心时的轴电压频谱

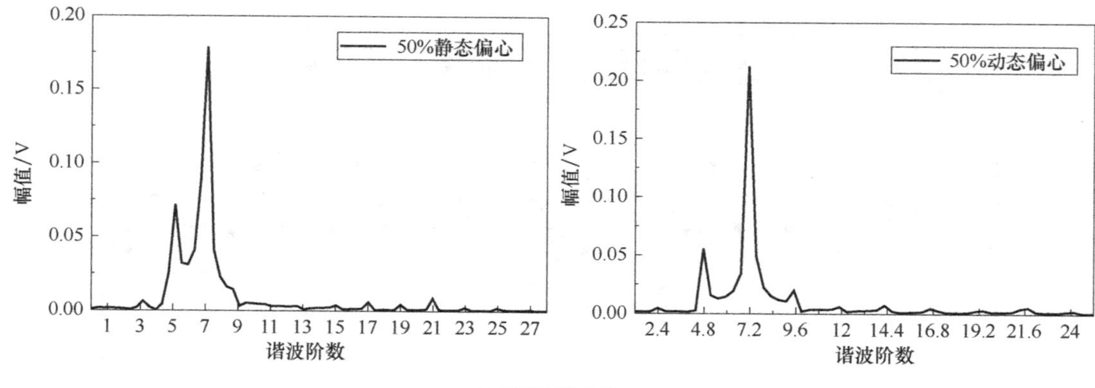

b) 10极12槽电机

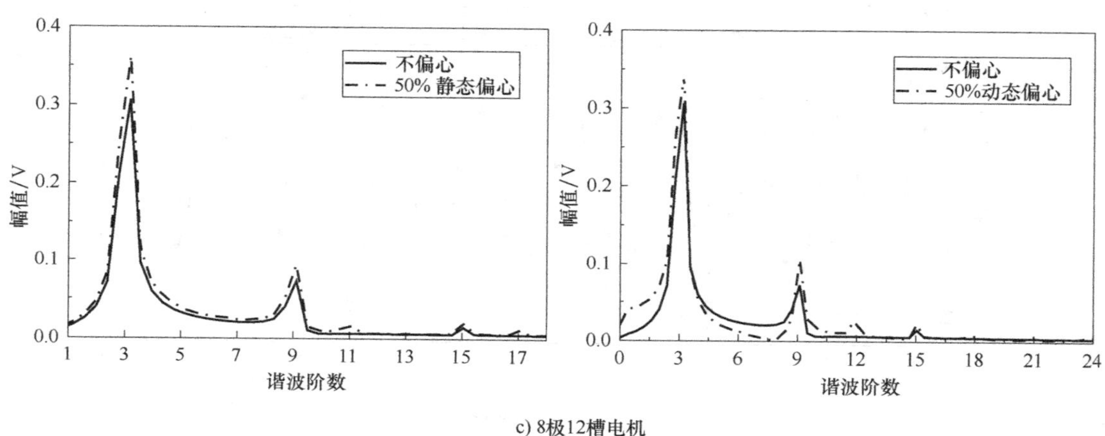

c) 8极12槽电机

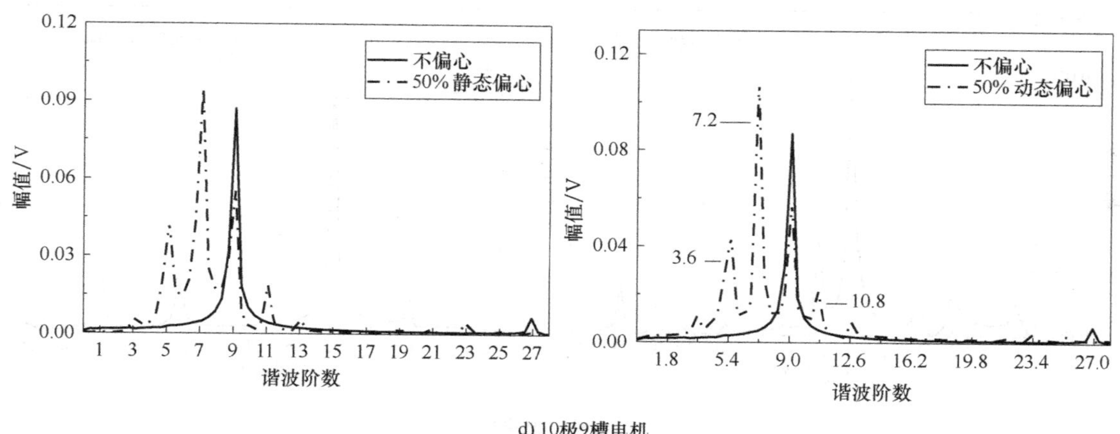

d) 10极9槽电机

图 3-18　不同极槽配合永磁电机内存在及不存在转子偏心时的轴电压频谱（续）

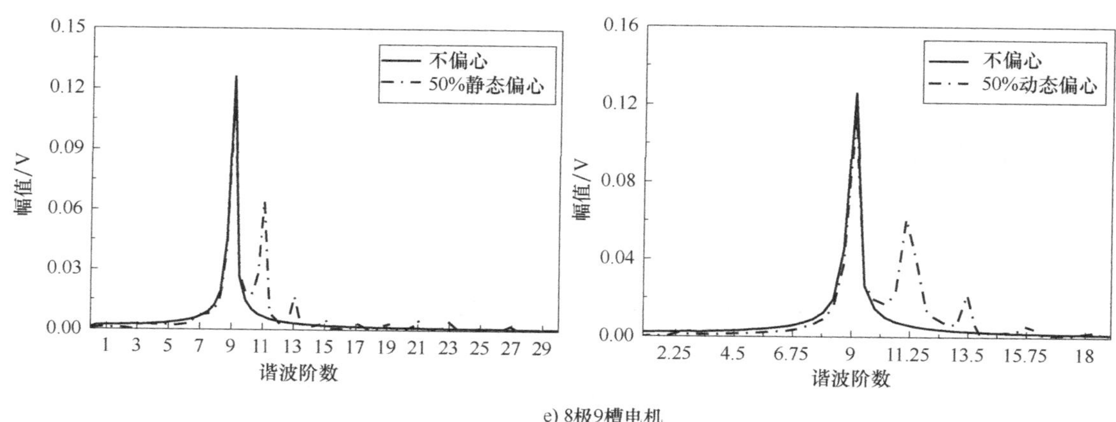

e) 8极9槽电机

图 3-18　不同极槽配合永磁电机内存在及不存在转子偏心时的轴电压频谱（续）

当动态偏心时，8 极 24 槽永磁电机内，6($n=3,k=1,\nu=4$)、12($n=6,k=2,\nu=4$)、24($n=12,k=4,\nu=4$)、30($n=15,k=5,\nu=4$)等偶数阶数的谐波为轴电压的主要谐波，满足表 3-4 中的 $24k/4$ 阶谐波成分；10 极 12 槽永磁电机内，4.8($n=3,k=2,\nu=1$)、7.2($n=4,k=3,\nu=1$)、9.6($n=5,k=4,\nu=3$)等分数阶数的谐波为轴电压的主要谐波，满足表 3-4 中的 $12k/5$ 阶谐波成分；8 极 12 槽永磁电机内，3($k=1$)、9($k=3$)、12($n=6,k=4,v=4$)、15($k=5$)等阶数的谐波为轴电压的主要谐波，与转子不偏心时相比，明显出现了阶数为 12 的偶数次谐波，满足表 3-4 中的 $12k/4$ 阶谐波成分；10 极 9 槽永磁电机内，3.6($n=2,k=2,\nu=3$)、7.2($n=4,k=4,\nu=1$)、9($k=5$)、10.8($n=6,k=6,\nu=1$)等阶数的谐波为轴电压的主要谐波，除奇数阶数的谐波外，还包含分数阶数的谐波，满足表 3-4 中的 $9k/5$ 阶谐波成分；8 极 9 槽永磁电机内，9($k=4$)、11.25($n=6,k=5,\nu=1$)、13.5($n=7,k=6,\nu=2$)等阶数的谐波为轴电压的主要谐波，满足表 3-4 中的 $9k/4$ 阶谐波成分。

综上所述，当转子发生静态偏心时，不同极槽配合永磁电机的轴电压谐波阶数为奇数；而当转子发生动态偏心时，8 极 24 槽和 8 极 12 槽永磁电机产生了偶数倍阶数的轴电压谐波，8 极 9 槽、10 极 9 槽和 10 极 12 槽永磁电机均产生了分数阶数的轴电压谐波。所以，无论是动态偏心还是静态偏心，其产生的轴电压谐波均与表 3-3、表 3-4 相一致。

值得关注的是，图 3-18d、e 中，10 极 9 槽和 8 极 9 槽两台永磁电机在没有转子偏心的情况下均存在 9、27 阶的轴电压谐波，在转子偏心后，无论是动态偏心还是静态偏心，其轴电压中阶数为 9 的倍数的谐波均有一定的减小，这说明，并非轴电压的所有谐波都随着偏心程度的增加而增大。

3.8　三相对称电枢反应磁场固有轴电压的分析

本节分析了表贴式永磁同步电机忽略铁心饱和和考虑铁心饱和两种情况下的电枢反应磁场轴电压，得出了三相对称电枢反应磁场产生轴电压的条件。

1. 不计饱和的电枢反应磁场轴电压分析

忽略永磁体的影响，将永磁体视为空气，假设三相绕组对称并通以三相对称交流电流

$$\begin{cases} i_A = I_m \cos(\omega t) \\ i_B = I_m \cos(\omega t - 120°) \\ i_C = I_m \cos(\omega t + 120°) \end{cases} \tag{3-38}$$

产生的三相电枢反应磁动势为

$$\begin{cases} F_A(\theta_s, t) = \sum_{n=1}^{\infty} F_n \cos(\omega t) \cos(n\theta_s) \\ F_B(\theta_s, t) = \sum_{n=1}^{\infty} F_n \cos(\omega t - 120°) \cos n(\theta_s - 120°) \\ F_C(\theta_s, t) = \sum_{n=1}^{\infty} F_n \cos(\omega t - 240°) \cos n(\theta_s - 240°) \end{cases} \tag{3-39}$$

式中，F_n 为电枢反应磁动势的 n 次谐波幅值，$n=1,2,3,\cdots$。对于整数槽绕组电机，存在基波以及频率为基波频率奇数倍的谐波；对于分数槽绕组电机，通常存在各次谐波。

气隙磁导可表示为

$$\lambda(\theta_s) = \sum_{k=0} \lambda_k \cos(kQ_1\theta_s) \tag{3-40}$$

式中，λ_k 为气隙磁导的 k 次谐波幅值，$k=0,1,2,3,\cdots$。

根据式（3-39）和式（3-40）得到电枢反应磁动势产生的气隙磁密为

$$\begin{aligned} B(\theta_s, t) &= [F_A(\theta_s, t) + F_B(\theta_s, t) + F_C(\theta_s, t)]\lambda(\theta_s) \\ &= \sum_{n=1}^{\infty}\sum_{k=0}^{\infty} \lambda_k F_n \cos(\omega t)\cos(n\theta_s)\cos(kQ_1\theta_s) + \\ &\quad \sum_{n=1}^{\infty}\sum_{k=0}^{\infty} \lambda_k F_n \cos(\omega t - 120°)\cos n(\theta_s - 120°)\cos(kQ_1\theta_s) + \\ &\quad \sum_{n=1}^{\infty}\sum_{k=0}^{\infty} \lambda_k F_n \cos(\omega t - 240°)\cos n(\theta_s - 240°)\cos(kQ_1\theta_s) \\ &= \sum_{n=1}^{\infty}\sum_{k=0}^{\infty} \frac{1}{2}\lambda_k F_n \cos(\omega t)\{\cos(n + kQ_1)\theta_s + \cos(n - kQ_1)\theta_s\} + \\ &\quad \sum_{n=1}^{\infty}\sum_{k=0}^{\infty} \frac{1}{2}\lambda_k F_n \cos(\omega t - 120°)\{\cos[(n + kQ_1)\theta_s - 120°] + \\ &\quad \cos[(n - kQ_1)\theta_s - 120°]\} + \sum_{n=1}^{\infty}\sum_{k=0}^{\infty} \frac{1}{2}\lambda_k F_n \cos(\omega t - 240°) \\ &\quad \{\cos[(n + kQ_1)\theta_s - 240°] + \cos[(n - kQ_1)\theta_s - 240°]\} \end{aligned} \tag{3-41}$$

由于 $n+kQ_1 \neq 0$，式（3-41）中与之有关的磁密不能产生轴电压。当 $n=kQ_1$ 时，式（3-41）中与 $n-kQ_1$ 有关的磁密可产生轴电压，因此能产生轴电压的磁密为

$$B(\theta_s, t) = \sum_{n=kQ_1}^{\infty}\sum_{k=0}^{\infty} \frac{1}{2}\lambda_k F_{kQ_1}\begin{bmatrix} \cos(\omega t)\cos 0° + \cos(\omega t - 120°)\cos 120° + \\ \cos(\omega t - 240°)\cos 240° \end{bmatrix} = 0 \tag{3-42}$$

可以看出，当忽略饱和时，三相对称绕组通以三相对称电流所产生的电枢反应磁场不会产生轴电压。

以前述 6 极 9 槽永磁同步电机为例，通以三相对称交流电流，分别计算了考虑铁心饱和和忽略铁心饱和（铁心相对磁导率设为 3000）时的电枢反应磁场轴电压，如图 3-19 所示。可以看出，当不考虑铁心饱和时，电枢反应磁场轴电压很小，验证了上述结论的正确性。当考虑铁心饱和时，产生较高的电枢反应磁场轴电压。

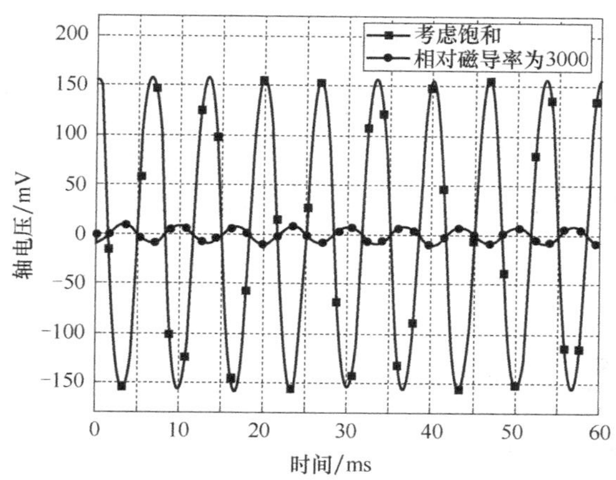

图 3-19 铁心饱和对 6 极 9 槽永磁电机电枢反应磁场固有轴电压的影响

2. 计及饱和的电枢反应磁场轴电压分析

从图 3-19 可以看出，分析电枢反应磁场轴电压时，必须计及铁心饱和的影响。电枢电流相位相差 180°电角度的两个时刻，电枢磁场的方向相反，但分布相同，即饱和程度相同。为考虑饱和的影响，引进了基频为 2ω 的三相饱和因数

$$\begin{cases} k_{\mathrm{A}}(t)=\sum\limits_{m=0}^{\infty}\Lambda_m\cos(2m\omega t) \\ k_{\mathrm{B}}(t)=\sum\limits_{m=0}^{\infty}\Lambda_m\cos(2m\omega t-120^\circ) \\ k_{\mathrm{C}}(t)=\sum\limits_{m=0}^{\infty}\Lambda_m\cos(2m\omega t-240^\circ) \end{cases} \tag{3-43}$$

式中，Λ_m 为饱和因数的 m 次谐波幅值，$m=0,1,2,3,\cdots$。

根据式（3-39）、式（3-40）和式（3-43）得到考虑饱和影响时的电枢反应气隙磁密为

$$\begin{aligned} B(\theta_s,t)&=[F_{\mathrm{A}}(\theta_s,t)k_{\mathrm{A}}(t)+F_{\mathrm{B}}(\theta_s,t)k_{\mathrm{B}}(t)+F_{\mathrm{C}}(\theta_s,t)k_{\mathrm{C}}(t)]\lambda(\theta_s) \\ &=\sum_{n=1}^{\infty}\sum_{k=0}^{\infty}\sum_{m=0}^{\infty}\Lambda_m\lambda_kF_n\cos(\omega t)\cos(2m\omega t)\cos(n\theta_s)\cos(kQ_1\theta_s)+ \\ &\quad\sum_{n=1}^{\infty}\sum_{k=0}^{\infty}\sum_{m=0}^{\infty}\Lambda_m\lambda_kF_n\cos(\omega t-120^\circ)\cos2m(\omega t-120^\circ)\cos n(\theta_s-120^\circ)\cos(kQ_1\theta_s)+ \\ &\quad\sum_{n=1}^{\infty}\sum_{k=0}^{\infty}\sum_{m=0}^{\infty}\Lambda_m\lambda_kF_n\cos(\omega t-240^\circ)\cos2m(\omega t-240^\circ)\cos n(\theta_s-240^\circ)\cos(kQ_1\theta_s) \\ &=\sum_{n=1}^{\infty}\sum_{k=0}^{\infty}\sum_{m=0}^{\infty}\Lambda_m\lambda_kF_n\{\cos[(2m+1)\omega t]+\cos[(2m-1)\omega t]\}\cdot \end{aligned}$$

$$
\begin{aligned}
&\{\cos(n+kQ_1)\theta_s+\cos(n-kQ_1)\theta_s\}+\\
&\sum_{n=1}^{\infty}\sum_{k=0}^{\infty}\sum_{m=0}^{\infty}\Lambda_m\lambda_kF_n\{\cos[(2m+1)\omega t-(2m+1)120°]+\cos[(2m-1)\omega t-(2m-1)120°]\}\cdot\\
&\{\cos[(n+kQ_1)\theta_s-n120°]+\cos[(n-kQ_1)\theta_s-n120°]\}+\\
&\sum_{n=1}^{\infty}\sum_{k=0}^{\infty}\sum_{m=0}^{\infty}\Lambda_m\lambda_kF_n\{\cos[(2m+1)\omega t-(2m+1)240°]+\cos[(2m-1)\omega t-(2m-1)240°]\}\cdot\\
&\{\cos[(n+kQ_1)\theta_s-n240°]+\cos[(n-kQ_1)\theta_s-n240°]\}
\end{aligned}
\tag{3-44}
$$

由于$n+kQ_1\neq0$，式（3-44）中与之有关的磁密不能产生轴电压。当$n=kQ_1$时，式（3-44）中与$n-kQ_1$有关的磁密可产生轴电压，且Q_1为3的倍数，则$n120°=kQ_1 120°$、$n240°=kQ_1 240°$都为360°的整数倍，因此能产生轴电压的气隙磁密为

$$
\begin{aligned}
B(\theta_s,t)=&\sum_{n=kQ_1}^{\infty}\sum_{k=0}^{\infty}\sum_{m=0}^{\infty}\frac{1}{4}\Lambda_m\lambda_kF_n\{\cos[(2m+1)\omega t]+\cos[(2m-1)\omega t]\}+\\
&\sum_{n=kQ_1}^{\infty}\sum_{k=0}^{\infty}\sum_{m=0}^{\infty}\frac{1}{4}\Lambda_m\lambda_kF_n\{\cos[(2m+1)\omega t-(2m+1)120°]+\\
&\cos[(2m-1)\omega t-(2m-1)120°]\}+\\
&\sum_{n=kQ_1}^{\infty}\sum_{k=0}^{\infty}\sum_{m=0}^{\infty}\frac{1}{4}\Lambda_m\lambda_kF_n\{\cos[(2m+1)\omega t-(2m+1)240°]+\\
&\cos[(2m-1)\omega t-(2m-1)240°]\}
\end{aligned}
\tag{3-45}
$$

可以看出，能产生轴电压的磁密包含$(2m+1)$和$(2m-1)$倍频磁密分量。对于三个$(2m+1)$倍频磁密分量，其相位分别为0、$-(2m+1)120°$、$-(2m+1)240°$，当$2m+1=3\nu(\nu=1,3,5,\cdots)$时，存在环绕转轴的净磁通，且频率为$3\nu\omega$。对于三个$(2m-1)$倍频磁密分量，其相位分别为0、$-(2m-1)120°$、$-(2m-1)240°$，当$2m-1=3\nu(\nu=1,3,5,\cdots)$时，存在环绕转轴的净磁通，且频率为$3\nu\omega$。式（3-45）可整理为

$$
B(\theta_s,t)=\sum_{n=kQ_1}^{\infty}\sum_{k=0}^{\infty}\sum_{m=0}^{\infty}\frac{3}{4}\Lambda_m\lambda_kF_n\{\cos[(2m+1)\omega t]+\cos[(2m-1)\omega t]\}
\tag{3-46}
$$

对于整数槽绕组永磁同步电机，存在基波和频率为基波频率奇数倍的谐波，即n为奇数，而式（3-46）中$n=kQ_1$只能为偶数，故$B(\theta_s,t)=0$，环绕转轴的净磁通为零，不产生轴电压。

对于分数槽绕组永磁同步电机，存在所有次数的谐波，某些谐波满足$n=kQ_1$，产生轴电压。轴电压谐波频率为电机基波频率的3及3的奇数倍。

3. 计算实例

为了验证上述分析的正确性，计算了分数槽绕组永磁电机（8极9槽、12极9槽、14极12槽、6极9槽、8极12槽、16极12槽）和整数槽绕组永磁电机（4极12槽、8极24槽）的电枢反应磁场固有轴电压，如图3-20～图3-27所示。可以看出，分数槽电机存在电枢反应轴电压，且轴电压基波频率为电机基波频率的3倍，同时存在9、15、21、27等倍频的谐波分量；整数槽绕组电机不产生电枢反应磁场轴电压，与理论分析的结论一致。

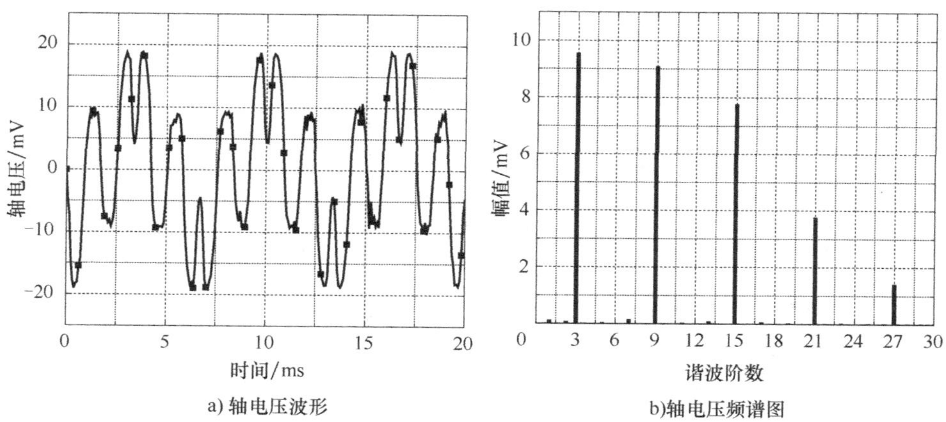

a) 轴电压波形　　b)轴电压频谱图

图 3-20　8 极 9 槽永磁电机的电枢反应磁场轴电压

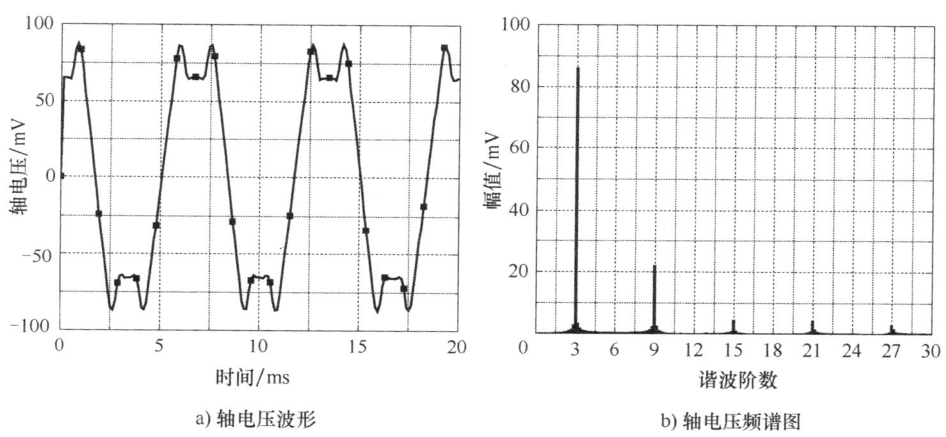

a) 轴电压波形　　b) 轴电压频谱图

图 3-21　12 极 9 槽永磁电机的电枢反应磁场轴电压

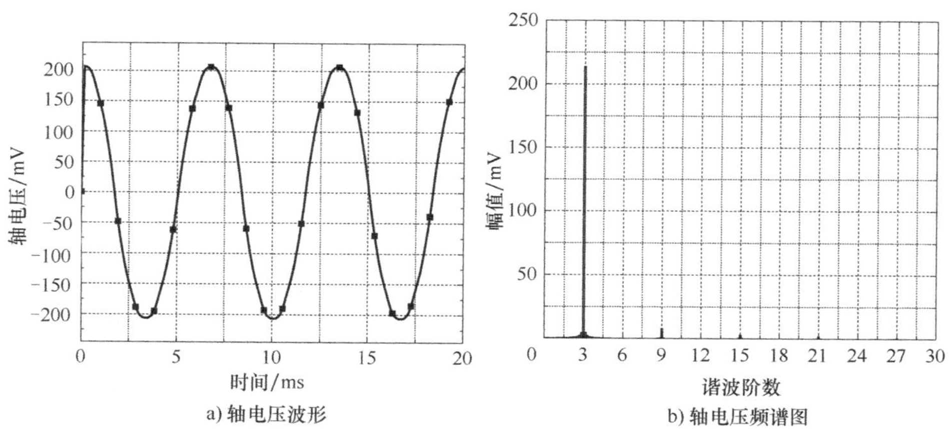

a) 轴电压波形　　b) 轴电压频谱图

图 3-22　14 极 12 槽永磁电机的电枢反应磁场轴电压

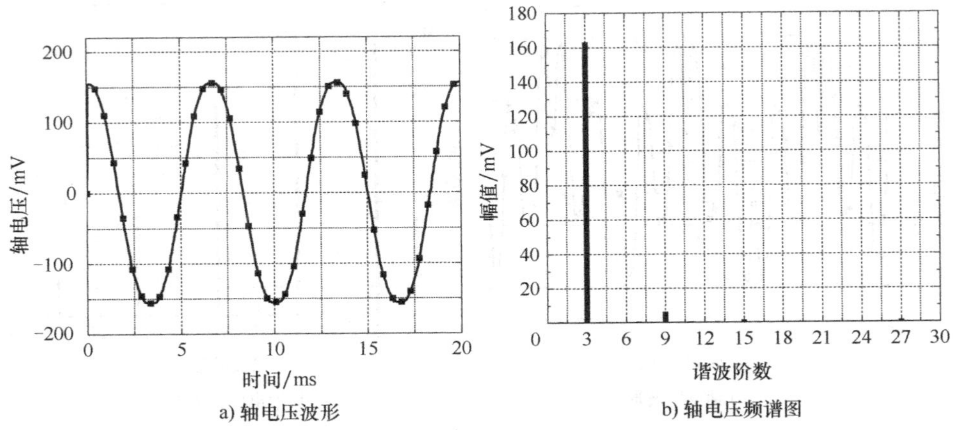

a) 轴电压波形

b) 轴电压频谱图

图 3-23　6 极 9 槽永磁电机的电枢反应磁场轴电压

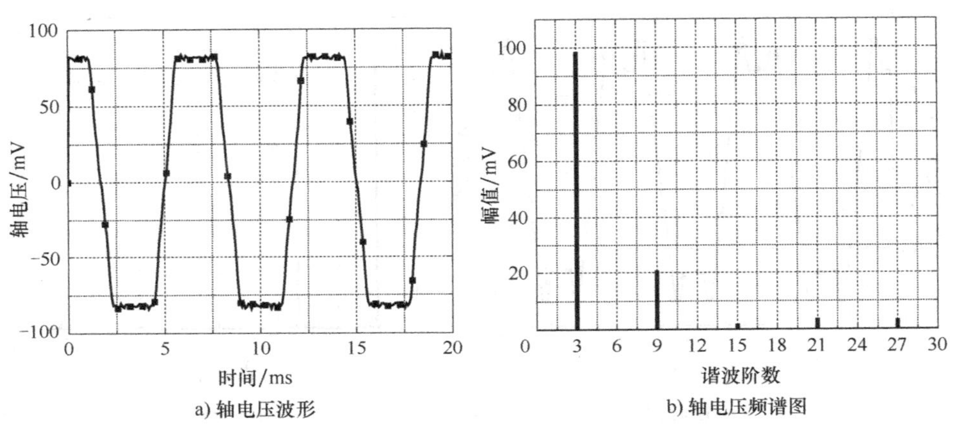

a) 轴电压波形

b) 轴电压频谱图

图 3-24　8 极 12 槽永磁电机的电枢反应磁场轴电压

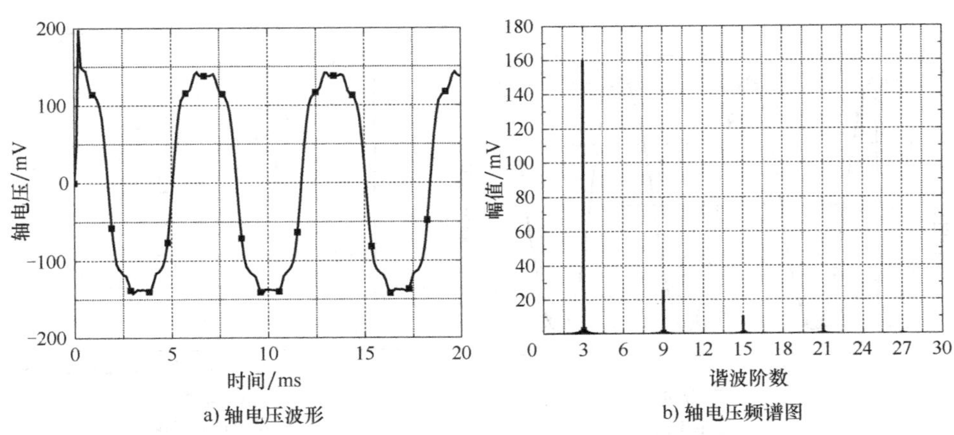

a) 轴电压波形

b) 轴电压频谱图

图 3-25　16 极 12 槽永磁电机的电枢反应磁场轴电压

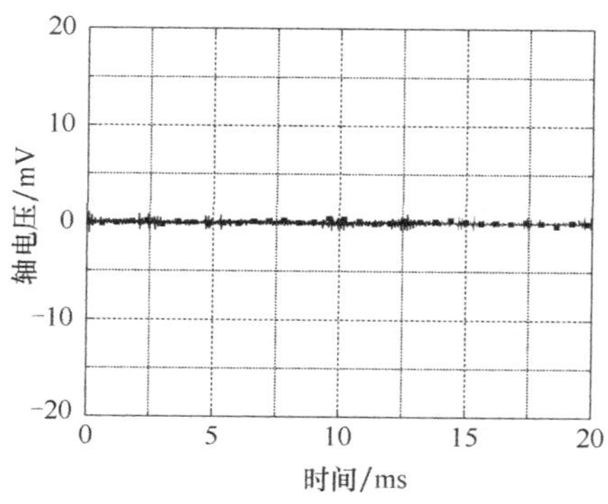

图 3-26　4 极 12 槽永磁电机的电枢反应磁场轴电压

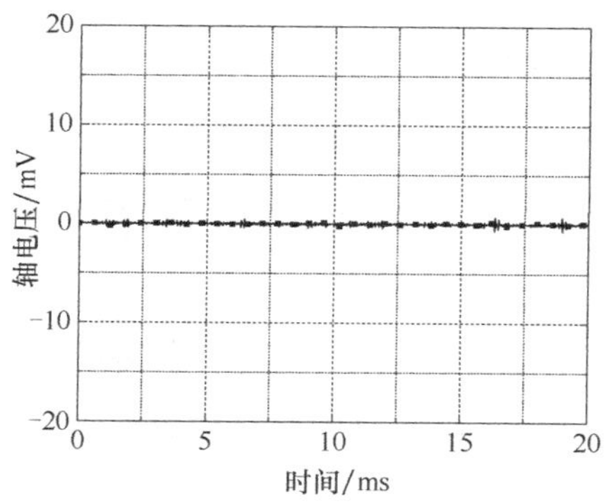

图 3-27　8 极 24 槽永磁电机的电枢反应磁场轴电压

3.9　三相不对称电枢反应磁场固有轴电压的分析

在电机运行过程中，三相供电电压不对称、匝间短路等，会引起三相电流乃至电枢反应磁场的不对称。本节将讨论表贴式永磁同步电机不对称运行时电枢反应磁场引起的固有轴电压。

1. 不考虑饱和时的三相不对称电枢反应磁场固有轴电压

在三相电流不对称时，根据对称分量法，可将不对称的三相电流分解为正序电流、负序电流和零序电流。无论三相绕组采用星形联结还是三角形联结，都不存在零序磁动势。正序电流产生正序基波旋转磁动势，但其产生的谐波磁动势既有正序磁动势，也有负序磁动势；负序电流产生负序基波旋转磁动势，但其产生的谐波磁动势既有正序磁动势，也有负序磁动势。正序磁动势和负序磁动势可分别表示为

$$F_{+}(\theta_s,t)=\sum_{n=1}^{\infty}F_n^{+}\cos(\omega t-n\theta_s) \tag{3-47}$$

$$F_{-}(\theta_s,t)=\sum_{n=1}^{\infty}F_n^{-}\cos(\omega t+n\theta_s) \tag{3-48}$$

气隙磁导如式（3-40）所示。当不考虑铁心饱和影响时，可得到正、负序磁动势产生的气隙磁密为

$$\begin{aligned}B(\theta_s,t)&=F_{+}(\theta_s,t)\lambda(\theta_s)+F_{-}(\theta_s,t)\lambda(\theta_s)\\&=\sum_{n=1}^{\infty}\sum_{k=0}^{\infty}\left[F_n^{+}\lambda_k\cos(\omega t-n\theta_s)\cos kQ_1\theta_s+\sum_{n}\sum_{k}F_n^{-}\lambda_k\cos(\omega t+n\theta_s)\cos kQ_1\theta_s\right]\\&=\frac{1}{2}\sum_{n=1}^{\infty}\sum_{k=0}^{\infty}F_n^{+}\lambda_k\{\cos[\omega t-(n-kQ_1)\theta_s]+\cos[\omega t-(n+kQ_1)\theta_s]\}+\\&\quad\frac{1}{2}\sum_{n=1}^{\infty}\sum_{k=0}^{\infty}F_n^{-}\lambda_k\{\cos[\omega t+(n+kQ_1)\theta_s]+\cos[\omega t+(n-kQ_1)\theta_s]\}\end{aligned} \tag{3-49}$$

对于整数槽绕组永磁电机，n 为奇数 $1,3,5,7,\cdots$，且定子槽数 Q_1 必为偶数，因此

$n \neq kQ_1$，气隙磁密在气隙圆周上的积分一定是0。所以当三相电流不对称且不考虑饱和影响时，整数槽绕组永磁电机不会产生电枢反应磁场固有轴电压。

对于分数槽绕组永磁电机，$n=kQ_1$ 很可能成立。当 $n=kQ_1$ 时，气隙磁密为

$$B(\theta_s,t)=\frac{1}{2}\sum_{n=1}^{\infty}\sum_{k=0}^{\infty}F_n^+\lambda_k\{\cos\omega t+\cos[\omega t-(n+kQ_1)\theta_s]\}+\frac{1}{2}\sum_{n=1}^{\infty}\sum_{k=0}^{\infty}F_n^-\lambda_k\{\cos[\omega t+(n+kQ_1)\theta_s]+\cos\omega t\} \tag{3-50}$$

式中，$\cos[\omega t-(n+kQ_1)\theta_s]$ 和 $\cos[\omega t+(n+kQ_1)\theta_s]$ 不产生轴电压。因此能产生轴电压的磁密为 $B(\theta_s,t)=\frac{1}{2}\sum\limits_{k=0}^{\infty}F_{kQ_1}^+\lambda_k\cos\omega t+\frac{1}{2}\sum\limits_{k=0}^{\infty}F_{kQ_1}^-\lambda_k\cos\omega t$，产生的轴电压频率为电机基波频率。

2. 考虑饱和时的三相不对称电枢反应磁场固有轴电压

正、负序饱和效应函数分别表示为

$$k_+(\theta_s,t)=\sum_m \Lambda_m\cos[2m(\omega t-\theta_s)] \tag{3-51}$$

$$k_-(\theta_s,t)=\sum_m \Lambda_m\cos[2m(\omega t+\theta_s)] \tag{3-52}$$

基于磁动势-磁导法，可以得到正、负序磁动势产生的气隙磁密为

$$\begin{aligned}B(\theta_s,t)=&F_+(\theta_s,t)\lambda(\theta_s)k_+(\theta_s,t)+F_-(\theta_s,t)\lambda(\theta_s)k_-(\theta_s,t)\\=&\frac{1}{4}\sum_{n=1}^{\infty}\sum_{k=0}^{\infty}\sum_{m=0}^{\infty}F_n^+\lambda_k\Lambda_m\{\cos[(2m+1)\omega t-(2m+n-kQ_1)\theta_s]+\\&\cos[(2m+1)\omega t-(2m+n+kQ_1)\theta_s]+\cos[(2m-1)\omega t-\\&(2m-n+kQ_1)\theta_s]+\cos[(2m-1)\omega t-(2m-n-kQ_1)\theta_s]\}+\\&\frac{1}{4}\sum_{n=1}^{\infty}\sum_{k=0}^{\infty}\sum_{m=0}^{\infty}F_n^-\lambda_k\Lambda_m\{\cos[(2m+1)\omega t+(2m+n+kQ_1)\theta_s]+\\&\cos[(2m+1)\omega t+(2m+n-kQ_1)\theta_s]+\cos[(2m-1)\omega t+\\&(2m-n-kQ_1)\theta_s]+\cos[(2m-1)\omega t+(2m-n+kQ_1)\theta_s]\}\end{aligned} \tag{3-53}$$

下面分整数槽绕组永磁电机和分数槽绕组永磁电机两种情况进行讨论：

（1）整数槽绕组永磁电机

对于整数槽绕组永磁电机，由于 n 为奇数，Q_1 为偶数，所以 $2m=n-kQ_1$、$2m=kQ_1-n$、$2m=n+kQ_1$、$2m+n+kQ_1=0$ 均不满足，因此式（3-53）中的各磁密项均不能产生轴电压。

（2）分数槽绕组永磁电机

$2m+n+kQ_1=0$ 不成立，含有 $(2m+n+kQ_1)\theta_s$ 的项不产生轴电压。

当 $2m=n-kQ_1$ 时，产生轴电压的磁密为

$$B(\theta_s,t)=\frac{1}{4}\sum_{k=0}^{\infty}\sum_{m=0}^{\infty}F_{2m+kQ_1}^+\lambda_k\Lambda_m\cos[(2m-1)\omega t]+\frac{1}{4}\sum_{k=0}^{\infty}\sum_{m=0}^{\infty}F_{2m+kQ_1}^-\lambda_k\Lambda_m\cos[(2m-1)\omega t] \tag{3-54}$$

所产生轴电压的频率为$(2m-1)\omega$，即含有基波和奇次谐波。

当 $2m=n+kQ_1$ 时，产生轴电压的磁密为

$$B(\theta_s,t)=\frac{1}{4}\sum_{k=0}^{\infty}\sum_{m=0}^{\infty}F_{2m-kQ_1}^{+}\lambda_k\Lambda_m\cos[(2m-1)\omega t]+\frac{1}{4}\sum_{k=0}^{\infty}\sum_{m=0}^{\infty}F_{2m-kQ_1}^{-}\lambda_k\Lambda_m\cos[(2m-1)\omega t] \tag{3-55}$$

所产生轴电压的频率为$(2m-1)\omega$，即含有基波和奇次谐波。

当 $2m=kQ_1-n$ 时，产生轴电压的磁密为

$$B(\theta_s,t)=\frac{1}{4}\sum_{k=0}^{\infty}\sum_{m=0}^{\infty}F_{kQ_1-2m}^{+}\lambda_k\Lambda_m\cos[(2m+1)\omega t]+\frac{1}{4}\sum_{k=0}^{\infty}\sum_{m=0}^{\infty}F_{kQ_1-2m}^{-}\lambda_k\Lambda_m\cos[(2m+1)\omega t] \tag{3-56}$$

所产生轴电压的频率为$(2m+1)\omega$，即含有奇次谐波。

因此，分数槽绕组永磁电机的轴电压中存在基波和奇次谐波。

综上所述，当三相电流不对称时，对于整数槽绕组永磁电机，无论是否考虑饱和影响，都不产生电枢反应磁场固有轴电压。对于分数槽绕组永磁电机，不考虑饱和影响时，产生的电枢反应磁场固有轴电压只有基频分量；考虑饱和影响时，电枢反应轴电压包含基频和基频的奇数倍次谐波分量。

3. 计算实例

为了验证上述结论的正确性，以三台分数槽绕组表贴式永磁同步电机（分别为 6 极 9 槽、8 极 12 槽、16 极 15 槽）和两台整数槽绕组表贴式永磁同步电机（分别为 4 极 12 槽、8 极 24 槽）为例，在绕组上施加三相不对称电流，并将永磁体位置设置为空气，利用有限元法分别计算了不考虑饱和影响和考虑饱和影响时的电枢反应磁场固有轴电压，并对其进行傅里叶分解，结果如图 3-28 和图 3-29 所示。可以看出，计算结果与上述结论吻合。

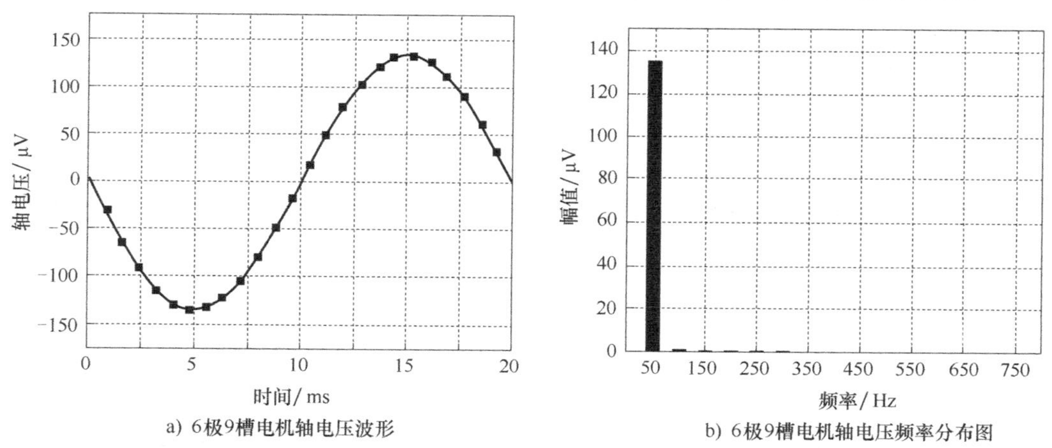

a) 6极9槽电机轴电压波形　　b) 6极9槽电机轴电压频率分布图

图 3-28　不考虑饱和影响时的轴电压波形及主要频率分布图

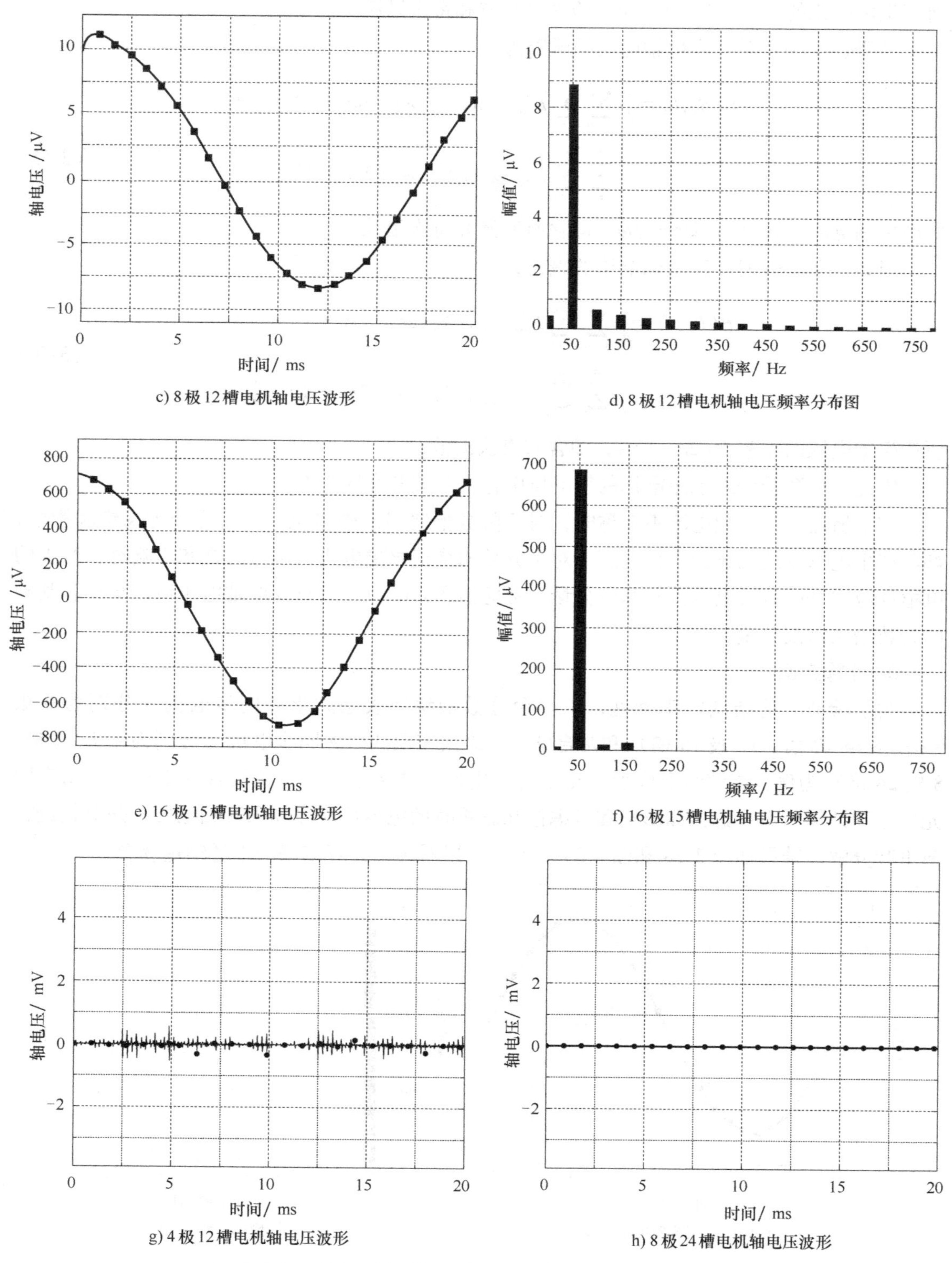

图 3-28　不考虑饱和影响时的轴电压波形及主要频率分布图（续）

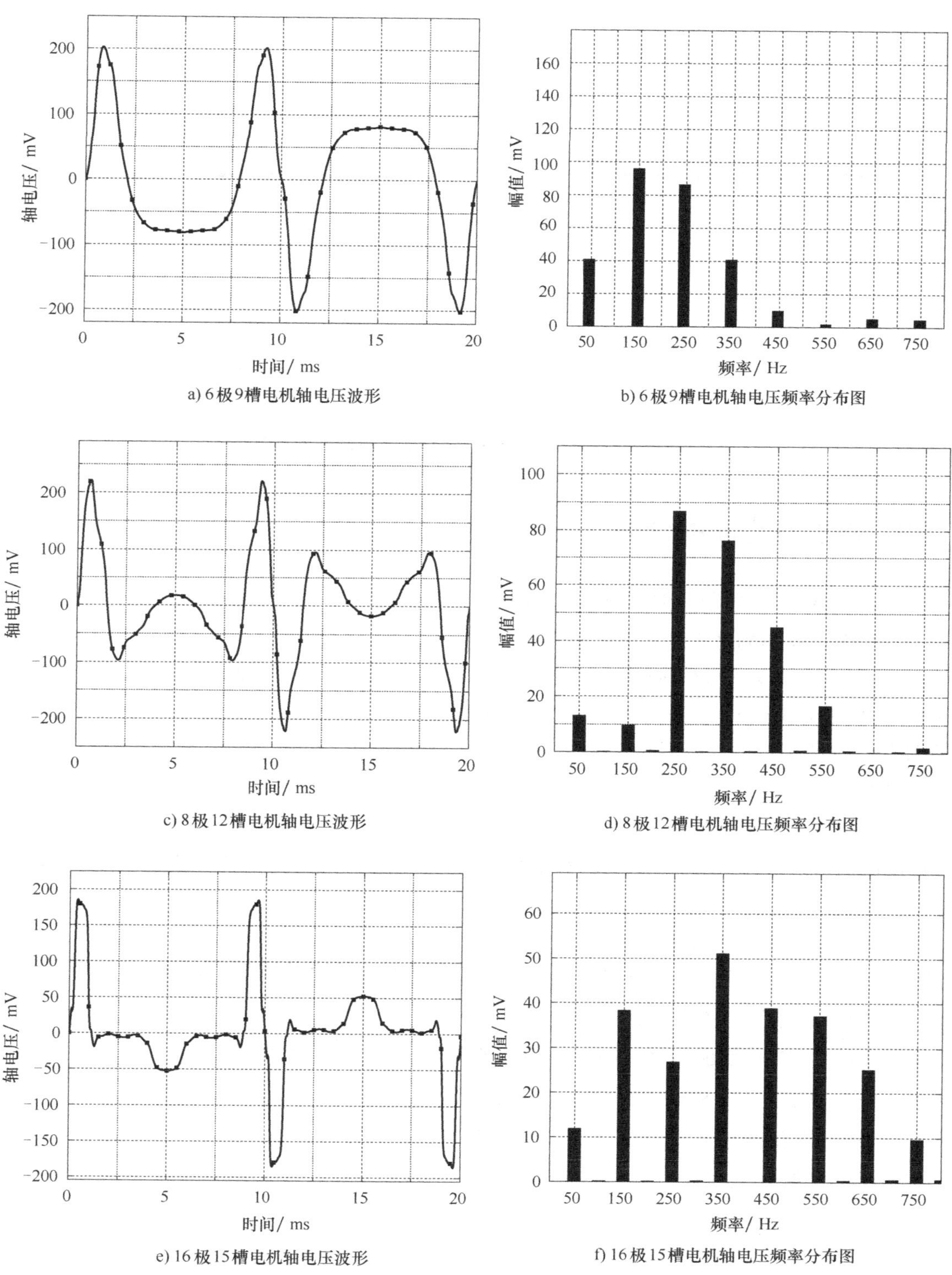

a) 6 极 9 槽电机轴电压波形　　b) 6 极 9 槽电机轴电压频率分布图

c) 8 极 12 槽电机轴电压波形　　d) 8 极 12 槽电机轴电压频率分布图

e) 16 极 15 槽电机轴电压波形　　f) 16 极 15 槽电机轴电压频率分布图

图 3-29　考虑饱和影响时的轴电压波形及主要频率分布图

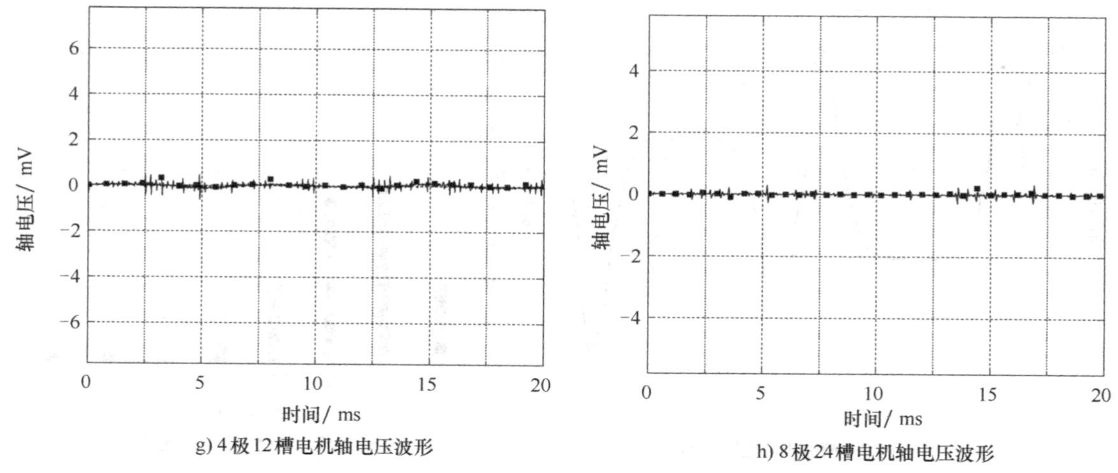

图 3-29　考虑饱和影响时的轴电压波形及主要频率分布图（续）

3.10　共模轴电压的计算

本节以 SVPWM 控制为例，介绍共模电压的产生与抑制，以及共模轴电压的计算方法。

1. SVPWM 控制产生的共模电压[5]

SVPWM 控制以三相对称正弦波电压供电时电动机定子理想磁链圆为参考，对三相逆变器不同开关模式进行适当切换，从而形成 PWM 波，以所形成的实际磁链矢量来追踪其准确磁链圆，能显著减小逆变器输出电流的谐波含量及电机的谐波损耗，降低脉动转矩，具有控制简单、数字化实现方便、电压利用率高的优点。

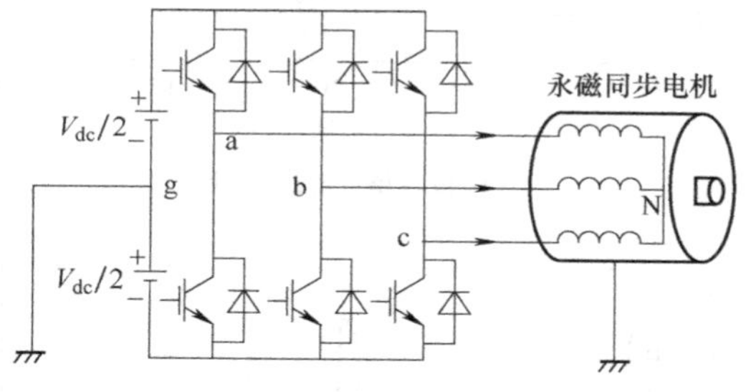

图 3-30　永磁同步电机变频调速系统的原理图

图 3-30 为永磁同步电机变频调速系统的原理图。逆变器的直流侧电压为 V_{dc}，对于 abc 三相桥臂，每个桥臂均有上下两个开关管且这两个开关管不能同时导通。定义一个开关函数 $S_x(x=a,b,c)$。当 $S_x=1$ 时，上桥臂导通；当 $S_x=0$ 时，下桥臂导通。用 $(S_aS_bS_c)$ 表示逆变器三相桥臂的开关状态，共有 8 种组合方式，见表 3-5。根据表中开关状态与矢量符号的对应关系，可以在 $\alpha\beta$ 坐标系中画出 SVPWM 的矢量图，如图 3-31 所示。8 个矢量分为两组：零矢量 $\boldsymbol{V}_0$、$\boldsymbol{V}_7$ 和非零矢量 $\boldsymbol{V}_4$、$\boldsymbol{V}_6$、$\boldsymbol{V}_2$、

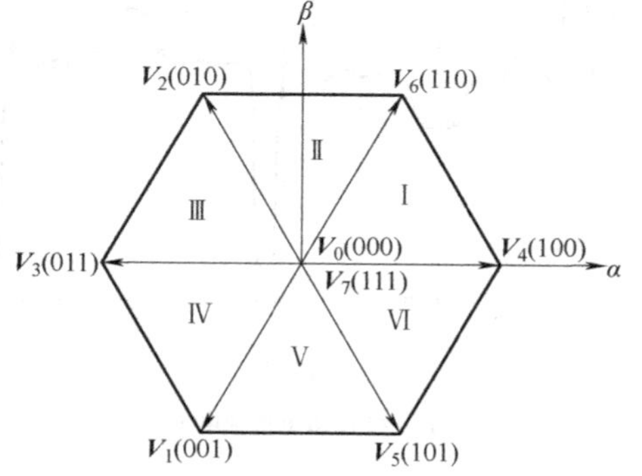

图 3-31　SVPWM 矢量图

$\boldsymbol{V}_3$、$\boldsymbol{V}_1$、$\boldsymbol{V}_5$。其中，零矢量幅值为 0，位于中心，非零矢量的幅值相等，角度分别相差 60°，将非零矢量的顶点相连正好可以组成一个正六边形，6 个非零矢量正好将正六边形等分成 6 个等边三角形，通常将它们称为扇区 Ⅰ ~ Ⅵ。

表 3-5　开关状态与矢量的对应关系

S_a	S_b	S_c	矢量
0	0	0	$\boldsymbol{V}_0$
1	0	0	$\boldsymbol{V}_4$
1	1	0	$\boldsymbol{V}_6$
0	1	0	$\boldsymbol{V}_2$
0	1	1	$\boldsymbol{V}_3$
0	0	1	$\boldsymbol{V}_1$
1	0	1	$\boldsymbol{V}_5$
1	1	1	$\boldsymbol{V}_7$

根据定义，共模电压是指在每一导体和所规定的参考点之间电压的平均值。因此图 3-30 中的共模电压为

$$V_{CM}=\frac{V_{ag}+V_{bg}+V_{cg}}{3} \tag{3-57}$$

可以看出，若逆变器输出的三相电压严格对称，则共模电压为零。但实际上逆变器输出电压波形是脉冲波形而非正弦波，故存在共模电压。

根据图 3-30 的逆变电路，可以计算出与 SVPWM 的开关状态对应的逆变器三相输出端对直流电源中点的电压 V_{ag}、V_{bg}、V_{cg}和对应的共模电压 V_{CM}，见表 3-6。

表 3-6　开关状态与共模电压的对应关系

S_a	S_b	S_c	V_{ag}	V_{bg}	V_{cg}	V_{CM}
0	0	0	$-V_{dc}/2$	$-V_{dc}/2$	$-V_{dc}/2$	$-V_{dc}/2$
1	0	0	$V_{dc}/2$	$-V_{dc}/2$	$-V_{dc}/2$	$-V_{dc}/6$
1	1	0	$V_{dc}/2$	$V_{dc}/2$	$-V_{dc}/2$	$V_{dc}/6$
0	1	0	$-V_{dc}/2$	$V_{dc}/2$	$-V_{dc}/2$	$-V_{dc}/6$
0	1	1	$-V_{dc}/2$	$V_{dc}/2$	$V_{dc}/2$	$V_{dc}/6$
0	0	1	$-V_{dc}/2$	$-V_{dc}/2$	$V_{dc}/2$	$-V_{dc}/6$
1	0	1	$V_{dc}/2$	$-V_{dc}/2$	$V_{dc}/2$	$V_{dc}/6$
1	1	1	$V_{dc}/2$	$V_{dc}/2$	$V_{dc}/2$	$V_{dc}/2$

假设载波频率为 10kHz，调制波频率为 50Hz，直流电压 V_{dc}为 380V，产生的共模电压如图 3-32 所示。可以看出，共模电压不为零，且为交变量。将共模电压进行傅里叶分解得到

傅里叶展开式的复数形式：

$$V_{\mathrm{CM}}=\frac{1}{3}\sum_{k=-\infty}^{k=+\infty}\sum_{n=1}^{n=+\infty}A_{kn}(1+\mathrm{e}^{\mathrm{j}-\frac{2}{3}k\pi}+\mathrm{e}^{\mathrm{j}-\frac{4}{3}k\pi})\mathrm{e}^{\mathrm{j}(k\omega_1+n\omega_s)t} \tag{3-58}$$

式中，ω_1 为基波频率（调制波频率），ω_s 为开关频率（载波频率）。由式（3-58）可以看出，只有 k 为 3 的整数倍和 0 时，$1+\mathrm{e}^{\mathrm{j}-\frac{2}{3}k\pi}+\mathrm{e}^{\mathrm{j}-\frac{4}{3}k\pi}$ 恒不为 0。共模电压谐波的角频率为 $n\omega_s+k\omega_1$，当 $n=1,3,5,7,\cdots$ 时，$k=\pm 6l$，$l=0,1,2,3,\cdots$；当 $n=2,4,6,\cdots$ 时，$k=\pm 3(2l-1)$，$l=0,1,2,3,\cdots$。因此共模电压的谐波可分为两类：$3(2k-1)(k=1,2,3,\cdots)$ 倍基频的低频谐波，开关频率（载波频率）及其整数倍频率附近的高频谐波。

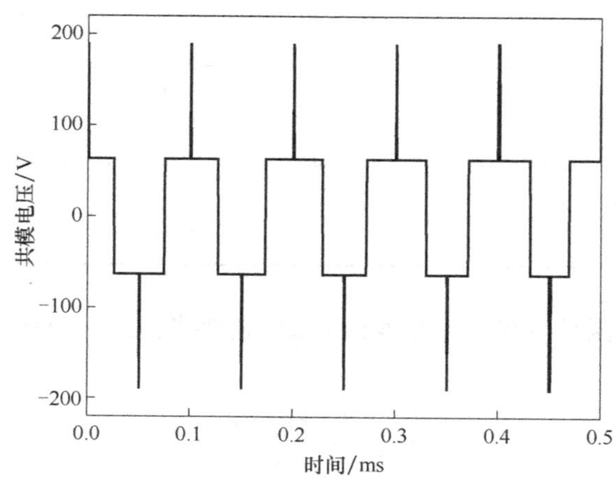

图 3-32　共模电压波形

共模电压通过电机定子铁心、转子铁心、定子绕组和永磁体之间的分布电容以及轴承电容形成电路，从而产生共模轴电压。

2. 共模电压的抑制

目前，工程应用中抑制共模电压最有效的方法是在变频电机驱动系统中加入有源滤波器或无源滤波器。

图 3-33 为带有源滤波器的变频电机驱动系统[6]。有源滤波器包括电压检测、推挽电路和共模变压器电路。其中 V_{CM}、i_0 分别为共模电压和共模电流，Z_1 和 Z_2 是由无源器件构成的共模电压检测电路。当检测到共模电压时，检测电路输出控制电流，推挽放大电路将控制电流放大并作用在变压器上，产生一个与共模电压幅值相等、极性相反的电压并将其作用在逆变器的输出端，抵消共模电压。

图 3-34 为带无源滤波器的变频电机驱动系统。在变频器和电机之间增加了 RLC 无源滤波器，并将滤波器的公共端与直流母线的中点连接在一起[7]。

3. 共模等效电路

共模电压对应于零序分量，因此分析共模电压时应将永磁同步电机等效为零序电路。在永磁同步电机内部，不但存在绕组电阻和电感，还存在分布电容。从电容的角度看，表贴式永磁同步电机内有定子铁心（包括机壳）、转子铁心（包括轴）、永磁体和定子绕组等共四个电极。电极之间存在分布电容，轴承在击穿之前也视为一个电容。根据表贴式永磁同步

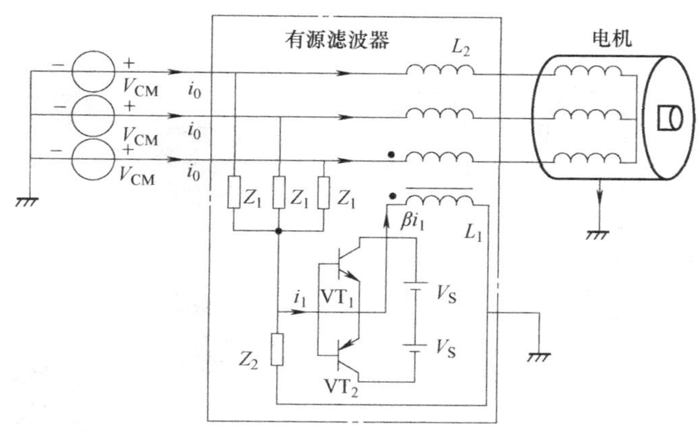

图 3-33　带有源滤波器的变频电机驱动系统

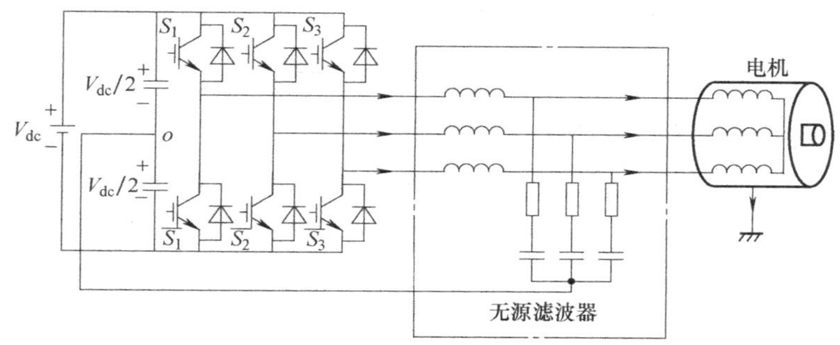

图 3-34　带无源滤波器的变频电机驱动系统

电机的结构，将分布电容、零序电阻、零序电感以及逆变器等结合起来，构成电机-变频器系统的共模等效电路，如图 3-35 所示。图中，R_0 为绕组零序电阻，是相绕组电阻的 1/3，L_0 为绕组零序电感，是一相绕组电感的 1/3，C_b 为轴承的电容，C_{sw}为绕组与定子铁心之间的电容，C_{wm}为绕组与永磁体之间的电容，C_{wr}为绕组与转子铁心之间的电容，C_{sm}为定子铁心与永磁体之间的电容，C_{sr}为定子铁心与转子铁心之间的电容。各电容的构成如图 3-36 所示。

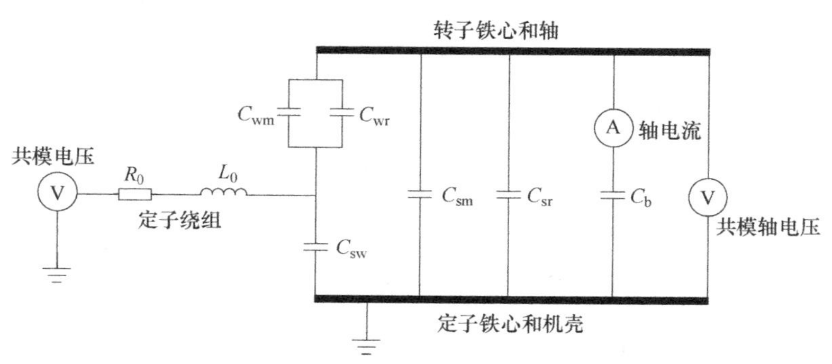

图 3-35　共模等效电路

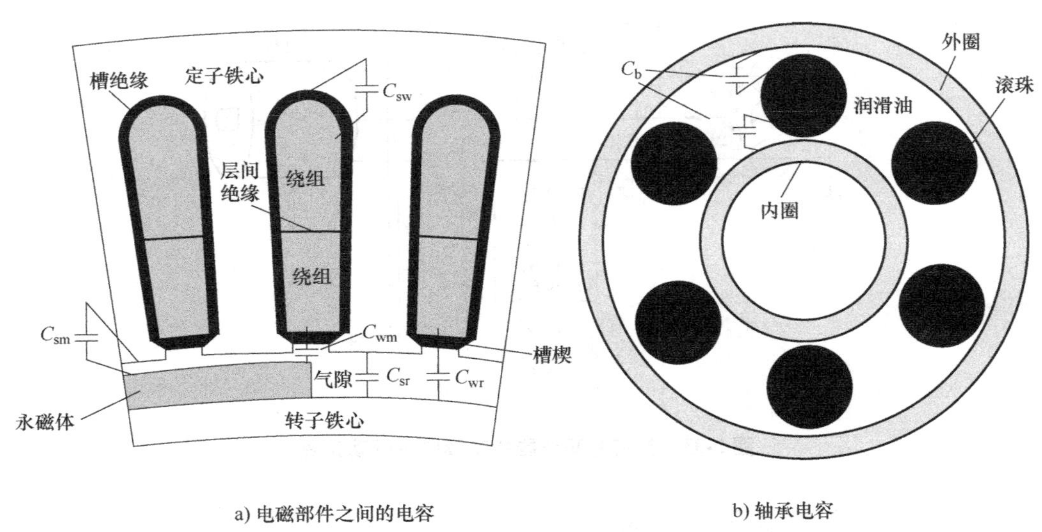

a) 电磁部件之间的电容　　　　b) 轴承电容

图 3-36　电机内分布电容

4. 共模等效电路的电容参数计算

各分布电容的值与电机的结构参数和绝缘结构有关，本节针对小功率表贴式调速永磁同步电机，给出分布电容的计算方法。图 3-37 为与分布电容计算有关的槽形尺寸，考虑了梨形槽和平底槽两种定子槽形。此处结构尺寸的单位都是 mm。

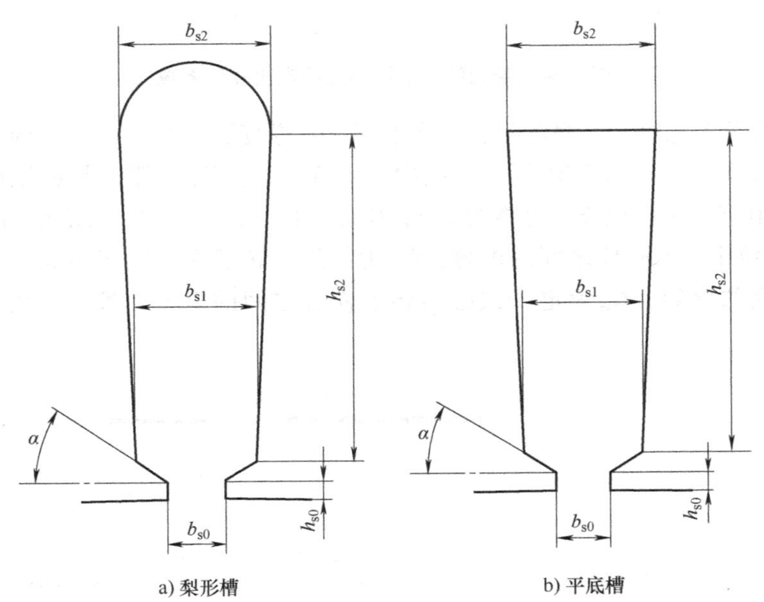

a) 梨形槽　　　　b) 平底槽

图 3-37　与分布电容有关的槽形尺寸

（1）绕组与定子铁心之间的电容 C_{sw}

永磁同步电机的定子绕组有单层绕组和双层绕组两种。在双层绕组中，对于共模电压，每槽内导体的电位相同，上下层线圈边之间不形成分布电容。因此，无论是单层绕组还是双层绕组，定子三相绕组都视为一个等电位导电体。绕组与定子铁心之间的电容就是绕组与定子铁心这两个等电位体之间的电容。

对于梨形槽，将 C_{sw}看作由 1 个圆弧形电容、4 个平行平板电容以及 2 个夹角为 α 的非平行平板电容并联组成，可如下计算：

$$C_{sw}=\frac{\pi\varepsilon_0\varepsilon_{in}Q_1L_a}{\ln\left(\dfrac{b_{s2}}{b_{s2}-2C_i}\right)}+\frac{2\varepsilon_0\varepsilon_{in}Q_1L_a\dfrac{h_{s2}-h_{ww}}{\sin\left[\arctan\left(\dfrac{2h_{s2}}{b_{s2}-b_{s1}}\right)\right]}}{C_i}+\frac{2\varepsilon_0\varepsilon_{cx}Q_1L_a\ln\left(\dfrac{b_{s1}}{2C_i}\right)}{\alpha} \tag{3-59}$$

式中，Q_1 为定子槽数，L_a 为铁心轴向长度，h_{ww}为上、下层线圈边之间的间隙，C_i 为槽绝缘厚度，ε_0 为空气的介电常数，ε_{in}为槽绝缘的相对介电常数，ε_{cx}为槽楔的相对介电常数，b_{s1}、b_{s2}、h_{s2}、α（用弧度表示）如图 3-37 所示。

对于平底槽，可将 C_{sw}看作由 5 个平行平板电容以及 2 个夹角为 α 的非平行平板电容并联组成，可如下计算：

$$C_{sw}=\frac{\varepsilon_0\varepsilon_{in}Q_1L_a(b_{s2}-2C_i)}{C_i}+\frac{2\varepsilon_0\varepsilon_{in}Q_1L_a\dfrac{h_{s2}-h_{ww}-C_i}{\sin\left[\arctan\left(\dfrac{2h_{s2}}{b_{s2}-b_{s1}}\right)\right]}}{C_i}+\frac{2\varepsilon_0\varepsilon_{cx}Q_1L_a\ln\left(\dfrac{b_{s1}}{2C_i}\right)}{\alpha} \tag{3-60}$$

（2）绕组与永磁体之间的电容 C_{wm}

绕组和永磁体两个等电位体之间有槽楔和空气两层介质，C_{wm}可看作两个平行板电容的串联。从电机结构可以看出，随着转子的旋转，与永磁体相对的槽口数 Q_m 是变化的，可近似认为

$$Q_m=\alpha_pQ_1 \tag{3-61}$$

式中，α_p 为极弧系数。

绕组与永磁体之间的电容为

$$C_{wm}=\frac{Q_m\varepsilon_0\varepsilon_{cx}b_{s0}L_a}{h_{cx}+\varepsilon_{cx}(h_{s0}+\delta)} \tag{3-62}$$

式中，b_{s0}、h_{s0}分别为定子槽口的宽度和高度，δ 为气隙长度，h_{cx}为槽楔厚度。

（3）绕组与转子铁心之间的电容 C_{wr}

绕组和转子铁心两个等电位体之间也有槽楔和空气两层介质。可以近似认为，与转子铁心相对的定子槽口数量为 Q_1-Q_m。绕组与转子铁心之间的电容为

$$C_{wr}=\frac{(Q_1-Q_m)\varepsilon_0\varepsilon_{cx}b_{s0}L_a}{h_{cx}+\varepsilon_{cx}(h_{s0}+\delta+h_m)} \tag{3-63}$$

式中，h_m 为永磁体厚度。

（4）定子铁心与永磁体之间的电容 C_{sm}

定子铁心和永磁体两个等电位体之间只有空气。可近似认为，与永磁体相对的定子齿顶数量为 Q_m。定子铁心与永磁体之间的电容为

$$C_{sm}=\frac{2\varepsilon_0 L_a Q_m\left(\dfrac{\pi D_{i1}}{Q_1}-b_{s0}\right)}{D_{i1}\ln\left(\dfrac{D_{i1}}{D_{m0}}\right)} \tag{3-64}$$

式中，D_{m0}为永磁体外径，D_{i1}为定子铁心内径。

（5）定子铁心与转子铁心之间的电容 C_{sr}

定子铁心和转子铁心两个等电位体之间只有空气。可近似认为，与转子铁心相对的定子齿顶数量为 Q_1-Q_m，定子铁心与转子铁心之间的电容为

$$C_{sr}=\frac{2\varepsilon_0 L_a(Q_1-Q_m)\left(\dfrac{\pi D_{i1}}{Q_1}-b_{s0}\right)}{D_{i1}\ln\left(\dfrac{D_{i1}}{D_{m0}-2h_m}\right)} \tag{3-65}$$

（6）轴承电容 C_b

将滚珠和轴承内圈视为两个球面，将滚珠和轴承外圈也视为两个球面，且滚珠与内、外圈之间被油膜完全填充。轴承电容可表示为[8]

$$C_b=\frac{2\pi\varepsilon_0\varepsilon_b}{\left(\dfrac{1}{D_b}-\dfrac{1}{D_b+2h_b}\right)} \tag{3-66}$$

式中，D_b 为轴承滚珠直径，h_b 为轴承滚珠到内外圈的距离，ε_b 为轴承油膜的相对介电常数。

本节以 6 极 72 槽表贴式永磁同步电机（梨形槽）为例，进行分布电容及共模轴电压的计算。表 3-7 为该电机与分布电容计算有关的参数。将其代入上述公式，得到分布电容值，并与有限元计算结果进行比较，见表 3-8。

表 3-7　与分布电容计算有关的参数

参数	数值	参数	数值
L_a/mm	165	δ/mm	1.2
C_i/mm	0.35	D_{i1}/mm	320
h_{s0}/mm	1	D_{m0}/mm	317.6
h_{s2}/mm	22.5	D_b/mm	6
h_{ww}/mm	0.13	α(°)	35°
h_{cx}/mm	2	ε_0/[C^2/(N·m^2)]	8.85×10^{-12}
h_m/mm	4	ε_{in}	3.2
h_b/mm	1	ε_{cx}	5.5
b_{s0}/mm	4	ε_b	2.5
b_{s1}/mm	7.4	Q_1	72
b_{s2}/mm	9.36	α_p	0.8333

表 3-8　分布电容、电阻和电感的计算值

	解析计算结果	有限元计算结果
C_{sw}/F	6.1110×10^{-8}	6.6561×10^{-8}
C_{wm}/F	1.4460×10^{-10}	1.5290×10^{-10}
C_{wr}/F	1.0912×10^{-11}	1.1507×10^{-11}
C_{sm}/F	7.2447×10^{-10}	7.3425×10^{-10}
C_{sr}/F	3.3015×10^{-11}	3.3570×10^{-11}
C_b/F	3.3364×10^{-12}	
L_0/H	1.1667×10^{-6}	
R_0/Ω	0.3833	

5. 共模轴电压的计算

根据图 3-35 的等效电路搭建了共模轴电压计算的 Simulink 模型，电机输入端的共模电压如图 3-32 所示，对上述电机的轴电压和轴电流进行了计算，计算结果如图 3-38 所示，其中图 3-38a 为共模轴电压，图 3-38b 为通过轴承的共模轴电流，图 3-38c 为共模电压和共模轴电压的谐波含量对比。

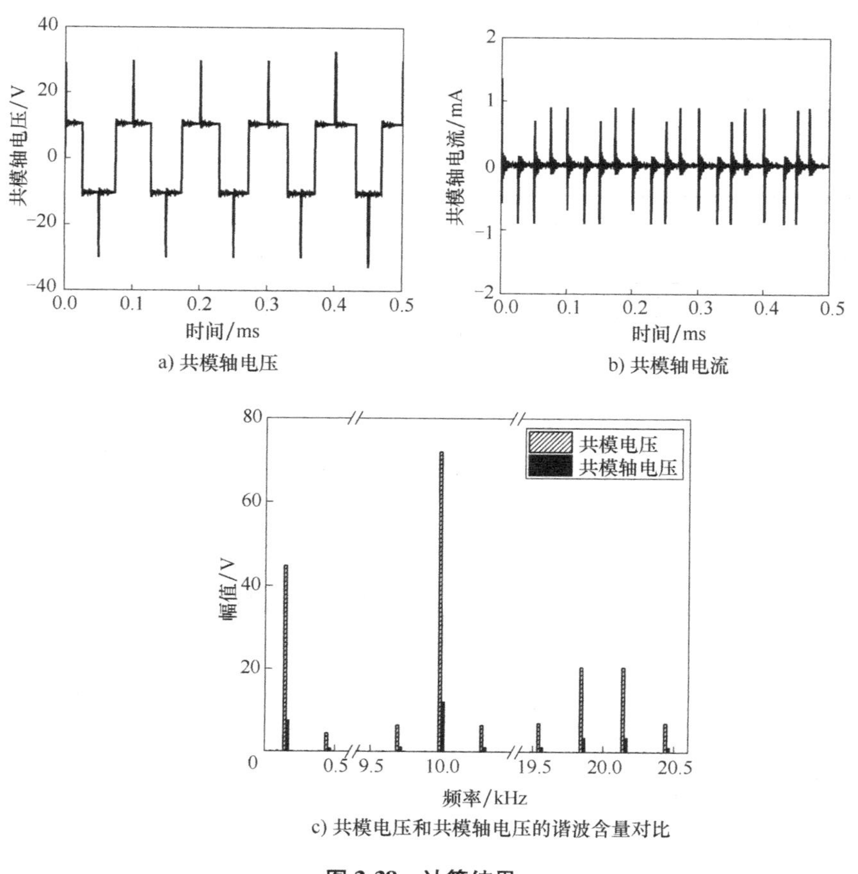

a) 共模轴电压

b) 共模轴电流

c) 共模电压和共模轴电压的谐波含量对比

图 3-38　计算结果

可以看出，共模电压和共模轴电压的波形非常相似，谐波组成成分基本相同；在共模电压跃变时刻，共模轴电压出现了较大的尖峰，这是因为电机的共模等效电路是由绕组电感、电阻和分布电容组成的 RLC 电路，当外加电压跃变时，电流会出现较大尖峰。

3.11 轴承的保护措施与保护方案

当轴电压较低，不足以对轴承造成损害时，可不对轴承采取保护措施。当轴电压较高，足以击穿轴承油膜时，必须采取措施降低轴电压对轴承的危害。降低轴电压危害的措施包括：降低轴电压、降低轴承油膜承受的轴电压和将轴电压直接接地。降低轴电压的措施已在本章进行了介绍。降低轴承油膜承受的轴电压，主要是采用绝缘轴承、绝缘端盖等。将轴电压直接接地，是在轴上安装接地电刷。下面对这些方法进行简要介绍。

1. 轴承保护措施

（1）绝缘轴承

绝缘轴承是具有绝缘性能的轴承，采用特殊工艺在轴承外圈或内圈涂覆一层绝缘材料，或者其滚动体采用陶瓷制作而成。

（2）绝缘端盖

图 3-39 为绝缘端盖的结构示意图。绝缘端盖由端盖和端盖衬套组成，两者之间放置绝缘垫片，并通过螺栓将端盖和端盖衬套拉紧，螺栓外套有绝缘套，螺栓与端盖之间有绝缘垫圈，保证螺栓与端盖、端盖衬套之间的绝缘。绝缘端盖在轴电流回路中增加了绝缘层，降低了油膜承受的轴电压。

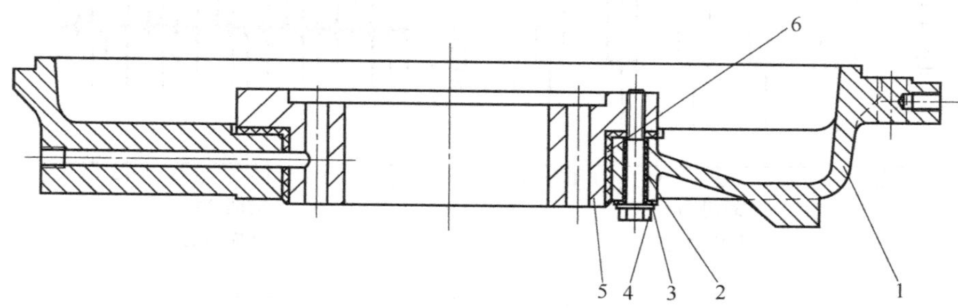

图 3-39 绝缘端盖的结构

1—端盖 2—绝缘套 3—绝缘垫圈 4—螺栓 5—端盖衬套 6—绝缘垫片

（3）绝缘轴承室

绝缘轴承室的内孔及端面上有一层具有一定硬度的绝缘材料，与绝缘轴承的作用相同。

（4）接地电刷

在电机轴两端或一端安装电刷，并将电刷接地。电刷暴露在周围环境中，灰尘、油污降低了这种方法的可靠性，且电刷需定期维护。

（5）接地保护环[9]

接地保护环的外形如图 3-40a 所示，其内部结构如图 3-40b 所示，由接地环和导电纤维组成，大量细小的导电纤维固定在接地环上。使用时，用螺钉固定到电机驱动端的端盖上，如图 3-40c 所示。安装后，无论电机是否转动，大量的导电纤维与转轴紧密接触，使轴与端盖之间导电良好，将轴电压直接接地。其作用与接地电刷相同，但可靠性高。

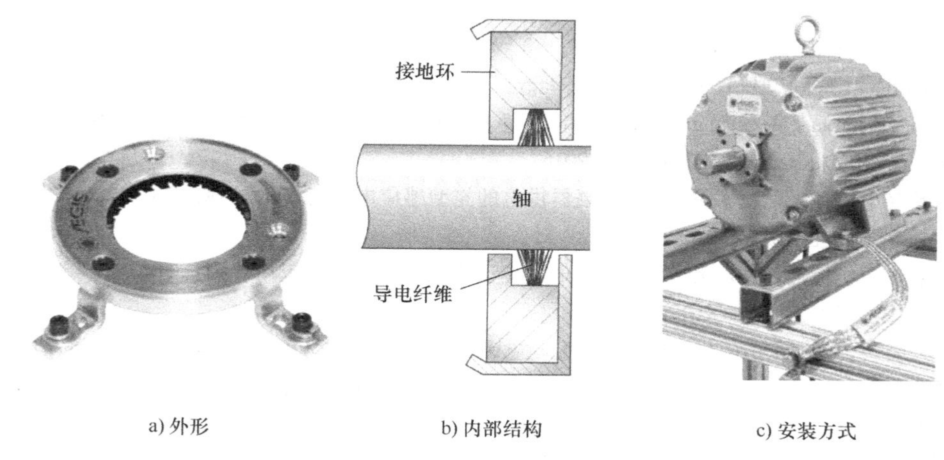

a) 外形　　b) 内部结构　　c) 安装方式

图 3-40　接地保护环

绝缘轴承、绝缘轴承室和绝缘端盖适合固有轴电压的削弱，不适合共模轴电压；接地电刷和接地保护环适合共模轴电压的削弱，不适合固有轴电压。

2. 轴承保护方案

无论电机功率大小，轴承的油膜厚度相差不大，而电机功率越大、转速越高，轴电压幅值越大。因此小功率电机不需要采取措施，大功率电机则需要对轴承加以保护。可考虑在 280 及以上机座号的永磁同步电机中采取轴承保护措施。根据电机种类和功率的不同，可考虑采用以下轴承保护方案：

（1）异步起动永磁同步电机

异步起动永磁同步电机采用正弦电压供电，无共模轴电压，只有由电机转子偏心、加工偏差等引起的固有轴电压。对于机座号较大的电机，可采取一端或两端安装绝缘轴承，或绝缘端盖，或绝缘轴承室，即可基本消除轴电流的危害。

（2）变频调速永磁同步电机

变频调速永磁同步电机采用变频器供电，既有固有轴电压，又有共模轴电压。各变频器厂家生产的同一规格变频器的共模电压有差别，不同厂家制造的统一规格永磁同步电机的电磁参数也不同，所产生的轴电压及其造成的危害程度也不同，可能会影响到轴承保护方案。所以，虽然电机功率和机座号是制定轴承保护方案的重要依据，但轴承保护方案不能完全根据电机功率和机座号制定，还需结合变频器和电机制造厂家的电磁方案和制造水平。

根据参考文献［9］的推荐，功率不超过 75kW 的电机，固有轴电压较小，在驱动端安装接地保护环或接地电刷；功率介于 75kW 和 375kW 之间的电机，在驱动端安装接地保护环，在非驱动端安装绝缘轴承，或绝缘端盖，或绝缘轴承室；功率超过 375kW 的电机，在驱动端安装接地保护环，在两端安装绝缘轴承，或绝缘端盖，或绝缘轴承室。

参考文献

[1] Ammann C, Reichert K, Joho R, et al. Shaft voltages in generators with static excitation systems-problems and solution [J]. IEEE Transactions on Energy Conversion, 1988, 3 (2): 409-419.

[2] National Electrical Manufacturers Association. Motors and Generators: NEMA MG 1—2016 [S]. Rosslyn Virginia: NEMA Standard Publication, 2016.

[3] 全国旋转电机标准化技术委员会. 变频器供电的笼型感应电动机应用导则: GB/T 20161—2008 [S]. 北京: 中国标准出版社, 2009.

[4] 全国旋转电机标准化技术委员会. 用于电力传动系统的交流电机应用导则: GB/T 21209—2017 [S]. 北京: 中国标准出版社, 2017.

[5] 张超. 表贴式变频永磁同步电机谐波电流与电磁力波的分析计算 [D]. 济南: 山东大学, 2020.

[6] 姜艳姝, 刘宇, 徐殿国, 等. PWM 变频器输出共模电压及其抑制技术的研究 [J]. 中国电机工程学报, 2005, 25 (9): 47-53.

[7] 高强, 徐殿国. PWM 逆变器输出端共模与差模电压 dv/dt 滤波器设计 [J]. 电工技术学报, 2007, 22 (1): 79-84.

[8] 钱松. 防爆电机轴电压轴电流引起的轴承电容计算简介 [J]. 电气防爆, 2020 (3): 18-21.

[9] Electro Static Technology Company. AEGIS Bearing Protection Handbook (Edition 3). 2016.

Chapter 4

第4章 永磁同步电机的齿槽转矩

永磁电机中，永磁体和有槽电枢铁心相互作用，产生磁阻转矩，因其由齿槽引起，故称为齿槽转矩。齿槽转矩随定转子相对位置的变化而正负交变，叠加在电机的电磁转矩中，导致电磁转矩波动，影响电机的控制精度，并引起电磁振动和噪声。齿槽转矩是永磁电机的共性问题，也是高性能永磁电机设计、制造中必须考虑和解决的关键问题。

本章基于能量法，建立了永磁同步电机齿槽转矩的统一分析方法，介绍了适用于表面式变频调速永磁同步电机、内置式变频调速永磁同步电机和异步起动永磁同步电机的齿槽转矩削弱措施，给出了相应的电机参数确定方法。

需要指出的是，本章采用了解析分析方法，目的在于得到相应的参数确定方法以削弱齿槽转矩，而不是齿槽转矩的准确计算；解析分析方法没有考虑饱和、漏磁等因素的影响，所确定的参数不一定是最佳值。

4.1 永磁同步电机齿槽转矩的统一解析分析方法

本节基于能量法，兼顾表面式变频调速永磁同步电机、内置式变频调速永磁同步电机和异步起动永磁同步电机，建立永磁同步电机的齿槽转矩统一解析分析方法。

4.1.1 齿槽转矩的产生机理

齿槽转矩是永磁电机不通电时永磁磁极和有槽电枢铁心之间相互作用产生的交变磁阻转矩，是由永磁磁极与电枢齿之间相互作用力的切向分量引起的。当定转子存在相对运动时，处于永磁磁极中间大部分极弧下的电枢齿与永磁磁极间的磁导基本不变，因此这些电枢齿处的气隙磁场能量基本不变，而位于永磁磁极边缘的一个或几个电枢齿所构成的一小段区域内，磁导变化大，引起磁场能量的变化，从而产生齿槽转矩。齿槽转矩定义为永磁电机不通电时的磁场能量 W 对定转子相对位置角 α 的负导数，即

$$T_{cog}=-\frac{\partial W}{\partial \alpha} \tag{4-1}$$

4.1.2 齿槽转矩的解析分析方法

图 4-1 为本章涉及的永磁同步电机三种典型结构。为便于分析，做以下假设：

1）忽略铁心饱和，铁心的磁导率为无穷大。

2）除特别说明外，同一电机中的永磁磁极形状尺寸相同、性能相同、均匀分布。

3）永磁材料的磁导率与空气相同。

4）铁心叠压系数为 1。

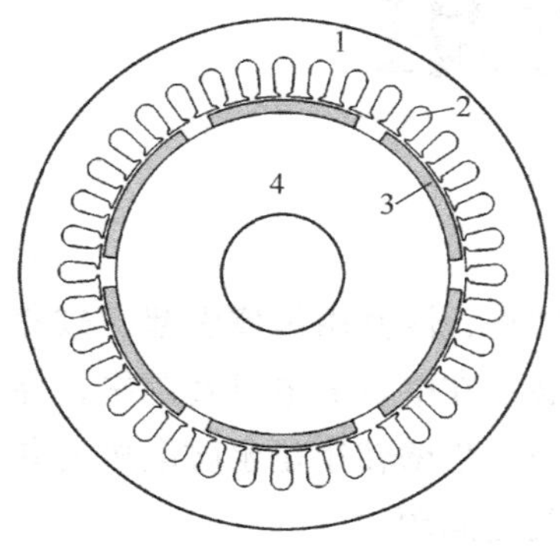

a) 表面式变频调速永磁同步电机

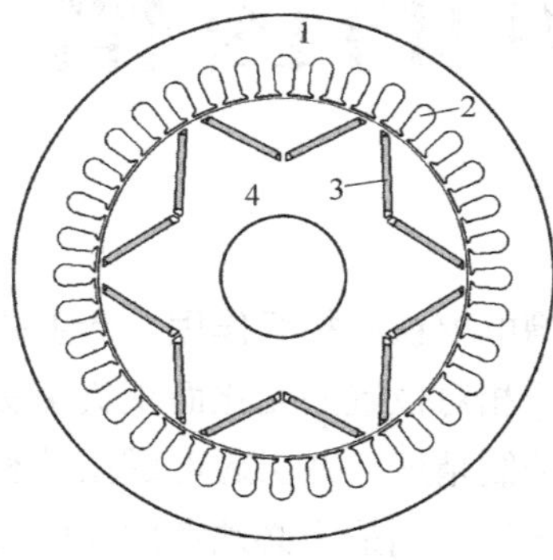

b) 内置式变频调速永磁同步电机

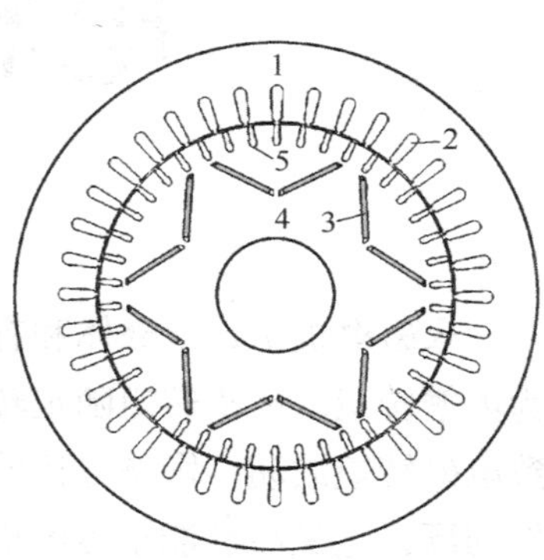

c) 异步起动永磁同步电机

图 4-1 永磁同步电机的典型结构

1—定子铁心 2—定子槽 3—永磁体 4—转子铁心 5—转子槽

规定 α 为某一指定的齿的中心线和某一指定磁极的中心线之间的夹角，也就是定转子之间的相对位置角；$\theta=0$ 位置设定在该磁极的中心线上，如图 4-2 所示。根据第一个假设，电机内存储的磁场能量近似为电机气隙和永磁体中磁场能量之和。对于内置式结构，永磁体置于铁心中，其磁场能量的变化很小，对齿槽转矩的影响很小，可以忽略不计，认为产生齿槽转矩的磁场能量是气隙中的磁场能量。对于表面式电机，齿槽转矩由气隙和永磁体中的磁场能量共同产生。将表面式和内置式结构统一起来，认为能产生齿槽转矩的磁场能量位于定子铁心内径和转子铁心外径之间的区域，可表示为

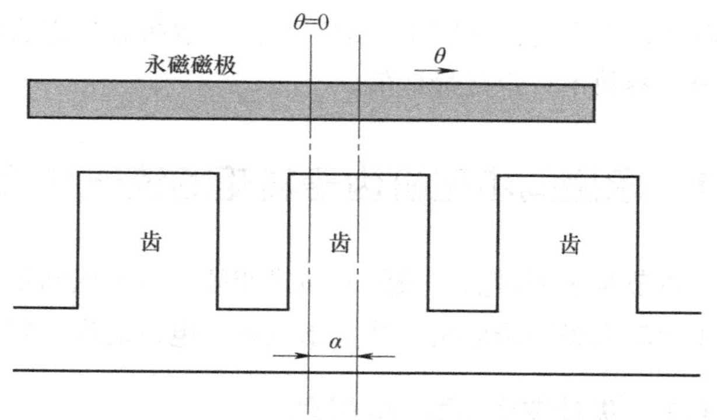

图 4-2 永磁磁极与电枢的相对位置

$$W \approx \frac{1}{2\mu_0}\int_V B^2 \mathrm{d}V \tag{4-2}$$

磁场能量 W 取决于电机的结构尺寸、永磁体的性能以及定转子之间的相对位置。假设永磁体产生的气隙磁动势和有效气隙长度沿圆周的分布分别为 $F(\theta)$ 和 $\delta(\theta,\alpha)$，则气隙磁密

沿圆周的分布可近似表示为

$$B(\theta,\alpha)=\mu_0\frac{F(\theta)}{\delta(\theta,\alpha)} \tag{4-3}$$

对于表面式永磁同步电机，气隙长度$\delta(\theta,\alpha)$包括永磁体充磁方向长度、气隙长度和开槽增加的气隙长度；对于内置式永磁同步电机，气隙长度$\delta(\theta,\alpha)$包括气隙长度和开槽增加的气隙长度。

将式（4-3）代入式（4-2）可得

$$W\approx\frac{\mu_0}{2}\int_V F^2(\theta)\frac{1}{\delta^2(\theta,\alpha)}\mathrm{d}V \tag{4-4}$$

若能得到$F^2(\theta)$和$\dfrac{1}{\delta^2(\theta,\alpha)}$的傅里叶展开式，就可求得电机内的磁场能量，进而得到齿槽转矩表达式。

1. $F(\theta)$的等效与$F^2(\theta)$的傅里叶展开式

上述三种电机的转子结构不同，$F(\theta)$的等效方法也有差别，下面介绍$F(\theta)$的等效方法及$F^2(\theta)$的傅里叶展开式。

（1）表面式变频调速永磁同步电机和内置式变频调速永磁同步电机

表面式和内置式变频调速永磁同步电机的气隙磁动势$F(\theta)$可等效为正负交变、幅值为F的矩形波，如图4-3a所示，据此可得$F^2(\theta)$在区间$\left[-\dfrac{\pi}{2p},\dfrac{\pi}{2p}\right]$上的傅里叶展开式为

$$F^2(\theta)=F_0+\sum_{m=1}^{\infty}F_m\cos 2mp\theta \tag{4-5}$$

式中，$F_0=\alpha_pF^2$，$F_m=\dfrac{2}{m\pi}F^2\sin m\alpha_p\pi$，$p$为极对数，$\alpha_p$为极弧系数。

（2）异步起动永磁同步电机

在异步起动永磁同步电机中，永磁体内置，转子表面有齿槽，永磁体施加在气隙上的磁动势可用图4-3b所示的波形等效，该等效方法考虑了转子开槽的影响，认为转子齿顶对应的气隙磁动势为F，转子槽口对应的气隙磁动势为零。图中t_2、t_r分别为用弧度表示的转子齿距和转子齿顶宽。

据此可得$F^2(\theta)$在区间$\left[-\dfrac{\pi}{2p},\dfrac{\pi}{2p}\right]$上的傅里叶展开式为

$$F^2(\theta)=F_0+\sum_{m=1}^{\infty}F_m\cos 2mp\theta \tag{4-6}$$

式中，$F_0=\dfrac{(q_2-1)pF^2}{\pi}t_r$，$F_m=\begin{cases}(-1)^{m+1}\dfrac{2F^2}{m\pi}\sin mpt_r，当m不是q_2的整数倍时\\(-1)^m\dfrac{2(q_2-1)F^2}{m\pi}\sin mpt_r，当m是q_2的整数倍时\end{cases}$，$q_2$为转子每极槽数，$q_2=\dfrac{Q_2}{2p}$，$Q_2$为转子槽数。

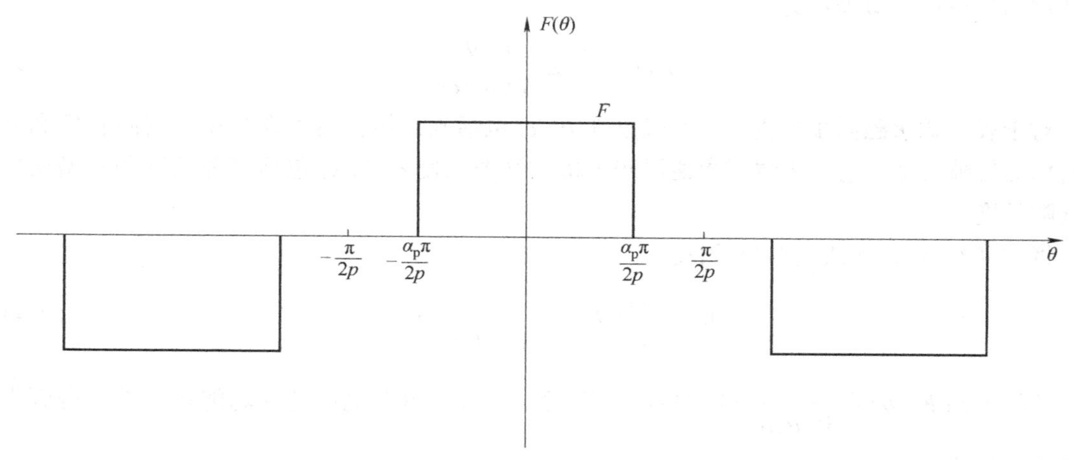

a) 表面式和内置式变频调速永磁同步电机

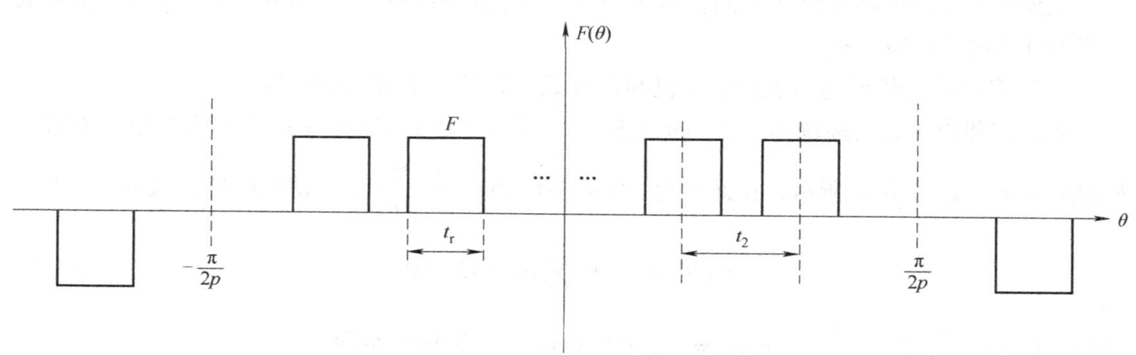

b) 异步起动永磁同步电机

图 4-3 $F(\theta)$的分布

可以看出，式（4-5）和式（4-6）的形式完全相同，只是其中的系数 F_0 和 F_m 不同而已。

2. $\dfrac{1}{\delta^2(\theta,\alpha)}$的傅里叶展开式

假设电枢齿中心线位于 $\theta=0$ 处，并考虑定转子相对位置的影响，得到$\dfrac{1}{\delta^2(\theta,\alpha)}$在区间$[-\pi/Q_1,\pi/Q_1]$上的傅里叶展开式为

$$\frac{1}{\delta^2(\theta,\alpha)}=G_0+\sum_{n=1}^{\infty}G_n\cos nQ_1(\theta+\alpha) \tag{4-7}$$

式中，Q_1 为定子槽数。

3. 不考虑斜槽时的齿槽转矩表达式

当 $m\neq n$ 时，三角函数在$[0,2\pi]$内的积分满足

$$\begin{cases}\int_0^{2\pi}\cos m\beta\cos n\beta\mathrm{d}\beta = 0\\ \int_0^{2\pi}\sin m\beta\cos n\beta\mathrm{d}\beta = 0\\ \int_0^{2\pi}\sin m\beta\sin n\beta\mathrm{d}\beta = 0\end{cases} \tag{4-8}$$

将式（4-4）、式（4-5）、式（4-7）代入式（4-1），并利用上述三角函数在$[0,2\pi]$内积分的特点，得到齿槽转矩的表达式为

$$T_{\mathrm{cog}}(\alpha)=\frac{\mu_0\pi Q_1L_{\mathrm{a}}}{4}(R_2^2-R_1^2)\sum_{n=1}^{\infty}nG_nF_{\frac{nQ_1}{2p}}\sin nQ_1\alpha \tag{4-9}$$

式中，L_{a} 为电枢铁心的轴向长度，R_1 和 R_2 分别为转子铁心的外半径和定子铁心的内半径，n 为使$\frac{nQ_1}{2p}$为整数的整数。

4. 考虑斜槽时的齿槽转矩表达式

电枢斜槽如图 4-4 所示。若 N_{s}'为电枢所斜的槽数，θ_{s1}为用弧度表示的齿距，则轴向长度 L 处所斜的角度为$\frac{L}{L_{\mathrm{a}}}N_{\mathrm{s}}'\theta_{\mathrm{s1}}$。

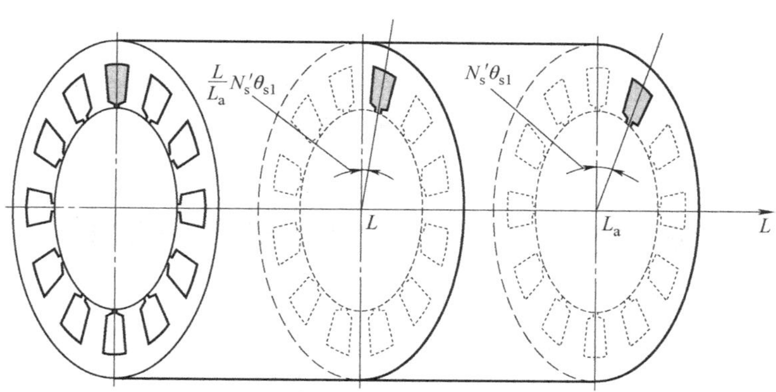

图 4-4　斜槽示意图

考虑斜槽时，电机气隙和永磁体中的磁场能量为

$$W=\frac{1}{2\mu_0}\int_V B^2(\theta,\alpha,L)\mathrm{d}V=\frac{R_2^2-R_1^2}{4\mu_0}\int_0^{L_{\mathrm{a}}}\int_0^{2\pi}F^2(\theta)\frac{1}{\delta^2(\theta,\alpha)}\mathrm{d}\theta\mathrm{d}L \tag{4-10}$$

$\frac{1}{\delta^2(\theta,\alpha)}$的傅里叶展开式为

$$\frac{1}{\delta^2(\theta,\alpha)}=G_0+\sum_{n=1}^{\infty}G_n\cos nQ_1\left(\theta+\alpha+\frac{L}{L_{\mathrm{a}}}N_{\mathrm{s}}'\theta_{\mathrm{s1}}\right) \tag{4-11}$$

则齿槽转矩为

$$T_{\mathrm{cog}}(\alpha)=\frac{\mu_0\pi L_{\mathrm{a}}}{2N_{\mathrm{s}}'\theta_{\mathrm{s1}}}(R_2^2-R_1^2)\sum_{n=1}^{\infty}G_nF_{\frac{nQ_1}{2p}}\sin\frac{nQ_1N_{\mathrm{s}}'\theta_{\mathrm{s1}}}{2}\sin nQ_1\left(\alpha+\frac{N_{\mathrm{s}}'\theta_{\mathrm{s1}}}{2}\right) \tag{4-12}$$

当 $N_s'\to 0$ 时，式（4-12）可简化为式（4-9）。

4.1.3 齿槽转矩的削弱方法

从式（4-12）可以看出，削弱齿槽转矩的方法可归纳为三大类，即改变磁极参数的方法、改变电枢参数的方法以及合理选择极槽配合的方法。

1. 改变磁极参数的方法

改变磁极参数的方法是通过改变对齿槽转矩起主要作用的 F_m 的幅值，达到削弱齿槽转矩的目的。这类方法主要包括：改变磁极的极弧系数、磁极偏移、斜极、分段斜极、不等极弧系数组合和采用不等极弧系数等。

此外，表面式变频调速永磁同步电机可采用不等厚永磁体，内置式变频调速永磁同步电机可采用不均匀气隙，异步起动永磁同步电机可采用改变转子齿参数的方法，如改变转子槽数、改变转子齿顶宽等。

2. 改变电枢参数的方法

改变电枢参数能改变对齿槽转矩起主要作用的 G_n 的幅值，进而削弱齿槽转矩。这类方法主要包括：改变槽口宽度、改变齿的形状、不等槽口宽配合、斜槽、开辅助槽等。

3. 合理选择极槽配合

该方法的目的在于通过合理选择电枢槽数和极数，改变对齿槽转矩起主要作用的 F_m、G_n 的次数和大小，从而削弱齿槽转矩。

在工程实际中，可根据实际情况采用合适的削弱方法，既可采用一种方法，也可采用几种方法的组合。本节将讨论斜槽、改变槽口宽度、斜极、极槽配合的方法，其他方法将在后续各节中讨论。

4.1.4 极槽配合、槽口宽度、斜极和斜槽对齿槽转矩的影响

1. 极槽配合

在定转子相对位置变化一个齿距的范围内，齿槽转矩是周期性变化的，变化的周期数取决于极槽配合。从式（4-9）可以看出，周期数为使 $\frac{nQ_1}{2p}$ 为整数的最小整数 n。因此周期数 N_p 为

$$N_p=\frac{2p}{\mathrm{GCD}(Q_1,2p)} \tag{4-13}$$

式中，$\mathrm{GCD}(Q_1,2p)$ 表示槽数 Q_1 与极数 $2p$ 的最大公约数。图 4-5 为不同极槽配合的电机在定转子相对位置变化一个齿距时的齿槽转矩波形，可以看出，周期数与极槽配合的关系符合式（4-13）；齿槽转矩波形的周期数越多，齿槽转矩幅值越小。这是因为齿槽转矩幅值主要取决于 $F_{\frac{N_pQ_1}{2p}}$。周期数越多，$F_{\frac{N_pQ_1}{2p}}$ 越小，因而齿槽转矩幅值越小。因此，合理选择极槽配合，使一个齿距内齿槽转矩的周期数较多，可有效削弱齿槽转矩。

由于分数槽绕组永磁电机的 N_p 大，对齿槽转矩的削弱效果远优于整数槽绕组永磁电机。

2. 槽口宽度

齿槽转矩是由电枢开槽引起的，槽口越大，齿槽转矩也越大。在工程实际中，槽口宽度

取决于导线直径、嵌线工艺等因素。从削弱齿槽转矩的角度看，应尽可能减小槽口宽度。

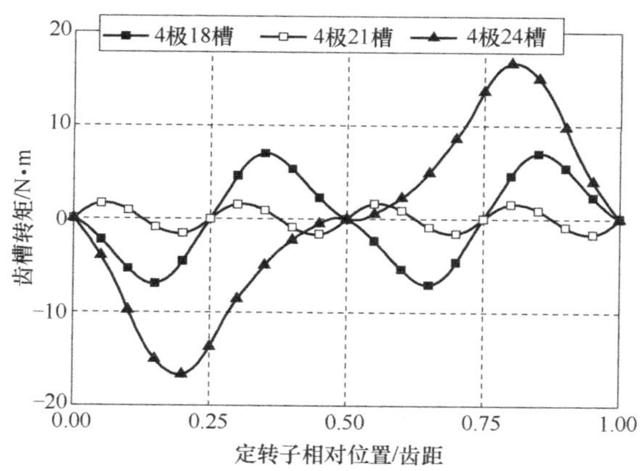

图 4-5　不同极槽配合永磁电机的齿槽转矩

3. 斜槽和斜极

斜极和斜槽的作用原理相同，是削弱齿槽转矩最有效的方法。由于斜极工艺复杂，通常采用斜槽。当受工艺等因素的限制无法采用斜槽时，可以采用斜极，将磁极加工成图 4-6 所示的形状。从式（4-12）可以看出，要消除齿槽转矩中的第 n 次谐波，$\sin\dfrac{nQ_1N_s'\theta_{s1}}{2}$必须为 0，即 N_s'为 $1/n$ 的整数倍。在选择 N_s'时，首先要削弱次数为 N_p 的齿槽转矩谐波，即 $\sin\dfrac{N_pQ_1N_s'\theta_{s1}}{2}=0$，有 $N_s'=\dfrac{360°}{\theta_{s1}N_pQ_1}=\dfrac{1}{N_p}$。可以看出，若 $N_s'=\dfrac{1}{N_p}$，各次齿槽转矩谐波均能消除，即不存在齿槽转矩。

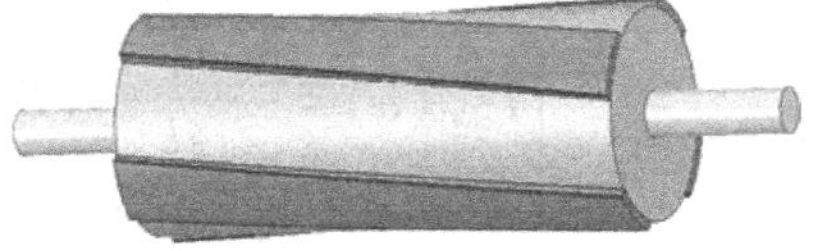

图 4-6　转子斜极

4.2　基于分段斜极的齿槽转矩削弱方法

采用斜极可有效削弱齿槽转矩，但永磁磁极的形状为图 4-6 所示的弯曲平行四边形，加工不便，工程实际中通常采用分段斜极来削弱齿槽转矩。

1. 基于分段斜极的齿槽转矩削弱方法

图 4-7a 为常规的不分段斜极磁极结构，可根据铁心的轴向长度，将每个 N 极或 S 极沿轴向分成一段或多段，各段在圆周方向上的位置相同。图 4-7b 为分段斜极磁极结构，将每极永磁体沿轴向分成等长的多段，这多段永磁体沿圆周方向依次错开一定角度，每段永磁体与定子铁心产生的齿槽转矩的波形都相同，但彼此之间相位不同。采用分段斜极的方法，通过合理选择分段数和错开角度，可有效削弱齿槽转矩。分段斜极削弱齿槽转矩的方法既适用于表面式永磁同步电机，也适用于内置式永磁同步电机。分段斜极与斜极一样，都会产生轴向力。在对轴向力要求较高的场合，比如电动汽车用驱动电机，可采用“人”字形分段斜极结构，如图 4-7c 所示。

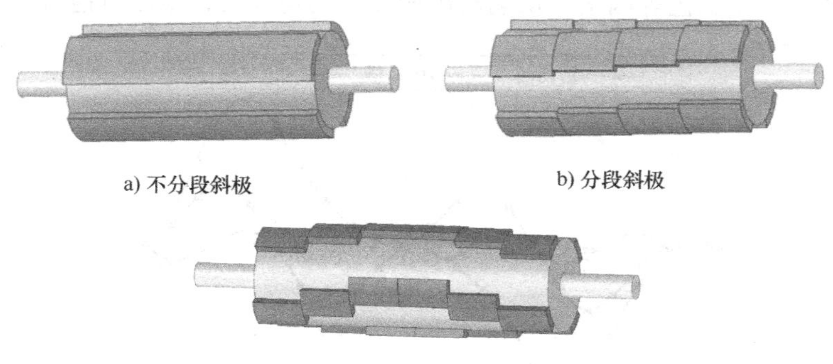

a) 不分段斜极　　b) 分段斜极

c) "人"字形分段斜极

图 4-7　表面式磁极结构

2. 错开角度的确定方法

分段斜极的示意图见第 3 章图 3-13。相邻两段磁极之间的错开角度直接决定齿槽转矩的削弱效果，下面给出磁极轴向分段数 k 一定时相邻两段之间沿圆周方向错开角度 $N_k\theta_{s1}$ 的确定方法。从齿槽转矩分析的角度看，分段斜极相当于将电机在轴向分成了 k 段，这 k 段电枢铁心在圆周方向上的位置相同，而 k 段永磁磁极在圆周方向上依次错开 $N_k\theta_{s1}$ 角度。根据式（4-9），这 k 段产生的齿槽转矩分别为

$$\begin{cases} T_{\mathrm{cog1}}(\alpha)=\dfrac{\mu_0\pi Q_1 L_{\mathrm{a}}}{4k}(R_2^2-R_1^2)\sum\limits_{n=1}^{\infty} nG_n F_{\frac{nQ_1}{2p}}\sin nQ_1\alpha \\ T_{\mathrm{cog2}}(\alpha)=\dfrac{\mu_0\pi Q_1 L_{\mathrm{a}}}{4k}(R_2^2-R_1^2)\sum\limits_{n=1}^{\infty} nG_n F_{\frac{nQ_1}{2p}}\sin nQ_1(\alpha+N_k\theta_{s1}) \\ \vdots \\ T_{\mathrm{cog}i}(\alpha)=\dfrac{\mu_0\pi Q_1 L_{\mathrm{a}}}{4k}(R_2^2-R_1^2)\sum\limits_{n=1}^{\infty} nG_n F_{\frac{nQ_1}{2p}}\sin nQ_1[\alpha+(i-1)N_k\theta_{s1}] \\ \vdots \\ T_{\mathrm{cog}k}(\alpha)=\dfrac{\mu_0\pi Q_1 L_{\mathrm{a}}}{4k}(R_2^2-R_1^2)\sum\limits_{n=1}^{\infty} nG_n F_{\frac{nQ_1}{2p}}\sin nQ_1[\alpha+(k-1)N_k\theta_{s1}] \end{cases} \tag{4-14}$$

则该电机的齿槽转矩为这 k 段的齿槽转矩之和，即

$$\begin{aligned} T_{\mathrm{cog}}(\alpha) &= \sum_{i=1}^{k} T_{\mathrm{cog}i} \\ &= \frac{\mu_0\pi Q_1 L_{\mathrm{a}}}{4\mu_0 k}(R_2^2-R_1^2)\sum_{n=1}^{\infty} nG_n F_{\frac{nQ_1}{2p}}\left\{\sum_{i=1}^{k}\sin nQ_1[\alpha+(i-1)N_k\theta_{s1}]\right\} \\ &= \frac{\mu_0\pi Q_1 L_{\mathrm{a}}}{4k}(R_2^2-R_1^2)\sum_{\substack{n=1 \\ nN_k\neq 1,2,3,\cdots}}^{\infty} nG_n F_{\frac{nQ_1}{2p}}\frac{\sin\dfrac{nkQ_1N_k\theta_{s1}}{2}}{\sin\dfrac{nQ_1N_k\theta_{s1}}{2}}\sin nQ_1\left(\alpha+\frac{k-1}{2}N_k\theta_{s1}\right)+ \\ &\quad \frac{\mu_0\pi Q_1 L_{\mathrm{a}}}{4}(R_2^2-R_1^2)\sum_{nN_k=1,2,3,\cdots}^{\infty} nG_n F_{\frac{nQ_1}{2p}}\sin nQ_1\alpha \end{aligned} \tag{4-15}$$

从式（4-15）可以看出，分段斜极时的齿槽转矩由两项组成，下面分别进行讨论：

（1）第一项齿槽转矩

当 $nN_k \neq 1,2,3$ 时，第一项齿槽转矩存在。可以看出，只要 $\sin\dfrac{nkQ_1N_k\theta_{s1}}{2}=0$ 即可使第一项齿槽转矩的各次谐波为零。只要 n 为 $N_p=\dfrac{2p}{\mathrm{GCD}(Q_1,2p)}$ 时满足 $\sin\dfrac{nkQ_1N_k\theta_{s1}}{2}=0$，则其他 n 值时的齿槽转矩也为零。因此，要使总齿槽转矩为零，应满足

$$\sin\frac{N_pkQ_1N_k\theta_{s1}}{2}=0 \tag{4-16}$$

因此有

$$\frac{N_pkQ_1N_k\theta_{s1}}{2}=j\cdot 180° \tag{4-17}$$

式中，$j=1,2,3,\cdots$，整理得

$$N_k=\frac{j\cdot 360°}{kQ_1N_k\theta_{s1}}=\frac{j}{N_pk} \tag{4-18}$$

从兼顾电机其他性能的角度角度，希望 N_k 尽可能小。从式（4-18）可以看出，最小的 N_k 为$\dfrac{1}{N_pk}$。

（2）第二项齿槽转矩

当满足 $nN_k=1,2,3,\cdots$，即 n 为 N_pk 的整数倍时，第二项齿槽转矩存在。在定转子相对位置变化一个周期内，齿槽转矩变化 N_pk 个周期，因此分段斜极不能消除该项齿槽转矩，即分段斜极不能消除次数为 N_pk 整数倍的齿槽转矩谐波。

3. 计算实例

以一台 6 极 9 槽表面式永磁同步电机为例，说明分段斜极对齿槽转矩的削弱作用。该电机 $N_p=2$，齿距 $\theta_{s1}=40°$。

利用有限元法计算了该电机不分段斜极时的齿槽转矩，如图 4-8 所示。分段斜极时的齿槽转矩波形计算方法如下，将电机不分段斜极时的齿槽转矩波形逐点除以分段数，得到一段磁极产生的齿槽转矩波形，对该波形按错开角度依次平移，可得到其他各段的齿槽转矩波形，将各段的齿槽转矩波形逐点相加，得到分段斜极时电机的齿槽转矩波形。

若磁极沿轴向分为 2 段，根据式（4-18）得，$N_k=1/4$，相邻两段之间错开角度为 10°，得到各段和电机的齿槽转矩，如图 4-9 所示，其中曲线 A、B 为 2 段各自产生的齿槽转矩，C 为电机的齿槽转矩。可以看出，采用分段斜极后齿槽转矩较每段的齿槽转矩有显著下降；但存在 4 及 4 的倍数次谐波。

若磁极沿轴向分为 3 段，则 $N_k=1/6$，相邻两段之间应错开 6.67°。图 4-10 为轴向分 3 段时的齿槽转矩，其中曲线 A、B、C 分别为 3 段产生的齿槽转矩，曲线 D 为电机的齿槽转矩。可以看出，电机的齿槽转矩较每段产生的齿槽转矩大幅度下降，但存在 6 及 6 的倍数

次谐波。

若磁极轴向分为 4 段，则 $N_k=1/8$，相邻两段错开 5°。图 4-11 为轴向分 4 段时的齿槽转矩，其中曲线 A、B、C、D 分别为 4 段产生的齿槽转矩，曲线 E 为电机的齿槽转矩。可以看出，电机的齿槽转矩较每段产生的齿槽转矩大幅度下降，但存在 8 及 8 的倍数次谐波。

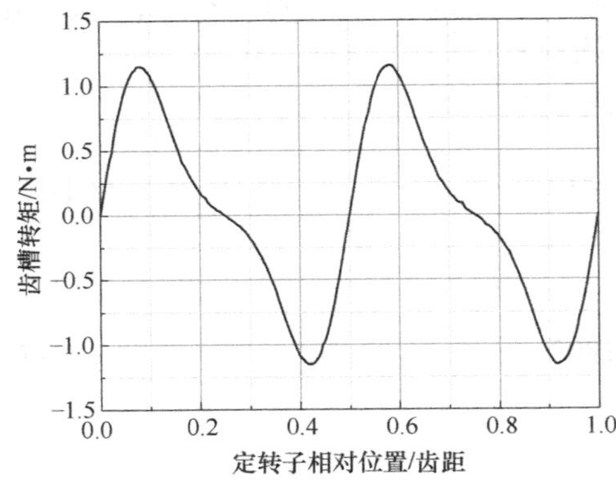

图 4-8　不分段时的齿槽转矩

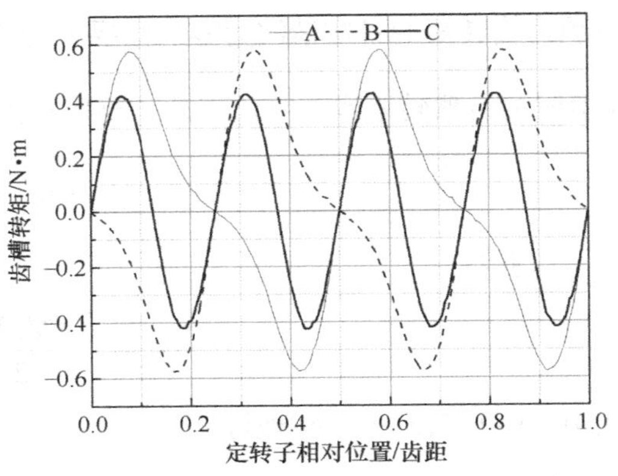

图 4-9　分 2 段时的齿槽转矩

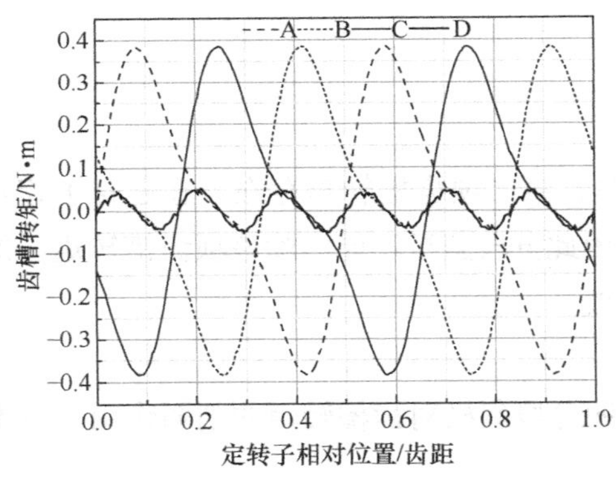

图 4-10　分 3 段时的齿槽转矩

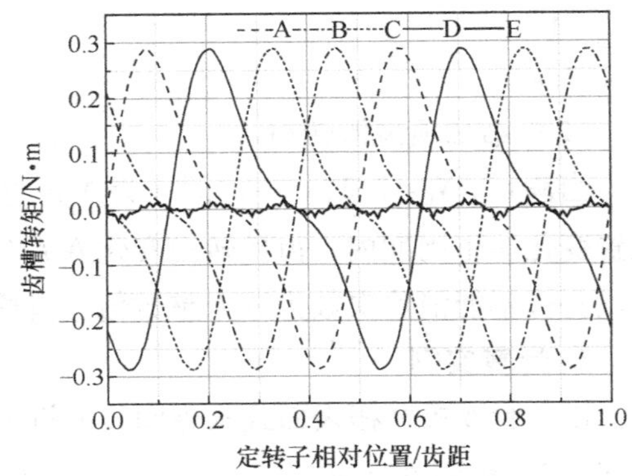

图 4-11　分 4 段时的齿槽转矩

若磁极轴向分为 5 段，则 $N_k=1/10$，相邻两段错开 4°。图 4-12 为轴向分 5 段时的齿槽转矩，其中曲线 A、B、C、D、E 分别为 5 段产生的齿槽转矩，曲线 F 为电机的齿槽转矩。可以看出，电机的齿槽转矩较每段产生的齿槽转矩大幅度下降，但存在 10 及 10 的倍数次谐波。

从以上分析和计算结果可知：

1）分段斜极可大幅度削弱齿槽转矩。

2）齿槽转矩幅值随分段数的增加而下降。

3）分段斜极不能消除次数为 $N_p k$ 整数倍的齿槽转矩谐波，随着分段数的增加，不能被消除的齿槽转矩谐波的次数也增大。当分段数 k 为无穷大时，方能消除所有齿槽转矩谐波。因此，分段斜极对齿槽转矩的削弱效果不如斜槽和斜极。

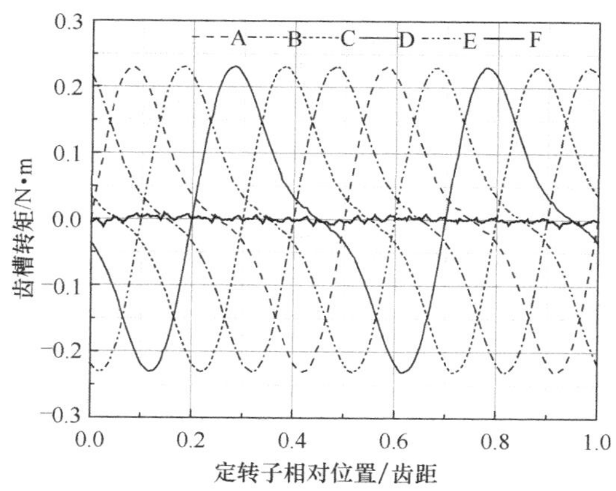

图 4-12　分 5 段时的齿槽转矩

4.3　基于极弧系数选择的齿槽转矩削弱方法

1. 基于极弧系数选择的齿槽转矩削弱方法[1]

由式（4-9）可以看出，削弱齿槽转矩的一个有效途径是减小对齿槽转矩有影响的 $F_{\frac{nQ_1}{2p}}$，而 $F_{\frac{nQ_1}{2p}}$ 与极槽配合、极弧系数有关。根据电机的极槽配合确定对齿槽转矩有影响的 $F_{\frac{nQ_1}{2p}}$，据此选择合适的极弧系数使 $F_{\frac{nQ_1}{2p}}$ 最小而达到削弱齿槽转矩的目的。

该方法对表面式和内置式变频调速永磁同步电机都适用。异步起动永磁同步电机的极弧系数主要取决于转子每极槽数，不易调节且不能连续调节，因此本书不讨论该方法在异步起动永磁同步电机中的应用。

2. 磁极边缘形状对齿槽转矩的影响

表面式永磁同步电机大多采用瓦片形磁极结构，瓦片形磁极的边缘有多种形状。本节以 6 极 36 槽表面式永磁同步电机为例，分析磁极边缘形状是否影响齿槽转矩。电机的结构参数见表 4-1 中电机 1。

表 4-1　电机结构参数

参数	电机 1	电机 2
定子铁心外径/mm	260	260
定子铁心内径/mm	180	180
永磁体外径/mm	178	178
永磁体内径/mm	171	171
极对数	3	3
槽数	36	27

下面分析图 4-13 中瓦片形磁极的三种不同边缘形状的影响。这三种形状磁极的内外径

都相同，都采用平行充磁，永磁体的上弧靠近气隙，且上弧对应的极弧系数相同，唯一的不同在于磁极两侧的形状。图 a 中永磁体两侧边平行；图 b 中永磁体两侧边的延长线相交于电机的圆心；图 c 中永磁体两侧边的延长线相交于转子的外侧，以便于将磁极放置于转子表面的燕尾槽内或用压条固定于转子铁心表面。

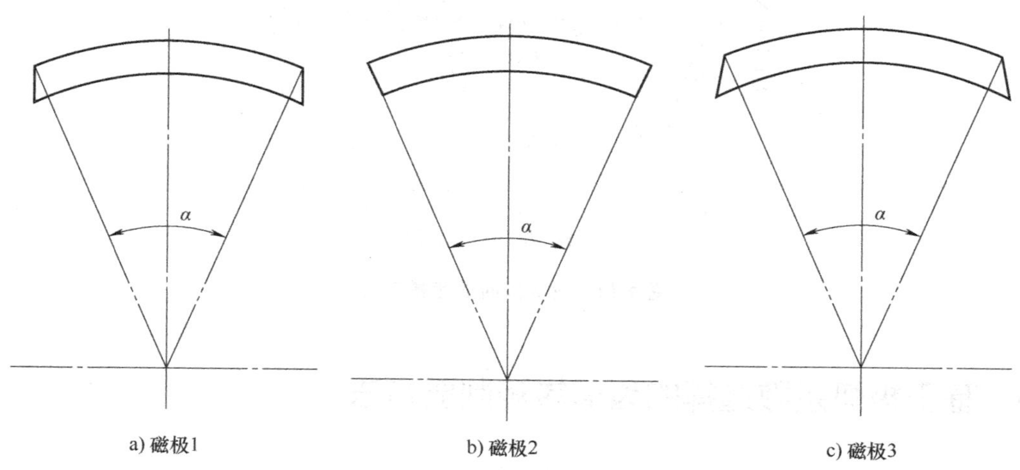

图 4-13　三种不同形状的瓦片形磁极

当 $\alpha=50°$时，采用有限元法分别计算采用这三种形状磁极的永磁电机的齿槽转矩，结果如图 4-14a 所示，可以看出，磁极边缘的形状对齿槽转矩有较大影响。三种磁极结构对应的齿槽转矩幅值随极弧系数变化的曲线如图 4-14b 所示，可以看出，能削弱齿槽转矩的最优极弧系数之间存在一定差别。在本章中，涉及瓦片形磁极时，采用图 4-13a 所示形状的磁极。

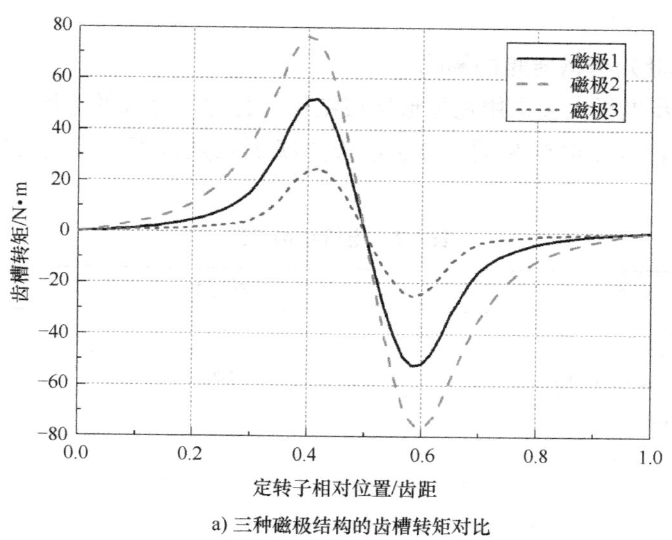

图 4-14　磁极边缘形状对齿槽转矩的影响

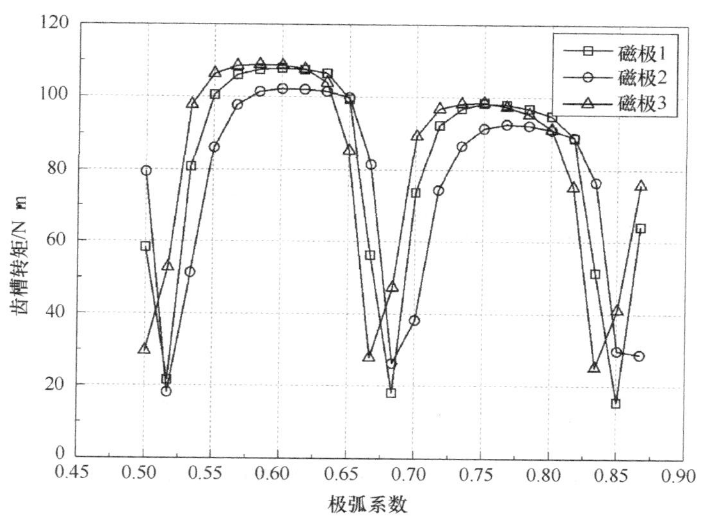

b) 三种磁极结构的齿槽转矩幅值随极弧系数变化的曲线

图 4-14　磁极边缘形状对齿槽转矩的影响（续）

3. 在表面式调速永磁同步电机中的应用

本节以 6 极 36 槽、6 极 27 槽表面式永磁同步电机为例，介绍基于极弧系数选择的齿槽转矩削弱方法的使用。两台电机的结构参数见表 4-1。

对于 6 极 36 槽电机，齿槽转矩只与 $F^2(\theta)$ 的 $6k$（k 为整数）次傅里叶分解系数有关。由 $F_m=\dfrac{2}{m\pi}F^2\sin m\alpha_p\pi$ 可知，要使 F_m 为零，应使极弧系数 $\alpha_p=\dfrac{j}{6}$，满足该式且结构上可行的极弧系数为 2/3 和 5/6，此时的齿槽转矩应该很小。由 $F_m=\dfrac{2}{m\pi}F^2\sin m\alpha_p\pi$ 还可知，当极弧系数为 3/4 时，F_m 最大，齿槽转矩应较大。采用有限元法计算了极弧系数为 2/3、3/4 和 5/6 时的齿槽转矩，如图 4-15 所示，可以看出，该方法确定的极弧系数具有较好的削弱效果。根据图 4-14b 可知，削弱齿槽转矩的最优极弧系数为 0.683 和 0.85，与本节方法确定的最优极弧系数 0.667 和 0.842 非常接近，但在最优极弧系数附近，齿槽转矩对极弧系数的变化非常敏感，相近极弧系数对应的齿槽转矩有较大差别。

对于 6 极 27 槽电机，齿槽转矩只与 $F^2(\theta)$ 的 $9k$（k 为整数）次傅里叶分解系数有关，要使 F_m 为零，应使极弧系数 $\alpha_p=j/9$，6/9 和 7/9 为满足该式且结构上可行的两个极弧系数，对应的齿槽转矩应该很小；当极弧系数为 13/18 时，F_m 最大，齿槽转矩应该较大。采用有限元法计算了这三个极弧系数对应的齿槽转矩以及极弧系数对齿槽转矩幅值的影响，如图 4-16 所示。有限元计算得到的最优极弧系数与本节方法确定的极弧系数非常接近，但由于在最优极弧系数附近，齿槽转矩对极弧系数的变化非常敏感，导致两者对应齿槽转矩幅值相差较大。

然而，本节给出的最优极弧系数确定方法在永磁直流电动机和外转子永磁同步电机中非常有效，齿槽转矩削弱效果非常明显，而在内永磁转子结构电机中的应用效果则显得较为逊色。究其原因，永磁磁极的表面是圆弧，永磁直流电动机和外转子永磁同步电机的极弧内径

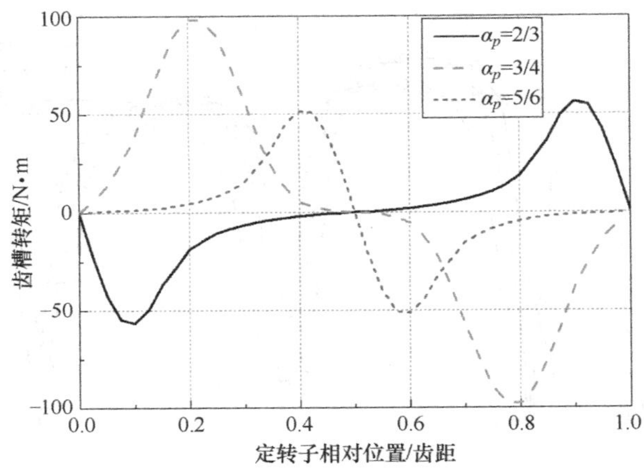

图 4-15　不同极弧系数时 6 极 36 槽电机的齿槽转矩

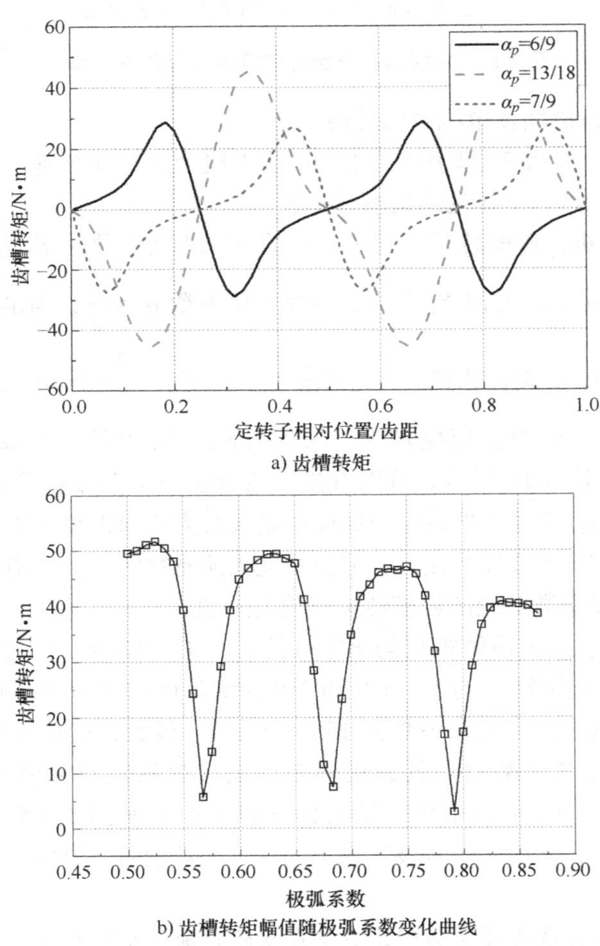

图 4-16　6 极 27 槽表面式永磁电机齿槽转矩与极弧系数的关系

大于电枢直径，内永磁转子结构电机的极弧内径小于电枢直径，显然内永磁转子结构电机的永磁极弧短，对齿槽转矩带来了一定影响。因此确定最优极弧系数时，先利用本节的方法确定一个最优极弧系数初值，然后利用有限元法在该极弧系数周围寻优。

4. 在内置式调速永磁同步电机中的应用

以 6 极 36 槽、6 极 27 槽内置式调速永磁同步电机为例。两电机模型与表 4-1 中电机有相同的定子参数。转子每极永磁体宽度为 80mm，永磁体厚度为 3.5mm。对于 6 极 36 槽电机，根据本节方法确定的最优极弧系数为 2/3 和 5/6，齿槽转矩最大时的极弧系数为 3/4；对于 6 极 27 槽电机，根据本节方法确定的最优极弧系数为 6/9 和 7/9，齿槽转矩最大时的极弧系数为 13/18。采用有限元法计算了这两台电机在不同极弧系数时的齿槽转矩，如图 4-17 所示。可以看出，采用本节方法确定的极弧系数可有效削弱齿槽转矩。

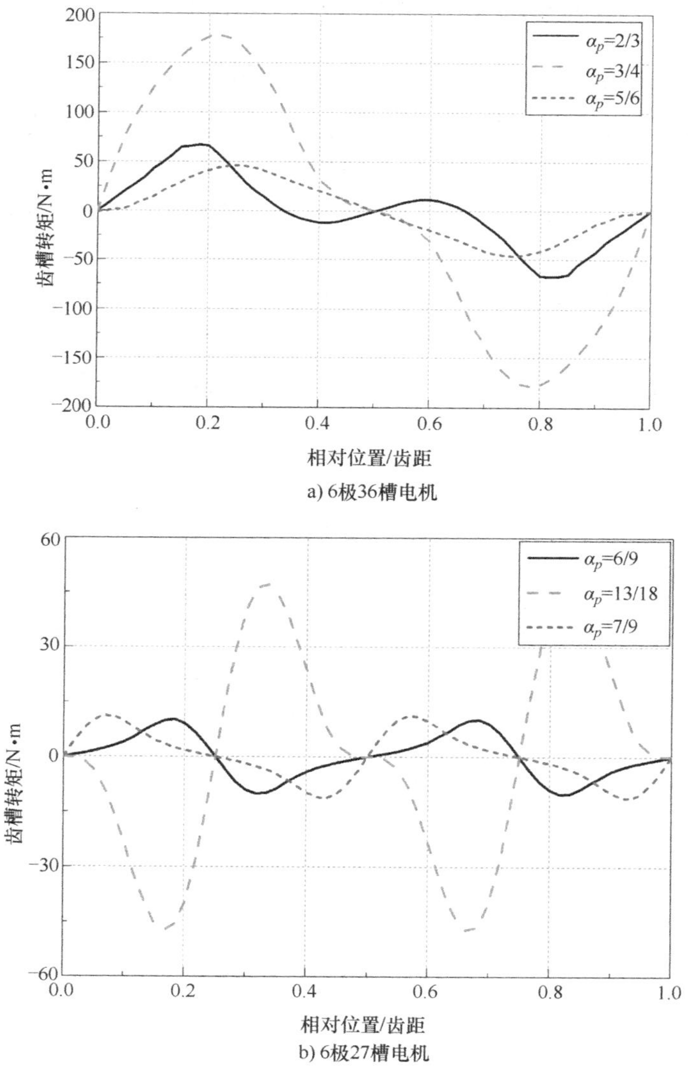

图 4-17 内置式永磁电机在不同极弧系数时的齿槽转矩

通过上述分析与有限元验证，可得到以下结论：

1）齿槽转矩幅值与 $F^2(\theta)$ 的傅里叶分解系数有关，且只有 $\frac{nQ_1}{2p}$ 次傅里叶分解系数与齿槽转矩有关。对于不同的极数和槽数，与齿槽转矩幅值有关的 $F^2(\theta)$ 傅里叶分解系数的次数也不同。

2）极弧系数的选择对 $F^2(\theta)$ 的傅里叶分解系数有较大影响。

3）合理选择极弧系数，可大幅度削弱齿槽转矩。

4）基于极弧系数选择的齿槽转矩削弱方法，对表面式和内置式调速永磁同步电机都适用。

4.4 基于不等槽口宽配合的齿槽转矩削弱方法

正常情况下，电机的定子齿沿圆周均布，任意相邻两槽中心线相距一个齿距，槽口宽相等，齿顶宽度相同。本节讨论的不等槽口宽配合是指，任意相邻两槽的中心线相距一个齿距，但槽口宽度不等，而相距两个齿距的两槽的槽口宽度相同[2]。采用不等槽口宽配合旨在通过改变对齿槽转矩起作用的 G_n 而削弱齿槽转矩。因为该方法不涉及转子侧参数，故对表面式调速永磁同步电机、内置式调速永磁同步电机和异步起动永磁同步电机都适用。

1. 基于不等槽口宽配合的齿槽转矩削弱方法[3]

图 4-18 为采用不等槽口配合的电枢槽形示意图，其中 θ_{sa} 和 θ_{sb} 为相邻两槽口宽度（用弧度表示）。由于相邻两槽口宽不等，$\frac{1}{\delta^2(\theta,\alpha)}$ 的傅里叶分解须在区间 $\left[-\frac{2\pi}{Q_1},\frac{2\pi}{Q_1}\right]$ 上进行。其傅里叶分解形式为

$$\frac{1}{\delta^2(\theta,\alpha)} = G_0 + \sum_{n=1}^{\infty} G_n \cos\frac{nQ_1(\theta+\alpha)}{2} \tag{4-19}$$

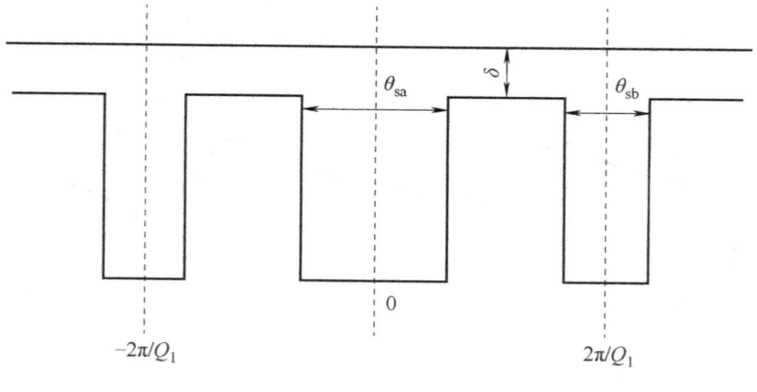

图 4-18 不等槽口宽配合

简单起见，近似认为磁力线只是通过齿，而不通过槽。因此，齿顶处的气隙为 $\delta(\theta)=\delta$，$\frac{1}{\delta^2(\theta,\alpha)}=\frac{1}{\delta^2}$，槽口处的气隙为 $\delta(\theta)=\infty$，$\frac{1}{\delta^2(\theta,\alpha)}=0$。根据该简化模型，得到 G_n 的表达

式为

$$G_n=\frac{2}{n\pi}\frac{1}{\delta^2}\left[\sin\left(n\pi-\frac{nQ_1\theta_{sb}}{4}\right)-\sin\frac{nQ_1\theta_{sa}}{4}\right] \tag{4-20}$$

进而得到采用不等槽口宽配合时的齿槽转矩表达式为

$$T_{cog}(\alpha)=\frac{\mu_0\pi Q_1L_a}{8}(R_2^2-R_1^2)\sum_{n=1}^{\infty}nG_nF_{\frac{nQ_1}{4p}}\sin\frac{nQ_1\alpha}{2} \tag{4-21}$$

式中，n 为使得$\frac{nQ_1}{4p}$为整数的整数。

可以看出，采用不等槽口宽配合时，$\frac{1}{\delta^2(\theta,\alpha)}$的傅里叶分解系数对齿槽转矩有影响，但并不是其所有傅里叶分解系数都对齿槽转矩有影响，只有使$\frac{nQ_1}{4p}$为整数的 n 次傅里叶分解系数对齿槽转矩有影响。

下面利用式（4-20），比较不等槽口宽和等槽口宽两种情况下的 G_n。

1）等槽口宽时，$\theta_{sa}=\theta_{sb}=\theta_{s0}$，则

$$G_n=\frac{2}{n\pi}\frac{1}{\delta^2}\left[\sin\left(n\pi-\frac{nQ_1\theta_{s0}}{4}\right)-\sin\frac{nQ_1\theta_{s0}}{4}\right] \tag{4-22}$$

若 n 为奇数，则 $G_n=0$。

若 n 为偶数，则 $G_n=-\frac{4}{n\pi}\frac{1}{\delta^2}\sin\frac{nQ_1\theta_{s0}}{4}$

2）不等槽口宽时，若 n 为奇数，则

$$G_n=\frac{2}{n\pi}\frac{1}{\delta^2}\left(\sin\frac{nQ_1\theta_{sb}}{4}-\sin\frac{nQ_1\theta_{sa}}{4}\right) \tag{4-23}$$

若 n 为偶数，则

$$G_n=-\frac{2}{n\pi}\frac{1}{\delta^2}\left(\sin\frac{nQ_1\theta_{sb}}{4}+\sin\frac{nQ_1\theta_{sa}}{4}\right) \tag{4-24}$$

可以看出，当对齿槽转矩起主要作用的 G_n 的次数 n 为奇数时，采用不等槽口宽配合时的 G_n 总会大于等槽口宽时的 G_n，此时采用不等槽口宽配合并不能减小齿槽转矩，反而可能增大齿槽转矩；当对齿槽转矩起主要作用的 G_n 的次数 n 为偶数时，可以改变槽口宽度 θ_{sa} 和 θ_{sb} 使 G_n 的值接近于零，从而减小齿槽转矩。整理式（4-24）得

$$\begin{aligned}G_n&=-\frac{4}{n\pi}\frac{1}{\delta^2}\sin\frac{4pQ_1(\theta_{sa}+\theta_{sb})}{8\mathrm{GCD}(Q_1,4p)}\cos\frac{4pQ_1(\theta_{sa}-\theta_{sb})}{8\mathrm{GCD}(Q_1,4p)}\\&=-\frac{4}{n\pi}\frac{1}{\delta^2}\sin\frac{(\theta_{sa}+\theta_{sb})\mathrm{LCM}(Q_1,4p)}{8}\cos\frac{(\theta_{sa}-\theta_{sb})\mathrm{LCM}(Q_1,4p)}{8}\end{aligned} \tag{4-25}$$

式中，$\mathrm{LCM}(Q_1,4p)$表示槽数 Q_1 与 $4p$ 的最小公倍数。要使得式（4-25）为零，必须满足

$$\begin{cases}\dfrac{(\theta_{sa}+\theta_{sb})\mathrm{LCM}(Q_1,4p)}{8}=\pi,2\pi,\cdots\\[2ex]\dfrac{(\theta_{sa}-\theta_{sb})\mathrm{LCM}(Q_1,4p)}{8}=\dfrac{\pi}{2},\dfrac{3\pi}{2},\cdots\end{cases} \tag{4-26}$$

求解式（4-26）可得槽口宽度θ_{sa}和θ_{sb}为

$$\begin{cases}\theta_{sa}=\dfrac{6\pi}{\mathrm{LCM}(Q_1,4p)}\\ \theta_{sb}=\dfrac{2\pi}{\mathrm{LCM}(Q_1,4p)}\end{cases}\text{或}\begin{cases}\theta_{sa}=\dfrac{10\pi}{\mathrm{LCM}(Q_1,4p)}\\ \theta_{sb}=\dfrac{6\pi}{\mathrm{LCM}(Q_1,4p)}\end{cases}\tag{4-27}$$

可以看出，对于整数槽电机，$\mathrm{LCM}(Q_1,4p)$最大为$2Q_1$，若采用不等槽口宽配合，则其中一个槽的槽口宽度为$3\pi/Q_1$，大于齿距$2\pi/Q_1$，显然是不可能的，因此整数槽电机不能采用不等槽口宽配合削弱齿槽转矩。对于分数槽电机，也不是都能在结构上实现不等槽口宽配合，比如4极6槽永磁电机，根据式（4-27），其中一槽的槽口宽度为$\pi/4$，而齿距仅为$\pi/3$，实际上是不可行的。

2. 在表面式调速永磁同步电机中的应用

以16极18槽、20极18槽、10极12槽、22极24槽电机为例，采用有限元法分别计算了采用等槽口宽和不等槽口宽两种情况下的齿槽转矩。

对于16极18槽和20极18槽电机，对齿槽转矩起主要作用的G_n的次数$n=4p/\mathrm{GCD}(Q_1,4p)$分别是16和20，都为偶数，可以通过调整槽口宽度$\theta_{sa}$和$\theta_{sb}$减小齿槽转矩。根据式(4-27）得到$\theta_{sa}$和$\theta_{sb}$的值。对于16极18槽电机，$\theta_{sa}=5\pi/144$，$\theta_{sb}=\pi/48$。对于20极18槽电机，有两种组合：$\theta_{sa}=\pi/36$、$\theta_{sb}=\pi/60$和$\theta_{sa}=\pi/60$、$\theta_{sb}=\pi/180$，分别为不等槽口宽配合1和2。图4-19和图4-20分别为两台电机在等槽口宽和不等槽口宽时的齿槽转矩对比。可以看出，采用不等槽口宽配合时，齿槽转矩的削弱效果非常明显。

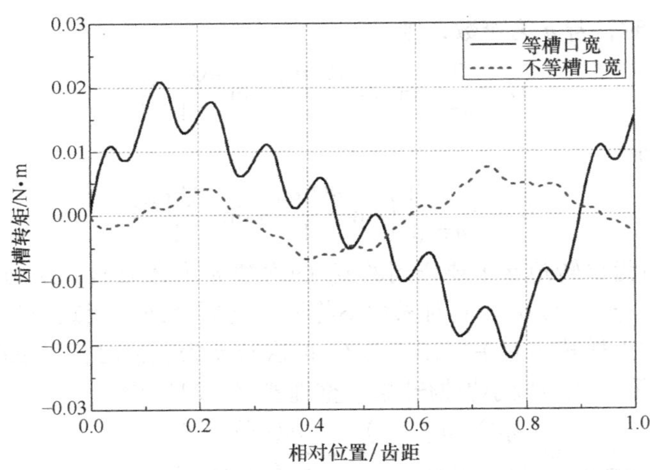

图4-19　16极18槽电机的齿槽转矩对比

对于10极12槽和22极24槽电机，对齿槽转矩起主要作用的G_n的次数$n=4p/\mathrm{GCD}(Q_1,4p)$分别是5和11，都为奇数，不等槽口宽配合的方法不适用，若采用不等槽口宽配合，反而会增大齿槽转矩。根据式（4-27）得到槽口宽度分别为$\theta_{sa}=\pi/10$、$\theta_{sb}=\pi/30$和$\theta_{sa}=5\pi/132$、$\theta_{sb}=\pi/44$，图4-21和图4-22分别为两台电机在等槽口宽和不等槽口宽时的齿槽转矩对比。可以看出，不等槽口宽配合的方法不但没有减小齿槽转矩，反而增大了齿槽转矩。

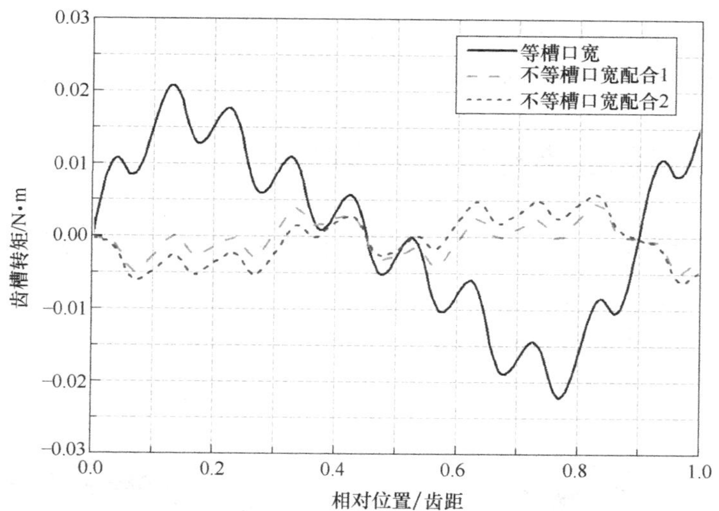

图 4-20　20 极 18 槽电机的齿槽转矩对比

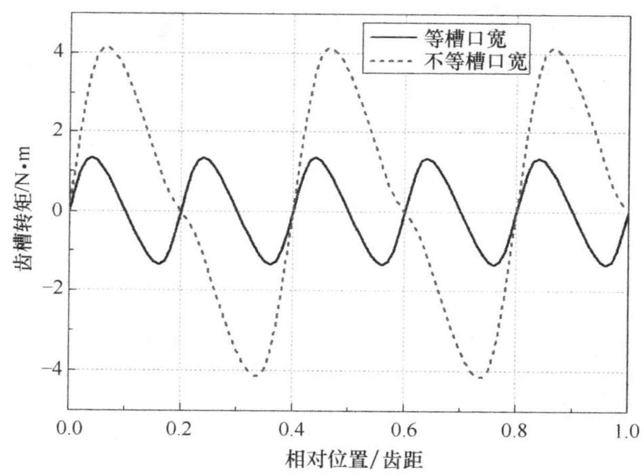

图 4-21　10 极 12 槽电机的齿槽转矩对比

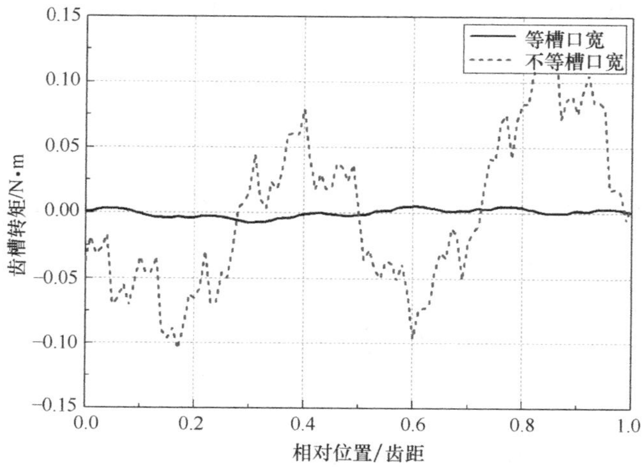

图 4-22　22 极 24 槽电机的齿槽转矩对比

需要指出的是，本节给出的不等槽口宽配合方法旨在削弱齿槽转矩，但槽口宽度的确定受很多因素的影响，对于许多电机，难以得到结构上合理的槽口宽度以削弱齿槽转矩。

4.5 基于磁极偏移的齿槽转矩削弱方法

通常情况下，永磁电机各磁极的形状相同且在圆周上均匀分布，如图 4-23a 所示。磁极偏移是指磁极形状相同但不均布[4]，如图 4-23b 所示。磁极偏移可以改变对齿槽转矩起作用的 $F^2(\theta)$谐波的幅值，进而削弱齿槽转矩。

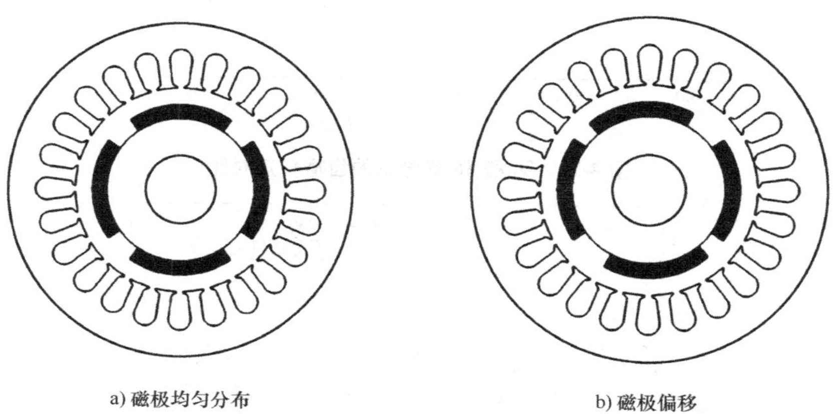

a) 磁极均匀分布　　b) 磁极偏移

图 4-23　磁极分布

本节首先推导磁极偏移时的齿槽转矩表达式，进而分析磁极均布和磁极偏移时齿槽转矩谐波的变化，最后给出磁极偏移角度的确定方法。

基于磁极偏移的齿槽转矩削弱方法适用于表面式和内置式调速永磁同步电机。

1. 磁极偏移时的齿槽转矩表达式

图 4-24 为磁极偏移时 $F^2(\theta)$的分布，$\theta_1 \sim \theta_{2p}$为永磁磁极相对于均布位置偏移的角度，第一个永磁磁极不偏移，即 $\theta_1=0$。在区间$[-\pi,\pi]$上对 $F^2(\theta)$进行傅里叶分解，有

$$F^2(\theta)=F_0+\sum_{m=1}^{\infty}(F_{\mathrm{a}m}\cos m\theta+F_{\mathrm{b}m}\sin m\theta) \tag{4-28}$$

$\dfrac{1}{\delta^2(\theta,\alpha)}$的傅里叶展开与式（4-7）相同。用与前面类似的方法得到磁极偏移时的齿槽转矩表达式为

$$T_{\mathrm{cog}}(\alpha)=\frac{\mu_0\pi Q_1 L_{\mathrm{a}}}{4}(R_2^2-R_1^2)\sum_{n=1}^{\infty}nG_n(F_{\mathrm{a}nQ_1}\sin nQ_1\alpha+F_{\mathrm{b}nQ_1}\cos nQ_1\alpha) \tag{4-29}$$

式中，

$$F_{\mathrm{a}nQ_1}=\frac{2F^2}{nQ_1\pi}\sin\frac{nQ_1\alpha_p\pi}{2p}\sum_{k=1}^{2p}\cos nQ_1\left[\frac{\pi}{p}(k-1)+\theta_k\right] \tag{4-30}$$

$$F_{bnQ_1}=\frac{2F^2}{nQ_1\pi}\sin\frac{nQ_1\alpha_p\pi}{2p}\sum_{k=1}^{2p}\sin nQ_1\left[\frac{\pi}{p}(k-1)+\theta_k\right] \tag{4-31}$$

式中，θ_k 为第 k 个磁极的偏移角度。

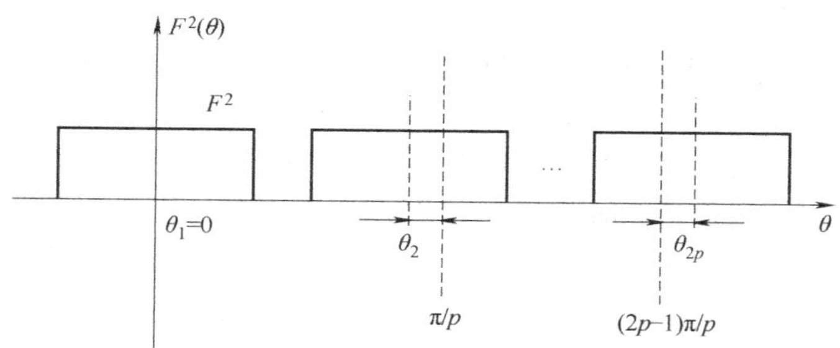

图 4-24 磁极偏移时的 $F^2(\theta)$ 分布

2. $N_p=1$ 时齿槽转矩的削弱

磁极均布可以看作磁极偏移的一种特殊情况，即所有磁极的偏移角度都为零，此时 F_{bnQ_1} 为零，而 F_{anQ_1} 为

$$F_{anQ_1}=\frac{2F^2}{nQ_1\pi}\sin\frac{nQ_1\alpha_p\pi}{2p}\frac{\sin nQ_1\pi}{\sin\frac{nQ_1\pi}{2p}}\cos\left(nQ_1\pi-\frac{nQ_1\pi}{2p}\right) \tag{4-32}$$

由式（4-32）可知，只有当 n 为 N_p 的倍数时，F_{anQ_1} 才不为零，也就是说，若永磁体均布，只有 n 为 N_p 的倍数时，该次齿槽转矩的谐波才不为零。现有文献中讨论磁极偏移削弱齿槽转矩时，削弱的就是永磁体均布时存在的齿槽转矩谐波，第 k 个磁极的偏移角度为[4]

$$\theta_k=\frac{2\pi}{2pN_pQ_1}(k-1) \tag{4-33}$$

因此，当 $N_p=1$ 时，式（4-33）给出的磁极偏移角度能很好地削弱齿槽转矩。当 $N_p\neq 1$ 时，将式（4-33）确定的偏移角度代入式（4-30）、式（4-31），可得

$$F_{anQ_1}=\frac{2F^2}{nQ_1\pi}\sin\frac{nQ_1\alpha_p\pi}{2p}\frac{\sin n\pi\left(Q_1+\frac{1}{N_p}\right)}{\sin\frac{n\pi}{2p}\left(Q_1+\frac{1}{N_p}\right)}\cos\left[\left(\frac{2p-1}{2p}nQ_1\pi\right)\left(1+\frac{1}{N_pQ_1}\right)\right] \tag{4-34}$$

$$F_{bnQ_1}=\frac{2F^2}{nQ_1\pi}\sin\frac{nQ_1\alpha_p\pi}{2p}\frac{\sin n\pi\left(Q_1+\frac{1}{N_p}\right)}{\sin\frac{n\pi}{2p}\left(Q_1+\frac{1}{N_p}\right)}\sin\left[\frac{nQ_1(2p-1)\pi}{2p}\left(1+\frac{1}{N_pQ_1}\right)\right] \tag{4-35}$$

可以看出，当 $N_p\neq 1$ 时，采用式（4-33）给出的磁极偏移角度，消除了原有齿槽转矩谐波（n 为 N_p 的倍数）中除 n 为 $2pN_p$ 的倍数之外的谐波，但引进了次数 n 不是 N_p 整数倍的谐波，导致式（4-33）确定的偏移角度不适于 $N_p\neq 1$ 的情况。

3. $N_p\neq 1$ 时齿槽转矩的削弱

随着齿槽转矩谐波次数的增加，其幅值减小，因此齿槽转矩的削弱应立足于削弱齿槽转矩的低次谐波。因此，计算磁极偏移角度时，须考虑新引进的低次谐波。

由式（4-30）、式（4-31）可知，要消除某次谐波，只要通过选择合适的磁极偏移角度使 F_{anQ_1} 和 F_{bnQ_1} 为零即可。要消除齿槽转矩的低次谐波，需要联立并求解不同 n 时的 F_{anQ_1} 和 F_{bnQ_1} 方程，得到磁极偏移角度。

对于 4 极 18 槽电机和 6 极 27 槽电机，$N_p=2$，可以通过选择磁极偏移角度来消除齿槽转矩的前三次谐波，联立方程并求解得到了磁极的偏移角度，与参考文献［4］中方法得到的偏移角度进行对比，见表 4-2。利用有限元法计算了 4 极 18 槽电机和 6 极 27 槽电机采用两种方法确定的偏移角度时的齿槽转矩，如图 4-25、图 4-26 所示。可以看出，本节给出的方法比参考文献［4］给出的方法有更好的削弱效果。为了验证偏移角度对于 F_{nQ_1}（$F_{nQ_1}=\sqrt{F^2_{anQ_1}+F^2_{bnQ_1}}$）的削弱效果，采用有限元法计算了不考虑齿槽时的气隙磁密（与气隙磁动势波形相同），通过傅里叶分解得到了气隙磁密的谐波 B_{nQ_1}，如图 4-27 和图 4-28 所示。可以看出，采用本节的偏移角度，对齿槽转矩有影响的前三次 B_{nQ_1} 都得到了很好的削弱，而采用式（4-33）的偏移角度，可以很好地削弱二次谐波，但却引进了一次和三次谐波。

表 4-2　永磁体偏移角度

极槽配合	偏移角度确定方法	θ_1(°)	θ_2(°)	θ_3(°)	θ_4(°)	θ_5(°)	θ_6(°)
4 极 18 槽	参考文献[4]的方法	0	2.5	5	7.5	—	—
	本节方法	0	5	5	0	—	—
6 极 27 槽	参考文献[4]的方法	0	1.11	2.22	3.33	4.44	5.55
	本节方法	0	2.22	4.44	0	2.22	4.44

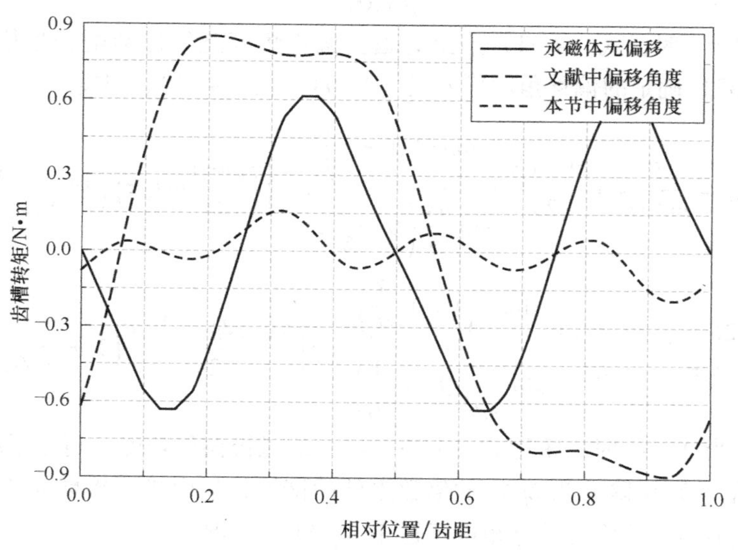

图 4-25　4 极 18 槽电机的齿槽转矩对比

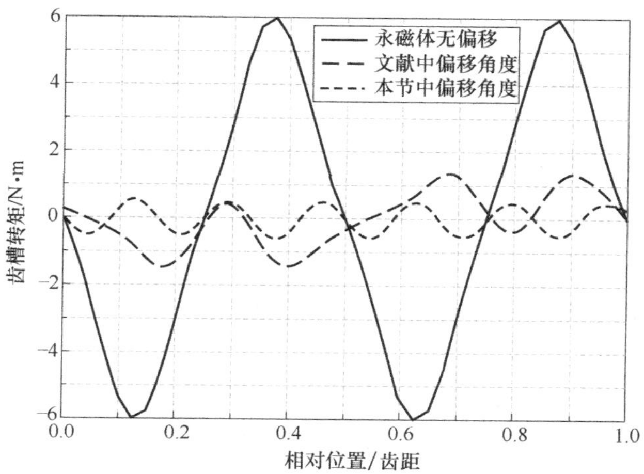

图 4-26　6 极 27 槽电机的齿槽转矩对比

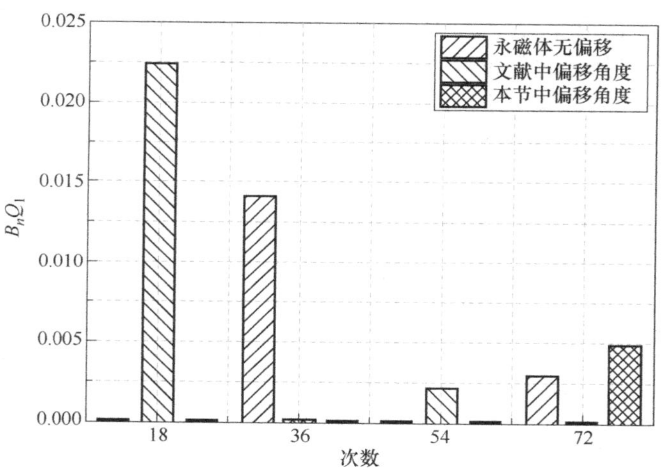

图 4-27　4 极 18 槽电机的磁极偏移对齿槽转矩的气隙磁场谐波幅值的影响

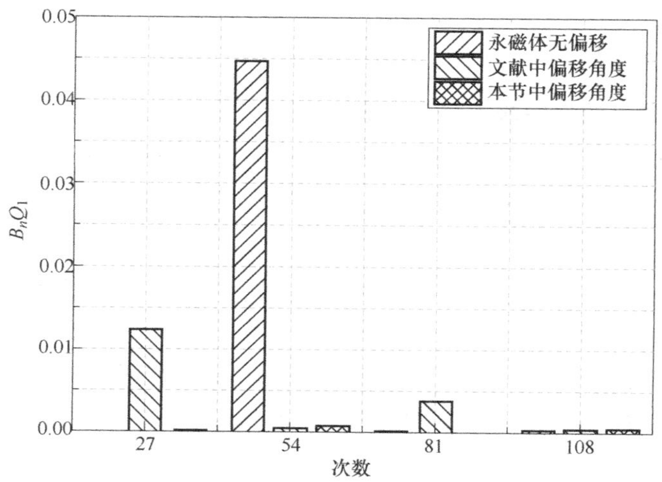

图 4-28　6 极 27 槽电机的磁极偏移对齿槽转矩的气隙磁场谐波的影响

4.6 基于不等厚永磁磁极的齿槽转矩削弱方法

根据前述分析，只要减小相应的$F_{\frac{nQ_1}{2p}}$就可以削弱齿槽转矩。本节通过改变永磁磁极的形状，将瓦片形永磁体由原来的内外径同心改为内外径不同心，即永磁体不等厚，以减小$F_{\frac{nQ_1}{2p}}$进而达到削弱齿槽转矩的目的[5]。

该方法只适于表面式永磁同步电机齿槽转矩的削弱。

1. 不等厚磁极结构

不等厚磁极结构如图4-29所示，普通磁极的内外径同心，圆心为O，磁极厚度均匀，为h_m。当采用不等厚磁极结构时，磁极内外径不同心，内径对应的圆心仍为O，外径对应的圆心变为O'，磁极厚度$h_m'(\theta)$变化，但气隙长度$\delta(\theta)$不随位置的变化而变化。偏心距h为O和O'之间的距离，h不同，气隙磁密径向分量的分布也不同。采用普通等厚永磁磁极时，电机气隙磁密径向分量为

$$B(\theta)=\mu_0\frac{F(\theta)}{\delta(\theta)} \tag{4-36}$$

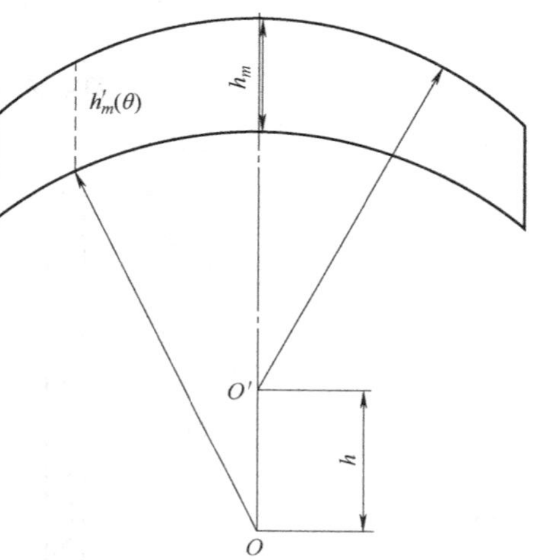

图4-29 不等厚磁极

当采用不等厚永磁磁极时，电机气隙磁密径向分量可表示为

$$\begin{aligned}B'(\theta)&=\mu_0\frac{H_c h_m'(\theta)}{\delta(\theta)}=\mu_0\frac{h_m'(\theta)}{h_m}\frac{H_c h_m}{\delta(\theta)}\\&=\mu_0\frac{H_c h_m h_m'(\theta)}{h_m}\frac{1}{\delta(\theta)}\\&=\mu_0 F(\theta)\frac{h_m'(\theta)}{h_m}\frac{1}{\delta(\theta)}=\mu_0\frac{F'(\theta)}{\delta(\theta)}\end{aligned} \tag{4-37}$$

式中，$F'(\theta)=\dfrac{h_m'(\theta)}{h_m}F(\theta)$。

2. 基于不等厚磁极的齿槽转矩削弱方法

从式（4-37）可以看出，相对于等厚磁极，不等厚磁极的气隙磁动势$F'(\theta)$发生了变化，若这种变化能减小对齿槽转矩有影响的$F_{\frac{nQ_1}{2p}}$，即可减小齿槽转矩。

具体的做法如下：

1）采用有限元法，计算出无定子齿槽的电机模型在不同偏心距时一个极距内的气隙磁密分布，近似将其视为$F'(\theta)$。

2）对不同偏心距时的$F'^2(\theta)$进行傅里叶分解，得到各分解系数F_m。

3）根据极槽配合确定对齿槽转矩有影响的$F_{\frac{nQ_1}{2p}}$，选取使$F_{\frac{nQ_1}{2p}}$最小的偏心距。

4）采用有限元法计算齿槽转矩并进行对比。

以一台4极电机（极弧系数为0.722）为例，图4-30a为其在不同偏心距时一个齿距内

的 $F'(\theta)$ 分布，对 $F'^2(\theta)$ 进行傅里叶分解，得到图 4-30b 所示的 0~30 次分解系数，图 4-30c 是图 4-30b 的局部放大。可以看出，随着偏心距的增加，绝大多数分解系数逐渐减小，但有些系数的变化例外。

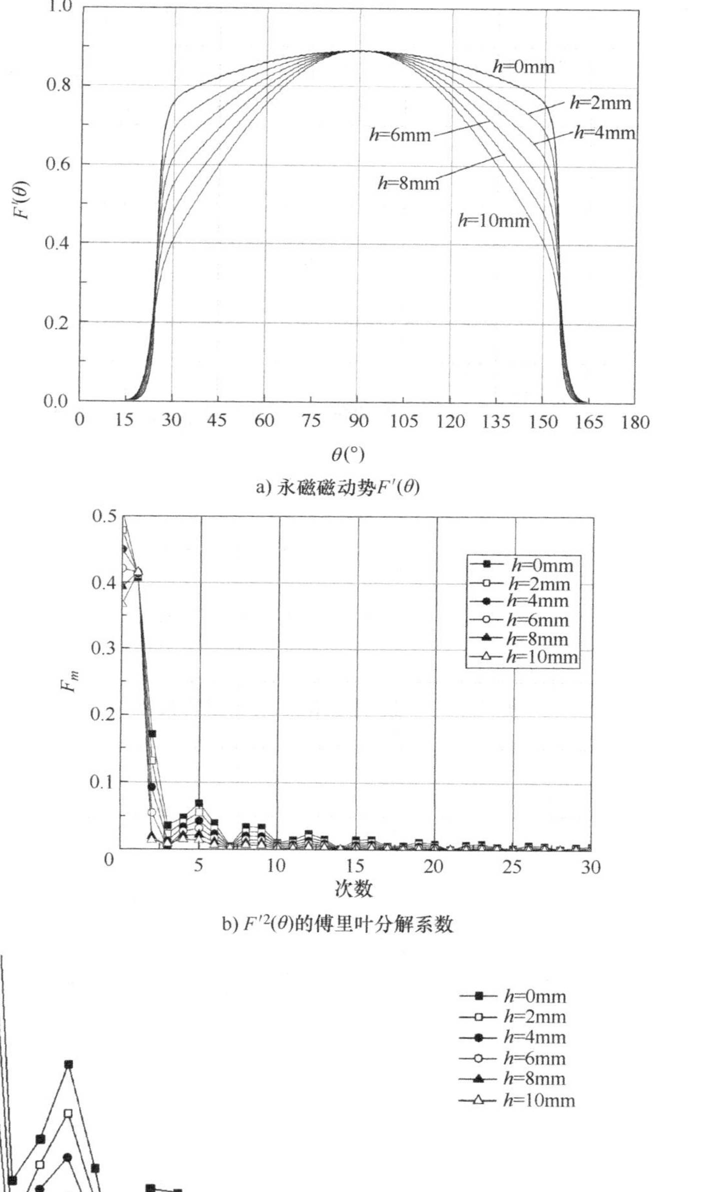

a) 永磁磁动势 $F'(\theta)$

b) $F'^2(\theta)$ 的傅里叶分解系数

c) 图b的局部放大

图 4-30　不同偏心距时的 $F'^2(\theta)$ 傅里叶分解系数

对于槽数和极数确定的电机，若采用不等厚磁极后 $F_{\frac{nQ_1}{2p}}$ 减小，则可采用不等厚磁极削弱齿槽转矩；反之，若采用不等厚磁极后 $F_{\frac{nQ_1}{2p}}$ 反而增大，则不能采用该方法削弱齿槽转矩。

下面以 4 极 24 槽、4 极 36 槽和 4 极 12 槽电机模型为例进行分析。对于 4 极 24 槽电机，对齿槽转矩起作用的 $F_{\frac{nQ_1}{2p}}$ 为 F_{6k}，前 3 个系数 F_6、F_{12}、F_{18} 都随偏心距的增大而减小，其齿槽转矩都应随偏心距的增大而减小，利用有限元法计算了不同偏心距时的齿槽转矩，如图 4-31 所示。4 极 36 槽电机的齿槽转矩与 4 极 24 槽电机类似，如图 4-32 所示，齿槽转矩应随偏心距的增大而减小。

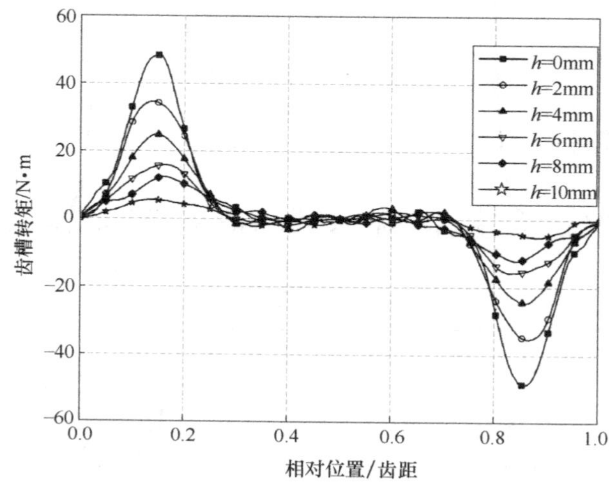

图 4-31　4 极 24 槽电机的齿槽转矩

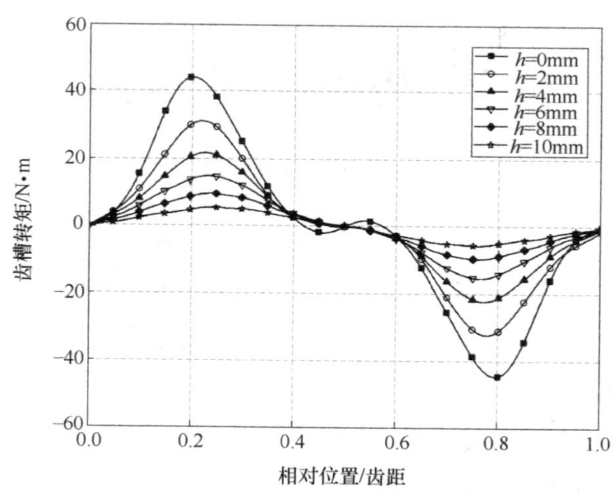

图 4-32　4 极 36 槽电机的齿槽转矩

对于 4 极 12 槽电机，对齿槽转矩起作用的 $F_{\frac{nQ_1}{2p}}$ 为 F_{3k}，前 3 个系数是 F_3、F_6、F_9，偏心距为 8mm 时 F_3 的值小于 10mm 时的值，而偏心距为 8mm 时 F_6、F_9 的值大于 10mm 时的值。

利用有限元法计算了该电机在不同偏心距时的齿槽转矩，如图 4-33 所示。可以看出，在 F_3、F_6、F_9 的综合作用下，4 极 12 槽电机的齿槽转矩仍然符合随偏心距的增大而减小的规律。

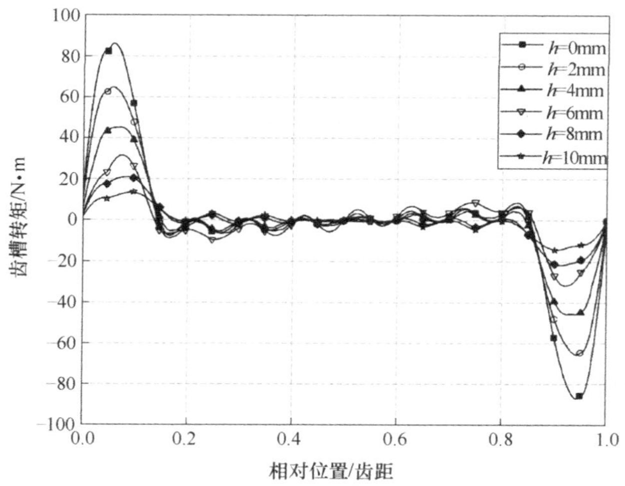

图 4-33　4 极 12 槽电机的齿槽转矩

4.7　基于不同极弧系数组合的齿槽转矩削弱方法

在永磁同步电机中，通常各磁极的极弧系数相等。本节讨论的不等极弧系数组合是指，相邻两个磁极的极弧系数不相等，但相距两个极距的两个磁极的极弧系数相同，如图 4-34 所示。通过合理选择极弧系数组合可以有效削弱齿槽转矩[6]。

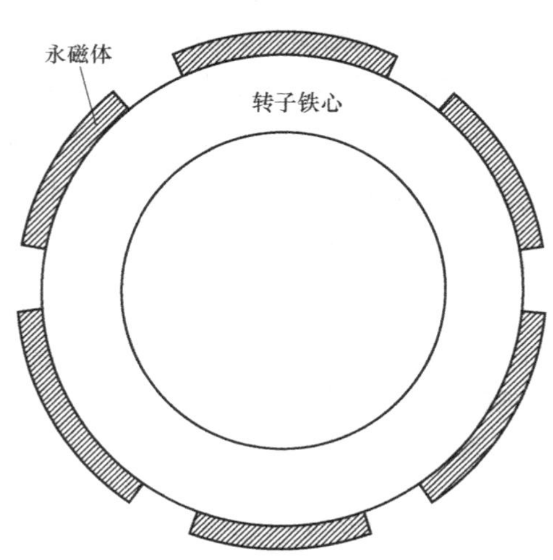

图 4-34　不等极弧系数组合

基于不同极弧系数组合的齿槽转矩削弱方法适用于表面式和内置式调速永磁同步电机。

1. 不同极弧系数组合时的齿槽转矩表达式

采用不等极弧系数组合时，$F(\theta)$沿圆周的分布如图 4-35 所示，据此得到 $F^2(\theta)$的傅里叶展开式为

$$F^2(\theta) = F_0 + \sum_{m=1}^{\infty} F_m \cos mp\theta \tag{4-38}$$

式中，$F_m = \dfrac{F^2}{m\pi}\left[\sin\dfrac{\alpha_{p1}}{2}m\pi + (-1)^m \dfrac{\alpha_{p1}^2}{\alpha_{p2}^2}\sin\dfrac{\alpha_{p2}}{2}m\pi\right]$，$\alpha_{p1}$、$\alpha_{p2}$分别为相邻两磁极的极弧系数，因相邻两磁极下的磁通大小相等，可近似认为 $F\alpha_{p1} = F'\alpha_{p2}$。

$\dfrac{1}{\delta^2(\theta,\alpha)}$傅里叶展开式与式（4-7）相同，则齿槽转矩表达式为

$$T_{\text{cog}}(\alpha) = \frac{\mu_0 \pi Q_1 L_a}{4}(R_2^2 - R_1^2)\sum_{n=1}^{\infty} nG_n F_{\frac{nQ_1}{p}} \sin nQ_1\alpha \tag{4-39}$$

式中，n 为使$\frac{nQ_1}{p}$为整数的整数。

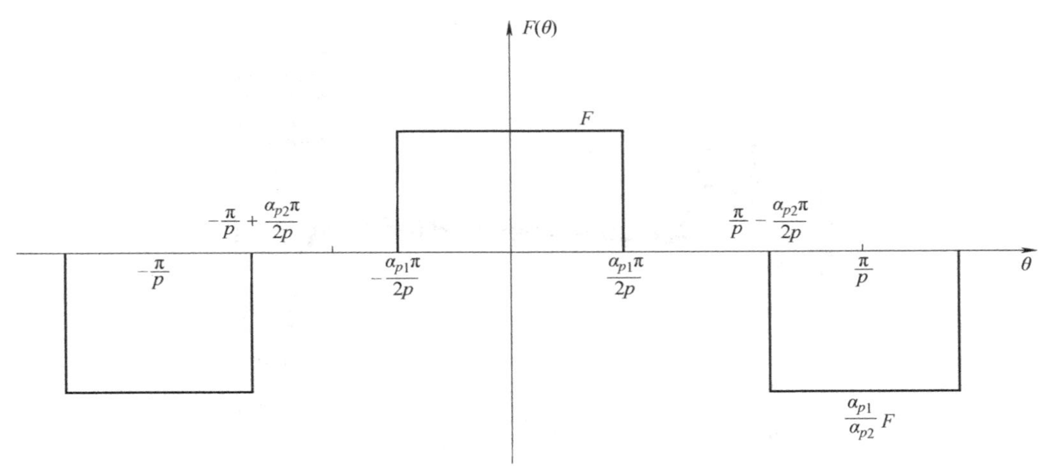

图 4-35　$F(\theta)$ 的分布

从式（4-39）可以看出，$F^2(\theta)$ 对齿槽转矩有较大的影响，但只有$\frac{nQ_1}{p}$次傅里叶分解系数才对齿槽转矩有影响。因此，可通过减小 $F^2(\theta)$ 的$\frac{nQ_1}{p}$次（尤其是其中的最低次）傅里叶分解系数来减小齿槽转矩。

2. 极弧系数组合的确定

从式（4-39）还可以看出，对齿槽转矩起作用的傅里叶分解系数取决于电机的极槽配合。根据槽数和极数确定有影响的次数最低的 $F_{\frac{nQ_1}{p}}$ 的次数，以一个磁极的极弧系数 α_{p1} 为自变量，通过使相应的 $F_{\frac{nQ_1}{p}}$ 为零确定另一个磁极的极弧系数。下面以 6 极 36 槽和 6 极 27 槽电机为例进行说明。

对于 6 极 36 槽电机，只有 $F^2(\theta)$ 的 $12k$（k 为整数）次傅里叶分解系数对齿槽转矩有影响。为使齿槽转矩最小，F_{12k} 必须趋于零，即

$$F_{12k}=\sin 6\alpha_{p1}k\pi+\frac{\alpha_{p1}^2}{\alpha_{p2}^2}\sin 6\alpha_{p2}k\pi=0 \quad (4\text{-}40)$$

对 4 极 36 槽电机，只有 $18k$ 次傅里叶分解系数对齿槽转矩有影响，应使 F_{18k} 为零，分别得

$$F_{18k}=\sin 9\alpha_{p1}k\pi+\frac{\alpha_{p1}^2}{\alpha_{p2}^2}\sin 9\alpha_{p2}k\pi=0 \quad (4\text{-}41)$$

据此计算出不同极弧系数组合时的 F_{12} 和 F_{18}，

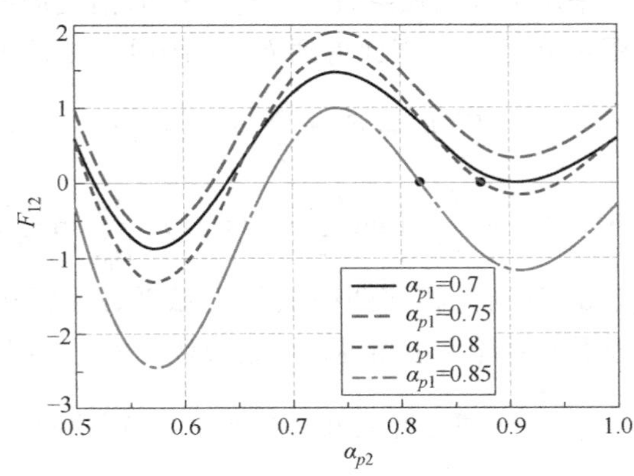

图 4-36　6 极 36 槽电机不同极弧系数组合时的 F_{12}

分别如图 4-36、图 4-37 所示。

对于 6 极 36 槽电机，存在多个极弧系数组合使 $F_{12}=0$，以极弧系数组合（0.8，0.89）和（0.85，0.84）为例，齿槽转矩的对比如图 4-38 所示，可以看出，采用不等极弧系数组合后，齿槽转矩得到了很好的削弱。对于 4 极 36 槽电机，原极弧系数为 0.8，现采用（0.75，0.717）以及（0.85，0.79）的组合，其齿槽转矩的对比如图 4-39 所示。可以看出，采用极弧系数组合可以很好地削弱齿槽转矩。

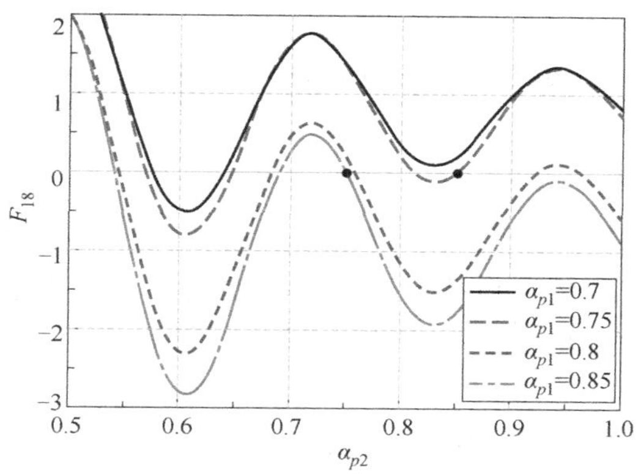

图 4-37　4 极 36 槽电机不同极弧系数组合时的 F_{18}

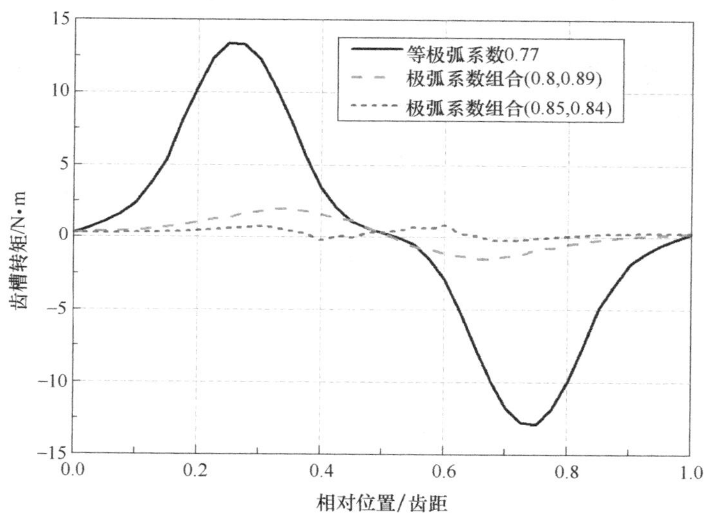

图 4-38　6 极 36 槽电机在不同极弧系数组合时的齿槽转矩对比

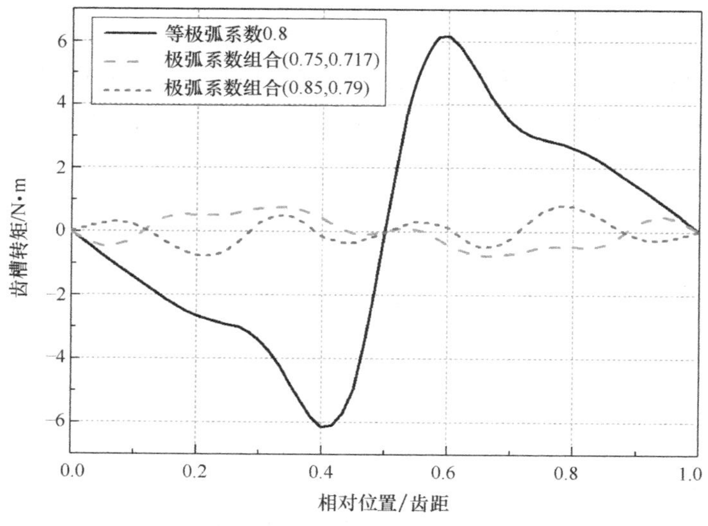

图 4-39　4 极 36 槽电机在不同极弧系数组合时的齿槽转矩对比

4.8 基于开辅助槽的齿槽转矩削弱方法

所谓开辅助槽，就是在定子的每个齿上都增加 k 个槽，这些槽的宽度与定子槽的槽口宽度相同，高度大于定子槽的槽口高，称为辅助槽。所有的槽（包括定子槽和辅助槽）在圆周上均布，如图 4-40 所示，图中 $k=2$，即每个齿上有 2 个辅助槽。

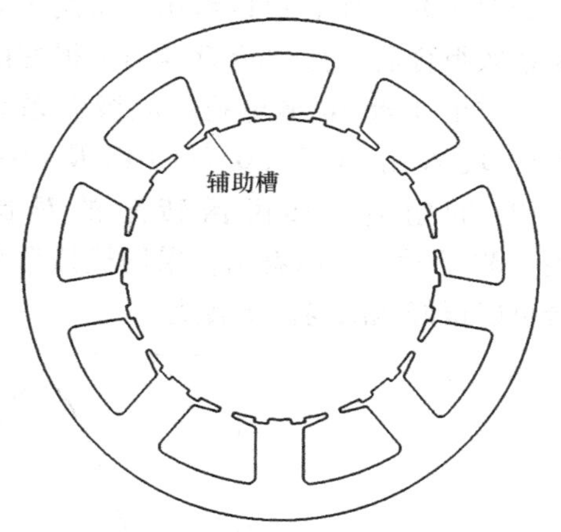

图 4-40 开辅助槽

从齿槽转矩的角度看，开辅助槽相当于增加了定子槽数，即改变了极槽配合，对齿槽转矩会有较大影响。因此，开合适数量的辅助槽可以有效削弱齿槽转矩。该方法对本章讨论的三种电机都适用。

1. 有辅助槽时的齿槽转矩表达式[7]

为简化分析，本节以径向充磁永磁电机为例进行分析，得出的结论也适合于平行充磁永磁电机。

无辅助槽时，作与 4.4 节中相同的简化，得到 $\dfrac{1}{\delta^2(\theta,\alpha)}$ 在区间 $[-\pi/Q_1, \pi/Q_1]$ 上的傅里叶分解系数为

$$G_n=\frac{2}{n\pi}\frac{1}{\delta^2}\sin\left(n\pi-\frac{nQ_1\theta_{s0}}{2}\right) \tag{4-42}$$

式中，θ_{s0} 为槽口宽度。

开辅助槽时，辅助槽的深度要合适，过浅则效果不明显，过深则影响齿部磁路，关键在于辅助槽与普通定子槽对气隙磁场的影响是否相同，这可以通过观察采用有限元法计算出的气隙磁密径向分量的分布来确定。利用有限元法计算开辅助槽电机的空载磁场分布，得到气隙磁密分布曲线，通过气隙磁密分布曲线可以观察辅助槽和普通电枢槽对气隙磁场的影响是否等效。研究辅助槽对齿槽转矩的影响时，认为辅助槽对齿槽转矩的影响和普通电枢槽相同。在每个定子齿上开 k 个辅助槽，如果 k 为偶数，则辅助槽分布如图 4-41a 所示；如果 k 为奇数，则辅助槽分布如图 4-41b 所示。

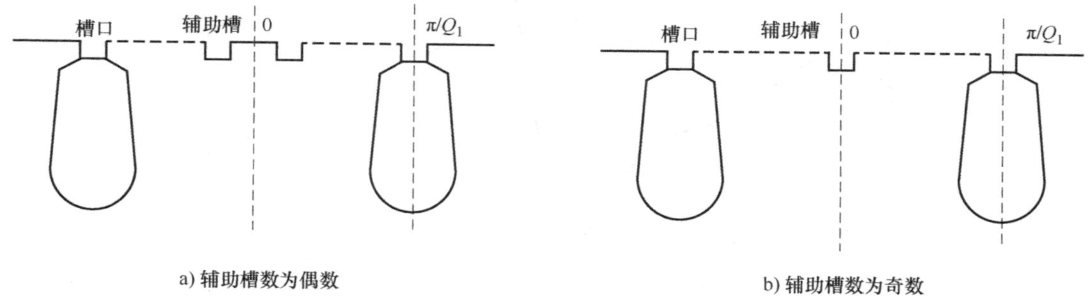

图 4-41 一个齿上的辅助槽分布

为便于分析，与无辅助槽时$\frac{1}{\delta^2(\theta,\alpha)}$的傅里叶展开式相同，有辅助槽时$\frac{1}{\delta^2(\theta,\alpha)}$的傅里叶展开同样在区间$[-\pi/Q_1,\pi/Q_1]$上进行。当辅助槽数 k 为偶数时，$\frac{1}{\delta^2(\theta,\alpha)}$的傅里叶分解系数为

$$G_n=\frac{2}{n\pi}\frac{1}{\delta^2}\left[\sin\left(n\pi-\frac{nQ_1\theta_{s0}}{2}\right)-2\sin\frac{nQ_1\theta_{s0}}{2}\sum_{i=1,3,5,\cdots}^{k-1}\cos\frac{in\pi}{k+1}\right]$$
$$=\begin{cases}\dfrac{2}{n\pi}\dfrac{1}{\delta^2}(k+1)\sin\left(n\pi-\dfrac{nQ_1\theta_{s0}}{2}\right) & n\text{ 是}(k+1)\text{ 的倍数}\\ \dfrac{2}{n\pi}\dfrac{1}{\delta^2}\left[\sin\left(n\pi-\dfrac{nQ_1\theta_{s0}}{2}\right)+\sin\dfrac{nQ_1\theta_{s0}}{2}\cos(n\pi)\right]=0 & n\text{ 不是}(k+1)\text{ 的倍数}\end{cases}\tag{4-43}$$

当辅助槽数 k 为奇数时，$\frac{1}{\delta^2(\theta,\alpha)}$的傅里叶分解系数为

$$G_n=\frac{2}{n\pi}\frac{1}{\delta^2}\left[2\cos\frac{n\pi}{2}\sin\left(\frac{n\pi}{2}-\frac{nQ_1\theta_{s0}}{2}\right)-2\sin\frac{nQ_1\theta_{s0}}{2}\sum_{i=1}^{\frac{k-1}{2}}\cos\frac{2in\pi}{k+1}\right]$$
$$=\begin{cases}-\dfrac{2}{n\pi}\dfrac{1}{\delta^2}(k+1)\sin\dfrac{nQ_1\theta_{s0}}{2} & n\text{ 是}(k+1)\text{ 的倍数}\\ \dfrac{2}{n\pi}\dfrac{1}{\delta^2}\left[\sin\left(n\pi-\dfrac{nQ_1\theta_{s0}}{2}\right)+\cos(n\pi)\sin\left(\dfrac{nQ_1\theta_{s0}}{2}\right)\right]=0 & n\text{ 不是}(k+1)\text{ 的倍数}\end{cases}\tag{4-44}$$

对比式（4-42）、式（4-43）和式（4-44）可以看出，当每个齿上开 k 个辅助槽时，只有当 n 为$(k+1)$的倍数时 G_n 才不为零，并且这些不为零的 G_n 的值会变为不开辅助槽时 G_n 值的$(k+1)$倍。图 4-42 为不同辅助槽数时的 G_n 的分布。

由于有辅助槽和无辅助槽时$\frac{1}{\delta^2(\theta,\alpha)}$的展开区间相同，因此这两种情况下的齿槽转矩表达式相同，都为式（4-9）。

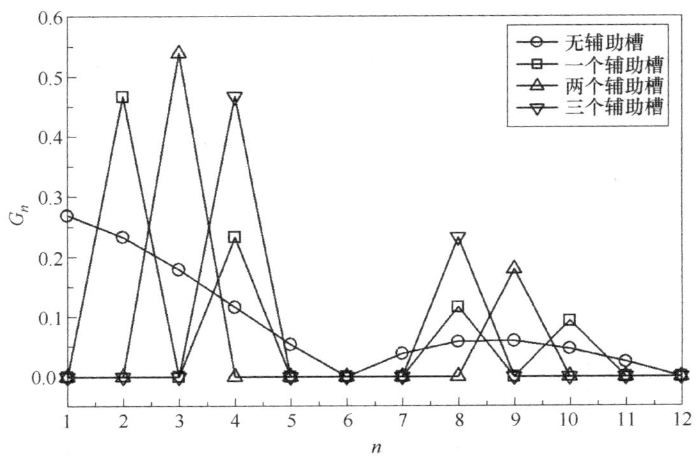

图 4-42　不同辅助槽数时的 G_n

2. 辅助槽数的选择

根据前面的分析可知，当每个齿上有 k 个辅助槽时，只有当 n 为 $(k+1)$ 的倍数时该 G_n 才不为零，并且变为不开辅助槽时的 $(k+1)$ 倍。当 n 为 N_p 的倍数时，G_n 才对齿槽转矩有影响，因此选择辅助槽数时，必须避免这些被放大的 G_n 对齿槽转矩有影响。要削弱齿槽转矩，必须满足 $k+1 \neq mN_p$，其中 m 为正整数。

当 $N_p=1$ 时，需满足 $k+1 \neq mN_p$，即 $k+1 \neq m$，显然无法满足，因此不论 k 取何值，这些被放大的 G_n 总是对齿槽转矩有影响，因此不宜采用开辅助槽的方法。以 6 极 18 槽电机为例，$N_p=1$，不论辅助槽数 k 取何值，G_{k+1} 总是对齿槽转矩有影响，图 4-43 为 6 极 18 槽电机采用不同辅助槽数时的齿槽转矩对比，可见，开辅助槽并没有削弱齿槽转矩。此时，辅助槽数的选择可结合极弧系数选择方法进行，通过削弱与 G_{k+1} 对应的 $F_{\frac{k+1}{2p}Q_1}$ 来削弱齿槽转矩。图 4-44 为 6 极 18 槽电机的 F_{3n} 随极弧系数的变化曲线，当只有一个辅助槽时，$F_{\frac{k+1}{2p}Q_1}$ 是 F_6，而当极弧系数为 0.833，F_6 为零，因此可选择极弧系数为 0.833，且开一个辅助槽。极弧系数为 0.833 时不同辅助槽对应的齿槽转矩对比如图 4-45 所示。可以看出，极弧系数 0.833 对开一个辅助槽时的齿槽转矩削弱效果明显，但对开两个辅助槽时的齿槽转矩没有削弱效果。

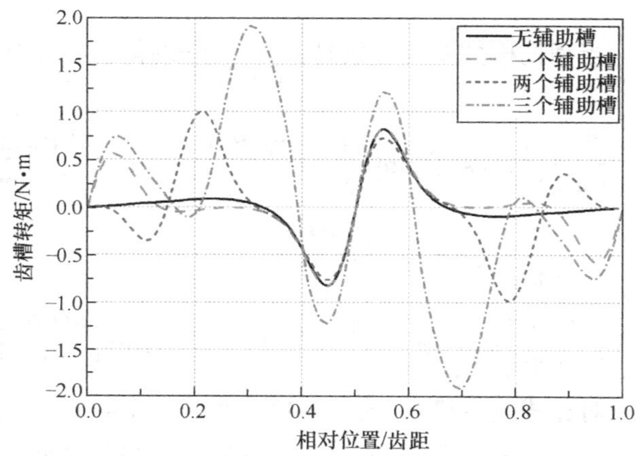

图 4-43　6 极 18 槽电机采用不同辅助槽数时的齿槽转矩（极弧系数为 0.7）

当 $N_p \neq 1$ 时，辅助槽数 k 需满足 $k+1 \neq mN_p$（其中 m 是整数）以保证被放大的 G_{k+1} 对齿槽转矩没有影响。以 6 极 27 槽永磁电机为例，$N_p=2$，当 n 为 2 的倍数时，G_n 对齿槽转矩有影响，必须使 G_{k+1} 对齿槽转矩没有影响。当没有辅助槽以及有一个、两个、三个辅助槽时的齿槽转矩对比如图 4-46 所示。可见，当辅助槽数为 2 时，齿槽转矩被显著削弱了，因为 G_3 被放大了，但是它对齿槽转矩没有影响，G_2 和 G_4 对齿槽转矩有影响，但是两者被显著削弱了，齿槽转矩的低次谐波被削弱，齿槽转矩减小。而辅助槽数为 1 和 3 时，G_2 和 G_4 分别被放大了，两者对齿槽转矩有影响，所以齿槽转矩不仅没有减小，反而增大了。

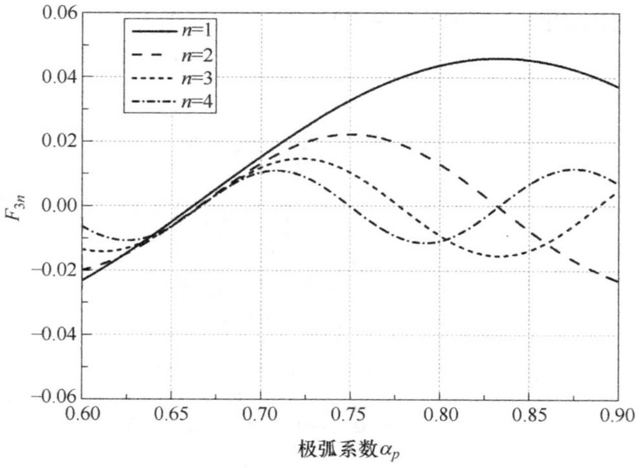

图 4-44　6 极 18 槽的 F_{3n} 随极弧系数的变化

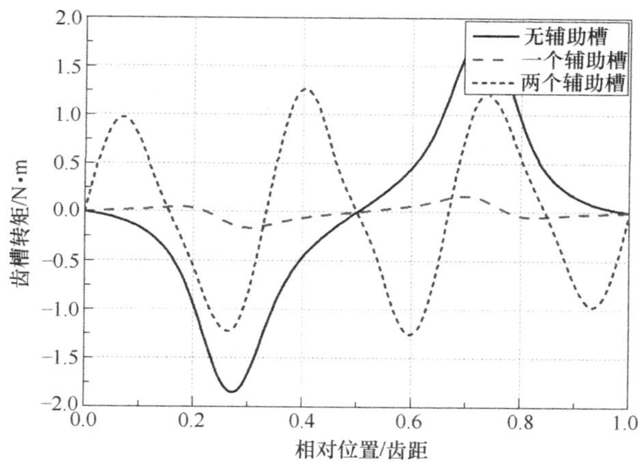

图 4-45　6 极 18 槽电机采用不同辅助槽数时的齿槽转矩（极弧系数为 0.833）

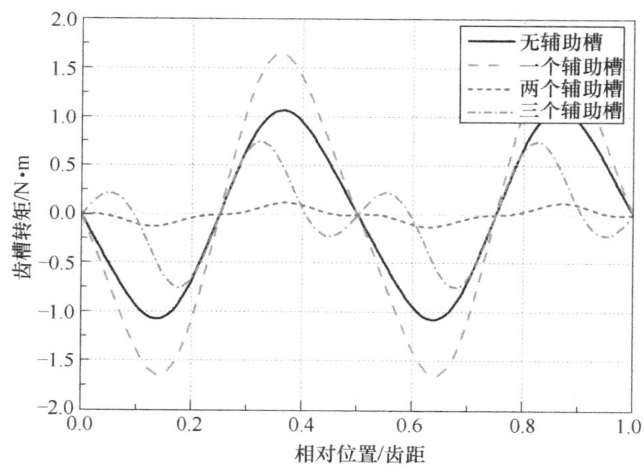

图 4-46　6 极 27 槽电机采用不同辅助槽数时的齿槽转矩

综上所述，辅助槽数 k 的选择原则如下：

1）当 $N_p=1$ 时，不论辅助槽数是多少，G_{k+1} 都对齿槽转矩有影响。这时辅助槽数的选择可结合前面所讲的极弧系数选择进行，可以通过削弱 G_{k+1} 对应的 $F_{\frac{k+1}{2p}Q_1}$ 来削弱齿槽转矩。

2）当 $N_p\neq1$ 时，辅助槽数 k 应该满足 $k+1\neq mN_p$，即必须通过选择辅助槽数 k 使 G_{k+1} 对齿槽转矩没有影响。

4.9　基于不等极弧系数的齿槽转矩削弱方法

本节介绍一种通过改变极弧系数削弱整数槽绕组永磁同步电机齿槽转矩的方法——基于不等极弧系数的齿槽转矩削弱方法。该方法与前面介绍的改变永磁磁极极弧系数和采用不同极弧系数组合的方法明显不同。改变磁极极弧系数的方法是同时改变所有磁极的极弧系数，而基于极弧系数组合的削弱方法是一对极内两个磁极的极弧系数不等。本节介绍的方法是在保持永磁体用量不变的情况下，改变电机的极弧系数，除一个永磁磁极外，其他永磁磁极的极弧系数都相等。

基于不等极弧系数的齿槽转矩削弱方法对表面式和内置式调速永磁同步电机都适用。

1. 基于不等极弧系数的齿槽转矩削弱方法[8]

图 4-47a 为表面式永磁同步电动机的典型磁极结构，每个永磁磁极的极弧宽度都相等，用弧度表示为 θ_{a1}，相邻两个磁极之间的宽度用弧度表示为 θ_{c1}。图 4-47b 为不等极弧系数转子结构，θ_a 为图中一个磁极的极弧宽度，θ_b 为其他 $2p-1$ 个磁极的极弧宽度，θ_c 为相邻两个磁极之间的宽度。为保持永磁体用量不变，应满足 $\theta_{c1}=\theta_c$。通过 θ_a 和 θ_b 的合理选取减小对齿槽转矩有影响的 $F^2(\theta)$谐波的幅值，以达到削弱齿槽转矩的目的。

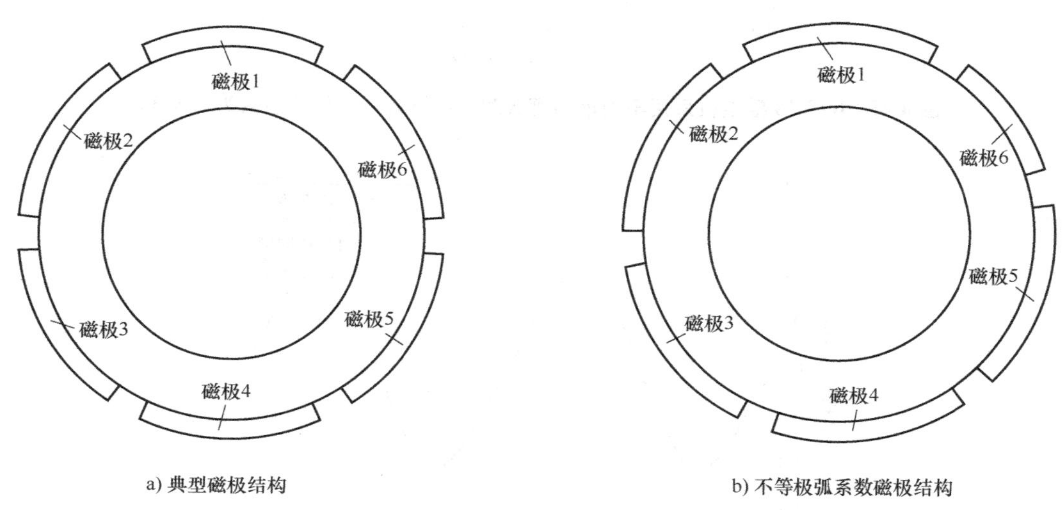

图 4-47　表面式永磁同步电动机的转子磁极结构

2. 齿槽转矩的解析分析

采用不等极弧系数磁极结构时的齿槽转矩表达式推导过程与 4.1 节基本相同，不同之处是 $F^2(\theta)$的分布。假设每极磁通相同，则 $F^2(\theta)$沿圆周的分布如图 4-48 所示。定义 $k_t=\theta_b/\theta_a$。

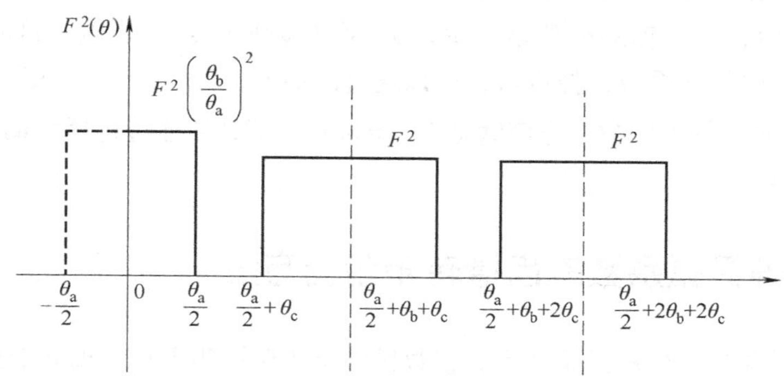

图 4-48　$F^2(\theta)$ 沿圆周的分布

$F^2(\theta)$的傅里叶分解式为

$$F^2(\theta)=F_0+\sum_{m=1}^{\infty}F_m\cos m\theta \tag{4-45}$$

式中

$$\begin{aligned}F_m=&\frac{2F^2}{m\pi}\left\{k_t^2\sin\left(m\frac{\pi-p\theta_c}{1+(2p-1)k_t}\right)+2\sin\left(mk_t\frac{\pi-p\theta_c}{1+(2p-1)k_t}\right)\right.\\&\sum_{i=1}^{p-1}\cos m\left(\frac{2\pi-2p\theta_c}{1+(2p-1)k_t}\left[\frac{1}{2}+\left(i-\frac{1}{2}\right)k_t\right]+i\theta_c\right)+\\&\left.2\sin\left(\frac{mk_t}{2}\frac{\pi-p\theta_c}{1+(2p-1)k_t}\right)\cos\left(m\pi-\frac{mk_t}{2}\frac{\pi-p\theta_c}{1+(2p-1)k_t}\right)\right\}\end{aligned} \tag{4-46}$$

采用与 4.1 节中齿槽转矩表达式类似的推导过程，得到不等极弧系数时的齿槽转矩表达式为

$$T_{cog}(\alpha)=\frac{\mu_0\pi Q_1L_a}{4}(R_2^2-R_1^2)\sum_{n=1}^{\infty}nG_nF_{nQ_1}\sin nQ_1\alpha \tag{4-47}$$

可以看出，$F^2(\theta)$的傅里叶分解系数中，只有 nQ_1 次（$n=1,2,3,\cdots$）系数对齿槽转矩有影响，可通过减小 $F^2(\theta)$的 nQ_1 次傅里叶分解系数来削弱齿槽转矩。

下面以一台 24 极 72 槽电机为例进行分析，其参数见表 4-3，采用普通磁极结构时的极弧系数为 0.75。在不改变永磁体用量的前提下将其改为不等极弧系数磁极结构，此时只有 $F^2(\theta)$中次数为 $72n$（$n=1,2,3,\cdots$）的傅里叶分解系数才对齿槽转矩起作用。图 4-49 为 F_m 随 k_t 变化的曲线，可以看出，当 $k_t=0.667$ 时，F_m 最小。

表 4-3　24 极 72 槽电机的参数

参数	数值	参数	数值
定子外径/mm	360	极对数	12
定子内径/mm	231.3	永磁体厚度/mm	4.5
转子外径/mm	230	剩磁磁密/T	1.18
转子内径/mm	185	矫顽力/(kA/m)	898
槽数	72	铁心轴向长度/mm	205

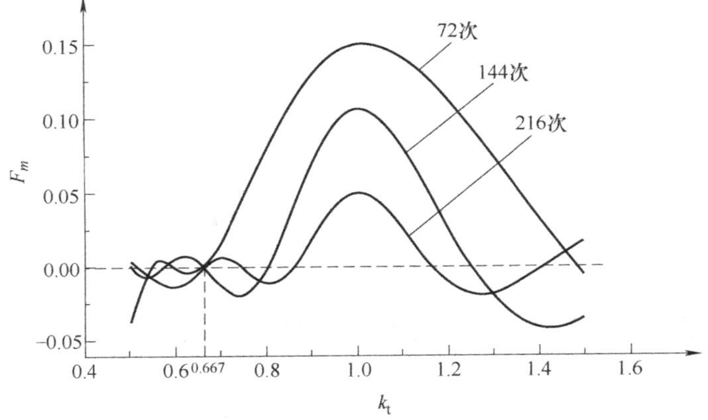

图 4-49　F_m 随 k_t 变化的曲线

3. k_t 值的确定

通过上述解析分析可以看出，对齿槽转矩起作用的傅里叶分解系数仅取决于电机的极槽配合。根据极槽配合可确定起作用的 F_m，通过改变 k_t 的值，使对应的 F_m 为零以削弱齿槽转矩。

但是，由于解析分析过程存在很多假设，没有考虑饱和、漏磁等因素的影响，所确定的 k_t 的值并不能保证 F_m 最小，因而不能保证齿槽转矩最小。为使 F_m 和齿槽转矩最小，在不考虑定子齿槽影响的情况下，采用有限元法对上述 24 极 72 槽电机进行分析，得到的气隙磁密分布可近似为 $F(\theta)$ 的分布（但两者的幅值不同）。计算出不同 k_t 时 $F(\theta)$ 沿气隙圆周的分布，然后进行傅里叶分解，即可求得 $F^2(\theta)$ 的谐波幅值 F_m。图 4-50 为不同 k_t 时 72、144、216 次谐波的幅值。可以看出，当 $k_t = 0.693$ 时，这些次数谐波的幅值都很小。

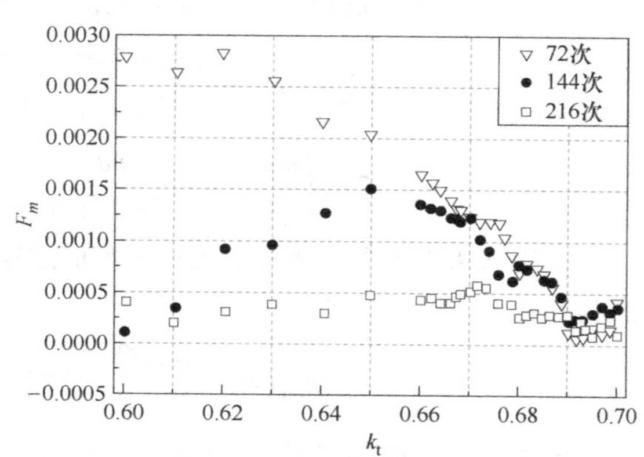

图 4-50　有限元法得到的不同 k_t 时的 F_m

4. 计算实例

本节以上述 24 极 72 槽表面式调速永磁同步电机为例，验证上述磁极宽度确定方法的有效性。有限元法和解析法确定的最优 k_t 值分别为 0.693 和 0.667。采用有限元法计算了这两个 k_t 值对应的电机齿槽转矩，如图 4-51 所示。可以看出，采用解析法得到的 k_t 值能显著削弱齿槽转矩，而通过有限元法得到的 k_t 值能使齿槽转矩进一步减小，证明了该方法的有效性。

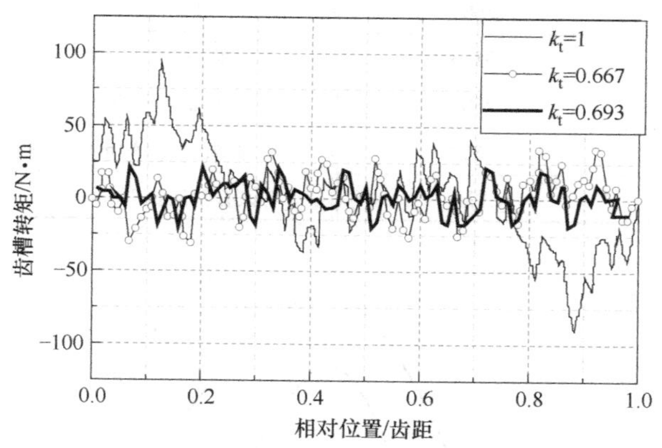

图 4-51　24 极 72 槽电机在不同 k_t 时的齿槽转矩

4.10　改变转子齿槽参数的齿槽转矩削弱方法[9]

与变频调速永磁同步电机的转子结构不同，异步起动永磁同步电机转子表面存在齿槽，转子槽数和齿槽参数将影响气隙磁场，进而影响齿槽转矩，因此可通过改变转子槽数和齿槽参数削弱齿槽转矩。

本节首先讨论转子槽数对齿槽转矩的影响，然后介绍改变转子齿槽参数削弱齿槽转矩的方法。该方法只适合于异步起动永磁同步电机。

本节以一台 30kW、8 极异步起动永磁同步电机为例，分析转子齿槽参数对齿槽转矩的影响，该电机的主要结构参数见表 4-4。

表 4-4　电机的主要结构参数

参数	数值	参数	数值
极对数	4	转子齿顶宽/(°)	5.8225
定子槽数	72	铁心长度/mm	225
转子槽数	56	气隙长度/mm	0.7
定子铁心外径/mm	400	永磁体厚度/mm	5
定子铁心内径/mm	285	每极永磁体宽度/mm	112

4.10.1　转子槽数对齿槽转矩的影响

由式 (4-6) 可知，在异步起动永磁同步电动机的 $F^2(\theta)$ 中，存在因转子开槽引起的谐波分量，这些谐波将影响气隙磁场，进而影响齿槽转矩。

该电机的转子每极槽数为 $q_2=7$。改变 q_2，取其值为 3、4、5、6、7、8、9，利用有限元法计算得到不同 q_2 时的齿槽转矩，如图 4-52 所示。可以看出，q_2 对齿槽转矩幅值影响较大。

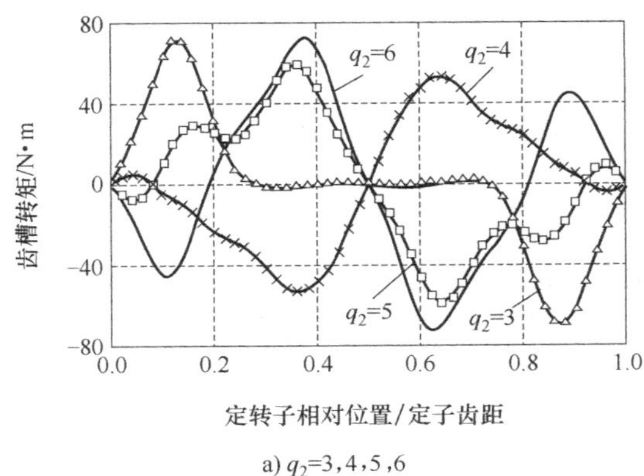

a) q_2=3,4,5,6

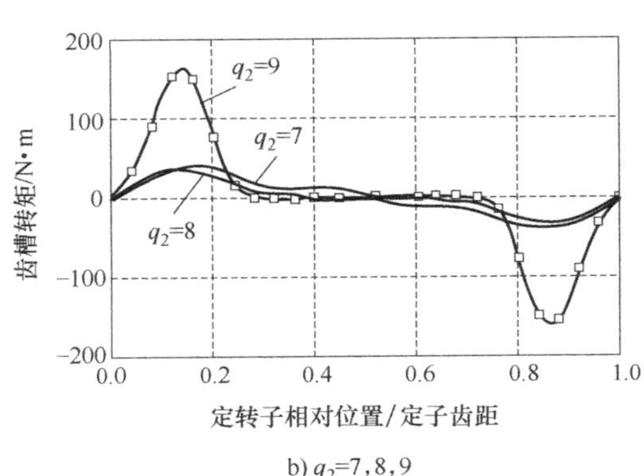

b) q_2=7,8,9

图 4-52　不同转子每极槽数时的齿槽转矩

该电机的定子槽数为 72，产生齿槽转矩的是 $F^2(\theta)$ 中的 9n 次谐波，表 4-5 给出了不同 q_2 时转子槽引起的 9n 次谐波。可以看出，受转子开槽影响的是 $F^2(\theta)$ 中的 N_{q_2} 及其倍数次谐波。其中，$N_{q_2}=\mathrm{LCM}\left(\dfrac{N_pQ_1}{2p},q_2\right)$ 为 $\dfrac{N_pQ_1}{2p}$ 和 q_2 的最小公倍数，$N_p=\dfrac{2p}{\mathrm{GCD}(Q_1,2p)}$，$\mathrm{GCD}(Q_1,2p)$ 为

定子槽数 Q_1 与极数 $2p$ 的最大公约数。

表 4-5　不同 q_2 时转子齿谐波产生的 F_{9n} 次谐波

q_2	F_9	F_{18}	F_{27}	F_{36}	F_{45}	F_{54}	F_{63}	F_{72}	F_{81}	F_{90}
3	√	√	√	√	√	√	√	√	√	√
4				√				√		
5					√					√
6		√		√		√		√		√
7							√			
8								√		
9	√	√	√	√	√	√	√	√	√	√

表 4-6 给出了该电机在不同 q_2 时的 N_{q_2}/q_2 及 N_{q_2}，可以看出：

1）$q_2=9$、$q_2=(3,6)$、$q_2=(4,5,7,8)$ 时的 N_{q_2}/q_2 分别为 1、3、9，$q_2=9$ 的齿槽转矩最大，$q_2=(3,6)$ 的次之，$q_2=(4,5,7,8)$ 的较小；因此，N_{q_2}/q_2 较大时，产生的齿槽转矩幅值较小。这是因为 N_{q_2}/q_2 较大时，产生齿槽转矩的谐波次数较高且幅值较小，导致齿槽转矩较小。

2）$q_2=(3,6)$、$q_2=(4,5)$、$q_2=(7,8)$ 时，N_{q_2} 分别接近并且依次增大，$q_2=(3,6)$ 的齿槽转矩较大，$q_2=(4,5)$ 的次之，$q_2=(7,8)$ 的较小；因此，N_{q_2} 较大时，产生的齿槽转矩幅值较小。这是因为根据齿槽转矩的解析表达式，齿槽转矩的 n 次谐波幅值与 $F^2(\theta)$ 的 $\dfrac{nQ_1}{2p}$ 次谐波和 $\dfrac{1}{\delta^2(\theta,\alpha)}$ 的 n 次谐波幅值有关，N_{q_2} 较大时，受转子齿槽影响的 $F^2(\theta)$ 的谐波次数较高，其对应的 $\dfrac{1}{\delta^2(\theta,\alpha)}$ 的谐波次数也较高且幅值较小，导致产生的齿槽转矩较小。

因此，选择合适的转子槽数使 N_{q_2}/q_2 及 N_{q_2} 较大，可削弱齿槽转矩。

表 4-6　不同 q_2 时的 N_{q_2}/q_2 和 N_{q_2}

q_2	N_{q_2}/q_2	N_{q_2}
9	1	9
3	3	9
6	3	18
4	9	36
5	9	45
7	9	63
8	9	72

4.10.2　改变转子齿槽参数削弱齿槽转矩的方法

改变转子齿槽参数削弱齿槽转矩的方法主要包括改变转子齿顶宽和转子不等齿顶宽配合。

1. 改变转子齿顶宽

当转子齿顶宽为 t_r 时，$F^2(\theta)$ 沿气隙圆周的分布如图 4-53a 所示，$\theta=0°$ 的位置位于永磁磁极的中心线上，永磁磁动势的幅值为 F^2，其中 t_r 为转子齿顶宽，t_2 为转子齿距。由于永磁体内置，可认为改变转子齿顶宽前后的每极磁通保持不变，则当转子齿顶宽由 t_r 变为 t_{ra} 后，$F^2(\theta)$ 的分布如图 4-53b 所示，其幅值为 $F_1^2=\dfrac{t_r^2}{t_{ra}^2}F^2$。

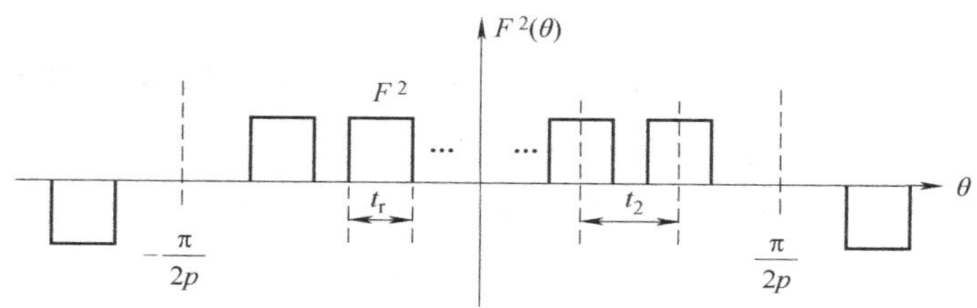

a) 转子齿顶宽为 t_r

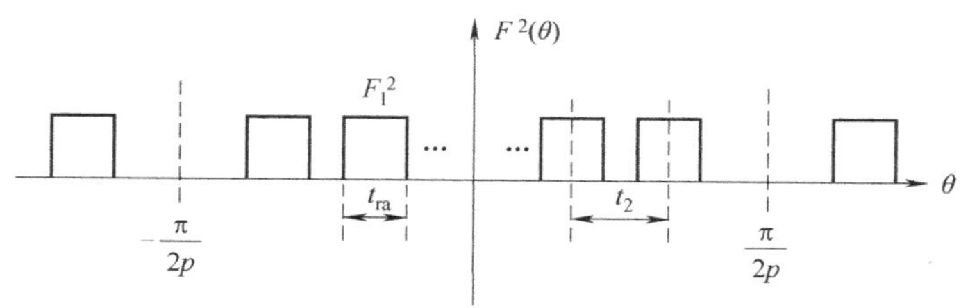

b) 转子齿顶宽为 t_{ra}

图 4-53　$F^2(\theta)$ 的分布

$F^2(\theta)$ 的傅里叶展开式及齿槽转矩的解析表达式仍分别为式（4-6）、式（4-9），但 $F^2(\theta)$ 的傅里叶分解系数变为

$$F_m=\begin{cases}(-1)^{m+1}\dfrac{2F_1^2}{m\pi}\sin mpt_{ra}\text{，当 } m \text{ 不是 } q_2 \text{ 的整数倍时}\\(-1)^{m}\dfrac{2(q_2-1)F_1^2}{m\pi}\sin mpt_{ra}\text{，当 } m \text{ 是 } q_2 \text{ 的整数倍时}\end{cases}\tag{4-48}$$

由式（4-9）可以看出，仅 $F_{\frac{nQ_1}{2p}}$ 产生齿槽转矩。令 $F_{\frac{nQ_1}{2p}}=0$，得

$$\frac{nQ_1}{2}t_{ra}=k\cdot 180°\tag{4-49}$$

式中，k 为正整数，n 为 $\dfrac{2p}{\mathrm{GCD}(Q_1,2p)}$ 及其整数倍。将 $n=\dfrac{2p}{\mathrm{GCD}(Q_1,2p)}$ 代入式（4-49）可得

转子齿顶宽为

$$t_{ra}=\frac{k\cdot 360°}{\mathrm{LCM}(Q_1,2p)} \tag{4-50}$$

约束条件为 $0<t_{ra}<t_2$。

表 4-4 中电机的转子齿顶宽为 5.8225°，利用式（4-50）得到的转子齿顶宽为 5°，改变转子齿顶宽前后的齿槽转矩曲线如图 4-54 所示，可以看出，采用式（4-50）确定的齿顶宽，显著削弱了齿槽转矩。

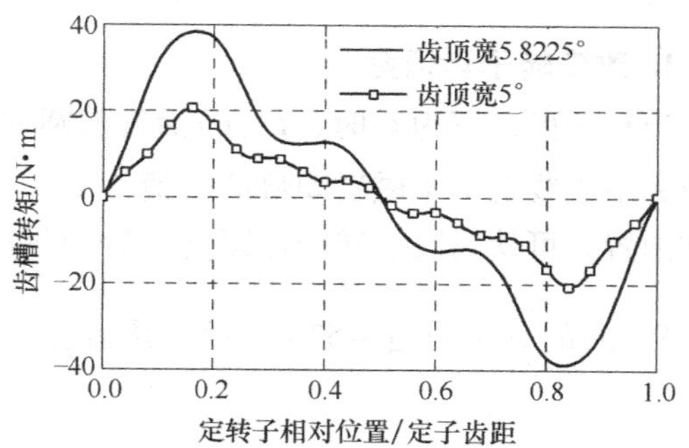

图 4-54　改变转子齿顶宽前后的齿槽转矩对比

2. 转子不等齿顶宽配合

转子不等齿顶宽配合指的是转子相邻两齿顶宽不同，而相距两个转子齿距的两齿顶宽相同，且所有的转子槽口宽度相同。采用转子不等齿顶宽配合时，转子每极槽数 q_2 为奇数和偶数时，$F^2(\theta)$沿气隙圆周的分布有所不同，下面分开讨论。

（1）q_2 为奇数

q_2 为奇数时，采用转子不等齿顶宽配合的 $F^2(\theta)$分布如图 4-55 所示，$\theta=0°$的位置位于相邻两永磁磁极的中间位置，相邻两齿顶宽分别为 t_{ra}、t_{rb}，$F^2(\theta)$的幅值为 $F_2^2=\frac{4t_r^2}{(t_{ra}+t_{rb})^2}F^2$，其中 t_r 为转子采用等齿顶宽结构时的齿顶宽。

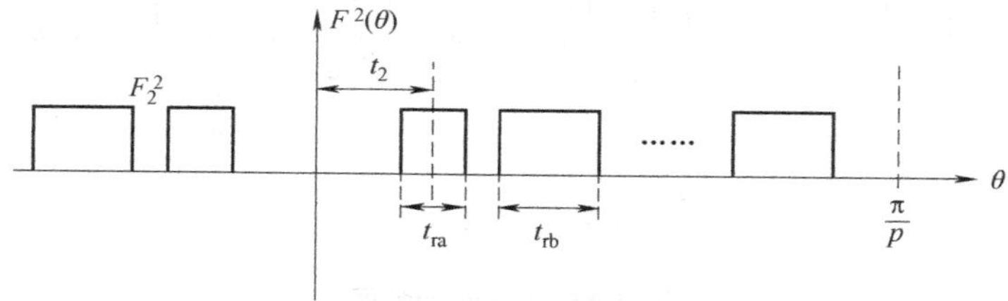

图 4-55　q_2 为奇数时转子不等齿顶宽配合的 $F^2(\theta)$ 分布

$F^2(\theta)$的傅里叶展开式为

$$F^2(\theta)=F_0+\sum_{m=1}^{\infty}F_m\cos mp\theta \tag{4-51}$$

当 m 不是 q_2 的整数倍时

$$F_m=\begin{cases}\dfrac{2F_2^2}{m\pi}\left[\sin\dfrac{mpt_{ra}}{2}-\sin\dfrac{mpt_{rb}}{2}\right], & m\text{ 为奇数时}\\ -\dfrac{2F_2^2}{m\pi}\left[\sin\dfrac{mpt_{ra}}{2}+\sin\dfrac{mpt_{rb}}{2}\right], & m\text{ 为偶数时}\end{cases} \tag{4-52}$$

当 m 是 q_2 的整数倍时

$$F_m=\begin{cases}-\dfrac{2(q_2-1)F_2^2}{m\pi}\left[\sin\dfrac{mpt_{\mathrm{ra}}}{2}-\sin\dfrac{mpt_{\mathrm{rb}}}{2}\right], & m\text{ 为奇数时}\\ \dfrac{2(q_2-1)F_2^2}{m\pi}\left[\sin\dfrac{mpt_{\mathrm{ra}}}{2}+\sin\dfrac{mpt_{\mathrm{rb}}}{2}\right], & m\text{ 为偶数时}\end{cases} \tag{4-53}$$

根据式（4-52）和式（4-53）可知，当产生齿槽转矩的 F_m 的谐波次数 m 为奇数时，转子等齿顶宽的 F_m 为零，采用转子不等齿顶宽配合并不能减小齿槽转矩，反而有可能增大齿槽转矩；当产生齿槽转矩的 F_m 的谐波次数 m 为偶数时，通过改变转子齿顶宽 t_{ra} 和 t_{rb}，可以达到削弱齿槽转矩的目的，要使 $F_m=0$，需满足

$$\sin\frac{mpt_{\mathrm{ra}}}{2}+\sin\frac{mpt_{\mathrm{rb}}}{2}=2\sin\frac{mp(t_{\mathrm{ra}}+t_{\mathrm{rb}})}{4}\cos\frac{mp(t_{\mathrm{ra}}-t_{\mathrm{rb}})}{4}=0 \tag{4-54}$$

将式（4-4）、式（4-7）、式（4-51）代入式（4-1），可得转子不等齿顶宽配合时的齿槽转矩表达式为

$$T_{\mathrm{cog}}(\alpha)=\frac{\pi\mu_0Q_1L_{\mathrm{a}}}{4}(R_1^2-R_2^2)\sum_{n=1}^{\infty}nG_nF_{\frac{nQ_1}{p}}\sin nQ_1\alpha \tag{4-55}$$

可以看出，仅 $F_{\frac{nQ_1}{p}}$ 产生齿槽转矩，令 $F_{\frac{nQ_1}{p}}=0$，由式（4-54）可得

$$\begin{cases}\dfrac{nQ_1(t_{\mathrm{ra}}+t_{\mathrm{rb}})}{4}=j\pi\\ \dfrac{nQ_1(t_{\mathrm{ra}}-t_{\mathrm{rb}})}{4}=(2k-1)\dfrac{\pi}{2}\end{cases} \tag{4-56}$$

式中，j、k 为正整数，n 为 $\dfrac{p}{\mathrm{GCD}(Q_1,p)}$ 的整数倍。将 $n=\dfrac{p}{\mathrm{GCD}(Q_1,p)}$ 代入式（4-56）可以得到对应的转子不等齿顶宽为

$$\begin{cases}t_{\mathrm{ra}}=\dfrac{2j+2k-1}{\mathrm{LCM}(Q_1,p)}\pi\\ t_{\mathrm{rb}}=\dfrac{2j-2k+1}{\mathrm{LCM}(Q_1,p)}\pi\end{cases} \tag{4-57}$$

约束条件为

$$\begin{cases}0<t_{\mathrm{ra}}+t_{\mathrm{rb}}<2t_2\\ t_{\mathrm{ra}},t_{\mathrm{rb}}>0\\ t_{\mathrm{ra}}\neq t_{\mathrm{rb}}\end{cases} \tag{4-58}$$

即

$$\begin{cases}0<j<\dfrac{\mathrm{LCM}(Q_1,p)}{Q_2}\\ \dfrac{1-2j}{2}<k<\dfrac{2j+1}{2}\end{cases} \tag{4-59}$$

（2）q_2 为偶数

q_2 为偶数时，采用转子不等齿顶宽配合的 $F^2(\theta)$ 的分布如图 4-56 所示，$\theta=0°$ 的位置位

于相邻两永磁磁极的中间位置，相邻两齿顶宽分别为t_{ra}、t_{rb}，$F^2(\theta)$的幅值为$F_3^2=\dfrac{4(q_2-1)^2t_r^2}{[q_2t_{ra}+(q_2-2)t_{rb}]^2}F^2$。

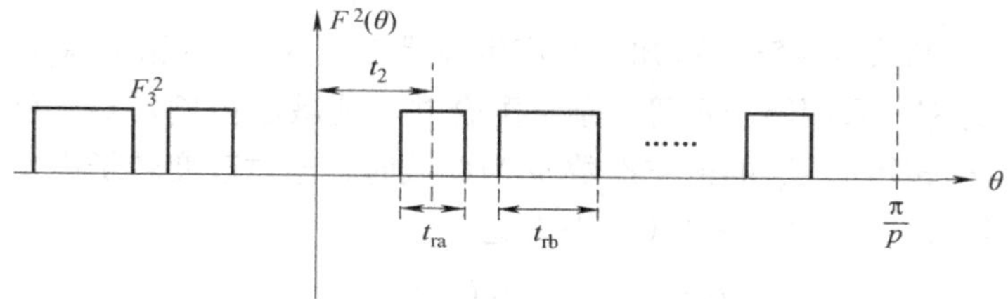

图 4-56　q_2为偶数时转子不等齿顶宽配合的$F^2(\theta)$分布

$F^2(\theta)$的傅里叶展开式为

$$F^2(\theta)=F_0+\sum_{m=1}^{\infty}F_m\cos 2mp\theta \tag{4-60}$$

当m不是$q_2/2$的整数倍时

$$F_m=-\frac{2F_3^2}{m\pi}\sin mpt_{rb} \tag{4-61}$$

当m是$q_2/2$的整数倍时

$$F_m=\frac{2F_3^2}{m\pi}\left[(-1)^m\frac{q_2}{2}\sin mpt_{ra}+\left(\frac{q_2}{2}-1\right)\sin mpt_{rb}\right] \tag{4-62}$$

将式（4-4）、式（4-7）、式（4-60）代入式（4-1），可以得到对应的齿槽转矩表达式为

$$T_{cog}(\alpha)=\frac{\pi\mu_0Q_1L_a}{4}(R_1^2-R_2^2)\sum_{n=1}^{\infty}nG_nF_{\frac{nQ_1}{2p}}\sin nQ_1\alpha \tag{4-63}$$

可以看出，仅$F_{\frac{nQ_1}{2p}}$产生齿槽转矩，其中$\mathrm{LCM}\left(\dfrac{n_1Q_1}{2p},\dfrac{q_2}{2}\right)$及其整数倍谐波的次数是$q_2/2$的整数倍，$n_1$为使$\dfrac{nQ_1}{2p}$为整数的最小整数。因此$F_{\frac{nQ_1}{2p}}=0$时，需满足

$$\begin{cases}\dfrac{nQ_1}{2}t_{ra}=j\pi\\[2mm]\dfrac{nQ_1}{2}t_{rb}=k\pi\end{cases} \tag{4-64}$$

式中，j、k为正整数且$j\neq k$，n为$\dfrac{2p}{\mathrm{GCD}(Q_1,2p)}$的整数倍。将$n=\dfrac{2p}{\mathrm{GCD}(Q_1,2p)}$代入式（4-64）可得对应的转子不等齿顶宽为

$$\begin{cases}t_{ra}=\dfrac{2j\pi}{\mathrm{LCM}(Q_1,2p)}\\[2mm]t_{rb}=\dfrac{2k\pi}{\mathrm{LCM}(Q_1,2p)}\end{cases} \tag{4-65}$$

约束条件为

$$0<t_{ra}+t_{rb}<2t_2 \tag{4-66}$$

即

$$0<j+k<\frac{2\mathrm{LCM}(Q_1,2p)}{Q_2} \tag{4-67}$$

且 j、k 为正整数，$j\neq k$。

对于表 4-4 中的电机，$q_2=7$，为奇数。根据式（4-57），得齿顶宽 $t_{ra}=2.5°$、$t_{rb}=7.5°$，采用不等齿顶宽配合前后的齿槽转矩对比如图 4-57 所示。可以看出，齿槽转矩幅值大幅度下降。

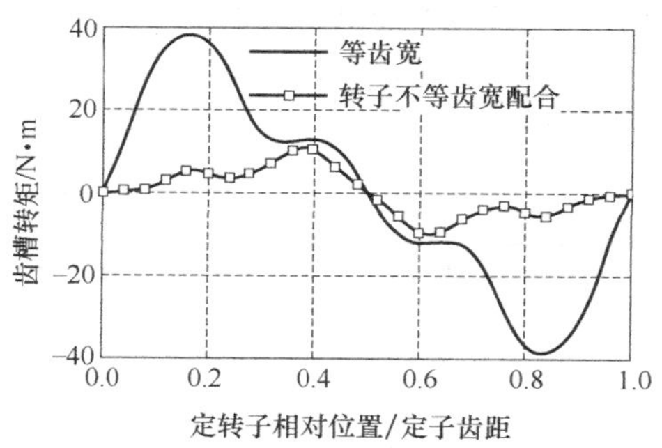

图 4-57 采用转子不等齿顶宽配合前后的齿槽转矩对比

4.11 基于不均匀气隙的内置式调速永磁同步电机齿槽转矩削弱方法

内置式调速永磁同步电机通常采用均匀气隙，气隙磁密为平顶波，含有大量谐波，齿槽转矩较大。可以通过不均匀气隙结构削弱齿槽转矩。

1. 基于不均匀气隙的齿槽转矩削弱方法

在内置式调速永磁同步电机中，永磁体内置于转子铁心中，若忽略铁磁材料的磁压降，则在同一极下的电枢内表面和转子外表面分别为等磁位面，两者之间的磁位差就是气隙磁动势 F。假设气隙长度沿着圆周的分布为 $\delta(\theta)$，则气隙磁密为

$$B(\theta)=\mu_0\frac{F}{\delta(\theta)} \tag{4-68}$$

可以看出，若采用图 4-58 所示的不均匀气隙结构，通过调整气隙比 $\delta_{max}/\delta_{min}$，可改善气隙磁密波形，进而削弱齿槽转矩。

采用不均匀气隙时的齿槽转矩表达式仍为式（4-9）。

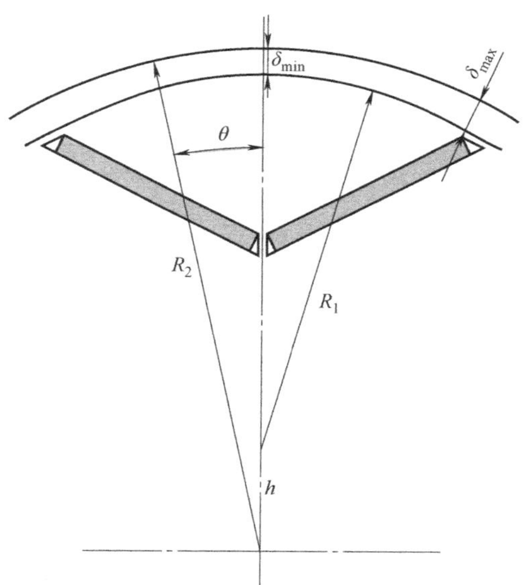

图 4-58 内置式永磁同步电机的不均匀气隙结构

2. 计算实例

以一台 6 极、36 槽永磁同步电机为例，分析不均匀气隙结构对齿槽转矩的影响。该电机的主要结构参数见表 4-7。

利用有限元法计算了电枢不开槽、不同气隙比（1.0、1.5、2.0、2.5、3.0、3.5、4.0）时的气隙磁密，如图 4-59a 所示，此时的气隙磁密与 $F(\theta)$ 波形相同，可视为 $F(\theta)$，对 $F^2(\theta)$ 进行傅里叶分解，得到其谐波幅值 F_m，如图 4-59b 所示。在本例中，对齿槽转矩起作用的 F_m 为 F_6、F_{12}、F_{18}、…，即其次数为 6 的整数倍。从图 4-59b 可以看出，随着气隙比的增加，

F_6、F_{12}、F_{18}都逐渐减小，齿槽转矩也应逐渐减小。计算了不同气隙比时的齿槽转矩，如图 4-60 所示，可以看出，齿槽转矩随气隙比的增加而减小，验证了不均匀气隙削弱齿槽转矩方法的有效性。

表 4-7 电机主要结构参数

参数	数值	参数	数值
极对数	3	槽数	36
定子外径/mm	260	定子内径/mm	180
铁心长度/mm	118	最小气隙/mm	0.50
永磁体厚度/mm	3.5	每极永磁体宽度/mm	80
极弧系数	0.75		

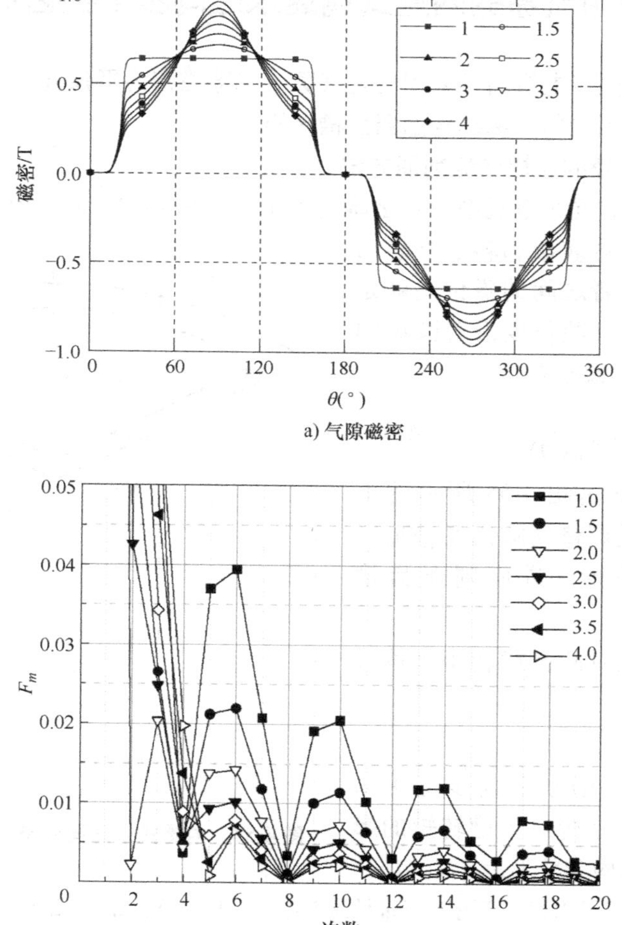

a) 气隙磁密

b) 傅里叶分解系数

图 4-59 不同气隙比时的气隙磁密和傅里叶分解系数

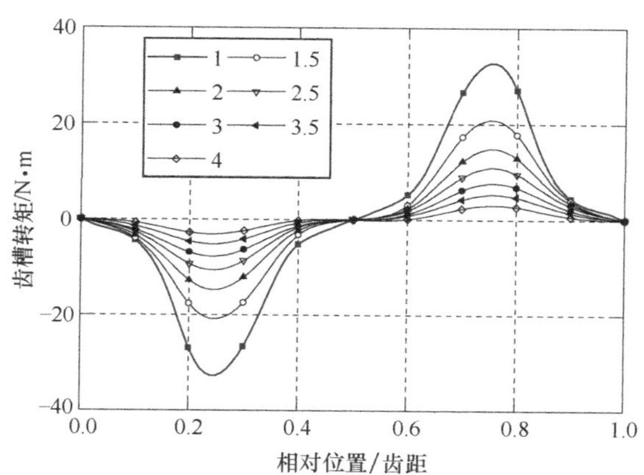

图 4-60　不同气隙比时的齿槽转矩

4.12　转子静态偏心对表面式永磁同步电机齿槽转矩的影响[10]

前面关于永磁同步电机齿槽转矩的讨论没有考虑加工和装配误差对齿槽转矩的影响。在工程实际中，由于电机加工和安装偏差、轴承磨损等，定转子轴线不可能完全重合，不同程度地出现转子偏心。转子偏心主要有两种：静态偏心和动态偏心。静态偏心是由定子铁心椭圆、定子或转子不正确的安装位置等因素引起的，其特点是最小气隙对应的位置不变。动态偏心是由转子轴弯曲和轴承磨损等因素引起的，其特点是，转子轴线不是旋转中心，最小气隙对应的位置随转子的旋转而变化。相对于转子不偏心的情况，转子偏心时的气隙磁密发生了变化，必然对齿槽转矩产生影响。

本节针对表面式永磁同步电机，分析转子静态偏心对齿槽转矩影响的规律。

1. 转子静态偏心对气隙磁密的影响

图 4-61 为转子静态偏心时表面式永磁电机的结构示意图。h 为定转子轴线之间的距离，气隙长度 $\delta(\theta)$ 随定转子相对位置的变化而变化，计及永磁体充磁方向长度 h_m 的有效气隙长度可近似表示为

$$\delta(\theta)=h_m+\delta-\varepsilon\delta\cos\theta \tag{4-69}$$

式中，δ 为标称气隙长度，即转子不偏心时的气隙长度，$\varepsilon=h/\delta$ 为偏心度，θ 为位置角，$\theta=0°$设定在最小气隙处。

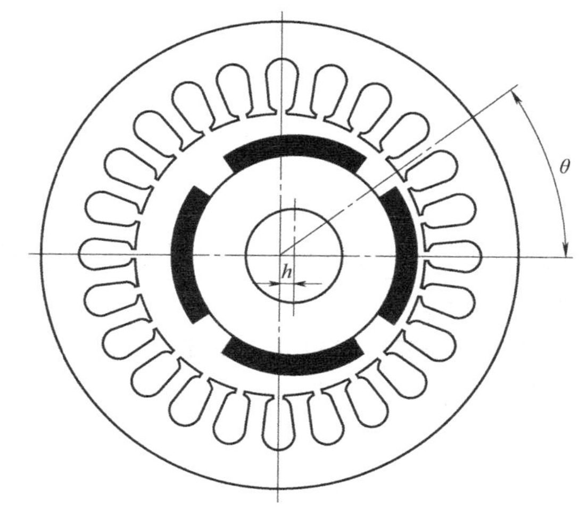

图 4-61　转子静态偏心时表面式永磁电机的结构示意图

气隙长度的变化将导致气隙磁密的变化，用有限元法计算了一台 6 极电机转子静态偏心和不偏心时的气隙磁密分布（忽略齿槽的影响），如图 4-62 所示。其中，标称气隙长度为 0.6mm，最小气隙为 0.1mm。可以看出，相对于气隙均

匀的情况，静态偏心时的气隙磁场发生了很大变化，不但每极下气隙磁密幅值不同，气隙磁密分布的周期性也发生了变化。显然，这将引起齿槽转矩的变化。

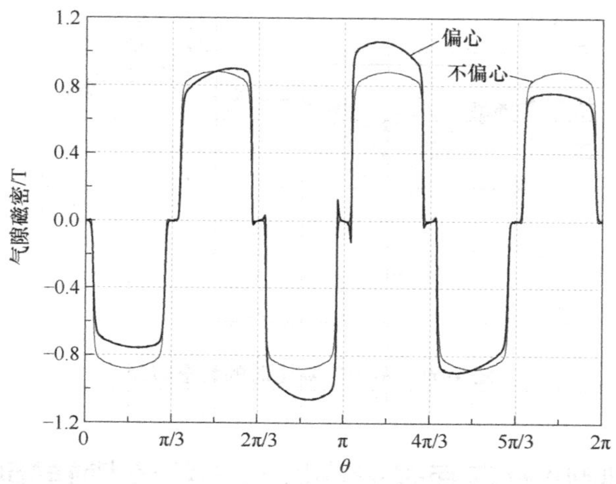

图 4-62　气隙磁密分布

2. 转子静态偏心的等效

由于存在转子静态偏心，不易确定气隙磁密的分布。为简单计，暂时忽略电枢槽的影响，认为电枢内表面光滑。对于表面式永磁同步电机，气隙磁密可表示为

$$B_\delta(\theta)=\mu_0\frac{F(\theta)}{\delta(\theta)} \tag{4-70}$$

式中，$F(\theta)$为气隙磁动势沿圆周的分布。

整理式（4-70）得

$$\begin{aligned}B_\delta(\theta)&=\mu_0\frac{F(\theta)}{\delta(\theta)}=\mu_0\frac{F(\theta)}{h_m+\delta}\frac{h_m+\delta}{\delta(\theta)}=\mu_0\frac{F(\theta)}{h_m+\delta}\frac{h_m+\delta}{h_m+\delta-\varepsilon\delta\cos\theta}\\&=\mu_0\frac{F(\theta)}{h_m+\delta}\frac{1}{1-\varepsilon\dfrac{\delta}{h_m+\delta}\cos\theta}=\mu_0\frac{F'(\theta)}{h_m+\delta}\end{aligned} \tag{4-71}$$

式中，$F'(\theta)=\dfrac{F(\theta)}{1-\varepsilon\dfrac{\delta}{h_m+\delta}\cos\theta}$为等效气隙磁动势的分布。

从式（4-71）可以看出，存在转子静态偏心的电机，可以用一个气隙均匀但气隙磁动势分布不均匀的电机等效。

3. 转子静态偏心电机的齿槽转矩解析分析

计及开槽影响，电机内存储的磁场能量可表示为

$$W\approx\frac{\mu_0}{2}\int_V F'^2(\theta)\left(\frac{1}{h_m+\delta+\delta_s(\theta,a)}\right)^2\mathrm{d}V=\frac{\mu_0}{2}\int_V F'^2(\theta)\frac{1}{\delta^2(\theta,a)}\mathrm{d}V \tag{4-72}$$

式中，$\delta_s(\theta)$是由定子开槽而增加的气隙长度。

（1）$\dfrac{1}{\delta^2(\theta,a)}$ 的傅里叶展开式

由于转子静态偏心的电机已经等效为气隙不偏心的电机，因此$\dfrac{1}{\delta^2(\theta,a)}$的傅里叶展开式为

$$\frac{1}{\delta^2(\theta,a)} = G_0 + \sum_{n=1}^{\infty} G_n \cos nQ_1(\theta+\alpha) \tag{4-73}$$

（2）$F'(\theta)$的傅里叶展开式

$F'(\theta)$的傅里叶展开式为

$$F'^2(\theta) = F_0 + \sum_{m=1}^{\infty} F_m \cos m\theta \tag{4-74}$$

式中，$F_m = \dfrac{1}{\pi}\displaystyle\int_{-\pi}^{\pi} F'^2(\theta)\cos m\theta \mathrm{d}\theta = \dfrac{1}{\pi}\displaystyle\int_{-\pi}^{\pi} \dfrac{F^2(\theta)}{\left(1-\varepsilon\dfrac{\delta}{h_m+\delta}\cos\theta\right)^2}\cos m\theta \mathrm{d}\theta$，此式不可积，无法求出 F_m 的表达式。

由式（4-71）可得 $F'(\theta)=\dfrac{h_m+\delta}{\mu_0}B_\delta(\theta)$，因此只要利用有限元法求出定子无齿槽、转子静态偏心时的气隙磁密 $B_\delta(\theta)$，就可以得到 $F'(\theta)$。本节利用该方法计算了一台 4 极电机和一台 6 极电机在不同偏心度时 $F'^2(\theta)$的傅里叶分解系数 F_m，如图 4-63 所示，为简便起见，假设 $F'^2(\theta)$的幅值为 1。

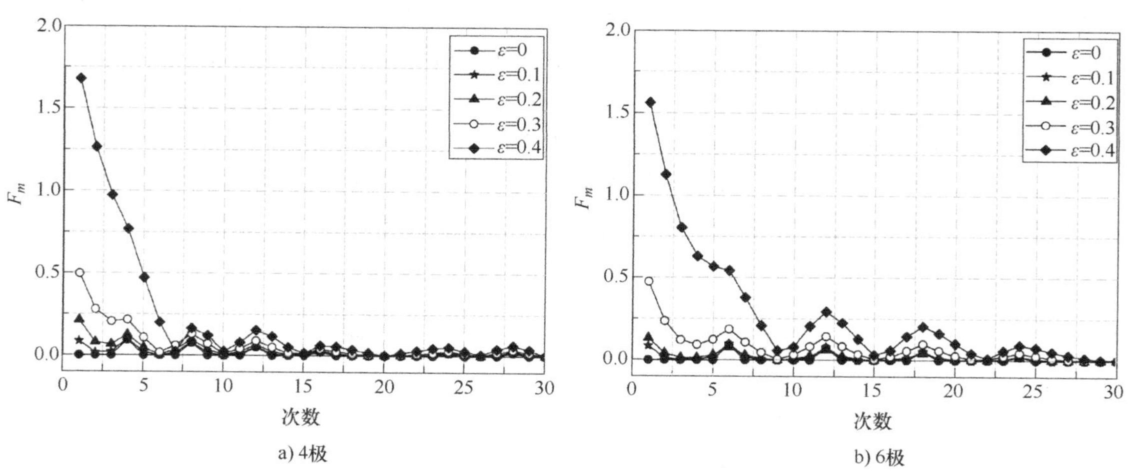

图 4-63　不同偏心度时的傅里叶分解系数

可以看出：

1）转子不偏心时，除了 0 次外，只有 $2kp(k=1,2,3,\cdots)$次傅里叶分解系数不为零。

2）当偏心度较小时，$2kp(k=1,2,3,\cdots)$次傅里叶分解系数与不偏心时相差不大，但当偏心度很大时，则相差较大。

3）当发生转子静态偏心时，除 $2kp$ 次以外的傅里叶分解系数都由零变为不为零。

（3）齿槽转矩表达式

将式（4-72）、式（4-73）和式（4-74）代入式（4-1），得到转子静态偏心时的齿槽转矩表达式为

$$T_{\text{cog}}(\alpha)=\frac{\pi\mu_0 L_a}{2}(R_2^2-R_1^2)\sum_{n=1}^{\infty}nG_nF_{nQ_1}\sin nQ_1\alpha \tag{4-75}$$

4. 偏心对齿槽转矩的影响

从式（4-75）可以看出，$F'^2(\theta)$的傅里叶分解系数中，只有$nQ_1(n=1,2,3,\cdots)$次傅里叶分解系数对齿槽转矩有影响。不论转子是否偏心，$\dfrac{1}{\delta^2(\theta,a)}$中只存在$jQ_1(j=1,2,3,\cdots)$次傅里叶分解系数。

当转子不偏心时，$F'^2(\theta)$中的$2kp$次谐波不为零，当满足$jQ_1=2kp$时，$2kp$次谐波与$\dfrac{1}{\delta^2(\theta,a)}$中的$jQ_1(j=1,2,3,\cdots)$次谐波相互作用，产生齿槽转矩；当转子静态偏心时，$F'^2(\theta)$中的$m(m=1,2,3,\cdots)$次谐波都可能不为零，当满足$jQ_1=m$时，产生齿槽转矩。

当槽数和极数之间满足$Q_1=2kp$时，不论是否偏心，对齿槽转矩起作用的总是$F'^2(\theta)$的$2kp$次谐波，这些谐波的幅值随偏心度的变化而略有变化，因而其齿槽转矩也随偏心度的变化而变化不大。

当槽数和极数之间不满足$Q_1=2kp$时，若不偏心，则只有满足$jQ_1=2kp$的谐波对齿槽转矩有影响；若转子静态偏心，则除了满足$jQ_1=2kp$的谐波对齿槽转矩有影响外，满足$jQ_1=2kp\pm i(i=1,2,3,\cdots)$的谐波也对齿槽转矩有影响，$2kp$次谐波随偏心度变化很小，$2kp\pm i$次谐波由不偏心时为零到随着偏心度的增大而增大。总体的效果是齿槽转矩随偏心度的增大而增大，增大的程度取决于$jQ_1=2kp$和$jQ_1=2kp\pm i$谐波在齿槽转矩产生中的作用。

5. 计算实例

对于6极36槽电机，偏心度$\varepsilon=0$、0.4和0.8时的$F'^2(\theta)$的$2kp$次谐波幅值和齿槽转矩分别如图4-64、图4-65所示。由于该模型满足$jQ_1=2kp$，偏心度对对齿槽转矩有影响的$F'^2(\theta)$的$2kp$次谐波幅值的影响较小，因此齿槽转矩随偏心度的增大变化不大。

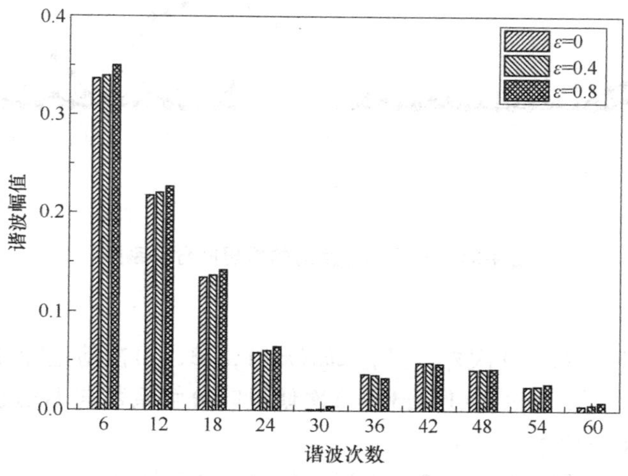

图4-64　6极36槽电机在不同偏心度时$F'^2(\theta)$的谐波幅值

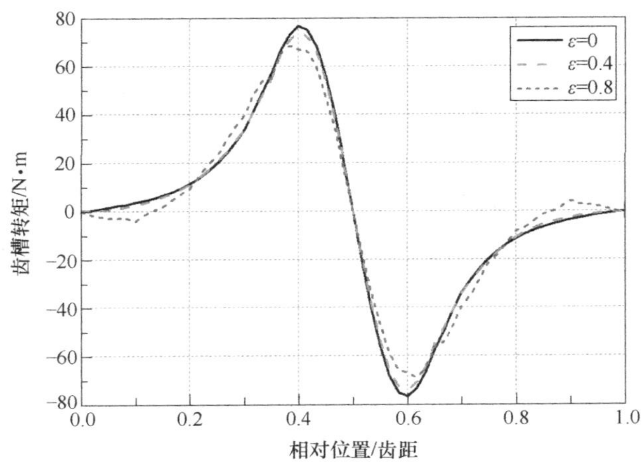

图 4-65　6 极 36 槽电机在不同偏心度时的齿槽转矩

对于 8 极 9 槽电机，槽数和极数之间满足 $jQ_1=2kp+1$，不同偏心度时的 $F'^2(\theta)$ 的谐波幅值和齿槽转矩分别如图 4-66、图 4-67 所示。对齿槽转矩有影响的 $F'^2(\theta)$ 谐波次数为 $jQ_1=9$、18、27、36、…，其中 72 次谐波是 $2kp$ 次，但 72 次谐波的次数较高，对齿槽转矩影响很小，因此对齿槽转矩起主要作用的是 $2kp+1$ 次，而 $2kp+1$ 次谐波的幅值对偏心度的变化最敏感，因而齿槽转矩随偏心度的增加而迅速增加。

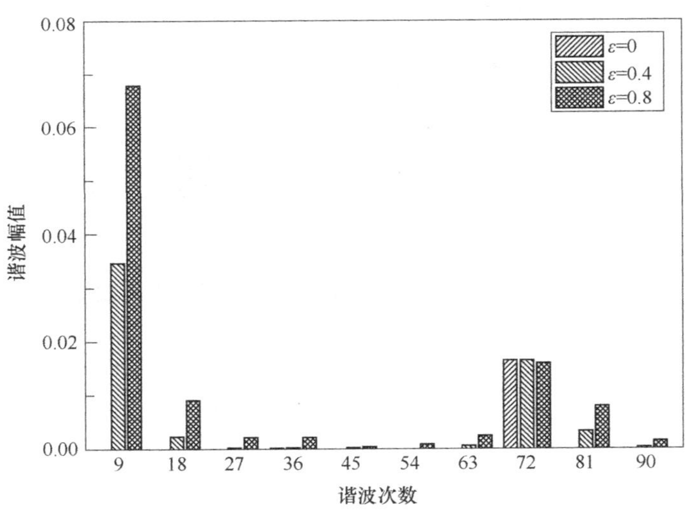

图 4-66　8 极 9 槽电机在不同偏心度时的 $F'^2(\theta)$ 谐波幅值

对于 4 极 6 槽电机，槽数和极数之间满足 $jQ_1=2kp+2$，不同偏心度时的 $F'^2(\theta)$ 的谐波幅值和齿槽转矩分别如图 4-68、图 4-69 所示。对于 4 极 6 槽电机，对齿槽转矩有影响的 $F'^2(\theta)$ 谐波次数为 $jQ_1=6$、12、18、…，其中 12 次谐波是 $2kp$ 次。此外，$2kp+2$ 次谐波也对齿槽转矩有较大影响。根据计算结果可以看出，$2kp+2$ 次谐波的幅值较小，偏心度对于 12 次谐波的影响很小，因此该模型中，偏心度对齿槽转矩的影响并不明显。

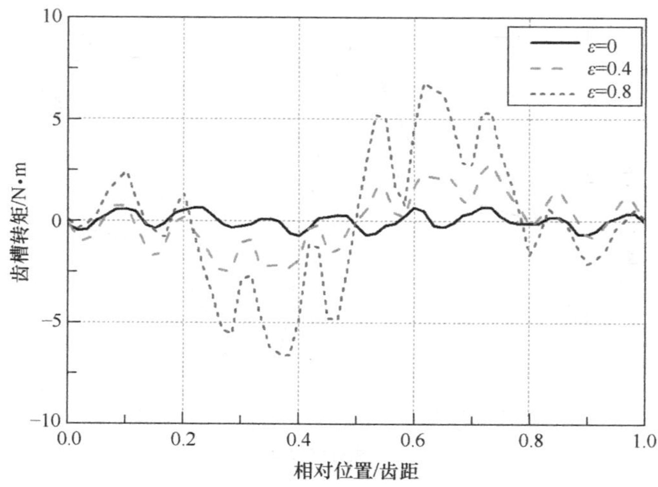

图 4-67　8 极 9 槽电机在不同偏心度时的齿槽转矩

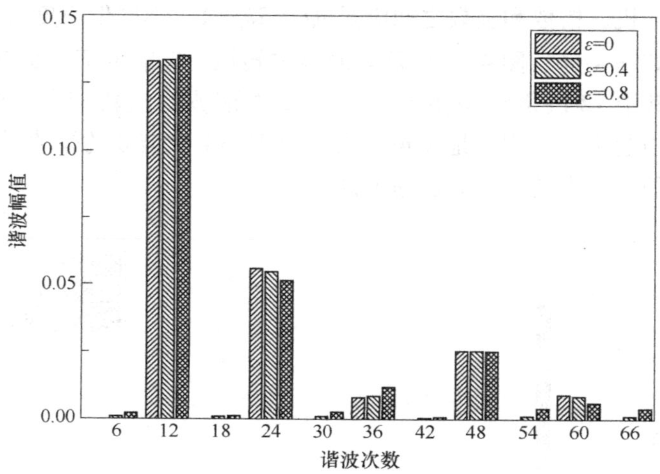

图 4-68　4 极 6 槽电机在不同偏心度时的 $F'^2(\theta)$ 谐波幅值

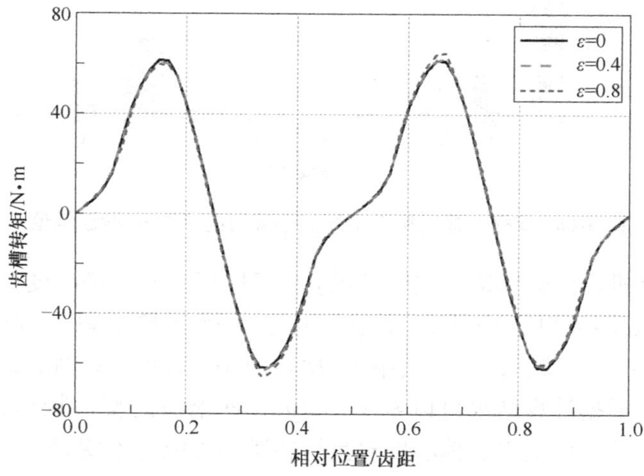

图 4-69　4 极 6 槽电机在不同偏心度时的齿槽转矩

对于 6 极 27 槽电机，槽数和极数之间满足 $jQ_1=2kp+3$。对齿槽转矩有影响的 $F'^2(\theta)$ 谐波次数为 27、54、81、…，其中 54 次谐波是 $2kp$ 次，因此对齿槽转矩有影响的主要谐波为 27 次和 54 次。当极弧系数为 0.833 和 0.9 时，$F'^2(\theta)$ 谐波幅值和齿槽转矩分别如图 4-70 和图 4-71 所示。当极弧系数为 0.833 时，27 次谐波幅值很小，54 次谐波起主要作用，随着偏心度变化，54 次谐波变化不大，因此偏心度对齿槽转矩的影响不大。当极弧系数为 0.9 时，54 次谐波的幅值大为减小，27 次谐波的影响增大，随着偏心度的增大，27 次谐波幅值增大，导致齿槽转矩的幅值增大。

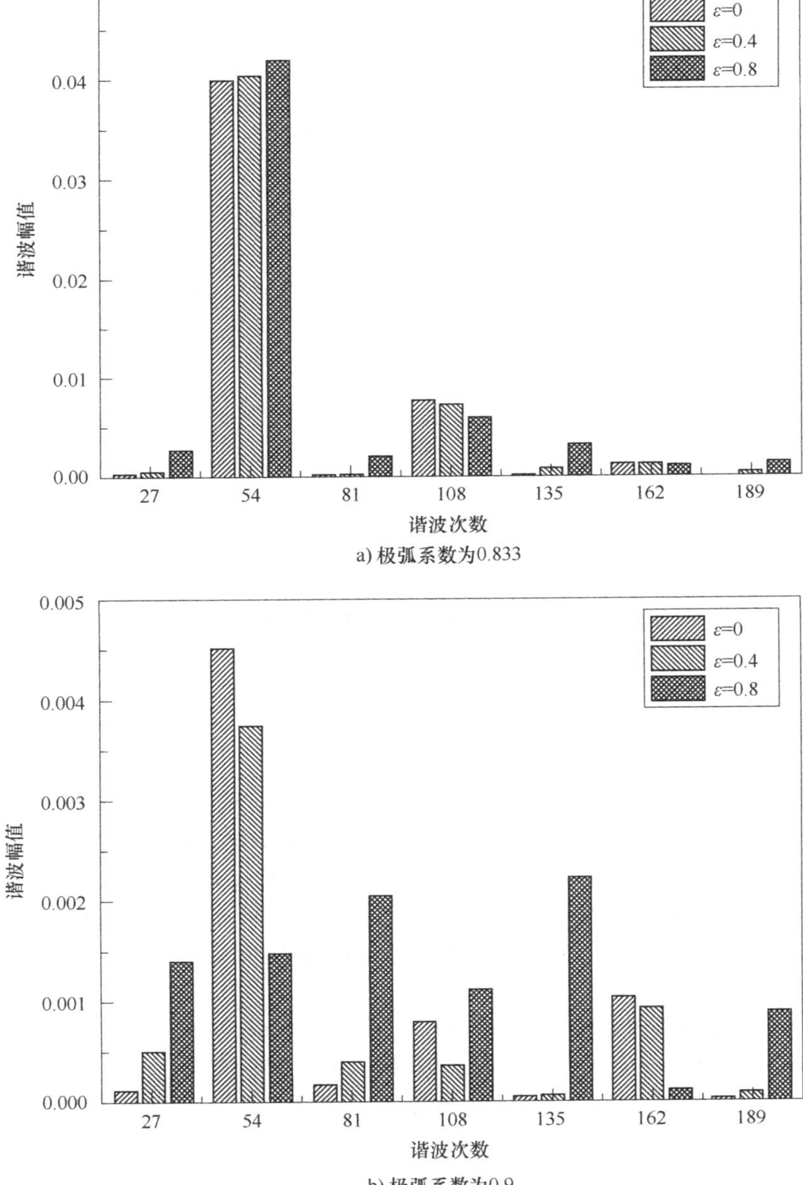

a) 极弧系数为0.833

b) 极弧系数为0.9

图 4-70　不同极弧系数时的 F_{27} 和 F_{54}

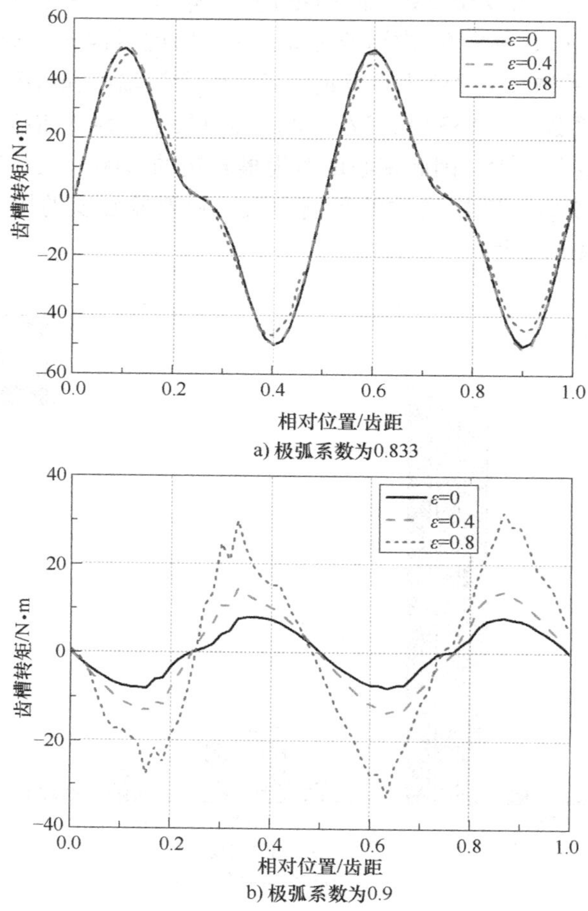

a) 极弧系数为0.833

b) 极弧系数为0.9

图 4-71　6 极 27 槽电机不同极弧系数时的齿槽转矩

参考文献

[1] Yubo Yang, Xiuhe Wang. The optimization of pole arc coefficient to reduce cogging torque in surface-mounted permanent magnet motor [J]. IEEE Transactions on Magnetics, 2006, 42 (4): 1135-1138.

[2] Sang-Moon Hwang, Jae-Boo Eom, Geun-Bae Hwang, et al. Cogging torque and acoustic noise reduction in permanent magnet motors by teeth pairing [J]. IEEE Transactions on Magnetics, 2000, 36 (5): 3144-3146.

[3] 杨玉波，王秀和，陈谢杰，等．基于不等槽口宽配合的永磁电动机齿槽转矩削弱方法 [J]．电工技术学报，2005，20（3）：40-44.

[4] Nicola B, Silverio B. Design techniques for reducing the cogging torque in surface-mounted PM motors [J]. IEEE Transactions on Industry Applications, 2002, 38 (5): 1259-1265.

[5] 宋伟，王秀和，杨玉波．削弱永磁电机齿槽转矩的一种新方法 [J]．电机与控制学报，2004（3）：214-217+292.

[6] 杨玉波，王秀和，丁婷婷，等．极弧系数组合优化的永磁电机齿槽转矩削弱方法 [J]．中国电机工程学报，2007（6）：7-11.

[7]　王秀和，等. 永磁电机 [M]. 北京：中国电力出版社，2007.
[8]　王道涵，王秀和，丁婷婷，等. 基于磁极不对称角度优化的内置式永磁无刷直流电动机齿槽转矩削弱方法 [J]. 中国电机工程学报，2008 (9)：66-70.
[9]　唐旭. 异步起动永磁同步电动机若干难点问题的研究 [D]. 济南：山东大学，2016.
[10]　冀溥，王秀和，王道涵，等. 转子静态偏心的表面式永磁电机齿槽转矩研究 [J]. 中国电机工程学报，2004 (9)：188-191.

Chapter 5

第5章 永磁同步电机的电磁振动

5.1 概述

电机是由电磁核心部件（铁心、绕组和永磁体等）、机械支撑和保护结构、驱动控制单元、负载（或原动机）构成的复杂机电系统，在内部电磁力、电机输入和负载的共同作用下，定子绕组、定子铁心、机座、转子及轴承等部件以其固有振动频率自由振动或以多种频率强迫振动，从而引起周围空气以同样的频率振动，产生噪声。因此，电机既是振动源也是噪声源，其振动和噪声的水平是衡量电机质量的重要指标。电机的振动和噪声有三个来源：电磁振动和噪声、机械振动和噪声、空气动力噪声[1]。

（1）电磁振动和噪声

电机运行时，气隙磁场产生空间和时间上变化的电磁力，作用在定转子上，使定子和转子产生周期性振动，并使周围空气振动而产生噪声。电磁噪声的大小与电磁力的幅值、频率和阶数，以及定子本身的振动特性，如固有振动频率、阻尼和机械阻抗有密切关系。

（2）机械振动和噪声

电机转子不平衡、轴承或电刷装置等的机械摩擦等会产生周期性或非周期性的机械冲击或振动，从而引起机械噪声。这些噪声与所用材料、制造质量、电机装配工艺以及配合精度有关。在低速电机中，若保证电机的加工精度和安装精度，机械振动和噪声不是电机振动和噪声的主要来源。

（3）空气动力噪声

空气动力噪声是电机的冷却风扇和转子旋转引起的。风扇的旋转引起空气的涡流扰动，产生宽频带噪声；转子旋转和空隙中共振干扰引起的气压周期性波动分别产生汽笛声和哨声。当电机转速不高时，空气动力噪声很小，可以忽略。

理论研究和实验分析表明，在上述三类噪声中，电磁噪声是主要成分。高品质电机的重要特点是磁场谐波含量小，产生的径向电磁力波幅值小，阶数高，且电磁激振力波的频率远离定子固有振动频率。

虽然许多研究致力于电机电磁振动的计算，但在电磁振动的快速计算方面还面临巨大的挑战，这主要体现在：难以快速准确地获得各电磁力波的表达式；电机定子结构复杂，缺乏快速准确的定子固有振动频率计算方法。

近年来，变频永磁同步电机以其结构简单、高效率、高功率密度等诸多优点，在工业生产、家用电器、轨道交通以及航空航天领域得到了广泛应用，对永磁电机性能的要求也越来越高，尤其是在一些高速大功率应用场合，变频永磁同步电机的振动和噪声问题比较突出，一定程度上制约了其在高性能场合的应用。

本章以表贴式永磁同步电机为例，首先阐述了基于子域法的电磁力波快速准确计算方法，给出了包括频率、阶次和幅值在内的电磁力波完整表达式；然后给出了基于能量法的定子固有振动频率快速准确计算方法；接着计算了电磁力波作用下定子的振动响应；最后讨论了永磁同步电机电磁振动的削弱措施。

5.2　电磁力波的快速准确计算方法

5.2.1　电磁力波

根据电磁场应力张量理论，电机运行时，气隙磁场产生的电磁力为一系列不同频率、不同分布的旋转电磁力波，其力密度可表示为

$$p(\alpha,t)=\sum_{r}P_r\cos(\omega_r t-r\alpha+\varphi_r) \tag{5-1}$$

式中，P_r 为 r 阶电磁力波的幅值，ω_r 为电磁力波旋转角频率，r 为力波阶数，$r=0,1,2,\cdots$，φ_r 为 r 阶电磁力波的相位。

对应于某一 r 值的电磁力波称为 r 阶电磁力波，图 5-1 为 0~4 阶力波的分布。电磁力波引起的振动和噪声一方面与力波的幅值大小有关，另一方面还与力波的阶数 r 有关，r 越小，铁心弯曲变形时相邻两节点间的距离就越大，变形就越大，所引起的振动和噪声就越大。通常铁心振动时动态形变的振幅大约与 r^4 成反比。

根据麦克斯韦定律，电机气隙中单位面积径向电磁力的瞬时值可表示为

$$p_r(\alpha,t)=\frac{B^2(\alpha,t)}{2\mu_0} \tag{5-2}$$

式中，$B(\alpha,t)$为电机的气隙磁密，μ_0 为真空的磁导率。

在进行电磁力波分析时，通常采用磁动势-磁导法。该方法将气隙磁动势乘以气隙磁导，得到 $B(\alpha,t)$，再根据式（5-2）得到电磁力波，可以准确确定电磁力波的频率、阶次和转速，物理概念清晰，易于区分各电磁力波的具体来源，是电磁振动分析的有效工具，但难以准确确定电磁力波的幅值，通常用于电磁力波的定性分析。与磁动势-磁导法相比，有限元法能准确计算电磁力的瞬时值，但有限元建模和计算工作量大，且难于区分各电磁力波的具体来源，难以有针对性地进行电磁力波的削弱。

针对永磁同步电机中磁动势-磁导法计算电磁力波方面存在的问题，本节将介绍一种能快速准确计算电磁力波的解析计算方法。该方法将磁动势-磁导法与子域法相结合，利用子域法快速求解气隙磁动势和气隙磁导，然后采用磁动势-磁导法计算气隙磁密，进而根据

式（5-2）计算电磁力波。

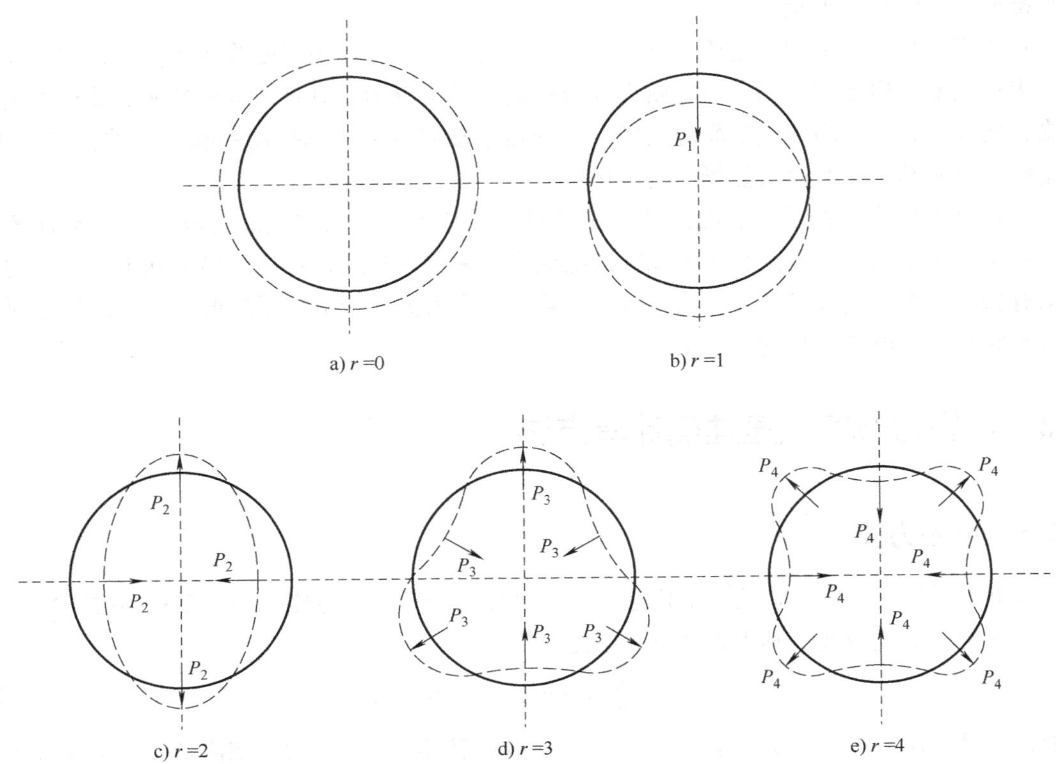

图 5-1　低阶电磁力波的分布形状

5.2.2　空载电磁力波计算

如上所述，空载电磁力波计算的关键是空载气隙磁动势和气隙磁导的计算。本小节首先介绍子域法求解磁场的基本方法，然后采用子域法分别对电机的无齿槽和有齿槽模型进行求解，得到电机的空载气隙磁动势和气隙磁导，进而求得电机的空载电磁力波。

1. 基于子域法的电机气隙磁场简介[2]

在静态场中，安培环路定律和磁通连续性定律可分别表示为

$$\nabla\times\vec{H}=\vec{J} \tag{5-3}$$

$$\nabla\cdot\vec{B}=0 \tag{5-4}$$

在各向同性的线性媒质中，有

$$\vec{B}=\mu_0\mu_r\vec{H}+\mu_0\vec{M} \tag{5-5}$$

式中，μ_r 为材料的相对磁导率，$\vec{M}$ 为永磁体的剩余磁化强度，对于非磁性材料，$\vec{M}$ 为 0。

对式（5-5）取旋度，并代入式（5-3），有

$$\nabla\times\vec{B}=\mu_0\mu_r\vec{J}+\mu_0\nabla\times\vec{M} \tag{5-6}$$

矢量磁位 $\vec{A}$ 与磁感应强度 $\vec{B}$ 之间满足

$$\vec{B}=\nabla\times\vec{A} \tag{5-7}$$

将式（5-7）代入式（5-6），可得

$$\nabla^2\vec{A}=-\mu_0\mu_r\vec{J}-\mu_0\nabla\times\vec{M} \tag{5-8}$$

在二维场中，矢量磁位 $\vec{A}$ 与电流密度 $\vec{J}$ 仅存在轴向分量，式（5-8）的矢量方程可简化为 $\vec{A}$ 的轴向分量 A_z 的标量方程，即

$$\frac{\partial^2 A_z}{\partial r^2}+\frac{1}{r}\frac{\partial A_z}{\partial r}+\frac{1}{r^2}\frac{\partial^2 A_z}{\partial\alpha^2}=-\mu_0\mu_r J_z-\frac{\mu_0}{r}\left(M_\alpha-\frac{\partial M_r}{\partial\alpha}\right) \tag{5-9}$$

式中，r、α 和 z 分别表示径向、周向和轴向，M_r 和 M_α 为磁化强度的径向分量和切向分量，J_z 为电流密度的轴向分量。

式（5-9）为静磁场中的 Poisson 方程。当子域中没有传导电流且为非磁性材料时，方程变为与 Poisson 方程对应的齐次方程，即 Laplace 方程

$$\frac{\partial^2 A_z}{\partial r^2}+\frac{1}{r}\frac{\partial A_z}{\partial r}+\frac{1}{r^2}\frac{\partial^2 A_z}{\partial\alpha^2}=0 \tag{5-10}$$

Poisson 方程是 Laplace 方程的非齐次形式，其通解为 Laplace 方程的通解再加上一个特解，因此，需要首先求解 Laplace 方程的通解。式（5-10）的通解为

$$\begin{aligned}A_z(r,\alpha)=&A_0+B_0\ln r+\sum_{n=1}^{\infty}\left[A_n\left(\frac{r}{R_0}\right)^{\frac{2n\pi}{\gamma}}+B_n\left(\frac{r}{R_1}\right)^{-\frac{2n\pi}{\gamma}}\right]\cos\frac{2n\pi}{\gamma}\alpha+\\&\sum_{n=1}^{\infty}\left[C_n\left(\frac{r}{R_0}\right)^{\frac{2n\pi}{\gamma}}+D_n\left(\frac{r}{R_1}\right)^{-\frac{2n\pi}{\gamma}}\right]\sin\frac{2n\pi}{\gamma}\alpha\end{aligned} \tag{5-11}$$

式中，R_0 和 R_1 分别为子域的内半径和外半径，A_0、B_0、A_n、B_n、C_n 和 D_n 为待定系数。γ 为子域内矢量磁位函数的周期。对于完整的圆域或圆环域，$\gamma=2\pi$；对于扇形域，γ 是子域所对应圆心角弧度的 2 倍。

下面以表贴式永磁同步电机为例介绍子域法在电机磁场求解中的应用。表贴式永磁同步电机各子域划分如图 5-2 所示，共有 4 个不同的子域：永磁体子域Ⅰ、气隙子域Ⅱ、槽口子域Ⅲ和槽身子域Ⅳ。图中 R_r 和 R_m 为永磁体的内半径和外半径，R_t 和 R_{sb} 为定子槽的顶部半径和底部半径，R_s 为定子铁心的内半径。

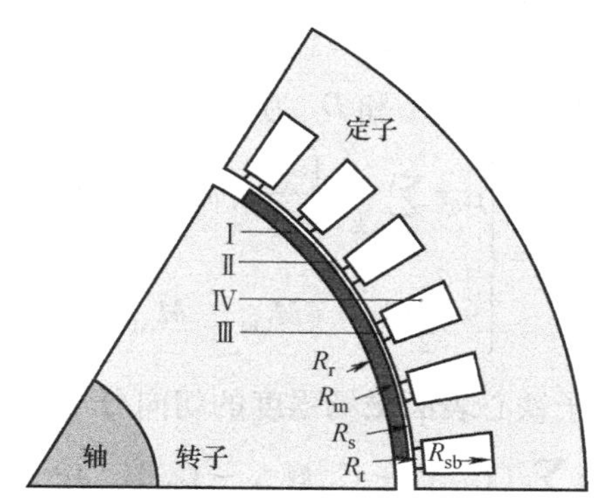

图 5-2 表贴式永磁同步电机的子域划分

为便于分析，做以下假设：①铁心磁导率无限大；②永磁体与空气的磁导率相等；③忽略端部效应和涡流的影响。

在永磁体子域内，矢量磁位 A_{z1} 满足的方程为

$$\frac{\partial^2 A_{z1}}{\partial r^2}+\frac{1}{r}\frac{\partial A_{z1}}{\partial r}+\frac{1}{r^2}\frac{\partial^2 A_{z1}}{\partial \alpha^2}=-\frac{\mu_0}{r}\left(M_\alpha-\frac{\partial M_r}{\partial \alpha}\right) \tag{5-12}$$

式中，永磁体磁化强度的径向分量 M_r 和切向分量 M_α 分别表示为

$$\begin{cases} M_r = \sum\limits_{k=1,3,5,\cdots} M_{rk}\cos(k\alpha - k\omega t - k\alpha_0) = \sum\limits_{k=1,3,5,\cdots}(M_{rck}\cos k\alpha + M_{rsk}\sin k\alpha) \\ M_\alpha = \sum\limits_{k=1,3,5,\cdots} M_{\alpha k}\sin(k\alpha - k\omega t - k\alpha_0) = \sum\limits_{k=1,3,5,\cdots}(M_{\alpha ck}\cos k\alpha + M_{\alpha sk}\sin k\alpha) \end{cases} \tag{5-13}$$

式中，ω 为转子旋转角频率，α_0 为转子初始位置角，

$$\begin{cases} M_{rck}=M_{rk}\cos(k\omega t+k\alpha_0) \\ M_{rsk}=M_{rk}\sin(k\omega t+k\alpha_0) \\ M_{\alpha ck}=-M_{\alpha k}\sin(k\omega t+k\alpha_0) \\ M_{\alpha sk}=M_{\alpha k}\cos(k\omega t+k\alpha_0) \end{cases} \tag{5-14}$$

对于径向充磁的永磁体，M_{rk}和 $M_{\alpha k}$分别为

$$\begin{cases} M_{rk}=\dfrac{4pB_r}{k\pi\mu_0}\sin\dfrac{k\pi\alpha_p}{2p} & k/p=1,3,5,\cdots \\ M_{\alpha k}=0 & k/p=1,3,5,\cdots \end{cases} \tag{5-15}$$

式中，p 为极对数，B_r 为永磁体剩磁，α_p 为永磁体的极弧系数。

对于平行充磁的永磁体，M_{rk}和 $M_{\alpha k}$分别为

$$\begin{cases} M_{rk}=(B_r/\mu_0)\alpha_p(A_{1k}+A_{2k}) & k/p=1,3,5,\cdots \\ M_{\alpha k}=(B_r/\mu_0)\alpha_p(A_{1k}-A_{2k}) & k/p=1,3,5,\cdots \end{cases} \tag{5-16}$$

式中，$A_{1k}=\dfrac{\sin[(k+1)\alpha_p(\pi/2/p)]}{(k+1)\alpha_p(\pi/2/p)}$，$A_{2k}=\dfrac{\sin[(k-1)\alpha_p(\pi/2/p)]}{(k-1)\alpha_p(\pi/2/p)}$

A_{z1}的通解为

$$A_{z1}=\sum_k\left[A_1\left(\frac{r}{R_m}\right)^k+B_1\left(\frac{r}{R_r}\right)^{-k}\right]\cos k\alpha+\sum_k\left[C_1\left(\frac{r}{R_m}\right)^k+D_1\left(\frac{r}{R_r}\right)^{-k}\right]\sin k\alpha+A_p \tag{5-17}$$

式中，A_1、B_1、C_1 和 D_1 为待定系数。A_p 为 A_{z1}的一个特解，可表示为

$$A_p=\begin{cases} \mu_0 r\sum\limits_k\dfrac{1}{k^2-1}[(M_{\alpha ck}-kM_{rsk})\cos k\alpha+(M_{\alpha sk}+kM_{rck})\sin k\alpha], & k\neq 1 \\ -\dfrac{\mu_0}{2}r\ln r[(M_{\alpha c1}-M_{rs1})\cos\alpha+(M_{\alpha s1}+M_{rc1})\sin\alpha], & k=1 \end{cases} \tag{5-18}$$

转子铁心表面磁场强度的切向分量为 0，据此可将 A_{z1}化简为

$$A_{z1}=\sum_k(C_{1k}A_1+C_{2k}M_{\alpha ck}-C_{3k}M_{rsk})\cos k\alpha+\sum_k(C_{1k}C_1+C_{2k}M_{\alpha sk}+C_{3k}M_{rck})\sin k\alpha \tag{5-19}$$

式中，

$$C_{1k}=\left(\frac{r}{R_m}\right)^k+\left(\frac{R_r}{R_m}\right)^k\left(\frac{r}{R_r}\right)^{-k} \tag{5-20}$$

$$C_{2k}=\begin{cases}\dfrac{\mu_0}{k^2-1}\left[kR_r\left(\dfrac{r}{R_r}\right)^{-k}+r\right], & k\neq 1\\ \mu_0\left[R_r\left(1-\dfrac{\ln R_r+1}{2}\right)\left(\dfrac{r}{R_r}\right)^{-1}-\dfrac{r\ln r}{2}\right], & k=1\end{cases}\tag{5-21}$$

$$C_{3k}=\begin{cases}\dfrac{\mu_0}{k^2-1}\left[R_r\left(\dfrac{r}{R_r}\right)^{-k}+kr\right], & k\neq 1\\ -\mu_0\left[\dfrac{R_r(\ln R_r+1)}{2}\left(\dfrac{r}{R_r}\right)^{-1}+\dfrac{r\ln r}{2}\right], & k=1\end{cases}\tag{5-22}$$

设第 i 个槽身子域、气隙子域和第 i 个槽口子域内（$i=1,2,3,\cdots$，Q_1，Q_1 为定子槽数）的矢量磁位分别为 A_{z2i}、A_{z3} 和 A_{z4i}。空载情况下，各矢量磁位满足的方程分别为

$$\frac{\partial^2 A_{z2i}}{\partial r^2}+\frac{1}{r}\frac{\partial A_{z2i}}{\partial r}+\frac{1}{r^2}\frac{\partial^2 A_{z2i}}{\partial \alpha^2}=0\tag{5-23}$$

$$\frac{\partial^2 A_{z3}}{\partial r^2}+\frac{1}{r}\frac{\partial A_{z3}}{\partial r}+\frac{1}{r^2}\frac{\partial^2 A_{z3}}{\partial \alpha^2}=0\tag{5-24}$$

$$\frac{\partial^2 A_{z4i}}{\partial r^2}+\frac{1}{r}\frac{\partial A_{z4i}}{\partial r}+\frac{1}{r^2}\frac{\partial^2 A_{z4i}}{\partial \alpha^2}=0\tag{5-25}$$

结合边界条件求解上述 Laplace 方程，可得其通解分别为

$$A_{z2i}=Q_{2i}+\sum_{n=1}^{N}D_{2in}\left[G_{2n}\left(\frac{r}{R_{sb}}\right)^{E_n}+\left(\frac{r}{R_t}\right)^{-E_n}\right]\cos[E_n(\alpha+b_{sa}/2-\alpha_i)]\tag{5-26}$$

$$A_{z3}=\sum_k\left[A_3\left(\frac{r}{R_s}\right)^{k}+B_3\left(\frac{r}{R_m}\right)^{-k}\right]\cos k\alpha+\sum_k\left[C_3\left(\frac{r}{R_s}\right)^{k}+D_3\left(\frac{r}{R_m}\right)^{-k}\right]\sin k\alpha\tag{5-27}$$

$$A_{z4i}=Q_{4i}+\sum_{m=1}^{M}\left[C_{4im}\left(\frac{r}{R_t}\right)^{F_m}+D_{4im}\left(\frac{r}{R_s}\right)^{-F_m}\right]\cos[F_m(\alpha+b_{oa}/2-\alpha_i)]\tag{5-28}$$

式中，$G_{2n}=(R_t/R_{sb})^{E_n}$，$E_n=n\pi/b_{sa}$，$F_m=m\pi/b_{oa}$，$b_{sa}$ 为槽身的宽度角，b_{oa} 为槽口的宽度角，α_i 为第 i 个槽中心线的位置角，N 和 M 分别为槽身子域和槽口子域内矢量磁位对应的傅里叶级数的最高阶次，Q_{2i}、D_{2in}、A_3、B_3、C_3、D_3、Q_{4i}、C_{4im} 和 D_{4im} 为待定系数，R_s 为定子铁心的内半径，R_t 和 R_{sb} 分别为定子槽的上部半径和底部半径，如图 5-2 所示。

各子域内磁密的径向分量和切向分量可由下式获得

$$\begin{cases}B_r=\dfrac{1}{r}\dfrac{\partial A_z}{\partial \alpha}\\ B_\alpha=-\dfrac{\partial A_z}{\partial r}\end{cases}\tag{5-29}$$

对于永磁体子域和气隙子域之间的边界，满足

$$\begin{cases}B_{1r}\big|_{r=R_m}=B_{3r}\big|_{r=R_m}\\ H_{1\alpha}\big|_{r=R_m}=H_{3\alpha}\big|_{r=R_m}\end{cases}\tag{5-30}$$

对于槽身子域和槽口子域之间的边界，满足

$$\begin{cases} B_{2i\alpha}\big|_{r=R_t}=B_{4i\alpha}\big|_{r=R_t} \\ A_{z2i}\big|_{r=R_t}=A_{z4i}\big|_{r=R_t}, \alpha_i-b_{oa}/2\leqslant\alpha\leqslant\alpha_i+b_{oa}/2 \end{cases} \tag{5-31}$$

对于气隙子域和槽口子域之间的边界，满足

$$\begin{cases} B_{3\alpha}\big|_{r=R_s}=B_{4i\alpha}\big|_{r=R_s} \\ A_{z3}\big|_{r=R_s}=A_{z4i}\big|_{r=R_s}, \alpha_i-b_{oa}/2\leqslant\alpha\leqslant\alpha_i+b_{oa}/2 \end{cases} \tag{5-32}$$

联立各个方程，将包含待定系数的方程组表示为矩阵形式，根据相邻子域间的边界条件，可确定各系数的数值，进而得到各个子域内矢量磁位的具体表达式。

根据气隙子域内的矢量磁位，可求得气隙磁密的径向分量和切向分量分别为

$$\begin{cases} B_{3r}=\dfrac{1}{r}\dfrac{\partial A_{z3}}{\partial\alpha}=-\sum\limits_k k\left[\dfrac{A_3}{R_s}\left(\dfrac{r}{R_s}\right)^{k-1}+\dfrac{B_3}{R_m}\left(\dfrac{r}{R_m}\right)^{-k-1}\right]\sin k\alpha+ \\ \qquad\sum\limits_k k\left[\dfrac{C_3}{R_s}\left(\dfrac{r}{R_s}\right)^{k-1}+\dfrac{D_3}{R_m}\left(\dfrac{r}{R_m}\right)^{-k-1}\right]\cos k\alpha \\ B_{3\alpha}=-\dfrac{\partial A_{z3}}{\partial r}=-\sum\limits_k k\left[\dfrac{A_3}{R_s}\left(\dfrac{r}{R_s}\right)^{k-1}-\dfrac{B_3}{R_m}\left(\dfrac{r}{R_m}\right)^{-k-1}\right]\cos k\alpha- \\ \qquad\sum\limits_k k\left[\dfrac{C_3}{R_s}\left(\dfrac{r}{R_s}\right)^{k-1}-\dfrac{D_3}{R_m}\left(\dfrac{r}{R_m}\right)^{-k-1}\right]\sin k\alpha \end{cases} \tag{5-33}$$

2. 气隙磁动势的计算

图 5-3 所示为表贴式永磁同步电机的无齿槽模型结构示意图，此时定子内表面和转子铁心外表面均为光滑圆弧。其中，$F_1(\alpha)$为气隙磁压降沿圆周的分布，$B_0(\alpha)$为空载气隙磁密沿圆周的分布，δ 为气隙长度，h_m 为永磁体厚度。此时空载气隙磁动势可由下式计算

$$F_1(\alpha)=\frac{B_0(\alpha)(\delta+h_m)}{\mu_0} \tag{5-34}$$

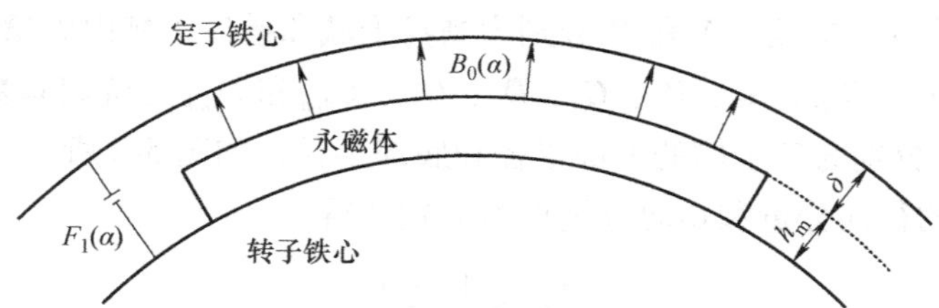

图 5-3 电机的无齿槽模型结构示意图

从式（5-34）可以看出，只要计算出电机无齿槽时的空载气隙磁密，就可以利用式（5-34）求得空载气隙磁动势。将无齿槽电机模型分成两个子域（永磁体子域和气隙子域），采用子域法可快速求解空载气隙磁密 $B_0(\alpha)$沿圆周的分布，进而求得空载气隙磁动势 $F_1(\alpha)$，然后对 $F_1(\alpha)$进行傅里叶分解，将其表示为

$$F_1(\alpha,t)=\sum_{\mu=1,3,5,\cdots}F_\mu\cos(\mu\omega t-\mu p\alpha) \tag{5-35}$$

式中，F_μ 为空载气隙磁动势 μ 次谐波的幅值。

3. 气隙磁导的计算

图 5-4 为表贴式永磁同步电机的有齿槽模型结构示意图，图中$(-\pi/Q_1, \pi/Q_1)$为永磁体极弧范围内的一个齿距，$F_{\delta t}$为正对永磁体中心线的定子齿处气隙磁压降，$B_{\delta t}$为该定子齿处的气隙磁密。电机齿部所对应的气隙为均匀气隙，即δ为常数，则此时电机齿部所对应的气隙磁压降可表示为

$$F_{\delta t}=\frac{B_{\delta t}(\delta+h_m)}{\mu_0} \tag{5-36}$$

在该齿的一个齿距范围内，定子内表面和转子外表面均为等磁位面，气隙磁动势均为$F_{\delta t}$。若一个齿距范围内气隙磁密沿圆周的分布$B_{\delta t}(\alpha)$已知，则一个齿距下的气隙有效长度$\delta(\alpha)$可表示为

$$\delta(\alpha)=\frac{\mu_0 F_{\delta t}}{B_{\delta t}(\alpha)}-h_m \tag{5-37}$$

此时气隙磁导$\Lambda_r(\alpha)$为

$$\Lambda_r(\alpha)=\frac{\mu_0}{\delta(\alpha)+h_m} \tag{5-38}$$

采用子域法对电机的有齿槽模型的气隙磁场进行求解，得到$B_{\delta t}(\alpha)$，将气隙中齿中心线一点处的气隙磁密$B_{\delta t}$代入式（5-36），得到$F_{\delta t}$，将$F_{\delta t}$和$B_{\delta t}(\alpha)$代入式（5-37），即可求得一个齿距下的气隙有效长度，代入式（5-38）即可求得气隙磁导$\Lambda_r(\alpha)$，对其进行傅里叶分解，可得

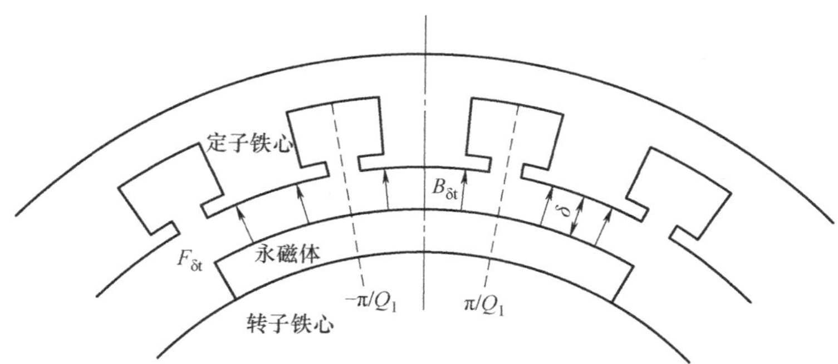

图 5-4　电机的有齿槽模型结构示意图

$$\Lambda_r(\alpha)=\Lambda_{r0}+\sum_{m=1,2,3,\cdots}\Lambda_{rm}\cos(mQ_1\alpha) \tag{5-39}$$

式中，Λ_{r0}为气隙磁导的恒定分量，Λ_{rm}为气隙磁导m次谐波分量的幅值，可以通过对求得的气隙磁导$\Lambda_r(\alpha)$进行傅里叶分解而得到。

4. 空载电磁力波计算

根据磁动势-磁导法，将式（5-35）和式（5-39）相乘，即得到气隙磁密

$$\begin{aligned}B_1(\alpha,t)=F_1(\alpha,t)\Lambda_r(\alpha)=\Lambda_{r0}\sum_{\mu=1,3,5,\cdots}F_\mu\cos(\mu\omega t-\mu p\alpha)+\\ \sum_{\mu=1,3,5,\cdots}\sum_{m=1,2,3,\cdots}F_\mu\Lambda_{rm}\cos(\mu\omega t-\mu p\alpha)\cos(mQ_1\alpha)\end{aligned} \tag{5-40}$$

将气隙磁密代入式（5-2），即可求得空载电磁力波的表达式。

5. 计算实例

本节以一台6极36槽表贴式永磁同步电机为例，对其空载电磁力波进行了计算与分析。电机主要结构尺寸参数见表5-1，其有限元模型如图5-5所示。

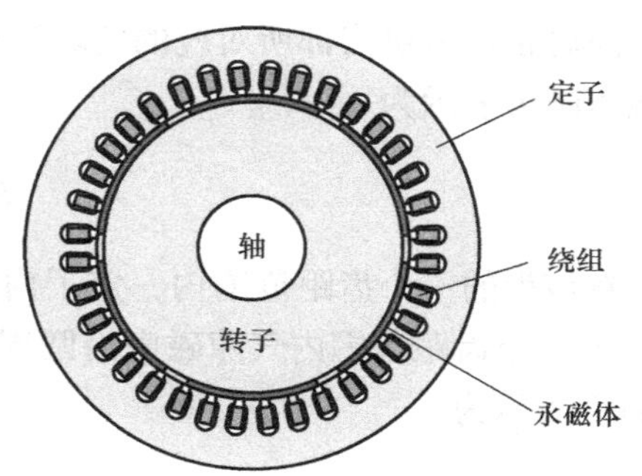

图5-5　6极36槽表贴式永磁同步电机的有限元模型

采用子域法对电机的无齿槽结构模型进行求解，得到不同充磁方式下电机的气隙磁密 $B_0(\alpha)$ 沿圆周方向的分布，如图5-6所示。将气隙磁密的计算结果代入式（5-34），可快速求得空载气隙磁动势。不同充磁方式下空载气隙磁动势沿圆周方向的分布 $F_1(\alpha)$ 及其谐波含量分别如图5-7和图5-8所示，至此得到包括幅值、频率在内的磁动势表达式。

表5-1　6极36槽表贴式永磁同步电机主要结构尺寸参数

参数	大小	参数	大小
功率/kW	7.5	极对数	3
槽数	36	永磁材料	35UH
定子外径/mm	260	转子外径/mm	178
定子内径/mm	180	铁心长度/mm	118
永磁体厚度/mm	3.5	极弧系数	0.833

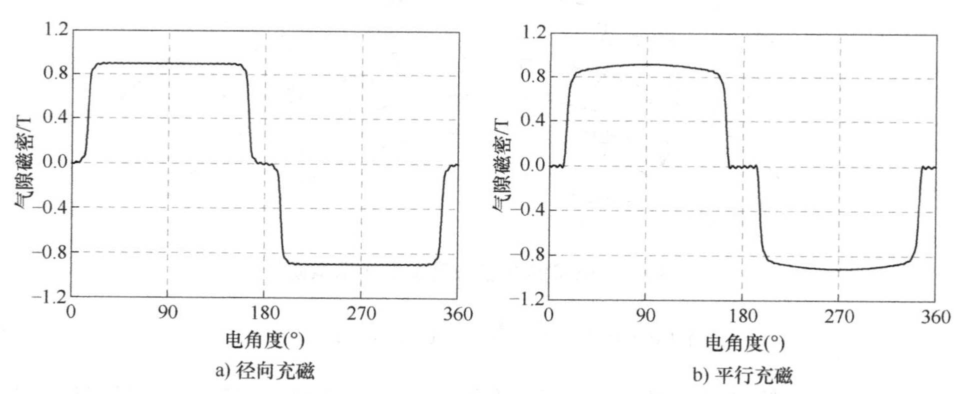

图5-6　一个磁极下气隙磁密沿圆周分布

采用子域法对电机的有齿槽结构模型进行求解，求得气隙中齿中心线一点处的气隙磁密 $B_{\delta t}$ 为0.88T，代入式（5-36），得到整个齿距范围内的气隙磁动势 $F_{\delta t}$ 为3167.63A。正对着磁极中心线的一个齿距下气隙磁密 $B_{\delta t}(\alpha)$ 如图5-9a所示，根据式（5-37），即可得到一个齿距下的有效气隙长度 $\delta(\alpha)$，如图5-9b所示，进而求得气隙磁导 $\Lambda_r(\alpha)$。对求得的气隙磁导进行傅里叶分解，得到其恒定分量及其谐波分量幅值见表5-2，至此得到包括幅值、频率在内的气隙磁导表达式。

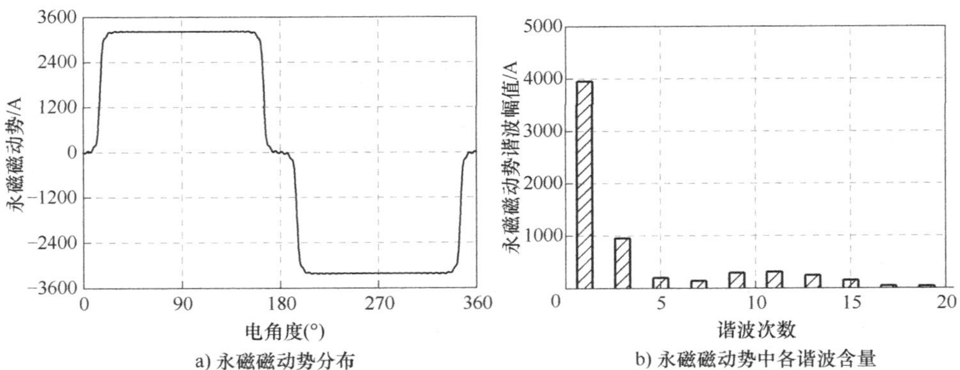

a) 永磁磁动势分布　　b) 永磁磁动势中各谐波含量

图 5-7　径向充磁时的永磁磁动势

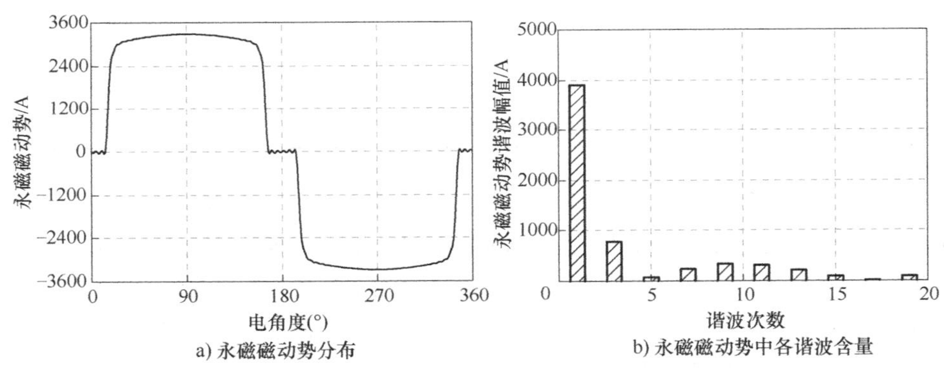

a) 永磁磁动势分布　　b) 永磁磁动势中各谐波含量

图 5-8　平行充磁时的永磁磁动势

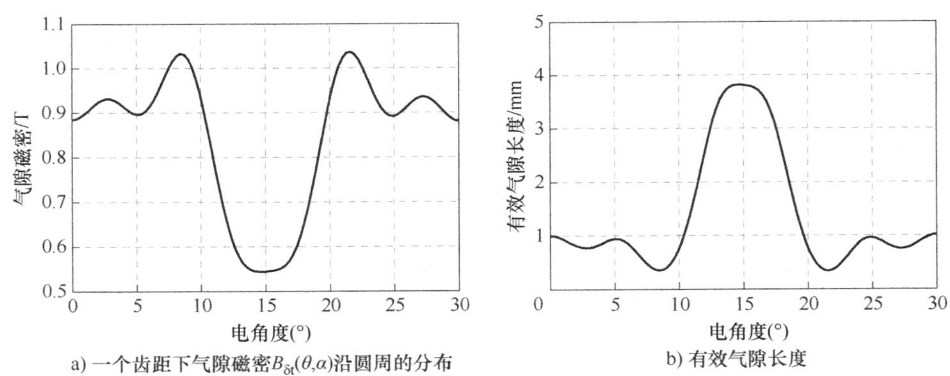

a) 一个齿距下气隙磁密$B_{\delta t}(\theta,\alpha)$沿圆周的分布　　b) 有效气隙长度

图 5-9　一个齿距下的气隙磁密及气隙有效长度沿圆周分布

作用于电机定子铁心内表面的空载径向电磁力密度可以表示为

$$
\begin{aligned}
p_1(\alpha,t) &= \frac{[F_1(\alpha,t)\Lambda_r(\alpha)]^2}{2\mu_0} \\
&= \frac{1}{2\mu_0}\left\{\left[\sum_{\mu=1,3,5,\cdots} F_\mu \cos(\mu\omega t-\mu p\alpha)\right]\times\left[\Lambda_{r0}+\sum_{m=1,2,3,\cdots}\Lambda_{rm}\cos(mQ_1\alpha)\right]\right\}^2 \\
&= \frac{1}{2\mu_0}\left\{\Lambda_{r0}\sum_{\mu=1,3,5,\cdots} F_\mu \cos(\mu\omega t-\mu p\alpha)+\frac{\sum\limits_{\mu=1,3,5,\cdots}\sum\limits_{m=1,2,3,\cdots} F_\mu\Lambda_{rm}}{2}\cos[\mu\omega t-(\mu p\ \pm mQ_1)\alpha]\right\}^2
\end{aligned}
\tag{5-41}
$$

表 5-2　气隙磁导的恒定分量及其谐波分量幅值

参数	大小/H
Λ_{r0}	2.674×10^{-4}
Λ_{r1}	4.552×10^{-5}
Λ_{r2}	4.549×10^{-5}
Λ_{r3}	2.181×10^{-5}
Λ_{r4}	3.533×10^{-6}
Λ_{r5}	1.382×10^{-5}

对式（5-41）进行整理，得到空载电磁力波分量见表 5-3。空载电磁力波可分为三类：第一类由气隙磁导的恒定分量和空载气隙磁动势作用产生的气隙磁密分量产生；第二类由气隙磁导的谐波分量和空载气隙磁动势作用产生的气隙磁密分量产生；第三类由上述两种气隙磁密分量相互作用产生。从表中可以看出，空载电磁力波中包含的频率为基频的偶数倍，最小频率为 $2f$，阶数为极数的整数倍，最小阶数为 $2p$。

表 5-3　空载电磁力波分量

分类	幅值	频率	阶次
第一类	$\Sigma\frac{F_\mu^2\Lambda_{r0}^2}{4\mu_0}$	$2\mu f$	$2\mu p$
	$\Sigma\Sigma\frac{F_{\mu1}F_{\mu2}\Lambda_{r0}^2}{4\mu_0}$	$(\mu_1\pm\mu_2)f$	$(\mu_1\pm\mu_2)p\quad \mu_1>\mu_2$
第二类	$\Sigma\Sigma\frac{F_\mu^2\Lambda_{rm}^2}{16\mu_0}$	$2\mu f$	$2\mu p\pm2mQ_1$
	$\Sigma\Sigma\frac{F_\mu^2\Lambda_{rm}^2}{8\mu_0}$	$2\mu f$	$2\mu p$
	$\Sigma\Sigma\Sigma\frac{F_\mu^2\Lambda_{rm1}\Lambda_{rm2}}{16\mu_0}$	$2\mu f$	$2\mu p\pm(m_1\pm m_2)Q_1\quad m_1>m_2$
	$\Sigma\Sigma\Sigma\frac{F_{\mu1}F_{\mu2}\Lambda_{rm}^2}{16\mu_0}$	$(\mu_1\pm\mu_2)f$	$(\mu_1\pm\mu_2)p\pm2mQ_1\quad \mu_1>\mu_2$
	$\Sigma\Sigma\Sigma\frac{F_{\mu1}F_{\mu2}\Lambda_{rm}^2}{8\mu_0}$	$(\mu_1\pm\mu_2)f$	$(\mu_1\pm\mu_2)p\quad \mu_1>\mu_2$

（续）

分类	幅值	频率	阶次
第二类	$\sum\sum\sum\sum\frac{F_{\mu1}F_{\mu2}\Lambda_{rm1}\Lambda_{rm2}}{16\mu_0}$	$(\mu_1\pm\mu_2)f$	$(\mu_1\pm\mu_2)p\pm(m_1\pm m_2)Q_1$ $\mu_1>\mu_2\quad m_1>m_2$
第三类	$\sum\sum\sum\frac{F_{\mu1}F_{\mu2}\Lambda_{r0}\Lambda_{rm}}{8\mu_0}$	$(\mu_1\pm\mu_2)f$	$(\mu_1\pm\mu_2)p\pm mQ_1\quad\mu_1>\mu_2$

对各阶力波产生机理进行整理，得到主要的低阶空载电磁力波来源见表 5-4（表中数据均为“a/b”形式，其中 a 表示力波阶次，b 表示力波频率相对于基频的倍数），表中只列出幅值较高的低阶磁动势谐波与气隙磁导的恒定分量和低次谐波分量的作用结果。其中，带括号项是低阶磁动势谐波与气隙磁导的低次谐波分量的作用结果，负号表示其旋转方向与永磁体基波磁场的旋转方向相反；不带括号项是低阶磁动势谐波与气隙磁导的恒定分量的相互作用结果。

将不同充磁方式下的空载气隙磁动势和气隙磁导的计算结果代入式（5-41），得到空载电磁力密度的计算结果见表 5-5 和表 5-6。永磁体采用平行充磁时低阶空载电磁力密度各幅值要小于永磁体采用径向充磁时的低阶空载电磁力密度各幅值，由于忽略空载气隙磁动势高次谐波分量和气隙磁导高次谐波分量的影响，采用本节的快速计算方法所得的结果要略小于有限元结果，但仍有较高的准确性。

表 5-4　主要的低阶空载电磁力波来源

μ_2 \ μ_1	1	3	5	7	9	11
1	6/2	6/2 12/4	12/4 18/6	18/6		
3		18/6	6/2	12/4	18/6	
5				6/2	12/4	18/6
7					6/2	12/4 (18/−18)
9					(18/−18)	6/2 (12/−20)
11						(6/−22)

表 5-5　永磁体径向充磁时主要低阶空载电磁力波幅值计算结果

分量	解析法/(kN/m²)	有限元法/(kN/m²)	误差(%)
$(0p,0f)$	223.62	229.74	−2.66
$(2p,2f)$	91.54	93.95	−2.57
$(4p,4f)$	78.67	81.17	−3.08
$(6p,6f)$	57.33	59.24	−3.22

（续）

分量	解析法/(kN/m^2)	有限元法/(kN/m^2)	误差(%)
(8p,8f)	31.87	33.24	–4.12
(12p,0f)	31.55	33.09	–4.65

表 5-6　永磁体平行充磁时主要低阶空载电磁力波幅值计算结果

分量	解析法/(kN/m^2)	有限元法/(kN/m^2)	误差(%)
(0p,0f)	215.65	221.95	–2.84
(2p,2f)	87.28	90.44	–3.49
(4p,4f)	76.24	78.71	–3.14
(6p,6f)	48.55	50.61	–4.07
(8p,8f)	22.72	23.91	–4.97
(12p,0f)	27.68	29.23	–5.30

5.2.3　负载电磁力波的计算

负载电磁力波的计算方法是，首先求出电枢绕组磁动势，然后基于子域法计算电枢绕组磁动势单独作用时的气隙磁导，将两者相乘，得到电枢绕组磁动势单独作用时的气隙磁密表达式，并将其与空载气隙磁密表达式叠加，进而根据式（5-2）求出负载电磁力波。

1. 电枢绕组磁动势

根据电机学理论，三相对称绕组通以三相对称交流电流，三相绕组的合成磁动势为

$$F_2(\alpha,t)=\sum_{\nu=1\pm6k,k=1,2,3,\cdots}F_\nu\cos(\omega t-\nu p\alpha) \tag{5-42}$$

式中，F_ν 为 ν 次谐波的幅值，有

$$F_\nu=1.35\frac{1}{\nu}\frac{NK_{dp\nu}}{p}I_\Phi \tag{5-43}$$

式中，N 为每相串联匝数，I_Φ 为电流有效值，$K_{dp\nu}$为 ν 次谐波绕组系数，其大小等于节距系数 $K_{p\nu}$和分布系数 $K_{d\nu}$的乘积，即

$$\begin{cases}K_{dp\nu}=K_{p\nu}K_{d\nu}\\K_{p\nu}=\sin\left(\nu\dfrac{y_1}{\tau}\dfrac{\pi}{2}\right)\\K_{d\nu}=\dfrac{\sin\nu\dfrac{q\alpha}{2}}{q\sin\nu\dfrac{\alpha}{2}}\end{cases} \tag{5-44}$$

式中，y_1 为线圈的节距，τ 为极距，q 为每极每相槽数。

2. 电枢绕组磁动势单独作用下的气隙磁导

当定子槽中存在电流时，槽身子域的矢量磁位 A_{z2i}满足以下 Poisson 方程

$$\frac{\partial^2 A_{z2i}}{\partial r^2}+\frac{1}{r}\frac{\partial A_{z2i}}{\partial r}+\frac{1}{r^2}\frac{\partial^2 A_{z2i}}{\partial \alpha^2}=-\mu_0 J_i \tag{5-45}$$

式中，J_i 为第 i 个槽身子域中的电流密度。在$(\alpha_i-b_{sa}/2,\alpha_i+b_{sa}/2)$范围内，有

$$J_i = J_{i0} + \sum_{n=1,2,3,\cdots} J_{in}\cos[E_n(\alpha + b_{sa}/2 - \alpha_i)] \tag{5-46}$$

式中，J_{i0}和 J_{in}分别为

$$J_{i0}=J \tag{5-47}$$

$$J_{in}=\frac{2J}{n\pi}\sin n\pi \tag{5-48}$$

式中，J 为电流密度幅值。

结合边界条件求解上述 Poisson 方程，可得其通解为

$$A_{z2i} = A_{z20} + \sum_{n=1}^{N} A_{z2n}\cos[E_n(\alpha + b_{sa}/2 - \alpha_i)] \tag{5-49}$$

式中，

$$A_{z20}=\mu_0 J_{i0}(2R_{sb}^2\ln r-r^2)/4+Q_{2i} \tag{5-50}$$

$$A_{z2n}=D_{2in}\left[G_{2n}\left(\frac{r}{R_{sb}}\right)^{E_n}+\left(\frac{r}{R_t}\right)^{-E_n}\right]+\frac{\mu_0 J_{in}}{E_n^2-4}\left[r^2-\frac{2R_{sb}^2}{E_n}\left(\frac{r}{R_{sb}}\right)^{E_n}\right] \tag{5-51}$$

忽略永磁体的影响，可将电机分为气隙子域、槽口子域和槽身子域三个子域。采用子域法对电机的有齿槽、无永磁体模型的气隙磁场进行求解，得到电机气隙磁密，将此时一个齿距下气隙磁动势 $F_{\delta t_a}$和气隙磁密 $B_{\delta t_a}(\alpha)$代入式（5-37），即可求得一个齿距下的气隙有效长度，进而求得电枢绕组磁动势单独作用下的气隙磁导 $\Lambda_a(\alpha)$，对其进行傅里叶分解，可将其表示为

$$\Lambda_a(\alpha) = \Lambda_{a0} + \sum_{l=1,2,3,\cdots} \Lambda_{al}\cos(lQ_1\alpha) \tag{5-52}$$

式中，Λ_{a0}为气隙磁导的恒定分量，Λ_{al}为气隙磁导 l 次谐波分量的幅值，可以通过对求得的气隙磁导 $\Lambda_a(\alpha)$进行傅里叶分解而得到。

3. 负载电磁力波的计算

根据磁动势-磁导法，将式（5-42）和式（5-52）相乘，即得到电枢绕组磁动势单独作用下的气隙磁密为

$$\begin{aligned} B_2(\alpha,t) = F_2(\alpha,t)\Lambda_a(\alpha) &= \Lambda_{a0}\sum_{\nu=1\pm 6k,k=1,2,3,\cdots} F_\nu\cos(\omega t - \nu p\alpha) + \\ &\frac{\sum\limits_{\nu=1\pm 6k,k=1,2,3,\cdots}\sum\limits_{l=1,2,3,\cdots} F_\nu\Lambda_{al}}{2}\cos[\omega t - (\nu p \pm lQ_1)\alpha] \end{aligned} \tag{5-53}$$

将空载气隙磁密和电枢气隙磁密代入式（5-2），即可求得负载电磁力波的表达式。

4. 计算实例

对于本节 6 极 36 槽表贴式永磁同步电机，额定电流为 12. 59A，电枢绕组磁动势的计算结果如图 5-10 所示。与永磁磁动势相比，电枢绕组磁动势要小得多，因此电枢绕组磁动势

对铁心饱和程度影响较小。

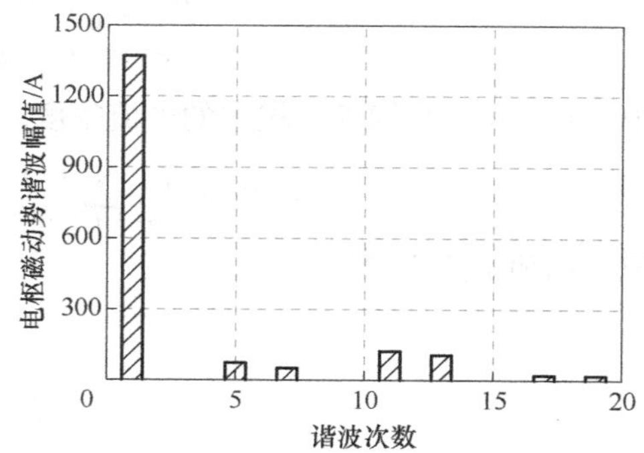

图 5-10　电枢绕组磁动势低次谐波分量

采用子域法对 $\omega t=\pi/2$ 时刻电机的有齿槽、无永磁体结构模型进行求解，此时 A、B、C 三相绕组中的电流分别为 15.4A、0A、-15.4A。电枢单独作用下电机一个极下的气隙磁密沿圆周的分布如图 5-11a 所示。可以看出，中间三个齿距范围内的磁动势相同，由中间位置处气隙磁密可求得三个齿距范围内的磁动势均为 1383.12A。将磁动势计算结果与第三个齿距范围内的气隙磁密 $B_{\delta t\_a}(\alpha)$ 代入式（5-37），即可得到一个齿距下的有效气隙长度，如图 5-11b 所示，进而求得电枢单独作用下气隙磁导 $\Lambda_a(\alpha)$。对求得的气隙磁导进行傅里叶分解，得到其恒定分量及其谐波分量幅值见表 5-7，至此得到包括幅值、频率在内的完整的电枢绕组磁动势单独作用下的气隙磁导表达式。

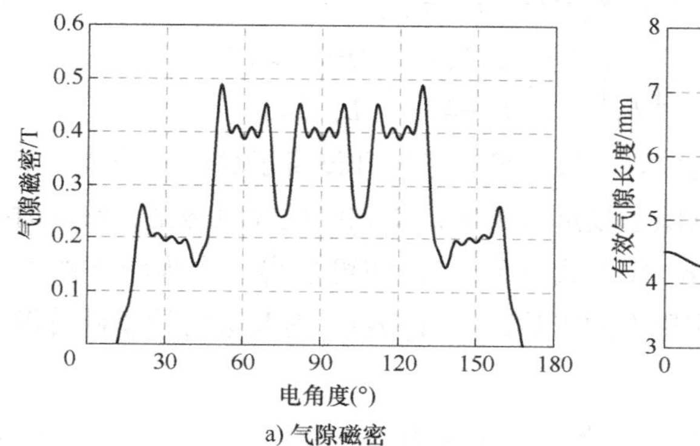

a) 气隙磁密

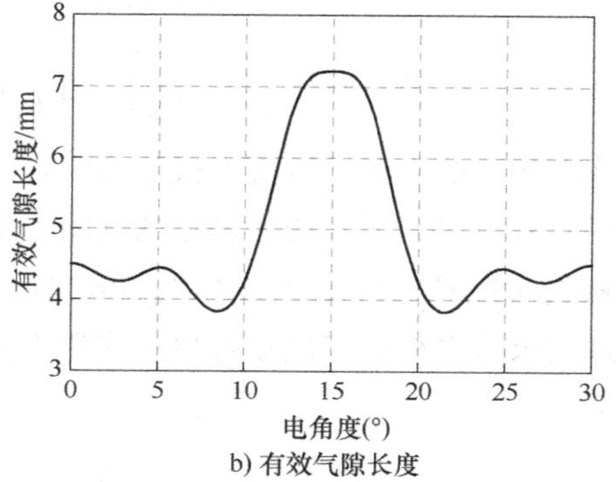

b) 有效气隙长度

图 5-11　电枢单独作用下的气隙磁密及一个齿距下的气隙有效长度沿圆周分布

表 5-7　电枢单独作用下气隙磁导的恒定分量及其谐波分量幅值

参数	大小/H
Λ_{a0}	2.687×10^{-4}
Λ_{a1}	4.422×10^{-5}
Λ_{a2}	4.523×10^{-5}
Λ_{a3}	2.028×10^{-5}
Λ_{a4}	2.345×10^{-6}
Λ_{a5}	1.329×10^{-5}

当电机负载运行时，气隙磁场由永磁体磁场和电枢磁场共同建立，所以负载电磁力波可由下式计算：

$$
\begin{aligned}
p_{\mathrm{r}}(\alpha,t) &= \frac{B^2(\alpha,t)}{2\mu_0} \\
&= \frac{1}{2\mu_0}\Big\{\Big[\sum_{\mu=1,3,5,\cdots} F_\mu\cos(\mu\omega t-\mu p\alpha)\Big]\times\Big[\Lambda_{\mathrm{r0}}+\sum_{m=1,2,3,\cdots}\Lambda_{\mathrm{r}m}\cos(mQ_1\alpha)\Big]+ \\
&\quad \Big[\sum_{\nu=1\pm 6k,k=1,2,3,\cdots} F_\nu\cos(\omega t-\nu p\alpha)\Big]\times\Big[\Lambda_{\mathrm{a0}}+\sum_{l=1,2,3,\cdots}\Lambda_{\mathrm{a}l}\cos(lQ_1\alpha)\Big]\Big\}^2 \\
&= \frac{1}{2\mu_0}\Bigg\{\Lambda_{\mathrm{r0}}\sum_{\mu=1,3,5,\cdots} F_\mu\cos(\mu\omega t-\mu p\alpha)+\frac{\sum\limits_{\mu=1,3,5,\cdots}\sum\limits_{m=1,2,3,\cdots}F_\mu\Lambda_{\mathrm{r}m}}{2} \\
&\quad \cos[\mu\omega t-(\mu p\pm mQ_1)\alpha]+\Lambda_{\mathrm{a0}}\sum_{\nu=1\pm 6k,k=1,2,3,\cdots}F_\nu\cos(\omega t-\nu p\alpha)+ \\
&\quad \frac{\sum\limits_{\nu=1\pm 6k,k=1,2,3,\cdots}\sum\limits_{l=1,2,3,\cdots}F_\nu\Lambda_{\mathrm{a}l}}{2}\cos[\omega t-(\nu p\pm lQ_1)\alpha]\Bigg\}^2 \\
&= \frac{1}{2\mu_0}[(1)+(2)+(3)+(4)]^2
\end{aligned}
\tag{5-54}
$$

式中，

（1）代表 $\Lambda_{\mathrm{r0}}\sum\limits_{\mu=1,3,5,\cdots}F_\mu\cos(\mu\omega t-\mu p\alpha)$

（2）代表 $\dfrac{\sum\limits_{\mu=1,3,5,\cdots}\sum\limits_{m=1,2,3,\cdots}F_\mu\Lambda_{\mathrm{r}m}}{2}\cos[\mu\omega t-(\mu p\pm mQ_1)\alpha]$

（3）代表 $\Lambda_{\mathrm{a0}}\sum\limits_{\nu=1\pm 6k,k=1,2,3,\cdots}F_\nu\cos(\omega t-\nu p\alpha)$

（4）代表 $\dfrac{\sum\limits_{\nu=1\pm 6k,k=1,2,3,\cdots}\sum\limits_{l=1,2,3,\cdots}F_\nu\Lambda_{\mathrm{a}l}}{2}\cos[\omega t-(\nu p\pm lQ_1)\alpha]$

整理式（5-54）可得，除了表 5-3 所列出的空载电磁力波外，负载时还新引入了以下七类电磁力波，见表 5-8。从表中可以看出，负载情况下新引入的电磁力波中包含的频率也为基频的偶数倍，最小频率为 $2f$，阶数为极数的整数倍，最小阶数为 $2p$。

表 5-8　负载情况下新引入的主要电磁力波分量

分类	来源	幅值	频率	阶次
第一类	$(3)^2$	$\Sigma\dfrac{F_\nu^2\Lambda_{\mathrm{a0}}^2}{4\mu_0}$	$2f$	$2\nu p$
		$\Sigma\Sigma\dfrac{F_{\nu1}F_{\nu2}\Lambda_{\mathrm{a0}}^2}{4\mu_0}$	$2f$	$(\nu_1+\nu_2)p$
第二类	$(4)^2$	$\Sigma\Sigma\dfrac{F_\nu^2\Lambda_{\mathrm{a}l}^2}{16\mu_0}$	$2f$	$2\nu p\pm 2lQ_1$
		$\Sigma\Sigma\dfrac{F_\nu^2\Lambda_{\mathrm{a}l}^2}{8\mu_0}$	$2f$	$2\nu p$

（续）

分类	来源	幅值	频率	阶次
第二类	$(4)^2$	$\sum\sum\sum\frac{F_{\nu1}F_{\nu2}\Lambda_{al}^2}{16\mu_0}$	$2f$	$(\nu_1+\nu_2)p\pm2lQ_1$
		$\sum\sum\sum\frac{F_{\nu1}F_{\nu2}\Lambda_{al}^2}{8\mu_0}$	$2f$	$(\nu_1+\nu_2)p$
		$\sum\sum\sum\frac{F_{\nu}^2\Lambda_{al1}\Lambda_{al2}}{16\mu_0}$	$2f$	$2\nu p\pm(l_1\pm l_2)Q_1$
		$\sum\sum\sum\sum\frac{F_{\nu1}F_{\nu2}\Lambda_{al1}\Lambda_{al2}}{16\mu_0}$	$2f$	$(\nu_1+\nu_2)p\pm(l_1\pm l_2)Q_1$
第三类	(3)×(4)	$\sum\sum\sum\frac{F_{\nu1}F_{\nu2}\Lambda_{a0}\Lambda_{al}}{8\mu_0}$	$2f$	$(\nu_1+\nu_2)p\pm lQ_1$
第四类	(1)×(3)	$\sum\sum\frac{F_{\mu}F_{\nu}\Lambda_{r0}\Lambda_{a0}}{2\mu_0}$	$(\mu\pm1)f$	$(\mu\pm\nu)p$
第五类	(1)×(4)	$\sum\sum\sum\frac{F_{\mu}F_{\nu}\Lambda_{r0}\Lambda_{al}}{4\mu_0}$	$(\mu\pm1)f$	$(\mu\pm\nu)p\pm lQ_1$
第六类	(2)×(3)	$\sum\sum\sum\frac{F_{\mu}F_{\nu}\Lambda_{a0}\Lambda_{rm}}{4\mu_0}$	$(\mu\pm1)f$	$(\mu\pm\nu)p\pm mQ_1$
第七类	(2)×(4)	$\sum\sum\sum\sum\frac{F_{\mu}F_{\nu}\Lambda_{rm}\Lambda_{al}}{8\mu_0}$	$(\mu\pm1)f$	$(\mu\pm\nu)p\pm(m\pm l)Q_1$

对各阶电磁力波具体来源进行整理，得到负载情况下新引入的主要低阶电磁力波来源见表 5-9 和表 5-10。同样，表中只列出幅值较高的低阶磁动势谐波与气隙磁导的恒定分量和低次谐波分量的作用结果。其中，带括号项是低阶磁动势谐波与气隙磁导的低次谐波分量的作用结果，负号表示其旋转方向与永磁体基波磁场的旋转方向相反；不带括号项是低阶磁动势谐波与气隙磁导的恒定分量的相互作用结果。

不同充磁方式下主要低阶负载电磁力波幅值计算结果见表 5-11 和表 5-12。在永磁体磁动势和电枢磁动势的共同作用下，负载电磁力密度各分量幅值要略大于空载时的计算结果。同样，永磁体采用平行充磁时低阶负载电磁力密度各分量幅值要小于永磁体采用径向充磁时低阶负载电磁力密度各分量幅值，由于忽略磁动势高次谐波分量和气隙磁导高次谐波分量的影响，采用本节的快速计算方法所得的结果要略小于有限元结果，但仍有较高的准确性。

表 5-9 由电枢磁场产生的低阶负载电磁力波

ν_2 \ ν_1	1	−5	7	−11	13	−17
1	6/2	12/−2	(12/−2)	(6/2)	(6/2)	(12/−2)
−5		(6/2)	6/2	(12/−2)	(12/−2)	(6/2)
7			(6/2)	12/−2	(12/−2)	(6/2)
−11				(6/2)	6/2	(12/−2)

（续）

ν_2 \ ν_1	1	−5	7	−11	13	−17
13					(6/2)	12/−2
−17						(6/2)

表 5-10 由电枢磁场与空载磁场共同作用产生的低阶负载电磁力波

μ_1 \ ν_1	1	−5	7	−11	13	−17
1	6/2	12/−2	(12/−2)	(6/2)	(6/2)	(12/−2)
3	6/2 12/4	(12/−2) 6/−4	12/−2 (6/−4)	(6/2) (12/4)	(6/2) (12/4)	(12/−2) (6/−4)
5	12/4 18/6	(6/−4)	6/−4	(12/4) 18/−6	(12/4) (18/6)	(6/−4)
7	18/6	6/8	(6/8)	(18/6) 12/−8	18/−6 (12/−8)	(6/8)
9	(12/−8) (6/−10)	(6/8) 12/10	6/8 (12/10)	(12/−8) 6/−10	12/−8 (6/−10)	(6/8) (12/10)

表 5-11 永磁体径向充磁时主要低阶负载电磁力波幅值计算结果

分量	新方法/(kN/m^2)	有限元法/(kN/m^2)	误差(%)
$(0p,0f)$	239.21	247.70	−3.43
$(2p,2f)$	115.16	119.88	−3.94
$(4p,4f)$	83.11	86.74	−4.18
$(6p,6f)$	60.77	63.59	−4.43
$(8p,8f)$	45.33	47.71	−4.99
$(6p,0f)$	13.16	14.27	−7.78
$(12p,0f)$	41.32	43.80	−5.66

表 5-12 永磁体平行充磁时主要低阶负载电磁力波幅值计算结果

分量	新方法/(kN/m^2)	有限元法/(kN/m^2)	误差(%)
$(0p,0f)$	233.61	241.55	−3.28
$(2p,2f)$	102.14	107.39	−4.88
$(4p,4f)$	77.95	82.71	−5.75
$(6p,6f)$	55.16	58.44	−5.61
$(8p,8f)$	39.95	42.56	−6.13
$(6p,0f)$	11.73	12.77	−8.14
$(12p,0f)$	35.51	38.04	−6.65

5.3 定子固有振动频率的计算

调速永磁同步电机的转速变化范围宽，导致电磁力波的频率范围广，准确计算定子固有振动频率是抑制电磁振动的基础。

电机的定子由定子铁心、定子绕组和机壳组成，定子铁心齿槽形状复杂，机壳上有接线盒、散热筋等，绕组的弹性模量等参数不易确定，导致定子固有振动频率的准确计算非常困难。

现有的计算方法主要有两种，即单环型机电类比法和有限元法。单环型机电类比法将定子视为一个圆柱壳，计算准确度不高，且无法计算定子轴向模态所对应的固有振动频率。有限元法虽可以准确计算定子固有振动频率，但有限元建模和计算工作量大，不适于快速计算。

为提高定子固有振动频率的计算精度，本节将定子铁心、机壳分别视为内部带轴向肋和外部带轴向肋的圆柱壳结构，考虑材料的各向异性，基于中厚壳理论，利用 Galerkin 离散和 Rayleigh-Ritz 法将连续系统的振动位移离散化，推导定子自由振动的能量方程，计算定子固有振动频率。

本节首先介绍单环型机电类比法，然后介绍基于能量法的定子固有振动频率计算方法。

5.3.1 基于单环型机电类比法的定子固有振动频率计算[3]

由于定子结构复杂，单环型机电类比法对定子进行了以下简化。将定子铁心简化为由铁心轭部构成的内圆环形刚体，定子齿部和绕组的刚度不予考虑，它们的质量计入内圆环形刚体；将机壳的散热筋和接线盒去掉，剩余部分构成外圆环形刚体，散热筋和接线盒的刚度不予考虑，它们的质量计入外圆环形刚体，定子等效为双环模型。对于绝大多数电机，定子铁心和机壳之间为刚性连接，机壳和铁心一起振动，且振幅相等，从振动角度可将两者视为一个圆环，该圆环的刚度、质量分别等于机壳与铁心的刚度之和与质量之和。铁心和机壳的刚度与质量分别为

$$K_i=\frac{2\pi E_i J_i}{R_{\mathrm{ms}i}^3}(r^2-1)F_{\mathrm{r}i}^2 \tag{5-55}$$

$$m_i=G_i\frac{r^2+1}{r^2} \tag{5-56}$$

式中，$i=1$、2 分别代表铁心和机壳，G_1 为铁心轭、齿和绕组的总质量（kg），G_2 为机壳的质量（kg）；R_{ms1}、R_{ms2}、h_1、h_2、L_1、L_2 分别为铁心和机壳的平均半径（m）、轭厚（m）、轴向长度（m）；E_1、E_2 分别为铁心和机壳的弹性模量；F_{r1}、F_{r2}是铁心和机壳的轭厚与平均半径之比的函数；J_i 为

$$J_i=\frac{h_i^3 L_i}{12} \tag{5-57}$$

若作用在定子铁心上的 r 阶激振力波的幅值为 P_r，则等效的集中力为

$$F_{re}=2\pi R_{\mathrm{ms1}}L_1P_r \tag{5-58}$$

根据机械阻抗理论，电机定子的振动位移为

$$Y_r=\frac{P_{re}}{(K_1+K_2)-\omega_r^2(m_1+m_2)} \tag{5-59}$$

因此，电机定子 r 阶模态的固有振动频率为

$$f_r=\frac{1}{2\pi}\sqrt{\frac{K_1+K_2}{m_1+m_2}} \tag{5-60}$$

5.3.2　基于能量法的定子固有振动频率计算方法

1. 复杂定子结构的等效

（1）铁心的等效

图 5-12a 为小型三相永磁同步电机的定子铁心。轭部为标准的圆柱壳结构，将齿视为附加于定子轭内表面的轴向肋，定子铁心成为带轴向肋的圆柱壳结构，如图 5-12b 所示。齿的形状不规则，需要等效为几个规则形状的组合体。对于常见的开梨形槽的定子铁心，可将定子齿等效为三种简单结构的组合体，如图 5-13 所示，合理调整对应简化结构的密度以保证简化结构与实际结构的质量相等。

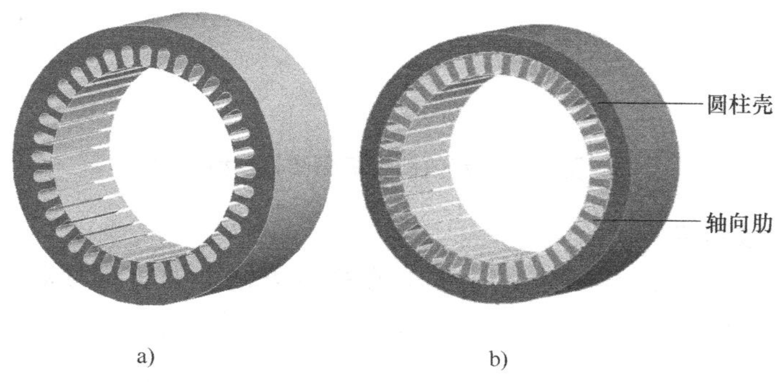

图 5-12　等效前后定子铁心结构模型

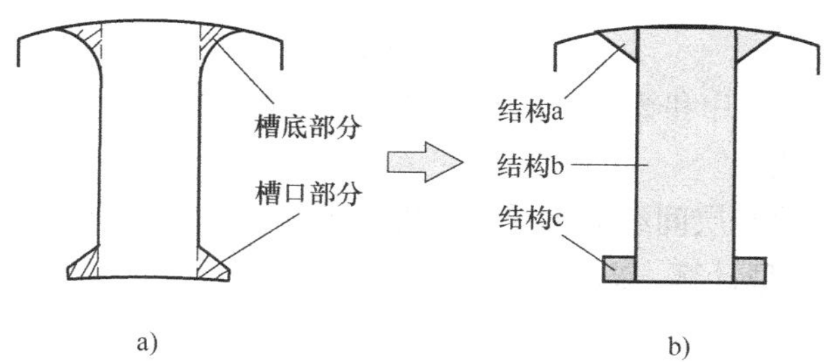

图 5-13　定子齿的等效

（2）定子绕组的等效

定子绕组由多根并绕导体绕制而成，放置在定子槽中，如图 5-14a 所示。在基于能量法的定子固有振动频率计算中，认为槽内绕组形状与定子槽的形状相同，绕组端部的影响用附加质量来考虑，如图 5-14b 所示。在等效过程中，保证绕组的质量不变。

（3）机壳的等效

图 5-15a 所示是机壳结构模型。机壳可看成与定子铁心同轴不等长的圆柱壳体，壳外附加的接线盒、散热筋等结构等效为均匀分布的散热筋 A，且保证质量不变。将底角以附加质量的形式均匀附加到同位置的散热筋中，等效为散热筋 B。等效后的机壳结构模型如图 5-15b 所示，为外表面带轴向肋的圆柱壳体。

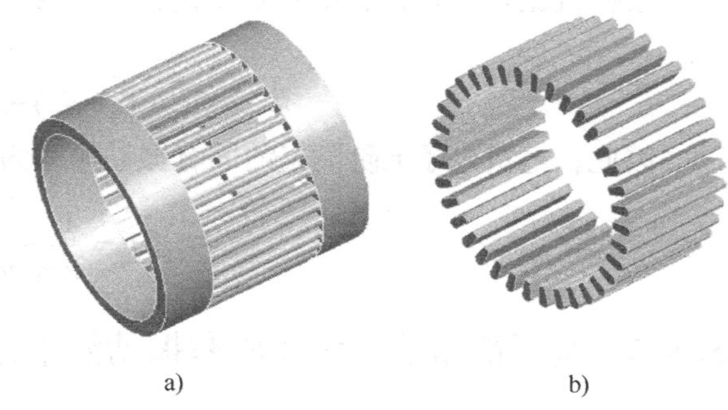

a)　　b)

图 5-14　等效前后定子绕组结构模型

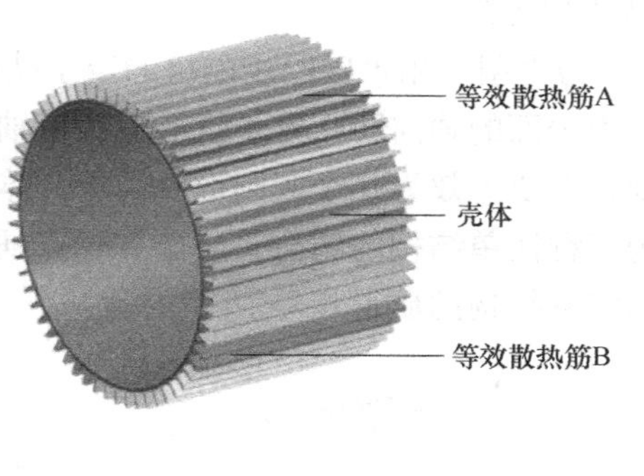

a)　　b)

图 5-15　等效前后机壳结构模型

2. 定子材料参数确定

对于由硅钢片叠压而成的定子铁心，铁心在叠压方向上的材料参数（弹性模量、剪切模量和泊松比）与非叠压方向上有很大的不同，呈现出明显的正交异性。定子铁心等效材料参数可采用复合材料的参数计算方法进行计算[4]。在轴向上，各叠片与层间绝缘之间所受应力相同，其弹性模量可按照 Reuss 串联模型计算，即

$$E_z=\left(\frac{\chi_1}{E_1}+\frac{\chi_2}{E_2}\right)^{-1} \tag{5-61}$$

式中，E_1 和 E_2 分别为硅钢片和叠压铁心的弹性模量，χ_1 和 χ_2 分别为硅钢片和叠压铁心两种材料所占空间体积的比例。

在 x-y 平面内，叠片与层间绝缘承受相同外部载荷，两者的应变是相同的，因此其弹性模量可按照 Voigt 并联模型计算，即

$$E_x=E_y=\chi_1E_1+\chi_2E_2 \tag{5-62}$$

其余参数可按照下式进行计算：

$$\mu_{xy}=\chi_1\mu_1+\chi_2\mu_2 \tag{5-63}$$

$$G_{xy}=\frac{E_x}{2(1+\mu_{xy})} \tag{5-64}$$

$$G_{xz}=G_{yz}=\left[\frac{2\chi_1(1+\mu_1)}{E_1}+\frac{2\chi_2(1+\mu_2)}{E_2}\right]^{-1} \tag{5-65}$$

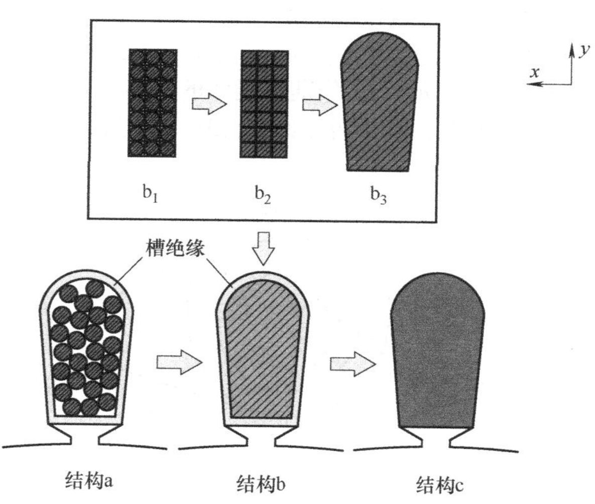

图 5-16　定子绕组的等效

对于绕组而言，槽内导体的分布比较散乱，并且由于浸漆等使得绕组材料组成以及各种材料之间的相互作用关系极其复杂。图 5-16 是定子绕组的等效模型。假设构成绕组的各圆导体之间紧密接触且有序排列，导体之间均匀填充绝缘漆，如图 5-16 中 b_1 结构所示。各导体与其周围绝缘材料构成的方形区域的材料参数可采用复合材料的参数计算方法进行计算。其中，绕组截面所在平面（x-y 平面）内的弹性模量可按照 Reuss 串联模型计算，其余方向的材料参数可按照 Voigt 并联模型进行计算，等效后的方形绕组结构如 b_2 所示。考虑实际槽满率和定子槽型结构，保证绕组截面的弯曲刚度（EI_x）和扭转刚度（GI_p）不变，可将槽内绕组等效成 b_3 结构。最后，考虑槽绝缘的影响，将定子槽内绕组等效成由 b_3 结构和槽绝缘构成的等效绕组结构 c，其在 x-y 平面内的材料参数和其余方向的材料参数可分别按照 Reuss 串联模型和 Voigt 并联模型确定。在绕组等效过程中，修正等效绕组的密度保证等效前后绕组的质量不变。

硅钢片、铜以及绝缘的标称参数见表 5-13，等效后定子各部分材料参数计算结果见表 5-14。

表 5-13　硅钢片、铜以及绝缘的标称参数

参数	硅钢片	铜	绝缘
弹性模量/GPa	205	110	3
泊松比	0. 27	0. 30	0. 30
密度/(kg/m^3)	7850	6260	1300

表 5-14　等效后定子各部分材料参数计算结果

参数	定子铁心	绕组			机壳
		结构 b_2	结构 b_3	结构 c	
E_x, E_y/GPa	194. 90	12. 58	1. 84	1. 92	110
E_z/GPa	46. 95	86. 99	86. 99	77. 75	110
G_{xy}/GPa	76. 73	4. 88	0. 90	0. 94	44
G_{xz}, G_{yz}/GPa	18. 15	33. 46	33. 46	29. 91	44
μ_{xy}	0. 27	0. 30	0. 30	0. 30	0. 25
μ_{xz}, μ_{yz}	0. 07	0. 04	0. 04	0. 007	0. 25
ρ/(kg/m^3)	7522. 50	5195. 57	4112. 59	3803. 21	6900

3. 定子固有振动频率计算

图 5-17 为定子铁心的等效结构，u、v、w 分别表示圆柱壳中面沿轴向、周向和径向的位移，R_{ms1}、h_1、L_1 分别为壳体的平均半径、厚度和轴向长度，等效齿结构的宽度和高度分别为 b_{ti}和 d_{ti}，其相对于圆柱壳中面的偏心距为 e_{ti}，相邻两肋之间的夹角为 α_s。

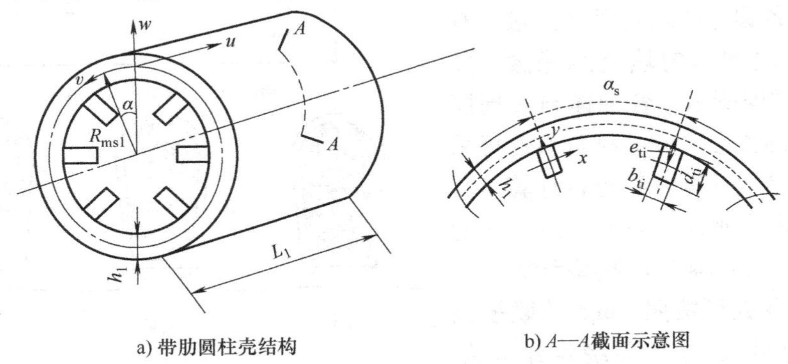

a) 带肋圆柱壳结构　　b) A—A截面示意图

图 5-17　定子铁心的等效结构

定子轭内任意一点的位移可表示为

$$\begin{cases} u_y = u + (r-R)\varphi \\ v_y = \dfrac{r}{R_{ms1}} v + \dfrac{r-R_{ms1}}{R_{ms1}}\psi \\ w_y = w \end{cases} \tag{5-66}$$

式中，φ 和 ψ/R_{ms1}分别表示圆柱壳内垂直于中位面的直线沿轴向及周向的转角。根据三维弹性理论，圆柱壳的动能和势能可分别表示为

$$PE_y = \frac{1}{2}\int_{-L_1/2}^{L_1/2}\int_0^{2\pi}\int_{r_1}^{r_2}(\sigma_\alpha\varepsilon_\alpha + \sigma_z\varepsilon_z + \tau_{r\alpha}\gamma_{r\alpha} + \tau_{rz}\gamma_{rz} + \tau_{\alpha z}\gamma_{\alpha z})r\mathrm{d}r\mathrm{d}\alpha\mathrm{d}z \tag{5-67}$$

$$\begin{aligned} KE_y &= \frac{\rho_y}{2}\int_{-L_1/2}^{L_1/2}\int_0^{2\pi}\int_{r_1}^{r_2}\left(\frac{\partial u_y}{\partial t}\right)^2 + \left(\frac{\partial v_y}{\partial t}\right)^2 + \left(\frac{\partial w_y}{\partial t}\right)^2 r\mathrm{d}r\mathrm{d}\alpha\mathrm{d}z \\ &= \frac{\rho_y R_{ms1} h_1}{2}\left\{\int_{-L_1/2}^{L_1/2}\int_0^{2\pi}\left[\left(\frac{\partial u}{\partial t}\right)^2 + \left(\frac{\partial v}{\partial t}\right)^2 + \left(\frac{\partial w}{\partial t}\right)^2\right] + \frac{h_1^2}{12R_{ms1}^2}\int_{-L_1/2}^{L_1/2}\int_0^{2\pi}\right. \\ &\left.\left[2R_{ms1}\frac{\partial u}{\partial t}\frac{\partial \varphi}{\partial t} + R_{ms1}^2\left(\frac{\partial \varphi}{\partial t}\right)^2 + 3\left(\frac{\partial v}{\partial t}\right)^2 + 4\frac{\partial v}{\partial t}\frac{\partial \psi}{\partial t} + \left(\frac{\partial \psi}{\partial t}\right)^2\right]\right\}\mathrm{d}\alpha\mathrm{d}z \end{aligned} \tag{5-68}$$

式中，ρ_y 为壳体密度；r_1 和 r_2 分别为圆柱壳的内、外半径；σ 和 ε 为圆柱壳的正应力和正应变，τ 和 γ 为剪应力和剪应变，其具体表达式为

$$\sigma_\alpha = \frac{2G_{yrz}}{1-2\mu_{yrz}}\left[(1-\mu_{yrz})\left(\frac{w_y}{r} + \frac{1}{r}\frac{\partial v_y}{\partial \alpha}\right) + \mu_{yrz}\left(\frac{\partial w_y}{\partial r} + \frac{\partial u_y}{\partial z}\right)\right] \tag{5-69}$$

$$\sigma_z = \frac{2G_{yr\alpha}}{1-2\mu_{yr\alpha}}\left[(1-\mu_{yr\alpha})\frac{\partial u_y}{\partial z} + \mu_{yr\alpha}\left(\frac{\partial w_y}{\partial r} + \frac{w_y}{r} + \frac{1}{r}\frac{\partial v_y}{\partial \alpha}\right)\right] \tag{5-70}$$

$$\varepsilon_\alpha = \frac{w_y}{r} + \frac{1}{r}\frac{\partial v_y}{\partial \alpha} \tag{5-71}$$

$$\varepsilon_z = \frac{\partial u_y}{\partial z} \tag{5-72}$$

$$\gamma_{r\alpha} = \frac{1}{r}\frac{\partial w_y}{\partial \alpha} + \frac{\partial v_y}{\partial r} - \frac{v_y}{r} \tag{5-73}$$

$$\gamma_{rz} = \frac{\partial w_y}{\partial z} + \frac{\partial u_y}{\partial r} \tag{5-74}$$

$$\gamma_{\alpha z} = \frac{\partial v_y}{\partial z} + \frac{1}{r}\frac{\partial u_y}{\partial \alpha} \tag{5-75}$$

$$\tau = G_y \gamma \tag{5-76}$$

式中，G_y 为材料的剪切模量，μ_y 为泊松比。

将定子轭的结构参数代入式（5-62）和式（5-63），即可得到定子轭的动能和势能。

对于定子齿，其截面形心处的位移与定子轭中曲面位移的关系为

$$\begin{cases} u_{si} = u - e_{ti}\varphi \\ v_{si} = v - \dfrac{e_{ti}}{R_{ms1}}(\psi + v) \\ w_{si} = w \end{cases} \tag{5-77}$$

式中，e_{ti}为齿的偏心距，其大小为

$$e_{ti} = \frac{h_1}{2} + y_c \tag{5-78}$$

式中，y_c 为沿定子齿 y 轴方向的质心坐标。

考虑等效齿的转动惯量和剪切变形，其动能和势能可分别表示为

$$KE_t = \sum_{1}^{Q_1} \frac{\rho_t A_t}{2}\int_{-L_1/2}^{L_1/2}\left[\left(\frac{\partial u_{si}}{\partial t}\right)^2 + \left(\frac{\partial v_{si}}{\partial t}\right)^2 + \left(\frac{\partial w_{si}}{\partial t}\right)^2\right]\mathrm{d}z \tag{5-79}$$

$$PE_t = \sum_{1}^{Q_1} \frac{1}{2}\int_{-L_1/2}^{L_1/2}\left[E_{tz}A_t\left(\frac{\partial u_{si}}{\partial z}\right)^2 + E_{tz}I_{xt}\left(\frac{\partial^2 w_{si}}{\partial z^2}\right)^2 + E_{tz}I_{yt}\left(\frac{\partial^2 v_{si}}{\partial z^2}\right)^2 + \frac{G_{t\alpha z}J_t}{R_{ms1}^2}\left(\frac{\partial^2 w_{si}}{\partial z\,\partial \alpha}\right)^2\right]\mathrm{d}z \tag{5-80}$$

式中，ρ_t、E_t、G_t 分别为齿的密度、弹性模量和剪切模量。A_t 为齿的截面积，I_{xt}和 I_{yt}分别为截面绕平行于 x 轴和 y 轴的质心轴的惯性矩，J_t 为齿的扭转刚度。

对于电机机壳，机壳壳体的动能和势能可按照定子轭的动能和势能计算方法求得，散热筋的动能和势能可按照定子齿的动能和势能计算方法求得，底角的影响通过修正对应散热筋的密度实现。由于散热筋为加在机壳外表面的轴向肋，其偏心距为负数。

根据 Gram-Schmidt 正交化原理，圆柱壳中位面的位移场函数可以表示为

$$\begin{cases} w = \sum\limits_{i=1}^{I} a_i \mathrm{e}^{\bar{j}\omega t}\cos n\alpha z^i \\ v = \sum\limits_{i=1}^{I} b_i \mathrm{e}^{\bar{j}\omega t}\sin n\alpha z^i \\ u = \sum\limits_{i=1}^{I} c_i \mathrm{e}^{\bar{j}\omega t}\cos n\alpha z^i \\ \varphi = \sum\limits_{i=1}^{I} d_i \mathrm{e}^{\bar{j}\omega t}\cos n\alpha z^{i-1} \\ \psi = \sum\limits_{i=1}^{I} e_i \mathrm{e}^{\bar{j}\omega t}\sin n\alpha z^i \end{cases} \tag{5-81}$$

式中，a_i、b_i、c_i、d_i、e_i 是位移场函数的系数，$\bar{\mathrm{j}}$ 为虚数算子，ω 是系统的振动频率，I 是决定位移场函数模型大小的整数，其选择直接影响计算结果的准确性。

将圆柱壳中位面的位移场函数代入式（5-62）、式（5-63）、式（5-74）和式（5-75），求得定子轭和定子齿的动能和势能分别为

$$
\begin{aligned}
KE_{\mathrm{y}} = -\rho_{\mathrm{y}}\pi\omega^2\mathrm{e}^{2\bar{\mathrm{j}}\omega t}\sum_{ik}\Bigg\{\Bigg[a_ia_kR_{\mathrm{ms1}}h_1 + b_ib_k\left(\frac{h_1^3}{4R_{\mathrm{ms1}}} + R_{\mathrm{ms1}}h_1\right)b_ie_k\frac{h_1^3}{3R} + \\
c_ic_kR_{\mathrm{ms1}}h_1 + e_ie_k\frac{h_1^3}{12R_{\mathrm{ms1}}}\Bigg]\beta_1 + c_id_k\frac{h_1^3}{6}\beta_2 + d_id_k\frac{R_{\mathrm{ms1}}h_1^3}{12}\beta_3\Bigg\}
\end{aligned}
\tag{5-82}
$$

$$
\begin{aligned}
PE_{\mathrm{y}} = \pi\mathrm{e}^{2\bar{\mathrm{j}}\omega t}\sum_{ik}\Bigg\{&\frac{2G_{\mathrm{rz}}(1-\mu_{\mathrm{rz}})\beta_1}{1-2\mu_{\mathrm{rz}}}\Bigg[a_ia_k\ln\frac{2R_{\mathrm{ms1}}+h_1}{2R_{\mathrm{ms1}}-h_1} + a_ib_k\frac{4nh_1}{R_{\mathrm{ms1}}} + \left(a_ie_k\frac{4n}{R_{\mathrm{ms1}}} - e_ie_k\frac{n^2}{R_{\mathrm{ms1}}}\right) \\
&\left(h_1 - R\ln\frac{2R_{\mathrm{ms1}}+h_1}{2R_{\mathrm{ms1}}-h_1}\right) + b_ib_k\frac{n^2h_1}{R_{\mathrm{ms1}}}\Bigg] + \frac{2G_{\mathrm{r\alpha}}(1-\mu_{\mathrm{r\alpha}})}{1-2\mu_{\mathrm{r\alpha}}}\Bigg[c_ic_kikR_{\mathrm{ms1}}h_1\beta_3 + \\
&c_id_k\frac{i(k-1)h_1^3}{6}\beta_4 + d_id_k\frac{(i-1)(k-1)R_{\mathrm{ms1}}h_1^3}{12}\beta_5\Bigg] + \left(\frac{2G_{\mathrm{rz}}\mu_{\mathrm{rz}}}{1-2\mu_{\mathrm{rz}}} + \frac{2G_{\mathrm{r\alpha}}\mu_{\mathrm{r\alpha}}}{1-2\mu_{\mathrm{r\alpha}}}\right) \\
&\Bigg[a_ic_kkh_1\beta_2 + b_ic_knkh_1\beta_2 + b_id_k\frac{n(k-1)h_1^3}{12R_{\mathrm{ms1}}}\beta_3 + d_ie_k\frac{n(i-1)h_1^3}{12R_{\mathrm{ms1}}}\beta_3\Bigg] + \\
&G_{\mathrm{r\alpha}}\ln\frac{2R_{\mathrm{ms1}}+h_1}{2R_{\mathrm{ms1}}-h_1}\beta_1(a_ia_kn^2 + 2a_ie_kn + e_ie_k) + G_{\mathrm{rz}}R_{\mathrm{ms1}}h_1\beta_3(a_ia_kik + 2a_id_ki_3 + d_id_k) + \\
&G_{\alpha\mathrm{z}}\Bigg[b_ib_kik\left(\frac{h_1^3}{4R_{\mathrm{ms1}}} + R_{\mathrm{ms1}}h_1\right)\beta_3 - 2b_ic_kinh_1\beta_2 - b_id_k\frac{inh_1^3}{6R_{\mathrm{ms1}}}\beta_3 + b_ie_k\frac{ikh_1^3}{3R_{\mathrm{ms1}}}\beta_3 + \\
&c_ic_kn^2\ln\frac{2R_{\mathrm{ms1}}+h_1}{2R_{\mathrm{ms1}}-h_1}\beta_1 + 2c_id_kn^2\left(h_1 - R_{\mathrm{ms1}}\ln\frac{2R_{\mathrm{ms1}}+h_1}{2R_{\mathrm{ms1}}-h_1}\right)\beta_2 - \\
&d_id_kn^2R_{\mathrm{ms1}}\left(h_1 + R_{\mathrm{ms1}}\ln\frac{2R_{\mathrm{ms1}}+h_1}{2R_{\mathrm{ms1}}-h_1}\right)\beta_3 - d_ie_k\frac{inh_1^3}{6R_{\mathrm{ms1}}}\beta_3 + e_ie_k\frac{ikh_1^3}{12R_{\mathrm{ms1}}}\beta_3\Bigg]\Bigg\}
\end{aligned}
\tag{5-83}
$$

$$
\begin{aligned}
KE_{\mathrm{t}} = -\frac{\rho_{\mathrm{t}}A_{\mathrm{t}}\omega^2\mathrm{e}^{2\bar{\mathrm{j}}\omega t}}{2}\sum_{1}^{Q_1}\sum_{ik}\Bigg\{\Bigg[a_ia_k + b_ib_k\left(\frac{e_{\mathrm{ti}}}{R_{\mathrm{ms1}}} - 1\right)^2 + b_ie_k\frac{2e_{\mathrm{ti}}}{R_{\mathrm{ms1}}}\left(\frac{e_{\mathrm{ti}}}{R_{\mathrm{ms1}}} - 1\right) + \\
c_ic_k + e_ie_k\frac{e_{\mathrm{ti}}^2}{R_{\mathrm{ms1}}^2}\Bigg]\beta_1 - 2c_id_ke_{\mathrm{ti}}\beta_2 + d_id_ke_{\mathrm{ti}}^2\beta_3\Bigg\}
\end{aligned}
\tag{5-84}
$$

$$
\begin{aligned}
PE_{\mathrm{t}} = \frac{\mathrm{e}^{2\bar{\mathrm{j}}\omega t}}{2}\sum_{1}^{Q_1}\sum_{ik}\Bigg\{&a_ia_k\left[\frac{G_{\mathrm{t\alpha z}}J_{\mathrm{t}}ikn^2}{R_{\mathrm{ms1}}^2}\beta_3 + E_{\mathrm{tz}}I_{\mathrm{xt}}ik(i-1)(k-1)\beta_5\right] + \\
&\left[b_ib_k\left(\frac{e_{\mathrm{ti}}}{R_{\mathrm{ms1}}} - 1\right)^2 + b_ie_k\frac{2e_{\mathrm{ti}}}{R_{\mathrm{ms1}}}\left(\frac{e_{\mathrm{ti}}}{R_{\mathrm{ms1}}} - 1\right) + e_ie_k\frac{e_{\mathrm{ti}}^2}{R_{\mathrm{ms1}}^2}\right]E_{\mathrm{tz}}I_{\mathrm{yt}}ik(i-1)(k-1)\beta_5 + \\
&c_ic_kE_{\mathrm{tz}}A_{\mathrm{t}}ik\beta_3 - 2c_id_kE_{\mathrm{tz}}A_{\mathrm{t}}e_{\mathrm{ti}}i(k-1)\beta_4 + d_id_kE_{\mathrm{tz}}A_{\mathrm{t}}e_{\mathrm{ti}}^2(i-1)(k-1)\beta_5\Bigg\}
\end{aligned}
\tag{5-85}
$$

式中，$\beta_m(m=1,2,3,4,5)$为

$$\beta_1=\frac{(L_1/2)^{i+k+1}}{(i+k+1)}\xi_1 \tag{5-86}$$

$$\beta_2=\frac{(L_1/2)^{i+k}}{(i+k)}\xi_2 \tag{5-87}$$

$$\beta_3=\frac{(L_1/2)^{i+k-1}}{(i+k-1)}\xi_1 \tag{5-88}$$

$$\beta_4=\frac{(L_1/2)^{i+k-2}}{(i+k-2)}\xi_2 \tag{5-89}$$

$$\beta_5=\frac{(L_1/2)^{i+k-3}}{(i+k-3)}\xi_1 \tag{5-90}$$

$$\xi_1=\begin{cases}1 & i+k=2n(n=1,2,3,\cdots)\\ 0 & i+k=2n-1(n=1,2,3,\cdots)\end{cases} \tag{5-91}$$

$$\xi_2=\begin{cases}1 & i+k=2n-1(n=1,2,3,\cdots)\\ 0 & i+k=2n(n=1,2,3,\cdots)\end{cases} \tag{5-92}$$

式中，k 与 i 的取值范围相同。

定子动能和势能的拉格朗日函数可表示为

$$L_{\mathrm{F}}=\sum(PE+KE) \tag{5-93}$$

将定子各部分的动能和势能代入式（5-93），再分别对系数 a_i、b_i、c_i、d_i、e_i 求偏导取极值，即可得到定子固有振动频率的特征方程为

$$[\boldsymbol{K}-\omega^2\boldsymbol{M}]_{5I\times 5I}\begin{bmatrix}a_i\\ b_i\\ c_i\\ d_i\\ e_i\end{bmatrix}_{5I\times 1}=\boldsymbol{0}_{5I\times 1} \tag{5-94}$$

式中，$\boldsymbol{K}$ 和 $\boldsymbol{M}$ 分别是维度为 $5I\times 5I$ 的定子刚度矩阵和质量矩阵。对式（5-94）进行求解，即可得到定子径向和轴向各阶模态所对应的固有振动频率。

5.3.3　计算实例

采用单环型机电类比法和能量法对 6 极 36 槽永磁同步电机的定子铁心、带绕组的定子铁心、机壳、定子的固有振动频率进行了计算。

1. 定子铁心的固有振动频率计算

定子各阶模态所对应的固有振动频率的计算结果见表 5-15。其中，m 代表轴向模态阶数，n 代表径向模态阶数。可以看出，由于单环型机电类比法无法计及定子齿的刚度，因此计算结果偏小且误差较大，且无法考虑定子的轴向模态，局限性较大。采用能量法能够考虑定子齿部刚度的影响，所得各阶固有振动频率结果准确性较高，当轴向模态阶数为 0 时，各阶径向模态的固有振动频率计算结果误差均小于 7%；轴向模态阶数为 1 时，各阶径向模态

固有振动频率的计算结果误差略微增大，但不超过8%。

表5-15　定子铁心各阶固有振动频率计算结果

(m,n)	(0,2)/Hz（误差(%)）	(0,3)/Hz（误差(%)）	(0,4)/Hz（误差(%)）	(1,2)/Hz（误差(%)）	(1,3)/Hz（误差(%)）	(1,4)/Hz（误差(%)）
振型						
单环型机电类比法	652.46 (-5.46)	1556.80 (-13.51)	2829.99 (-18.03)	*	*	*
能量法	668.44 (-3.15)	1750.50 (-2.74)	3239.28 (-6.18)	807.26 (-4.08)	2043.82 (-5.78)	3470.85 (-7.01)
有限元法	677.01 (-1.91)	1776.80 (-1.28)	3347.40 (-3.04)	841.63	2169.20	3732.60
锤击法	690.20	1799.91	3452.53	*	*	*

2. 带绕组定子铁心的固有振动频率计算

带绕组定子铁心各阶固有振动频率计算结果见表5-16。采用单环型机电类比法对带绕组定子铁心的固有振动频率进行计算时，无法计及定子齿和绕组的刚度，因此计算结果偏小且误差较大。采用能量法对带绕组定子铁心的固有振动频率进行求解时，定子槽内绕组的形状视为与定子槽的形状相同，忽略端部绕组刚度的影响，调整槽内绕组的密度将端部绕组的质量均匀附加到槽内绕组上。与有限元法所得结果相比，由于采用能量法忽略端部绕组刚度的影响，因此采用能量法所得带绕组定子各阶固有振动频率结果要小于有限元所得结果，但计算结果仍有较高的准确性，误差不超过8%，证明了绕组等效材料参数计算的合理性。对比带绕组前后定子铁心各阶固有振动频率计算结果可以看出，增加绕组后定子铁心各阶固有振动频率减小，这主要是由于绕组槽满率较低，槽内绕组结构相对松散，对定子整体刚度的改变并不明显，绕组对定子铁心低阶固有振动频率的影响主要体现在质量的增加上，因此增加绕组后定子铁心各阶固有振动频率都减小。

表5-16　带绕组定子铁心各阶固有振动频率计算结果

(m,n)	(0,2)/Hz（误差(%)）	(0,3)/Hz（误差(%)）	(0,4)/Hz（误差(%)）	(1,2)/Hz（误差(%)）	(1,3)/Hz（误差(%)）	(1,4)/Hz（误差(%)）
振型						
单环型机电类比法	609.87 (-7.13)	1316.52 (-17.68)	2246.71 (-22.88)	*	*	*
能量法	634.07 (-3.45)	1527.40 (-4.49)	2765.37 (-5.08)	786.77 (-4.59)	1866.52 (-4.99)	2957.41 (-7.78)
有限元法	656.74	1599.20	2913.40	824.65	1964.6	3206.90

3. 机壳的固有振动频率计算

机壳的各阶固有振动频率计算结果见表 5-17。与定子铁心相比，机壳较薄且刚度较小，其各阶固有振动频率要远小于定子铁心的固有振动频率。同样，采用单环型机电类比法无法计及散热筋等机壳外附加结构的刚度，因此计算结果偏小且误差较大。而采用能量法能够考虑散热筋刚度的影响，计算结果准确性较高，当轴向模态阶数为 0 时，各阶径向模态的固有振动频率计算结果误差均小于 4%；轴向模态阶数为 1 时，由于接线盒等轴向不对称结构的影响变大，采用能量法所得计算结果误差随着径向模态阶次的增加而增大，但不超过 9%。由于采用能量法忽略机壳外附加的接线盒、底角等刚度的影响，因此采用能量法所得机壳各阶固有振动频率结果要小于有限元所得结果。可以看出，本节方法既适用于中厚壳结构（定子铁心）固有振动频率的计算，也适用于薄壳结构（机壳）固有振动频率的计算。

表 5-17　机壳各阶固有振动频率计算结果

(m,n)	(0,2)/Hz (误差(%))	(0,3)/Hz (误差(%))	(0,4)/Hz (误差(%))	(1,2)/Hz (误差(%))	(1,3)/Hz (误差(%))	(1,4)/Hz (误差(%))
振型						
单环型机电类比法	153.87 (−7.24)	412.53 (−11.56)	743.16 (−19.79)	*	*	*
能量法	160.64 (−3.16)	446.71 (−4.23)	893.42 (−3.57)	216.87 (−4.06)	587.64 (−6.45)	1009.94 (−8.37)
有限元法	165.89	466.46	926.56	226.04	628.16	1102.20

4. 定子的固有振动频率计算

由机壳、绕组、铁心组成的定子结构的各阶固有振动频率计算结果见表 5-18。与有限元法所得结果相比，采用双环型机电类比法所得结果误差较大，而采用能量法所得的低阶径向模态的固有振动频率具有较高的准确性。当轴向模态阶数为 0 时，采用能量法所得低阶径向模态的固有振动频率计算结果误差均小于 6%；当轴向模态阶数为 1 时，低阶径向模态的固有振动频率计算结果误差均小于 7%。与不考虑机壳时带绕组定子铁心的固有振动频率相比，当轴向模态阶数为 0 时，机壳的增加显著提高了定子整体的径向刚度，虽然定子整体质量也有所增加，但其影响小于增加的定子刚度的影响，因此增加机壳后定子各阶固有振动频率增大；当轴向模态阶数为 1 时，由于机壳轴向较长，其轴向刚度较小，机壳的增加对定子整体轴向刚度的影响较小，而增加质量的影响更大，因此增加机壳后定子各阶固有振动频率减小。

表 5-18　带机壳定子各阶固有振动频率计算结果

(m,n)	(0,2)/Hz (误差(%))	(0,3)/Hz (误差(%))	(1,2)/Hz (误差(%))	(1,3)/Hz (误差(%))
振型				
双环型机电类比法	596.74 (−11.36)	1245.81 (−23.56)	*	*
能量法	645.11 (−4.18)	1547.32 (−5.06)	724.22 (−5.36)	1709.25 (−6.73)
有限元法	673.25	1629.85	765.21	1832.67

5.3.4　定子铁心结构参数对固有振动频率的影响

在电机设计阶段，通常需要调整定子铁心的结构参数使定子固有振动频率偏离径向电磁力波的频率，以避免共振的发生。

1. 轭高的影响

定子铁心固有振动频率随轭高的变化如图 5-18 所示。为了不影响电机的电磁性能，保持定子铁心的内、外径不变，定子齿高随轭高的增大而减小。由于定子轭高的增大显著提高了定子铁心的刚度，虽然定子质量也有所增大，但刚度增加的效果更加显著，因此定子铁心的固有振动频率随轭高的增大而增大。

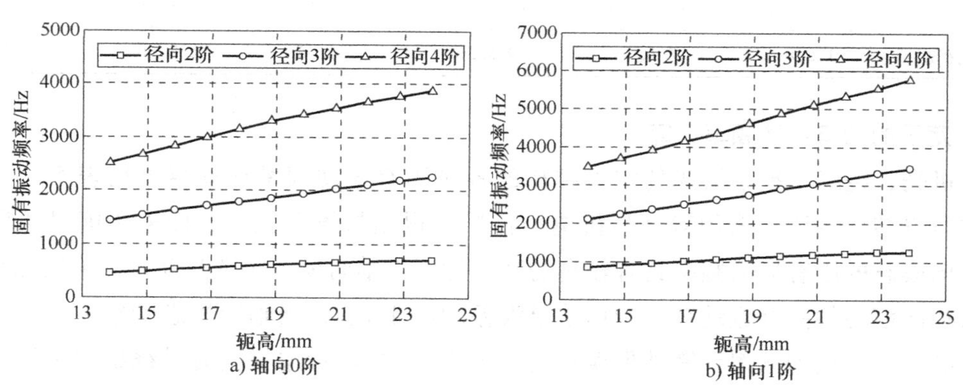

图 5-18　定子铁心固有振动频率随轭高的变化

2. 齿宽的影响

定子铁心固有振动频率随齿宽的变化如图 5-19 所示。随着定子齿宽的增大，定子铁心的质量和刚度都有所增加，但刚度的影响要略大于质量的影响，因此定子铁心的固有频率随齿宽的增大而增大。

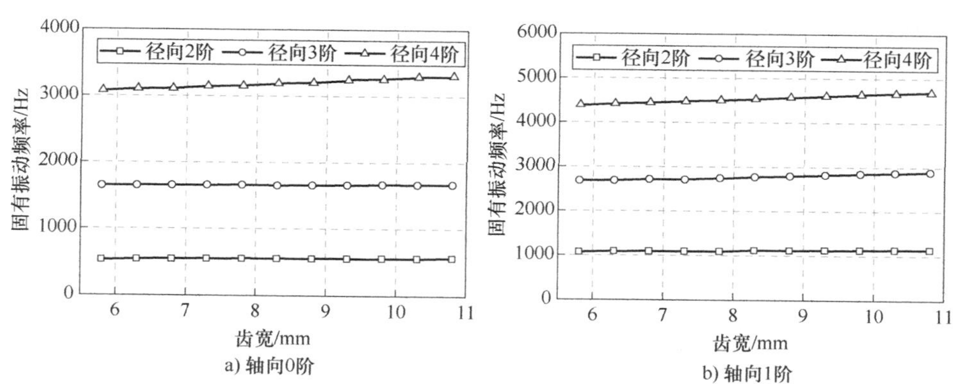

图 5-19　定子铁心固有振动频率随齿宽的变化

3. 槽数的影响

定子铁心固有振动频率随定子槽数的变化如图 5-20 所示。随着槽数的增加，定子铁心的质量和刚度都有所增加，但定子齿质量的影响要大于刚度的影响，因此定子铁心的固有振动频率随定子槽数的增加而减小。

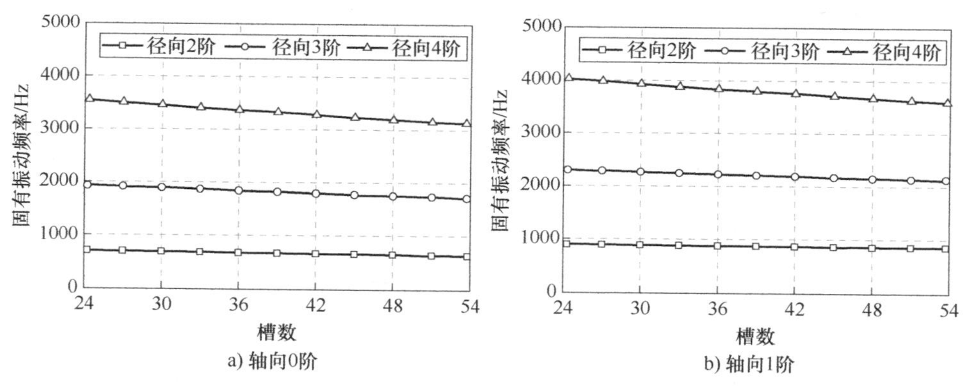

图 5-20　定子铁心固有振动频率随槽数的变化

4. 斜槽的影响

图 5-21 为不同斜槽数时定子铁心固有振动频率的变化情况。定子斜槽对其质量和刚度的影响都很小，随着斜槽数的增大，定子铁心固有振动频率略微增大，但变化很小。

5. 轴向孔和扣片槽的影响

对于封闭式电机，电机的散热问题较为突出，尤其是在一些高速大功率的应用场合，定子铁心的温升较高，通常会在不影响电机电磁性能的基础上在定子铁心增开轴向通风孔，如图 5-22a 所示。此外，在定子铁心冲片和叠压的过程中，也需要在定子铁心外表面开扣片槽，如图 5-22b 所示。在定子铁心上开轴向通风孔和扣片槽将直接改变定子的固有振动频率，因此有必要对开轴向通风孔和扣片槽后定子铁心的固有振动频率进行分析。定子铁心固有振动频率随轴向通风孔个数的变化如图 5-23 所示。开轴向通风孔后定子的刚度和质量都减小，定子刚度的减小程度要大于其质量的减小程度，随着轴向通风孔个数的增加，定子铁心固有振动频率略微减小，但变化很小，因此增开轴向通风孔对定子固有振动频率的影响很小。

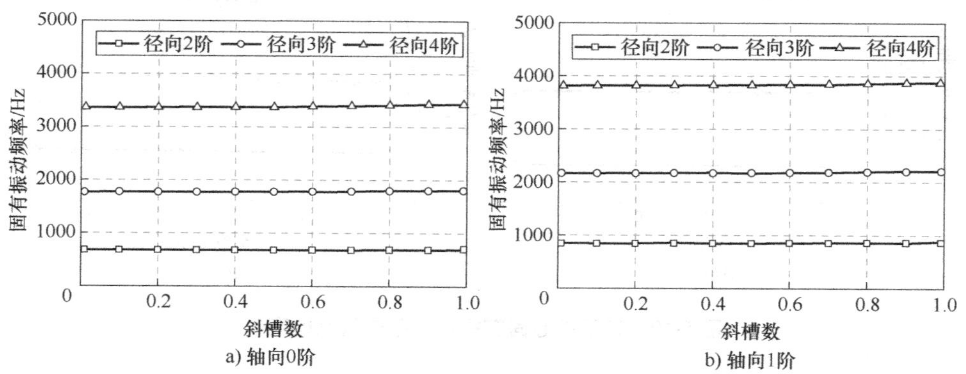

图 5-21　定子铁心固有振动频率随斜槽数的变化

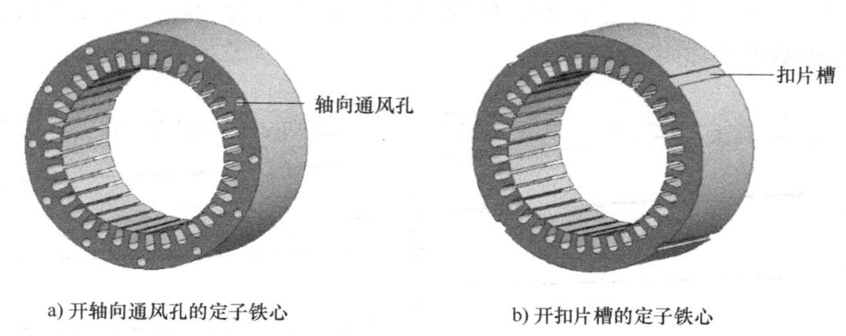

图 5-22　定子铁心三维结构

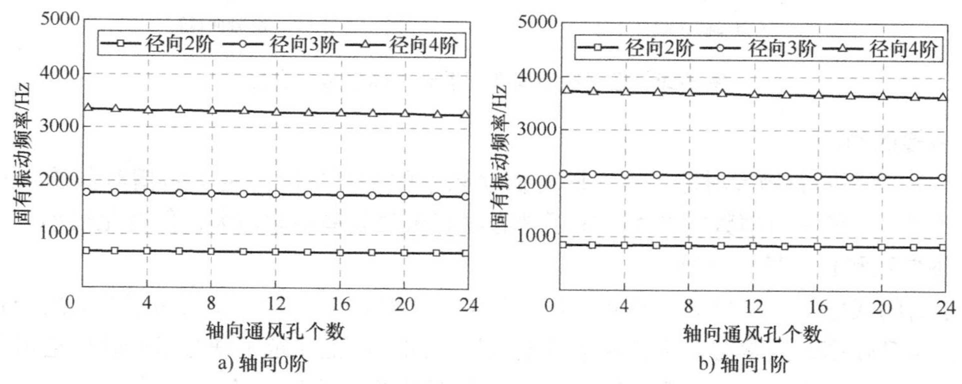

图 5-23　定子铁心固有振动频率随轴向通风孔个数的变化

定子铁心固有振动频率随扣片槽深度的变化如图 5-24 所示。随着扣片槽深度的增加，定子铁心刚度显著降低，虽然定子铁心的质量也减小，但定子铁心刚度的减小程度要大于其质量的减小程度，因此定子铁心的固有振动频率随扣片槽深度的增加而减小。由于扣片槽深度增加时铁心径向刚度的减小程度要大于其轴向刚度的减小程度，因此轴向模态阶数为 0 时各阶径向模态固有振动频率的减小效果更加明显。定子铁心固有振动频率随扣片槽宽度的变化如图 5-25 所示。同样，随着扣片槽宽度的增加，定子铁心刚度降低，且其减小程度大于定子铁心质量的减小程度，因此定子铁心的固有振动频率随扣片槽宽度的增加而减小。

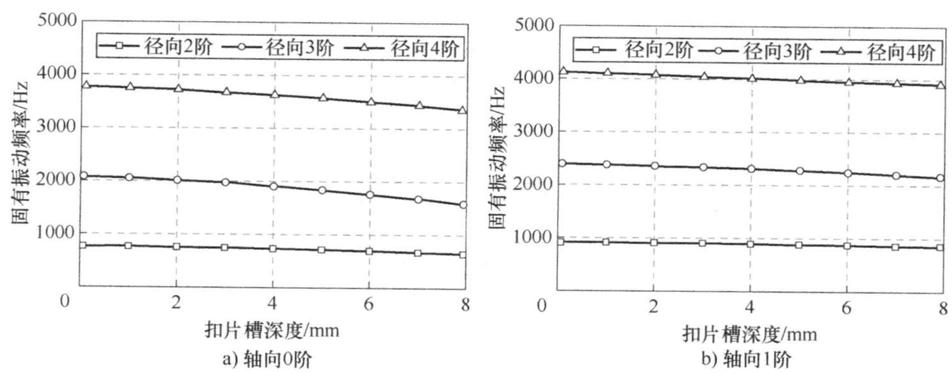

图 5-24　定子铁心固有振动频率随扣片槽深度的变化

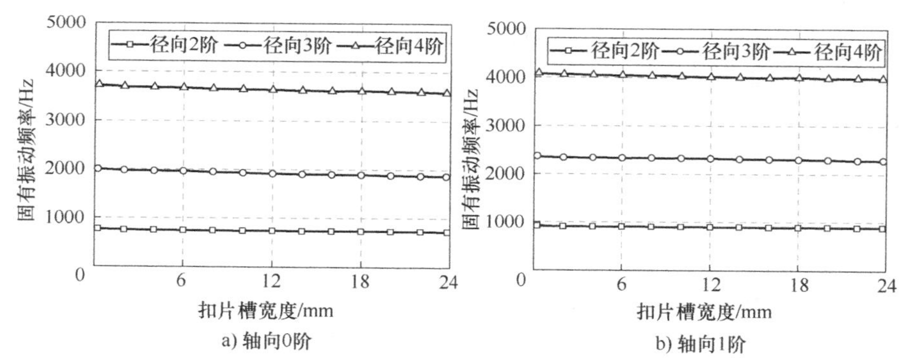

图 5-25　定子铁心固有振动频率随扣片槽宽度的变化

5.4　电磁振动的计算方法

电机的电磁振动是由作用于定子铁心的电磁力波激发的，当电磁力波的频率与定子的固有振动频率接近时，将发生共振，引发强烈的振动和噪声。因电机的电磁振动主要发生在径向，本节对径向电磁振动进行分析和计算。

1. 电磁振动计算

在定子铁心内表面施加幅值为 $1\mathrm{N/m^2}$、空间阶数不同的径向电磁力波进行仿真分析。所施加的电磁力波可以用数学表达式表示为

$$p_r = 1 \cdot e^{j(v\theta_n + \omega_1 t)} \tag{5-95}$$

式中，ω_1 为电磁力波的角频率，θ_n 为第 n 个定子齿的周向空间角度，其中，$n=1,2,\cdots,Q_1$。

以 6 极 36 槽电机为例，其定子铁心分别在低频（75Hz）二阶、三阶和四阶径向电磁力

波作用下的形变如图5-26所示。可以看出，在径向电磁力波作用下，定子铁心振动变形主要体现在定子轭的径向变形，且定子形变的空间阶次与该阶模态振型一致。而齿部几乎没有发生变形，只是随着轭部的变形发生了空间位置的移动，这说明电机的电磁振动本质上是作用在定子齿上的电磁力经定子齿传递到定子轭后引起的轭部振动。

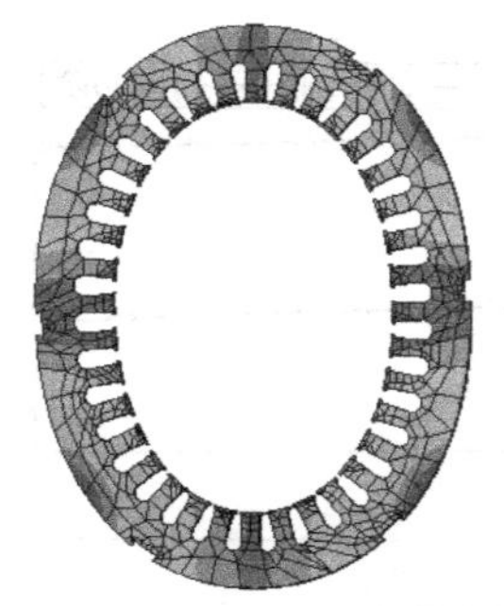

a) 二阶电磁力波作用下的形变

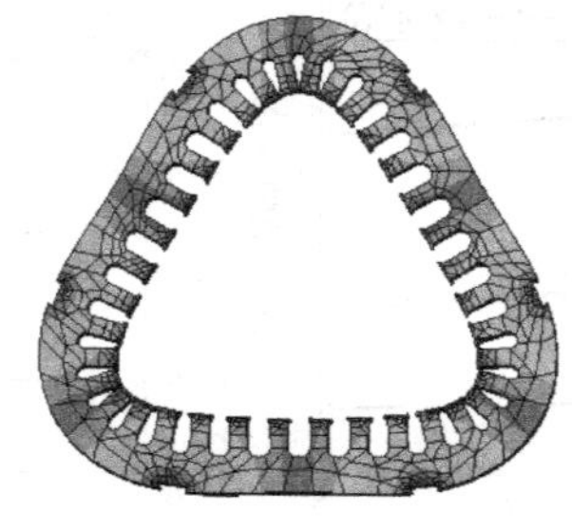

b) 三阶电磁力波作用下的形变

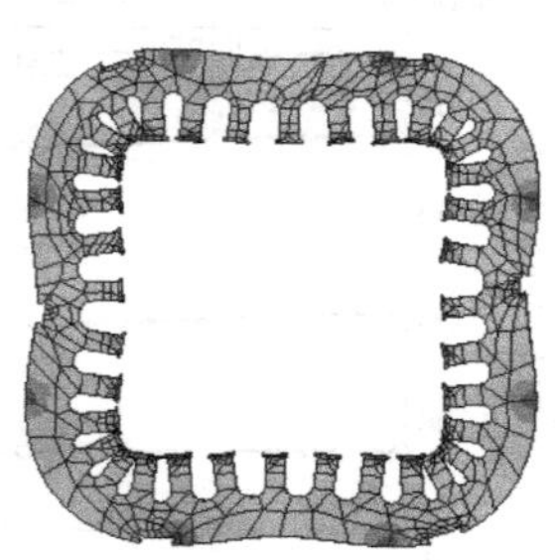

c) 四阶电磁力波作用下的形变

图5-26 定子铁心在低阶径向电磁力波作用下的形变

电机定子可以视为一个多自由度的刚体系统，其动力学方程为

$$\boldsymbol{M}\ddot{\boldsymbol{x}}(t)+\boldsymbol{C}\dot{\boldsymbol{x}}(t)+\boldsymbol{K}\boldsymbol{x}(t)=\boldsymbol{F}(t) \tag{5-96}$$

式中，$\boldsymbol{M}$、$\boldsymbol{K}$和$\boldsymbol{C}$分别为系统的质量矩阵、刚度矩阵和阻尼矩阵，$\boldsymbol{x}$为振幅向量，$\boldsymbol{F}$为电磁激振力向量。其中，

$$\boldsymbol{C}=2\xi_r\boldsymbol{M}\sqrt{\boldsymbol{K}/\boldsymbol{M}} \tag{5-97}$$

式中，ξ_r为r阶径向模态所对应的阻尼比，可由以下经验公式求得[5]

$$\xi_r=4.39\times10^{-6}f_r+0.01 \tag{5-98}$$

将式（5-96）变换到频域，得到多自由度刚体系统的动力学方程为

$$(\boldsymbol{K}-\omega^2\boldsymbol{M}+\mathrm{j}\omega\boldsymbol{C})\boldsymbol{x}(\omega)=\boldsymbol{F}(\omega) \tag{5-99}$$

式中，ω是系统的机械角频率。对式（5-99）进行求解，可将系统的振动位移响应表示为模态和电磁激振力波的函数，即

$$\boldsymbol{x}(\mathrm{j}\omega)=\sum_{r=1}^{N}\frac{\varphi_r^{\mathrm{T}}\boldsymbol{F}_r(\mathrm{j}\omega)\varphi_r}{\omega_r^2+2\mathrm{j}\omega\xi_r\omega_r-\omega^2} \tag{5-100}$$

式中，φ_r是第r阶质量归一化的模态向量，ω_r是第r阶模态频率。因此，当r阶模态力$\varphi_r^{\mathrm{T}}\boldsymbol{F}_r$相比于其他的模态力足够大时，即电磁激振力波的空间阶次和模态振型吻合时，振动响应中第r阶模态起主要作用。

由于电机的振动主要是定子轭的振动，因此作用在定子齿中心处的集中电磁力根据力学等效原则可以直接平移到定子轭部中心线处。作用在定子轭中面上的集中电磁力可以表示为

$$\boldsymbol{F}_r=2\pi R_{\mathrm{s}}L_1\boldsymbol{p}_r \tag{5-101}$$

式中，$\boldsymbol{p}_r$为作用在定子齿上的电磁力密度的幅值。

2. 定子电磁振动计算的线性叠加法

在计算电机的电磁振动时，可以将齿部集中力的一维频谱直接加载到有限元模型的定子齿上进行仿真。但是，采用该方法计算量较大，建模过程也更加繁琐。为此，本节介绍一种

定子电磁振动计算的线性叠加法，以实现电磁振动的快速计算。该方法以定子各阶模态的振动响应函数为基础，只需计算一次各阶模态下的单位力波响应，就可以利用线性叠加原理得到不同频率电磁力波作用下定子的振动响应。定子在阶次为 r、幅值为 1、频率为 ω 的径向电磁力作用下的加速度响应函数 $s(\mathrm{j}\omega)$ 为

$$s(\mathrm{j}\omega)=\frac{\varphi_r^{\mathrm{T}}\varphi_r}{1-2\mathrm{j}\xi_r(\omega_r/\omega)-(\omega_r/\omega)^2} \tag{5-102}$$

将各阶电磁力分量的幅值 F_{vu} 与各阶模态下的加速度响应函数 s_{vu} 相乘并叠加，即可得到定子的振动加速度为

$$A=\sum_v\sum_u F_{vu}\cdot s_{vu}\cdot \mathrm{e}^{\mathrm{j}(v\theta_n+u\omega_1+\phi_{vu})} \tag{5-103}$$

式中，ϕ_{vu} 为频响函数的相位。

3. 计算实例

6 极 36 槽永磁同步电机定子铁心低阶模态的加速度响应函数如图 5-27 所示。观察结果可知，电机振动和多自由度刚体的振动类似，各阶模态之间近似解耦，因此可将定子铁心各阶模态下的速度响应频谱叠加得到总的振动响应。采用线性叠加法和有限元法所得的定子铁心振动加速度如图 5-28 所示。可以看出，虽然采用该方法所得结果与有限元结果存在一定误差，但仍然能够比较准确地反映定子振动加速度频谱分布规律。因此采用振动响应线性叠加的方法能够快速得到电机的振动响应。

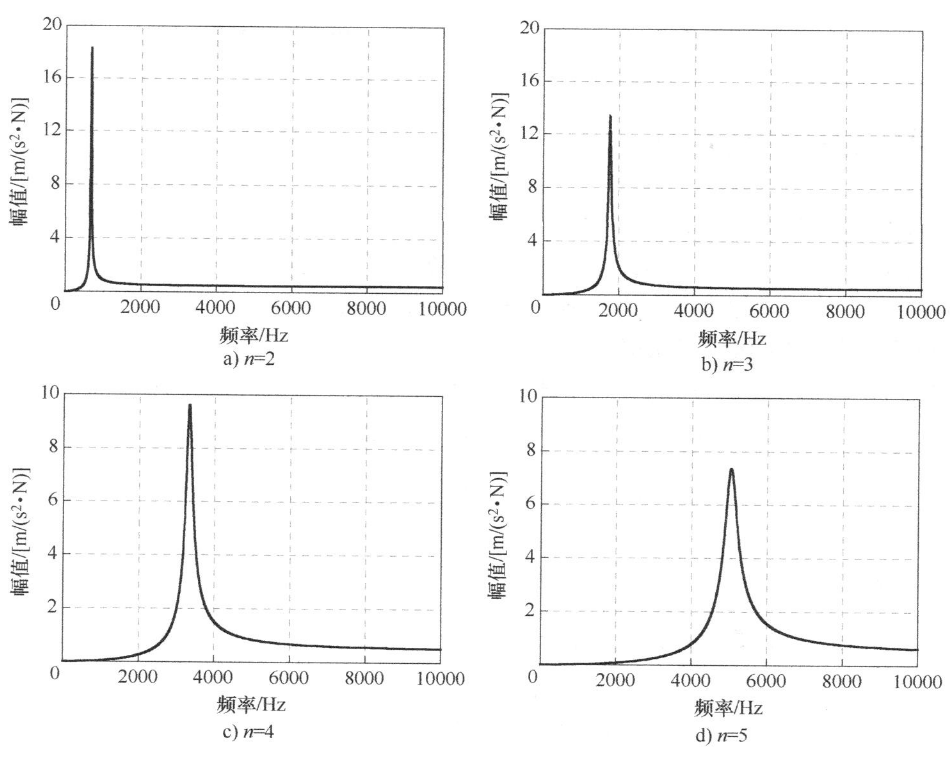

图 5-27　定子铁心低阶模态的加速度响应函数

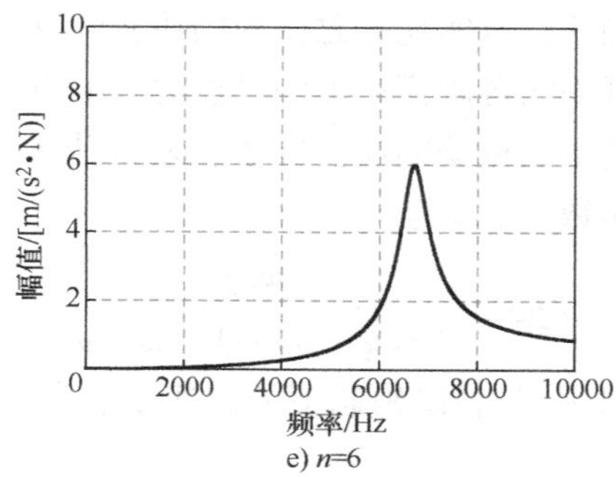

e) n=6

图 5-27　定子铁心低阶模态的加速度响应函数（续）

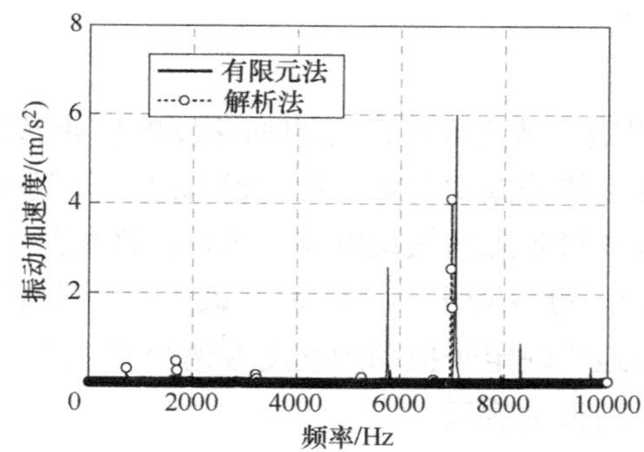

图 5-28　6 极 36 槽永磁同步电机定子的振动加速度

5.5 电磁振动削弱方法

电机电磁振动的削弱主要包括两个方面：一是电磁力波与定子模态的合理配合，保证电磁力波频率远离定子的固有频率；二是削弱对电磁振动起主要作用的低阶电磁力波幅值。本节从削弱电磁力波幅值的角度介绍几种电磁振动削弱方法。

1. 基于分块磁极的电磁振动削弱方法

图 5-29 所示是分块磁极产生的磁动势，其中 θ_0 为分块磁极之间的间隔角度。当磁极不分块时，$F_s^2(\alpha)$在$(-\pi/2p,\pi/2p)$区间的傅里叶表达式为

$$F_s^2(\alpha) = F_{s0} + \sum_{n=1}^{\infty} F_{sn}\cos 2pn\alpha \tag{5-104}$$

式中，$F_{s0}=\alpha_p F^2$，$F_{sn}=\dfrac{2F^2}{n\pi}\sin n\alpha_p\pi$。

当磁极分块数 k 为偶数时，F_{sn}可表示为

$$\begin{aligned} F_{sn} = \frac{2F^2}{n\pi}\sum_{a=1}^{\frac{k}{2}}\Big\{\sin\left[(2a-1)np\theta_0 + \frac{2an\pi\alpha_p}{k}\right] - \\ \sin\left[(2a-1)np\theta_0 + \frac{2(a-1)n\pi\alpha_p}{k}\right]\Big\} \end{aligned} \tag{5-105}$$

当 $\theta_0=\frac{\pi}{kp}(1-\alpha_p)$ 时，

$$F_{sn}=\begin{cases}\frac{2kF^2}{n\pi}\sin\frac{n\pi\alpha_p}{k} & n=jk(j=1,2,3,\cdots)\\ 0 & n\neq jk(j=1,2,3,\cdots)\end{cases} \tag{5-106}$$

当磁极分块数 k 为奇数时，F_{sn} 可表示为

$$F_{sn}=\frac{2F^2}{n\pi}\sin\frac{n\pi\alpha_p}{k}+\frac{2F^2}{n\pi}\sum_{a=1}^{\frac{k-1}{2}}\left\{\sin\left[2anp\theta_0+\frac{(2a+1)n\pi\alpha_p}{k}\right]-\sin\left[2anp\theta_0+\frac{(2a-1)n\pi\alpha_p}{k}\right]\right\} \tag{5-107}$$

当 $\theta_0=\frac{\pi}{kp}(1-\alpha_p)$ 时，

$$F_{sn}=\begin{cases}\frac{2kF^2}{n\pi}\sin\frac{n\pi\alpha_p}{k} & n=jk(j=1,2,3,\cdots)\\ 0 & n\neq jk(j=1,2,3,\cdots)\end{cases} \tag{5-108}$$

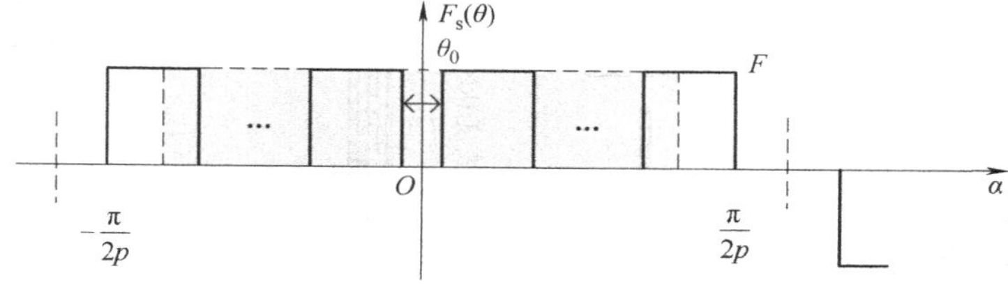

a) 磁极分块数为偶数

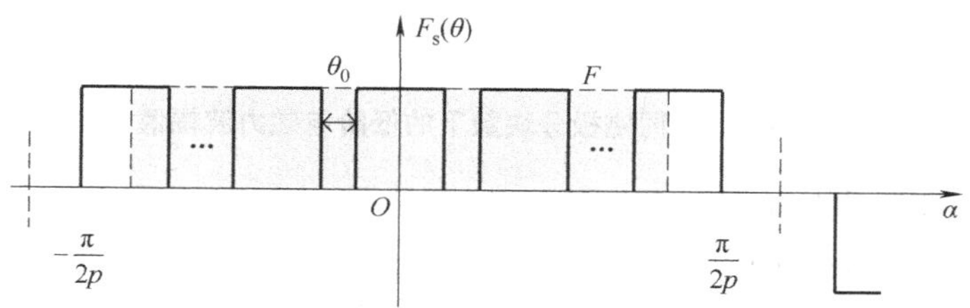

b) 磁极分块数为奇数

图 5-29　分块磁极产生的磁动势分布

可以看出，当 $\theta_0=\frac{\pi}{kp}(1-\alpha_p)$ 时，除了 k 的倍数次谐波外，F_{sn} 的其他谐波分量都将被消除，由其产生的电磁力波分量也将被消除。因此，合理地选择磁极分块数能够有效地削弱电机的低阶电磁力波。图 5-30 是 4 种极槽配合电机在不同磁极分块数下的低阶电磁力波幅值计算结果。对于 6 极 36 槽电机，当磁极分块数为 2 时，6 阶电磁力波能够被有效地削弱；当磁极分块数为 3 时，6 阶和 12 阶电磁力波都能被有效地削弱；当磁极分块数为 4 和 5 时，低阶电磁力波的削弱效果较差。对于 4 极 36 槽电机，当磁极分块数为 2 时，4 阶电磁力波能够被有效地削弱；当磁极分块数为 3 时，4 阶和 8 阶电磁力波都能被有效地削弱。同样，

对于6极9槽电机和8极9槽电机，当磁极分块数为2和3时都能有效地削弱电机的低阶电磁力波，且磁极分块数为3时削弱效果较好。将4种极槽配合电机在不同磁极分块数下的低阶电磁力波计算结果加载到定子齿上，得到定子铁心表面的振动加速度如图5-31所示。可以看出，由于电磁力波的削弱，定子铁心表面的振动加速度也被不同程度地削弱。因此，采用分块磁极结构能够有效地削弱电机的低阶电磁力波，减小电机的电磁振动。

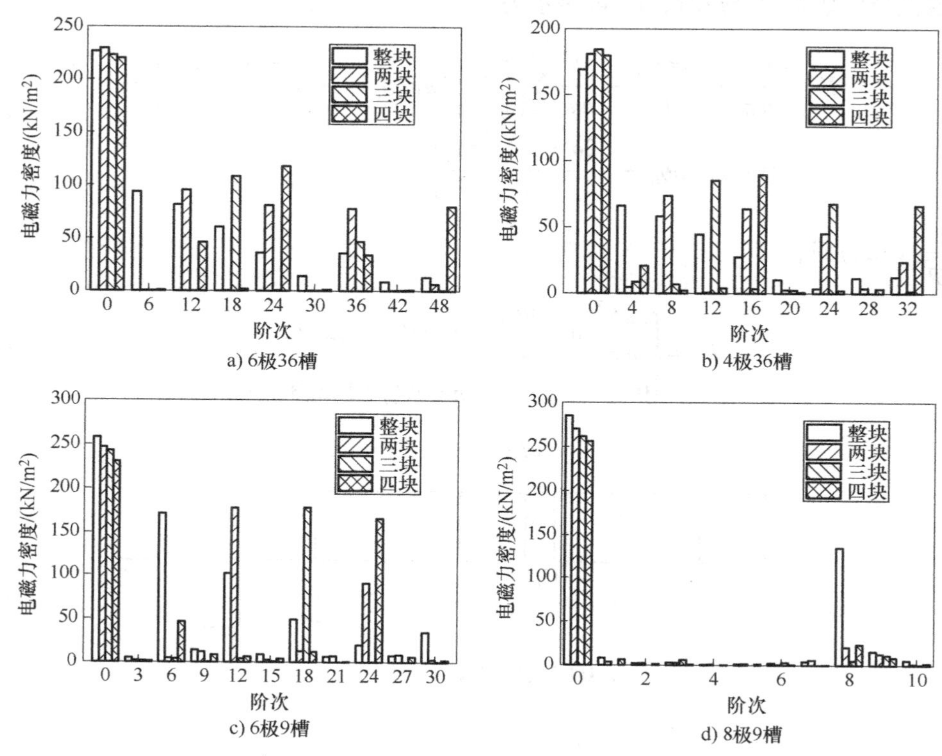

图5-30 不同磁极分块数下的低阶电磁力波幅值

2. 基于偏心磁极的电磁振动削弱方法

采用偏心磁极能够有效地削弱气隙磁密谐波分量幅值，改善电机的电磁性能。对于表贴式永磁同步电机，永磁体选择合适的偏心距可以有效地削弱对电机电磁振动影响最大的电磁力波分量，进而削弱电机的电磁振动。

从电磁振动的计算结果可以看出，电机振动加速度的最大值出现在电机电磁力波最低阶次所对应模态的固有频率处。对于6极36槽表贴式永磁同步电机，该电机中电磁力波的最低阶次为6阶，定子铁心6阶模态的固有频率为6709.3Hz，与6阶电磁力波134次谐波的频率（6700Hz）接近。因此，对于该6极36槽表贴式永磁同步电机而言，削弱6阶电磁力波的134次谐波分量能够有效地削弱电机的电磁振动。

6极36槽表贴式永磁同步电机中6阶电磁力波134次谐波分量的幅值随偏心距的变化如图5-32所示。可以看出，134次谐波的幅值随偏心距的变化呈“V”形，其幅值在偏心距为2mm时达到最小，之后随着偏心距的增加而增大。定子铁心在永磁体不偏心和偏心距为2mm时的振动加速度如图5-33所示。可以看出，采用偏心磁极后电机振动加速度的最大值

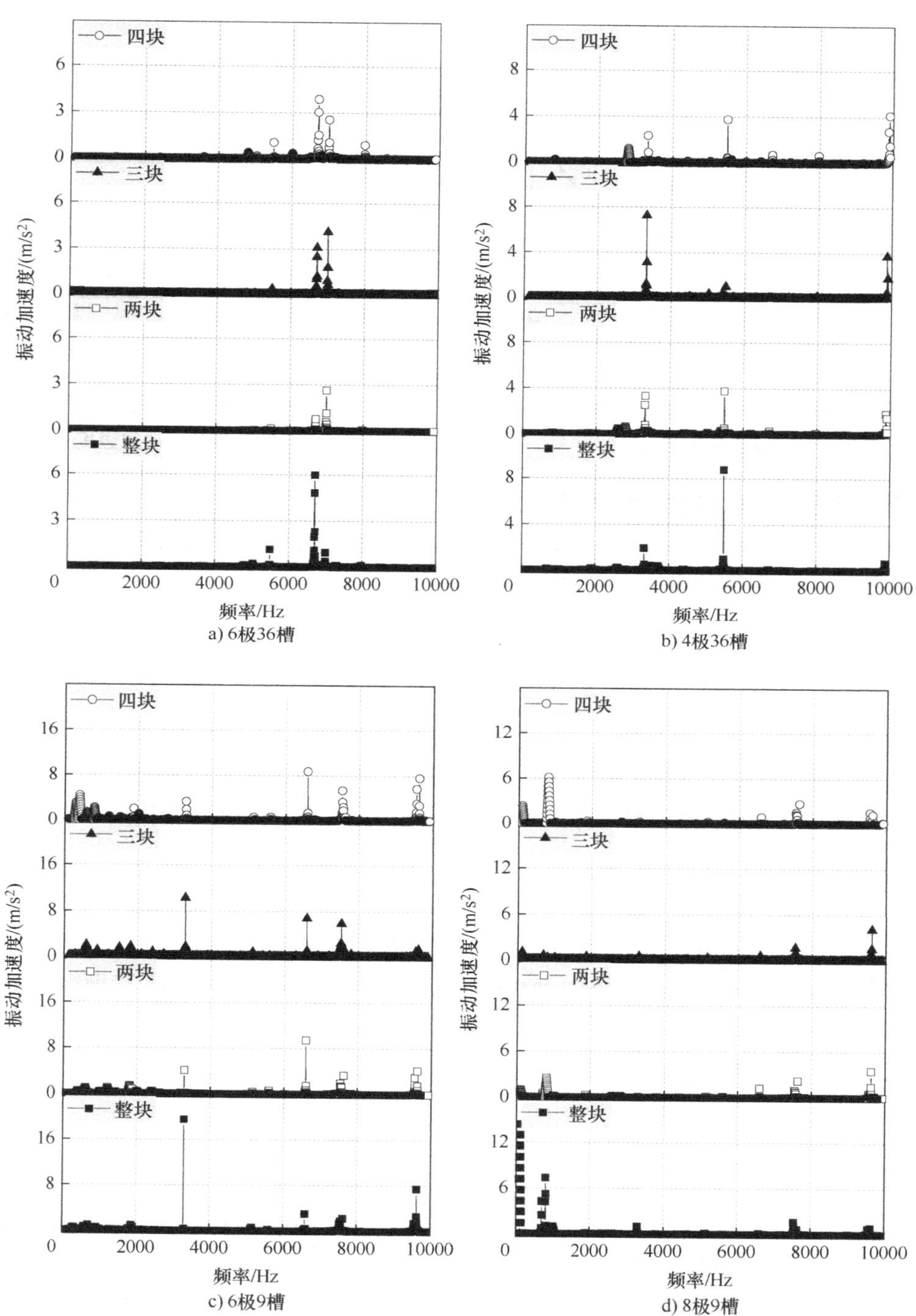

图 5-31　不同磁极分块数下定子铁心的振动加速度

下降了 23.22%。因此，选择合适的偏心距能够有效地削弱对电磁振动起主要作用的电磁力波分量，进而削弱电机的电磁振动。

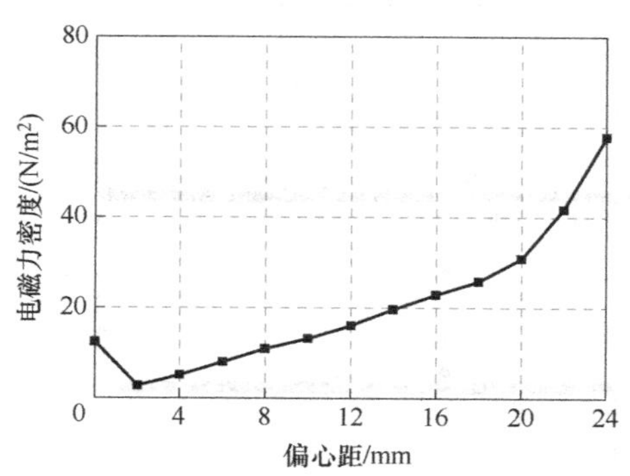

图 5-32　6 阶电磁力波 134 次谐波分量的幅值随偏心距的变化

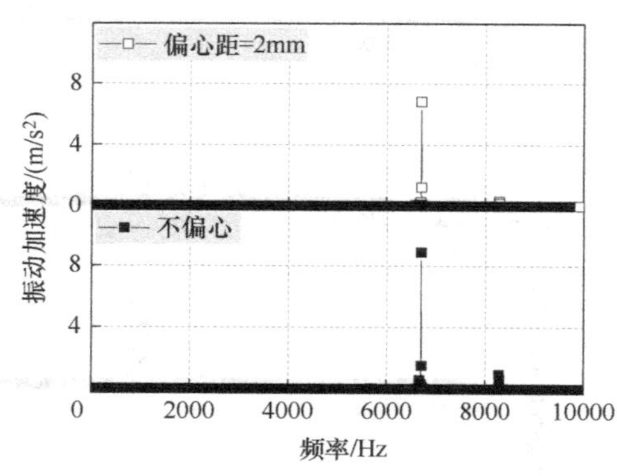

图 5-33　采用偏心磁极前后定子铁心的振动加速度

3. 基于定子齿宽的电磁振动削弱方法

为简明起见，假设磁力线仅通过定子齿，则对应定子齿和槽的气隙长度分别为 δ 和∞。气隙磁导的恒定分量 Λ_{r0} 和谐波分量 Λ_{rm} 可表示为

$$\Lambda_{r0}=\frac{\mu_0}{\delta+h_m}\frac{Q_1\theta_t}{2\pi} \tag{5-109}$$

$$\Lambda_{rm}=\frac{\mu_0}{\delta+h_m}\frac{2}{m\pi}\sin\frac{mQ_1\theta_t}{2} \tag{5-110}$$

式中，θ_t 为定子齿宽角。根据 6 极 36 槽电机中各电磁力波分量的具体来源，6 阶电磁力波的 134 次谐波分量主要由空载气隙磁动势与气隙磁导的恒定分量和谐波分量作用产生（表 5-3 中第三类），即

$$\begin{cases}(\mu_1\pm\mu_2)f=6700\\(\mu_1\pm\mu_2)p\pm mQ_1=6\end{cases} \tag{5-111}$$

根据式（5-111）可得，$\mu_1\pm\mu_2=134$，$m=11$。因此，削弱气隙磁导的 11 次谐波分量 Λ_{r11} 能够削弱电机的电磁振动。令 $\Lambda_{r11}=0$，即

$$\frac{11Q_1\theta_t}{2}=k\pi \tag{5-112}$$

有

$$\theta_t=\frac{2k\pi}{11Q_1} \tag{5-113}$$

式中，k 为正整数。θ_t 满足 $0<\theta_t<\theta_{t1}$，θ_{t1} 为定子齿距角。

由式（5-113）可得，定子齿宽可选为 7.273°（原定子齿宽为 7.962°）。定子齿宽优化前后定子铁心振动加速度变化情况如图 5-34 所示。可以看出，优化定子齿宽后定子铁心振动加速度的最大值减小了

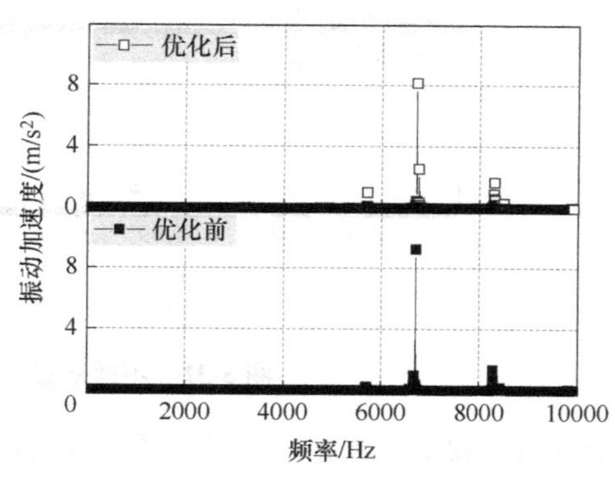

图 5-34　定子齿宽优化前后定子铁心的振动加速度

7.26%。因此，选择合适的定子齿宽能够有效地削弱对电磁振动起主要作用的电磁力波分量，进而削弱电机的电磁振动。

4. 基于不等齿宽的电磁振动削弱方法

相邻定子齿采用不等齿宽结构时，气隙磁导的傅里叶展开式为

$$\Lambda_{r}(\alpha)=\Lambda_{r0}+\sum_{m=1,2,3,\cdots}\Lambda_{rm}\cos\left(\frac{mQ_{1}\alpha}{2}\right) \tag{5-114}$$

式中，气隙磁导的恒定分量 Λ_{r0} 可表示为

$$\Lambda_{r0}=\frac{\mu_{0}}{\delta+h_{m}}\frac{Q_{1}(\theta_{ta}+\theta_{tb})}{4\pi} \tag{5-115}$$

式中，θ_{ta} 和 θ_{tb} 分别为相邻定子齿的齿宽角。当 m 为奇数时，气隙磁导的谐波分量 Λ_{rm} 为

$$\begin{aligned}\Lambda_{rm}&=\frac{\mu_{0}}{\delta+h_{m}}\frac{2}{m\pi}\left(\sin\frac{mQ_{1}\theta_{ta}}{4}-\sin\frac{mQ_{1}\theta_{tb}}{4}\right)\\&=\frac{4}{m\pi}\frac{\mu_{0}}{\delta+h_{m}}\sin\left(\frac{mQ_{1}\theta_{ta}}{8}-\frac{mQ_{1}\theta_{tb}}{8}\right)\cos\left(\frac{mQ_{1}\theta_{ta}}{8}+\frac{mQ_{1}\theta_{tb}}{8}\right)\end{aligned} \tag{5-116}$$

当 m 为偶数时，气隙磁导的谐波分量 Λ_{rm} 为

$$\begin{aligned}\Lambda_{rm}&=\frac{\mu_{0}}{\delta+h_{m}}\frac{2}{m\pi}\left(\sin\frac{mQ_{1}\theta_{ta}}{4}+\sin\frac{mQ_{1}\theta_{tb}}{4}\right)\\&=\frac{4}{m\pi}\frac{\mu_{0}}{\delta+h_{m}}\sin\left(\frac{mQ_{1}\theta_{ta}}{8}+\frac{mQ_{1}\theta_{tb}}{8}\right)\cos\left(\frac{mQ_{1}\theta_{ta}}{8}-\frac{mQ_{1}\theta_{tb}}{8}\right)\end{aligned} \tag{5-117}$$

可以看出，当 m 为奇数时，$\theta_{ta}=\theta_{tb}$ 时气隙磁导的 m 次谐波分量 $\Lambda_{rm}=0$，因此等齿宽时气隙磁导不存在奇数次谐波分量。而采用不等齿宽时气隙磁导的奇数次谐波分量不为 0，因此当 m 为奇数时，采用不等齿宽的定子结构不仅不会达到削弱电磁振动的效果，还有可能加剧电机的电磁振动。当 m 为偶数时，选择合适的不等齿宽结构使 $\Lambda_{rm}=0$，能够有效地削弱电机的电磁振动，即

$$\begin{cases}\dfrac{mQ_{1}\theta_{ta}}{8}+\dfrac{mQ_{1}\theta_{tb}}{8}=k_{1}\pi\\[2mm]\dfrac{mQ_{1}\theta_{ta}}{8}-\dfrac{mQ_{1}\theta_{tb}}{8}=\dfrac{(2k_{2}-1)}{2}\pi\end{cases} \tag{5-118}$$

式中，k_1 和 k_2 为正整数。θ_{ta} 和 θ_{tb} 满足 $0<\theta_{ta,b}<\theta_{t1}$。求得 θ_{ta} 和 θ_{tb} 为

$$\begin{cases}\theta_{ta}=\dfrac{2(2k_{1}+2k_{2}-1)\pi}{mQ_{1}}\\[2mm]\theta_{tb}=\dfrac{2(2k_{1}-2k_{2}+1)\pi}{mQ_{1}}\end{cases} \tag{5-119}$$

对于 6 极 36 槽永磁同步电机，削弱其 6 阶电磁力波的 134 次谐波分量，即

$$\begin{cases}(\mu_{1}\pm\mu_{2})f=6700\\(\mu_{1}\pm\mu_{2})p\pm\dfrac{mQ_{1}}{2}=6\end{cases} \tag{5-120}$$

根据式（5-120）可得，$\mu_1 \pm \mu_2 = 134$，$m = 22$。因此，削弱气隙磁导的 22 次谐波分量 Λ_{r22}能够削弱电机的电磁振动。令 $\Lambda_{r22} = 0$，有

$$\begin{cases} \theta_{ta} = \dfrac{(2k_1 + 2k_2 - 1)\pi}{11Q_1} \\ \theta_{tb} = \dfrac{(2k_1 - 2k_2 + 1)\pi}{11Q_1} \end{cases} \tag{5-121}$$

尽可能使定子齿宽的变化较小以保证定子铁心的固有频率不发生明显变化，求得定子不等齿宽为 $\theta_{ta} = 8.182°$和 $\theta_{tb} = 6.364°$。不等齿宽优化前后定子铁心振动加速度变化情况如图 5-35 所示。可以看出，采用不等齿宽结构后电机振动加速度的最大值减小了 10.87%。因此，定子采用不等齿宽结构能有效地削弱电机的电磁振动。

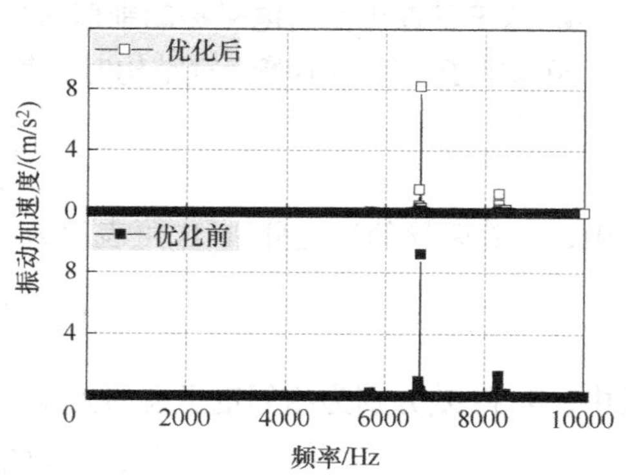

图 5-35　不等齿宽优化前后定子铁心的振动加速度

5. 基于不等槽口宽的电磁振动削弱方法

相邻定子槽采用不等槽口宽结构时，气隙磁导的傅里叶展开式为

$$\Lambda_r(\alpha) = \Lambda_{r0} + \sum_{m=1,2,3,\cdots} \Lambda_{rm} \cos\left(\frac{mQ_1\alpha}{2}\right) \tag{5-122}$$

式中，气隙磁导的恒定分量 Λ_{r0}可表示为

$$\Lambda_{r0} = \frac{\mu_0}{\delta + h_m}\left[1 - \frac{Q_1(\theta_{sa} + \theta_{sb})}{4\pi}\right] \tag{5-123}$$

式中，θ_{sa}和 θ_{sb}分别为相邻定子槽的槽口宽度角。当 m 为奇数时，气隙磁导的谐波分量 Λ_{rm}为

$$\begin{aligned} \Lambda_{rm} &= \frac{\mu_0}{\delta + h_m}\frac{2}{m\pi}\left(\sin\frac{mQ_1\theta_{sa}}{4} - \sin\frac{mQ_1\theta_{sb}}{4}\right) \\ &= \frac{4}{m\pi}\frac{\mu_0}{\delta + h_m}\sin\left(\frac{mQ_1\theta_{sa}}{8} - \frac{mQ_1\theta_{sb}}{8}\right)\cos\left(\frac{mQ_1\theta_{sa}}{8} + \frac{mQ_1\theta_{sb}}{8}\right) \end{aligned} \tag{5-124}$$

当 m 为偶数时，气隙磁导的谐波分量 Λ_{rm}为

$$\begin{aligned} \Lambda_{rm} &= -\frac{\mu_0}{\delta + h_m}\frac{2}{m\pi}\left(\sin\frac{mQ_1\theta_{sa}}{4} + \sin\frac{mQ_1\theta_{sb}}{4}\right) \\ &= -\frac{4}{m\pi}\frac{\mu_0}{\delta + h_m}\sin\left(\frac{mQ_1\theta_{sa}}{8} + \frac{mQ_1\theta_{sb}}{8}\right)\cos\left(\frac{mQ_1\theta_{sa}}{8} - \frac{mQ_1\theta_{sb}}{8}\right) \end{aligned} \tag{5-125}$$

同样，当 m 为奇数时，$\theta_{sa} = \theta_{sb}$时气隙磁导的 m 次谐波分量 $\Lambda_{rm} = 0$，因此等槽口宽时气隙磁导不存在奇数次谐波分量。而采用不等槽口宽时气隙磁导的奇数次谐波分量不为 0，因此当 m 为奇数时，采用不等槽口宽的定子结构不仅不会达到削弱电磁振动的效果，还有可能加剧电机的电磁振动。当 m 为偶数时，选择合适的不等槽口宽结构使 $\Lambda_{rm} = 0$，能够有效地削弱电机的电磁振动，即

$$\begin{cases}\dfrac{mQ_1\theta_{sa}}{8}+\dfrac{mQ_1\theta_{sb}}{8}=k_1\pi\\[2ex]\dfrac{mQ_1\theta_{sa}}{8}-\dfrac{mQ_1\theta_{sb}}{8}=\dfrac{(2k_2-1)}{2}\pi\end{cases}\tag{5-126}$$

式中，k_1 和 k_2 为正整数。θ_{sa}和 θ_{sb}满足 $0<\theta_{sa,b}<\theta_{t1}$。求得 θ_{sa}和 θ_{sb}为

$$\begin{cases}\theta_{sa}=\dfrac{2(2k_1+2k_2-1)\pi}{mQ_1}\\[2ex]\theta_{sb}=\dfrac{2(2k_1-2k_2+1)\pi}{mQ_1}\end{cases}\tag{5-127}$$

对于 6 极 36 槽永磁同步电机，削弱其 6 阶电磁力波的 134 次谐波分量，即

$$\begin{cases}(\mu_1\pm\mu_2)f=6700\\[1ex](\mu_1\pm\mu_2)p\pm\dfrac{mQ_1}{2}=6\end{cases}\tag{5-128}$$

根据式（5-128）可得，$\mu_1\pm\mu_2=134$，$m=22$。因此，削弱气隙磁导的 22 次谐波分量 Λ_{r22}能够削弱电机的电磁振动。令 $\Lambda_{r22}=0$，有

$$\begin{cases}\theta_{sa}=\dfrac{(2k_1+2k_2-1)\pi}{11Q_1}\\[2ex]\theta_{sb}=\dfrac{(2k_1-2k_2+1)\pi}{11Q_1}\end{cases}\tag{5-129}$$

尽可能使定子槽口宽的变化较小以保证定子铁心的固有频率不发生明显变化，求得定子不等槽口宽为 $\theta_{sa}=2.727°$和 $\theta_{sb}=0.909°$（原定子槽口宽为 2.038°）。定子槽口宽优化前后定子铁心振动加速度变化情况如图 5-36 所示。可以看出，采用不等槽口宽后电机振动加速度的最大值减小了 4.23%。因此，定子采用不等槽口宽结构能够有效地削弱电机的电磁振动。

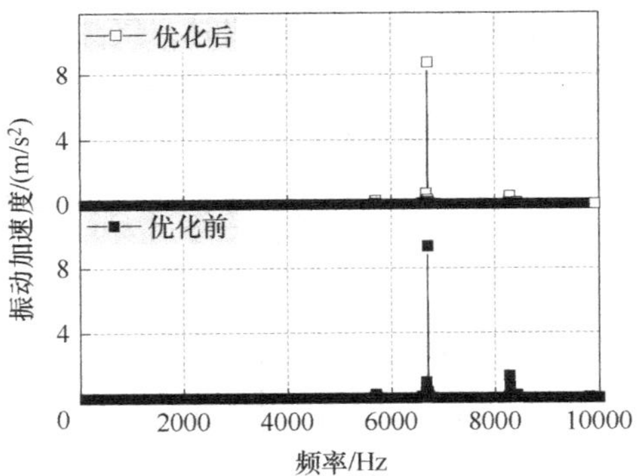

图 5-36　不等槽口宽优化前后定子铁心的振动加速度

6. 基于辅助槽的电磁振动削弱方法

定子没有辅助槽时，气隙磁导的恒定分量 Λ_{r0}和谐波分量 Λ_{rm}可表示为

$$\Lambda_{r0}=\left(1-\frac{Q_1\theta_s}{2\pi}\right)\left(\frac{\mu_0}{\delta+h_m}\right)\tag{5-130}$$

$$\Lambda_{rm}=\frac{2}{m\pi}\left(\frac{\mu_0}{\delta+h_m}\right)\sin\left(m\pi-\frac{mQ_1\theta_s}{2}\right)\tag{5-131}$$

式中，θ_s 为电枢槽口宽。带辅助槽的定子结构示意图如图 5-37 所示，辅助槽的宽度与电枢槽口宽度相同。在定子齿上开 k 个辅助槽时，气隙磁导的恒定分量 Λ_{r0}变为

$$\Lambda_{r0}=\left[1-\frac{Q_1\theta_s(k+1)}{2\pi}\right]\left(\frac{\mu_0}{\delta+h_m}\right) \tag{5-132}$$

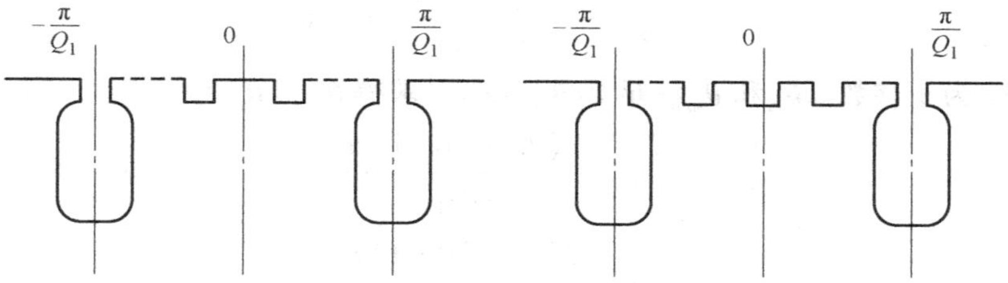

a) 辅助槽个数为偶数　　b) 辅助槽个数为奇数

图 5-37　带辅助槽的定子结构示意图

当辅助槽个数 k 为偶数时，气隙磁导的谐波分量 Λ_{rm} 变为

$$\begin{aligned}\Lambda_{rm}&=\frac{2}{m\pi}\left(\frac{\mu_0}{\delta+h_m}\right)\left[\sin\left(m\pi-\frac{mQ_1\theta_s}{2}\right)-2\sum_{i=1,3,5,\cdots}^{k-1}\cos\frac{im\pi}{k+1}\sin\frac{mQ_1\theta_s}{2}\right]\\&=\begin{cases}\dfrac{2(k+1)}{m\pi}\left(\dfrac{\mu_0}{\delta+h_m}\right)\sin\left(m\pi-\dfrac{mQ_1\theta_s}{2}\right)\\ \qquad m=j(k+1)\ (j=1,2,3,\cdots)\\ \dfrac{2}{m\pi}\left(\dfrac{\mu_0}{\delta+h_m}\right)\left[\sin\left(m\pi-\dfrac{mQ_1\theta_s}{2}\right)+\cos m\pi\sin\dfrac{mQ_1\theta_s}{2}\right]=0\\ \qquad m\neq j(k+1)\ (j=1,2,3,\cdots)\end{cases}\end{aligned} \tag{5-133}$$

当辅助槽个数 k 为奇数时，气隙磁导的谐波分量 Λ_{rm} 变为

$$\begin{aligned}\Lambda_{rm}&=\frac{2}{m\pi}\left(\frac{\mu_0}{\delta+h_m}\right)\left[2\cos\frac{m\pi}{2}\sin\left(\frac{m\pi}{2}-\frac{mQ_1\theta_s}{2}\right)-2\sum_{i=2,4,6,\cdots}^{k-1}\cos\frac{im\pi}{(k+1)}\sin\frac{mQ_1\theta_s}{2}\right]\\&=\begin{cases}-\dfrac{2(k+1)}{m\pi}\left(\dfrac{\mu_0}{\delta+h_m}\right)\sin\dfrac{mQ_1\theta_s}{2}\\ \qquad m=j(k+1)\ (j=1,2,3,\cdots)\\ \dfrac{2}{m\pi}\left(\dfrac{\mu_0}{\delta+h_m}\right)\left[\sin\left(m\pi-\dfrac{mQ_1\theta_s}{2}\right)+\cos m\pi\sin\dfrac{mQ_1\theta_s}{2}\right]=0\\ \qquad m\neq j(k+1)\ (j=1,2,3,\cdots)\end{cases}\end{aligned} \tag{5-134}$$

根据上述分析可知，当每个定子齿上开 k 个辅助槽时，气隙磁导的谐波分量 Λ_{rm} 只有 $j(k+1)$ 次谐波分量，且 $j(k+1)$ 次谐波的幅值变为原来的 $(k+1)$ 倍。因此，在定子齿上开辅助槽能够有效地削弱 Λ_{rm} 中除 $j(k+1)$ 次波分量外的低次谐波分量，进而削弱由其产生的低阶电磁力波。

4 种极槽配合电机在开辅助槽前后的低阶电磁力波变化情况如图 5-38 所示。对于 6 极 9 槽电机，当 $k=1$ 和 3 时，Λ_{rm} 奇次谐波分量的幅值被大大减小，主要由其产生的 $3n_1$（$n_1=1,3,5,\cdots$）阶电磁力波分量被明显地削弱。由于开辅助槽时气隙磁导的恒定分量 Λ_{r0} 减小，$3n_2$（$n_2=0,2,4,6,\cdots$）阶电磁力波的幅值随着辅助槽个数的增加而略微地减小。同样，对于 8 极 9 槽、8 极 12 槽和 10 极 12 槽电机，当 $k=1$ 和 3 时能明显地削弱除 0 阶以外的最低阶电磁力波，而 $k=2$ 时的削弱效果相对较差。4 种极槽配合电机在开辅助槽前后定子铁心振动加速度变化情况如图 5-39 所示。可以看出，在电机定子上开辅助槽能够有效地削弱电机的振动加速度，且辅助槽个数为奇数时削弱效果较好。

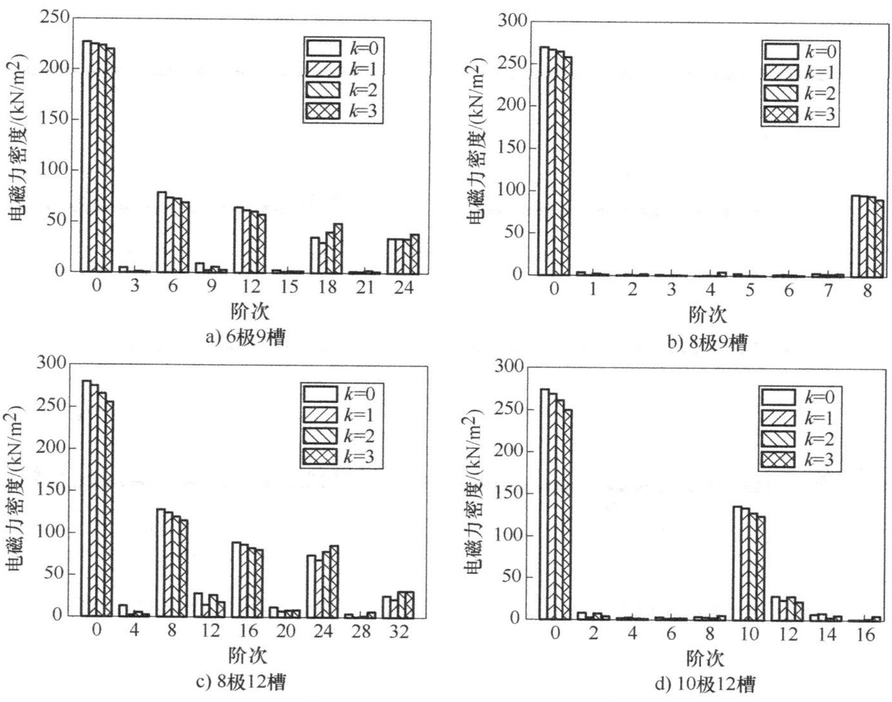

图 5-38　4 种极槽配合电机在开辅助槽前后的低阶电磁力波变化情况

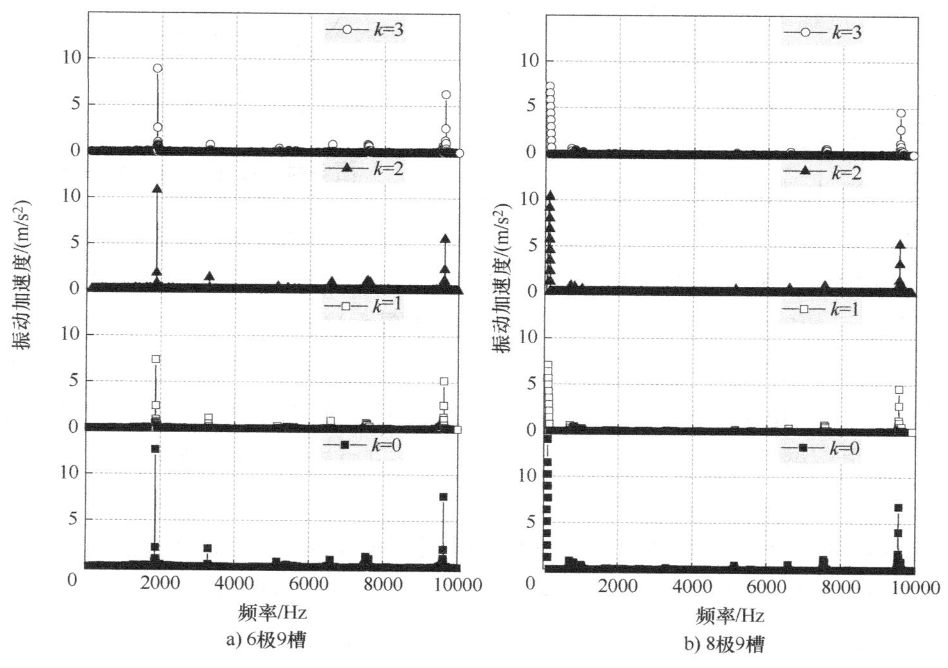

图 5-39　4 种极槽配合电机在开辅助槽前后定子铁心的振动加速度

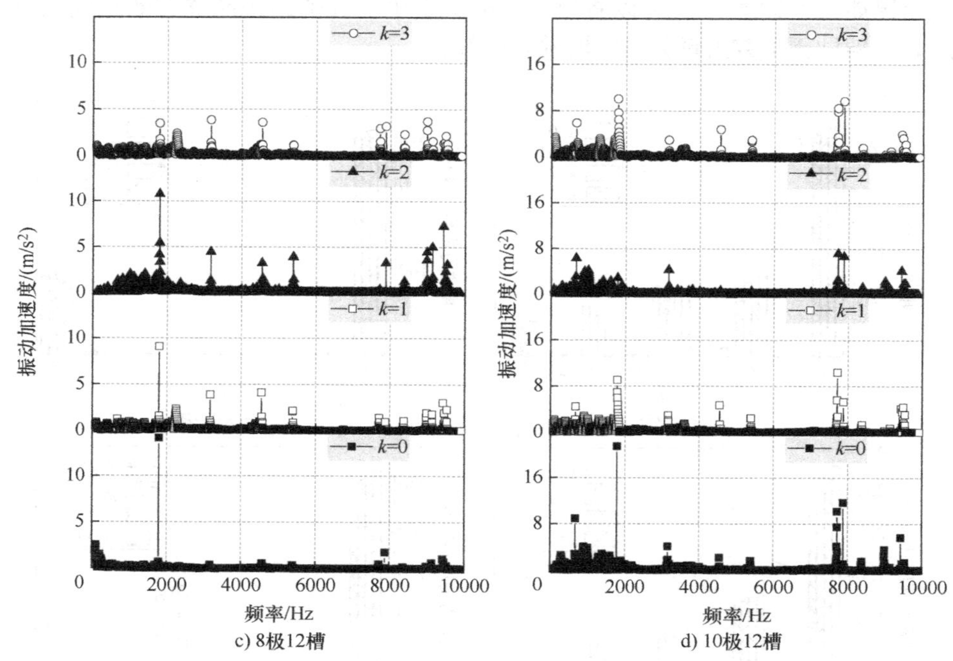

图 5-39　4 种极槽配合电机在开辅助槽前后定子铁心的振动加速度（续）

事实上，由于辅助槽和电枢槽之间的结构差异，气隙磁导的谐波分量 Λ_{rm} 中除 $j(k+1)$ 次谐波之外的其他谐波分量很难完全被消除。图 5-40 所示是带辅助槽的定子结构。通常，穿过齿尖的磁力线要少于齿中部的磁力线，因此实际电枢槽口处的有效宽度受齿尖的影响较大。不同电枢槽口宽度时，6 极 9 槽表贴式永磁同步电机 Λ_{rm} 随辅助槽槽口宽度的变化如图 5-41 所示。总结结果可以发现，当 $b_{a01}\approx(1.4\sim1.5)b_{s01}$ 时，Λ_{r1} 可以基本消除；当 $b_{a01}\approx(0.8\sim0.95)b_{s01}$ 时，Λ_{r3} 可以基本消除。当 $b_{s01}=1.6\text{mm}$ 时，6 极 9 槽表贴式永磁同步电机在 4 种不同 b_{a01} 下的气隙磁密和径向力密度的分量如图 5-42 所示。可以看出，当 $b_{a01}=2.4\text{mm}$ 时，主要由 Λ_{r1} 和永磁磁动势的低次谐波分量相互作用产生的气隙磁密的偶次谐波被大大削弱，使得 3 阶、9 阶电磁力波基本上被消除。因此，对于常见的梨形槽电机，辅助槽的槽口宽度应略大于电枢槽的槽口宽度，一般为 $b_{a01}\approx(1.4\sim1.5)b_{s01}$，以消除对振动影响较大的低阶电磁力波。

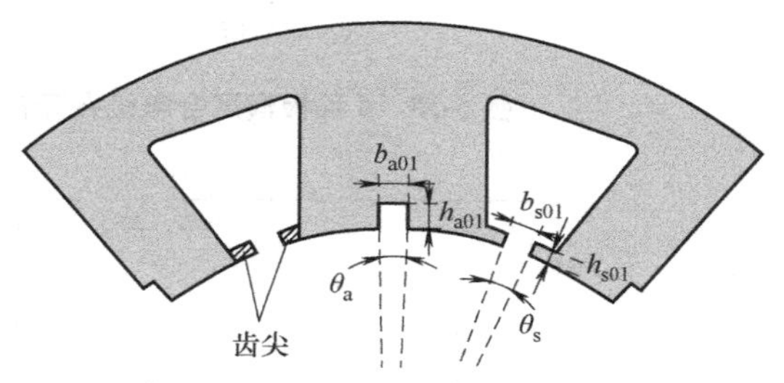

图 5-40　带辅助槽的定子结构

当电枢槽的槽口高度为 1.2mm 时，6 极 9 槽表贴式永磁同步电机在不同辅助槽槽口高度下气隙磁导的恒定分量和低次谐波分量幅值如图 5-43 所示。可以看出，当 h_{a01} 超过 h_{s01} 时，Λ_{r0} 和 Λ_{rm} 幅值趋于稳定。$h_{a01}=1.2\text{mm}$ 时 Λ_{r1} 基本达到最小值，继续增加 h_{a01} 基本不再影响气隙磁导各分量幅值。因此，辅助槽的最佳槽口高度应与电枢槽的槽口高度相同。当 $h_{s01}=$

1.2mm 时，4 种不同辅助槽槽口高度下的气隙磁密和径向力密度的分量如图 5-44 所示。当 $h_{a01}=1.2\text{mm}$ 时，主要由 Λ_{r1} 和永磁磁动势的低次谐波分量相互作用产生的气隙磁密分量和低阶径向电磁力密度分量被大大削弱。因此，对于常见的定子槽型为梨形槽的电机，辅助槽的槽口高度通常与电枢槽的槽口高度一致。

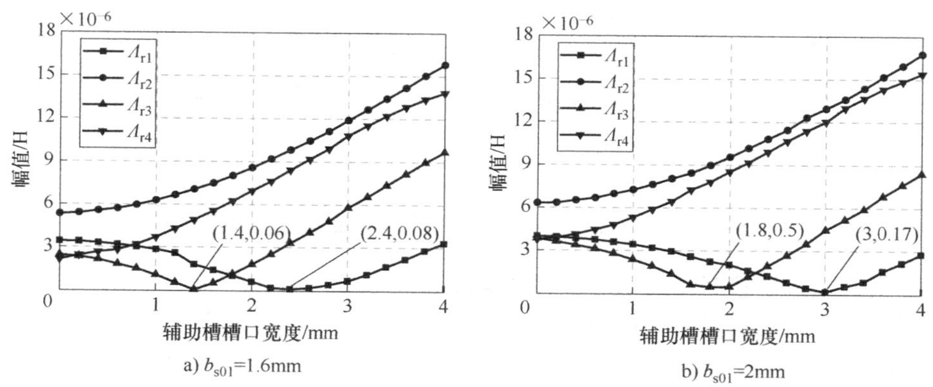

a) b_{s01}=1.6mm　　b) b_{s01}=2mm

图 5-41　Λ_{rm} 随辅助槽槽口宽度的变化

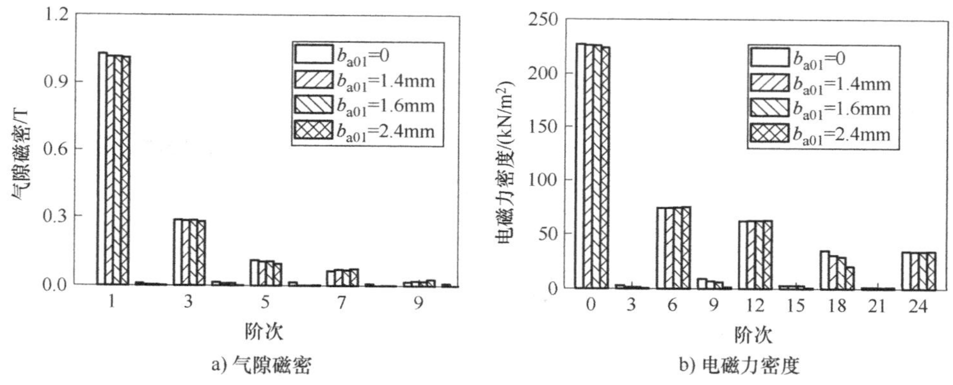

a) 气隙磁密　　b) 电磁力密度

图 5-42　不同辅助槽槽口宽度下的气隙磁密及电磁力密度

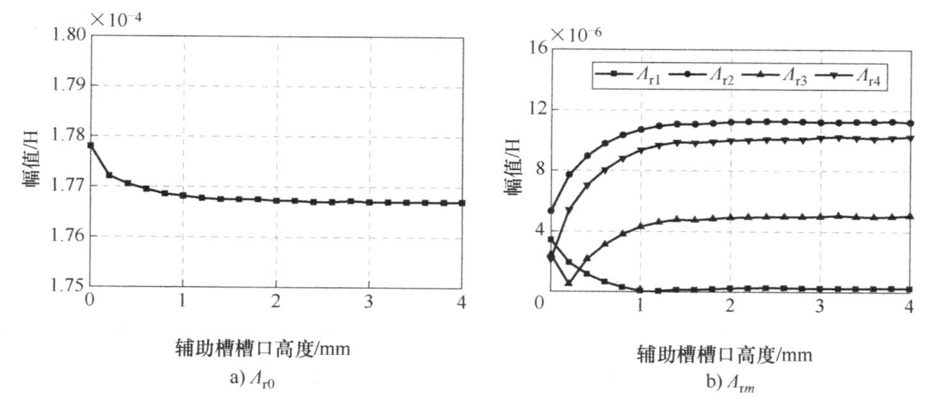

a) Λ_{r0}　　b) Λ_{rm}

图 5-43　不同辅助槽槽口高度下的 Λ_{r0} 和 Λ_{rm} 幅值

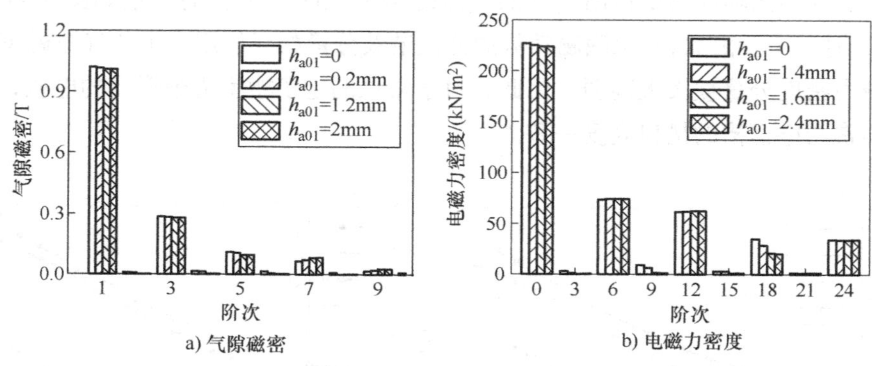

a) 气隙磁密　　b) 电磁力密度

图 5-44　不同辅助槽槽口高度下的气隙磁密及电磁力密度

7. 基于不同极弧系数组合的电磁振动削弱方法

采用不同极弧系数组合的分段磁极结构也能有效地削弱电机的低阶电磁力波。图 5-45a、b 分别是整块磁极结构和采用不同极弧系数组合的分段磁极结构。与整块磁极结构相比，分段磁极结构为不同弧系数的两段磁极交错排列，N 极和 S 极的磁极的排列方向相反。

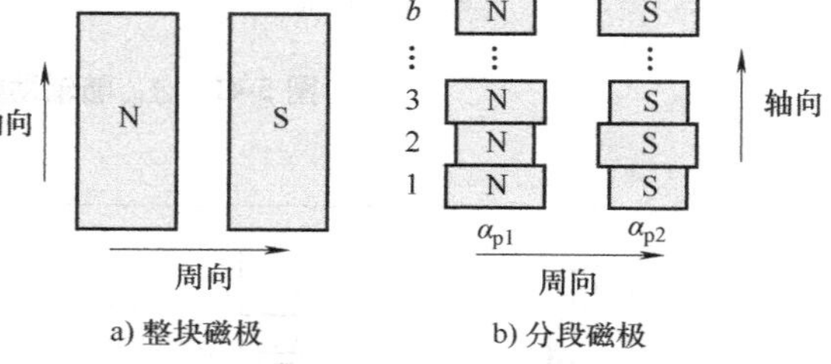

a) 整块磁极　　b) 分段磁极

图 5-45　磁极结构

在分段磁极结构中，第一段磁极产生的 $F_s^2(\alpha)$ 为

$$F_s^2(\alpha)=F_{s0}+\sum_{n=1}^{\infty}F_{sn}\cos np\alpha \tag{5-135}$$

式中，

$$\begin{aligned}F_{s0}&=\frac{F^2}{2}(\alpha_{p1}+\alpha_{p2})\\F_{sn}&=\frac{2F^2}{n\pi}\left[\sin\frac{n\pi\alpha_{p1}}{2}+(-1)^n\sin\frac{n\pi\alpha_{p2}}{2}\right]\end{aligned} \tag{5-136}$$

当轴向分段磁极数 b 为偶数时，b 段磁极产生的 F_{sn} 的平均值为

$$F_{sn}=\begin{cases}0 & n\text{ 为奇数}\\ \dfrac{4F^2}{n\pi}\sin\dfrac{n\pi}{4}(\alpha_{p1}+\alpha_{p2})\cos\dfrac{n\pi}{4}(\alpha_{p1}-\alpha_{p2}) & n\text{ 为偶数}\end{cases} \tag{5-137}$$

当轴向分段磁极数 b 为奇数时，b 段磁极产生的 F_{sn} 的平均值为

$$F_{sn}=\begin{cases}\dfrac{4F^2}{bn\pi}\cos\dfrac{n\pi}{4}(\alpha_{p1}+\alpha_{p2})\sin\dfrac{n\pi}{4}(\alpha_{p1}-\alpha_{p2}) & n\text{ 为奇数}\\ \dfrac{4F^2}{n\pi}\sin\dfrac{n\pi}{4}(\alpha_{p1}+\alpha_{p2})\cos\dfrac{n\pi}{4}(\alpha_{p1}-\alpha_{p2}) & n\text{ 为偶数}\end{cases} \tag{5-138}$$

可以看出，当轴向分段磁极数 b 为偶数时，n 为奇数时 F_{sn} 的平均值为 0，此时由 F_{sn} 产生的电磁力波分量能够被有效地削弱。确保每个磁极总的磁通量不变，α_{p1} 和 α_{p2} 应满足 $\alpha_{p1}+\alpha_{p2}=2\alpha_p$，其中 α_p 是整块磁极的极弧系数。因此，当 b 为偶数时，α_{p1} 和 α_{p2} 应满足

$$\begin{cases}\alpha_{p1}+\alpha_{p2}=2\alpha_p \\ \cos\dfrac{n\pi}{4}(\alpha_{p1}-\alpha_{p2})=0 & n\text{ 为偶数} \\ \alpha_{p1},\alpha_{p2}<1\end{cases} \tag{5-139}$$

从削弱电磁力波的角度看，极弧系数的组合的选择不受电机的槽极配合的限制。当极弧系数 $\alpha_p=0.8$ 时，由式（5-139）确定的极弧系数组合见表 5-19。图 5-46 所示是 $\alpha_p=0.8$、$b=4$ 时采用不同极弧系数组合磁极的 4 种不同极槽配合电机的平均电磁力密度。对于 6 极 36 槽电机，采用极弧系数组合（0.967,0.633）能够削弱 F_{s6} 分量，进而有效地削弱主要由其产生的 18 阶电磁力波。当采用极弧系数组合（0.925,0.675）时，主要由 F_{s8} 与 Λ_{r0} 相互作用产生的 24 阶电磁力波和由 F_{s8} 与 Λ_{r1} 相互作用产生的 12 阶电磁力波能够被有效地削弱。当采用组合（0.9,0.7）时，30 阶电磁力波以及 6 阶和 42 阶电磁力波能被有效地削弱。同理，对于 6 极 9 槽、8 极 12 槽和 10 极 12 槽电机，采用（0.967,0.633）、（0.925,0.675）和（0.9,0.7）的极弧系数组合都能够不同程度地削弱电机的电磁力波。采用不同极弧系数组合的 4 种极槽配合电机定子铁心的振动加速度如图 5-47 所示。可以看出，由于电磁力波的削弱，定子铁心表面的振动加速度也被不同程度地削弱。因此，采用不同极弧系数组合的分段磁极结构能够有效地削弱电机的低阶电磁力波，减小电机的电磁振动。

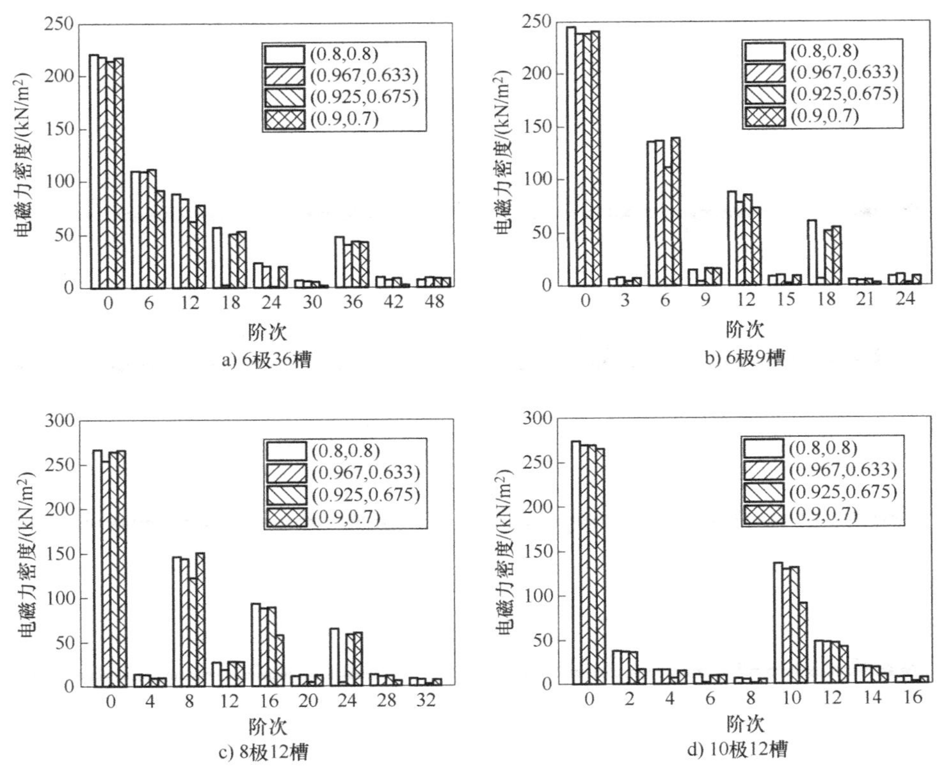

图 5-46　采用不同极弧系数组合磁极时不同极槽配合电机的平均电磁力密度

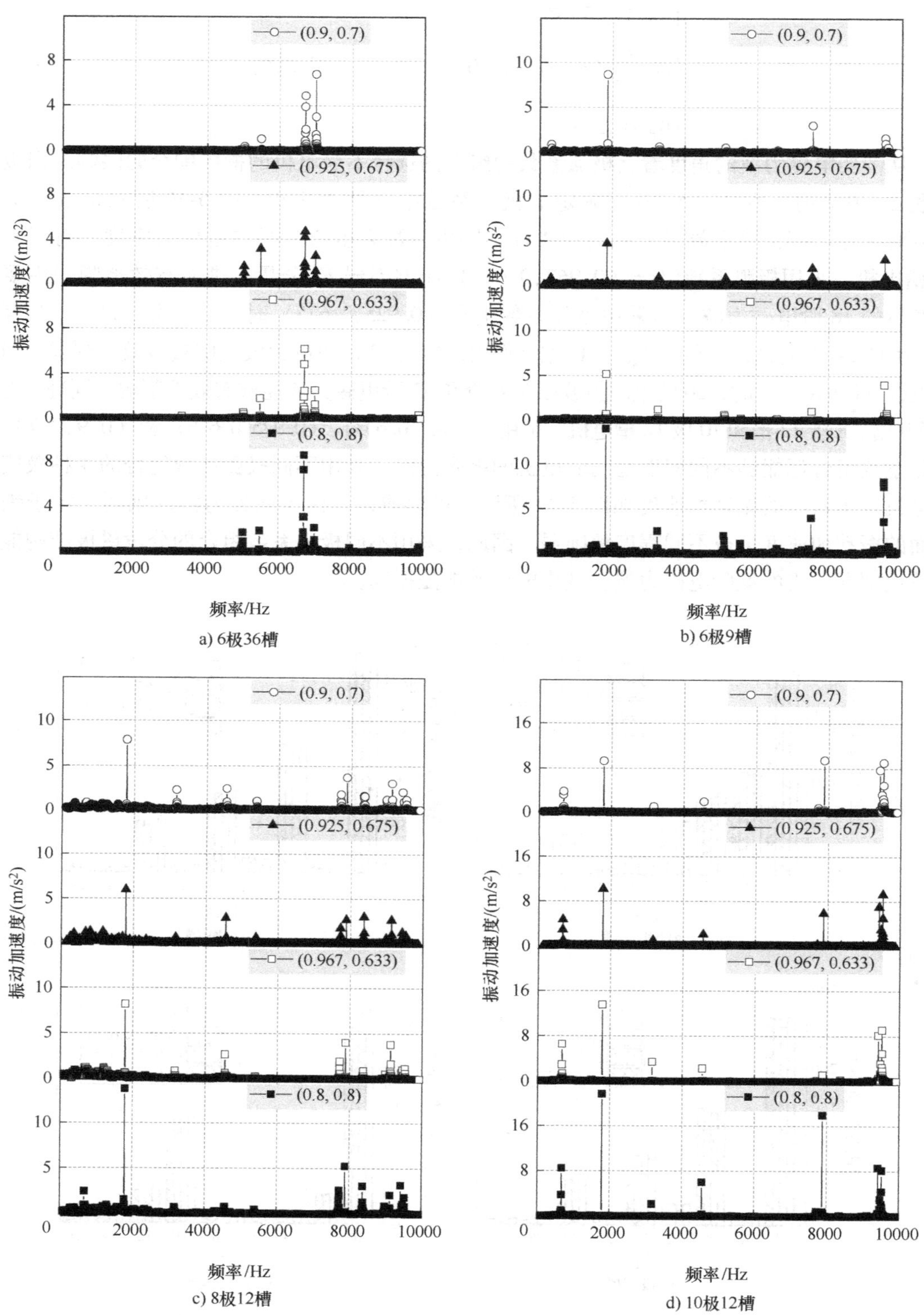

a) 6极36槽

b) 6极9槽

c) 8极12槽

d) 10极12槽

图 5-47 采用不同极弧系数组合磁极时不同极槽配合电机定子铁心的振动加速度

表 5-19　极弧系数 $\alpha_p = 0.8$ 时确定的最佳极弧系数组合

被削弱的 F_{sn} 分量	$(\alpha_{p1}, \alpha_{p2})$
$n=6$	(0.967, 0.633)
$n=8$	(0.925, 0.675)
$n=10$	(0.9, 0.7)
$n=12$	(0.883, 0.717)

5.6　转子偏心时电磁力波的分析与电磁振动削弱

受加工工艺和安装工艺的限制，电机在实际运行中存在不同程度的转子偏心。电机中转子偏心主要有两种情况，即静态偏心和动态偏心。静态偏心一般是由定转子安装位置不对中引起的，发生静态偏心时转子轴线即为旋转轴线，其特点是最小气隙的位置不变；动态偏心通常是由转轴弯曲、轴承磨损等因素引起的，此时转子轴线与旋转轴线不重合，电机中最小气隙随着转子旋转而发生变化。图 5-48 是存在转子偏心时的定转子结构示意图，由于在整个圆周范围内气隙变得不均匀，所以会引入新的电磁力波分量，加剧电机的电磁振动。

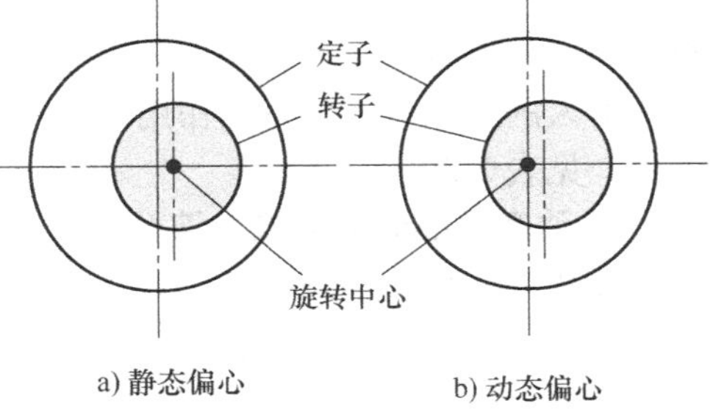

图 5-48　转子偏心

1. 静态偏心时的电磁力波分析

当转子存在静态偏心时，其气隙磁导可表示为

$$\Lambda(\alpha) = \Lambda_0(1 + \varepsilon\cos\alpha) + \sum_{m=1,2,3,\cdots} \Lambda_m \cos(mQ_1\alpha) \tag{5-140}$$

式中，ε 为转子偏心率，可以表示为

$$\varepsilon = \frac{\delta_\varepsilon}{\delta_0} \tag{5-141}$$

式中，δ_ε 和 δ_0 分别为转子偏心距和未发生偏心时均匀气隙的长度。根据麦克斯韦张量法，存在静态偏心时的电磁力波可表示为

$$\begin{aligned} p_r &= \frac{1}{2\mu_0}\left\{\left[\sum_{\mu=1,3,5,\cdots} F_\mu \cos(\mu\omega t - \mu p\alpha) + \sum_{\nu=1\pm 6k, k=1,2,3,\cdots} F_\nu \cos(\omega t - \nu p\alpha + \phi)\right]\right. \\ &\quad \left.\left[\Lambda_0(1 + \varepsilon\cos\alpha) + \sum_{m=1,2,3,\cdots} \Lambda_m \cos(mQ_1\alpha)\right]\right\}^2 \\ &= \frac{1}{2\mu_0}[(a) + (b_s) + (c) + (d) + (e_s) + (f)]^2 \end{aligned} \tag{5-142}$$

式中，

(a) 代表 $\Lambda_0 \sum_{\mu=1,3,5,\cdots} F_\mu \cos(\mu\omega t - \mu p\alpha)$

(b_s) 代表$\frac{\Lambda_0\varepsilon\sum\limits_{\mu=1,3,5,\cdots}F_\mu}{2}\cos[\mu\omega t-(\mu p\pm1)\alpha]$

(c) 代表$\frac{\sum\limits_{\mu=1,3,5,\cdots}\sum\limits_{m=1,2,3,\cdots}F_\mu\Lambda_m}{2}\cos[\mu\omega t-(\mu p\pm mQ_1)\alpha]$

(d) 代表$\Lambda_0\sum\limits_{\nu=1\pm6k,k=1,2,3,\cdots}F_\nu\cos(\omega t-\nu p\alpha+\phi)$

(e_s) 代表$\frac{\Lambda_0\varepsilon\sum\limits_{\nu=1\pm6k,k=1,2,3,\cdots}F_\nu}{2}\cos[\omega t-(\nu p\pm1)\alpha+\phi]$

(f) 代表$\frac{\sum\limits_{\nu=1\pm6k,k=1,2,3,\cdots}\sum\limits_{m=1,2,3,\cdots}F_\nu\Lambda_m}{2}\cos[\omega t-(\nu p\pm mQ_1)\alpha+\phi]$

(b_s) 和 (e_s) 是静态偏心时新引入的气隙磁密分量。从式（5-142）可以看出，当转子存在静态偏心时，空载时新引入了$(\mu p\pm1)$次磁密分量，负载时引入了$(\nu p\pm1)$次磁密分量。在新引入的气隙磁密分量的作用下，会有$2np\pm1$和$2np\pm2(n=0,1,2,3,\cdots)$阶次的电磁力波产生，见表5-20。

2. 动态偏心时的电磁力波分析

当转子存在动态偏心时，其气隙磁导可表示为

$$\Lambda(\alpha)=\Lambda_0+\Lambda_0\varepsilon\cos\left(\frac{\omega}{p}t-\alpha\right)+\sum_{m=1,2,3,\cdots}\Lambda_m\cos(mQ_1\alpha)\tag{5-143}$$

存在动态偏心时的电磁力波可表示为

表5-20 静态偏心下新引入的电磁力波含量

	(b_s)		(e_s)	
	频率	阶次	频率	阶次
(a)	$(\mu_1\pm\mu_2)f$	$(\mu_1\pm\mu_2)p\pm1$	$(\mu\pm1)f$	$(\mu\pm\nu)p\pm1$
(b_s)	$(\mu_1\pm\mu_2)f$	$(\mu_1\pm\mu_2)p\pm2$	$(\mu\pm1)f$	$(\mu\pm\nu)p\pm2$
(c)	$(\mu_1\pm\mu_2)f$	$(\mu_1\pm\mu_2)p\pm mQ_1\pm1$	$(\mu\pm1)f$	$(\mu\pm\nu)p\pm mQ_1\pm1$
(d)	$(\mu\pm1)f$	$(\mu\pm\nu)p\pm1$	$2f$ 0	$(\nu_1+\nu_2)p\pm1$
(e_s)	$(\mu\pm1)f$	$(\mu\pm\nu)p\pm2$	$2f$ 0	$(\nu_1+\nu_2)p\pm2$
(f)	$(\mu\pm1)f$	$(\mu\pm\nu)p\pm mQ_1\pm1$	$2f$ 0	$(\nu_1+\nu_2)p\pm mQ_1\pm1$

$$\begin{aligned}p_r&=\frac{1}{2\mu_0}\left\{\left[\sum_{\mu=1,3,5,\cdots}F_\mu\cos(\mu\omega t-\mu p\alpha)+\sum_{\nu=1\pm6k,k=1,2,3,\cdots}F_\nu\cos(\omega t-\nu p\alpha+\phi)\right]\right.\\&\quad\left.\left[\Lambda_0+\Lambda_0\varepsilon\cos\left(\frac{\omega}{p}t-\alpha\right)+\sum_{m=1,2,3,\cdots}\Lambda_m\cos(mQ_1\alpha)\right]\right\}^2\\&=\frac{1}{2\mu_0}[(a)+(b_d)+(c)+(d)+(e_d)+(f)]^2\end{aligned}\tag{5-144}$$

式中，

(b_d) 代表 $\dfrac{\Lambda_0\varepsilon\sum\limits_{\mu=1,3,5,\cdots}F_\mu}{2}\cos\left[\left(\mu\pm\dfrac{1}{p}\right)\omega t-(\mu p\pm1)\alpha\right]$

(e_d) 代表 $\dfrac{\Lambda_0\varepsilon\sum\limits_{\nu=1\pm6k,k=1,2,3,\cdots}F_\nu}{2}\cos\left[\left(1\pm\dfrac{1}{p}\right)\omega t-(\nu p\pm1)\alpha+\phi\right]$

(b_d) 和 (e_d) 是动态偏心时新引入的气隙磁密分量。从式（5-144）可以看出，当转子存在动态偏心时，除了在空载时新引入的 $(\mu p\pm1)$ 次磁密分量和负载时引入的 $(\nu p\pm1)$ 次磁密分量外，还引入了 $(\mu\pm1/p)f$ 的频率分量。在新引入的气隙磁密分量的作用下，转子存在动态偏心时除了引入的 $2np\pm1$ 和 $2np\pm2(n=0,1,2,3,\cdots)$ 阶次的电磁力波外，也在引入了 $(2n\pm1/p)f$ 和 $(2n\pm2/p)f$ 的频率分量，见表 5-21。

表 5-21　动态偏心下新引入的电磁力波含量

	(b_d)		(e_d)	
	频率	阶次	频率	阶次
(a)	$\left(\mu_1\pm\mu_2\pm\dfrac{1}{p}\right)f$	$(\mu_1\pm\mu_2)p\pm1$	$\left(\mu\pm1\pm\dfrac{1}{p}\right)f$	$(\mu\pm\nu)p\pm1$
(b_d)	$\left(\mu_1\pm\mu_2\pm\dfrac{2}{p}\right)f$	$(\mu_1\pm\mu_2)p\pm2$	$\left(\mu\pm1\pm\dfrac{2}{p}\right)f$	$(\mu\pm\nu)p\pm2$
(c)	$\left(\mu_1\pm\mu_2\pm\dfrac{1}{p}\right)f$	$(\mu_1\pm\mu_2)p\pm mQ_1\pm1$	$\left(\mu\pm1\pm\dfrac{1}{p}\right)f$	$(\mu\pm\nu)p\pm mQ_1\pm1$
(d)	$\left(\mu\pm1\pm\dfrac{1}{p}\right)f$	$(\mu\pm\nu)p\pm1$	$\left(2\pm\dfrac{1}{p}\right)f$ $\dfrac{1}{p}f$	$(\nu_1+\nu_2)p\pm1$
(e_d)	$\left(\mu\pm1\pm\dfrac{2}{p}\right)f$	$(\mu\pm\nu)p\pm2$	$\left(2\pm\dfrac{2}{p}\right)f$ $\dfrac{2}{p}f$	$(\nu_1+\nu_2)p\pm2$
(f)	$\left(\mu\pm1\pm\dfrac{1}{p}\right)f$	$(\mu\pm\nu)p\pm mQ_1\pm1$	$\left(2\pm\dfrac{1}{p}\right)f$ $\dfrac{1}{p}f$	$(\nu_1+\nu_2)p\pm mQ_1\pm1$

3. 计算实例

为验证上述解析分析的准确性，利用有限元法对 6 极 36 槽表贴式永磁同步电机存在转子偏心时的电磁力波进行了分析。图 5-49 是转子存在 0.4mm 静态偏心时的主要低阶电磁力波分量计算结果。与解析分析结果一致，电磁力波也在原先 6、12、18 等 $2np(n=1,2,3,\cdots)$ 阶分量的基础上，新引入了 4、5、7、8 等 $2np\pm1$ 和 $2np\pm2$ 阶次的力波。时间谐波分量仍为 $2nf$，与转子不偏心时一致。图 5-50 是转子存在 0.4mm 动态偏心时的主要低阶电磁力波分量计算结果。电磁力波也在原先 6、12、18 等 $2np(n=1,2,3,\cdots)$ 阶分量的基础上，新引入了 4、5、7、8 等 $2np\pm1$ 和 $2np\pm2$ 阶次的力波，相应的频率也变为 50Hz、62.5Hz、87.5Hz、100Hz 等 $(2n\pm1/p)f$ 和 $(2n\pm2/p)f$，与解析分析结果一致。

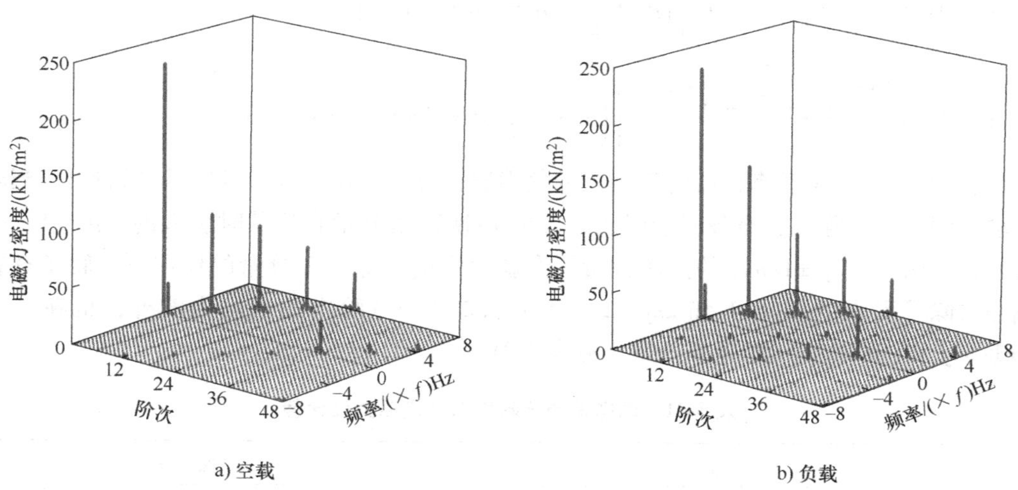

图 5-49 转子存在 0.4mm 静态偏心时的主要低阶电磁力波分量计算结果

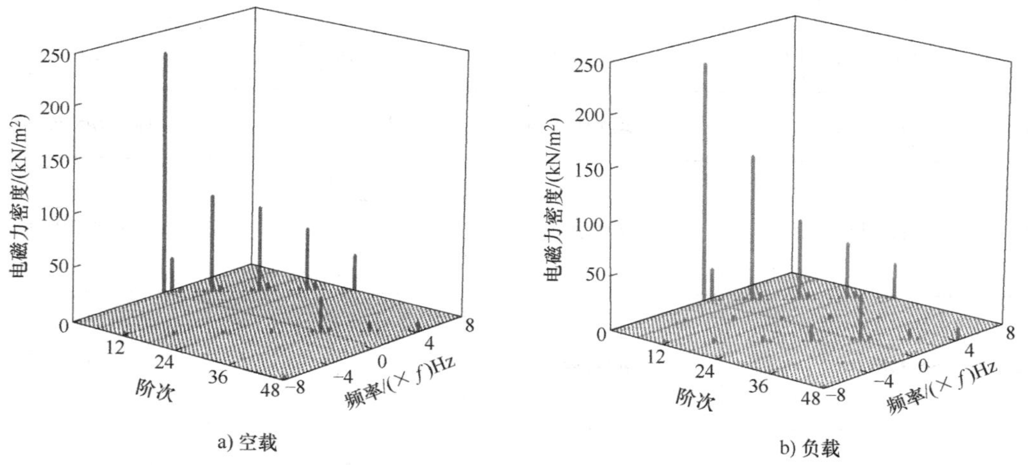

图 5-50 转子存在 0.4mm 动态偏心时的主要低阶电磁力波分量计算结果

4. 转子偏心时的电磁力波削弱[6]

6 极 36 槽表贴式永磁同步电机的绕组排布如图 5-51 所示。图 5-52 是绕组有两条并联支路时三种不同连接方式。在连接方式一中，每相三组相邻线圈构成一条并联支路。在连接方式二中，每相的奇数组线圈和偶数组线圈分别构成一条并联支路。连接方式三为在连接方式一的基础上加入均压线。当电机不存在转子偏心故障时，三种连接方式下各支路电流均相同，均压线中也无电流流过，电机气隙磁密及相关的电磁性能均保持一致。

转子存在 0.4mm 静态偏心的电机带额定负载运行时三种绕组连接方式的 A 相电流如图 5-53 所示。当电机存在转子偏心时（此时转子向线圈 A_1 偏移，则正对着 A_1 处气隙最小)，由于气隙不均匀，各线圈的自感都发生变化。绕组连接方式一中线圈 A_1、A_2 和 A_3 组成的支路 a 的自感要大于线圈 A_4、A_5 和 A_6 组成的支路 b 的自感，因此支路 b 中的电流更大。在连接方式二中，线圈 A_1、A_3 和 A_5 组成的支路 a 的自感与线圈 A_2、A_4 和 A_6 组成的支路 b 的自感基本相同，因此流过两条并联支路的电流也基本相同。在连接方式三中，由于均压线的存在，同一支路三个线圈中流过的电流也不同，此时均压线中有均衡电流。转子向线圈 A_1 偏移，此时线圈 A_1 自感最大，流过线圈 A_1 的电流也最小。相反，线圈 A_4 的自感最小，流过线圈 A_4 的电流也最大。

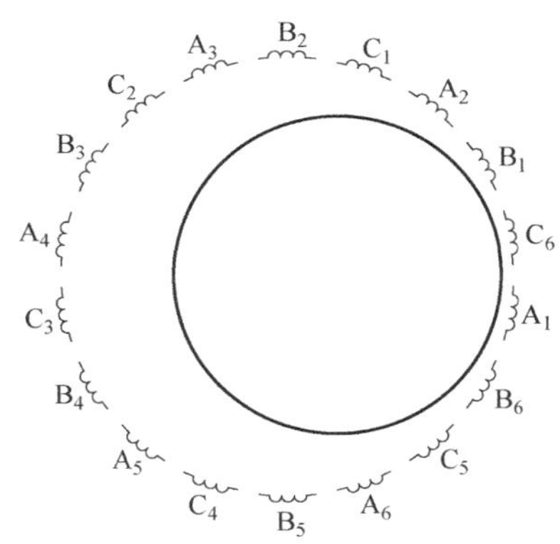

图 5-51　绕组排布

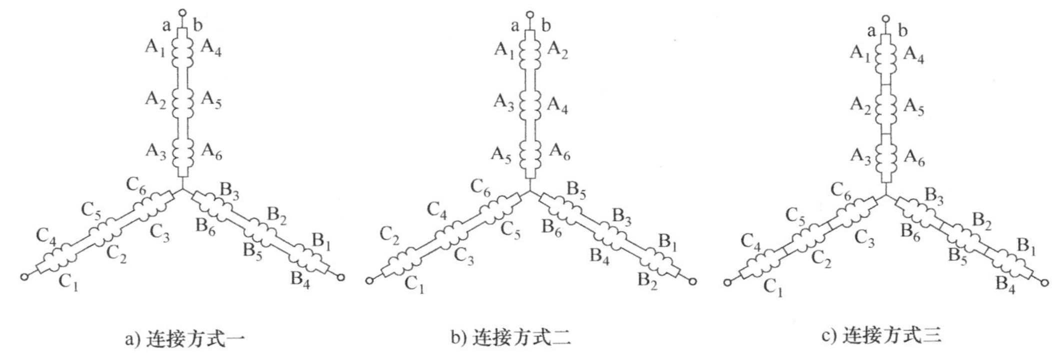

a) 连接方式一　　b) 连接方式二　　c) 连接方式三

图 5-52　绕组三种不同连接方式

图 5-54 是转子存在静态偏心时三种绕组连接方式下的电磁力密度及其谐波含量。绕组采用连接方式一时由转子偏心引入的电磁力波分量的幅值要小于连接方式二时各分量幅值。与连接方式一和二相比，绕组采用连接方式三时由转子偏心引入的电磁力波分量的幅值明显减小，这是由于每个线圈中不相等电流所产生的电枢磁场将极大地补偿不均匀分布的空载磁场。

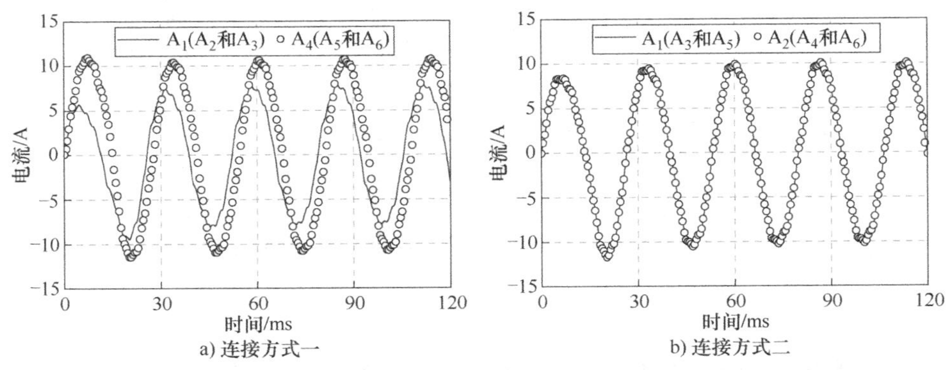

a) 连接方式一　　b) 连接方式二

图 5-53　电机带额定负载运行时三种绕组连接方式的 A 相电流

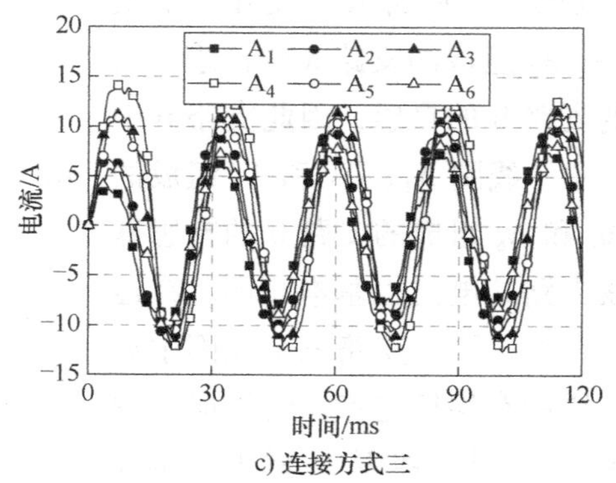

c) 连接方式三

图 5-53 电机带额定负载运行时三种绕组连接方式的 A 相电流（续）

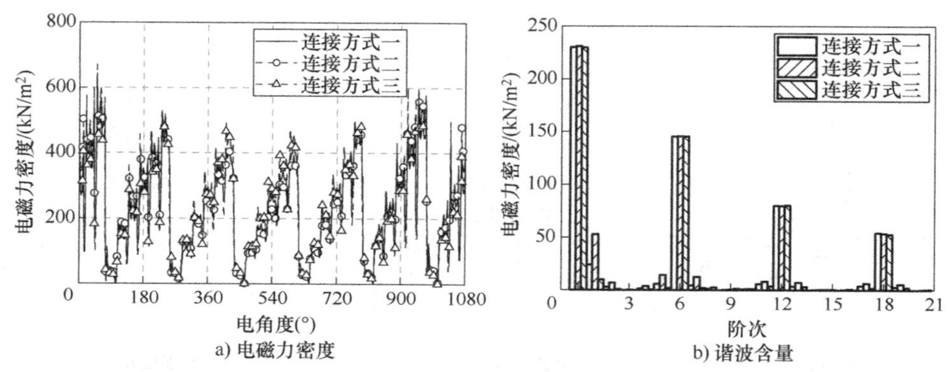

a) 电磁力密度
b) 谐波含量

图 5-54 转子存在静态偏心时三种绕组连接方式下的电磁力密度及其谐波含量

当转子存在动态偏心时，除了空间谐波分量外，还会在电磁力波中引入新的频率分量。图 5-55 是转子存在动态偏心时气隙中一点处的电磁力密度及其谐波分量。同样，与连接方式一和二相比，绕组采用连接方式三时由转子偏心引入的新的频率分量的幅值明显减小。因此，绕组采用连接方式三可以在不影响电机性能的前提下有效地削弱由转子偏心引入的气隙磁密和电磁力波分量。图 5-56 是转子存在动态偏心时 6 极 36 槽电机定子铁心表面的振动加

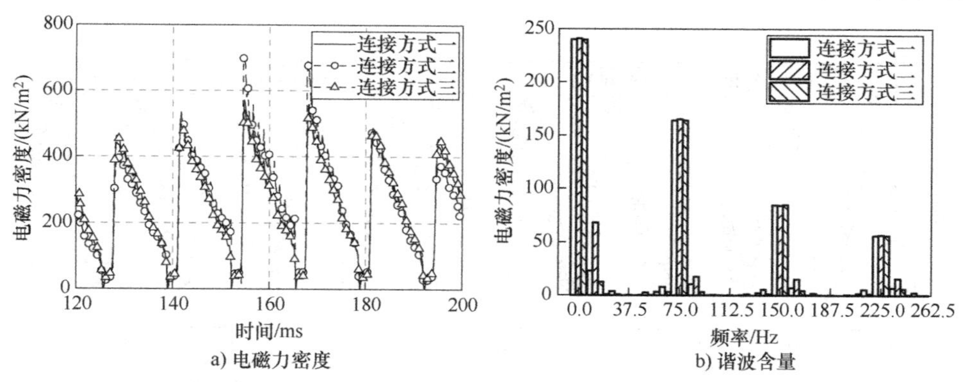

a) 电磁力密度
b) 谐波含量

图 5-55 转子存在动态偏心时气隙中一点处的电磁力密度及其谐波分量

速度。可以看出，绕组采用连接方式一和三时定子表面的振动加速度幅值要明显小于绕组采用连接方式二时的振动加速度幅值，且绕组采用连接方式三时振动加速度的幅值更小。因此，绕组采用连接方式三可以在不影响电机性能的前提下有效地削弱由转子偏心引入的气隙磁密和电磁力波分量，进而削弱转子偏心下的电磁振动。

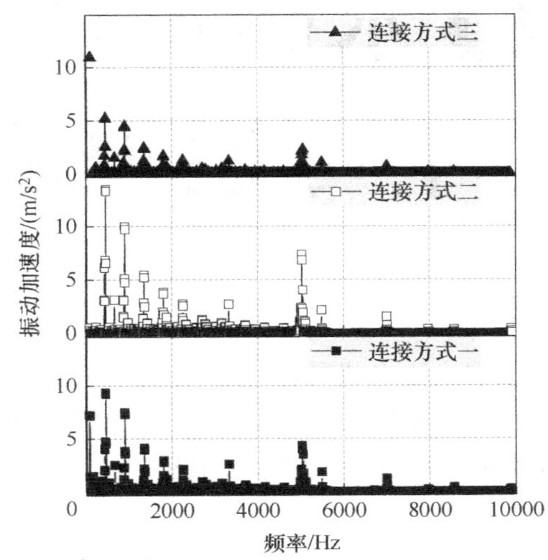

图 5-56　转子存在动态偏心时 6 极 36 槽电机定子铁心表面的振动加速度

参考文献

[1]　陈世坤. 电机设计 [M]. 2 版. 北京：机械工业出版社，2000.

[2]　L J Wu，Z Q Zhu，D Staton，et al. An Improved Subdomain Model for Predicting Magnetic Field of Surface-Mounted Permanent Magnet Machines Accounting for Tooth-Tips [J]. IEEE Transactions on Magnetics，2011，47 (6)：1693-1704.

[3]　F W CARTER. The Magnetic Field of the Dynamo-electric Machine [J]. Journal of the Institution of Electrical Engineers，1926，64 (359)：1115-1138.

[4]　S TSAI. Introduction to Composite Materials [M]. London：Routledge，2018.

[5]　J C LAI，J F GIERAS，C WANG. Noise of Polyphase Electric Motors [M]. Boca Raton：CRC Press，2006.

[6]　S J Yang.低噪声电动机 [M]. 北京：科学出版社，1985.

Chapter 6

第6章 永磁同步电机的不可逆退磁

永磁体不可逆退磁直接影响永磁电机的性能稳定性和工作可靠性，是永磁电机设计人员、制造企业和用户普遍关心的重要问题。因钕铁硼永磁具有居里温度和最高工作温度低、温度系数大的缺点，不可逆退磁问题在钕铁硼永磁电机中尤为突出[1]。

异步起动永磁同步电机由电网直接供电，在起动过程中，因转子永磁磁场与定子旋转磁场转速不同而产生很大的波动转矩，虽可获得较高的起动转矩，但起动过程中的最小转矩小，甚至为负，电机起动能力低，不适于采用减压起动方式，导致起动过程中定、转子电流大，对永磁体的退磁作用强烈，易于发生不可逆退磁。因此，异步起动永磁同步电机的不可逆退磁问题尤其突出。

相对于异步起动永磁同步电机，变频器供电永磁同步电机采用升频起动方式，且具有较完善的过电流保护等措施，不易发生不可逆退磁。但在变频器故障、变频器保护措施不完善、电机内部故障、变频器参数设置不当时，也可能发生不可逆退磁。

本章将介绍不可逆退磁的产生机理，分析造成不可逆退磁的物理因素，研究不可逆退磁对电机性能的影响，并重点讨论异步起动永磁同步电机中永磁体最严重退磁的发生规律。

6.1 永磁体不可逆退磁的产生机理

永磁体的工作点是由退磁曲线、外磁路特性和电枢反应磁场共同决定的。永磁体退磁曲线、电枢反应磁场分别随温度和电枢电流的变化而变化。在外磁路特性一定的前提下，永磁体工作点取决于永磁体温度和电枢电流。

图 6-1 为 B-H 坐标系内的永磁体工作图。曲线 1、2 分别为温度 t_1 和 t_2 时的退磁曲线（$t_1<t_2$），其剩磁分别为 B_{r1} 和 B_{r2}，矫顽力分别为 H_{c1} 和 H_{c2}。曲线 3、3′、3″为外磁路特性曲线，互相平行，其与 H 轴的交点和坐标原点之间的距离分别为 H_{ad1}/σ、H_{ad2}/σ 和 H_{ad3}/σ。其中，σ 为漏磁系数，H_{ad1}、H_{ad2} 和 H_{ad3} 分别为电枢电流为 I_1、I_2 和 I_3 时的电枢反应退磁磁场强度（$I_1<I_2<I_3$）。

首先分析电枢电流的影响。对于曲线 1，当电枢电流为 I_1 时，永磁体工作点为曲线 1、3 的交点 a，位于曲线 1 的直线段。若减小电枢电流，则曲线 3 向右平移，工作点始终在曲线 1 的直线段上，永磁体不发生不可逆退磁。将电枢电流从 I_1 增大到 I_3，外磁路特性曲线变为曲线 3″，永磁体工作点为 c，位于退磁曲线的拐点之下，当电枢电流减小时，永磁体工作点不是沿着曲线 cba 变化，而是沿着与曲线 1 直线部分平行的直线 4（回复线）变化，即该永磁体发生了不可逆退磁，剩磁降低，在遇到比本次不可逆退磁更严重的退磁之前，退磁曲线将由直线 4 和曲线 ce 组成。

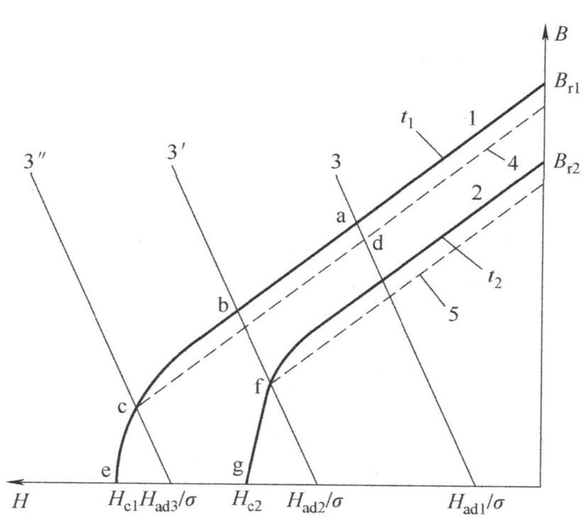

图 6-1　永磁体工作点

下面分析温度对不可逆退磁的影响。当负载电流为 I_1 时，外磁路特性曲线 3 与曲线 1、2 的交点分别为温度为 t_1 和 t_2 时的永磁体工作点，都位于退磁曲线直线段上，不发生不可逆退磁。若电枢电流增大到 I_2，温度 t_1 时的工作点为 b，在曲线 1 的直线段上，不发生不可逆退磁；而温度 t_2 时的工作点为 f，在退磁曲线 2 的拐点以下，发生了不可逆退磁。

在永磁电机运行过程中，不可逆退磁既可由高温引起，也可由强电枢反应磁场引起，更多的是两者联合作用的结果。不可逆退磁引起的磁性能损失不因电枢反应磁场的取消、永磁体温度降低而恢复，只有对永磁体重新充磁才能恢复[2]。

在工程实际中，有些不可逆退磁发生在很短时间内。如设计不合理的异步起动永磁同步电机，经过一次起动即可使永磁体的局部区域发生明显的不可逆退磁。再如变频调速永磁同步电机，瞬时过电流产生的强退磁磁场可能会使永磁体发生明显的不可逆退磁。

有些永磁电机运行很长时间后才发生明显的不可逆退磁。在永磁电机运行过程中，由于某些原因，比如过载、永磁体老化、永磁体设计裕度小等，导致永磁体工作点在退磁曲线的拐点之下，产生比较轻微的不可逆退磁，永磁磁场有轻微的削弱，导致电机电流略有增大。电流的增大，一方面产生铜耗，提高了永磁体所处环境的温度，导致永磁体性能下降，另一方面导致电枢反应退磁磁场增强，使永磁体的不可逆退磁程度进一步增加，永磁体的磁性能进一步下降，这个过程周而复始，累积到一定程度，就出现了明显的不可逆退磁[3]。

6.2　不可逆退磁的影响因素

引起不可逆退磁的因素很多，这里只讨论物理因素的影响。

1. 设计方面的因素

永磁电机的合理设计是避免永磁体不可逆退磁的基础，直接影响电机的运行可靠性。在设计过程中，应重点考虑以下几点：

1）应针对电机的运行工况和相关标准的规定，确定最严重的退磁状态，据此设计永磁体的工作点，并对永磁体退磁最严重时的工作点进行校核，保证不在拐点以下，并留有一定裕度。对于异步起动永磁同步电机，最严重的退磁发生在同步速附近。对于变频调速永磁同步电机，需要重点考虑最大弱磁和三相突然短路两种状态。

2）利用等效磁路法计算得到的永磁体工作点往往是平均工作点，要保证不出现不可逆退磁，必须采用更精细的分析手段，如有限元法，计算永磁体的最大退磁工作点。

3）综合考虑使用环境温度的要求、冷却方式、电磁负荷等，选用相应耐温等级的永磁体。

4）适当增大永磁体充磁方向长度是避免不可逆退磁的有效措施[4]。

2. 使用方面的因素

永磁电机在恶劣环境，特别是高温和剧烈振动的场合使用，可能会发生不可逆退磁。不可逆退磁还与永磁电机的功率选型有关，若电机功率偏小，导致电机长时间过载，会因温度过高而发生不可逆退磁。

3. 电机绕组过电流

电机绕组的过电流主要来自以下三方面：

（1）电机方面

电机绕组三相短路、相间短路、单相短路和匝间短路等引起的过电流。

（2）负载方面

电机因带冲击性负载、突加负载或传动机构被“卡住”而引起的过电流。

（3）变频器

目前商业化的变频器具有较为完善的保护功能，合理使用的调速永磁同步电机发生不可逆退磁的概率较小。但如变频器保护不完善、变频器输出侧短路、变频器升速或降速时间设定得太短等，也会引起过电流，可能引起不可逆退磁。例如，当变频器升速或降速时，若负载惯量较大而升降速时间设定得太短，变频器工作频率和电机定子旋转磁场转速变化较快，而转子因负载转动惯量较大而不能与定子旋转磁场同步，导致过电流。

4. 高温

电机和变频器故障引起的过电流产生的电枢绕组铜耗、磁场谐波在永磁体中产生的涡流损耗、电机过载、绕组匝间短路、冷却系统故障是导致永磁体温度升高的重要因素。永磁体长时间处于高温状态，易于发生不可逆退磁，严重时造成永磁体的损坏[2]。

6.3 计及温度影响的永磁体内禀退磁曲线

要判断永磁体是否发生不可逆退磁，必须已知其在给定温度下退磁曲线的拐点位置。在不同温度下，退磁曲线的拐点有时在第二象限，有时在第三象限，但永磁体生产企业往往只给出退磁曲线和内禀退磁曲线的第二象限部分，当退磁曲线的拐点不在第二象限时，拐点位置不易获得。

由第1章的内容可知，退磁曲线和内禀退磁曲线分别满足

$$B = B_r - \mu_0 \mu_r H \tag{6-1}$$

$$B_i = B_r - \mu_0 (\mu_r - 1) H \tag{6-2}$$

可以看出，内禀磁感应强度 B_i 和磁感应强度 B 之差为 $\mu_0 H$，故内禀退磁曲线与退磁曲线的拐点对应的磁场强度相同。内禀退磁曲线的拐点都出现在第二象限，因此根据内禀退磁

曲线拐点位置即可推出退磁曲线拐点对应的磁场强度和磁感应强度。图 6-2 为钕铁硼永磁 35SH 的内禀退磁曲线（虚线）和退磁曲线（实线），可以看出，温度为 100℃、120℃、150℃、180℃时，退磁曲线出现了明显的拐点，并与相应温度下的内禀退磁曲线拐点对应的磁场强度相同；-40℃、20℃、60℃、80℃时的退磁曲线没有出现拐点，根据相应温度下的内禀退磁曲线可得到退磁曲线拐点位置对应的磁场强度，进而得到拐点对应的磁感应强度。

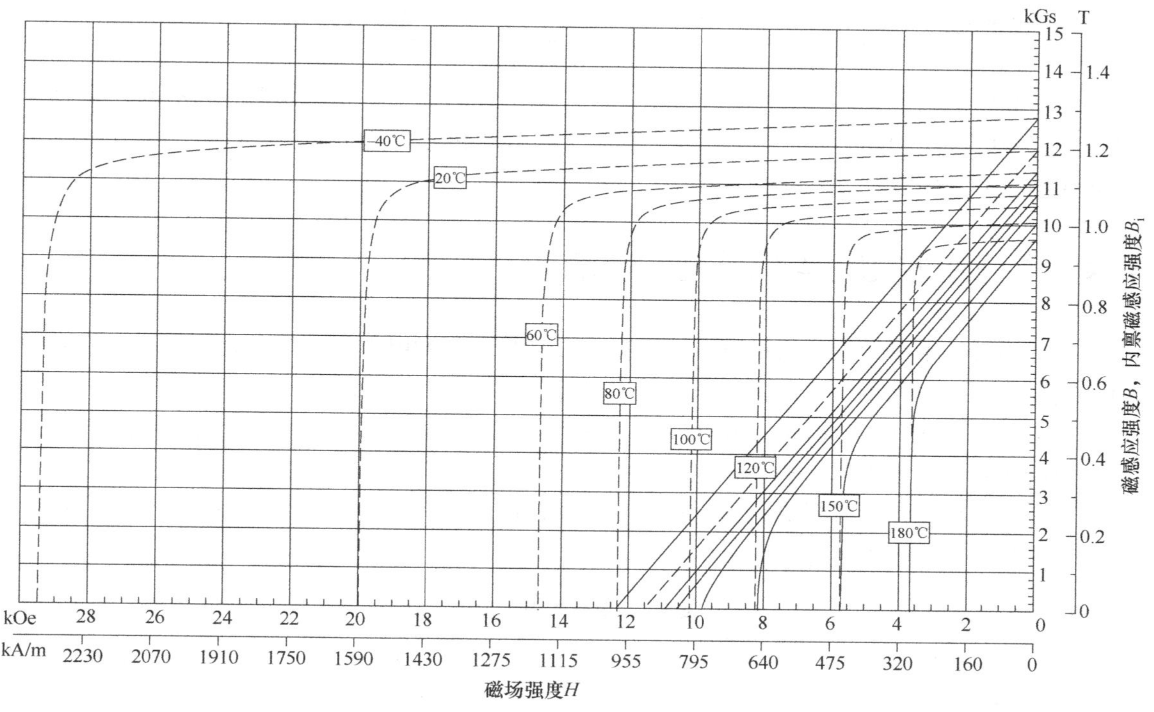

图 6-2　钕铁硼永磁 35SH 的内禀退磁曲线和退磁曲线

永磁体生产厂家往往只给出永磁体工作温度范围内若干不同温度的内禀退磁曲线。若永磁体的剩磁温度系数和内禀矫顽力温度系数为常数，则可根据某一温度的内禀退磁曲线求得工作温度范围内任意温度下的内禀退磁曲线。

温度 t 时的剩磁温度系数和内禀矫顽力温度系数分别为

$$\begin{cases}\alpha_{\mathrm{Br}}(t)=\dfrac{B_{\mathrm{r}}(t)-B_{\mathrm{r20}}}{B_{\mathrm{r20}}(t-20)}\times 100\% \\ \alpha_{\mathrm{Hcj}}(t)=\dfrac{H_{\mathrm{cj}}(t)-H_{\mathrm{cj20}}}{H_{\mathrm{cj20}}(t-20)}\times 100\%\end{cases} \tag{6-3}$$

式中，t 为永磁体的温度，$\alpha_{\mathrm{Br}}(t)$、$\alpha_{\mathrm{Hcj}}(t)$分别为温度 t 时的剩磁温度系数和内禀矫顽力温度系数，$B_{\mathrm{r}}(t)$、$H_{\mathrm{cj}}(t)$分别为温度 t 时的剩磁和内禀矫顽力，B_{r20}、H_{cj20}分别为 20℃时的剩磁和内禀矫顽力。

根据图 6-2，计算得到 35SH 永磁体在不同温度时的剩磁温度系数和内禀矫顽力温度系数，见表 6-1。可以看出，35SH 永磁体的剩磁温度系数随温度的变化很小，可以忽略不计，但内禀矫顽力温度系数随温度的升高而减小，且变化较大，因此难以根据一个温度时的内禀退磁曲线得到其他温度时的内禀退磁曲线。

表 6-1　35SH 永磁的剩磁温度系数和内禀矫顽力温度系数

温度/℃	-40	20	60	80	100	120	150	180
剩磁温度系数/(%/K)	0.117	0.1182	0.119	0.119	0.119	0.119	0.12	0.12
内禀矫顽力温度系数/(%/K)	0.802	0.716	0.658	0.636	0.611	0.585	0.549	0.510

要得到任意温度 t 时的内禀退磁曲线，可采用插值的方法。以图 6-2 中内禀退磁曲线为例，已知 60℃和 80℃的内禀退磁曲线，可通过在这两条内禀退磁曲线之间进行插值得到介于 60℃和 80℃之间任一温度的内禀退磁曲线。

6.4　不可逆退磁对电机性能的影响

永磁体发生不可逆退磁的最直接表现是反电动势下降和电枢电流增大，测量反电动势和检测电枢电流，可为不可逆退磁的判断提供依据[5]。

本节以一台 380V、22kW、1000r/min 异步起动永磁同步电机为例，采用有限元法分析不可逆退磁对电机性能的影响。该电机的结构参数见表 6-2。

首先对电机施加退磁磁场，然后使电机在额定电压和额定负载下起动和同步运行，对比不同退磁状态下电机的性能。

表 6-2　电机的主要参数

参数	数值	参数	数值
额定功率/kW	22	气隙长度/mm	0.65
极对数	3	铁心长度/mm	220
定子槽数	54	永磁体厚度/mm	4
转子槽数	42	每极永磁体宽度/mm	124
定子铁心外径/mm	327	永磁体材料	35SH

1. 永磁体不可逆退磁后的磁性能

电机转速设定为 1000r/min。在定子绕组上分别施加不同有效值的三相对称电流，保持电枢绕组基波磁动势轴线与直轴重合且对永磁体退磁，计算退磁前后绕组的反电动势和空载气隙磁密。

（1）永磁体温度相同，退磁电流不同

当永磁体温度为 100℃时，分别施加 100A、200A、300A、400A、500A 的绕组电流，退磁后的空载气隙磁密和反电动势波形如图 6-3 所示，其基波有效值见表 6-3。可以看出，反电动势和空载气隙磁密随退磁电流的增大而降低，说明不可逆退磁程度随退磁电流的增大而增大。

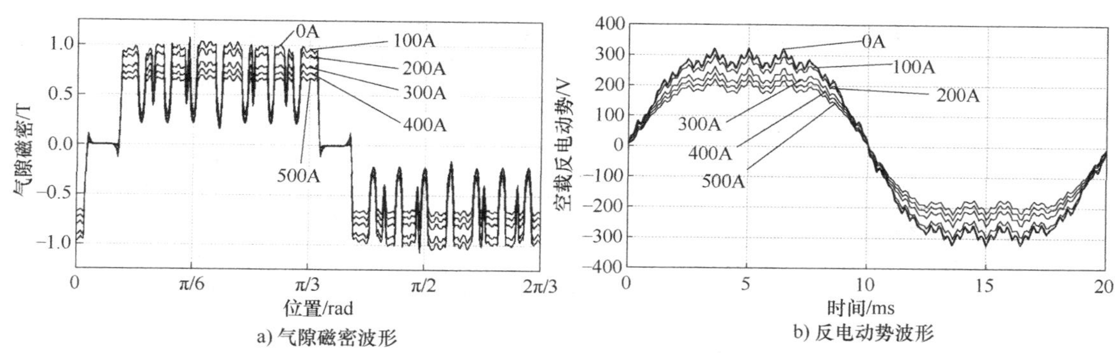

a) 气隙磁密波形　　b) 反电动势波形

图 6-3　不同电流退磁后的空载气隙磁密和反电动势波形

表 6-3　不同电流退磁后的空载气隙磁密和反电动势基波有效值

退磁电流/A	0	100	200	300	400	500
空载反电动势/V	236.21	235.70	220.66	192.19	176.04	161.61
空载基波气隙磁密有效值/T	0.720	0.719	0.671	0.582	0.533	0.489

（2）退磁电流相同，永磁体温度不同

永磁体温度分别设定为 20℃、40℃、60℃、80℃、100℃，施加 500A 的退磁电流，退磁前后的空载气隙磁密和反电动势波形见图 6-4 所示，其基波有效值见表 6-4。可以看出，在退磁电流相同的前提下，反电动势和空载气隙磁密随温度的升高而降低，说明不可逆退磁程度随永磁体温度的升高而增大。

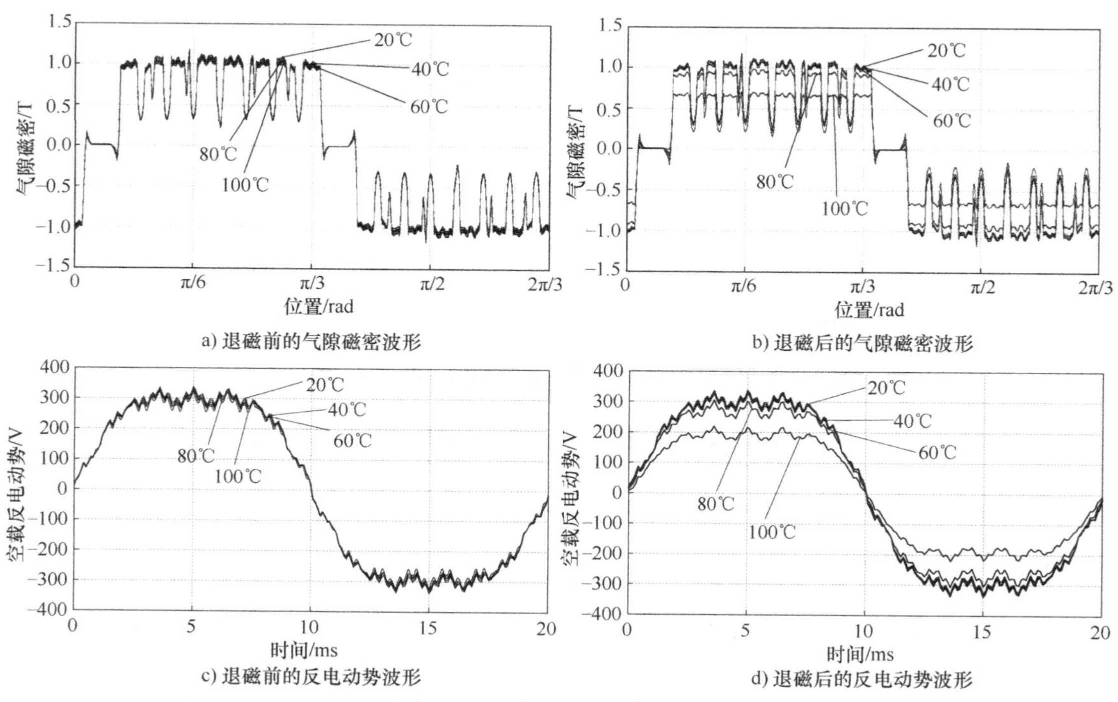

a) 退磁前的气隙磁密波形　　b) 退磁后的气隙磁密波形

c) 退磁前的反电动势波形　　d) 退磁后的反电动势波形

图 6-4　不同温度时永磁体退磁前后的空载气隙磁密和反电动势波形

表 6-4　不同温度时永磁体退磁前后的空载气隙磁密和反电动势基波有效值

温度/℃		20	40	60	80	100
空载反电动势/V	退磁前	251.09	247.62	243.86	240.68	236.21
	退磁后	250.81	247.35	243.33	224.70	161.61
空载基波气隙磁密有效值/T	退磁前	0.769	0.757	0.745	0.735	0.720
	退磁后	0.768	0.756	0.743	0.683	0.489

（3）退磁电流相同，永磁体厚度不同

永磁体温度设定为60℃，永磁体厚度分别为2mm、2.5mm、3mm、3.5mm、4mm，施加500A的退磁电流，退磁前后的空载气隙磁密和反电动势波形如图6-5所示，其基波有效值见表6-5。可以看出，永磁体厚度越小，退磁越严重。

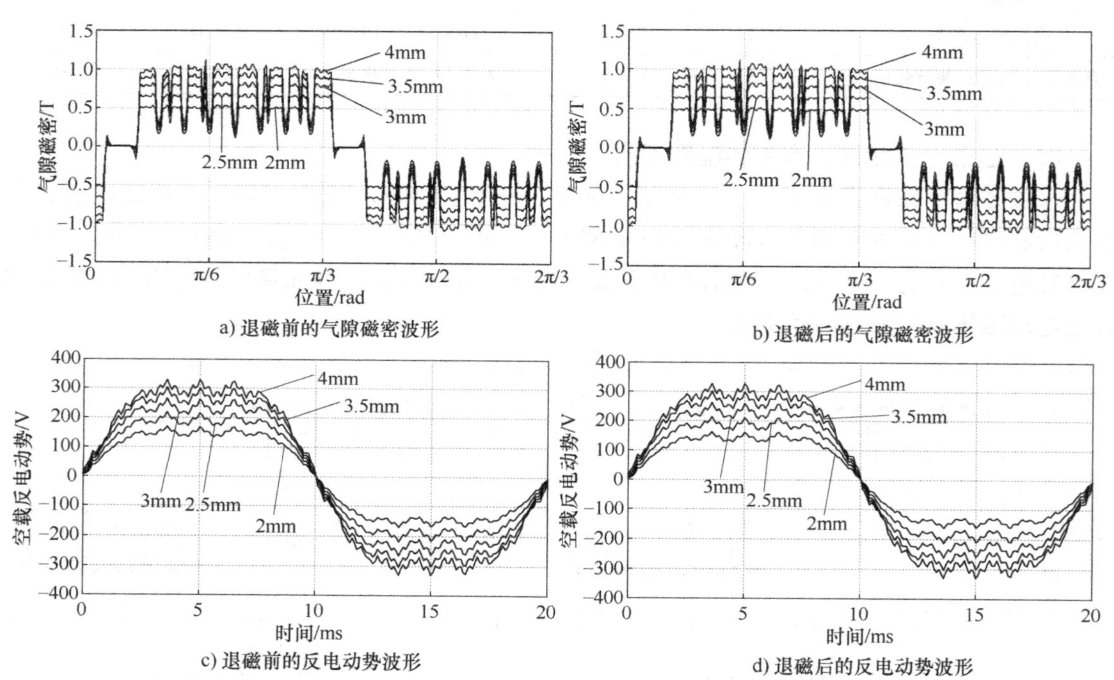

a) 退磁前的气隙磁密波形　b) 退磁后的气隙磁密波形

c) 退磁前的反电动势波形　d) 退磁后的反电动势波形

图 6-5　不同厚度时永磁体退磁前后的空载气隙磁密和反电动势

表 6-5　不同厚度时永磁体退磁前后的空载气隙磁密和反电动势基波有效值

永磁体厚度/mm		4	3.5	3	2.5	2
空载反电动势有效值/V	退磁前	243.86	222.21	193.96	159.93	124.73
	退磁后	243.33	221.33	191.77	156.13	119.37
空载基波气隙磁密有效值/T	退磁前	0.745	0.676	0.587	0.484	0.377
	退磁后	0.743	0.673	0.581	0.472	0.361

(4) 起动过程中的最严重退磁

异步起动永磁同步电机起动过程中最严重的退磁出现在转速接近同步速时[6]。为找到电机起动过程中最严重的退磁状态，施加合适的负载转矩和转动惯量使电机转速接近同步速但无法进入同步。

将永磁体温度分别设定为75℃、100℃，计算其空载反电动势和空载气隙磁密。然后使其在额定电压下带额定转矩210N·m、70倍转子转动惯量起动，转速接近同步速但无法进入同步，然后计算其空载反电动势和空载气隙磁密，计算结果见表6-6。可以看出，当永磁体温度为75℃时，遇到起动过程中最严重的退磁后，空载反电动势下降了0.054%，可以忽略不计；当永磁体温度为100℃时，遇到起动过程中最严重的退磁后，空载反电动势下降了2.1%，出现了较明显的不可逆退磁。

表6-6　起动过程中最严重的退磁对气隙磁密和反电动势的影响

永磁体温度/℃	75		100	
	退磁前	退磁后	退磁前	退磁后
空载反电动势/V	241.42	241.29	236.21	231.25
空载气隙磁密有效值/T	0.7371	0.7367	0.7202	0.7043

为了表征电机内永磁体的不可逆退磁程度，定义了两个参数，即剩磁率和不可逆退磁区域占比。剩磁率是永磁体内某点发生不可逆退磁之后与之前剩磁的比值（退磁前后永磁体温度相同），剩磁率为1表示所在点无不可逆退磁，剩磁率为0表示所在点完全失去了磁性能。不可逆退磁区域占比是指永磁体上剩磁率在阈值以上的体积占永磁体总体积的百分比。图6-6为电机经过上述起动过程后的剩磁率分布，图6-7为电机在上述起动过程中剩磁率在不同阈值(0.1,0.2,0.3,…,0.9)以上的不可逆退磁区域占比变化曲线。

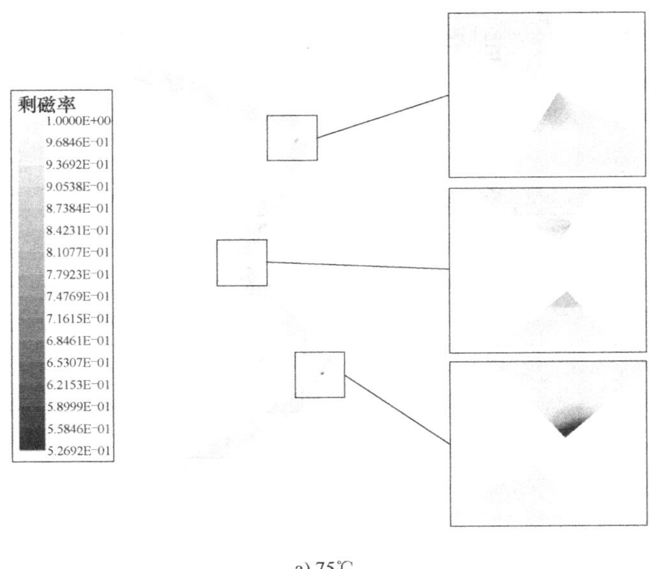

a) 75℃

图6-6　永磁体的剩磁率分布

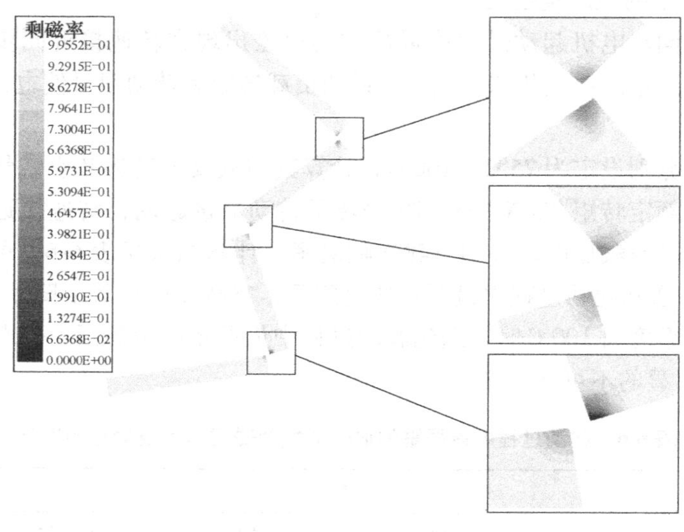

b) 100℃

图 6-6 永磁体的剩磁率分布（续）

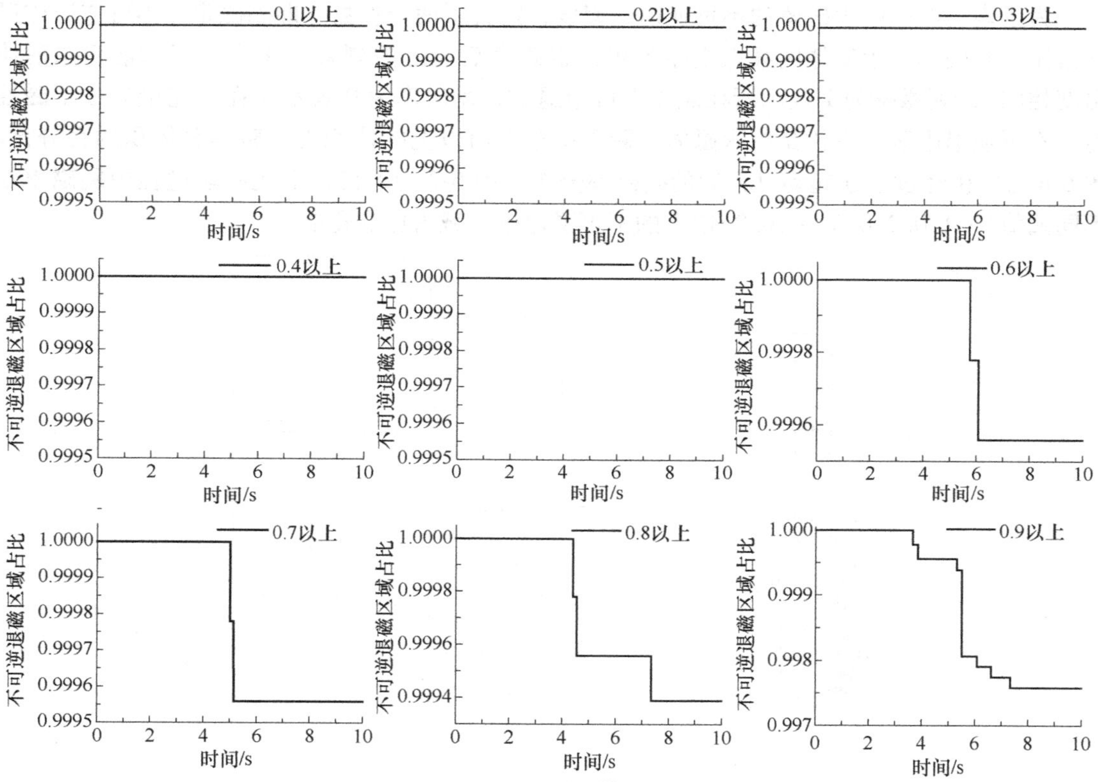

不可逆退磁区域占比
时间/s
0.1以上
0.2以上
0.3以上
0.4以上
0.5以上
0.6以上
0.7以上
0.8以上
0.9以上

a) 75℃

图 6-7 起动过程中不同剩磁率阈值以上的不可逆退磁区域占比变化曲线

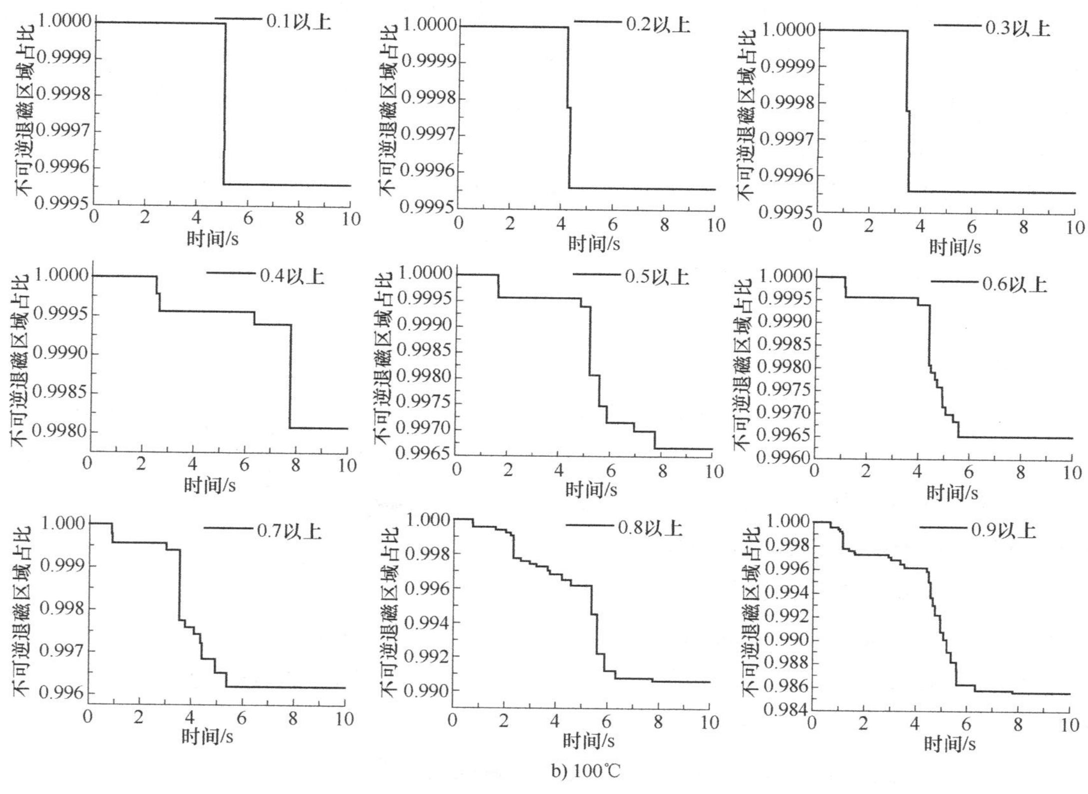

b) 100℃

图6-7　起动过程中不同剩磁率阈值以上的不可逆退磁区域占比变化曲线（续）

2. 永磁体不可逆退磁后，电机起动达到稳态后的性能

当永磁体温度为100℃时，分别施加100A、200A、300A、400A、500A的退磁电流，然后在额定电压下带额定转矩210N · m、7倍转子转动惯量起动并进入同步运行，稳态时的电流、功率因数见表6-7。可以看出，相电流随着退磁电流的增大而显著增大，功率因数随退磁电流的增大而显著降低。

表6-7　稳态运行时的相电流和功率因数

退磁电流/A	0	100	200	300	400	500
相电流/A	33.87	34.02	33.84	35.19	36.51	38.11
功率因数	0.992（超前）	0.989（超前）	0.9996	0.964	0.929	0.8998

6.5　异步起动永磁同步电机起动过程中的最大退磁[6]

异步起动永磁同步电机起动过程中，定、转子绕组内产生很大的冲击电流，导致很强的退磁磁场，使永磁体发生退磁（不一定是不可逆退磁）。在同一极下，不同位置的永磁体会产生不同程度的退磁，必然有一个位置的退磁最严重，即该位置永磁体的工作点最小。本节利用有限元法，以一台 22kW、6 极电机为例，分析电机起动过程最严重退磁的产生规律。该电机与 6.4 节电机的结构数据都相同，唯一不同的是永磁体牌号，分别为 35UH 和 35SH。

1. 永磁体最大退磁点的确定

对于一台给定的电机，在外加电压、频率一定的前提下，可计算出不同起动条件（包括负载转矩、转动惯量及转子初始位置等）下的很多次起动过程。在一次起动过程中，可计算得到永磁体最大退磁点的磁密随时间的变化曲线，曲线中磁密最小的位置称为该过程的局部最大退磁点。所有起动过程的局部最大退磁点中磁密最小的称为全局最大退磁点。

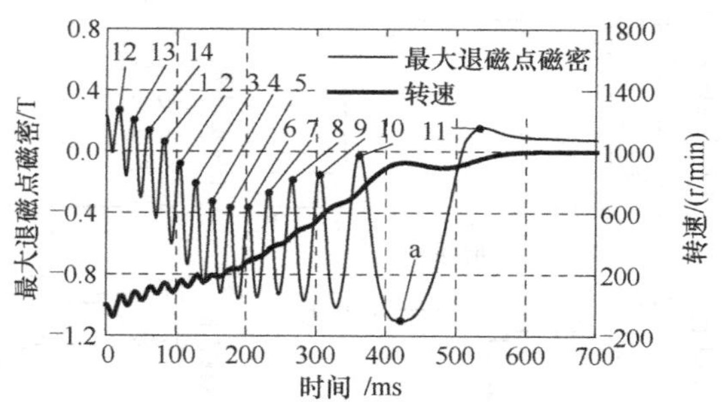

图 6-8 起动过程中的转速曲线与永磁体最大退磁点磁密曲线

利用有限元法计算了该电机带额定负载转矩、5 倍于转子本身的转动惯量起动过程中的转速曲线与永磁体的最大退磁点磁密曲线，如图 6-8 所示。可以看出，本次起动过程的永磁体局部最大退磁点在 a 点（$t=423\text{ms}$），磁密为–1.1T，对应的转速为 926r/min。

2. 定、转子绕组磁动势对永磁体局部最大退磁点的影响

利用有限元法得到的电机起动过程中的电流，可计算出定、转子绕组基波磁动势的空间分布，将两者叠加即可得到合成基波磁动势的空间分布，对其进行直、交轴分解，可以得到直、交轴合成基波磁动势分布。为便于分析，规定：当定子（或转子）绕组磁动势起助磁作用时，其与永磁磁场夹角的余弦值为正，相应的直轴磁动势为正。下面以图 6-8 所示的起动过程曲线为例分析定转子绕组磁动势对永磁体局部最大退磁点的影响。

（1）电枢反应基波磁动势

图 6-9 为电枢反应基波磁动势与永磁磁场中心线之间夹角 θ_1（电角度）的余弦值的变化曲线，表 6-8 比较了永磁体最大退磁点磁密曲线的极小值时刻与 $\cos\theta_1=-1$ 的时刻，表 6-9 比较了永磁体最大退磁点磁密曲线的极大值时刻与 $\cos\theta_1=1$ 的时刻。

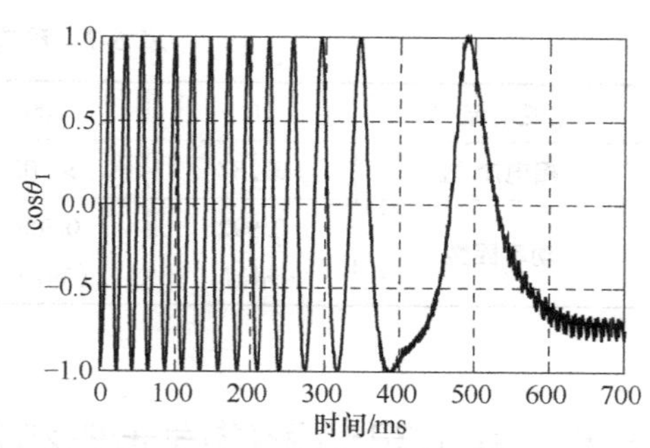

图 6-9 $\cos\theta_1$ 的变化曲线

从表 6-8、表 6-9 可以看出，电枢反应基波磁动势和永磁磁场的夹角为 180°、0° 的时刻分别与永磁体退磁磁场最强、最弱的时刻相差较大，例如，对于永磁体最大退磁点出现的时刻，两者相差 35ms。可见，电枢反应基波磁动势和永磁磁场的夹角不能准确反映永磁体退磁磁场的强弱。

表 6-8　永磁体最大退磁点磁密曲线的极小值时刻与 $\cos\theta_1=-1$ 时刻

最大退磁点磁密曲线的极小值时刻/ms	9	29	50	72	94	117	141
$\cos\theta_1=-1$ 时刻/ms	1	22	43	64	87	109	133
最大退磁点磁密曲线的极小值时刻/ms	165	190	217	248	284	330	423
$\cos\theta_1=-1$ 时刻/ms	157	183	210	239	274	317	388

表 6-9　永磁体最大退磁点磁密曲线的极大值时刻与 $\cos\theta_1=1$ 时刻

最大退磁点磁密曲线的极大值时刻/ms	18	39	60	82	105	128	152
$\cos\theta_1=1$ 时刻/ms	13	33	54	76	99	122	145
最大退磁点磁密曲线的极大值时刻/ms	177	203	232	265	305	361	537
$\cos\theta_1=1$ 时刻/ms	170	196	224	256	293	346	490

（2）定、转子绕组合成基波磁动势

图 6-10 为定、转子绕组合成基波磁动势与永磁磁场中心线之间夹角 θ_2（电角度）的余弦值随时间的变化曲线，表 6-10 比较了永磁体最大退磁点磁密曲线的极小值时刻及其附近的 $\cos\theta_2=-1$ 时刻。

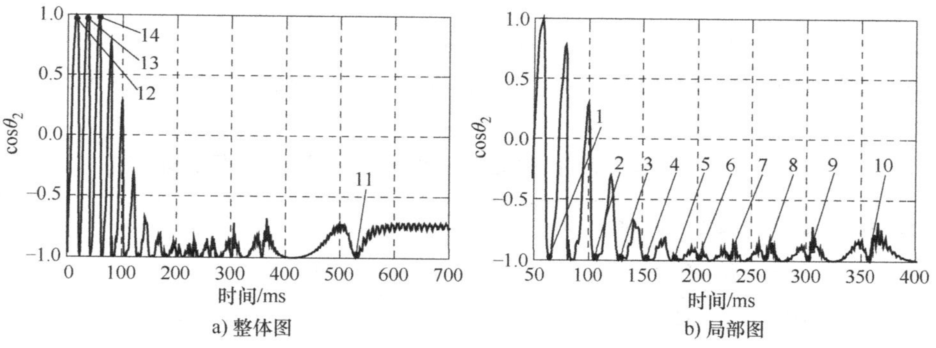

a) 整体图　　b) 局部图

图 6-10　$\cos\theta_2$ 的变化曲线

表 6-10　永磁体最大退磁点磁密曲线的极小值时刻与 $\cos\theta_2=-1$ 时刻

最大退磁点磁密曲线的极小值时刻/ms	9	29	50	72	94	117	141
$\cos\theta_2=-1$ 时刻/ms	1	23	43	64	82	105	128
最大退磁点磁密曲线的极小值时刻/ms	165	190	217	248	284	330	423
$\cos\theta_2=-1$ 时刻/ms	152	177	210	242	278	324	414

从表 6-10 可以看出，定、转子绕组合成基波磁动势和永磁磁场的夹角为 180°的时刻与永磁体退磁磁场最强的时刻相差较大。可见，传统观点“最严重的退磁发生在定、转子绕组合成磁动势与永磁磁场方向相反时”并不正确。可解释如下：在起动过程中，定、转子合成基波磁动势的幅值不断变化，如图 6-11 所示，虽然在点 1~11 时刻，合成基波磁动势与

永磁磁场的夹角为 180°，但对应的合成基波磁动势幅值较小，对永磁体的退磁作用较弱。因此，定、转子绕组合成基波磁动势与永磁磁场的夹角也不能准确反映永磁体退磁磁场的强弱。

（3）直轴合成基波磁动势

图 6-12 为直轴合成基波磁动势 F_d 随时间的变化曲线，表 6-11 比较了永磁体最大退磁点磁密曲线的极小值时刻与 F_d 的极小值时刻，表 6-12 比较了永磁体最大退磁点磁密曲线的极大值时刻与 F_d 的极大值时刻。

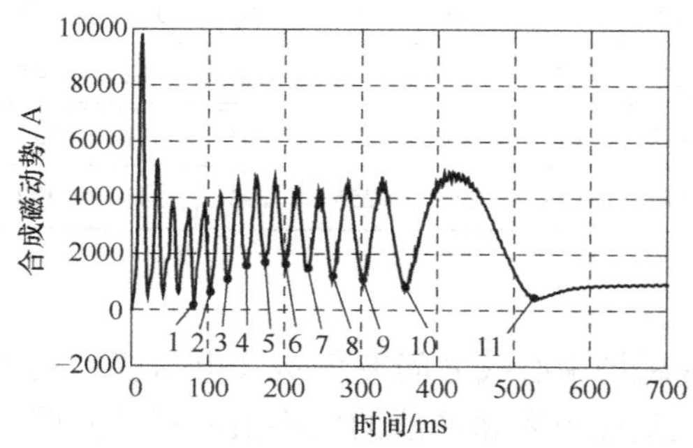

图 6-11　定、转子合成基波磁动势的变化曲线

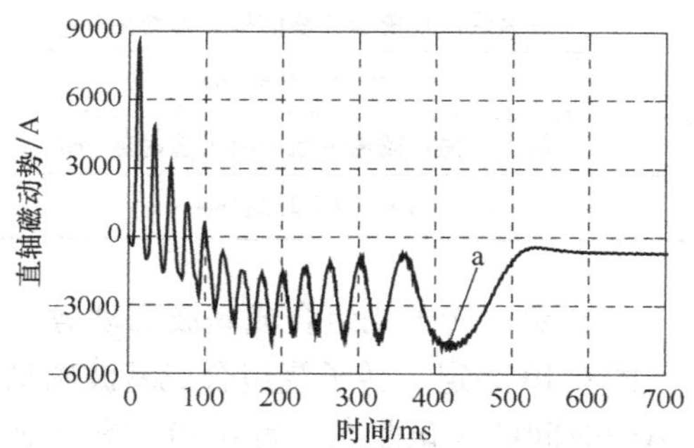

图 6-12　直轴合成基波磁动势的变化曲线

从表 6-11、表 6-12 可以看出，直轴合成基波磁动势出现极小值、极大值的时刻分别与永磁体退磁磁场最强、最弱的时刻吻合。这表明，直轴合成基波磁动势能准确反映永磁体退磁磁场的强弱。

表 6-11　永磁体最大退磁点磁密曲线的极小值时刻与 F_d 极小值时刻

最大退磁点磁密曲线的极小值时刻/ms	9	29	50	72	94	117	141
F_d 极小值时刻/ms	5	24	46	70	92	116	139
最大退磁点磁密曲线的极小值时刻/ms	165	190	217	248	284	330	423
F_d 极小值时刻/ms	163	188	215	247	283	328	423

表 6-12　永磁体最大退磁点磁密曲线的极大值时刻与 F_d 极大值时刻

最大退磁点磁密曲线的极大值时刻/ms	18	39	60	82	105	128	152
F_d 极大值时刻/ms	14	35	56	78	100	124	149
最大退磁点磁密曲线的极大值时刻/ms	177	203	232	265	305	361	537
F_d 极大值时刻/ms	175	202	232	263	305	360	535

综上所述，在异步起动永磁同步电机起动过程中，电枢反应基波磁动势与永磁磁场的夹角、定转子绕组合成基波磁动势与永磁磁场的夹角均不能准确反映永磁体退磁磁场的强弱，而定转子绕组直轴合成基波磁动势曲线与永磁体最大退磁点磁密曲线的变化趋势吻合较好，能够准确反映永磁体退磁磁场的强弱。

（4）转子绕组对电枢反应磁场的屏蔽作用

异步起动永磁同步电机起动过程中，转子导条内的感应电流所产生的磁场会影响电枢磁场对永磁体的退磁作用。图 6-13 为电机起动过程中 100~600ms 内直轴电枢基波磁动势与直轴合成基波磁动势的变化曲线。结合图 6-8 中的转速曲线可以看出，电机转速较低时，作用于永磁体的直轴合成基波磁动势比直轴电枢基波磁动势要小得多，说明转子绕组对电枢磁动势的屏蔽作用显著，能有效削弱电枢磁动势对永磁体的退磁作用；当电机转速接近同步速时，直轴合成基波磁动势与直轴电枢基波磁动势在数值上相差很小，转子绕组的屏蔽作用可以忽略。

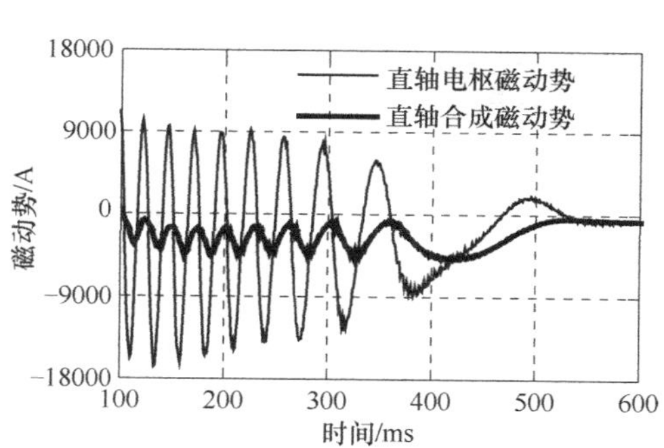

图 6-13　直轴电枢基波磁动势与直轴合成基波磁动势的变化曲线

3. 起动过程中永磁体最大退磁点的研究

（1）起动过程中永磁体全局最大退磁点出现的规律

对于一台给定的异步起动永磁同步电机，当电源的电压及频率均为额定值时，负载转矩、转动惯量及转子初始位置对电机起动过程及永磁体的退磁情况有较大的影响。采用有限元法计算了电机在不同转子初始位置（电机的一对极对应 120°机械角度，在 0°~105°机械角度范围内间隔 15°计算一次，共有 8 个不同初始位置）、不同负载转矩及不同转动惯量时的起动过程，得到了每个起动过程中的永磁体局部最大退磁点及对应的电机转速。电机以相同转子初始位置、带不同负载起动时永磁体局部最大退磁点对应的电机转速见表 6-13，其中 J、T_N 分别为电机转子本身的转动惯量和额定负载转矩。从表 6-13 可以看出，永磁体的局部最大退磁点可能出现在任意转速，随着负载转矩和转动惯量的增大，永磁体的局部最大退磁点对应的电机转速接近同步速的概率增大。图 6-14 为电机所有起动过程中的永磁体局部最大退磁点-电机转速分布，可以看出，永磁体局部最大退磁点对应的电机转速越接近同步速，对应的磁密低的概率越大；全局最大退磁点发生在同步速附近。

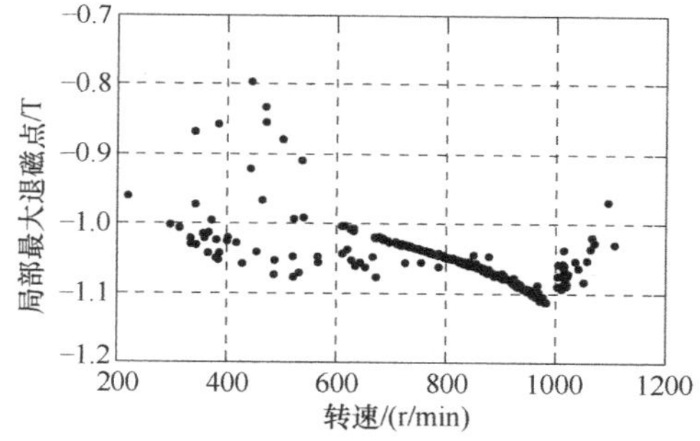

图 6-14　所有起动过程中的永磁体局部最大退磁点-电机转速分布

表 6-13　电机以不同负载条件起动时，永磁体局部最大退磁点对应的电机转速　（单位：r/min）

负载条件	J	$3J$	$5J$	$7J$	$9J$
$0T_N$	314	402	719	711	869
$0.2T_N$	1095	357	714	801	758
$0.4T_N$	653	963	692	934	829

（续）

负载条件	J	$3J$	$5J$	$7J$	$9J$
$0.6T_N$	372	754	951	875	922
$0.8T_N$	343	611	1007	899	873
T_N	1057	768	798	921	942
$1.2T_N$	1041	696	802	808	971

为更清晰地观察起动过程中永磁体局部最大退磁点与对应的电机转速之间的关系，将电机所带的转动惯量增大，直至电机不能牵入同步为止，该起动过程中的转速曲线和永磁体最大退磁点磁密曲线如图 6-15 所示。可以看出，随着电机转速的升高，永磁体最大退磁点磁密曲线的极小值不断降低，对应的永磁体退磁磁场强度不断增大；最终，电机转速略低于同步速小幅波动，最大退磁点磁密曲线也随着转速波动且波动幅值保持不变，磁密最小值维持在−1. 114T，对应的电机转速约为 992r/min，永磁体的退磁磁场强度达到最大值。在该状态下，合成磁动势与永磁磁场轴线的相对位置周期性变化，两者之间的夹角可以是 0°～360°电角度之间的任意角度，因此可以找到永磁体的全局最大退磁点。

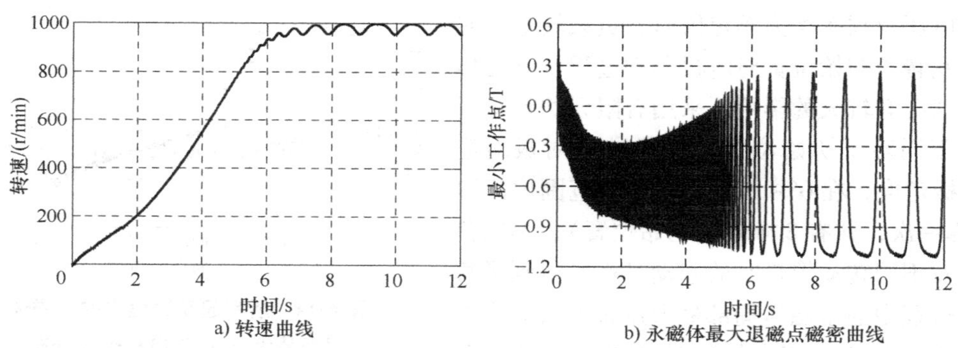

a) 转速曲线　b) 永磁体最大退磁点磁密曲线

图 6-15　转动惯量过大导致电机不能牵入同步时的转速曲线与永磁体最大退磁点磁密曲线

综上所述，异步起动永磁同步电机起动时，永磁体的局部最大退磁点可能出现在任意转速；随着负载转矩和转动惯量的增大，永磁体局部最大退磁点对应的电机转速接近同步速的概率增大，永磁体遇到最严重退磁的概率也将增大；最严重的退磁，也就是全局最大退磁发生在同步速附近；可以通过使电机转速接近同步速但不能进入同步状态而找到全局最大退磁时的永磁体磁密。

（2）起动过程中永磁体最大退磁点规律的解释

如前所述，在异步起动永磁同步电机的起动过程中，定转子合成磁动势以同步速旋转，与永磁磁场之间存在相对运动，当直轴合成磁动势与永磁磁场方向相反且直轴合成磁动势最大时，永磁体退磁最严重。如果电机的负载转矩和转动惯量较小，牵入同步较快，则永磁体遇到最严重退磁（全局最大退磁）的概率较小，永磁体局部最大退磁点对应的电机转速接近同步速的概率较小。如果电机的负载转矩和转动惯量较大，牵入同步时间较长，则永磁体遇到最严重退磁（全局最大退磁）的概率较大，永磁体局部最大退磁点对应的电机转速接近同步速的概率较大。下面以电机空载和重载的起动过程为例做进一步说明。

电机空载起动时的转速曲线如图 6-16 所示，转速从 500r/min 上升至同步速的时间约为 54ms，这段时间内转子转过的电角度为 891°，而定转子合成磁动势转过的电角度为 972°，定、转子合成磁动势与转子的相对位移仅为 81°电角度，永磁体在这段时间内遇到最严重退磁（全局最大退磁）的概率较小。因此，轻载起动过程中，永磁体局部最大退磁点对应的电机转速低的概率较大，接近同步速的概率较小。

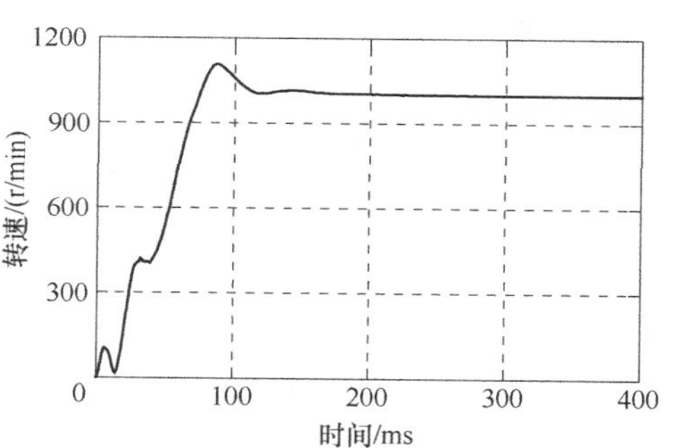

图 6-16　电机空载起动时的转速曲线

图 6-17 为一次重载起动时电机的转速曲线。转速从 500r/min 上升至同步速的时间约为 0.39s，转子转过的电角度为 5577°，而定、转子合成磁动势转过的电角度为 7020°，定、转子合成磁动势与转子的相对位移为 1443°电角度，永磁体在这段时间内遇到最严重退磁（全局最大退磁）的概率较大。因此，重载起动过程中永磁体局部最大退磁点对应转速接近同步速的概率较大。

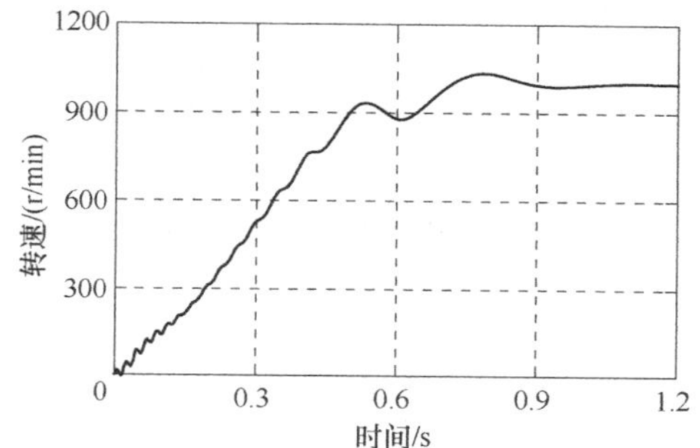

图 6-17　重载起动时电机的转速曲线

因此，当负载转矩、转动惯量或转子初始位置不同时，异步起动永磁同步电机的起动过程不同，每个起动过程中的永磁体局部最大退磁点及对应的电机转速也不同。随着负载转矩和转动惯量的增大，永磁体局部最大退磁点出现时刻的电机转速接近同步速的概率增大。

（3）发生局部最严重退磁的区域

图 6-18 为电机起动过程中，永磁体局部最大退磁点出现时的磁力线分布，可以看出，永磁体绝大部分区域的工作点为正，而工作点为负的区域为永磁体角，见局部放大图中标出的几个区域，因此局部最大退磁点位于永磁体的这几个角上。

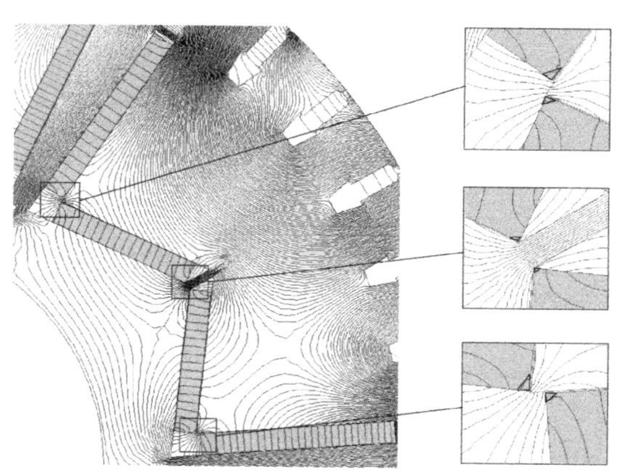

图 6-18　永磁体局部最大退磁点所在区域

参考文献

[1] 唐任远. 现代永磁电机设计与计算［M］. 北京：机械工业出版社，1997.

[2] G Choi, T M Jahns. Analysis and Design Recommendations to Mitigate Demagnetization Vulnerability in Surface PM Synchronous Machines［J］. IEEE Transactions on Industry Applications, 2018, 54（2）: 1292-1301.

[3] S Ruoho, J Kolehmainen, J Ikaheimo, et al. Interdependence of Demagnetization, Loading, and Temperature Rise in a Permanent-Magnet Synchronous Motor［J］. IEEE Transactions on Magnetics, 2010, 46（3）: 949-953.

[4] N Bianchi, H Mahmoud. An analytical approach to design the PM in PMAREL motors robust toward the demagnetization［J］. IEEE Transactions on Energy Conversion, 2016, 31（2）: 800-809.

[5] J Faiz, E Mazaheri-Tehrani. Demagnetization Modeling and Fault Diagnosing Techniques in Permanent Magnet Machines Under Stationary and Nonstationary Conditions: An Overview［J］. IEEE Transactions on Industry Applications, 2017, 53（3）: 2772-2785.

[6] 唐旭. 异步起动永磁同步电动机若干难点问题的研究［D］. 济南：山东大学，2016.

Chapter 7

第 7 章 永磁同步电动机稳态运行理论与电磁关系

永磁同步电动机是一种应用广泛的交流永磁电动机，其显著特点是转子转速与定子供电频率之间具有固定关系。根据起动方式可将其分为异步起动永磁同步电动机和变频器供电永磁同步电动机两类。

异步起动永磁同步电动机由工频电源供电，依靠转子绕组感应出的涡流实现起动，起动至同步后运行在固定转速，转速无法调节。变频器供电永磁同步电动机由变频电源供电，采用升频起动方式实现起动，改变变频器的输出频率可方便地调节电机转速。

自 20 世纪 80 年代钕铁硼永磁出现以来，异步起动永磁同步电动机的研发和推广应用取得了很大进展，在油田、纺织、风机和水泵等诸多场合得以大规模取代感应电动机。但随着电力电子技术的发展，变频器的性能不断提高，制造成本不断降低，近十年来，变频器供电永磁同步电动机的研发和应用取得了长足进展，成为调速电机的主流。

后续章节中介绍的各类电机都属于永磁同步电机，虽然在结构上差别较大，但具有相同的稳态运行理论和电磁关系。

7.1 永磁同步电动机的工作原理

表贴式永磁同步电动机的结构如图 7-1 所示，由定子和转子组成，定、转子之间存在气隙。定子由定子铁心和电枢绕组组成，定子铁心内表面有均匀分布的槽，槽内放置三相对称的电枢绕组。转子由永磁体、转子铁心和转轴组成，永磁体固定在转子铁心表面。

由电机学理论可知，当定子三相对称绕组上施加三相对称电压时，产生三相对称电流，进而在电机中产生旋转磁场，其基波分量为基波旋转磁场，转速为同步转速 $n_1=\dfrac{60f}{p}$，取决于定子电流的频率 f 和电机的极对数 p。永磁体随转子一起旋转，产生永磁旋转磁场，其转速为电机转速 n。当基波旋转磁场与永磁旋转磁场转速、极对数和转向都相同时，产生恒定的驱动转矩，使转子与基波旋转磁场同步旋转，即 $n=n_1$。

异步起动永磁同步电动机与变频器供电永磁同步电动机在结构上存在显著的差异，前者转子上有笼型绕组，且永磁体内置于转子铁心中；后者转子上没有绕组，永磁体既可在转子铁心表面，也可内置于转子铁心内。

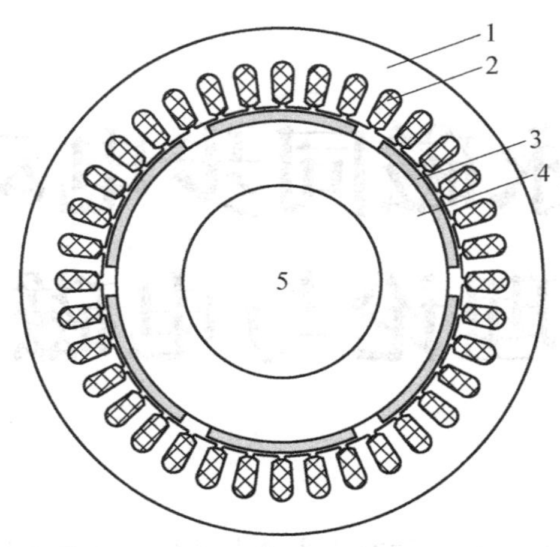

图 7-1　表贴式永磁同步电动机结构示意图

1—定子铁心　2—电枢绕组　3—永磁体　4—转子铁心　5—转轴

7.2　空载磁场与空载感应电动势

1. 空载磁场

永磁磁场是由永磁体产生的磁场。当转子旋转时，永磁磁场也随之旋转。当电机空载运行时，电枢电流很小，产生的电枢反应磁场很弱，可忽略不计，可认为此时电机内仅有永磁体所建立的永磁磁场，因此永磁磁场又称为空载磁场。图 7-2 为一台四极永磁同步电动机一对极范围内的空载气隙磁密波形，可以看出，空载气隙磁密为带下凹的矩形波，其中的下凹是由定子开槽引起的。

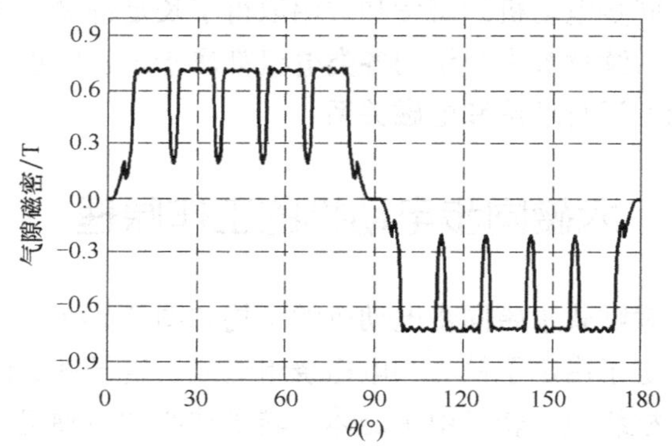

图 7-2　永磁同步电动机的空载气隙磁密波形

忽略定子开槽的影响，空载气隙磁密波形可近似为图 7-3 所示的矩形波，高度为 B_δ，宽度为 $\alpha_i\tau_1$，其中 α_i 为计算极弧系数，τ_1 为极距。对空载气隙磁密波形进行傅里叶分解，得到空载气隙磁密基波，如图 7-3 中虚线所示，其幅值为 $B_{\delta1}$

$$B_{\delta1}=\frac{4}{\pi}B_\delta\sin\frac{\alpha_i\pi}{2} \tag{7-1}$$

将空载时的气隙磁密基波幅值 $B_{\delta1}$ 与气隙磁密最大值 B_δ 的比值定义为气隙磁密波形系数，用 K_f 表示

$$K_f = \frac{B_{\delta 1}}{B_\delta} = \frac{4}{\pi}\sin\frac{\alpha_i \pi}{2} \tag{7-2}$$

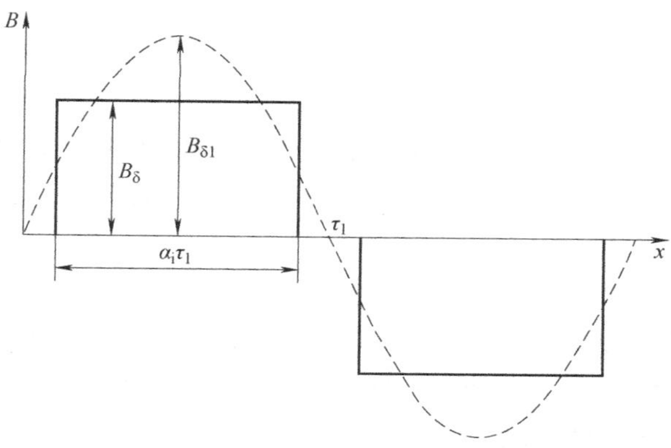

图 7-3　空载气隙磁场近似波形

2. 空载感应电动势

空载气隙磁密基波切割定子三相对称绕组，在其中感应出频率为 $f=\dfrac{pn_1}{60}$ 的对称三相感应电动势，称为空载感应电动势，E_0 为空载感应电动势（相电动势）的有效值

$$E_0 = 4.44 f N K_{dp1} \Phi_0 \tag{7-3}$$

式中，N 为每相串联匝数，K_{dp1} 为绕组的基波绕组系数，Φ_0 为空载气隙磁密基波产生的每极磁通

$$\Phi_0 = \frac{2}{\pi} B_{\delta 1} \tau_1 L_{ef} \tag{7-4}$$

式中，L_{ef} 为电枢轴向计算长度。

永磁体产生的每极气隙磁通 $\Phi_{\delta 0}$ 为

$$\Phi_{\delta 0} = B_\delta \alpha_i \tau_1 L_{ef} \tag{7-5}$$

将 Φ_0 与 $\Phi_{\delta 0}$ 的比值定义为气隙磁通波形系数 K_Φ

$$K_\Phi = \frac{\Phi_0}{\Phi_{\delta 0}} = \frac{8}{\alpha_i \pi^2}\sin\frac{\alpha_i \pi}{2} \tag{7-6}$$

因此，空载感应电动势 E_0 又可以表示为

$$E_0 = 4.44 f N K_{dp1} K_\Phi \Phi_{\delta 0} \tag{7-7}$$

7.3　电枢反应磁场与电枢反应电抗

1. 电枢反应磁场

对三相对称绕组施加三相对称电压时，将产生三相对称电流，进而产生电枢反应磁动势及相应的电枢反应磁场，电枢反应磁场基波与转子转速相同、转向相同且相对静止。气隙磁场由电枢反应磁动势和永磁磁动势共同产生。与空载时相比，电机的气隙磁场发生了变化。

电枢反应磁场基波对空载气隙磁场基波的影响称为电枢反应。需要指出的是，在分析永磁同步电动机的基本电磁关系时，无论是永磁磁场还是电枢反应磁场，都只考虑基波磁场的相互作用。

电枢反应使气隙磁场的幅值和空间相位发生变化，除了直接影响到机电能量转换过程外，还有去磁或助磁作用，对电机的运行性能产生重要影响。电枢反应的性质（助磁、去磁或交磁）取决于电枢反应磁动势和主磁场在空间上的相对位置，相对位置与空载感应电动势 $\dot{E}_0$ 和输入电流 $\dot{I}$ 之间的相角差 ψ（称为内功率因数角）有关。下面根据 ψ 值的不同，分四种情况进行分析。

根据电动机惯例，电枢绕组中电动势和电流的正方向相反。为便于分析，规定电动势的正方向为从绕组首端流出纸面、从末端流入纸面；电流的正方向为从绕组首端流入纸面、从末端流出纸面。电流的方向标志在外圈，电动势的方向标志在内圈。

（1）电枢电流 $\dot{I}$ 与空载感应电动势 $\dot{E}_0$ 同相位（$\psi=0°$）

图 7-4a 为一台两极永磁同步电动机的示意图。为简明计，图中每相电枢绕组均用一个集中线圈来表示。在图 7-4a 所示的瞬间，主极轴线（直轴）与电枢 A 相绕组的轴线正交，A 相交链的主磁通为零。因电动势滞后于产生它的磁通 90°电角度，故 A 相空载感应电动势 $\dot{E}_{0A}$ 的瞬时值此时达到正的最大值，其方向如图所示；B、C 两相的空载感应电动势 $\dot{E}_{0B}$ 和 $\dot{E}_{0C}$ 分别滞后于 A 相电动势 120°和 240°电角度，如图 7-4b 所示。

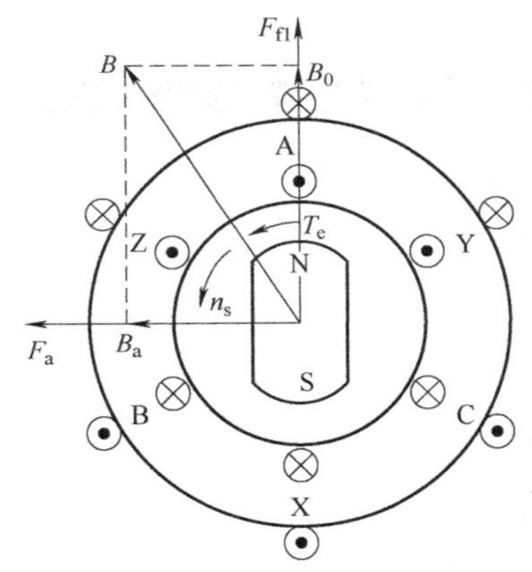

a) 定子绕组内的电动势、电流和磁动势空间矢量图

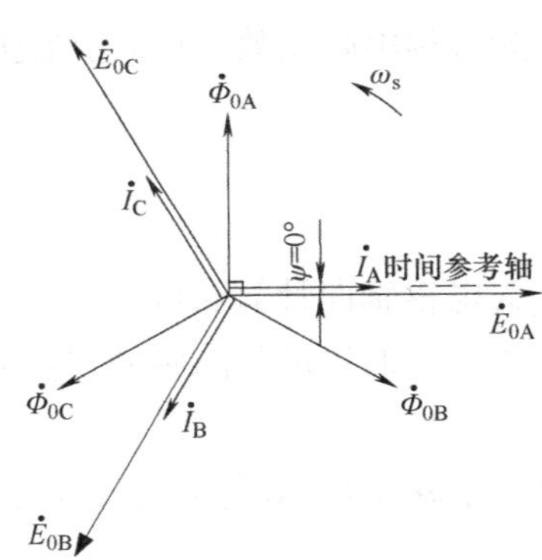

b) 时间相量图

图 7-4　$\psi=0°$ 时永磁同步电动机的电枢反应

因电枢电流 $\dot{I}$ 与空载感应电动势 $\dot{E}_0$ 同相位，此时 A 相电流也将达到正的最大值（从绕组首端流入纸面、从末端流出纸面），B 相和 C 相电流分别滞后于 A 相电流 120°和 240°，如图 7-4b 所示。由电机学理论可知，在对称三相绕组中通以对称三相电流时，若某相电流达到最大值，则在同一瞬间，三相基波合成磁动势的幅值（轴线）就将与该相绕组的轴线重合。因此在图 7-4a 所示瞬间，基波电枢反应磁动势 $\boldsymbol{F}_a$ 的轴线应与 A 相绕组轴线重合且方向相反，即电枢反应磁动势的轴线与转子的交轴重合。由于电枢反应磁动势和主磁极均以同步转速旋转，它们之间的相对位置始终保持不变，所以在其他任意瞬间，电枢反应磁动势的轴

线恒与转子交轴重合。由此可见，当 $\psi=0°$时，电枢反应磁动势是一个纯交轴磁动势，即

$$F_{a(\psi=0°)}=F_{aq} \tag{7-8}$$

交轴电枢反应磁动势所产生的电枢反应称为交轴电枢反应。由于交轴电枢反应的存在，气隙合成磁场 $\boldsymbol{B}$ 与主磁场 $\boldsymbol{B}_0$ 之间形成一定的空间相角差，并且幅值有所增加，称之为交磁作用。正是由于交轴电枢反应的存在，使主磁极受到力的作用，从而产生一定的电磁转矩。由图 7-4a 可见，对永磁同步电动机而言，当 $\psi=0°$时，主磁场将落后于气隙合成磁场，于是主磁极将受到一个驱动性质的电磁转矩。所以交轴电枢反应磁动势与电磁转矩的产生及能量转换直接相关。

（2）电枢电流滞后于空载感应电动势 90°（$\psi=90°$）

在图 7-5a 所示的瞬间，A 相空载感应电动势 $\dot{E}_{0A}$达到正的最大值，因电枢电流 $\dot{I}$ 滞后于空载感应电动势 $\dot{E}_0$ 90°，当 A 相电流达到正的最大值时，转子已经转过 90°，电枢反应磁动势 $\boldsymbol{F}_a$ 作用在直轴，称为直轴电枢反应。$\boldsymbol{F}_a$ 和永磁磁动势相位相反，起去磁作用，图 7-5b 为对应的相量图。此时有功功率为零，仅输入电感性无功功率。

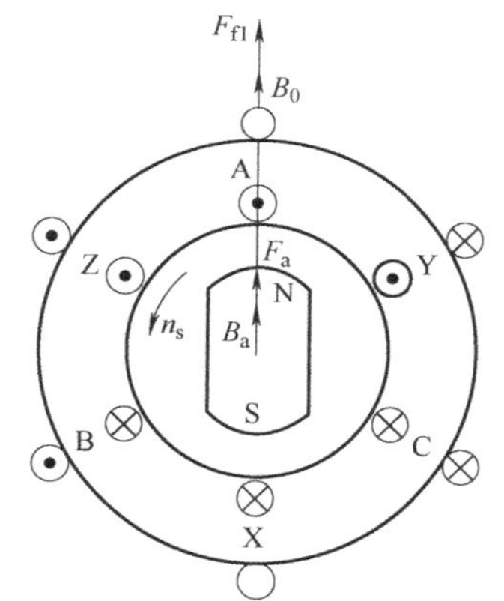

a) 定子绕组内的电动势、电流和磁动势空间矢量图

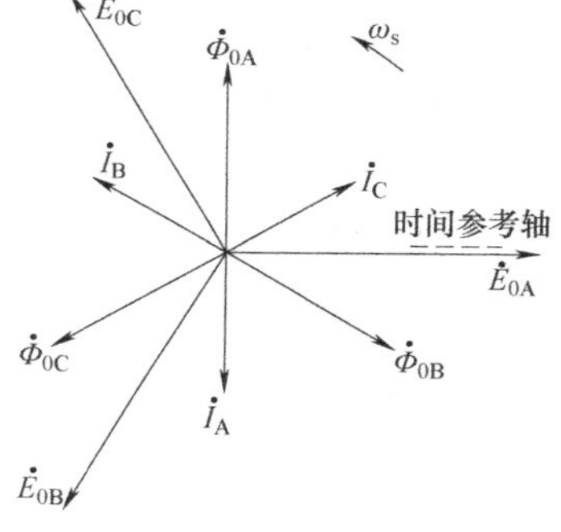

b)时间相量图

图 7-5　$\psi=90°$时永磁同步电动机的电枢反应

（3）电枢电流超前于空载感应电动势 90°（$\psi=-90°$）

在图 7-6a 所示的瞬间，A 相空载感应电动势 $\dot{E}_{0A}$达到正的最大值，因电枢电流 $\dot{I}$ 超前于空载感应电动势 $\dot{E}_0$ 90°，A 相电流为零，电枢反应磁动势 $\boldsymbol{F}_a$ 和永磁磁动势相位相同，起助磁作用，图 7-6b 为对应的相量图。此时有功功率为零，仅输入电容性无功功率。

（4）电枢电流与空载感应电动势反相位（$\psi=180°$）

在图 7-7a 所示的瞬间，A 相空载感应电动势 $\dot{E}_{0A}$达到正的最大值，因电枢电流 $\dot{I}$ 与空载感应电动势 $\dot{E}_0$ 反相位，A 相电流为负的最大值，电枢反应磁动势 $\boldsymbol{F}_a$ 的轴线应与 A 相绕组轴线重合且方向相同，起交磁作用。图 7-7b 为对应的相量图。此时输出有功功率，为发电机状态。

上面分析了几个特殊负载情况。一般来讲，电机可运行于任意 ψ 角度。在这种情况下，电枢反应磁动势可分成直轴和交轴分量。交轴分量超前于永磁磁动势为电动机运行方式，交

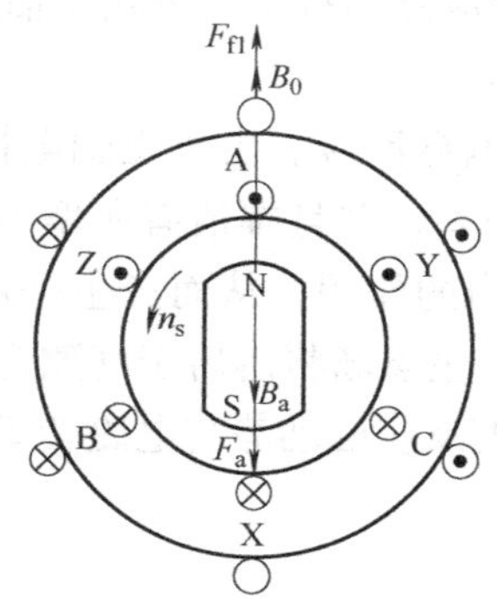

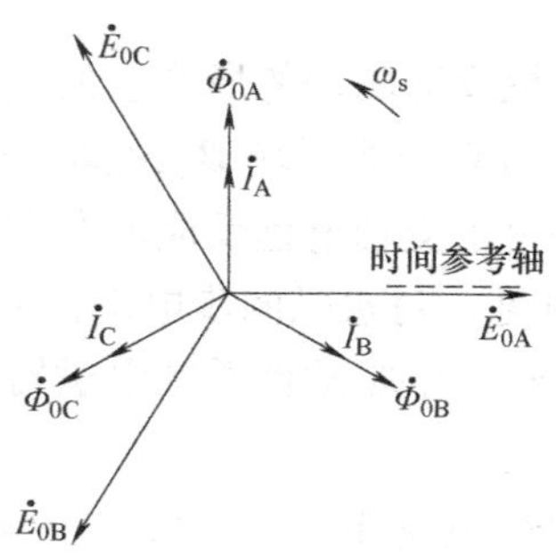

a) 定子绕组内的电动势、电流和磁动势空间矢量图　　b) 时间相量图

图 7-6　$\psi=-90°$时永磁同步电动机的电枢反应

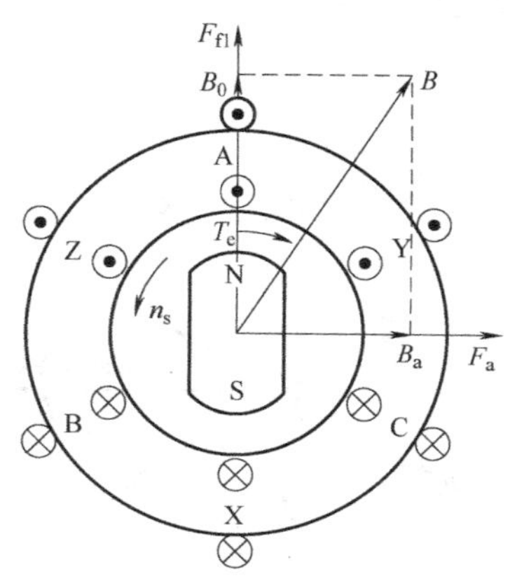

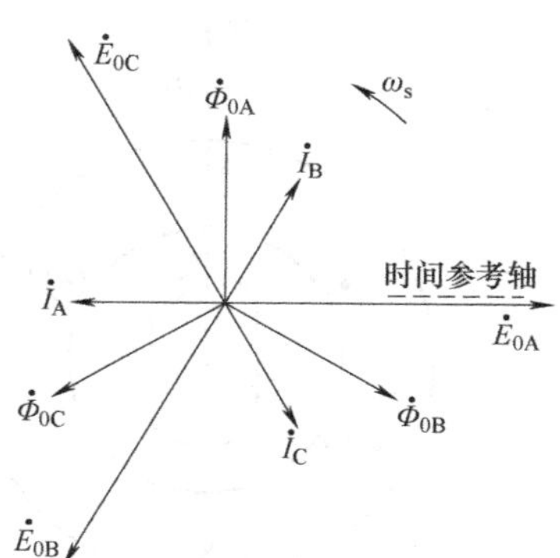

a) 定子绕组内的电动势、电流和磁动势空间矢量图　　b) 时间相量图

图 7-7　$\psi=180°$时永磁同步电动机的电枢反应

轴分量滞后于永磁磁动势为发电机运行方式。直轴分量可能是助磁或去磁作用，当为去磁作用时，无论是发电机还是电动机，都在过激状态；当为助磁作用时，无论是发电机还是电动机，都在欠激状态；当既不去磁、也不助磁时，介于两者之间，称为增去磁临界状态。因此永磁同步电动机有过激去磁、欠激助磁和增去磁临界三种状态。

永磁同步电机的运行方式可以通过 ψ 判断。当$-90°<\psi<90°$时，为电动机运行状态；当$\psi<-90°$或$\psi>90°$时，为发电机运行状态。

电枢反应磁动势 $\boldsymbol{F}_a$ 可以分成两个分量，一个为交轴电枢反应磁动势 $\boldsymbol{F}_{aq}$，另一个为直轴电枢反应磁动势 $\boldsymbol{F}_{ad}$，即

$$\boldsymbol{F}_a=\boldsymbol{F}_{aq}+\boldsymbol{F}_{ad} \tag{7-9}$$

2. 基于双反应理论的电枢反应磁场分析

（1）双反应理论

在电励磁凸极同步电机中，直轴位置的气隙小，交轴位置的气隙大，气隙不均匀，电枢

反应磁动势作用在直、交轴位置时所产生的电枢反应磁场不同，如图 7-8 所示。在图 7-8a 中，正弦的电枢反应磁动势作用在直轴上，在直轴处电枢反应磁动势最大、气隙最小，产生的磁密最大；在极间区域，电枢反应磁动势小、气隙大，产生的磁密很小。一个极下的气隙磁密分布为尖顶波。在图 7-8b 中，正弦的电枢反应磁动势作用在交轴上，产生的气隙磁密呈马鞍形分布。

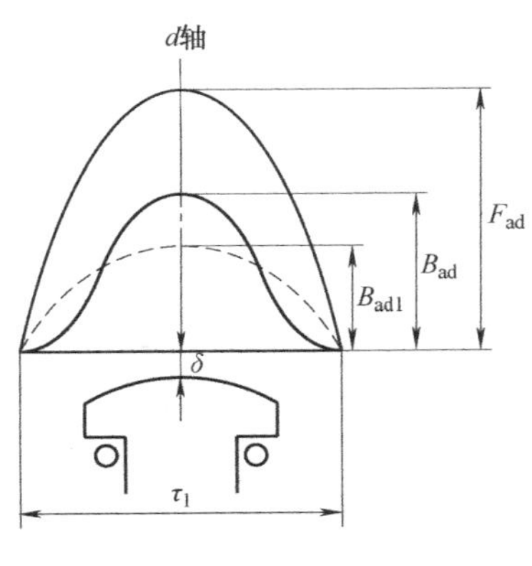

a) 电枢反应磁动势作用于d轴

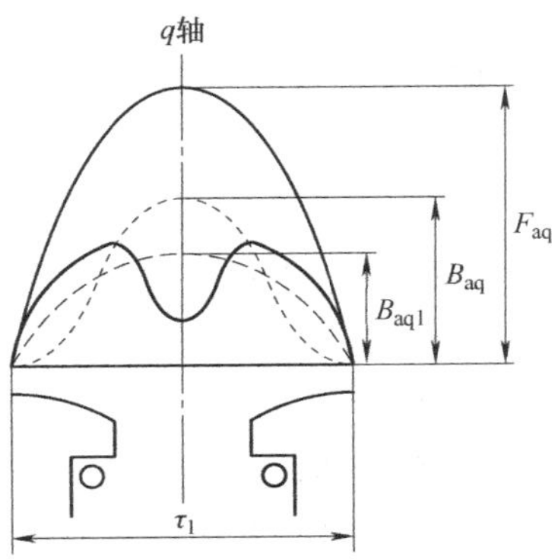

b) 电枢反应磁动势作用于q轴

图 7-8　凸极同步电机的电枢反应磁场波形

可以看出，相同的电枢反应磁动势作用在直轴和交轴位置时，产生的电枢反应磁密幅值不等，波形也不正弦，但磁密的分布还是对称的，进行分析和计算还不是太困难。但在电机运行过程中，电枢反应磁动势 F_a 可能作用在转子任意位置，此时的磁密幅值和波形难以确定，磁场分布的对称性也不再存在，难以用解析法求解。

为了解决这一问题，在凸极同步电机分析中引进了双反应理论。双反应理论的基本思想是，当电枢反应磁动势作用于交、直轴间的任意位置时，可将其分解为作用在直轴的直轴电枢反应磁动势和作用在交轴的交轴电枢反应磁动势，再求出直轴和交轴磁导的分布函数，就可求出直、交轴磁场波形和磁通，进而求出交、直轴电枢反应电动势。

对于表插式和内置式永磁同步电动机，交、直轴磁路不对称，在磁路结构上相当于凸极电机，也需采用双反应理论求解电枢反应磁场。对于表贴式永磁同步电动机，永磁体的磁导率与空气相近，交、直轴磁路对称，在磁路结构上相当于隐极电机，无需采用双反应理论。但为了与表插式和内置式永磁同步电动机在性能计算方法上保持统一，也采用双反应理论，但交、直轴电感参数相同。

（2）电枢反应磁动势

根据双反应理论，将电枢反应磁动势分解为作用在直轴上的直轴电枢反应磁动势 F_{ad} 和作用在交轴上的交轴电枢反应磁动势 F_{aq}

$$\begin{cases}F_{ad}=F_a\sin\psi\\F_{aq}=F_a\cos\psi\end{cases}\tag{7-10}$$

式中，F_a 为电枢绕组产生的电枢反应基波磁动势幅值

$$F_a=\frac{\sqrt{2}m}{\pi}\frac{NK_{dp1}}{p}I_1\tag{7-11}$$

式中，m 为相数，I_1 为相电流。

直、交轴电枢反应基波磁动势幅值分别为

$$\begin{cases} F_{ad}=\dfrac{\sqrt{2}m}{\pi}\dfrac{NK_{dp1}}{p}I_d \\ F_{aq}=\dfrac{\sqrt{2}m}{\pi}\dfrac{NK_{dp1}}{p}I_q \end{cases} \tag{7-12}$$

式中，I_d、I_q 分别为直、交轴电流

$$\begin{cases} I_d=I_1\sin\psi \\ I_q=I_1\cos\psi \end{cases} \tag{7-13}$$

（3）永磁同步电机的电枢反应磁密波形系数

对于内置式永磁同步电机，当幅值为 F_{ad} 的直轴电枢反应磁动势作用在 d 轴时，所产生的磁密波形如图 7-9a 中的曲线 3 所示，对其进行傅里叶分解，可得其基波分量 B_{ad1}。假设转子内不存在永磁体槽（即该位置用铁心材料填充），将幅值为 F_{ad} 的直轴电枢反应磁动势作用在 d 轴时，所产生的磁密波形如图 7-9a 中的曲线 2 所示，其幅值为 B_{ad}，将直轴电枢反应磁密波形系数 K_d 定义为

$$K_d=\frac{B_{ad1}}{B_{ad}} \tag{7-14}$$

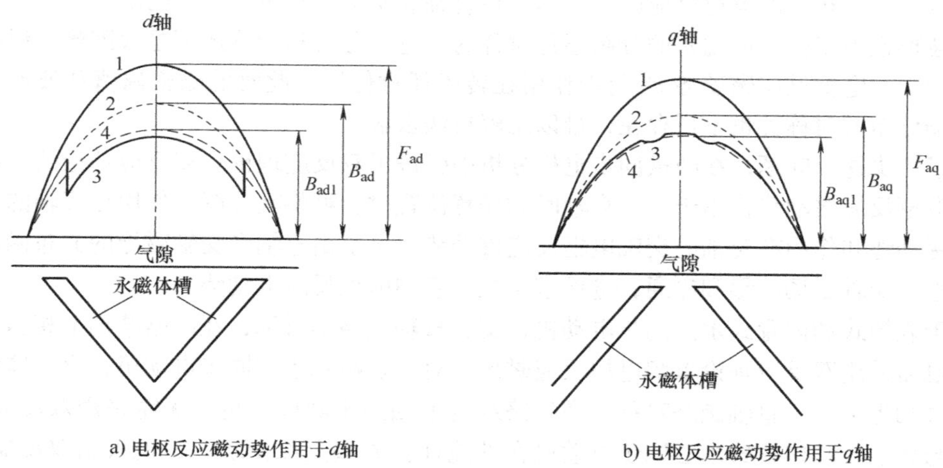

图 7-9　永磁同步电机的电枢反应磁场波形

同理，当幅值为 F_{aq} 的交轴电枢反应磁动势作用在 q 轴时，所产生的磁密波形如图 7-9b 中的曲线 3 所示，对其进行傅里叶分解，可得其基波的幅值 B_{aq1}。假设转子内不存在永磁体槽（即该位置用铁心材料填充），将幅值为 F_{aq} 的交轴电枢反应磁动势作用在 q 轴时，所产生的基波磁密波形如图 7-9b 中的曲线 2 所示，其幅值为 B_{aq}，将交轴电枢反应磁密波形系数 K_q 定义为

$$K_q=\frac{B_{aq1}}{B_{aq}} \tag{7-15}$$

对于内置式永磁同步电机，转子磁路结构、永磁体结构尺寸和性能、隔磁磁桥尺寸等都对 K_d、K_q 有较大影响，无法给出 K_d、K_q 的具体计算公式。其解析计算方法将在 7.4 节讨论。

对于表贴式磁极结构，交直轴磁阻相等，可视为隐极电机，因而有

$$K_d = K_q = 1 \tag{7-16}$$

对于表插式磁极结构，有[1]

$$\begin{cases} K_d = \dfrac{1}{\pi}[\alpha_i\pi + \sin\alpha_i\pi + (1 + h_m/\delta)(\pi - \alpha_i\pi - \sin\alpha_i\pi)] \\ K_q = \dfrac{1}{\pi}\left[\dfrac{1}{1 + h_m/\delta}(\alpha_i\pi - \sin\alpha_i\pi) + \pi(1 - \alpha_i) + \sin\alpha_i\pi\right] \end{cases} \tag{7-17}$$

式中，h_m 为永磁体充磁方向长度，δ 为气隙长度。

（4）永磁同步电机的电枢反应系数

由于电枢反应基波磁动势（正弦波）与永磁磁动势（矩形波）的波形不同，在进行磁动势合成时，需要对电枢反应磁动势进行等效折算，以产生相同的基波磁密为磁动势折算条件。由于直、交轴的电枢反应磁场波形不同，两者的折算系数也不同。

直轴电枢反应磁动势 F_{ad} 换算到永磁磁动势时应乘以直轴电枢反应系数 K_{ad}，交轴电枢反应磁动势 F_{aq} 换算到永磁磁动势时应乘以交轴电枢反应系数 K_{aq}。K_{ad} 和 K_{aq} 分别定义为

$$\begin{cases} K_{ad} = \dfrac{K_d}{K_f} \\ K_{aq} = \dfrac{K_q}{K_f} \end{cases} \tag{7-18}$$

K_{ad} 和 K_{aq} 的意义是，产生同样大小的基波气隙磁密时，1 安匝的直轴或交轴电枢反应磁动势相当于多少安匝的永磁磁动势。

3. 电枢反应电动势

直轴电枢反应磁场在定子每相绕组中感应的直轴电枢反应电动势有效值 E_{ad} 为

$$E_{ad} = 4.44fNK_{dp1}\Phi_{ad} \tag{7-19}$$

式中，Φ_{ad} 为每极直轴电枢反应基波磁通

$$\Phi_{ad} = \frac{2}{\pi}B_{ad1}\tau_1 L_{ef} \tag{7-20}$$

直轴电枢反应磁场在定子每相绕组中感应的交轴电枢反应电动势有效值 E_{aq} 为

$$E_{aq} = 4.44fNK_{dp1}\Phi_{aq} \tag{7-21}$$

式中，Φ_{aq} 为每极交轴电枢反应基波磁通

$$\Phi_{aq} = \frac{2}{\pi}B_{aq1}\tau_1 L_{ef} \tag{7-22}$$

气隙合成磁场在定子每相绕组中感应的电动势有效值 E_δ 为

$$E_\delta = 4.44fNK_{dp1}\Phi_\delta \tag{7-23}$$

式中，Φ_δ 为永磁磁动势和电枢反应磁动势共同产生的基波磁通。

4. 电枢反应电抗

将式（7-12）代入式（7-20）并整理得

$$\Phi_{ad}=\frac{2}{\pi}B_{ad1}\tau_1 L_{ef}=\frac{2}{\pi}K_d\frac{\mu_0}{k_\delta\delta}F_{ad}\tau_1 L_{ef}=\frac{2}{\pi}K_d\frac{\mu_0}{k_\delta\delta}\frac{m\sqrt{2}}{\pi}\frac{N}{p}K_{dp1}I_d\tau_1 L_{ef} \tag{7-24}$$

式中，k_δ 为气隙系数，δ 为气隙长度。

将式（7-24）代入式（7-19）并整理得

$$E_{ad}=4m\mu_0 f\frac{(NK_{dp1})^2}{\pi p}\frac{\tau_1 L_{ef}}{k_\delta\delta}K_d I_d \tag{7-25}$$

在相位上，$\dot{E}_{ad}$滞后于 $\dot{\Phi}_{ad}$ 90°，即滞后 $\dot{I}_d$ 90°，式（7-25）用相量形式表示，为

$$\dot{E}_{ad}=-j\dot{I}_d X_{ad} \tag{7-26}$$

式中，X_{ad}为直轴电枢反应电抗

$$X_{ad}=E_{ad}/I_d=4m\mu_0 f\frac{(NK_{dp1})^2}{\pi p}\frac{\tau_1 L_{ef}}{k_\delta\delta}K_d=K_d X_a \tag{7-27}$$

式中，X_a 为转子内无永磁槽时的电枢反应电抗。

同理可得

$$\dot{E}_{aq}=-j\dot{I}_q X_{aq} \tag{7-28}$$

交轴电枢反应电抗 X_{aq}为

$$X_{aq}=4m\mu_0 f\frac{(NK_{dp1})^2}{\pi p}\frac{\tau_1 L_{ef}}{k_\delta\delta}K_q=K_q X_a \tag{7-29}$$

直轴同步电抗 X_d 和交轴同步电抗 X_q 分别为

$$\begin{cases}X_d=X_1+X_{ad}\\X_q=X_1+X_{aq}\end{cases} \tag{7-30}$$

式中，X_1 为定子绕组每相漏电抗。

电励磁凸极同步电机中，有 $X_d>X_q$。表插式和内置式永磁同步电动机中，有 $X_d<X_q$；表贴式永磁同步电动机中，有 $X_d=X_q$。

7.4 内置式永磁同步电机电枢反应磁密波形系数的解析计算

永磁同步电机运行过程中，电枢反应使气隙磁场的幅值和空间相位都发生变化，直接关系到机电能量转换。电枢反应的作用体现为交、直轴电流分别在交、直轴电枢反应电抗上产生的压降。作为计算交、直轴电枢反应电抗的重要系数，电枢反应磁密波形系数 K_d、K_q 的准确计算非常重要。

对于内置式永磁同步电机，受转子磁路结构、永磁体结构尺寸和性能、隔磁磁桥尺寸的影响，K_d、K_q 的解析计算非常困难。目前主要采用有限元法进行计算，虽能准确计算，但有限元建模和计算工作量大，使用不便。

本节以 V 形结构内置式永磁同步电机为例，阐述内置式永磁同步电机的电枢反应磁密波形系数的解析计算方法。

1. 电枢反应磁密波形系数的计算方法

图 7-10 为 V 形结构内置式永磁同步电机的结构示意图。为便于解析计算，进行了以下简化：

1）忽略交直轴磁路之间的交叉耦合。

2）齿槽对气隙有效长度的影响，用气隙系数考虑，即有效气隙长度为 $k_\delta\delta$。

3）忽略直线 a、b 和转子外表面包围的扇形区域内的磁压降，其磁位用 U_{rd} 表示。

4）直线 c、d、e 构成一等磁位面。

5）每极的定子铁心内表面为等磁位面。

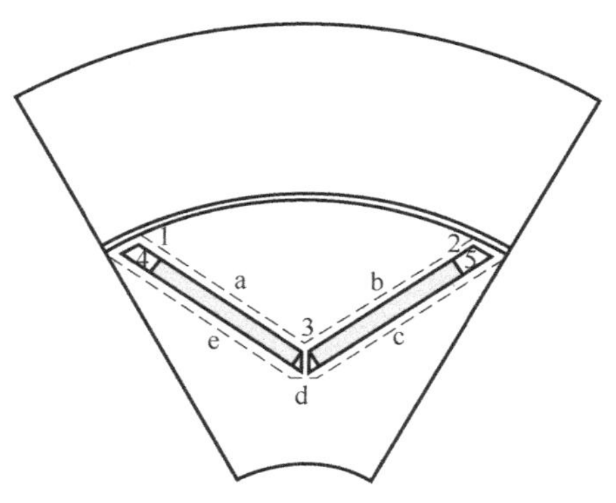

图 7-10　V 形内置式永磁同步电机结构示意图

（1）K_d 的计算

当电枢反应磁动势作用在直轴时，忽略饱和影响，气隙磁位差即为直轴电枢反应磁动势 $F_{ad}(\theta_r)$，其幅值用 F_{ad} 表示。将一个磁极下的气隙沿着圆周方向均匀地分为 m 个区域，每个区域的磁阻都为 $R_{\delta0}$，对应的直轴磁动势分别为 $F_{ad}(1)$、$F_{ad}(2)$、…、$F_{ad}(m)$。其中，n 个区域在极弧范围内，气隙磁动势分别为 $F_{ad}\left(\dfrac{m-n}{2}+1\right)$、$F_{ad}\left(\dfrac{m-n}{2}+2\right)$、…、$F_{ad}\left(\dfrac{m-n}{2}+n\right)$，这 n 个区域的磁阻和气隙磁动势串联，构成 n 条支路，近似认为极弧范围内的转子铁心等磁位，为 U_{rd}，因此可将这 n 条支路并联，构成气隙侧磁路。转子漏磁路由磁桥 1、2、3 和永磁体槽内没有永磁体的区域 4、5 构成，与永磁体等效磁路一起构成转子侧磁路。

将气隙侧和转子侧磁路连接起来，构成用于求解 U_{rd} 的等效磁路，如图 7-11 所示。图中，$R_{\sigma1}$、$R_{\sigma2}$、$R_{\sigma3}$、$R_{\sigma4}$、$R_{\sigma5}$ 分别为磁桥 1、磁桥 2、磁桥 3、空气区域 4、空气区域 5 的磁阻，R_m 为永磁体的磁阻，其中 $R_{\sigma1}$、$R_{\sigma2}$ 和 $R_{\sigma3}$ 由铁心组成，需考虑饱和的影响，其计算可参考第 2 章中内置式永磁同步电机漏磁系数计算中的方法，根据施加在磁桥上的磁动势求出通过磁桥的磁通，两者的比值即为磁桥的磁阻。该等效磁路包含非线性磁阻，为非线性磁路，需要进行迭代求解。根据图 7-12 所示的迭代过程求解该等效磁路，即可得到转子铁心的磁位 U_{rd}。

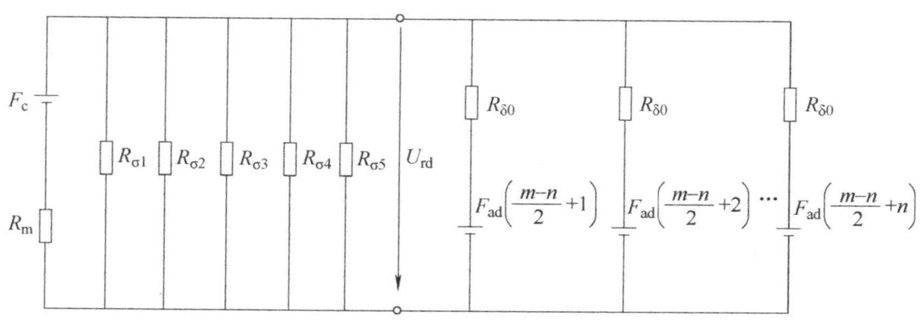

图 7-11　求解 U_{rd} 的等效磁路

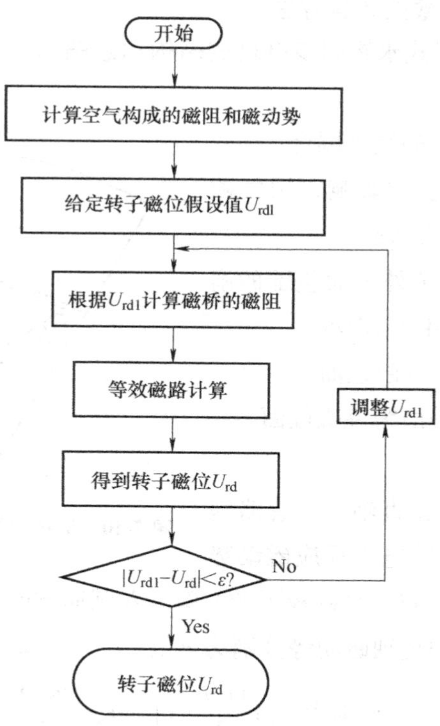

图 7-12　直轴转子磁位迭代计算流程

近似假设一个极下转子表面磁位的分布如图 7-13 所示，表达式为

$$F_{rd}(\theta_r)=\begin{cases}0 & \theta_r\in[-\pi/2,\theta_2]\\ \dfrac{2U_{rd}(\beta\pi/2+\theta_r)}{(\beta-\alpha_p)\pi} & \theta_r\in[\theta_2,\theta_3]\\ U_{rd} & \theta_r\in[\theta_3,\theta_4]\\ \dfrac{2U_{rd}(\theta_r-\beta\pi/2)}{(\alpha_p-\beta)\pi} & \theta_r\in[\theta_4,\theta_5]\\ 0 & \theta_r\in[\theta_5,\pi/2]\end{cases}\tag{7-31}$$

根据式（7-31）和 U_{rd}，即可得到一个极距内的转子表面磁位分布，进而求出一个极下的气隙磁密分布 $B_d(\theta_r)$

$$B_d(\theta_r)=\frac{\mu_0}{k_\delta\delta}[F_{ad}(\theta_r)-F_{rd}(\theta_r)]\tag{7-32}$$

对 $B_d(\theta_r)$进行傅里叶分解，可得到其基波幅值 B_{ad1}。

假设转子内不存在永磁体槽和永磁体，将幅值为 F_{ad}的直轴电枢反应磁动势作用在 d 轴，所产生的气隙磁密幅值为

$$B_{ad}=\mu_0\frac{F_{ad}}{k_\delta\delta}\tag{7-33}$$

根据 B_{ad1}和 B_{ad}，利用式（7-14）即可求得直轴电枢反应磁密波形系数 K_d。

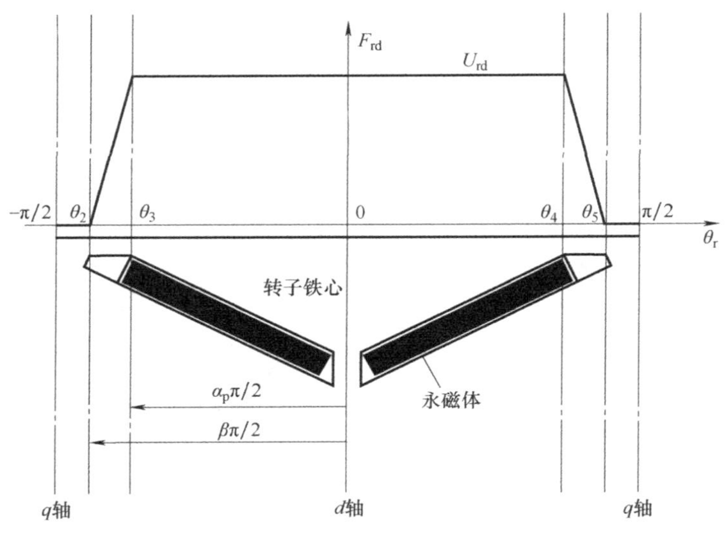

图 7-13　直轴转子磁位分布

（2）K_q 的计算

当电枢反应磁动势施加在交轴时，产生交轴电枢反应磁场。图 7-14 为利用有限元法计算得到的交轴电枢反应磁场分布，可以看出，磁力线基本不经过永磁体槽，而是经过转子铁心。利用有限元法，分析了永磁体槽的影响，计算了相同电枢反应磁动势施加在有槽转子和无槽转子交轴位置时一个极距内的交轴电枢反应气隙磁密，如图 7-15 所示。可以看出，两者的大小和波形非常接近，对其进行傅里叶分解，得到其基波幅值，分别为 0. 5427T 和 0. 5435T，因此在计算交轴电枢反应磁场时可忽略永磁体槽的影响，认为转子全由铁心组成，根据 K_q 的定义可知，$K_q=1$。

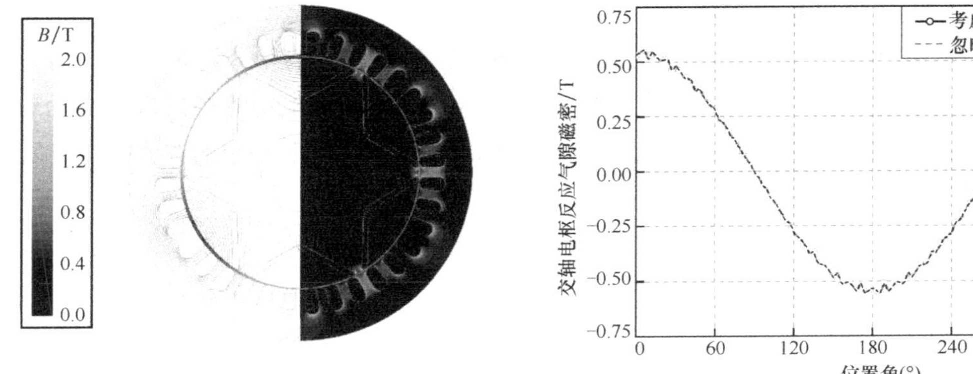

图 7-14　交轴电枢磁场磁力线及磁密分布

图 7-15　交轴电枢反应气隙磁密对比

2. 计算实例

为验证上述计算方法的正确性，分别用上述方法和有限元法计算了一台 V 形内置式永磁同步电机的电枢反应磁场波形和电枢反应磁密波形系数，计算结果如图 7-16 和表 7-1 所示。可以看出，采用解析法和有限元法计算的交、直轴电枢反应磁场的波形吻合较好，据此求得的电枢反应磁密波形数 K_d、K_q 也吻合较好。

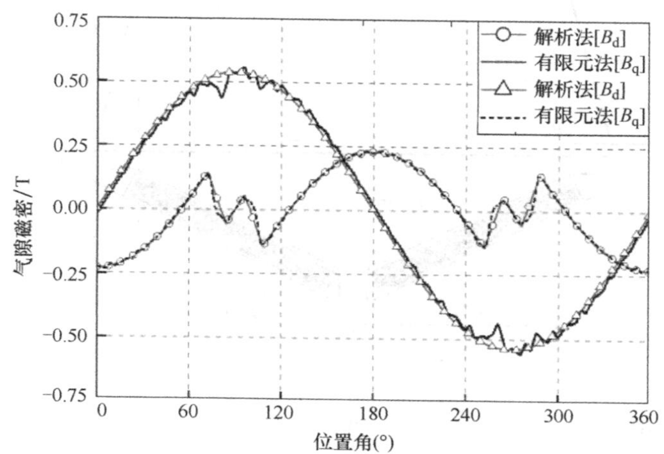

图 7-16 交、直轴电枢反应气隙磁密对比

表 7-1 电枢反应磁密波形系数对比

参数	有限元法	解析法
K_d	0.3401	0.3470
K_q	0.9840	1.0000

7.5 永磁同步电动机的电压方程和相量图

1. 永磁同步电动机的电压方程

不计磁路饱和，利用双反应理论，把电枢反应磁动势 $\boldsymbol{F}_a$ 分解成直轴分量 $\boldsymbol{F}_{ad}$ 和交轴分量 $\boldsymbol{F}_{aq}$，分别求出其所产生的直轴、交轴电枢磁通 $\dot{\Phi}_{ad}$、$\dot{\Phi}_{aq}$ 及其在电枢绕组中感应的电动势 $\dot{E}_{ad}$、$\dot{E}_{aq}$，再与主磁通 $\dot{\Phi}_0$ 所产生的空载感应电动势 $\dot{E}_0$ 相加，即得一相绕组的合成电动势 $\dot{E}$。上述关系可表示如下：

$$
\begin{aligned}
&F_f \rightarrow \dot{\Phi}_0 \rightarrow \dot{E}_0 \\
\dot{U} \rightarrow \dot{I}_1 \rightarrow F_a &\begin{cases} \rightarrow F_{ad}K_{ad} \rightarrow \dot{\Phi}_{ad} \rightarrow \dot{E}_{ad} \\ \rightarrow F_{aq}K_{aq} \rightarrow \dot{\Phi}_{aq} \rightarrow \dot{E}_{aq} \end{cases} \rightarrow \dot{E} \\
&\rightarrow \dot{\Phi}_\sigma \rightarrow \dot{E}_\sigma = -j\dot{I}_1 X_1
\end{aligned}
$$

从电枢端电压 $\dot{U}$ 中减去电枢绕组的电阻压降和漏电抗压降即得到气隙电动势 $\dot{E}$，因此电压方程为

$$\dot{U} = (\dot{E}_0 - \dot{E}_{ad} - \dot{E}_{aq}) + \dot{I}_1(R_1 + jX_1) \tag{7-34}$$

式中，R_1 为定子绕组每相电阻。

将式（7-26）、式（7-28）代入式（7-34），可得

$$\dot{U}=\dot{E}_0+\dot{I}_1R_1+\mathrm{j}\dot{I}_1X_1+\mathrm{j}\dot{I}_\mathrm{d}X_\mathrm{ad}+\mathrm{j}\dot{I}_\mathrm{q}X_\mathrm{aq} \tag{7-35}$$

2. 永磁同步电动机的相量图

根据式（7-35）可画出永磁同步电动机的相量图。由前述分析可知，永磁同步电动机有过激去磁、欠激助磁和增去磁临界三种状态。分别绘出这三种状态下的相量图，如图 7-17 所示。

图 7-17a、b、c 为过激去磁状态。在该状态下，电枢反应直轴分量产生去磁作用，必须有较大的 E_0 才能保证与外加电压的平衡。图 7-17a、b、c 分别对应超前功率因数、单位功率因数和滞后功率因数。在进行电机设计时，我们希望功率因数尽可能接近于 1。要获得接近于 1 的功率因数，图 7-17c 比图 7-17a 所用永磁体少，因此永磁同步电动机通常设计在这一状态。

图 7-17d 为欠激助磁状态。在该状态下，电枢反应直轴分量为助磁作用，较小的 E_0 就能保证与外加电压的平衡，但功率因数滞后，且功率因数角较大，难以获得高功率因数。

图 7-17e 为增去磁临界状态。在该状态下，电枢反应直轴分量既不助磁，也不去磁。

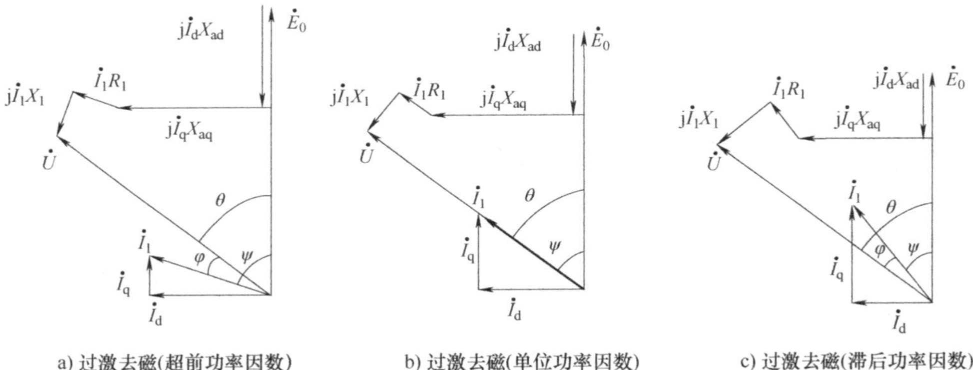

a) 过激去磁(超前功率因数)　b) 过激去磁(单位功率因数)　c) 过激去磁(滞后功率因数)

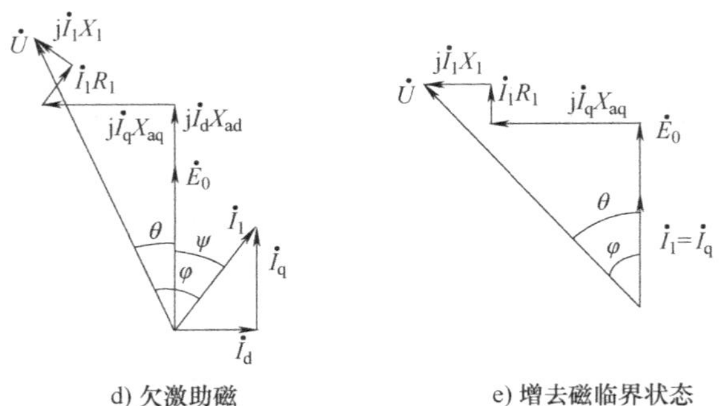

d) 欠激助磁　e) 增去磁临界状态

图 7-17　永磁同步电动机的相量图

从相量图可以看出，永磁同步电动机满足以下关系：

$$\begin{cases}\psi=\arctan(I_\mathrm{d}/I_\mathrm{q})\\ U\sin\theta=R_1I_\mathrm{d}+X_\mathrm{q}I_\mathrm{q}\\ U\cos\theta=E_0+R_1I_\mathrm{q}-X_\mathrm{d}I_\mathrm{d}\end{cases} \tag{7-36}$$

根据式（7-36）可得直、交轴电流

$$\begin{cases} I_d = \dfrac{R_1 U\sin\theta + X_q(E_0 - U\cos\theta)}{R_1^2 + X_d X_q} \\ I_q = \dfrac{X_d U\sin\theta - R_1(E_0 - U\cos\theta)}{R_1^2 + X_d X_q} \end{cases} \tag{7-37}$$

在相量图中，相量 $\dot{E}_0$ 与 $\dot{U}$ 之间的相角差 θ 称为功角。因为空载感应电动势 $\dot{E}_0$ 由主磁场 $\varPhi_0$ 产生，与电枢端电压 $\dot{U}$ 相平衡的电压（与 $\dot{U}$ 大小相同、相位相同）可认为由电枢合成磁场 $\varPhi_u$（主磁场和电枢反应磁场共同产生）感应产生，$\varPhi_0$ 和 $\varPhi_u$ 分别超前于 $\dot{E}_0$ 和 $\dot{U}$ 以 90°电角度。因此，可以认为，功角 θ 是主磁场与电枢合成磁场之间的空间相位差，如图 7-18 所示。

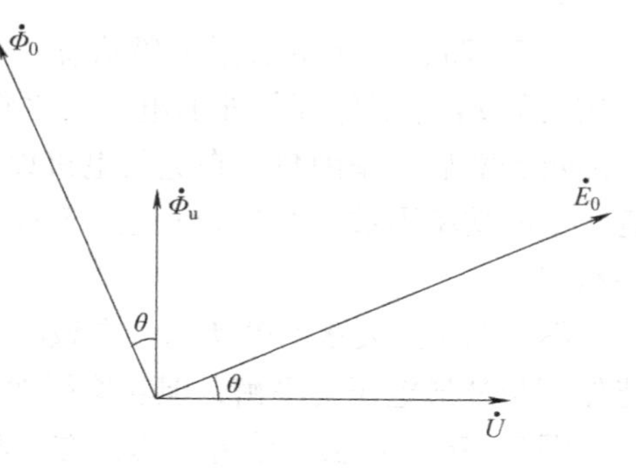

图 7-18　功角

对于永磁同步电动机，电枢合成磁场总是领先于主磁场。若采用电动机惯例，这时 θ 角为正，电磁功率也为正。

7.6　永磁同步电动机的功率方程和功角特性

1. 功率方程

永磁同步电动机负载运行时，产生多种损耗，包括：定子铜耗 p_{cu}、定子铁耗 p_{Fe}、机械损耗 p_{fw} 和杂散损耗 p_s。

从电源输入的电功率 P_1 中扣除定子铜耗 p_{cu} 后，便得到电磁功率 P_{em}。电磁功率为通过基波旋转磁场传递到转子的功率

$$P_1 = p_{cu} + P_{em} \tag{7-38}$$

从电磁功率 P_{em} 中减去铁耗 p_{Fe}、机械损耗 p_{fw} 和杂散损耗 p_s，即得电机输出的机械功率 P_2，即

$$P_{em} = p_{fw} + p_{Fe} + p_s + P_2 \tag{7-39}$$

式（7-38）和式（7-39）就是永磁同步电动机的功率方程。将式（7-39）两端同除以转子的机械角速度 $\varOmega$，得到转矩方程为

$$T_{em} = \frac{p_{fw} + p_{Fe} + p_s}{\varOmega} + \frac{P_2}{\varOmega} = T_0 + \frac{P_2}{\varOmega} = T_0 + T_2 \tag{7-40}$$

2. 电磁功率与功角特性

永磁同步电动机的输入功率为

$$P_1 = mUI_1\cos\varphi = mUI_1\cos(\psi - \theta) = m(UI_d\sin\theta + UI_q\cos\theta) \tag{7-41}$$

将式（7-36）代入式（7-41）得

$$P_1 = m[I_1^2 R_1 + I_q I_d(X_q - X_d) + E_0 I_q] \tag{7-42}$$

将式（7-42）扣除定子绕组损耗 $mI_1^2R_1$ 就是电磁功率，即

$$
\begin{aligned}
P_{em} &= P_1 - mI_1^2R_1 = m[I_qI_d(X_q-X_d)+E_0I_q] \\
&= \frac{m}{(R_1^2+X_dX_q)^2}[X_dU\sin\theta - R_1(E_0-U\cos\theta)] \\
&\quad [R_1U\sin\theta(X_q-X_d)+X_q(E_0-U\cos\theta)(X_q-X_d)+E_0(R_1^2+X_dX_q)]
\end{aligned} \tag{7-43}
$$

通常定子绕组电阻 R_1 较小，忽略其影响，则电磁功率为

$$
\begin{aligned}
P_{em} &\approx \frac{m}{X_dX_q}U\sin\theta[(E_0-U\cos\theta)(X_q-X_d)+E_0X_d] \\
&= \frac{mUE_0}{X_d}\sin\theta + \frac{mU^2}{2}\left(\frac{1}{X_q}-\frac{1}{X_d}\right)\sin2\theta
\end{aligned} \tag{7-44}
$$

将电磁功率除以机械角速度 Ω，即得到电磁转矩为

$$
T_{em} = \frac{P_{em}}{\Omega} = \frac{P_{em}p}{\omega} \approx \frac{mpUE_0}{\omega X_d}\sin\theta + \frac{mpU^2}{2\omega}\left(\frac{1}{X_q}-\frac{1}{X_d}\right)\sin2\theta \tag{7-45}
$$

式中，ω 为电动机的电角速度。

从式（7-45）可以看出，电磁转矩由两部分组成：一是由永磁磁场和电枢反应磁场相互作用产生的基本电磁转矩，称为永磁转矩；二是由于交、直轴磁阻不相等引起的磁阻转矩，当交直轴磁阻相等时，该项转矩为零。

磁阻转矩的产生原理如下。图 7-19 为永磁同步电机产生磁阻转矩的物理模型，电枢合成磁场用一对磁极表示，假设转子永磁体不显示磁性，相当于空气。如前所述，功角 θ 是主磁场与电枢合成磁场之间的空间相角差，也就是图中永磁转子直轴和电枢合成磁场轴线之间的夹角。根据磁场理论，磁力线产生的力总是力图使磁力线最短。在图 7-19a 所示位置，$\theta=0°$，磁力线没有扭曲，为最短，此时磁阻转矩为零；在图 7-19b 所示位置，$0°<\theta<90°$，磁力线因为扭曲而被拉长，拉长后的磁力线力图收缩，因而产生磁阻转矩；在图 7-19c 所示位置，$\theta=90°$，磁力线没有扭曲，为最短，此时磁阻转矩为零。可以看出，磁阻转矩随着功角的变化而变化，若在电机运行过程中能够保持某一恒定的功角，将产生恒定的磁阻转矩。

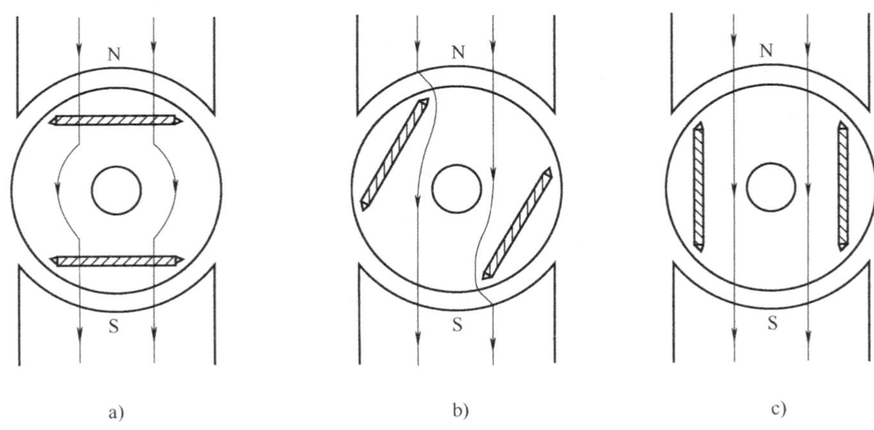

图 7-19　磁阻转矩的产生原理

磁阻转矩在永磁同步电动机中的作用与在电励磁同步电动机中不同。在电励磁同步电动

机中，直轴电抗大于交轴电抗，合成转矩最大值对应的功角小于 90°；在永磁同步电动机中，直轴电抗小于交轴电抗，合成转矩最大值对应的功角大于 90°。

图 7-20 为某永磁同步电动机的永磁转矩、磁阻转矩和合成电磁转矩。

电磁转矩曲线上的最大电磁转矩 T_m 称为永磁同步电动机的失步转矩，若负载转矩超过该转矩，电动机将失去同步。该转矩与额定转矩的比值，称为失步转矩倍数，它是永磁同步电动机的一个重要参数，表征其过载能力。因电磁功率包含铁耗、机械损耗和杂散损耗在内，且没有考虑定子绕组的铜耗，实际过载能力比计算值低。

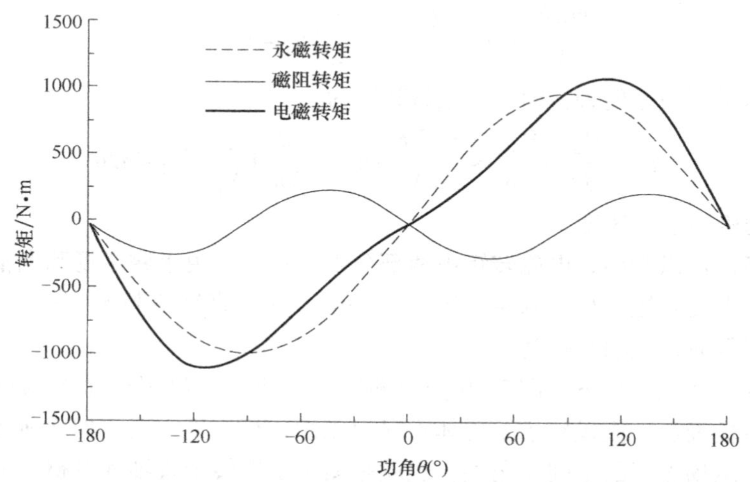

图 7-20　某永磁同步电动机的永磁转矩、磁阻转矩和合成电磁转矩

7.7　*dq* 坐标系下调速永磁同步电动机的数学模型

在三相静止坐标系中，由于三相定子绕组间存在耦合，且耦合情况与转子位置密切相关，导致调速永磁同步电动机的电感矩阵较为复杂。因此，在分析调速永磁同步电动机时常采用 *dq* 坐标系下的数学模型，在该模型中，电感简化为常数，既可用于分析电机的稳态运行性能，也可分析电机的动态性能。图 7-21 为 *ABC* 三相静止坐标系和 *dq* 同步旋转坐标系之间的关系，*ABC* 三相绕组轴线在空间静止且互差 120°电角度，*d*、*q* 之间相差 90°电角度且以同步电角速度 ω 在空间逆时针旋转，*d* 轴与 *A* 相轴线的夹角为 θ_r，可表示为

$$\theta_r = \theta_{r0} + \int \omega \mathrm{d}t \qquad (7\text{-}46)$$

式中，θ_{r0}为 $t=0$ 时刻 *d* 轴与 *A* 相轴线的夹角，一般设为零。

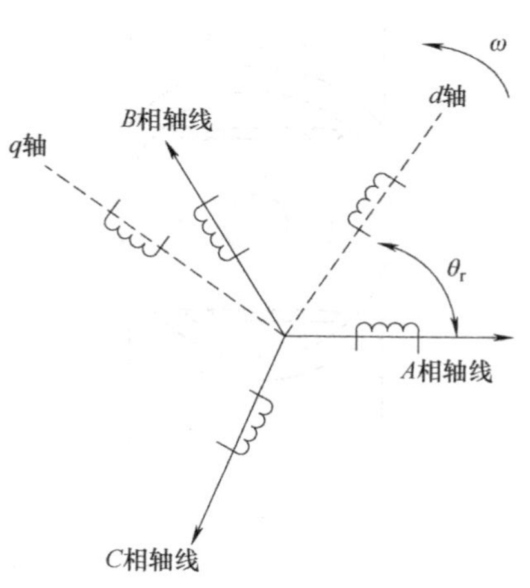

图 7-21　*ABC* 三相静止坐标系与 *dq* 同步旋转坐标系的关系

不计铁心饱和及铁耗，三相电流对称，可得 dq 坐标系下调速永磁同步电动机的数学模型[2]。

电压方程：

$$\begin{cases} u_d = R_1 i_d + \dfrac{d\psi_d}{dt} - \omega\psi_q \\ u_q = R_1 i_q + \dfrac{d\psi_q}{dt} + \omega\psi_d \end{cases} \tag{7-47}$$

磁链方程：

$$\begin{cases} \psi_d = \psi_f + L_d i_d = L_{md} i_f + L_d i_d \\ \psi_q = L_q i_q \end{cases} \tag{7-48}$$

电磁转矩方程：

$$T_{em} = p(\psi_d i_q - \psi_q i_d) = p[\psi_f i_q + (L_d - L_q) i_d i_q] \tag{7-49}$$

式中，u_d、u_q 分别为定子 d、q 轴电压；i_d、i_q 分别为定子 d、q 轴电流；ψ_d、ψ_q 分别为定子 d、q 轴磁链；L_d、L_q 分别为定子绕组 d、q 轴电感；i_f 为永磁体等效励磁电流，$i_f = \psi_f / L_{md}$；L_{md} 为 d 轴励磁电感；ψ_f 为永磁体基波磁场在定子绕组中产生的磁链，$\psi_f = \sqrt{3} E_0 / \omega$，$E_0$ 为 ABC 坐标系下每相空载感应电动势的有效值。

由式（7-49）可以看出，永磁同步电动机的电磁转矩 T_{em} 包括两个分量，分别为定子交轴电流与永磁磁链相互作用产生的永磁转矩 T_m 和由于转子磁路不对称所产生的磁阻转矩 T_r。对于隐极式永磁同步电动机，由于 $L_d = L_q$，磁阻转矩为零，只存在永磁转矩。对于凸极式永磁同步电动机，一般 $L_d < L_q$，为充分利用磁阻转矩，应使直轴电流为负值。

把式（7-47）、式（7-48）表示为空间矢量形式，分别为

$$\boldsymbol{u}_s = u_d + j u_q = \boldsymbol{R}_1 \boldsymbol{i}_s + d\boldsymbol{\psi}_s / dt + j\omega\boldsymbol{\psi}_s \tag{7-50}$$

$$\boldsymbol{i}_s = i_d + j i_q \tag{7-51}$$

$$\boldsymbol{\psi}_s = \psi_d + j\psi_q \tag{7-52}$$

$$T_{em} = p\psi_s \times \boldsymbol{i}_s \tag{7-53}$$

图 7-22 为调速永磁同步电动机的空间矢量图。其中，定子电流矢量 $\boldsymbol{i}_s$ 与 q 轴之间的夹角为 ψ，定子电压矢量 $\boldsymbol{u}_s$ 与电流矢量 $\boldsymbol{i}_s$ 之间的夹角为 φ，ψ_0 为定子电流产生的磁链矢量。

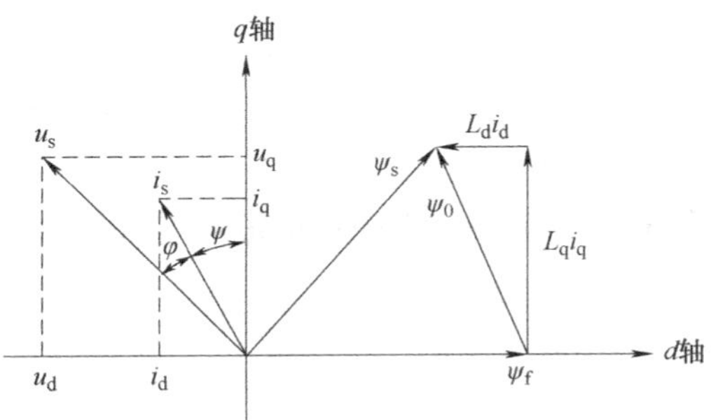

图 7-22　调速永磁同步电动机空间矢量图

若 ABC 坐标系中的变量为稳态正弦量，采用功率不变约束进行 dq 坐标变换，变换后相应的 d、q 轴量为恒定的直流量，且此直流量的大小为 ABC 坐标系下相应正弦量（相值）有效值的 $\sqrt{3}$ 倍。在电动机稳定运行时，式（7-47）和式（7-49）分别变为

$$\begin{cases} u_d = -\omega L_q i_q + R_1 i_d \\ u_q = \omega L_d i_d + \omega\psi_f + R_1 i_q \end{cases} \tag{7-54}$$

$$T_{em}=\frac{p}{\omega}[e_0i_q+(X_d-X_q)i_di_q] \tag{7-55}$$

而电磁功率为

$$P_{em}=e_0i_q+(X_d-X_q)i_di_q \tag{7-56}$$

式中，e_0 为空载反电动势，其值为每相绕组反电动势有效值的$\sqrt{3}$倍，即 $e_0=\sqrt{3}E_0$。

7.8 调速永磁同步电动机的矢量控制

7.8.1 矢量控制原理

永磁同步电动机矢量控制实际上是对电动机定子电流矢量幅值和相位的控制。在永磁磁链和直、交轴电感确定后，转矩取决于定子电流空间矢量 $\boldsymbol{i}_s$，而 $\boldsymbol{i}_s$ 的大小和相位又取决于 i_d 和 i_q，也就是说，控制 i_d 和 i_q 便可以控制电动机的转矩。因此永磁同步电动机磁场定向矢量控制的核心是对直轴电流 i_d 和交轴电流 i_q 的独立控制。

图 7-23 给出了永磁同步电动机矢量控制技术的原理框图[2]。系统根据调速需求，设定电动机转矩和磁链目标值，结合永磁同步电动机电磁转矩与电流的关系，给出交直轴电流的指令值。通过坐标变换，转换为三相静止坐标系下三相电流的指令值。通过 PWM 技术控制逆变器三相输出电流紧紧跟随电流的参考值，从而使得永磁同步电动机的磁场和电磁转矩得到很好的控制。

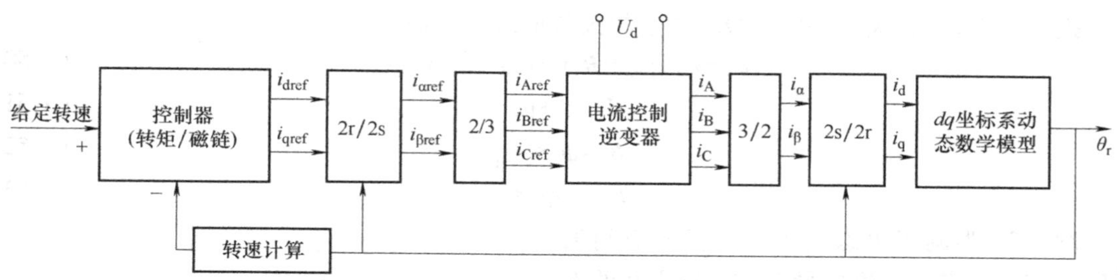

图 7-23 永磁同步电动机矢量控制原理框图

7.8.2 永磁同步电动机矢量控制运行时的基本电磁关系

永磁同步电动机的控制运行与所匹配的逆变器密切相关，例如，电动机相电压有效值的极限值 U_{lim}和相电流有效值的极限值 I_{lim}受到逆变器直流母线电压和逆变器最大输出电流的限制。当逆变器直流侧电压为 U_d 时，电动机可达到的最大基波电压有效值可表示为

对于星形联结：

$$U_{lim}=\frac{U_d}{\sqrt{3}\times\sqrt{2}}=\frac{U_d}{\sqrt{6}}(ABC\text{ 坐标系}),\ u_{lim}=\sqrt{\frac{3}{2}}U_{lim}=\sqrt{\frac{3}{2}}\frac{U_d}{\sqrt{6}}=\frac{U_d}{\sqrt{2}}(dq\text{ 坐标系}) \tag{7-57}$$

对于三角形联结：

$$U_{\lim}=\frac{U_{\mathrm{d}}}{\sqrt{2}}(ABC\text{ 坐标系}),\ u_{\lim}=\sqrt{\frac{3}{2}}U_{\lim}=\sqrt{\frac{3}{2}}\frac{U_{\mathrm{d}}}{\sqrt{2}}=\frac{\sqrt{3}U_{\mathrm{d}}}{2}(dq\text{ 坐标系}) \tag{7-58}$$

1. 电压极限圆

永磁同步电动机稳定运行时，电压矢量的幅值为

$$u=\sqrt{u_{\mathrm{d}}^2+u_{\mathrm{q}}^2}\leqslant u_{\lim} \tag{7-59}$$

忽略定子绕组电阻压降，将 u_{d} 和 u_{q} 表达式以及 u 的最大值 $u_{\lim}$ 代入式（7-59），整理得电压极限椭圆满足的方程

$$(L_{\mathrm{q}}i_{\mathrm{q}})^2+(L_{\mathrm{d}}i_{\mathrm{d}}+\psi_{\mathrm{f}})^2=\left(\frac{u_{\lim}}{\omega}\right)^2 \tag{7-60}$$

在 i_{d}-i_{q} 平面内，当 $L_{\mathrm{d}}=L_{\mathrm{q}}$ 时，式（7-60）为圆心位于点$(-\psi_{\mathrm{f}}/L_{\mathrm{d}},0)$，半径为 $u_{\lim}/(\omega L_{\mathrm{d}})$的圆，如图 7-24a 所示。当 $L_{\mathrm{d}}<L_{\mathrm{q}}$ 时，式（7-60）表示一个椭圆，如图 7-24b 所示，椭圆的长半轴和短半轴分别为 $u_{\lim}/(\omega L_{\mathrm{d}})$和 $u_{\lim}/(\omega L_{\mathrm{q}})$。对于确定的转速 ω，电压极限椭圆也是确定的，定子电流矢量只能落在电压极限椭圆限定的范围内，最多只能在椭圆轨迹上。随着电动机转速的上升，电压极限椭圆随之缩小，从而形成了椭圆曲线族。当转速为无穷大时，电压极限椭圆缩小为点$(-\psi_{\mathrm{f}}/L_{\mathrm{d}},0)$。

整理式（7-60），得到转速的表达式为

$$\omega=\frac{u_{\lim}}{\sqrt{(L_{\mathrm{q}}i_{\mathrm{q}})^2+(L_{\mathrm{d}}i_{\mathrm{d}}+\psi_{\mathrm{f}})^2}} \tag{7-61}$$

保持 i_{q} 不变，当 $i_{\mathrm{d}}<0$ 时，有助于增大电机的最高转速，即在永磁同步电动机中可以通过弱磁控制提高电机的最高转速。

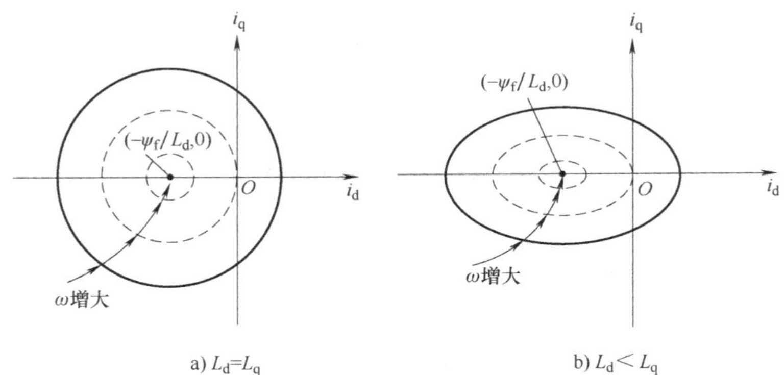

图 7-24　电压极限椭圆

2. 电流极限圆

永磁同步电动机运行时，定子电流应该限制在允许的范围内。电流极限圆表示为

$$i=\sqrt{i_{\mathrm{d}}^2+i_{\mathrm{q}}^2}\leqslant i_{\lim} \tag{7-62}$$

式中，$i_{\lim}$取决于电动机相电流允许的最大值。

在 i_{d}-i_{q} 平面内，式（7-62）表示为圆心位于原点的圆，如图 7-25 所示。电机运行时，电流矢量的轨迹不能超出电流极限圆，最大只能落在电流极限圆上。

以凸极式永磁同步电动机为例，当电机运行时，电流矢量的轨迹必须位于电压极限椭圆和电流极限圆内，如图 7-26所示。当转速为 ω_1 时，电流矢量轨迹只能位于电压极限椭圆和电流极限圆的重叠区域 ABCD。随着转速的增大，重叠区域减小。

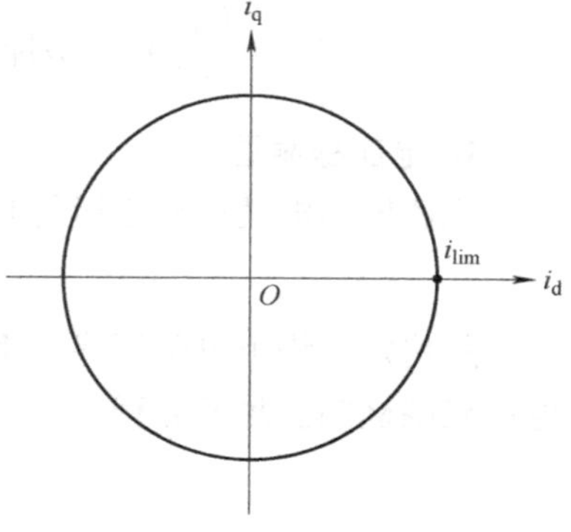

图 7-25 电流极限圆

当 $i_{lim}<\psi_f/L_d$ 时，电机的最高转速为 ω_3，对应的电压极限椭圆与电流极限圆相切于 D 点，如图 7-26a 所示，D 点的交直轴电流分别为 $i_d=-i_{lim}$，$i_q=0$，代入式（7-61）得到最高转速表达式为

$$\omega_3=\frac{u_{lim}}{\psi_f-L_d i_{lim}} \tag{7-63}$$

当 $i_{lim}>\psi_f/L_d$ 时，如图 7-26b 所示，由于点$(-\psi_f/L_d,0)$位于电流极限圆内，所以电机的理论最高转速为无穷大，对应的交直轴电流分别为 $i_d=-\psi_f/L_d$，$i_q=0$。

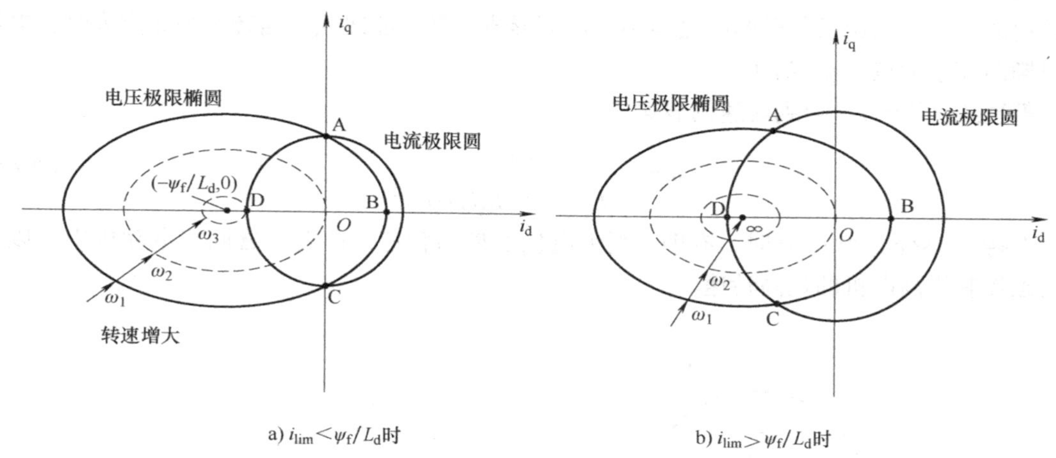

图 7-26 电流矢量的轨迹

3. 恒转矩曲线

根据电磁转矩的表达式可得到 i_d 和 i_q 的关系为

$$i_q=\frac{T_{em}}{p[\psi_f+(1-\rho)L_d i_d]} \tag{7-64}$$

式中，ρ 称为凸极率，$\rho=L_q/L_d$，对于隐极式结构 $\rho=1$，对于凸极式结构 $\rho>1$。

将电磁转矩 T_{em} 设为常数，改变 i_d 和 i_q，即可在 i_d-i_q 平面内得到永磁同步电动机的恒转矩曲线，如图 7-27 所示。在隐极式永磁同步电动机中，由于 $L_d=L_q$，电磁转矩仅与 i_q 有关，恒转矩曲线是平行于 d 轴的水平线，如图 7-27a 所示，图中三条恒转矩曲线存在 $c_3>c_2>c_1$，i_d 对电磁转矩没有影响，但会通过助磁或去磁影响电机的端电压。在凸极式永磁同步电动机中，由于 $L_d<L_q$，恒转矩曲线上 i_d 和 i_q 的关系为双曲线，双曲线的渐近线分别为 $i_q=0$ 和 $i_d=\psi_f/(L_q-L_q)$，如图 7-27b 所示。电流矢量位于第二象限时，两转矩分量均为正值，随着去磁电流 i_d 的增大，磁阻转矩增大，永磁转矩减小，对应的 i_q 减小。在第一象限，i_d 为正值，

磁阻转矩变为负值，随着 i_d 的增大，磁阻转矩减小，永磁转矩增大，i_q 增大。

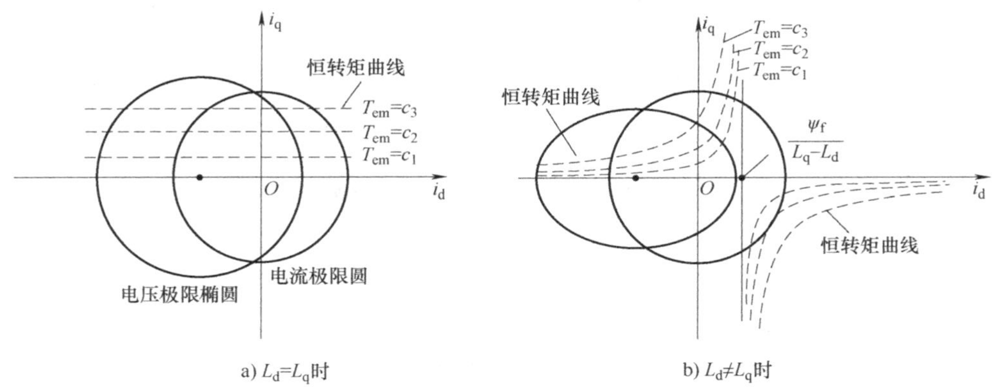

图 7-27　恒转矩曲线

7.8.3　常用的矢量控制方法

永磁同步电动机常用的矢量控制方法包括：$i_d=0$ 控制、最大转矩/电流控制和弱磁控制等。

1. $i_d=0$ 控制

当采用 $i_d=0$ 控制时，永磁同步电动机相当于一台他励直流电动机，由于只存在 i_q 分量，定子磁动势空间矢量与永磁磁场空间矢量垂直，电磁转矩中只有永磁转矩分量。

图 7-28 为 $i_d=0$ 时永磁同步电动机的空间矢量图，可以看出空载感应电动势矢量 $\boldsymbol{e}_0$ 与定子电流矢量 $\boldsymbol{i}_s$ 同相位。对于隐极式结构，单位定子电流可获得最大转矩，即在产生同样转矩的情况下，采用 $i_d=0$ 控制时所需的定子电流最小，有助于降低绕组铜耗，提高电机效率，这是隐极式永磁同步电动机常采用 $i_d=0$ 控制的原因。

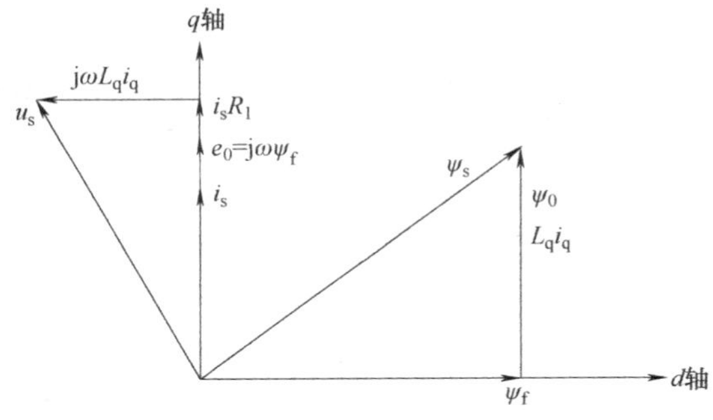

图 7-28　永磁同步电动机空间矢量图（$i_d=0$）

对于凸极式永磁同步电动机，由于电磁转矩包含永磁转矩和磁阻转矩，单位电流产生最大转矩的点位于第二象限，采用 $i_d=0$ 控制时，产生同样的转矩所需定子电流不是最小值，导致绕组铜耗上升，效率降低。因此，凸极式永磁同步电动机常采用最大转矩/电流控制。

2. 最大转矩/电流控制

最大转矩/电流控制也称为单位电流输出最大转矩控制，换言之，对于某一给定幅值的电流产生最大的电磁转矩，多应用于凸极式永磁同步电动机。

根据空间矢量图，i_d 和 i_q 与 i_s 的关系为

$$\begin{cases} i_d=-i_s\sin\psi \\ i_q=i_s\cos\psi \end{cases} \tag{7-65}$$

则电磁转矩可表示为

$$T_{em}=p\left[\psi_f i_s\cos\psi-\frac{1}{2}(L_d-L_q)i_s^2\sin 2\psi\right] \tag{7-66}$$

当定子电流幅值一定时，电磁转矩为角度 ψ 的函数，为求 T_{em} 的极值，令其导数为零，得到

$$\frac{T_{em}}{d\psi}=p[-\psi_f i_s\sin\psi-(L_d-L_q)i_s^2\cos 2\psi]=0 \tag{7-67}$$

整理得

$$(L_d-L_q)i_d^2+\psi_f i_d-(L_d-L_q)i_q^2=0 \tag{7-68}$$

对于隐极式永磁同步电动机，由于 $L_d=L_q$，求解得到 $i_d=0$。

对于凸极式永磁同步电动机，由于 $L_d<L_q$，求解得到

$$i_d=\frac{-\psi_f\pm\sqrt{\psi_f^2+4(L_d-L_q)^2 i_q^2}}{2(L_d-L_q)} \tag{7-69}$$

i_q 可表示为

$$i_q=\pm\sqrt{\frac{(L_d-L_q)i_d^2+\psi_f i_d}{L_d-L_q}} \tag{7-70}$$

i_d 需满足：

$$[(L_d-L_q)i_d+\psi_f]i_d\leqslant 0 \tag{7-71}$$

即

$$i_d\leqslant 0 \text{ 或者 } i_d\geqslant\frac{\psi_f}{L_q-L_d} \tag{7-72}$$

在 i_d-i_q 平面内，对于隐极式永磁同步电动机，最大转矩/电流轨迹上的 i_d 和 i_q 需满足 $i_d=0$，最大转矩/电流控制就是 $i_d=0$ 控制，如图 7-29a 所示。对于凸极式永磁同步电动机，最大转矩/电流轨迹上的 i_d 和 i_q 需满足式（7-69）和式（7-70），如图 7-29b 所示，式中的±号，加号对应于 $i_d\leqslant 0$，减号对应于 $i_d\geqslant\psi_f/(L_q-L_d)$。可以看出，产生同样的电磁转矩，当电流矢量位于第二象限时，电流最小，因此电动机运行点一般选在第二象限。

最大转矩/电流轨迹也可以根据恒转矩曲线解释。一条恒转矩曲线上，电流最小的点就是与该转矩对应的最大转矩/电流点。电流的大小可用经过原点的圆表示，电流圆与恒转矩相切的点即为该转矩对应的最小电流点。将每条恒转矩曲线上与电流圆的切点连接起来，就得到了最大转矩/电流轨迹。

联立求解式（7-62）、式（7-69）和式（7-70），得到永磁同步电动机采用最大转矩/电流控制且电流达到极限值时（即第二象限内最大转矩/电流轨迹与电流极限圆的交点）的交、直轴电流为[3]

$$\begin{cases} i_d=\dfrac{-\psi_f+\sqrt{\psi_f^2+8(L_d-L_q)^2 i_{lim}^2}}{4(L_d-L_q)} \\ i_q=\sqrt{i_{lim}^2-i_d^2} \end{cases} \tag{7-73}$$

如果恒转矩控制采用最大转矩/电流控制，随着转速的上升，电压极限椭圆、电流极限

圆和最大转矩/电流轨迹相交于 A 点，得到凸极式永磁同步电动机的转折速度为

$$\omega_b=\frac{u_{lim}}{\sqrt{(L_q i_{lim})^2+\psi_f^2+\frac{(L_d+L_q)C^2+8\psi_f L_d C}{16(L_d-L_q)}}} \tag{7-74}$$

式中，$C=-\psi_f+\sqrt{\psi_f^2+8(L_d-L_q)^2 i_{lim}^2}$。

对于隐极式永磁同步电动机，最大转矩/电流控制且电流达到极限值时的交、直轴电流为

$$\begin{cases}i_d=0\\i_q=i_{lim}\end{cases} \tag{7-75}$$

转折速度为

$$\omega_b=\frac{u_{lim}}{\sqrt{(L_q i_{lim})^2+\psi_f^2}} \tag{7-76}$$

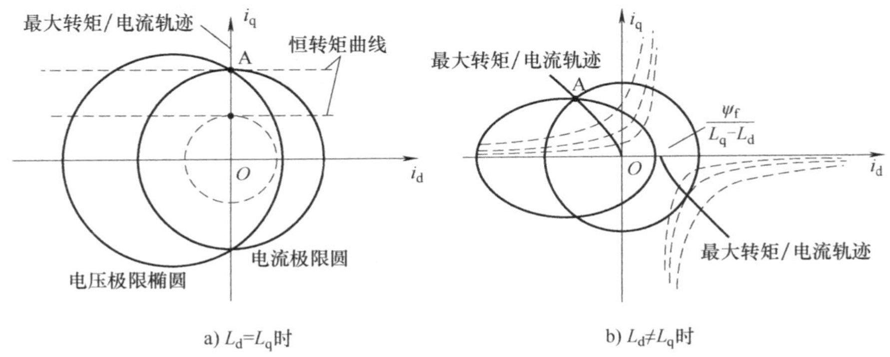

图 7-29　最大转矩/电流轨迹

3. 弱磁控制

当电机转速达到转折转速时，要继续增加转速必须采用弱磁控制。永磁同步电动机弱磁控制的思想来自他励直流电动机的调磁控制。他励直流电动机转速随端电压的升高而升高，当端电压达到极限值时，如希望再升高转速，必须降低电动机的励磁电流，使磁场减弱，才能保证电动势和极限电压的平衡。永磁同步电动机的永磁磁动势由永磁体产生而无法调节，只有通过调节定子电流，即增加定子直轴去磁电流分量来维持高速运行时电压的平衡，达到弱磁扩速的目的。

对于永磁同步电动机，在逆变器容量一定时，转折速度以下，采用最大转矩/电流控制或者 $i_d=0$ 控制，以获得较好的控制伺服特性，转折速度以上通过弱磁达到恒功率控制，提升系统的转速范围，克服低速段需要较高的转矩和高速段需要较大的功率输出的矛盾[4]。

弱磁运行时，电机的转速较高，忽略定子电阻压降，电压方程可简化为

$$\begin{cases}u_d=-\omega\psi_q=-\omega L_q i_q\\u_q=\omega\psi_d=\omega(\psi_f+L_d i_d)\end{cases} \tag{7-77}$$

电磁转矩和电磁功率可表示为

$$T_{em}=p[\psi_f i_q+(L_d-L_q)i_d i_q] \tag{7-78}$$

$$P_{em}=\omega[\psi_f i_q+(L_d-L_q)i_d i_q] \tag{7-79}$$

下面分别针对 $\rho=1$ 和 $\rho>1$ 两种情况分析永磁同步电动机的弱磁控制。

(1) $\rho=1$ 时的弱磁分析

对于表贴式结构，交直轴电感相等，凸极率 $\rho=1$，电压极限椭圆变成了圆，此时的电压极限椭圆和电流极限圆如图 7-30 所示。电压极限椭圆圆心 D 的坐标为 $(-\psi_f/L_d,0)$，半径为 $u_{lim}/(\omega L_d)$。由于不存在凸极效应，电机的最大转矩/电流轨迹即为 $i_d=0$ 控制曲线，与 q 轴重合。

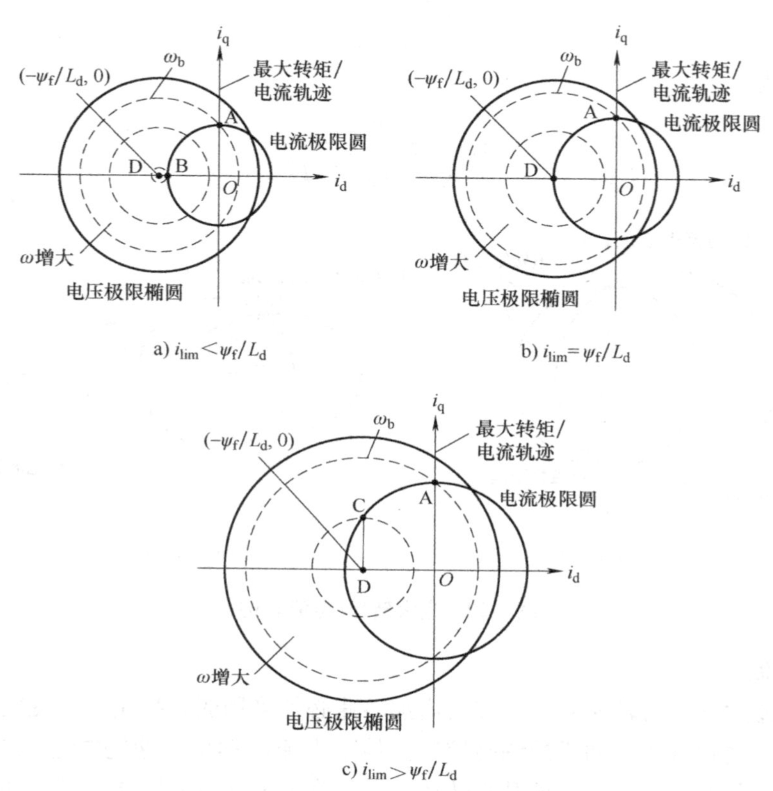

a) $i_{lim}<\psi_f/L_d$　　b) $i_{lim}=\psi_f/L_d$

c) $i_{lim}>\psi_f/L_d$

图 7-30　当 $\rho=1$ 时的电压极限椭圆和电流极限圆

当 $i_{lim}<\psi_f/L_d$ 时，如图 7-30a 所示，此时电压极限椭圆的圆心位于电流极限圆的外侧。图中 A 点即为最大转矩点，随着转速升高，电压极限椭圆逐渐减小，当电压极限椭圆与 A 点相交时，对应转速为转折速度 ω_b，A 点对应的交、直轴电流、转速、转矩和电磁功率分别为

$$\begin{cases} i_{dA}=0 \\ i_{qA}=i_{lim} \\ \omega_A=\omega_b=\dfrac{u_{lim}}{\sqrt{(L_q i_{lim})^2+\psi_f^2}} \\ T_{emA}=p\psi_f i_{lim} \\ P_{emA}=\omega_A\psi_f i_{lim} \end{cases} \tag{7-80}$$

从 A 点开始，逐渐增加去磁的直轴电流，电流矢量沿电流极限圆向 B 点移动，AB 段各量的计算公式为

$$
\begin{cases}
-i_{\mathrm{lim}} \leqslant i_{\mathrm{d}} \leqslant 0 \\
i_{\mathrm{q}} = \sqrt{i_{\mathrm{lim}}^{2} - i_{\mathrm{d}}^{2}} \\
\omega = \dfrac{u_{\mathrm{lim}}}{\sqrt{(L_{\mathrm{q}} i_{\mathrm{q}})^{2} + (L_{\mathrm{d}} i_{\mathrm{d}} + \psi_{\mathrm{f}})^{2}}} \\
T_{\mathrm{em}} = p \psi_{\mathrm{f}} i_{\mathrm{q}} \\
P_{\mathrm{em}} = \omega \psi_{\mathrm{f}} i_{\mathrm{q}}
\end{cases}
\tag{7-81}
$$

整理电磁功率的表达式：

$$
P_{\mathrm{em}} = \frac{\psi_{\mathrm{f}} u_{\mathrm{lim}} \sqrt{i_{\mathrm{lim}}^{2} - i_{\mathrm{d}}^{2}}}{\sqrt{L_{\mathrm{q}}^{2} (i_{\mathrm{lim}}^{2} - i_{\mathrm{d}}^{2}) + (L_{\mathrm{d}} i_{\mathrm{d}} + \psi_{\mathrm{f}})^{2}}} \tag{7-82}
$$

以 i_{d} 为变量，令电磁功率导数为零，得到最大电磁功率点 P 对应的交、直轴电流和功率为

$$
\begin{cases}
i_{\mathrm{dP}} = -\dfrac{L_{\mathrm{d}}}{\psi_{\mathrm{f}}} i_{\mathrm{lim}}^{2} \\
i_{\mathrm{qP}} = \dfrac{i_{\mathrm{lim}}}{\psi_{\mathrm{f}}} \sqrt{\psi_{\mathrm{f}}^{2} - (L_{\mathrm{d}} i_{\mathrm{lim}})^{2}} \\
\omega_{\mathrm{P}} = \dfrac{u_{\mathrm{lim}}}{\sqrt{\psi_{\mathrm{f}}^{2} - (L_{\mathrm{d}} i_{\mathrm{lim}})^{2}}} \\
P_{\mathrm{emP}} = u_{\mathrm{lim}} i_{\mathrm{lim}}
\end{cases}
\tag{7-83}
$$

B 点的去磁直轴电流最大，因此该点对应于最高转速：

$$
\begin{cases}
i_{\mathrm{dB}} = -i_{\mathrm{lim}} \\
i_{\mathrm{qB}} = 0 \\
\omega_{\mathrm{B}} = \dfrac{u_{\mathrm{lim}}}{\psi_{\mathrm{f}} - L_{\mathrm{d}} i_{\mathrm{lim}}} \\
T_{\mathrm{emB}} = 0 \\
P_{\mathrm{emB}} = 0
\end{cases}
\tag{7-84}
$$

将最高转速与转折速度之比定义为弱磁能力

$$
\delta_{\mathrm{fw}} = \frac{\omega_{\mathrm{B}}}{\omega_{\mathrm{A}}} = \frac{\sqrt{(L_{\mathrm{q}} i_{\mathrm{lim}})^{2} + \psi_{\mathrm{f}}^{2}}}{\psi_{\mathrm{f}} - L_{\mathrm{d}} i_{\mathrm{lim}}} \tag{7-85}
$$

当 $i_{\mathrm{lim}} = \psi_{\mathrm{f}} / L_{\mathrm{d}}$ 时，如图 7-30b 所示，此时电流极限圆经过电压极限椭圆的圆心 D，D 点各量可表示为

$$\begin{cases} i_{\mathrm{dD}}=-\dfrac{\psi_{\mathrm{f}}}{L_{\mathrm{d}}}=-i_{\mathrm{lim}} \\ i_{\mathrm{qD}}=0 \\ \omega_{\mathrm{D}}=\infty \\ P_{\mathrm{emD}}=u_{\mathrm{lim}}i_{\mathrm{lim}} \end{cases} \tag{7-86}$$

此时对应的弱磁能力为无穷大。

当 $i_{\mathrm{lim}}>\psi_{\mathrm{f}}/L_{\mathrm{d}}$ 时，如图 7-30c 所示，此时电压极限椭圆的圆心位于电流极限圆内，弱磁轨迹为 ACD，当直轴电流达到 $i_{\mathrm{d}}=-\psi_{\mathrm{f}}/L_{\mathrm{d}}$，电流矢量沿平行于 q 轴的直线 CD 变化，最终到达 D 点。C 点对应的各量表示为

$$\begin{cases} i_{\mathrm{dC}}=-\dfrac{\psi_{\mathrm{f}}}{L_{\mathrm{d}}} \\ i_{\mathrm{qC}}=\sqrt{i_{\mathrm{lim}}^{2}-i_{\mathrm{dC}}^{2}} \\ \omega_{\mathrm{C}}=\dfrac{u_{\mathrm{lim}}}{L_{\mathrm{q}}i_{\mathrm{qC}}} \\ P_{\mathrm{emC}}=\dfrac{\psi_{\mathrm{f}}u_{\mathrm{lim}}}{L_{\mathrm{q}}} \end{cases} \tag{7-87}$$

根据式（7-82），可以判断点 C 为最大电磁功率点。

在 CD 段，各量可表示为

$$\begin{cases} i_{\mathrm{d}}=-\dfrac{\psi_{\mathrm{f}}}{L_{\mathrm{d}}} \\ 0\leqslant i_{\mathrm{q}}\leqslant\sqrt{i_{\mathrm{lim}}^{2}-i_{\mathrm{dC}}^{2}} \\ \omega=\dfrac{u_{\mathrm{lim}}}{L_{\mathrm{q}}i_{\mathrm{q}}} \\ P_{\mathrm{em}}=\dfrac{\psi_{\mathrm{f}}u_{\mathrm{lim}}}{L_{\mathrm{q}}} \end{cases} \tag{7-88}$$

可以看出，在 CD 段上，电磁功率保持不变，因此 CD 段既是恒功率运行轨迹，又是最大电磁功率运行轨迹。

（2）$\rho>1$ 时的弱磁分析

当永磁同步电动机采用内置式结构时，受永磁体的影响，交轴电感大于直轴电感，电机的凸极率 $\rho>1$，对应的电压极限椭圆和电流极限圆如图 7-31 所示。

当 $i_{\mathrm{lim}}<\psi_{\mathrm{f}}/L_{\mathrm{d}}$ 时，如图 7-31a 所示，电压极限椭圆的圆心位于电流极限圆外侧。在初始恒转矩阶段，工作点为 A，为电流极限圆与最大转矩/电流轨迹的交点。随着转速升高，电压极限椭圆逐渐减小，最终与电流极限圆相交于 A 点，此时转速为转折速度 ω_{b}，电机端电压达到极限值，如果继续增加转速，必须采用弱磁控制。控制电流矢量沿电流极限圆增大去磁的直轴电流由 A 点向 B 点移动，在 B 点，直轴去磁电流最大，达到最高转速。交、直轴电流的关系可根据电压极限椭圆和电流极限圆表达式求解得到。

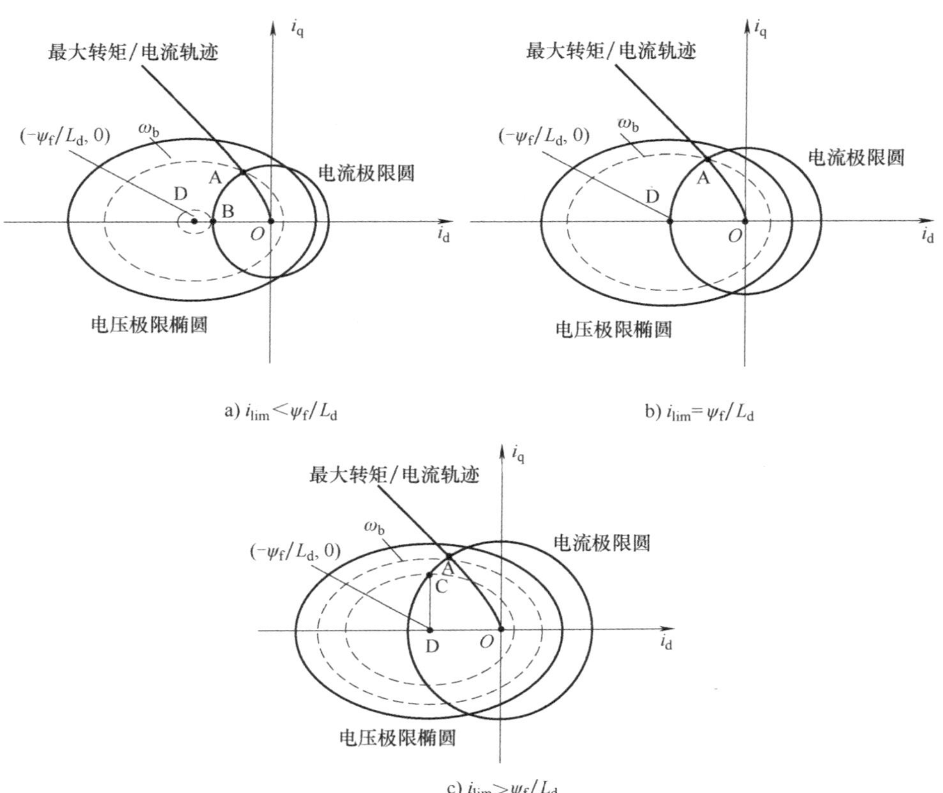

a) $i_{lim}<\psi_f/L_d$　　b) $i_{lim}=\psi_f/L_d$

c) $i_{lim}>\psi_f/L_d$

图 7-31　当 $\rho>1$ 时的电压极限椭圆和电流极限圆

A 点对应的交、直轴电流和转速见式（7-73）和式（7-74），由于 A 点是电流极限圆与最大转矩/电流轨迹交点，所以 A 点为对应于电流 i_{lim} 的最大转矩点，将交、直轴电流代入电磁转矩表达式即可得到最大电磁转矩。

在 AB 段，根据电压极限椭圆方程，得到交、直轴电流的关系为

$$\begin{cases} i_d=-\dfrac{\psi_f}{L_d}+\sqrt{\left(\dfrac{u_{lim}}{L_d\omega}\right)^2-\left(\dfrac{L_q i_q}{L_d}\right)^2} \\ i_d^2+i_q^2=i_{lim}^2 \end{cases} \tag{7-89}$$

根据电压极限椭圆和电流极限圆方程，得到交、直轴电流的表达式为

$$\begin{cases} i_d=\dfrac{L_d\psi_f-\sqrt{L_q^2\psi_f^2-(L_q^2-L_d^2)\left[\left(\dfrac{u_{lim}}{\omega}\right)^2-L_q^2 i_{lim}^2\right]}}{(L_q^2-L_d^2)} \\ i_d^2+i_q^2=i_{lim}^2 \end{cases} \tag{7-90}$$

在 AB 段，随着去磁直轴电流增大，电机将运行到最大电磁功率点 P。弱磁运行时，忽略定子电阻铜耗和铁耗，电磁功率与输入功率相等，可表示为

$$P_{em}=u_{lim}i_{lim}\cos\varphi \tag{7-91}$$

可见，要想获得最大电磁功率必须有 $\cos\varphi=1$，即 $\boldsymbol{u}_s$ 和 $\boldsymbol{i}_s$ 同相位，如图 7-32 所示[4]，

可得

$$\frac{i_{dP}}{i_{qP}}=\frac{u_{dP}}{u_{qP}} \tag{7-92}$$

将式（7-77）代入到式（7-92）中，整理得到最大功率点对应的交、直轴电流和功率为

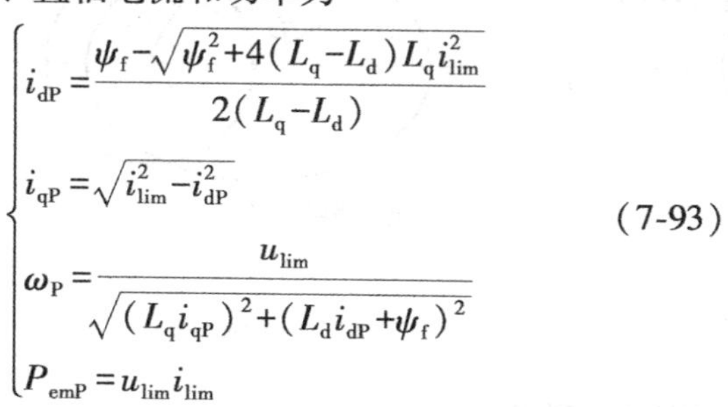

$$\begin{cases} i_{dP}=\dfrac{\psi_f-\sqrt{\psi_f^2+4(L_q-L_d)L_q i_{lim}^2}}{2(L_q-L_d)} \\ i_{qP}=\sqrt{i_{lim}^2-i_{dP}^2} \\ \omega_P=\dfrac{u_{lim}}{\sqrt{(L_q i_{qP})^2+(L_d i_{dP}+\psi_f)^2}} \\ P_{emP}=u_{lim}i_{lim} \end{cases} \tag{7-93}$$

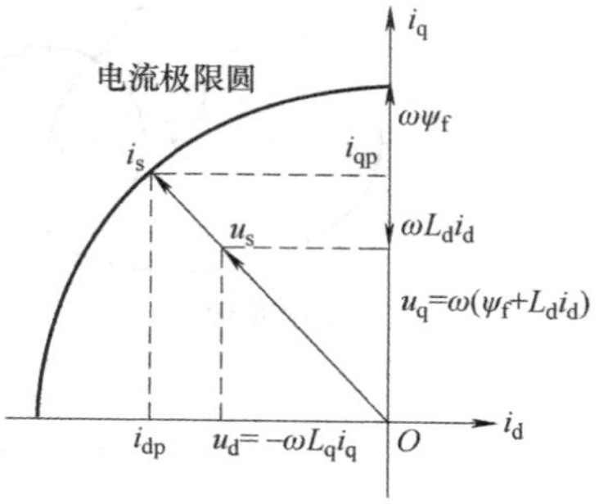

图 7-32　最大功率时的矢量图

B 点对应的各量为

$$\begin{cases} i_{dB}=-i_{lim} \\ i_{qB}=0 \\ \omega_B=\dfrac{u_{lim}}{\psi_f-L_d i_{lim}} \\ T_{emB}=P_{emB}=0 \end{cases} \tag{7-94}$$

当 $i_{lim}=\psi_f/L_d$ 时，如图 7-31b 所示，此时电压极限椭圆的圆心位于电流极限圆上。D 点对应的各量为

$$\begin{cases} i_{dD}=-i_{lim}=-\dfrac{\psi_f}{L_d} \\ i_{qD}=0 \\ \omega_D=\infty \\ P_{emD}=u_{lim}i_{lim} \end{cases} \tag{7-95}$$

此时对应的弱磁能力为无穷大。

当 $i_{lim}>\psi_f/L_d$ 时，如图 7-31c 所示，此时电压极限椭圆的圆心位于电流极限圆内。需要注意，由于此时直轴电流满足 $i_d\geqslant -i_{lim}$，当最大转矩点 A 的直轴电流 $i_{dA}\geqslant -i_{lim}$ 时，弱磁轨迹上才存在最大转矩点 A。

C 点对应的各量可表示为

$$\begin{cases} i_{dC}=-\dfrac{\psi_f}{L_d} \\ i_{qC}=\sqrt{i_{lim}^2-i_{dC}^2} \\ \omega_C=\dfrac{u_{lim}}{L_q i_{qC}} \\ T_{emC}=p\psi_f\rho\sqrt{i_{lim}^2-\left(\dfrac{\psi_f}{L_d}\right)^2} \end{cases} \tag{7-96}$$

在 CD 段，各量可表示为

$$\begin{cases} i_d = -\dfrac{\psi_f}{L_d} \\ 0 \leqslant i_q \leqslant i_{qC} \\ \omega = \dfrac{u_{lim}}{L_q i_q} \\ P_{em} = p\dfrac{\psi_f u_{lim}}{L_q} \end{cases} \tag{7-97}$$

可见，电机功率在 C 点达到最大，然后保持恒功率运行到最高转速点，最高转速和弱磁能力均为无穷大。

7.8.4　调速永磁同步电动机矢量控制系统

图 7-33 为常见的永磁同步电动机矢量控制系统简图[2]。在速度外环，指令速度与实际反馈速度的差值作为速度 PI 调节器的输入，其输出交轴电流 i_q 的指令值，直轴电流 i_d 的指令值通过其他方式提供。两个电流指令值通过 PI 调节器获得交直轴控制电压，将电压变换到 $\alpha\beta$ 静止坐标系采用 SVPWM 技术控制电压型逆变器向永磁同步电动机供电。

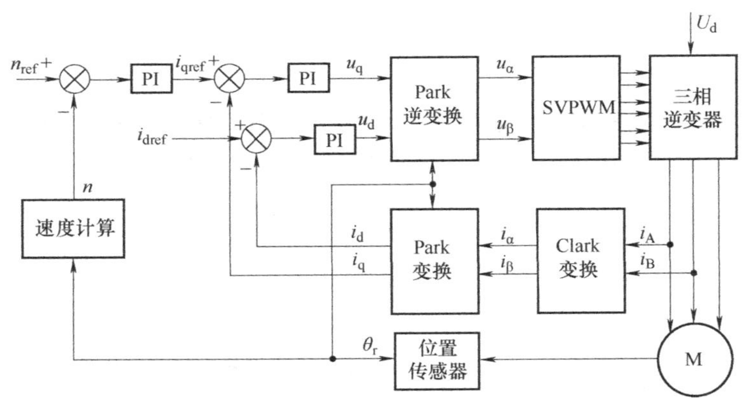

图 7-33　调速永磁同步电动机矢量控制系统简图

参考文献

[1] Jacek F Gierras, Mitchell Wing. Permanent magnet motor technology [M]. New York: Marcel Dekker, 1997.

[2] 郭庆鼎，王成元. 交流伺服系统 [M]. 北京：机械工业出版社，1994.

[3] 唐任远. 现代永磁电机设计与计算 [M]. 北京：机械工业出版社，1997.

[4] 莫会成，莫为，董琪，等. 永磁交流伺服电动机弱磁控制性能分析（上）[J]. 微电机，2018，51（7）：1-7.

Chapter 8

第8章 异步起动永磁同步电动机

异步起动永磁同步电动机由电网直接供电，无需驱动控制器，依靠异步转矩实现起动，牵入同步后稳态运行，具有高效、高功率因数和高功率密度的特点。近几十年来，随着对工频供电高效电机需求的增加，异步起动永磁同步电动机在诸多场合得以应用。

8.1 异步起动永磁同步电动机的结构与工作原理

8.1.1 结构

图 8-1 为小功率三相异步起动永磁同步电动机的总装配图，图 8-2 为其电磁结构示意图。异步起动永磁同步电动机由定子和转子两部分组成，两者之间存在空气隙。

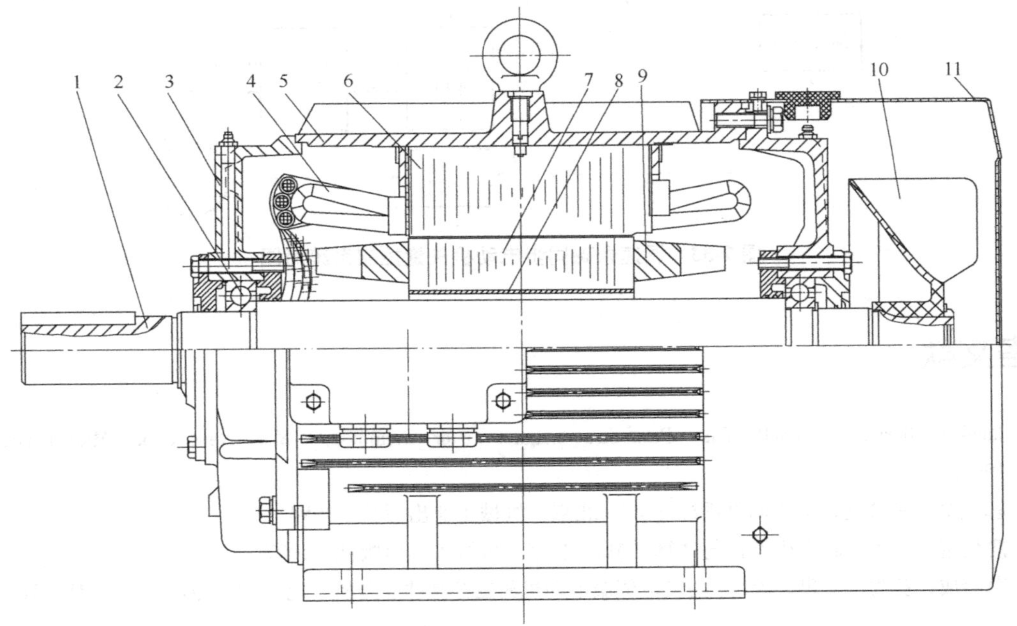

图 8-1 小功率三相异步起动永磁同步电动机的总装配图

1—转轴 2—轴承 3—端盖 4—定子绕组 5—机座 6—定子铁心 7—转子铁心 8—永磁体 9—起动笼 10—风扇 11—风罩

1. 定子

异步起动永磁同步电动机的定子结构与感应电动机相同，由定子铁心、定子绕组、机座和端盖等组成。机座和端盖通常采用铸造工艺加工而成，对电机的电磁部件起支撑和保护作用。

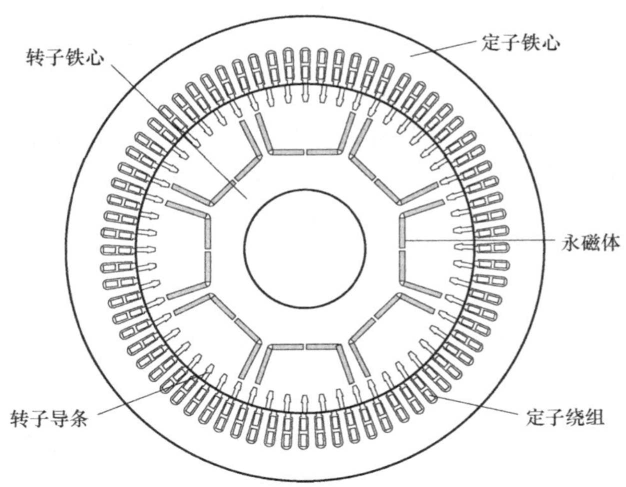

图 8-2　异步起动永磁同步电动机的电磁结构示意图

定子铁心是主磁路的重要组成部分。为减小铁心内的涡流损耗，定子铁心采用叠片结构，由 0.5mm 厚硅钢片加工的冲片叠压而成，冲片内圆有均匀分布的槽，槽内嵌放三相对称交流绕组。定子槽形有开口槽、半开口槽和半闭口槽三种，如图 8-3 所示。其中，开口槽、半开口槽适用于高压永磁同步电机，半闭口槽适用于低压小功率永磁同步电机。根据槽的形状，半闭口槽又分为梨形槽和梯形槽两种，其中梨形槽的槽面积利用率高，冲模寿命长，且槽绝缘的弯曲程度较小，不易损伤，应用广泛。

定子绕组是电机定子的电路部分，通常由圆铜线或扁铜线加工而成，三相绕组对称地放置在定子槽内，绕组有单层和双层两种形式。绕组与铁心之间有槽绝缘，双层绕组的上下两层导体之间有层间绝缘。高压永磁同步电机采用成型绕组，由扁铜线制成；小功率永磁同步电机的定子绕组通常由圆铜线绕制而成。180 及以上机座号的电机通常采用双层短距绕组，160 及以下机座号的电机通常采用单层绕组。为提高反电动势和电枢绕组磁动势的正弦性，可采用双层同心式不等匝绕组。三相绕组可接成星形联结或三角形联结，为减小杂散损耗，通常采用星形联结。

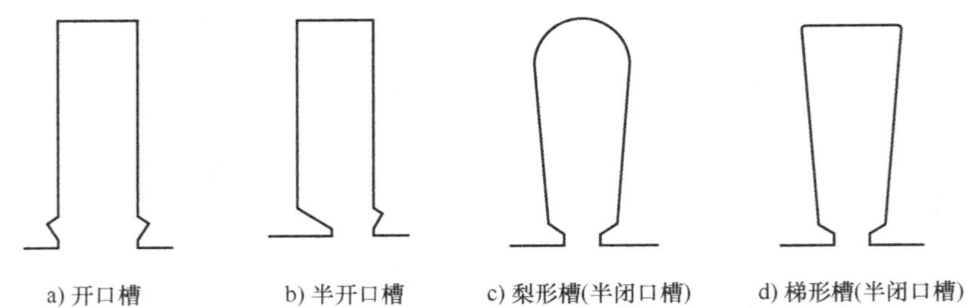

图 8-3　定子槽形

2. 转子

按照转子是否采用叠片结构，将转子分为笼型永磁转子和实心永磁转子两种结构。

（1）笼型永磁转子结构

笼型永磁转子由转子铁心、转子绕组、永磁体和轴等组成。转子铁心由 0.5mm 厚的冲片叠压而成，图 8-4 为一台电机的转子冲片，在其外圆冲有均匀分布的槽，用于放置转子绕组。转子铁心上还有永磁体槽，用于放置永磁体。

为减小杂散损耗并便于隔磁，转子槽形通常为半闭口的平底槽，如图 8-5 所示。其中，图 8-5a 所示的梯形槽具有结构简单、模具制造方便的优点，可以采用减小转子槽面积的方法提高起动转矩，因而在小型异步起动永磁同步电动机中应用广泛。图 8-5b 所示的凸形槽和图 8-5c 所示的刀形槽，模具加工复杂，但可以增强趋肤效应，提高起动转矩，也有较多应用。由于转子上有永磁体，异步起动永磁同步电动机的转子槽高较小，趋肤效应没有同规格感应电动机那样明显。

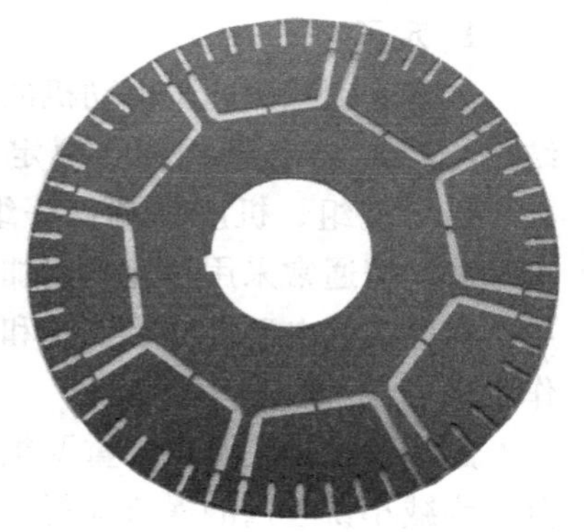

图 8-4 转子冲片

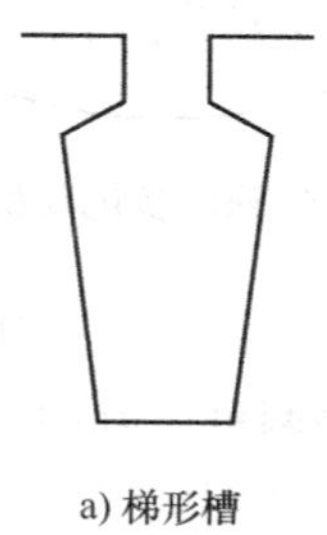

a) 梯形槽

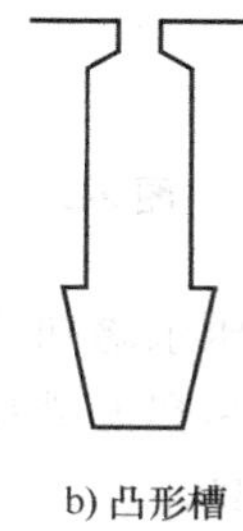

b) 凸形槽

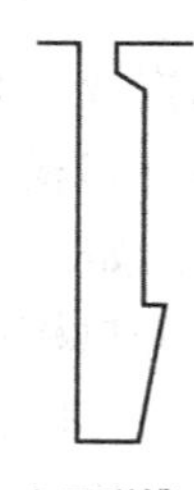

c) 刀形槽

图 8-5 转子槽形

转子绕组是电路的一部分，一般为笼型绕组。根据笼型绕组加工工艺的不同，分为焊接式和铸铝式两种形式。焊接式转子绕组的加工过程是，在各槽内放置铜导条，转子铁心两端各放置一端环，铜导条的两端分别焊接在端环上。铸铝式转子绕组的材料为工业纯铝或铸铝，采用离心铸铝或压力铸铝工艺，将熔化的铝注入转子槽内，导条、端环和风叶一同铸出，具有结构简单、制造方便的特点，应用非常广泛。

铸铝转子的加工过程是，铁心冲剪→铁心叠压→套假轴→转子铸铝→套轴→转子加工→将永磁体从铁心端部放入→固定永磁体。

（2）实心永磁转子结构

实心永磁转子结构如图 8-6 所示，铁心由整块钢加工而成，设有永磁体槽以放置永磁体，永磁体切向充磁，由不导磁材料制成的槽楔固定；铁心和轴之间有不导磁的金属隔磁套；转子设有焊接式笼型绕组，但导条很少，主要用于提高电机的牵入同步能力。在该结构中，铁心兼有导磁和绕组的作用，旋转磁场与其在转子铁心、笼型绕组中感应的涡流相互作用产生起动转矩。

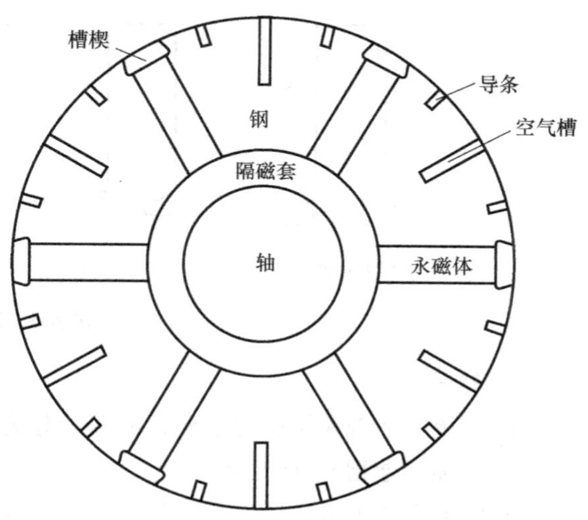

图 8-6 实心永磁转子结构

与笼型转子异步起动永磁同步电动机相比，采用该结构的电机具有起动电流小、起动转矩大的优点，稳态运行时，定子旋转磁场的基波不在转子绕组中产生电流，但其谐波在转子铁心中产生较大的涡流损耗。为减小涡流损耗，通常选用较大的气隙长度。目前已有成熟的系列产品，最大功率已达 3500kW。

8.1.2　工作原理

异步起动永磁同步电动机的定子上有三相对称绕组，转子上有笼型绕组（多相对称绕组）和永磁体，三者共同产生气隙磁场。

由电机理论可知，当定子三相对称绕组上施加频率为 f_1 的三相对称电压时，产生三相对称电流，进而在电机中产生基波旋转磁场。

当电机的转速 n 不等于定子基波旋转磁场的转速 n_1 时，转子绕组中产生感应电动势，进而产生感应电流，感应电流产生转子磁动势。若定子旋转磁场正向旋转，以 $\Delta n=n_1-n$ 的速度切割转子，在转子中产生感应电动势，其频率 f_2 为

$$f_2=\frac{p\Delta n}{60}=\frac{p(n_1-n)}{60}=\frac{pn_1(n_1-n)}{60n_1}=sf_1 \tag{8-1}$$

式中，s 为转差率，$s=\Delta n/n_1$。

转子感应电动势和转子电流的相序也为正序，产生正向旋转的转子磁动势。转子磁动势相对于转子的转速为 $n'=\dfrac{60f_2}{p}=\dfrac{60sf_1}{p}=sn_1=\Delta n$，而转子本身以 n 的速度旋转，则转子磁动势相对于定子的转速为 $\Delta n+n=n_1-n+n=n_1$，因此转子绕组基波磁场与定子绕组基波磁场的转速相等，均为同步速 n_1，它们之间没有相对运动。

永磁体位于转子上，随转子一起旋转，在气隙中形成一个永磁旋转磁场，其转速为电机转速 n。

可以看出，在起动过程中，定、转子绕组产生的基波旋转磁场转速相同、转向相同，相互作用，产生异步驱动转矩，使转子加速。当转子加速到接近同步速时，转子永磁磁场与定子基波旋转磁场的转速非常接近，两者相互作用，产生同步转矩，与此时仍然存在的较小的异步转矩一起，将转子牵入到同步运行状态。在同步运行状态下，转子绕组内不再产生电流（忽略定子谐波磁场产生的转子电流），此时转子上只有永磁磁场，与定子旋转磁场相互作用，产生驱动转矩，如图 8-7 所示。

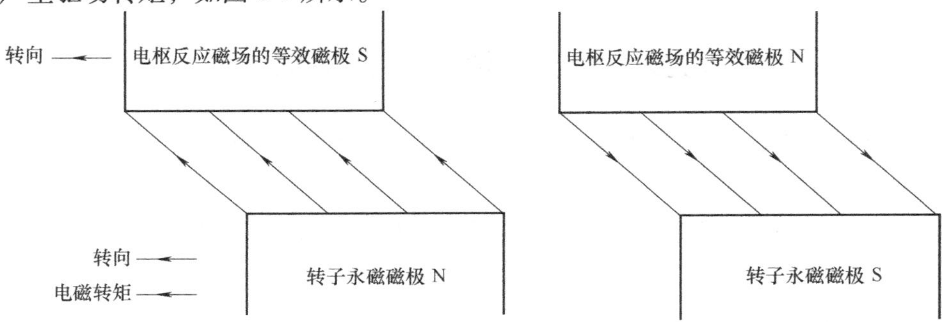

图 8-7　永磁同步电动机的运行状态

可以看出，异步起动永磁同步电动机靠笼型绕组产生的异步转矩实现起动，起动完成后笼型绕组不再起作用，而由永磁体和定子基波旋转磁场共同产生驱动转矩。

8.1.3 优势与存在的问题

与感应电动机相比，异步起动永磁同步电动机具有以下优点：

1）转速恒定，为同步速。

2）功率因数高。通过合理设计，可以使其工作在滞后功率因数、单位功率因数和超前功率因数。

3）采用聚磁式结构，气隙磁密高，电机体积小、重量轻、功率密度高。

4）正常运行时，转子无绕组损耗，高功率因数使得定子电流较小，定子绕组铜耗较小，因而永磁同步电动机的效率比感应电动机高。

5）经济运行范围宽。感应电动机的经济运行范围一般为额定负载的60%~100%。永磁同步电动机的经济运行范围远比感应电动机宽，不仅额定负载时效率较高，而且在25%~120%额定负载的范围内都有较高的效率，而感应电动机在35%额定负载附近效率迅速下降。永磁同步电动机在25%额定负载时功率因数仍可达到0.9以上，而感应电动机从额定负载时的0.85左右迅速下降到0.5以下。

6）性能受气隙长度的影响较感应电动机小，因而气隙可比同容量感应电动机大，有助于降低附加损耗。

但异步起动永磁同步电动机也存在以下问题：

1）起动过程中产生很大的脉动转矩和发电制动转矩，电磁转矩波动大，影响电机的起动能力，并对电机自身和负载产生较大冲击。

2）采用烧结钕铁硼永磁材料，制造成本较高。由于起动过程中转矩波动大，为保证起动性能，需要的起动转矩倍数高于三相感应电动机，因而绕组匝数较少，使电机体积明显大于同规格的变频调速永磁同步电动机。

3）在高温下，钕铁硼永磁材料的退磁曲线弯曲，当电机设计或使用不当时，可能出现不可逆退磁。随着耐高温钕铁硼永磁材料的出现，这种状况已有很大改善。

4）永磁体放置在转子铁心内部，工艺复杂，且需要隔磁，导致转子机械强度较感应电动机差。

5）电机性能受永磁体温度、供电电压等因素影响较大。

8.2 异步起动永磁同步电动机的转子磁路结构

异步起动永磁同步电动机通常采用内置式结构，永磁体位于转子铁心中，漏磁大，需要采取适当的隔磁措施。

根据一对极下永磁体在磁路上的关系，转子磁路结构可分为串联式、并联式和混合式三种。

1. 串联式磁路结构

串联式磁路结构如图8-8所示，两个磁极的永磁体串联提供一对极的磁动势，每极磁通由一个磁极的永磁体面积提供。其优点是转轴不需要采用非导磁材料。其中，图 8-8a、b、c 的每极永磁体分别组成字母 U、V、W 的形状，分别称为 U、V、W 形结构，它们的优点是可以放置较多的永磁体，气隙磁场强，有利于提高电机的功率密度和转矩密度，但不适合于极数很多的电机。

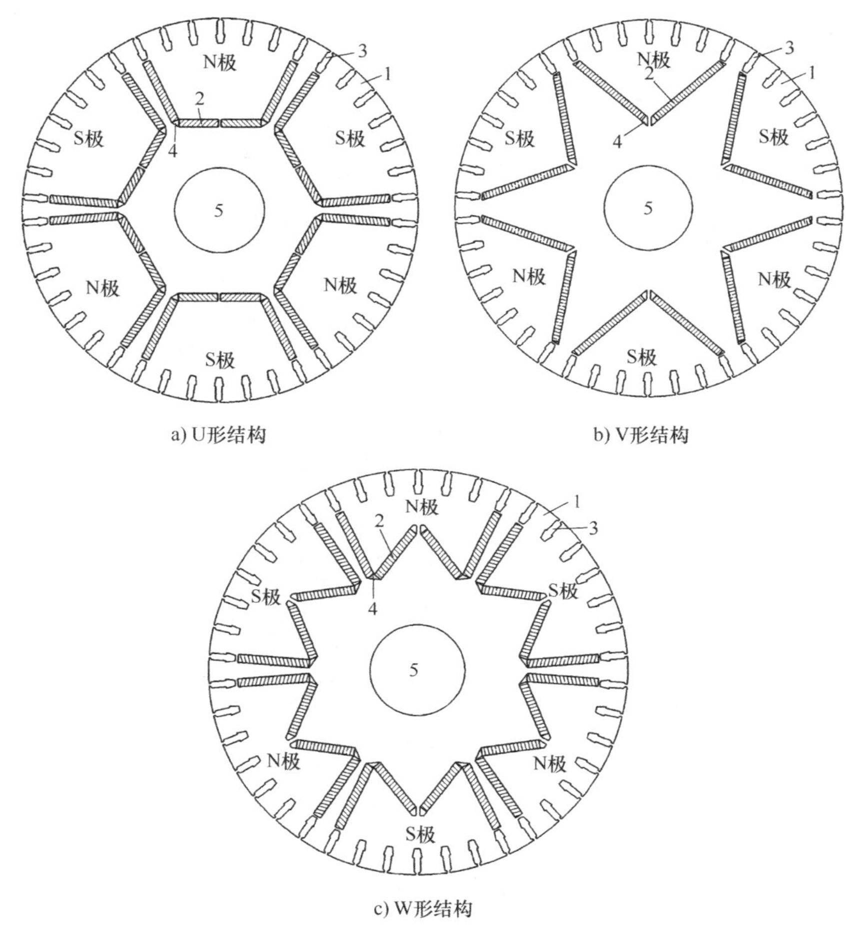

图 8-8　串联式磁路结构

1—铁心　2—永磁体　3—导条　4—空气槽　5—轴

2. 并联式磁路结构

并联式磁路结构如图 8-9 所示。相邻两磁极的永磁体并联提供每极磁通，一个极的永磁体提供一对极的磁动势。图 8-9a 采用非磁性轴隔磁；图 8-9b 采用空气槽隔磁，可使用磁性轴；图 8-9c 采用不导磁的金属隔磁套隔磁。并联式磁路结构适用于多极数电机。

3. 混合式磁路结构

混合式磁路结构是从串联式磁路结构演化而成的，将图 8-8a、c 中相邻磁极的切向磁化的两块永磁体并在一起，变为图 8-10a、b 所示的混合式磁路结构。与图 8-8a、c 相比，混合式磁路结构相对简单，极弧系数大，加工更方便，切向磁化永磁体的厚度为径向磁化永磁体厚度的 2 倍。其特点与上述的 U、V、W 形结构基本相同，也不适合于极数很多的电机。在进行性能分析时，混合式磁路结构可归并到串联式磁路结构。

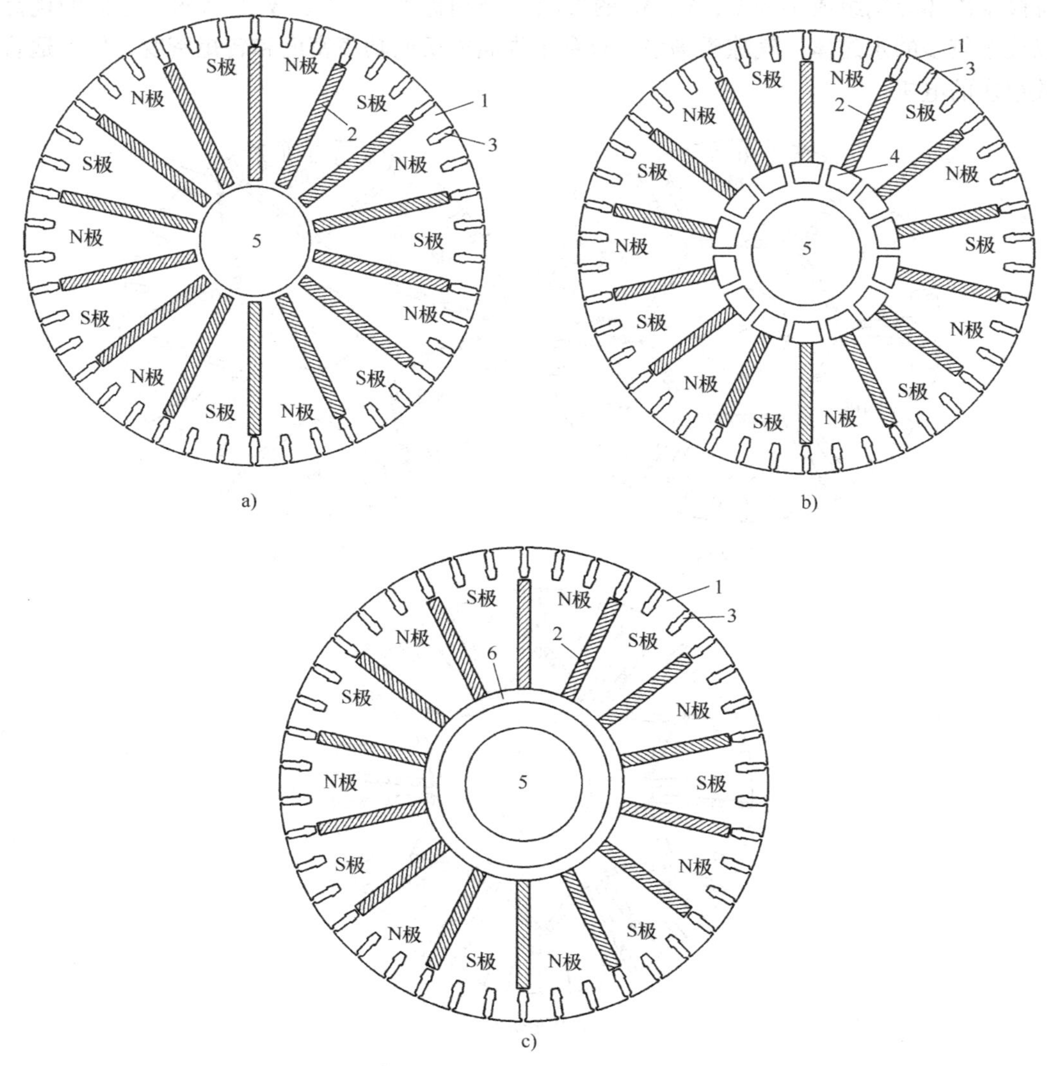

图 8-9　并联式磁路结构

1—铁心　2—永磁体　3 —导条　4—空气槽　5—轴　6—隔磁套

4. 隔磁方式

永磁体在转子铁心内部，转子内部漏磁较大，永磁体利用率低，必须采取相应的隔磁措施以限制漏磁，但为满足隔磁的需要，降低了转子机械强度。在设计磁桥时，既要保证隔磁效果，又要保证转子机械强度。

常用的隔磁方式如图 8-11 所示。图 8-11a 中，磁桥 1 是转子槽和永磁体槽之间的磁桥；磁桥 2 是磁极中心线处的磁桥，后者主要用于提高转子铁心的机械强度，如果机械强度足够，则可去掉磁桥 2。图 8-11b 采用不导磁金属隔磁套，减小永磁体近轴端的漏磁。图 8-11c 采用空气槽和磁桥共同隔磁。

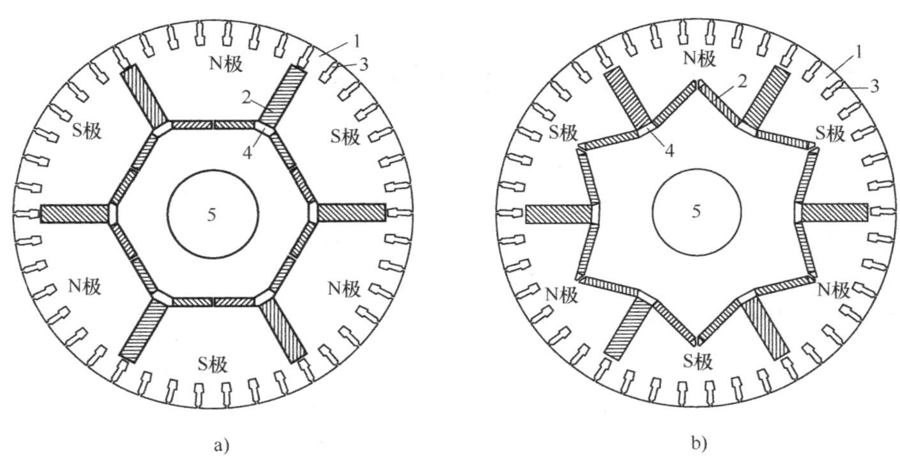

图 8-10　混合式磁路结构

1—铁心　2—永磁体　3 —导条　4—空气槽　5—轴

磁桥的尺寸对隔磁效果影响很大。磁桥的长度越大，其中的磁场强度就越小，磁密也越小，漏磁就越小；磁桥宽度越小，通过的磁通越小，隔磁效果越明显，但机械强度越差。在小功率异步起动永磁同步电动机中，磁桥的宽度通常为 1~1.5mm 左右。

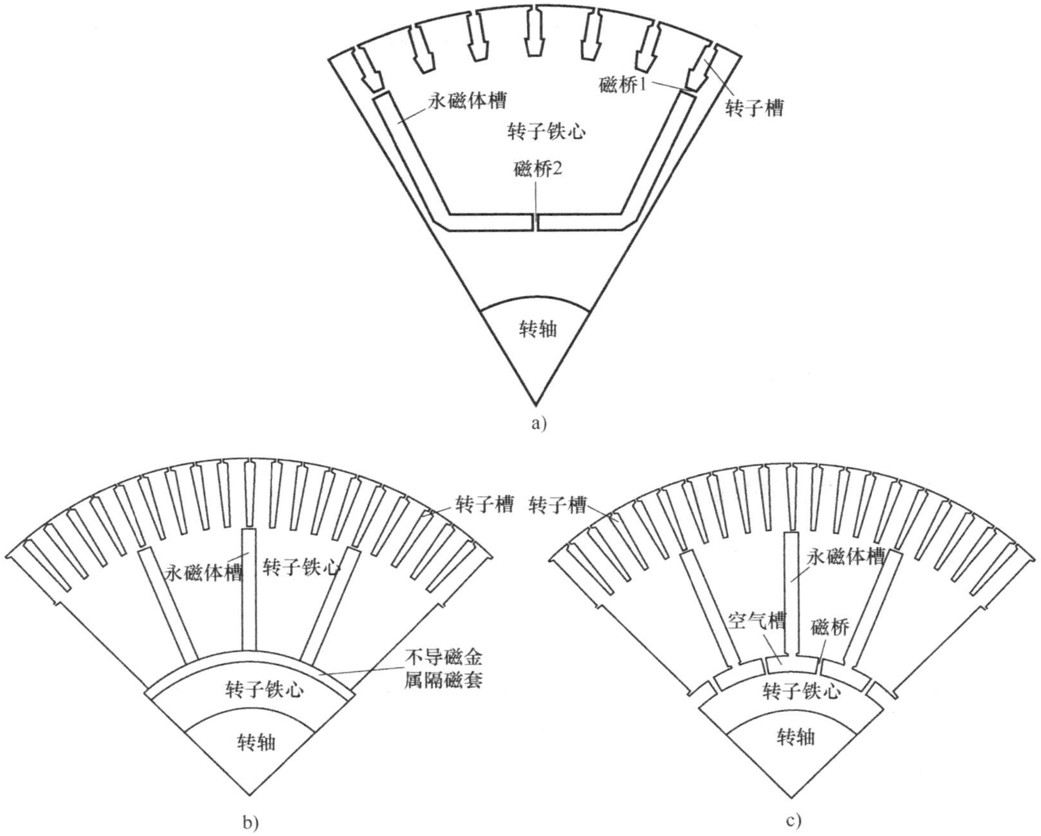

a)

b)　　c)

图 8-11　常用的隔磁方式

8.3 异步起动永磁同步电动机的磁路计算

2.3 节介绍了永磁电机外磁路的计算方法，可用于异步起动永磁同步电动机的磁路计算，但异步起动永磁同步电动机的磁路计算存在两个特殊问题，即计算极弧系数和漏磁系数的确定，此外还需进行最大退磁时永磁体平均工作点的计算。

8.3.1 计算极弧系数的确定

根据电机设计理论，在确定计算极弧系数时，忽略定转子齿槽的影响，认为定子铁心内圆和转子铁心外圆表面光滑。在异步起动永磁同步电动机中，通常采用均匀气隙，因此可认为空载气隙磁场为平顶波。此外，转子表面有槽，为了隔磁，永磁体槽与转子槽对准，一个极下永磁体所跨转子槽数，决定了电机的极弧系数。

对于图 8-8a、b、c 所示的磁极结构，极弧系数取决于每极永磁体所跨的转子槽数 q_m，极弧系数为

$$\alpha_p = \frac{q_m}{Q_2/2p} \tag{8-2}$$

式中，Q_2 为转子槽数。

对于图 8-6、图 8-9、图 8-10 所示的磁极结构，极弧系数为每极极弧长度 $\hat{b}_p$ 与转子极距 τ_2 的比值，即

$$\alpha_p = \frac{\hat{b}_p}{\tau_2} \tag{8-3}$$

转子极距 τ_2 为

$$\tau_2 = \frac{\pi D_2}{2p} \tag{8-4}$$

式中，D_2 为转子外径。

与 α_p 对应的计算极弧系数 α_i 为

$$\alpha_i \approx \alpha_p \tag{8-5}$$

8.3.2 空载漏磁系数的确定

异步起动永磁同步电动机的空载漏磁系数 σ_0 定义为

$$\sigma_0 = 1 + \frac{\Phi_\sigma}{\Phi_{\delta 0}} \tag{8-6}$$

式中，$\Phi_{\delta 0}$为永磁体产生的穿过空气隙进入定子的磁通，Φ_σ 为由永磁体产生的在转子内部闭合的磁通。由于永磁体位于转子内部，漏磁场分布非常复杂，漏磁系数受结构尺寸、饱和程度的影响很大。有限元法虽可以准确计算漏磁系数，但建模和计算工作量大，且难以集成到解析计算程序，使用不便。

本节将漏磁通分为转子内部漏磁通和端部漏磁通两部分，分别引进转子内部漏磁系数

σ_1 和转子端部漏磁系数 σ_2 考虑这两部分漏磁通。采用本节介绍的方法得到 σ_1 和 σ_2，则空载漏磁系数为

$$\sigma_0=\sigma_1+\sigma_2-1 \tag{8-7}$$

1. 转子内部漏磁系数

本节采用如下的磁路计算方法计算转子内部漏磁系数。在转子上，每极范围内存在两条等磁位线，如图 8-12 中虚线所示，这两条等磁位线之间的磁压降 F_0 为气隙磁压降、定转子齿部磁压降和定子轭部磁压降之和。磁路计算时，根据已知的每极气隙磁通 $\Phi_{\delta 0}$可计算得到 F_0，认为 F_0 施加在转子槽壁和磁桥上，可以求出通过转子槽的磁通和磁桥的磁通之和 Φ_σ，即可利用式（8-6）求出转子内部漏磁系数。下面以转子采用梯形槽为例进行说明。梯形槽和磁桥的尺寸如图 8-13 所示，其中几何尺寸的单位都为 cm，以便于查磁化曲线。

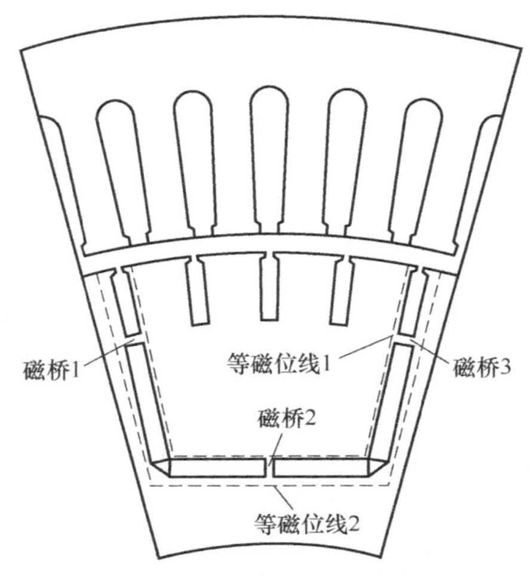

图 8-12　转子内部漏磁系数的计算

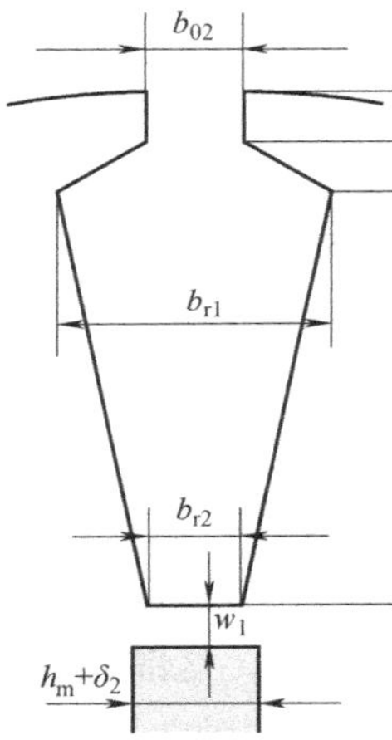

图 8-13　梯形槽和磁桥的尺寸

（1）通过转子槽的漏磁通 Φ_r

通过槽口的漏磁通 Φ_{02}、通过转子槽斜肩的漏磁通 Φ_{r1}和通过转子槽槽身的漏磁通 Φ_{r2}分别为

$$\begin{cases}\Phi_{02}=2\mu_0\dfrac{F_0}{b_{02}}h_{02}L_{ef}\times10^{-2}\\[2ex]\Phi_{r1}=2\mu_0\dfrac{F_0}{(b_{02}+b_{r1})/2}h_{r1}L_{ef}\times10^{-2}\\[2ex]\Phi_{r2}=2\mu_0\dfrac{F_0}{(b_{r1}+b_{r2})/2}h_{r2}L_{ef}\times10^{-2}\end{cases} \tag{8-8}$$

则通过槽的每极漏磁通为

$$\Phi_r=\Phi_{02}+\Phi_{r1}+\Phi_{r2} \tag{8-9}$$

（2）通过磁桥的磁通 Φ_x

磁桥包括两部分，即转子槽和永磁体槽之间的磁桥（磁桥 1 和磁桥 3）和磁极中心线处

的磁桥（磁桥 2）。通过磁桥的磁通 Φ_x 为通过这两部分磁桥的磁通之和，即

$$\Phi_x=\Phi_{x1}+\Phi_{x2} \tag{8-10}$$

磁桥 1 和磁桥 3 的尺寸相同，宽度为 w_1，长度为 $l_{b1}=\min(b_{r2},h_m+\delta_2)$，通过的漏磁通也相同。磁桥 2 的宽度为 w_2，磁桥的长度为 $l_{b2}=h_m+\delta_2$。其中 δ_2 为充磁方向上永磁体槽与永磁体之间的残隙。F_0 在磁桥 1 和磁桥 2 中产生的磁场强度分别为

$$\begin{cases}H_{b1}=\dfrac{F_0}{l_{b1}}\\ H_{b2}=\dfrac{F_0}{l_{b2}}\end{cases} \tag{8-11}$$

根据图 2-13 中 $k_s=0.2$ 的曲线，得到 H_{b1}和 H_{b2}对应的磁密 B_{b1}和 B_{b2}，通过磁桥 1 和磁桥 2 的磁通分别为

$$\begin{cases}\Phi_{x1}=2B_{b1}w_1L_{ef}\times10^{-4}\\ \Phi_{x2}=B_{b2}w_2L_{ef}\times10^{-4}\end{cases} \tag{8-12}$$

（3）转子内部漏磁系数

转子内部漏磁系数为

$$\sigma_1=\frac{\Phi_{\delta0}+\Phi_r+\Phi_x}{\Phi_{\delta0}} \tag{8-13}$$

2. 转子端部漏磁系数

转子端部漏磁是指永磁体产生的磁通在转子端部闭合、没有进入定子的那部分磁通。在电机气隙不大的情况下，这部分磁通受电机铁心的轴向长度影响很小，可以忽略不计。但端部漏磁系数 σ_2 随铁心的轴向长度改变而变化。为得到通用的确定方法，引进了转子单位端部漏磁系数 σ_2'的概念，定义为端部漏磁通与转子单位计算长度内主磁通 Φ_1/L_2 之比，则σ_2'与端部漏磁系数 σ_2 的关系为

$$\sigma_2=1+\frac{\sigma_2'}{L_2}\frac{b_M'}{\tau_2} \tag{8-14}$$

式中，b_M'为提供每极磁通的永磁体宽度（cm），L_2 为转子铁心长度（cm）。

转子单位端部漏磁系数 σ_2'与气隙长度和提供每极磁动势的永磁体充磁方向长度 h_M'有关。采用有限元法计算了不同气隙长度和永磁体充磁方向长度时的 σ_2'，如图 8-14 所示。

对于串联式磁路结构，有

$$\begin{cases}b_M'=b_m\\ h_M'=h_m\end{cases} \tag{8-15}$$

对于并联式磁路结构，有

$$\begin{cases}b_M'=2b_m\\ h_M'=h_m/2\end{cases} \tag{8-16}$$

需要指出的是，端部漏磁系数通常很小，可以不予考虑。

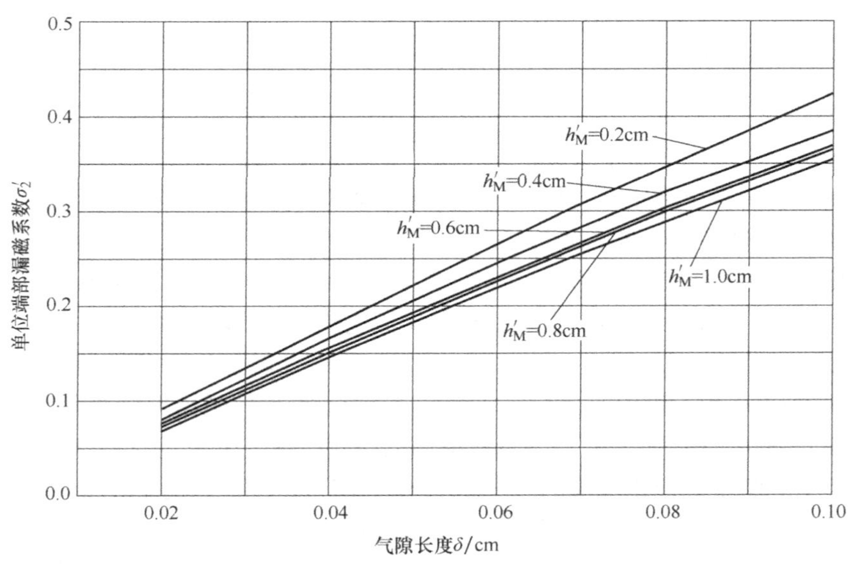

图 8-14　转子单位端部漏磁系数

8.3.3　最大退磁时永磁体平均工作点的计算

如第 6 章所述，异步起动永磁同步电动机起动过程中，永磁体最严重的退磁发生在转速接近同步速且直轴合成基波磁动势（与永磁磁动势方向相反）最大时。

当转速接近同步速时，转差率接近于零，转子绕组内电流很小，对永磁体的屏蔽作用很弱，可以忽略转子绕组的磁动势。因此可认为，发生最严重退磁时，电机转速近似为同步速，电枢磁动势作用在直轴上且与永磁磁动势的方向相反，可近似利用同步运行时的相量图确定此时的电枢电流。忽略定子绕组电阻的影响时，定子电流只有直轴分量，且定子电流 $\dot{I}_h$ 超前于 $\dot{E}_0$ 90°电角度，相应的相量图如图 8-15 所示。由相量图可得

$$I_h=\frac{E_0+U}{X_d} \tag{8-17}$$

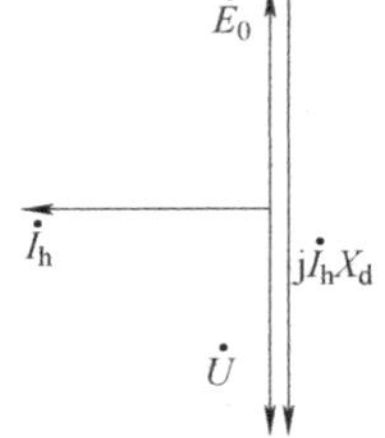

图 8-15　最严重退磁时的相量图

将 I_h 作为直轴电流，求得永磁体的工作点，即为最严重退磁时永磁体的平均工作点。需要指出的是，永磁体的平均工作点和永磁体最严重退磁点是不同的，当其位于退磁曲线拐点时，会有较大区域产生不可逆退磁。因此，永磁体平均工作点的磁密最低为多大才能保证永磁电机正常工作，目前还没有说法。

8.4　异步起动永磁同步电动机起动过程的转矩分析

异步起动永磁同步电动机是靠定子旋转磁场与转子导条相互作用产生的异步转矩实现起动的。永磁体的存在导致交直轴磁路不对称，使起动过程中的转矩远比三相感应电动机复杂，包括异步转矩、同步转矩和脉动转矩。

8.4.1 起动过程的转矩

1. 异步转矩

为便于分析，不考虑转子中永磁体的作用，将永磁体视为空气，此时可将异步起动永磁同步电动机视为一台转子磁路不对称的三相感应电动机。在起动过程中，当定子三相对称绕组中通以频率为f_1的三相对称交流电时，在气隙中会产生一个以同步转速n_1旋转的磁场。设起动过程中某一时刻的转差率为s，则转子的转速为$n=(1-s)n_1$，气隙磁场以sn_1的速度切割转子绕组，在转子绕组中感应出频率为sf_1的交流电流。由于转子磁路不对称，转子电流所产生的磁场可分解为正、反向两个旋转磁场，相对于转子的转速分别为sn_1和$-sn_1$，相对于定子的转速分别为$n+sn_1=n_1$和$n-sn_1=(1-2s)n_1$。转子的正转旋转磁场与定子旋转磁场的转速都是n_1，彼此相对静止，相互作用产生与感应电动机相同的异步转矩，用T_a表示。转子的反转旋转磁场在定子绕组中感应出频率为$(1-2s)f_1$的电流I_b，I_b产生的定子旋转磁场转速也是$(1-2s)n_1$，与转子反转磁场也彼此相对静止，两者产生另一异步转矩，用T_b表示，这相当于另一台感应电动机，当$n=n_1/2$，即$s=0.5$时，相当于该感应电动机运行于同步转速，此时转矩T_b为零；当$s<0.5$时，该转矩为正值，对起动有利；而当$s>0.5$时，转矩为负值，对起动不利。

2. 同步转矩

由于转子上存在永磁体，永磁体会在气隙中产生一个与转子相同速度的气隙磁场，在定子绕组中感应出同频率的电流，这相当于一台转速为n、定子绕组通过电网短路的同步发电机，所产生的转矩为发电制动转矩，用T_g表示，由于该转矩为负值，对电机起动不利。

3. 脉动转矩

根据前面的分析，永磁同步电动机起动过程中气隙中存在着转速分别为n_1、$(1-s)n_1$和$(1-2s)n_1$的三种磁场。转速相同的定转子磁场相互作用产生三个平均转矩，而转速不同的定转子磁场间的相互作用产生平均转矩为零的脉动转矩。

转速为n_1的定（转）子磁场与转速为$(1-2s)n_1$的转（定）子磁场相互作用产生脉动频率为$2sf_1$的脉动转矩，这是由于转子起动绕组和转子磁路不对称引起的磁阻脉动转矩，幅值为T_{pc}。T_{pc}与永磁体无关，只与电动机转子交直轴磁路的不对称程度有关。当交直轴同步电抗相等时，此脉动转矩不存在。

转速为$(1-s)n_1$的永磁磁场与转速为n_1和$(1-2s)n_1$的磁场相互作用产生脉动频率为sf_1的脉动转矩，其幅值T_{pm}与永磁体、定子绕组以及转子磁路的不对称程度有关。

上述两个脉动转矩中，T_{pm}远大于T_{pc}。

根据起动过程中各转矩的特点，得到了异步起动永磁同步电动机的转矩-转差率曲线，如图 8-16 所示。

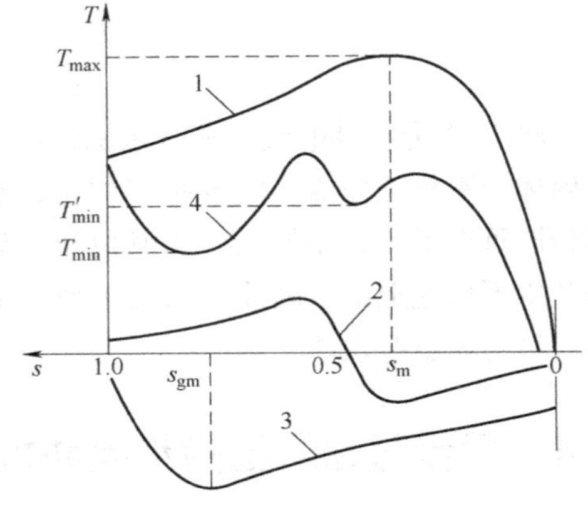

图 8-16 异步起动永磁同步电动机的转矩-转差率曲线

1—T_a-s 曲线　2—T_b-s 曲线

3—T_g-s 曲线　4—1、2、3 的合成曲线

8.4.2 改善转矩特性的方法

在负载一定的前提下，永磁同步电动机能否起动并牵入同步，取决于转矩-转差率曲线。在该曲线中，起动转矩、最小转矩是重要的转矩参数。下面首先分析影响这两项转矩的因素，然后给出提高这两项转矩的方法。

8.4.2.1 起动转矩

由于永磁同步电动机的转子磁路不对称，异步转矩 T_a 和 T_b 的计算非常复杂，在工程上用近似的方法将两者合并为异步转矩 $T_c(T_c=T_a+T_b)$ 进行计算[1]

$$T_c=\frac{mpU^2R_2'/s}{2\pi f_1[(R_1+c_1R_2'/s)^2+(X_1+c_1X_2')^2]} \tag{8-18}$$

式中，m 为相数，p 为极对数，R_1 为定子电阻，X_1 为定子漏抗，R_2' 为转子电阻归算值，X_2' 为转子漏电抗归算值，c_1 为修正系数，$c_1=X_1/X_m$，X_m 为等效励磁电抗，$X_m=\dfrac{2X_{ad}X_{aq}}{X_{ad}+X_{aq}}$。

异步起动永磁同步电动机在 $s=1$ 时的电磁转矩就是起动转矩 T_{st}，可表示为

$$T_{st}=\frac{mp}{2\pi f_1}\cdot\frac{U^2R_2'}{(R_1+c_1R_2')^2+(X_1+c_1X_2')^2} \tag{8-19}$$

可以看出，起动转矩 T_{st} 主要取决于外加电压、定转子的漏抗和转子电阻。提高起动转矩的方法包括减小定转子漏抗和增大转子电阻。

定转子漏抗可通过减小定子绕组匝数来实现。减小定子绕组匝数是提高起动转矩的最有效方法，但会导致起动电流相应增大，且匝数的减少需兼顾电动机的功率因数和效率指标，应保证电动机具有一定的空载反电动势 E_0。

增大转子电阻也可以提高起动转矩。将 T_{st} 对转子电阻 R_2' 求导，得到

$$T_{st}'=\frac{mpU^2}{2\pi f_1}\cdot\frac{(X_1+c_1X_2')^2+R_1^2-c_1^2R_2'^2}{[(R_1+c_1R_2')^2+(X_1+c_1X_2')^2]^2} \tag{8-20}$$

令 $T_{st}'=0$，求得转子电阻为

$$R_2'=\frac{1}{c_1}\sqrt{R_1^2+(X_1+cX_2')^2} \tag{8-21}$$

对起动转矩 T_{st} 求二阶导数，得到

$$T_{st}''=\frac{mpU^2}{2\pi f_1}\left\{\frac{-2c_1^2R_2'}{[(R_1+c_1R_2')^2+(X_1+c_1X_2')^2]^2}-\frac{4c_1(R_1+c_1R_2')[(X_1+c_1X_2')^2+R_1^2-c_1^2R_2'^2]}{[(R_1+c_1R_2')^2+(X_1+c_1X_2')^2]^3}\right\} \tag{8-22}$$

将式（8-21）代入式（8-22）可知，$T_{st}''<0$，故此时起动转矩取得最大值。将式（8-21）代入式（8-19），得到起动转矩的最大值为

$$T_{st\max}=\frac{mp}{2\pi f_1}\cdot\frac{U^2}{2c_1[R_1+\sqrt{R_1^2+(X_1+c_1X_2')^2}]} \tag{8-23}$$

从上面的分析可知，在转子电阻 $R_2'<\dfrac{1}{c_1}\sqrt{R_1^2+(X_1+c_1X_2')^2}$ 时，$T_{st}'>0$，起动转矩为增函数，随着转子电阻的增大，起动转矩会增大；当电阻 $R_2'>\dfrac{1}{c_1}\sqrt{R_1^2+(X_1+c_1X_2')^2}$ 时，起动转矩为减

函数，继续增大转子电阻，起动转矩就会减小；当转子电阻 $R_2'=\dfrac{1}{c}\sqrt{R_1^2+(X_{1\sigma}+cX_{2\sigma}')^2}$ 时，起动转矩取得最大值 $T_{\text{st max}}$。

转子电阻对起动转矩的影响如图 8-17 所示，可以看出，当转子电阻小于 R_{20} 时，随着转子电阻的增加，起动转矩会增大；当转子电阻大于 R_{20} 时，再增大转子电阻会使起动转矩减小；当转子电阻为 R_{20} 时，起动转矩取得最大值 $T_{\text{st max}}$。随着转子电阻的增大，临界转差率 s_m 也在增大，但是最大转矩却没有变化，因此随着转子电阻的增大，转矩-转差率曲线上从 0 到 s_m 段的斜率减小，永磁同步电动机的机械特性变软。因为永磁同步电动机的机械特性的软硬对于牵入同步有较大影响，因此增加转子电阻时必须考虑到对牵入同步的影响。

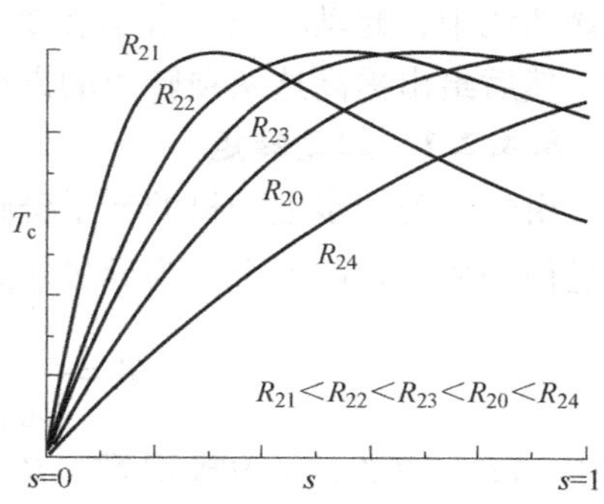

图 8-17　转子电阻变化时的 T_c-s 曲线

增大转子电阻的方法主要是适当减小转子槽面积和端环截面积。

8.4.2.2　最小转矩[2]

1. 最小转矩的产生

从图 8-16 可以看出，永磁同步电动机起动过程中，转矩曲线有两个比较明显的下凹点：一个为低速处，是由发电制动转矩 T_g 的最大值引起的；另一个出现在稍高于半同步速处，是由异步转矩 T_b 引起的。实践表明，对于设计合理的永磁同步电动机，由异步转矩 T_b 引起的最小转矩相对较大，对起动的影响相对较小；而由发电制动转矩 T_g 引起的最小转矩较小，且对应的转速较低，因此对电机起动影响很大。

2. 提高最小转矩的方法

最小转矩是影响异步起动永磁同步电动机起动能力的重要因素，提高最小转矩尤为重要。最小转矩 $T_{\min}$ 是由发电制动转矩的最大值 T_{gm} 和对应的异步转矩的差得到的，因此，要提高永磁同步电动机的最小转矩 $T_{\min}$，可以从减小发电制动转矩的最大值 T_{gm} 和增大异步转矩两方面进行。

（1）减小发电制动转矩最大值

发电制动转矩的表达式为

$$T_g=\frac{mp}{2\pi(1-s)f_1}\left[\frac{R_1^2+X_q^2(1-s)^2}{R_1^2+X_dX_q(1-s)^2}\right]\left[\frac{R_1E_0^2(1-s)^2}{R_1^2+X_dX_q(1-s)^2}\right]\tag{8-24}$$

将 T_g 对 s 求导并令导数为零，求得 T_g 最大时的转差率 s_{gm} 为

$$s_{gm}=1-\frac{R_1}{X_q}\sqrt{\frac{3(X_q-X_d)}{2X_d}+\sqrt{\left[\frac{3(X_q-X_d)}{2X_d}\right]^2+\frac{X_q}{X_d}}}\tag{8-25}$$

为便于分析，令 $\dfrac{X_q}{X_d}=k$，式（8-25）变为

$$s_{gm}=1-\frac{R_1}{X_q}\sqrt{\frac{3}{2}(k-1)+\sqrt{\frac{9}{4}(k-1)^2+k}}\tag{8-26}$$

将 s_{gm} 代入式（8-24），得到发电制动转矩的最大值 T_{gm} 为

$$T_{gm}=\frac{mpE_0^2}{2\pi f_1X_q}\frac{k^2\sqrt{\frac{3}{2}(k-1)+\sqrt{\frac{9}{4}(k-1)^2+k}}}{1+\frac{3}{2}(k-1)+\sqrt{\frac{9}{4}(k-1)^2+k}} \tag{8-27}$$

可以看出，影响 T_{gm}的因素主要有空载反电动势 E_0、交直轴同步电抗 X_q、X_d 以及它们的比值 k。T_{gm}与空载反电动势 E_0 的 2 次方成正比。式（8-27）中，以 k 为自变量时，T_{gm}为增函数，k 增大，T_{gm}也增大。因此要减小发电制动转矩的最大值，可以采取以下措施：减小空载反电动势 E_0；增大直轴同步电抗 X_d；减小 X_q 与 X_d 的比值。

影响 s_{gm}的因素主要是定子电阻 R_1、交轴同步电抗 X_q 以及交直轴同步电抗的比值。

从 T_{gm}和 s_{gm}的表达式看出，定子电阻的变化只影响到 s_{gm}，对 T_{gm}没有影响，即定子电阻变化时，只影响 T_{gm}的位置，对大小没有影响。

（2）提高异步转矩

从式（8-18）可以看出，影响异步转矩的因素主要包括转子电阻和定转子漏抗。改变转子电阻的大小，只会改变临界转差率的大小，不会改变最大转矩 T_{cmax}的大小。增大转子电阻，可以提高起动转矩。减小定转子漏抗，可以增大异步转矩，减小定子线圈匝数是减小定转子漏抗的有效方法。

8.5 异步起动永磁同步电动机的数学模型与仿真计算

1. 数学模型

在分析异步起动永磁同步电动机时，常采用 $dq0$ 坐标系下的数学模型，它不仅可用于分析稳态性能，也可用于分析动态性能。图 8-18 为异步起动永磁同步电动机的物理模型，假设转子逆时针方向旋转，取永磁体磁场轴线方向为 d 轴，转子参考坐标系的旋转速度即为转子速度，空间坐标轴由 d 轴与 A 相绕组轴线之间的角度 θ 确定。

电压方程为

$$\begin{cases}u_{ds}=R_1i_{ds}+\dfrac{d\psi_{ds}}{dt}-\omega_r\psi_{qs}\\ u_{qs}=R_1i_{qs}+\dfrac{d\psi_{qs}}{dt}+\omega_r\psi_{ds}\\ 0=R_{dr}i_{dr}+\dfrac{d\psi_{dr}}{dt}\\ 0=R_{qr}i_{qr}+\dfrac{d\psi_{qr}}{dt}\end{cases} \tag{8-28}$$

磁链方程为

$$\begin{cases}\psi_{qs}=(L_{ls}+L_{qm})i_{qs}+L_{qm}i_{qr}=L_{qs}i_{qs}+L_{qm}i_{qr}\\ \psi_{ds}=(L_{ls}+L_{dm})i_{ds}+L_{dm}i_{dr}+\psi_f=L_{ds}i_{ds}+L_{dm}i_{dr}+\psi_f\\ \psi_{qr}=(L_{lqr}+L_{qm})i_{qr}+L_{qm}i_{qs}=L_{qr}i_{qr}+L_{qm}i_{qs}\\ \psi_{dr}=(L_{ldr}+L_{dm})i_{dr}+L_{dm}i_{ds}+\psi_f=L_{dr}i_{dr}+L_{dm}i_{ds}+\psi_f\end{cases} \tag{8-29}$$

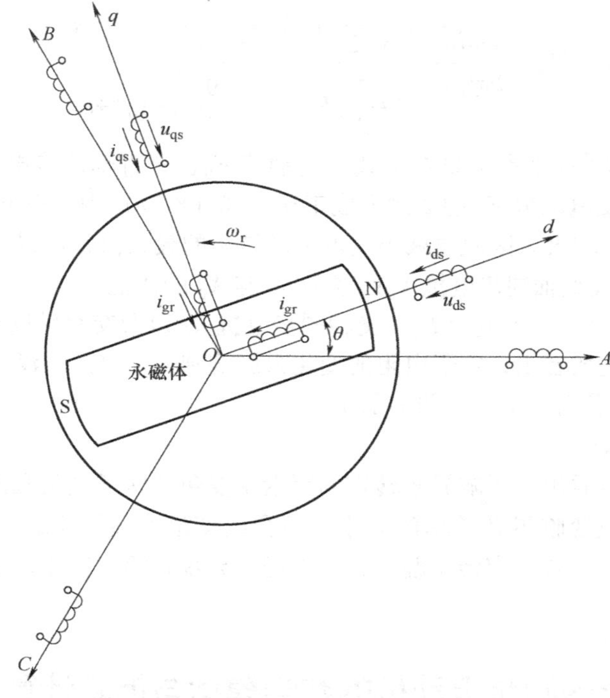

图 8-18　异步起动永磁同步电动机的物理模型

式中，u_{ds}、u_{qs}分别为直轴、交轴定子绕组端电压，i_{ds}、i_{qs}为直轴、交轴定子绕组电流，i_{dr}、i_{qr}为归算至定子侧的直轴、交轴转子绕组电流，ψ_{ds}、ψ_{qs}为直轴、交轴定子绕组磁链，ψ_{dr}、ψ_{qr}为归算至定子侧的直轴、交轴转子绕组磁链，L_{ds}、L_{qs}分别为定子绕组 d、q 轴电感，L_{dr}、L_{qr}分别为转子绕组 d、q 轴电感，R_{dr}、R_{qr}为归算至定子侧的直轴、交轴转子绕组电阻，L_{dm}、L_{qm}为直轴、交轴励磁电感，L_{ls}为定子绕组漏感，L_{ldr}、L_{lqr}为归算至定子侧的直轴、交轴转子绕组漏感，ω_r 为转子电角速度，$\omega_r=\omega_1(1-s)$，ω_1 为同步电角速度，s 为电机起动过程中的瞬时转差率，ψ_f 为直轴永磁体磁链。

定子直、交轴量与定子三相绕组中的实际物理量的转换关系（以电压为例）为

$$\begin{bmatrix} u_{ds} \\ u_{qs} \\ u_0 \end{bmatrix}=\frac{2}{3}\begin{bmatrix} \cos\theta & \cos\left(\theta-\frac{2}{3}\pi\right) & \cos\left(\theta+\frac{2}{3}\pi\right) \\ -\sin\theta & -\sin\left(\theta-\frac{2}{3}\pi\right) & -\sin\left(\theta+\frac{2}{3}\pi\right) \\ \frac{1}{2} & \frac{1}{2} & \frac{1}{2} \end{bmatrix}\begin{bmatrix} u_A \\ u_B \\ u_C \end{bmatrix} \tag{8-30}$$

式中，u_A、u_B 和 u_C 为定子绕组三相电压。

产生的电磁转矩为

$$T_{em}=\frac{m}{2}p(i_{qs}\psi_{ds}-i_{ds}\psi_{qs}) \tag{8-31}$$

在不计铁耗和附加损耗的前提下，转子机械运动方程为

$$-J\frac{\omega_1}{p}\frac{\mathrm{d}s}{\mathrm{d}t}=T_{\mathrm{em}}-T_{\mathrm{L}} \tag{8-32}$$

式中，T_{L} 为负载转矩，J 为系统的转动惯量，$J=J_{\mathrm{r}}+J_{\mathrm{L}}$，$J_{\mathrm{r}}$ 为电机转子转动惯量，J_{L} 为负载转动惯量。

2. 起动过程的仿真计算

利用上述数学模型，对一台永磁同步电动机进行了仿真计算，电机参数见表 8-1[3]，计算得到带额定负载起动过程中各物理量的曲线，如图 8-19 所示。可以看出，异步起动永磁同步电动机起动过程中，转矩、电流波动很大；在进入同步运行状态之前，转速在同步速上下波动，即存在一个牵入同步过程。

将电机堵转，施加额定电压，计算得到堵转转矩和堵转电流，如图 8-20 所示。可以看出，堵转转矩的波动很大，出现了负值，这将严重影响电机的起动能力。

施加 185V 三相对称电压，电机空载起动，计算得到了起动过程中转速和转矩曲线，如图 8-21 所示。可以看出，电机无法完成起动，这是转矩波动和电压下降导致的电磁转矩平均值下降而引起的。在低电压下无法空载起动是异步起动永磁同步电动机的一个普遍存在的现象，因此异步起动永磁同步电动机不能采用减压起动方式。

表 8-1 电机参数

参数	数值	参数	数值
额定功率/kW	5.5	转子绕组 q 轴电感 L_{qr}/H	0.101
频率 f/Hz	50	定子漏电感 $L_{1\mathrm{s}}$/H	0.0032
极对数 p	2	定子电阻 R_1/Ω	0.8
相数 m	3	直轴阻尼电阻 R_{dr}/Ω	2.95
定子绕组 d 轴电感 L_{ds}/H	0.0174	交轴阻尼电阻 R_{qr}/Ω	2.95
定子绕组 q 轴电感 L_{qs}/H	0.0973	额定相电压 U/V	220
d 轴励磁电感 L_{dm}/H	0.0142	相空载电动势 E_0/V	214
q 轴励磁电感 L_{qm}/H	0.0941	转动惯量 J/kg·m^2	0.0202
转子绕组 d 轴电感 L_{dr}/H	0.0201		

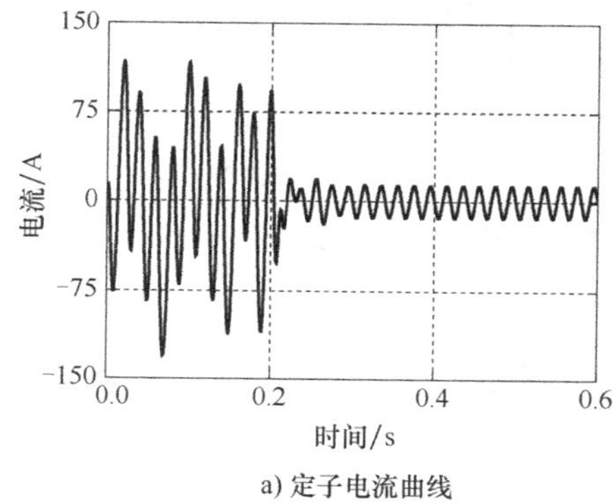

a) 定子电流曲线

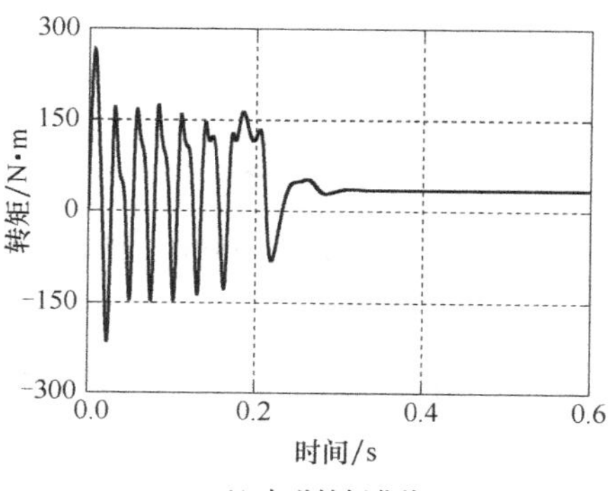

b) 电磁转矩曲线

图 8-19 永磁同步电动机起动过程的仿真曲线

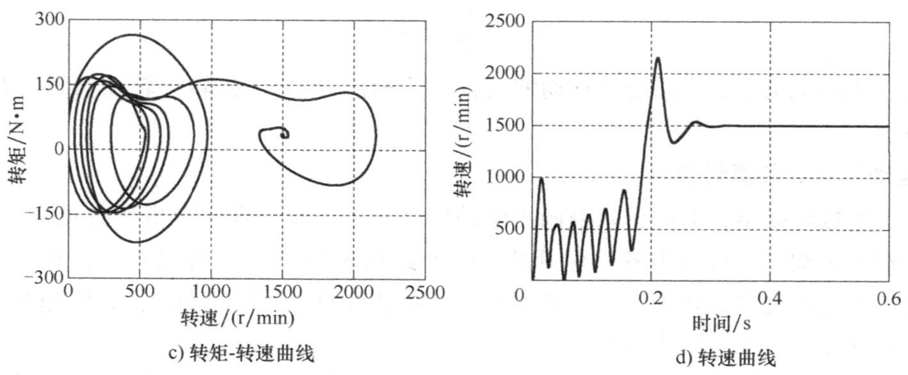

c) 转矩-转速曲线

d) 转速曲线

图 8-19　永磁同步电动机起动过程的仿真曲线（续）

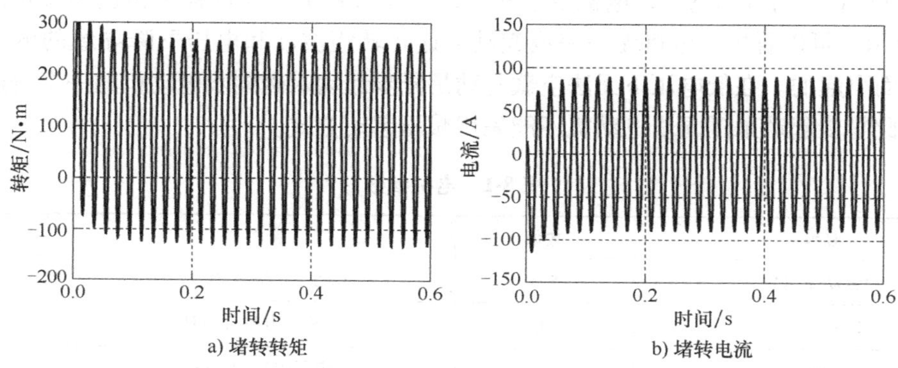

a) 堵转转矩

b) 堵转电流

图 8-20　堵转状态的仿真曲线

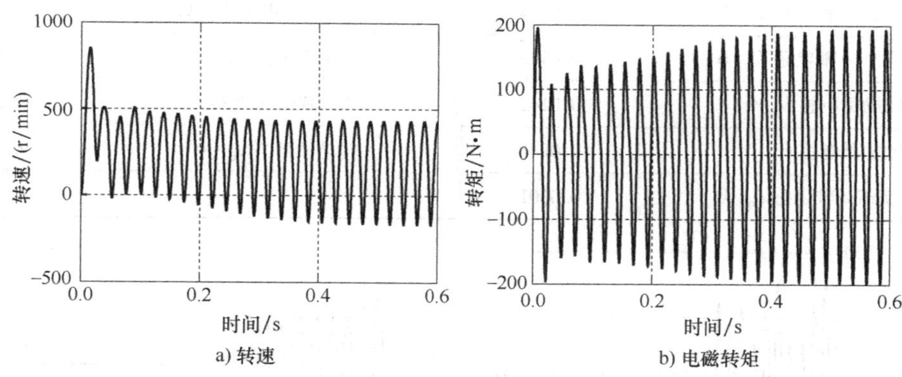

a) 转速

b) 电磁转矩

图 8-21　185V 三相对称电压下空载起动时的仿真曲线

8.6　异步起动永磁同步电动机的运行特性

异步起动永磁同步电动机的运行特性包括工作特性和 V 形曲线。

1. 工作特性

永磁同步电动机的工作特性是指外加电压和频率保持不变的条件下，其电磁转矩 T_{em}、电枢电流 I_1、效率 η、功率因数 $\cos\varphi$ 与输出功率 P_2 之间的关系，即 T_{em}，I_1，η，$\cos\varphi=f(P_2)$。图 8-22 为永磁同步电动机的工作特性曲线。

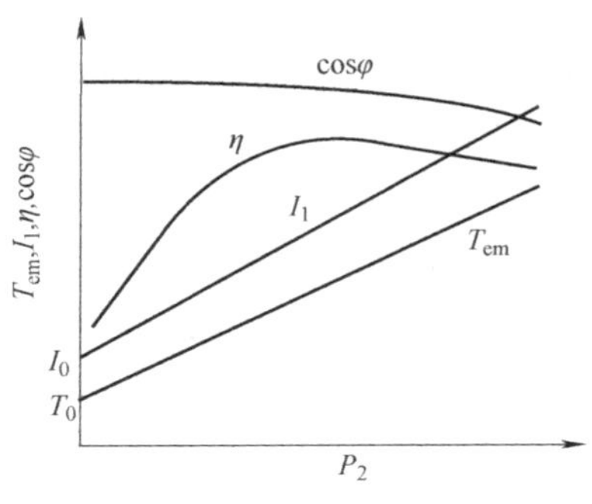

图 8-22　永磁同步电动机的工作特性

（1）转矩特性

由转矩方程 $T_{em}=T_0+T_2=T_0+\dfrac{P_2}{\Omega}$ 可知，当输出功率 $P_2=0$ 时，$T_{em}=T_0$，此时电枢电流很小；随着输出功率的增加，电磁转矩将正比增大，电枢电流也随之而增大，因此 $T_{em}=f(P_2)$ 是一条直线。

（2）电流特性

随着输出功率的增大，电枢电流相应增大，$I_1=f(P_2)$ 近似为一条直线。

（3）效率特性

永磁同步电动机的效率特性与其他类型的电机基本相同。空载时，$\eta=0$；随着输出功率的增加，效率逐步增加，达到某个最大值后开始下降。

（4）功率因数特性

永磁同步电动机的功率因数特性取决于 E_0 的大小。图 8-23 是某一永磁同步电动机对应不同 E_0/U_N 值时的功率因数曲线，其中 U_N 为额定相电压，P_2^* 为输出功率的标幺值。可以看出，E_0/U_N 越接近于 1，功率因数随负载变化越小。

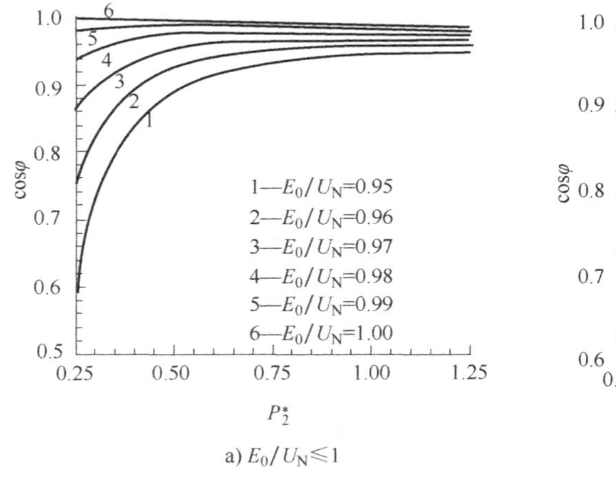

a) $E_0/U_N\leqslant 1$

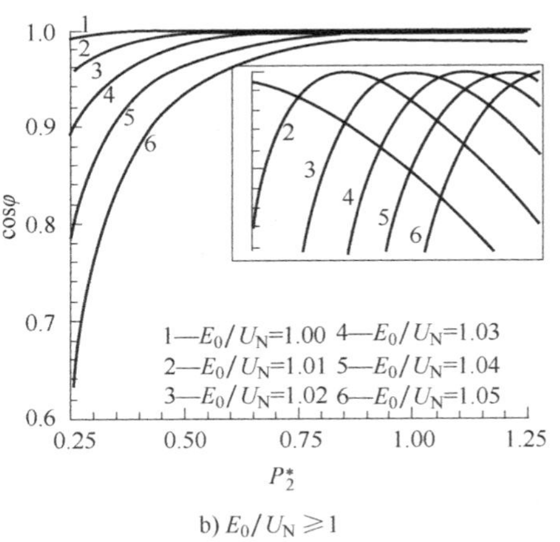

b) $E_0/U_N\geqslant 1$

图 8-23　某一永磁同步电动机对应不同 E_0/U_N 值时的功率因数

2. V 形曲线

在电励磁同步电动机中，可以通过调节励磁电流来调节无功功率和功率因数。对于永磁同步电动机，电机制成之后，励磁无法调节。但在设计阶段，可以通过调整 E_0 来调节功率因数；在电机制成之后，供电电压的变化会影响功率因数。

为便于分析，我们假定永磁同步电动机的交直轴磁阻相等，忽略定子电阻，用隐极同步电动机的相量图进行分析。当电动机负载转矩不变即输出功率不变时，不计 U 和 E_0 的变化引起的定子铁耗和附加损耗的变化，则电磁功率也不变，有

$$P_{em}=\frac{mUE_0}{X_s}\sin\theta=mUI_1\cos\varphi=C \tag{8-33}$$

式中，X_s 为同步电抗。

（1）供电电压一定时的 V 形曲线

由式（8-33）可知，当供电电压 U 一定时，要保持电磁功率不变，必须满足

$$\begin{cases}E_0\sin\theta=C_1\\I_1\cos\varphi=C_2\end{cases} \tag{8-34}$$

式中，C_1、C_2 为常数。其相量图如图 8-24 所示。当调节 E_0 时，$\dot{E}_0$ 的端点总是在与 $\dot{U}$ 平行的垂线 AB 上，$\dot{I}_1$ 的端点落在水平线 CD 上。可以看出，当调节 E_0 使其功率因数为 1 时，电枢电流全部为有功电流，电流最小；当 E_0 从功率因数为 1 时对应的值增大时，为保持气隙合成磁通不变，除有功电流外，还有超前的无功电流，功率因数超前；当 E_0 从功率因数为 1 时对应的值减小时，为保持气隙合成磁通不变，除有功电流外，还有滞后的无功电流，功率因数滞后。

可以看出，当调节 E_0 时，曲线 $I_1=f(E_0)$ 的形状为 V 形，称为电压恒定时永磁同步电动机的 V 形曲线，如图 8-25 所示。

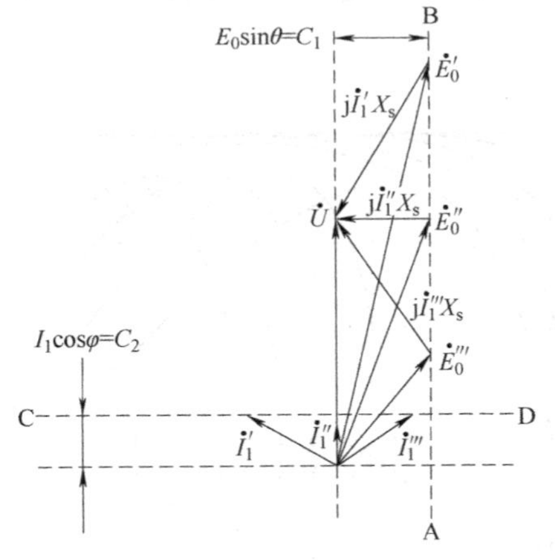

图 8-24　外加电压一定时隐极同步电动机的相量图

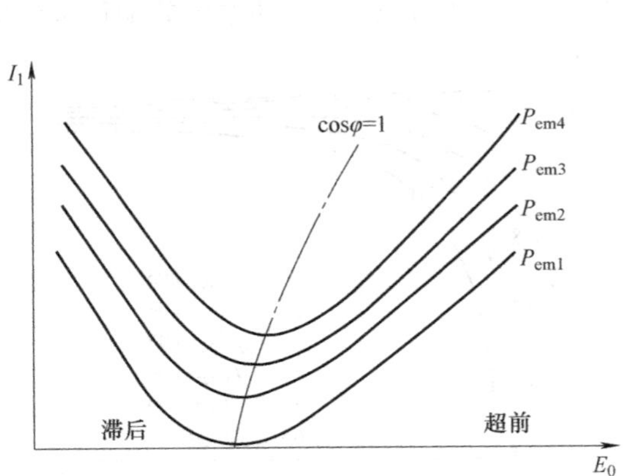

图 8-25　外加电压一定时的 V 形曲线

（2）感应电动势 E_0 一定时的 V 形曲线

当永磁同步电机制成之后，感应电动势 E_0 一定，但若供电电压发生变化，同样有类似的 V 形曲线。根据式（8-33）可知，当输出功率一定时，满足

$$\begin{cases}U\sin\theta=C_1\\I_1\cos\varphi=C_2/U\end{cases} \tag{8-35}$$

其相量图如图 8-26 示。当供电电压发生变化时，$\dot{U}$ 的端点总是在与 $\dot{E}_0$ 平行的垂线 AB 上，$\dot{I}_1$ 的端点落在曲线 CD 上。可以看出，当供电电压变化时，电流从超前变为滞后，存在一个电流最小值。曲线 $I_1=f(U)$ 形状为 V 形，称为感应电动势一定时永磁同步电动机的 V 形曲线，如图 8-27 所示。图 8-28 是一台永磁同步电动机在 $E_0=395\text{V}$（线电动势）时额定电流随供电电压变化的曲线。

综上所述，在设计阶段，通过调节 E_0（调整永磁体用量和每相串联匝数）对永磁同步电动机的功率因数进行调节，可使其工作在超前功率因数、单位功率因数和滞后功率因数；在电机运行过程中，供电电压的变化会影响永磁同步电动机的功率因数。

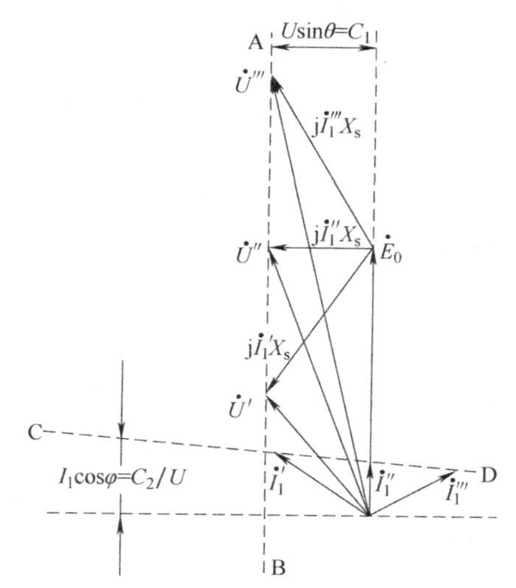

图 8-26　E_0 一定时隐极同步电动机的相量图

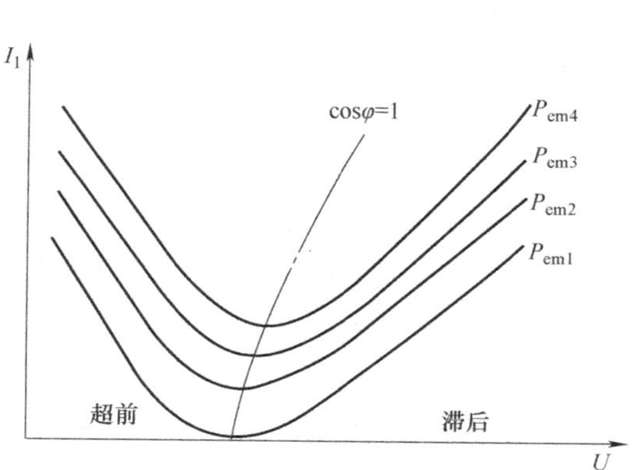

图 8-27　E_0 一定时的 V 形曲线

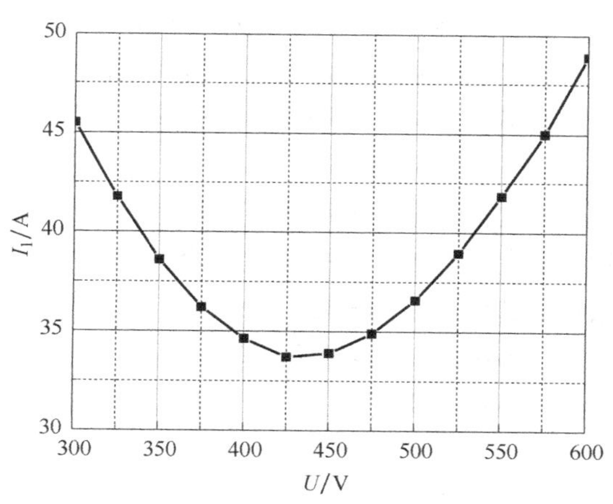

图 8-28　一台永磁同步电动机的 $I_1=f(U)$ 曲线

8.7　提高稳态性能的方法

异步起动永磁同步电动机通常用作高效节能电机，其性能指标非常重要，本节将讨论提高性能指标的技术措施。异步起动永磁同步电动机的交、直轴磁阻不相等，从磁路的角度看应为凸极电机。但为便于分析，本节采用了隐极永磁同步电动机的相量图进行分析，得出的结论同样适用于凸极永磁同步电动机。

1. 提高功率因数的方法

隐极永磁同步电动机的相量图（忽略定子绕组电阻）如图 8-29 所示。可以看出，相量 $\mathrm{j}\dot{I}_1X_s$ 总是垂直于定子电流相量 $\dot{I}_1$，要使 $\cos\varphi=1$，$\mathrm{j}\dot{I}_1X_s$ 必须垂直于 $\dot{U}$，因此有

$$I_1^2X_s^2+U_N^2=E_0^2 \tag{8-36}$$

与 E_0、U_N 相比，I_1X_s 较小，因此要得到接近于 1 的功率因数，E_0 应接近于外加电压 U_N。

以一台 380V、22kW 异步起动永磁同步电动机为例，额定负载时的 I_1X_s 为 86V，因此要使功率因数为 1，则 E_0 为 408.7V，E_0 值高，造成永磁体浪费。在实际中，通常保持 E_0 小于并接近于 U_N，以获得接近于 1 的功率因数。后面的分析还表明，E_0 满足这一要求还可使永磁同步电动机在不同负载下效率最高，获得较宽的经济运行范围。

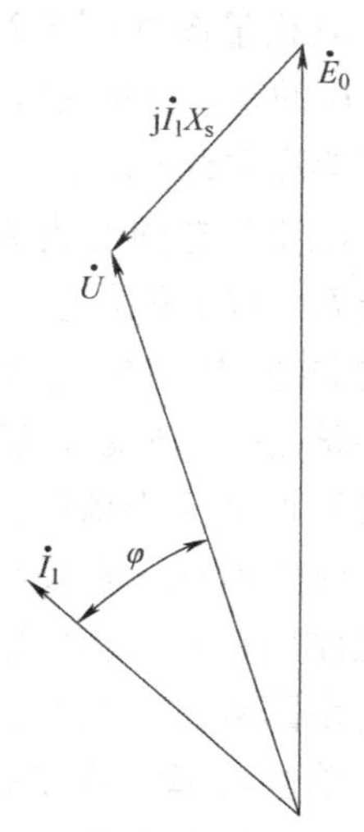

图 8-29 隐极永磁同步电动机的相量图

2. 提高效率、扩大经济运行范围的方法

要提高效率、获得宽广的经济运行范围，应从两方面入手，一是降低不变损耗，二是降低可变损耗。

（1）降低不变损耗

永磁同步电动机的不变损耗主要包括铁耗和机械损耗。减小铁耗的主要措施是，采用铁耗低的铁心材料、降低气隙磁密和优化气隙磁场波形。气隙磁场波形优化的目的在于减少气隙磁场中的谐波含量，减小附加损耗，降低气隙磁密会引起铜铁材料用量的增加和电机体积的增大。减小机械损耗的主要措施是，提高电机制造工艺水平和装配质量，采用合适的轴承和风扇。

（2）降低可变损耗

永磁同步电动机的可变损耗包括铜耗和杂散损耗。由于气隙磁场波形中谐波含量高，永磁同步电动机的杂散损耗比同容量的感应电动机大。减小杂散损耗的措施有：合理设计极弧系数、选取合适的槽配合、采用合适的绕组型式（如Y联结双层短距绕组或同心式不等匝绕组）、减小槽口宽度或采用闭口槽、适当增大气隙长度、定子斜槽等。

减小可变损耗的另一个途径是降低定子绕组铜耗。若能使每一输出功率对应的定子电流最小，则可获得尽可能高的功率因数和效率。永磁同步电动机的杂散损耗 p_s 和输出功率成正比，可以表示为

$$p_s = kP_2 \tag{8-37}$$

下面以一相为基础进行分析，每相的输入功率 P_1 可表示为

$$P_1 = P_2 + p_{Cu} + p_s + P_0 = P_2 + p_{Cu} + kP_2 + P_0 = (1+k)P_2 + I_1^2R_1 + P_0 \tag{8-38}$$

式中，P_2、p_{Cu}、P_0 分别为电机每相的输出功率、铜耗和不变损耗。考虑到每相输入功率 $P_1 = U_NI_1\cos\varphi$，有

$$P_1 = U_NI_1\cos\varphi = (1+k)P_2 + I_1^2R_1 + P_0 \tag{8-39}$$

整理得

$$\cos\varphi = \frac{(1+k)P_2 + I_1^2R_1 + P_0}{U_NI_1} \tag{8-40}$$

根据相量图，有

$$(U_N\sin\varphi + I_1X_s)^2 + (U_N\cos\varphi)^2 = E_0^2 \tag{8-41}$$

整理得

$$\sin\varphi=\frac{E_0^2-U_N^2-I_1^2X_s^2}{2U_NI_1X_s} \tag{8-42}$$

因 $\sin^2\varphi+\cos^2\varphi=1$，根据式（8-40）和式（8-42）得

$$\left[\frac{(1+k)P_2+I_1^2R_1+P_0}{U_NI_1}\right]^2+\left(\frac{E_0^2-U_N^2-I_1^2X_s^2}{2U_NI_1X_s}\right)^2=1 \tag{8-43}$$

整理得到定子电流满足的方程，并求解得

$$I_1^2=\frac{E_0^2+U_N^2-4R_1[(1+k)P_2+P_0]}{X_s^2+4R_1^2}-\frac{\sqrt{X_s^2\{E_0^2+U_N^2-4R_1[(1+k)P_2+P_0]\}^2-(X_s^2+4R_1^2)\{(E_0^2-U_N^2)^2+4X_s^2[(1+k)P_2+P_0]^2\}}}{X_s(X_s^2+4R_1^2)} \tag{8-44}$$

令 $(1+k)P_2+P_0=x$，从表达式可以看出，如果负载不变，x 为一定值。以空载反电动势 E_0 为自变量，对式（8-44）求导，得

$$\frac{dI_1^2}{dE_0}=\left\{2X_sE_0-\frac{2X_s^2E_0(E_0^2+U_N^2-4R_1x)-2E_0(X_s^2+4R_1^2)(E_0^2-U_N^2)}{\sqrt{X_s^2(E_0^2+U_N^2-4R_1x)^2-(X_s^2+4R_1^2)[(E_0^2-U_N^2)^2+4X_s^2x^2]}}\right\}\frac{1}{X_s(X_s^2+4R_1^2)} \tag{8-45}$$

令式（8-45）等于零，整理得

$$R_1^2E_0^4-(X_s^2U_N^2+2R_1^2U_N^2-2xR_1X_s^2)E_0^2+(X_s^2+R_1^2)U_N^4-2xR_1X_s^2U_N^2+x^2X_s^4=0 \tag{8-46}$$

以 E_0^2 为自变量，求解式（8-46）得

$$E_0^2\approx\frac{2R_1^2U_N^2+X_s^2U_N^2-2xR_1X_s^2-\sqrt{(X_s^2U_N^2-2xR_1X_s^2)^2}}{2R_1^2}=U_N^2 \tag{8-47}$$

即

$$E_0\approx U_N \tag{8-48}$$

因此，可以得到以下结论，在输出功率 P_2 一定的情况下，要使定子电流最小，须满足条件

$$E_0/U_N\approx1.0 \tag{8-49}$$

图 8-30 为上述 22kW、6 极永磁同步电动机在不同 E_0/U_N 时的效率和功率因数随负载变化的曲线。

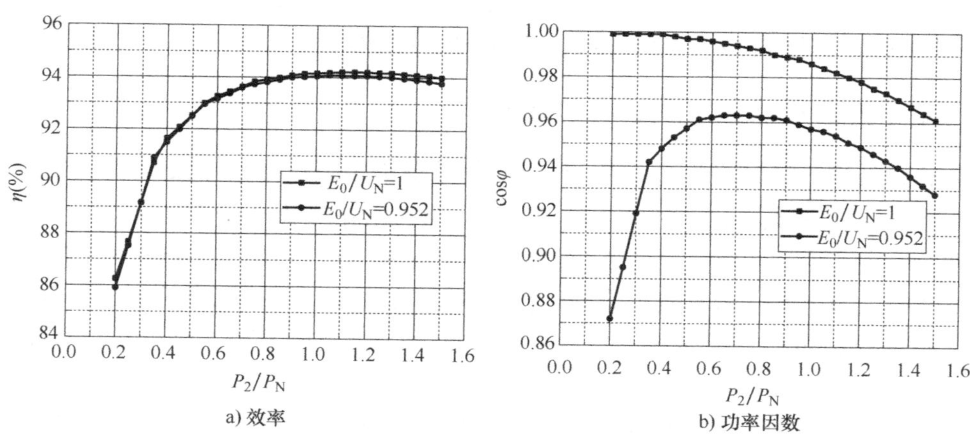

图 8-30　不同 E_0/U_N 时效率、功率因数与输出功率的关系

8.8 笼型转子异步起动永磁同步电动机的电磁设计

与感应电动机相比，异步起动永磁同步电动机虽有诸多性能方面的优点，但在产品种类、使用场合和设计技术的成熟度方面都存在一定差距。异步起动永磁同步电动机主要在要求高效节能的场合替代感应电动机，因此其设计的目标是，高功率因数、高效率、起动性能好、经济性好、工作可靠。异步起动永磁同步电动机设计就是根据产品规格、性能要求和外形尺寸要求等，结合国家标准和生产实际，运用有关设计理论与计算方法，设计出性能符合要求、可靠性高、经济性好的合格产品。其中电磁设计的主要任务是，确定转子磁极结构、定转子冲片尺寸、定转子绕组数据等设计参数以满足设计要求。

8.8.1 异步起动永磁同步电动机的额定数据和主要性能指标

1. 额定数据

异步起动永磁同步电动机的额定数据主要有：

1）额定功率 P_N：额定运行时转轴上输出的机械功率。

2）额定电压 U_N：额定运行时的供电电压。

3）额定频率 f：额定运行时的电源频率。

4）额定转速 n_N：额定运行时的转速。

2. 主要性能指标

异步起动永磁同步电动机的主要性能指标有：

1）额定效率 η_N。

2）额定功率因数 $\cos\varphi_N$。

3）最大转矩倍数（失步转矩倍数）T_m/T_N：最大电磁转矩与额定转矩的比值，也称为过载能力。

4）起动转矩倍数 T_{st}/T_N：起动转矩与额定转矩的比值。

5）起动电流倍数 I_{st}/I_N：起动电流与额定电流的比值。

6）最小转矩倍数 T_{min}/T_N：起动过程中的最小转矩与额定转矩的比值。

7）牵入转矩倍数 T_{pi}/T_N：牵入转矩与额定转矩的比值。

8.8.2 定子冲片尺寸和气隙长度的确定

当电机的转速一定时，极数确定，则定子槽数取决于每极每相槽数 q_1，q_1 对参数、性能影响较大。当 q_1 较大时，定子谐波磁场减小，附加损耗降低；定子槽漏抗减小；槽中线圈边的总散热面积增大，有利于散热；绝缘材料用量和加工工时增加，槽利用率低。综合考虑，q_1在 2~6 之间选择，取整数，极数少、功率大的，q_1 取大值；极数多的，q_1 取小值。

对于常规用途的小功率永磁同步电动机，为提高零部件的通用性，缩短开发周期和成本，通常选用 Y 系列或 Y2 系列或 Y3 系列小型三相感应电动机的定子冲片。永磁同步电动机的气隙磁密高、体积小，可选用比相同规格感应电动机小一个机座号的感应电动机定子冲片。

在感应电动机中，为减小励磁电流、提高功率因数，通常使气隙长度尽可能小，而在永磁同步电动机中，功率因数可以通过调整绕组匝数和永磁体进行调整，气隙长度对杂散损耗影响较大，因此通常比同容量的感应电动机气隙长度大 0.1~0.2mm。在永磁体尺寸一定的前提下，适当增大气隙，对每极基波磁通影响较小。

8.8.3　定子绕组的设计

永磁同步电动机转子永磁体产生的磁场含有大量的谐波，感应电动势中谐波含量也较高，为避免三次谐波在绕组各相之间产生环流，三相绕组的连接通常采用Y联结。

1. 定子绕组型式和节距选择

与感应电动机一样，永磁同步电动机使用的绕组型式有单层绕组、双层绕组和双层不等匝同心式绕组等。其中单层绕组又分为同心式、链式和交叉式，区别在于端接形状、线圈节距和线圈之间的连接顺序。这些绕组型式各有其特点和适用场合。

（1）单层绕组

单层绕组的优点是，①槽内无层间绝缘，槽利用率高；②同一槽内导体属于同一相，不会发生层间击穿；③线圈数比双层少一倍，线圈制造和嵌线方便。但也存在缺点，如不能做成短距以改善磁场波形，主要用于 160 及以下机座号的电机。其中同心式绕组的端部用铜多，线圈尺寸不同，制造复杂，适合于 $q_1=4$、6、8 的 2 极电机；链式绕组适合于 $q_1=2$ 的 4、6、8 极电机；交叉式绕组适合于 q_1 为奇数的电机。

（2）双层绕组

双层绕组的优点是，①可通过合理选择节距改善磁场波形；②端部排列整齐，线圈尺寸相同，便于制造。缺点是绝缘材料用量多，嵌线麻烦，主要用于 180 及以上机座号的电机。为削弱磁动势及感应电动势中的 5 次、7 次谐波，通常选择节距 $y=\frac{5}{6}\tau$。对于两极电机，为便于嵌线和缩短端部长度，除铁心很长的以外，取 $y=\frac{2}{3}\tau$。

（3）双层不等匝同心式绕组

该绕组的优点是谐波含量少、磁场波形好，但线圈尺寸、匝数不同，制作较复杂，主要用于对感应电动势波形要求较高的场合。

2. 每相串联匝数的确定

永磁同步电动机的起动性能和功率因数都与每相串联匝数直接相关。在确定每相串联匝数时，通常先满足起动要求，再通过调整永磁体来满足功率因数的要求。永磁同步电动机的起动能力比感应电动机差，故每相串联匝数少，起动电流倍数高。

3. 电流密度选择、线规、并绕根数和并联支路数的确定

一般来讲，在永磁同步电动机中，为达到高效节能的目的，电流密度通常比同容量的感应电动机低，同时每相串联匝数较小也为低电流密度的采用提供了保证。导线截面积为

$$A_{C1}=\frac{I_1}{a_1N_{t1}J_1} \tag{8-50}$$

式中，N_{t1}为并绕根数。对于小电机，每槽导体数较多，非常容易选择合适的每槽导体数以满足起动性能的要求，为避免极间连线过多，a_1 通常取小值；对于容量较大的电机，每槽

导体数较少，a_1 通常取大值以增加每槽导体数，增大其选择余地，易于满足起动性能的要求。小型永磁同步电动机通常采用圆铜线，为便于嵌线，线径不超过 1.68mm，线径应为标准值。线规确定后，要核算槽满率，槽满率一般控制在 75%~80%，机械化下线控制在 75%以下。

8.8.4 转子设计

1. 定转子槽配合

与感应电动机类似，当永磁同步电动机定转子槽配合不当时，会出现附加转矩，使振动和噪声增加，效率下降。在选择槽配合时，通常遵循以下原则：

1）考虑到转子磁路的对称性，转子槽数 Q_2 为极数的整数倍，且采用多槽远槽配合。

2）为避免起动过程中产生较强的异步附加转矩，应使 $Q_2 \leqslant 1.25(Q_1+p)$。

3）为避免产生同步附加转矩，应使 $Q_2 \neq Q_1$、$Q_2 \neq Q_1 \pm p$、$Q_2 \neq Q_1 \pm 2p$。

4）为避免单向振动力，应 $Q_2 \neq Q_1 \pm 1$、$Q_2 \neq Q_1 \pm p \pm 1$。

2. 转子槽形及其尺寸

永磁同步电动机可用的转子槽形如图 8-5 所示。为了有效隔磁，通常采用平底槽。在小型内置式永磁同步电动机中，为提供足够空间放置永磁体，槽高度较小，趋肤效应远不如感应电动机明显，且凸形槽和刀形槽形状复杂、冲模制造困难，故通常采用梯形槽。

转子导条的主要作用是用于起动，同步运行时，气隙基波磁场不在转子导条中感应电流，因此在设计转子槽和导条时，主要考虑起动性能、牵入同步性能和转子齿、轭部磁密，由于槽通常窄且浅，转子齿、轭部磁密裕度较大。通常情况下，增大转子电阻，可以提高起动转矩，但牵入同步能力下降，因此在设计转子槽和端环时，要兼顾起动转矩和牵入转矩的需要。

由于永磁体是从转子端部放入转子铁心的，从工艺方面考虑，通常永磁体槽和永磁体之间有一定的间隙，其大小取决于冲片的加工和叠压工艺水平，通常为 0.1~0.2mm。

3. 转子磁极结构的选择

无论何种磁极结构，都需要能放置足够的永磁体。在保证永磁体放置空间的前提下，尽量选用结构简单、机械性能好、隔磁效果好的磁极结构。在小型永磁同步电动机中，图 8-8a~c、图 8-9b~c 和图 8-10a~b 所示的磁极结构应用较多。其中，图 8-8a~c、图 8-10a~b 适合于极数较少的场合；当极数较多时，宜选用图 8-9b~c 所示的磁极结构。

4. 永磁体设计

在异步起动永磁同步电动机设计中，永磁体形状通常为矩形，主要尺寸为：每极永磁体的总宽度、永磁体充磁方向长度和永磁体轴向长度，其中永磁体轴向长度与电机转子铁心长度相同，因此只需确定每极永磁体的总宽度和永磁体充磁方向长度。

确定永磁体充磁方向长度的原则是，在永磁材料用量尽可能少的前提下，保证永磁体在电机最大去磁工作状态下不会发生不可逆去磁，保证永磁体在稳态运行下有合理的工作点。此外永磁体充磁方向长度还与直轴电抗有关，但在设计时这方面的考虑较少。

每极永磁体的总宽度关系到每极永磁体产生的磁通量，进而关系到每相绕组感应电动势，乃至电机的整体性能和经济性，通常保证永磁同步电动机每相绕组感应电动势小于并接近于外加电压，同时保证各部分磁密不超过限值。

8.9 复合实心转子异步起动永磁同步电动机

采用实心转子替代传统笼型转子是增强异步起动永磁同步电动机起动性能的一项有效措施。实心转子的铁心部分具备良好导电、导磁性能，能够同时为转子磁通与转子涡流提供流通路径。由于趋肤效应的作用，大转差率运行时的转子涡流集中分布于铁心外表面厚度很小的渗透层内，在起动初始阶段呈现较大的转子电阻，产生较高的异步转矩，具备较强的起动能力。但是，在转差率较小时，机械特性曲线斜率变小，临界转差率变大，牵入同步能力随之变差。为解决这一问题，有关研究提出在实心转子外表面嵌放笼型绕组的组合式转子结构，即复合实心转子结构[4,5]。复合实心转子永磁同步电动机继承了实心转子结构的良好起动性能，也可以通过笼型绕组的合理设计获得较强的牵入同步能力。

8.9.1 复合实心转子永磁同步电动机的结构和工作原理

复合实心转子永磁同步电动机的结构如图 8-31 所示。定子铁心由硅钢片叠压而成，铁心内表面开槽并嵌放电枢绕组。转子包括铁心、笼型绕组、永磁体、隔磁装置以及转轴。转子铁心由具备良好导电、导磁性能的实心铁磁体制成，在起动过程中与笼型绕组一同为转子涡流提供流通路径。通过在转子铁心外表面轴向开槽可以有效增加转子铁心表面积，从而进一步提升电机的牵入同步能力。

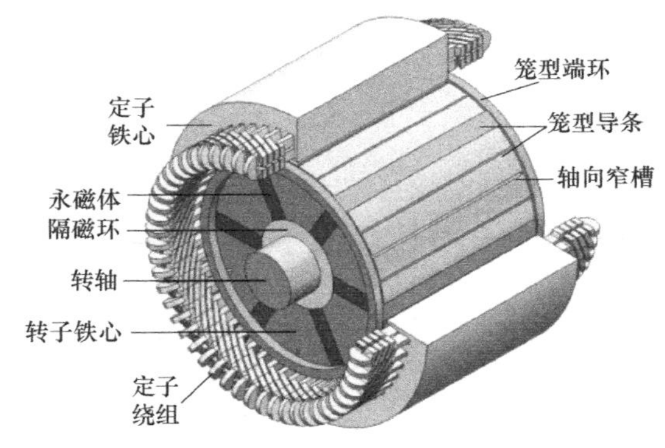

a) 三维结构

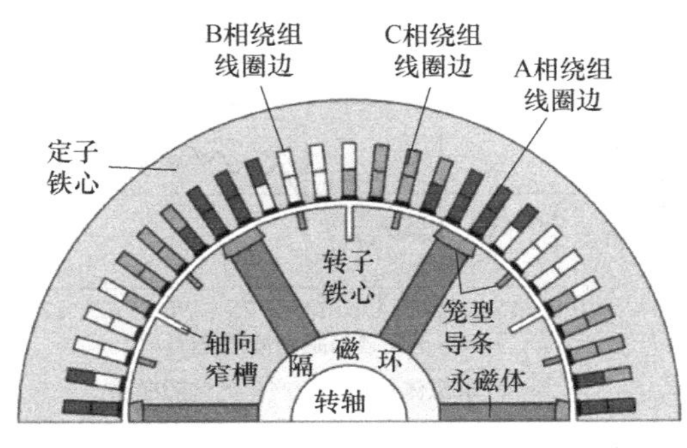

b) 二维结构

图 8-31 复合实心转子永磁同步电动机的结构

在起动过程中，气隙磁场分量和产生的转矩与传统笼型转子异步起动永磁同步电动机相同。进入同步状态后，转子铁心与笼型绕组的感应涡流几乎为零，电机凭借定子磁场与永磁体相互作用产生的同步转矩维持稳定运行。

8.9.2 复合实心转子永磁同步电动机起动过程分析[6]

复合实心转子永磁同步电动机起动过程中，其磁场是典型的三维场，三维有限元的建模与仿真时间难以接受。采用状态方程仿真起动过程时，必须考虑磁路饱和对电磁参数的影响。本节首先分析了交直轴磁路的交叉耦合问题，对状态方程进行了修正，进而得到了考虑饱和的电磁参数确定方法。

1. 计及交叉耦合效应的磁链方程修正

图 8-32a、b 分别给出了结合有限元法与磁导率冻结技术计算得到的样机起动阶段某时刻定转子铁心相对磁导率分布。图 8-32c、d、e 分别给出了相同时刻 i_{qs} 单独作用、i_{ds} 单独作用、永磁体单独作用产生的径向气隙磁密。受定转子电流与转子永磁体的共同影响，给定时

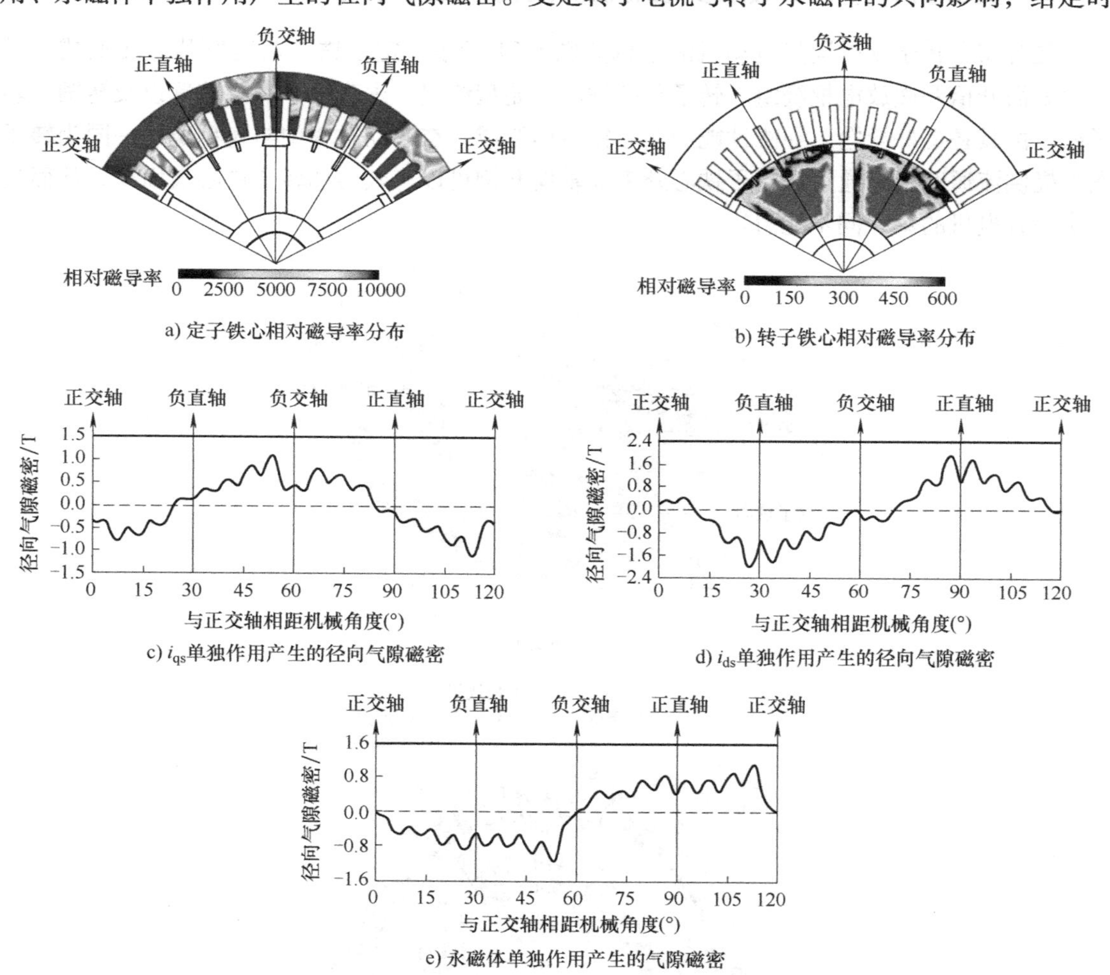

图 8-32 定转子铁心相对磁导率分布以及 i_{qs}、i_{ds}、永磁体单独作用产生的径向气隙磁密

刻直轴两侧定转子铁心的磁导率分布并不对称，交轴两侧定转子铁心的磁导率分布也不对称，这导致 i_{qs} 单独作用产生的径向气隙磁密并非以交轴为中心线对称分布，即 i_{qs} 单独作用时存在直轴磁场；i_{ds} 单独作用或永磁体单独作用产生的径向气隙磁密并非以直轴为中心线对称分布，即 i_{ds} 或永磁体单独作用时存在交轴磁场。

因此复合实心转子永磁同步电动机在起动阶段存在较为明显的交叉耦合现象。为此，磁链方程做出如下修正：引入交-直轴耦合互感 L_{qd}，从而体现交轴定转子绕组与直轴定转子绕组之间的相互影响；将永磁体磁链扩充为直轴永磁体磁链 ψ_{fD} 与交轴永磁体磁链 ψ_{fQ}，从而体现永磁体同时建立的直轴磁场与交轴磁场。考虑耦合时的磁链方程可表示为

$$\begin{cases}\psi_{qs}=(L_{ls}+L_{qm})i_{qs}+L_{qd}i_{ds}+L_{qm}i_{qr}+L_{qd}i_{dr}+\psi_{fQ}\\ \psi_{ds}=(L_{ls}+L_{dm})i_{ds}+L_{qd}i_{qs}+L_{dm}i_{dr}+L_{qd}i_{qr}+\psi_{fD}\\ \psi_{qr}=(L_{lqr}+L_{qm})i_{qr}+L_{qd}i_{dr}+L_{qm}i_{qs}+L_{qd}i_{ds}+\psi_{fQ}\\ \psi_{dr}=(L_{ldr}+L_{dm})i_{dr}+L_{qd}i_{qr}+L_{dm}i_{ds}+L_{qd}i_{qs}+\psi_{fD}\end{cases} \tag{8-51}$$

2. 稳定异步运行时复合实心转子永磁同步电动机电磁参数计算

通过联立求解由电压方程（8-28）、改进后的磁链方程（8-51）、转矩方程（8-31）以及机械运动方程（8-32）可以快速计算电机起动阶段转矩、转速等量的变化过程。状态方程组包含的一系列电磁参数见表 8-2。起动过程中，除 R_1 与 L_{ls} 可视作常值参数外，其余参数皆会跟随定、转子铁心饱和程度与转子涡流大小分布的变化而变化，对其进行直接计算较为困难。考虑到起动阶段电磁量的变化远快于转速的变化，将电机的起动过程近似等效为一系列不同转差率下的稳定异步运行。等效以后，起动阶段瞬变电磁参数的计算相应简化为一系列不同转差率下稳态电磁参数的计算。样机模型参数见表 8-3。

表 8-2　状态方程组包含的电磁参数

参数名称	参数符号	参数名称	参数符号
定子绕组电阻、漏感	R_1、L_{ls}	交、直轴励磁电感	L_{qm}、L_{dm}
交-直轴耦合互感	L_{qd}	交、直轴转子绕组漏感	L_{lqr}、L_{ldr}
交、直轴转子绕组电阻	R_{qr}、R_{dr}	交、直轴永磁体磁链	ψ_{fQ}、ψ_{fD}

表 8-3　样机模型主要参数

参数名称	参数数值	参数名称	参数数值
定子铁心外径/mm	740	定子铁心内径/mm	510
转子铁心外径/mm	495	转子铁心内径/mm	206.8
轴向长度/mm	430	转子铁心外表面轴向窄槽截面积/mm^2	33×6
转子铁心外表面笼型导条截面积/mm^2	16.5×4.4	转子永磁体截面积/mm^2	129×38
定子绕组电阻/Ω	2.183	定子绕组漏感/mH	7.654
额定转矩/N · m	3390	转子转动惯量/kg · m^2	19.769

（1）u_{qs}/u_{ds}对应相量以及i_{qs}/i_{ds}与ψ_{qs}/ψ_{ds}基波相量的计算

建立样机三维有限元模型，如图 8-33 所示。将模型转子转速设置为异步转速 n_o，对应转差率为 s_o。将模型 A、B、C 三相定子绕组相电压分别设置为

$$\begin{cases}u_A=\sqrt{2}U_m\cos(\omega_1 t+\alpha_0)\\u_B=\sqrt{2}U_m\cos(\omega_1 t+\alpha_0-2\pi/3)\\u_C=\sqrt{2}U_m\cos(\omega_1 t+\alpha_0+2\pi/3)\end{cases}\tag{8-52}$$

式中，$U_m=5.77\text{kV}$ 为定子绕组相电压有效值，α_0 为 u_A 初相角。

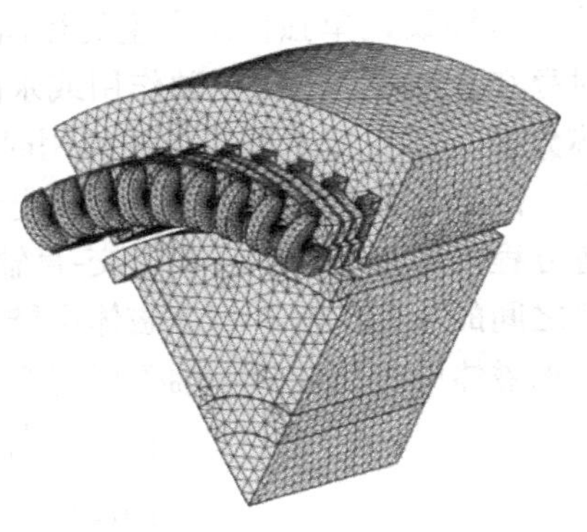

图 8-33　样机三维有限元模型

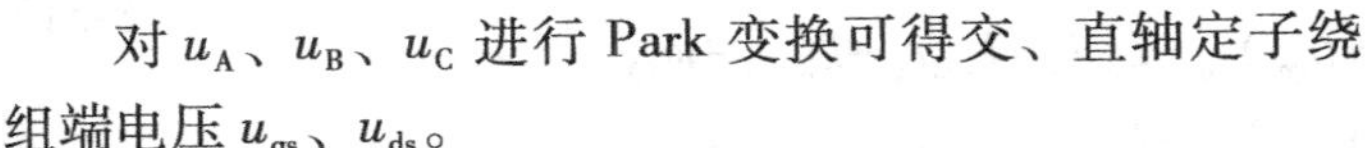

对 u_A、u_B、u_C 进行 Park 变换可得交、直轴定子绕组端电压 u_{qs}、u_{ds}。

$$[u_{qs}\quad u_{ds}]^T=\boldsymbol{C}_{qd\text{-}ABC}\cdot[u_A\quad u_B\quad u_C]^T\tag{8-53}$$

式中，$\boldsymbol{C}_{qd\text{-}ABC}$为 Park 变换矩阵

$$\boldsymbol{C}_{qd\text{-}ABC}=\frac{2}{3}\begin{bmatrix}-\sin\theta & -\sin(\theta-2\pi/3) & -\sin(\theta+2\pi/3)\\ \cos\theta & \cos(\theta-2\pi/3) & \cos(\theta+2\pi/3)\end{bmatrix}\tag{8-54}$$

式中，θ 为转子直轴超前定子 A 相绕组轴线的电角度，也可视作转子位置角。转差率恒为 s_o 时，θ 与其初值 θ_0 的关系可表示为 $\theta=\theta_0+(1-s_o)\omega_1 t$。

u_{qs}、u_{ds}可表示为

$$\begin{cases}u_{qs}=\sqrt{2}U_m\cos(\varepsilon s_o\omega_1 t+\beta_0)\\u_{ds}=\sqrt{2}U_m\cos(\varepsilon s_o\omega_1 t+\beta_0+\varepsilon\pi/2)\end{cases}\tag{8-55}$$

式中，ε 为如下符号函数

$$\varepsilon=\begin{cases}1, & s_o>0\\-1, & s_o<0\end{cases}\tag{8-56}$$

β_0 为 u_{qs}初相角，其数值可表示为

$$\beta_0=\varepsilon(\alpha_0-\theta_0-\pi/2)\tag{8-57}$$

将 u_{qs}、u_{ds}的对应相量记作 $\dot{U}_{qs}$、$\dot{U}_{ds}$：

$$\dot{U}_{qs}=U_m e^{j\beta_0}\quad \dot{U}_{ds}=\varepsilon j\dot{U}_{qs}\tag{8-58}$$

式中，j 为虚数单位。

利用有限元模型计算得到样机转速为 n_o 时的定子三相绕组电流 i_A、i_B、i_C，进行 Park 变换得到 i_{qs}、i_{ds}：

$$[i_{qs}\quad i_{ds}]^T=\boldsymbol{C}_{qd\text{-}ABC}\cdot[i_A\quad i_B\quad i_C]^T\tag{8-59}$$

基波分量 i_{qs1}、i_{ds1}可表示为

$$\begin{cases}i_{qs1}=\sqrt{2}I_{qs1}\cos(\varepsilon s_o\omega_1 t+\beta_0+\gamma_0)\\i_{ds1}=\sqrt{2}I_{ds1}\cos(\varepsilon s_o\omega_1 t+\beta_0+\varphi_0)\end{cases}\tag{8-60}$$

式中，I_{qs1}、I_{ds1}为 i_{qs1}、i_{ds1}的有效值，γ_0、φ_0 为 i_{qs1}、i_{ds1}的基波初相角与 u_{qs}初相角 β_0 的差值。

将 i_{qs1}、i_{ds1}的对应相量记作 $\dot{I}_{qs1}$、$\dot{I}_{ds1}$：

$$\begin{cases}\dot{I}_{qs1}=(I_{qs1}e^{j\gamma_0})e^{j\beta_0}\\ \dot{I}_{ds1}=(I_{ds1}e^{j\varphi_0})e^{j\beta_0}\end{cases} \tag{8-61}$$

图 8-34 给出了转差率 s_o 等于 0.2、0.5、0.8 时 I_{qs1}、I_{ds1}、γ_0、φ_0 随 β_0 变化的曲线。当 s_o 保持不变时，I_{qs1}、I_{ds1}、γ_0、φ_0 均会随着 β_0 的改变而相应波动，但波动幅度非常小，可视作常数。

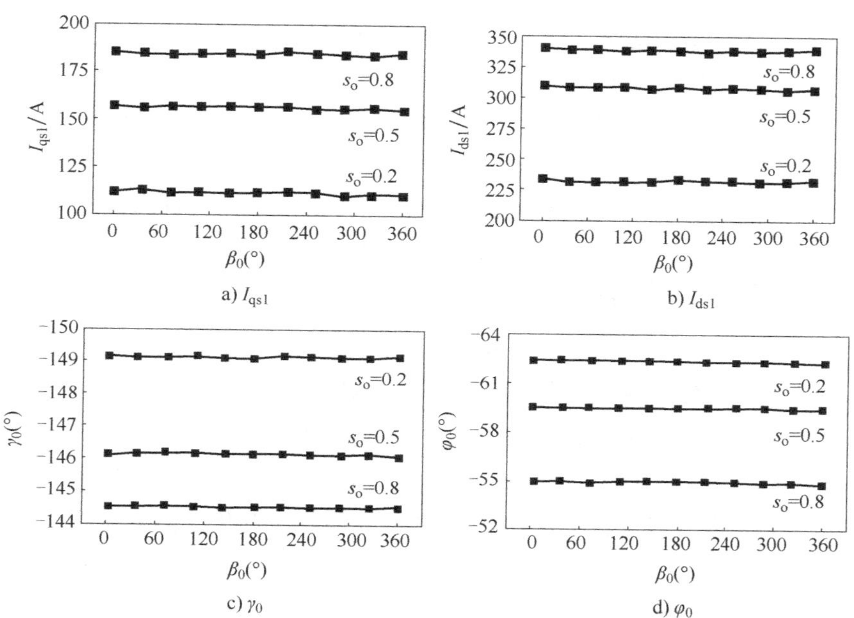

图 8-34　转差率 s_o 等于 0.2、0.5、0.8 时 I_{qs1}、I_{ds1}、γ_0、φ_0 跟随 β_0 变化的曲线

将交、直轴定子绕组磁链基波分量的对应相量记作 $\dot{\psi}_{qs1}$、$\dot{\psi}_{ds1}$。由电压方程可得关系式：

$$\begin{cases}\dot{U}_{qs}=R_1\dot{I}_{qs1}+j\varepsilon s_o\omega_1\dot{\psi}_{qs1}+(1-s_o)\omega_1\dot{\psi}_{ds1}\\ \dot{U}_{ds}=R_1\dot{I}_{ds1}+j\varepsilon s_o\omega_1\dot{\psi}_{ds1}-(1-s_o)\omega_1\dot{\psi}_{qs1}\end{cases} \tag{8-62}$$

结合式（8-58）、式（8-61）、式（8-62）可得$\dot{\psi}_{qs1}$、$\dot{\psi}_{ds1}$的表达式为

$$\begin{cases}\dot{\psi}_{qs1}=\dfrac{1}{\omega_1}e^{j\beta_0}\begin{bmatrix}-j\varepsilon U_m-j\varepsilon s_o/(1-2s_o)R_1(I_{qs1}e^{j\gamma_0})+\\(1-s_o)/(1-2s_o)R_1(I_{ds1}e^{j\varphi_0})\end{bmatrix}\\ \dot{\psi}_{ds1}=\dfrac{1}{\omega_1}e^{j\beta_0}\begin{bmatrix}U_m-(1-s_o)/(1-2s_o)R_1(I_{qs1}e^{j\gamma_0})-\\ j\varepsilon s_o/(1-2s_o)R_1(I_{ds1}e^{j\varphi_0})\end{bmatrix}\end{cases} \tag{8-63}$$

（2）L_{qm}、L_{dm}、L_{qd}、ψ_{PMQ}、ψ_{PMD}的计算

$\dot{U}_{qs}$、$\dot{U}_{ds}$、$\dot{I}_{qs1}$、$\dot{I}_{ds1}$、$\dot{\psi}_{qs1}$、$\dot{\psi}_{ds1}$求解完成后，结合有限元模型与磁导率冻结技术进一步计算样机在转差率为 s_o 时的 L_{qm}、L_{dm}、L_{qd}、ψ_{fQ}以及 ψ_{fD}，具体计算过程如下：

1）给定有限元模型 A 相定子绕组相电压初相角 α_0 与转子位置角初值 θ_0，设定有限元

模型的转子转差率为 s_o，计算得到定子三相绕组电流 i_A、i_B、i_C。

2）利用磁导率冻结技术获得样机①A 相定子绕组电流 i_A 单独作用产生的三相定子绕组磁链（记作 ψ_{A1}、ψ_{B1}、ψ_{C1}）、②B 相定子绕组电流 i_B 单独作用产生的 B 相、C 相定子绕组磁链（记作 ψ_{B2}、ψ_{C2}）以及③C 相定子绕组电流 i_C 单独作用产生的 C 相定子绕组磁链（记作 ψ_{C3}）。三相定子绕组自感与互感可表示为

$$\begin{cases} L_{AA}=\psi_{A1}/i_A \ L_{BB}=\psi_{B2}/i_B \ L_{CC}=\psi_{C3}/i_C \\ L_{AB}=\psi_{B1}/i_A \ L_{AC}=\psi_{C1}/i_A \ L_{BC}=\psi_{C2}/i_B \end{cases} \tag{8-64}$$

式中，L_{AA}、L_{BB}、L_{CC}分别为 A 相、B 相、C 相定子绕组自感，L_{AB}、L_{AC}、L_{BC}分别为 A 相与 B 相、A 相与 C 相、B 相与 C 相互感。

3）利用磁导率冻结技术获得永磁体单独作用产生的定子 A 相、B 相、C 相绕组磁链，将其分别记作 ψ_{Af}、ψ_{Bf}、ψ_{Cf}。

对式（8-64）的电感进行 Park 变换即可得到 L_{qm}、L_{dm}和 L_{qd}，具体变换公式为

$$\begin{bmatrix} L_{qm} & L_{qd} \\ L_{qd} & L_{dm} \end{bmatrix}=\boldsymbol{C}_{qd\text{-}ABC}\cdot\begin{bmatrix} L_{AA} & L_{AB} & L_{AC} \\ L_{AB} & L_{BB} & L_{BC} \\ L_{AC} & L_{BC} & L_{CC} \end{bmatrix}\cdot\boldsymbol{C}_{qd\text{-}ABC}^{-1}-\begin{bmatrix} L_{ls} & 0 \\ 0 & L_{ls} \end{bmatrix} \tag{8-65}$$

对 ψ_{Af}、ψ_{Bf}、ψ_{Cf}进行 Park 变换即可确定样机以转差率 s_o 做稳定异步运行时的 ψ_{fQ}与 ψ_{fD}：

$$[\psi_{fQ} \quad \psi_{fD}]^T=\boldsymbol{C}_{dq\text{-}ABC}\cdot[\psi_{Af} \quad \psi_{Bf} \quad \psi_{Cf}]^T \tag{8-66}$$

图 8-35 给出了 s_o 等于 0.2、0.5、0.8 时 L_{qm}、L_{dm}、L_{qd}、ψ_{fQ}、ψ_{fD}跟随 β_0 变化的曲线。当转差率 s_o 保持不变时，各参数均会随着 β_0 的改变而相应变化，但变化幅度非常小，可视作常数。

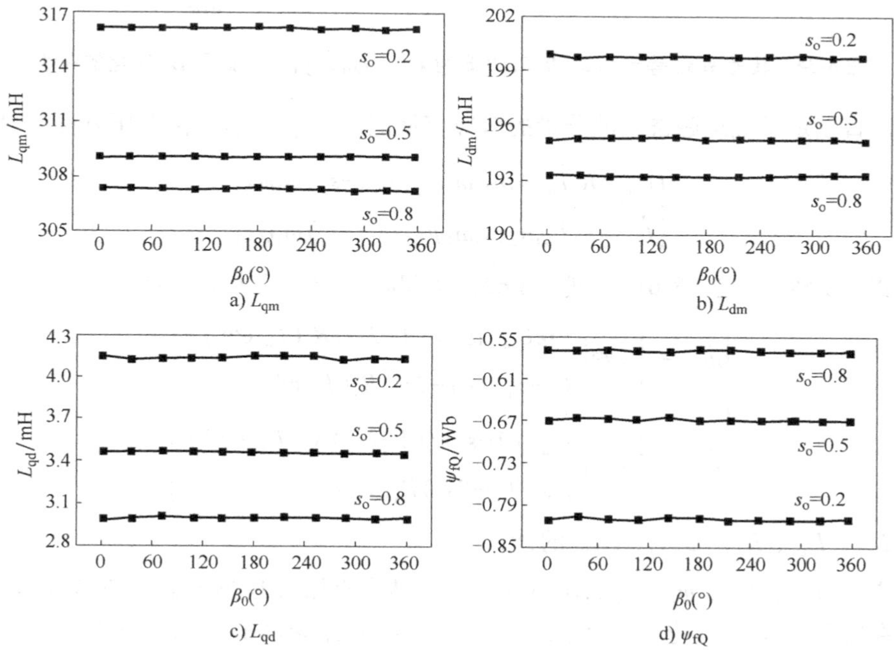

图 8-35　s_o 等于 0.2、0.5、0.8 时 L_{qm}、L_{dm}、L_{qd}、ψ_{fQ}、ψ_{fD}跟随 β_0 变化的曲线

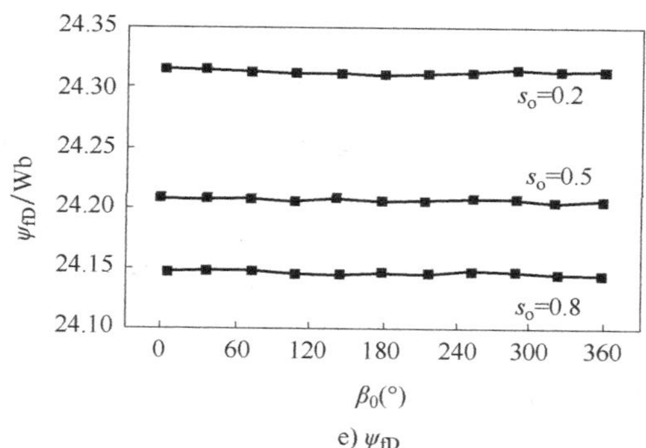

e) ψ_{fD}

图 8-35　s_o 等于 0.2、0.5、0.8 时 L_{qm}、L_{dm}、L_{qd}、ψ_{fQ}、ψ_{fD} 跟随 β_0 变化的曲线（续）

（3）R_{qr}、R_{dr}、L_{lqr}、L_{ldr}的计算

将样机以转差率 s_o 做稳定异步运行时的交、直轴转子绕组电流基波分量记作 $\dot{I}_{qr1}$、$\dot{I}_{dr1}$。由磁链方程（8-51）可得 $\dot{I}_{qr1}$、$\dot{I}_{dr1}$ 与 $\dot{\psi}_{qs1}$、$\dot{\psi}_{ds1}$ 以及 $\dot{I}_{qs1}$、$\dot{I}_{ds1}$ 的关系式为

$$\begin{bmatrix} L_{qm} & L_{qd} \\ L_{qd} & L_{dm} \end{bmatrix}\begin{bmatrix} \dot{I}_{qr1} \\ \dot{I}_{dr1} \end{bmatrix}=\begin{bmatrix} \dot{\psi}_{qs1}-(L_{ls}+L_{qm})\dot{I}_{qs1}-L_{qd}\dot{I}_{ds1} \\ \dot{\psi}_{ds1}-(L_{ls}+L_{dm})\dot{I}_{ds1}-L_{qd}\dot{I}_{qs1} \end{bmatrix} \tag{8-67}$$

将式（8-61）和式（8-63）代入式（8-67）可得 $\dot{I}_{qr1}$、$\dot{I}_{dr1}$ 的计算式为

$$\dot{I}_{qr1}=e^{j\beta_0}\frac{L_{dm}\dot{U}_1-L_{qd}\dot{U}_2}{\omega_1(L_{qm}L_{dm}-L_{qd}^2)}\quad \dot{I}_{dr1}=\frac{-L_{qd}\dot{U}_1+L_{qm}\dot{U}_2}{\omega_1(L_{qm}L_{dm}-L_{qd}^2)}e^{j\beta_0} \tag{8-68}$$

式中，

$$\begin{cases} \dot{U}_1=-j\varepsilon U_m-[j\varepsilon s_o/(1-2s_o)R_1+\omega_1(L_{ls}+L_{qm})](I_{qs1}e^{j\gamma_0})+ \\ \qquad [(1-s_o)/(1-2s_o)R_1-\omega_1 L_{qd}](I_{ds1}e^{j\varphi_0}) \\ \dot{U}_2=U_m-[(1-s_o)/(1-2s_o)R_1+\omega_1 L_{qd}](I_{qs1}e^{j\gamma_0})- \\ \qquad [j\varepsilon s_o/(1-2s_o)R_1+\omega_1(L_{ls}+L_{dm})](I_{ds1}e^{j\varphi_0}) \end{cases} \tag{8-69}$$

联立电压方程（8-28）的第三、四个子式与磁链方程（8-51）的第三、四个子式可得如下等式

$$\begin{cases} R_{qr}\dot{I}_{qr1}+js_o\omega_1 L_{lqr}\dot{I}_{qr1}=-js_o\omega_1(L_{qm}\dot{I}_{qs1}+L_{qd}\dot{I}_{ds1}+L_{qm}\dot{I}_{qr1}+L_{qd}\dot{I}_{dr1}) \\ R_{dr}\dot{I}_{dr1}+js_o\omega_1 L_{ldr}\dot{I}_{dr1}=-js_o\omega_1(L_{qd}\dot{I}_{qs1}+L_{dm}\dot{I}_{ds1}+L_{qd}\dot{I}_{qr1}+L_{dm}\dot{I}_{dr1}) \end{cases} \tag{8-70}$$

将式（8-61）与式（8-68）代入式（8-70）得到 R_{qr}、R_{dr}、L_{lqr}、L_{ldr} 的计算式为

$$\begin{cases} R_{qr}=\mathrm{Real}[js_o\omega_1(L_{qd}^2-L_{qm}L_{dm})\dot{U}_3/(L_{dm}\dot{U}_1-L_{qd}\dot{U}_2)] \\ R_{dr}=\mathrm{Real}[js_o\omega_1(L_{qd}^2-L_{qm}L_{dm})\dot{U}_4/(-L_{qd}\dot{U}_1+L_{qm}\dot{U}_2)] \\ L_{lqr}=\mathrm{Real}[(L_{qd}^2-L_{qm}L_{dm})\dot{U}_3/(L_{dm}\dot{U}_1-L_{qd}\dot{U}_2)] \\ L_{ldr}=\mathrm{Real}[(L_{qd}^2-L_{qm}L_{dm})\dot{U}_4/(-L_{qd}\dot{U}_1+L_{qm}\dot{U}_2)] \end{cases} \tag{8-71}$$

式中，

$$\begin{cases}\dot{U}_3=\dot{U}_1+\omega_1 L_{qm}I_{qs1}e^{j\gamma_0}+\omega_1 L_{qd}I_{ds1}e^{j\varphi_0}\\ \dot{U}_4=\dot{U}_2+\omega_1 L_{dm}I_{ds1}e^{j\varphi_0}+\omega_1 L_{qd}I_{qs1}e^{j\gamma_0}\end{cases} \tag{8-72}$$

当 s_o 分别等于 0.1、0.2、…、1.2 时的电磁参数的计算结果如图 8-36 所示。

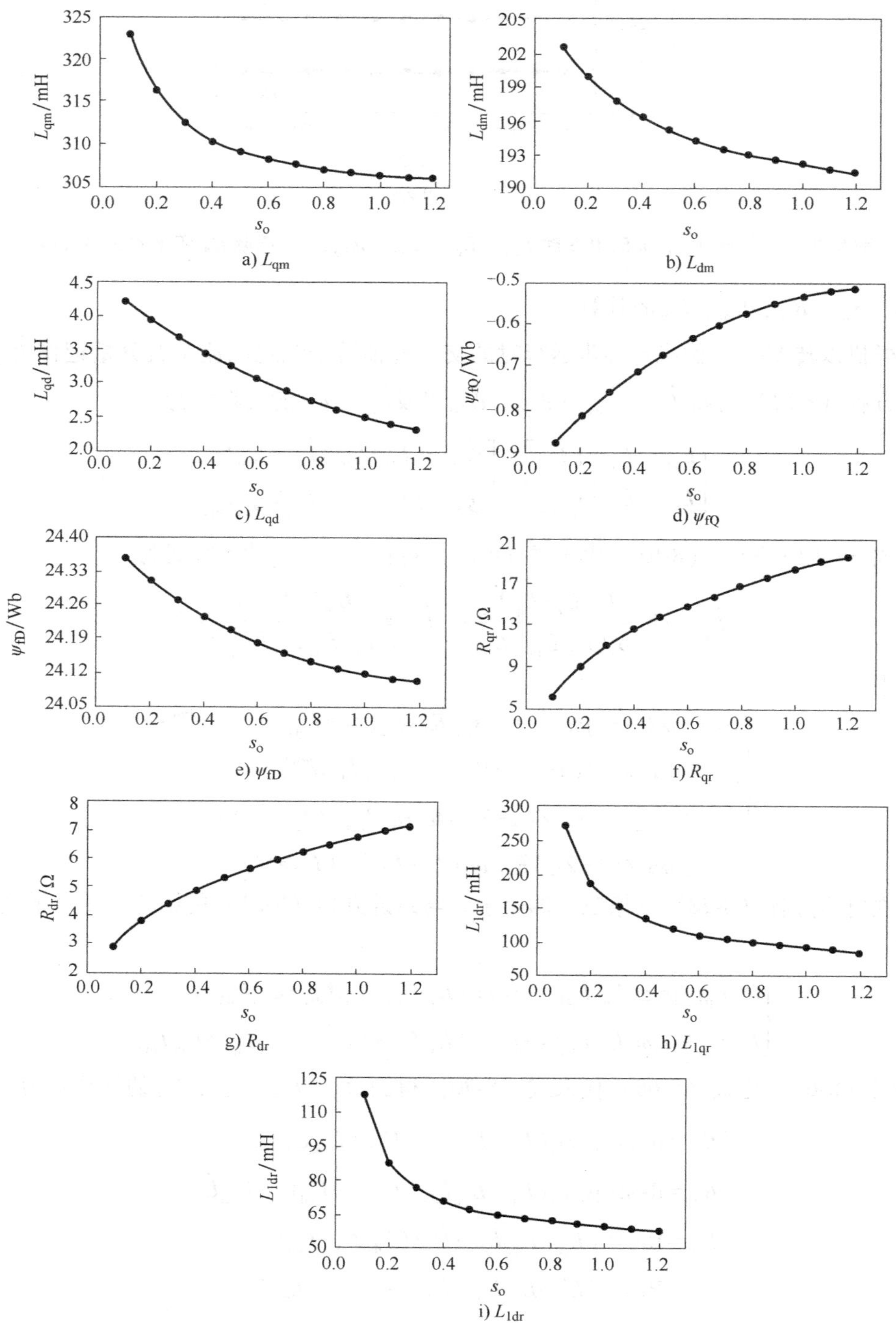

图 8-36 s_o 等于 0.1、0.2、…、1.2 时电磁参数的计算数值

（4）动态模型与仿真对比

基于改进的状态方程，建立复合实心转子永磁同步电动机的起动过程动态仿真模型，设定负载条件分别为：① $T_L/J_L=1.1T_N/2.0J_r$、② $T_L/J_L=1.2T_N/5.0J_r$、③ $T_L/J_L=1.05T_N/15.0J_r$、④ $T_L/J_L=2.7T_N/6.0J_r$，$T_N=3390\text{N}\cdot\text{m}$，仿真结果与有限元计算结果的对比如图 8-37 所示。四种不同负载条件下的动态模型计算曲线与有限元法计算曲线均吻合较好，验证了电磁参数计算结果的准确性。

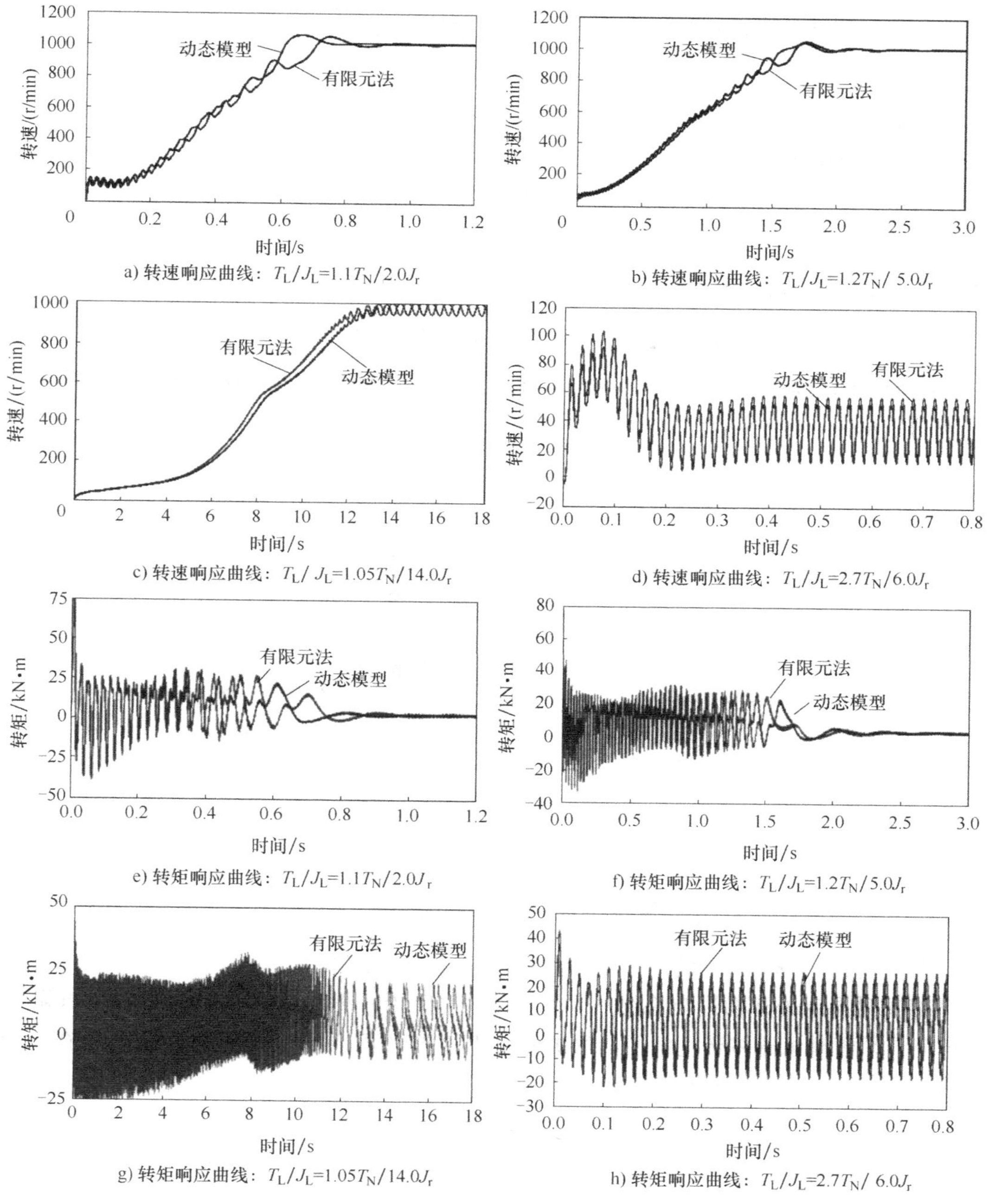

图 8-37　样机起动阶段转速、转矩响应曲线的动态模型与有限元计算结果对比

8.9.3 复合实心转子永磁同步电动机转子涡流损耗削弱[6]

1. 复合实心转子永磁同步电动机气隙磁密异步谐波的计算

气隙磁密的表达式是分析转子损耗的基础。将样机稳定工作阶段永磁体磁动势单独作用产生的气隙磁密径向分量记作 B_{rPM}，电枢磁动势单独作用产生的气隙磁密径向分量记作 B_{rs}。不计定、转子铁心的饱和效应，分别计算 B_{rPM}、B_{rs}并将两者相加即得径向气隙磁密 B_{rair}。

永磁体单独作用产生的径向气隙磁密 B_{rPM}可以表示为

$$B_{\mathrm{rPM}}=f_{\mathrm{PM}}\Lambda_0\lambda_{\mathrm{s}} \tag{8-73}$$

式中，f_{PM}为永磁体产生的气隙磁动势，Λ_0 为定、转子光滑无槽时的气隙比磁导，λ_{s} 为气隙比磁导定子开槽影响系数。

永磁体产生的气隙磁动势f_{PM}可以表示为

$$f_{\mathrm{PM}}=B_{\mathrm{rPM}}^{*}/\Lambda_0 \tag{8-74}$$

式中，B_{rPM}^{*}为不考虑定子槽影响的空载径向气隙磁密，可表示为

$$B_{\mathrm{rPM}}^{*}=\sum_{m}B_{\mathrm{rPM}m}^{*}\cos(mp\theta_{\mathrm{s}}-mp\Omega_1 t-mp\theta_{\mathrm{do}}) \tag{8-75}$$

式中，θ_{s} 为空间位置角，θ_{do}为初始时刻转子直轴所在空间位置角，Ω_1 为同步机械角速度，$B_{\mathrm{rPM}m}^{*}$为 B_{rPM}^{*}第 mp 次谐波的幅值，m 为正奇数。

B_{rPM}^{*}的波形与主要谐波如图 8-38 所示。

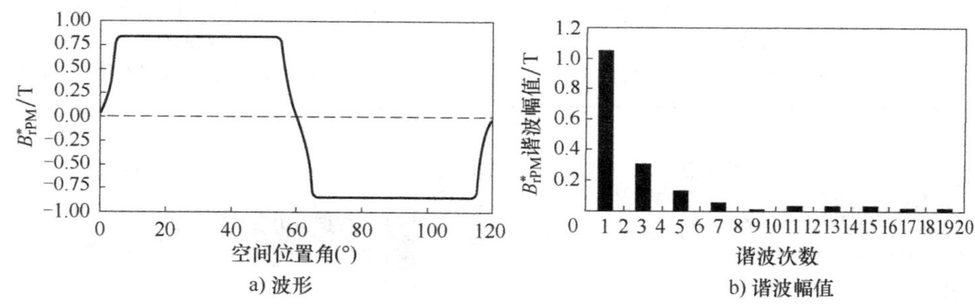

a) 波形　　b) 谐波幅值

图 8-38　B_{rPM}^{*}波形与谐波幅值

永磁体气隙磁动势f_{PM}可表示为

$$f_{\mathrm{PM}}=\sum_{m}F_{\mathrm{PM}m}\cos(mp\theta_{\mathrm{s}}-mp\Omega_1 t-mp\theta_{\mathrm{do}}) \tag{8-76}$$

式中，$F_{\mathrm{PM}m}$为f_{PM}第 mp 次谐波的幅值，其值为 $F_{\mathrm{PM}m}=B_{\mathrm{rPM}m}^{*}/\Lambda_0$。

气隙比磁导定子开槽影响系数 λ_{s} 可以表示为定子开槽时永磁体产生的径向气隙磁密 B_{rPM}与定子无槽时永磁体产生的径向气隙磁密 B_{rPM}^{*}的比值。图 8-39a、b 给出了 λ_{s} 在一个槽距内的分布波形与各次谐波幅值。λ_{s} 可表示为

$$\lambda_{\mathrm{s}}=\lambda_{\mathrm{s0}}+\sum_{n}\lambda_{\mathrm{s}n}\cos(nQ_1\theta_{\mathrm{s}}-nQ_1\theta_{\mathrm{so}}) \tag{8-77}$$

式中，λ_{s0}为 λ_{s} 的恒定分量，$\lambda_{\mathrm{s}n}$为 λ_{s} 第 nQ_1 次谐波的幅值，n 为正整数。

B_{rPM}可表示为

$$B_{\mathrm{rPM}} = \sum_{m} F_{\mathrm{PM}m}\cos(mp\theta_{\mathrm{s}} - mp\Omega_1 t - mp\theta_{\mathrm{do}}) \times \Lambda_0\left[\lambda_{\mathrm{s0}} + \sum_{n}\lambda_{\mathrm{s}n}\cos(nQ_1\theta_{\mathrm{s}} - nQ_1\theta_{\mathrm{so}})\right] \tag{8-78}$$

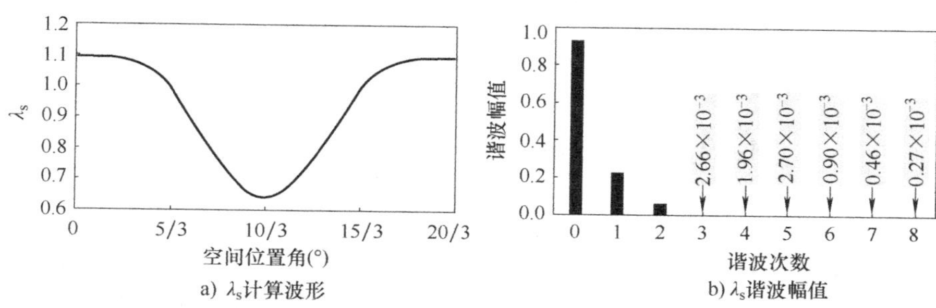

图 8-39 λ_s 波形与谐波幅值

稳态运行时，三相基波电流产生的电枢磁动势基波 f_{s1} 为

$$f_{\mathrm{s1}} = F_{\mathrm{s1}}\cos(p\theta_{\mathrm{s}} - p\Omega_1 t - p\theta_{\mathrm{sA}} - \alpha_{\mathrm{A}}) \tag{8-79}$$

式中，θ_{sA} 为 A 相定子绕组轴线所在位置角，α_{A} 为 A 相电流的相位角，F_{s1} 为磁动势基波幅值。

f_{s1} 分解为直轴分量 f_{ds} 与交轴分量 f_{qs}，分别表示为

$$\begin{cases} f_{\mathrm{ds}} = F_{\mathrm{ds}}\cos(p\theta_{\mathrm{s}} - p\Omega_1 t - p\theta_{\mathrm{do}}) \\ f_{\mathrm{qs}} = F_{\mathrm{qs}}\cos(p\theta_{\mathrm{s}} - p\Omega_1 t - p\theta_{\mathrm{do}} - \pi/2) \end{cases} \tag{8-80}$$

式中，F_{ds}、F_{qs} 分别为 f_{ds}、f_{qs} 的幅值，其表达式为

$$\begin{cases} F_{\mathrm{ds}} = F_{\mathrm{s1}}\cos(p\theta_{\mathrm{sA}} + \alpha_{\mathrm{A}} - p\theta_{\mathrm{do}}) \\ F_{\mathrm{qs}} = F_{\mathrm{s1}}\sin(p\theta_{\mathrm{sA}} + \alpha_{\mathrm{A}} - p\theta_{\mathrm{do}}) \end{cases} \tag{8-81}$$

电枢磁动势 f_{s} 单独作用产生的径向气隙磁密 B_{rs} 可以表示为

$$B_{\mathrm{rs}} = (f_{\mathrm{ds}}\lambda_{\mathrm{dr}} + f_{\mathrm{qs}}\lambda_{\mathrm{qr}})(\Lambda_0\lambda_{\mathrm{s}}) \tag{8-82}$$

式中，λ_{dr}、λ_{qr} 分别为永磁体槽与笼型导条槽对电枢磁动势基波直轴分量 f_{ds} 作用磁场、电枢磁动势基波交轴分量 f_{qs} 作用磁场的影响系数。

$\lambda_{\mathrm{dr}}(\lambda_{\mathrm{qr}})$ 可以表示为在相同直（交）轴磁动势激励条件下转子含有笼型导条槽以及永磁体槽时径向气隙磁密 $B_{\mathrm{d}}(B_{\mathrm{q}})$ 与转子无槽时径向气隙磁密 $B_{\mathrm{d0}}(B_{\mathrm{q0}})$ 的比值。λ_{dr}、λ_{qr} 的波形如图 8-40 所示，其表达式为

$$\begin{cases} \lambda_{\mathrm{dr}} = \lambda_{\mathrm{dr0}} + \sum\limits_{u}\lambda_{\mathrm{dr}u}\cos(2pu\theta_{\mathrm{s}} - 2pu\Omega_1 t - 2pu\theta_{\mathrm{do}}) \\ \lambda_{\mathrm{qr}} = \lambda_{\mathrm{qr0}} + \sum\limits_{v}\lambda_{\mathrm{qr}v}\cos(2pv\theta_{\mathrm{s}} - 2pv\Omega_1 t - 2pv\theta_{\mathrm{do}}) \end{cases} \tag{8-83}$$

式中，λ_{dr0}、λ_{qr0} 为 λ_{dr}、λ_{qr} 的平均值，$\lambda_{\mathrm{dr}u}$ 为 λ_{dr} 第 $2pu$ 次谐波幅值，$\lambda_{\mathrm{qr}v}$ 为 λ_{qr} 第 $2pv$ 次谐波幅值，u、v 为正整数。

联立式（8-79）、式（8-80）、式（8-82）、式（8-83）可得 B_{rs} 的计算式为

$$B_{rs}=\left\{\begin{aligned}&F_{ds}\cos(p\theta_s-p\Omega_1 t-p\theta_{do})\times\\&\left[\lambda_{dr0}+\sum_u\lambda_{dru}\cos(2pu\theta_s-2pu\Omega_1 t-2pu\theta_{do})\right]+\\&F_{qs}\cos(p\theta_s-p\Omega_1 t-p\theta_{do}-\pi/2)\times\\&\left[\lambda_{qr0}+\sum_v\lambda_{qrv}\cos(2pv\theta_s-2pv\Omega_1 t-2pv\theta_{do})\right]\end{aligned}\right\}\times\Lambda_0\left[\lambda_{s0}+\sum_n\lambda_{sn}\cos(nQ_1\theta_s-nQ_1\theta_{so})\right]\tag{8-84}$$

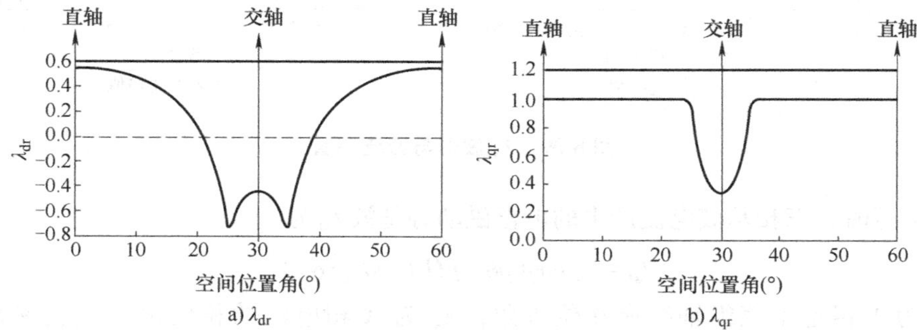

图 8-40　λ_{dr}、λ_{qr}波形

将B_{rPM}与B_{rs}相加，得到气隙磁密B_{rair}的表达式为

$$B_{rair}=\left\{\begin{aligned}&\sum_m F_{PMm}\cos(mp\theta_s-mp\Omega_1 t-mp\theta_{do})+\\&F_{ds}\cos(p\theta_s-p\Omega_1 t-p\theta_{do})\times\\&\left[\lambda_{dr0}+\sum_u\lambda_{dru}\cos(2pu\theta_s-2pu\Omega_1 t-2pu\theta_{do})\right]+\\&F_{qs}\cos(p\theta_s-p\Omega_1 t-p\theta_{do}-\pi/2)\times\\&\left[\lambda_{qr0}+\sum_v\lambda_{qrv}\cos(2pv\theta_s-2pv\Omega_1 t-2pv\theta_{do})\right]\end{aligned}\right\}\times\Lambda_0\left[\lambda_{s0}+\sum_n\lambda_{sn}\cos(nQ_1\theta_s-nQ_1\theta_{so})\right]\tag{8-85}$$

表 8-4 列出了复合实心转子永磁同步电动机稳定工作阶段气隙磁密异步谐波的次数、幅值以及相对转子转速。表中，m 为正奇数，n、l 为正整数。

表 8-4　气隙磁密异步谐波的次数、幅值与相对转子转速

谐波次数	谐波幅值	相对转子转速/Ω_1
$mp+nQ_1$	$\lvert 0.5F_{PMm}\Lambda_0\lambda_{sn}\rvert$	$nQ_1/(mp+nQ_1)$
$\lvert mp-nQ_1\rvert$		$nQ_1/\lvert mp-nQ_1\rvert$
$p+nQ_1$	$\lvert 0.5F_{ds}\Lambda_0\lambda_{dr0}\lambda_{sn}\rvert$ 或 $\lvert 0.5F_{qs}\Lambda_0\lambda_{qr0}\lambda_{sn}\rvert$	$nQ_1/(p+nQ_1)$
$\lvert p-nQ_1\rvert$		$nQ_1/\lvert p-nQ_1\rvert$

（续）

谐波次数	谐波幅值	相对转子转速/Ω_1
$p+2pl+nQ_1$	$\lvert 0.25F_{ds}\Lambda_0\lambda_{drl}\lambda_{sn}\rvert$ 或 $\lvert 0.25F_{qs}\Lambda_0\lambda_{qrl}\lambda_{sn}\rvert$	$nQ_1/(p+2pl+nQ_1)$
$-p+2pl+nQ_1$		$nQ_1/(-p+2pl+nQ_1)$
$\lvert p-2pl+nQ_1\rvert$		$nQ_1/\lvert p-2pl+nQ_1\rvert$
$\lvert p+2pl-nQ_1\rvert$		$nQ_1/\lvert p+2pl-nQ_1\rvert$

对于图 8-31 所示样机，定子槽数 $Q_1=54$，极对数 $p=3$。由表 8-4 可知，样机稳定工作时由气隙磁密异步谐波产生的转子高频感应涡流的频率f_{ed}为

$$f_{ed}=\begin{cases}f_1[18n/(18n-m)](m<18n)\\ f_1[18n/(m-18n)](36n>m>18n)\end{cases} \tag{8-86}$$

由于 n 为正整数，m 为正奇数，当f_{ed}与电源频率f_1 的比值为整数时，该整数必为偶数。图 8-41 给出了根据有限元法计算得到的样机稳定工作时转子铁心表面某采样点 P_1 位置处涡流密度高频谐波分量的幅值与频率。由该图可知，样机稳定工作状态下转子高频涡流的频率全部为电源频率f_1 的偶数倍。

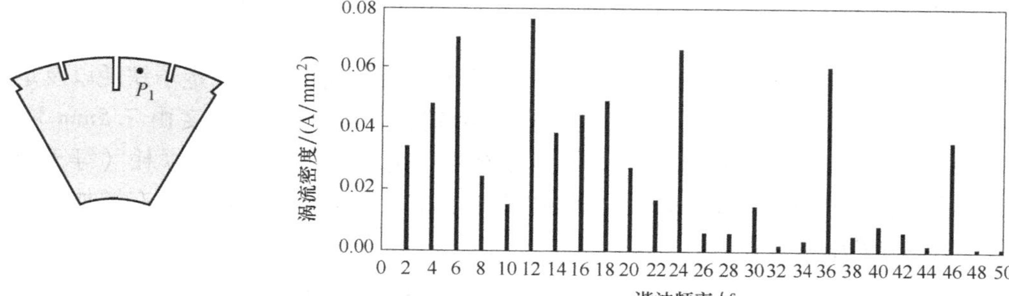

图 8-41　样机稳定工作阶段采样点 P_1 处涡流密度谐波的幅值与频率

2. 复合实心转子永磁同步电动机转子涡流损耗削弱措施

（1）增加气隙长度

复合实心转子永磁同步电动机稳定工作阶段气隙磁密异步谐波的幅值表达式中均含有 λ_{sn}，据此可知定子开槽是产生转子涡流的主要原因。定子开槽后，对应定子槽口的空气磁阻大于定子齿的空气磁阻，使得 λ_s 的波形在定子槽口范围内出现下凹。当气隙长度增加时，定子槽口对应空气磁阻与定子齿对应空气磁阻的差异减小，λ_s 的波形在定子槽口附近下凹程度减小，λ_{sn}也会随之减小，转子涡流可以得到有效削弱。但是，若单纯增加气隙长度，电机空载电动势基波幅值会随之降低并对电机稳定运行性能造成不利影响。因此，在选择增加气隙长度作为转子涡流削弱措施的同时应适当增加永磁体的厚度，从而保证电机空载电动势基波幅值不会发生改变。

设定样机气隙长度等于 7.5mm 时对应的空载电动势基波幅值为标准值。图 8-42 给出了在保证空载电动势基波幅值恒为基准值，样机气隙长度由 7.5mm 增加至 10.5mm 时气隙中

间位置处λ_s的波形分布与相应λ_{sn}的大小。表8-5给出了各气隙长度对应的转子涡流损耗。可以看出，随着气隙长度的增加，λ_s在定子槽口处的下凹程度减小，各次λ_{sn}均有降低，相应转子涡流损耗逐渐下降。

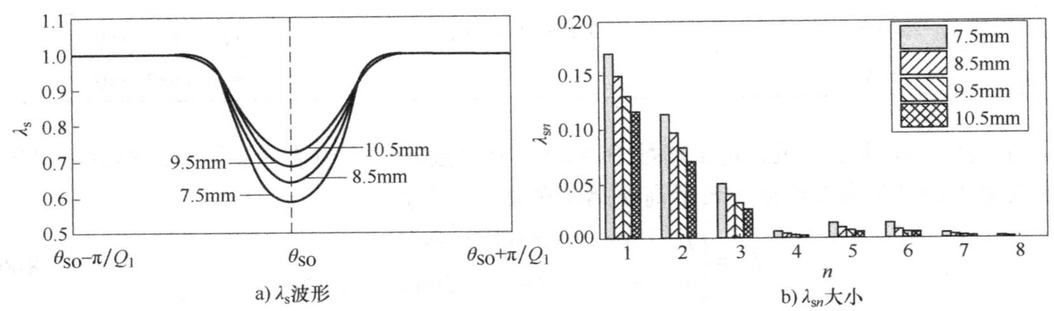

图8-42　气隙长度由7.5mm增加至10.5mm时气隙中间位置处λ_s的波形与λ_{sn}

表8-5　不同气隙长度时的转子涡流损耗

气隙长度/mm	7.5	8.5	9.5	10.5
转子涡流损耗/W	1639.8	1441.5	1309.3	1219.1

增加气隙长度在降低转子涡流损耗的同时也会对电机的功率因数、定子铁耗以及定子绕组铜耗造成影响。表8-6给出了负载转矩保持额定值不变、气隙长度由7.5mm增加至10.5mm时样机稳定运行阶段的功率因数、定子铁耗、定子铜耗以及电磁损耗（等于定子铁耗、定子铜耗、转子涡流损耗之和）。当气隙长度增加时，样机功率因数略有增加，定子铁耗、定子铜耗以及电磁损耗均有下降。

表8-6　样机气隙长度增加时的功率因数、定子铁耗、定子铜耗以及电磁损耗

气隙长度/mm	7.5	8.5	9.5	10.5
功率因数	0.96537	0.96539	0.96544	0.96549
定子铁耗/W	1936.6	1901.0	1866.0	1835.9
定子铜耗/W	2846.3	2840.0	2838.9	2837.8
电磁损耗/W	6422.7	6182.5	6014.1	5892.8

（2）采用磁性定子槽楔

采用非磁性定子槽楔时，由于槽楔的磁导率与空气磁导率接近，定子槽口对应磁阻大于定子齿对应磁阻，两者之间的差异使得定子开槽后的气隙磁密含有大量异步谐波并在转子内部产生感应涡流。如图8-43所示，将常规非磁性定子槽楔（相对磁导率$\mu_{sw}=1$）替换为磁性定子槽楔（相对磁导率$\mu_{sw}=5$）后，样机定子槽口对应磁阻与定子齿对应磁阻的差异减小，λ_s在槽口中心线附近的下凹程度减小，λ_s各次谐波幅值λ_{sn}均减小。λ_{sn}的减小必然使得定子开槽引起的气隙磁密异步谐波幅值减小，转子涡流损耗因此得以削弱。

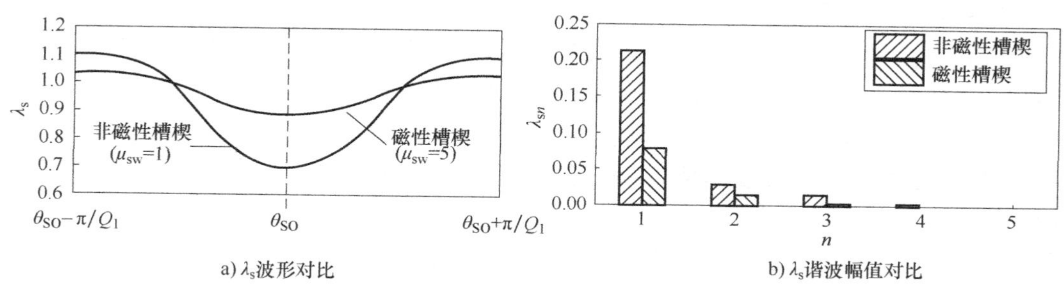

a) λ_s波形对比　　b) λ_s谐波幅值对比

图 8-43　采用非磁性/磁性定子槽楔时 λ_s 的波形与谐波幅值对比

磁性槽楔通常以铁粉为磁性材料，加入环氧树脂与少量玻璃纤维后通过热压法制作而成。增减单位体积内铁粉含量可以改变磁性槽楔的磁导率。表 8-7 给出了样机采用非磁性定子槽楔以及采用磁性定子槽楔后槽楔相对磁导率 μ_{sw} 由 5 递增至 8 时对应的转子涡流损耗（空载电动势基波幅值通过调节永磁体厚度保持不变）。将非磁性定子槽楔替换为磁性定子槽楔后，转子涡流损耗明显减小。当磁性定子槽楔相对磁导率增加时，样机转子涡流损耗会进一步降低。

表 8-7　样机对应不同定子槽楔相对磁导率的转子涡流损耗

μ_{sw}	1	5	6	7	8
转子涡流损耗/W	1639.8	1427.9	1311.3	1282.5	1255.0

采用磁性定子槽楔在降低转子涡流损耗的同时也会对样机的功率因数、定子铁耗以及定子铜耗造成影响。利用有限元法对样机定子槽楔相对磁导率 μ_{sw} 依次等于 1、5、6、7、8 时的额定负载工况进行仿真，得到样机功率因数、定子铁耗、定子铜耗以及总电磁损耗，见表 8-8。将非磁性定子槽楔替换为磁性定子槽楔后，样机功率因数基本不变，定子铁耗、定子铜耗以及总电磁损耗均有下降。当磁性定子槽楔的相对磁导率继续增加时，样机功率因数近似不变，定子铁耗、定子铜耗以及总电磁损耗则继续减小。

表 8-8　不同定子槽楔相对磁导率对应的定子铁耗、定子铜耗以及电磁损耗

μ_{sw}	1	5	6	7	8
功率因数	0.96537	0.96531	0.96538	0.96524	0.96517
定子铁耗/W	1936.6	1930.7	1925.1	1916.9	1903.5
定子铜耗/W	2846.3	2845.7	2844.8	2843.2	2841.9
电磁损耗/W	6422.7	6204.3	6081.2	6042.6	5999.4

（3）采用不均匀气隙结构

如图 8-44 所示，当样机转子铁心外径沿圆周方向由直轴轴线向两侧交轴轴线逐渐减小时即可获得不均匀气隙结构。采用该气隙结构后，气隙长度由直轴轴线处的最小值 h_{min} 沿圆周方向逐渐增加至交轴轴线处的最大值 h_{max}，转子铁心外表面圆弧的圆心 O_1 与电机整体圆心 O 不再重合。

将常规均匀气隙替换为非均匀气隙对永磁体产生的径向气隙磁密 B_{rPM} 与定子绕组电流产生的径向气隙 B_{rs} 均会造成影响。当电机采用非均匀气隙时，气隙磁阻沿圆周方向由直轴轴线向两侧交轴轴线逐渐递增。受其影响，B_{rPM} 的波形正弦度明显提升，谐波幅值显著下降（见图 8-45）。与此同时，非均匀气隙在各个圆周位置处的径向长度相较于原等厚气隙均有增加，这有效抑制了 B_{rs} 因定、转子开槽而呈现的波形畸变，B_{rs} 所含各次谐波的幅值因此减小（见图 8-46）。

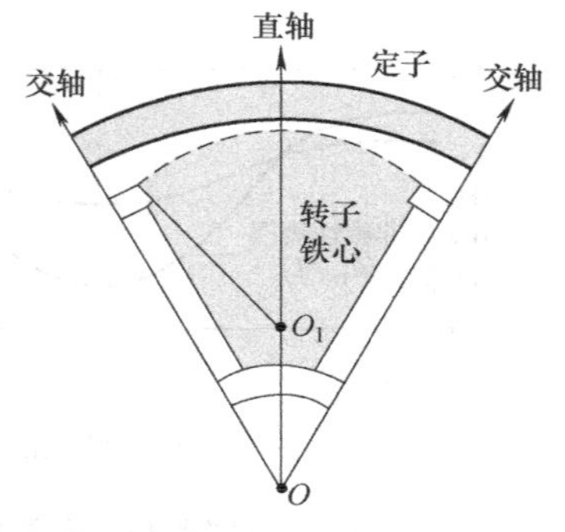

图 8-44　非均匀气隙结构

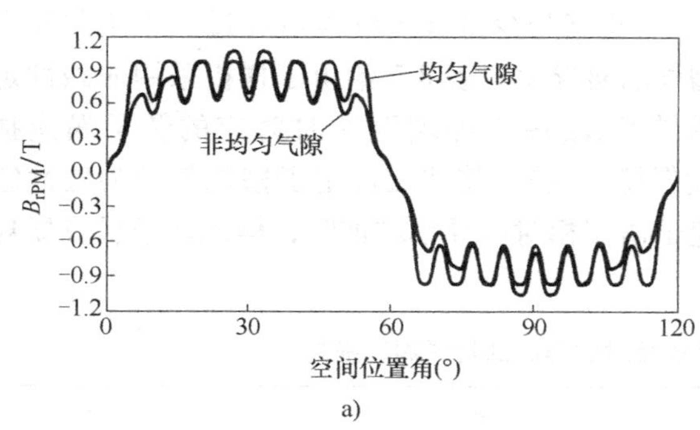

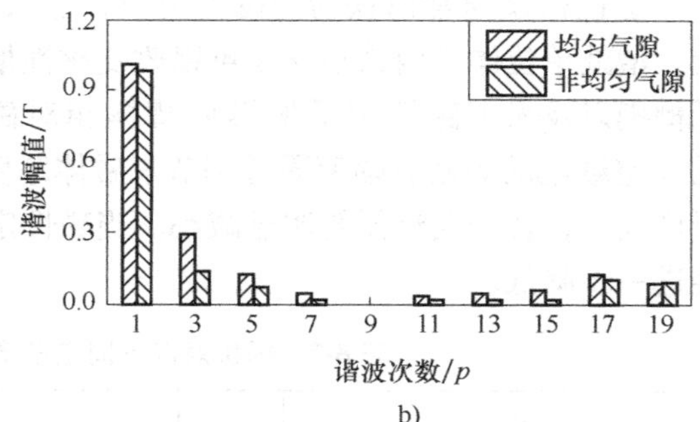

图 8-45　采用均匀/非均匀气隙时的 B_{rPM} 波形与谐波对比

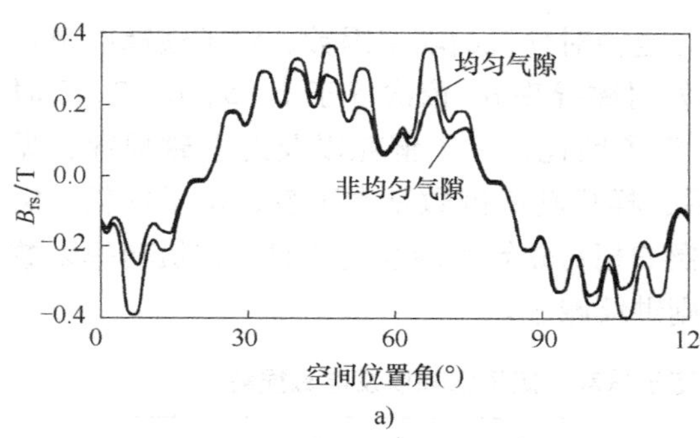

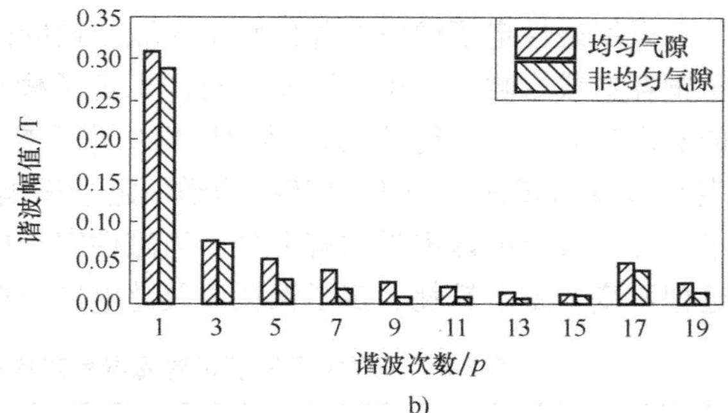

图 8-46　采用均匀/非均匀气隙时的 B_{rs} 波形与谐波对比

采用不均匀气隙后，气隙磁密谐波幅值减小，其异步旋转分量引起的转子涡流损耗随之降低。设定 h_{min} = 7.5mm，h_{max} 由 7.5mm 增加至 10.5mm，表 8-9 给出了不同 h_{max} 对应的转子涡流损耗（样机空载电动势基波幅值通过调节永磁体厚度保持不变，恒为 $h_{min}=h_{max}$ = 7.5mm 时的基准值）。由该表可知，采用不均匀气隙结构可以有效降低转子涡流损耗。此外，当气隙不均匀程度增加时，转子涡流损耗会进一步降低。

表 8-9　不同 h_{max} 时的转子涡流损耗

h_{max}/mm	7.5	8.5	9.5	10.5
转子涡流损耗/W	1639.8	1560.1	1456.6	1374.4

采用不均匀气隙在降低转子涡流损耗的同时也会对样机的功率因数、定子铁耗以及定子铜耗造成影响。表 8-10 给出了负载转矩保持额定值不变、$h_{min}=7.5\text{mm}$，h_{max} 由 7.5mm 增加至 10.5mm 时的功率因数、定子铁耗、定子铜耗以及总电磁损耗。当 h_{max} 增加时，样机功率因数略有下降，定子铁耗降低，定子铜耗增加，总电磁损耗下降。

表 8-10　不同 h_{max} 时的功率因数和损耗

h_{max}/mm	7.5	8.5	9.5	10.5
功率因数	0.9654	0.9647	0.9639	0.9637
定子铁耗/W	1936.6	1879.3	1824.6	1774.1
定子铜耗/W	2846.3	2855.9	2864.8	2872.2
电磁损耗/W	6422.7	6295.3	6146.0	6020.7

8.10　变极起动永磁同步电动机

1. 结构和工作原理

在三相感应电动机起动过程中，定子绕组和转子绕组产生的基波磁场转向相同、极数相同、转速相同，相互作用产生电磁转矩，实现电机的起动。定转子磁场谐波相互作用产生脉动转矩，但脉动转矩不大，且可以通过合适的槽配合予以抑制，因此三相感应电动机具有良好的起动能力。

在异步起动永磁同步电动机起动过程中，除了谐波磁场外，还存在以下基波磁场：定子绕组产生的基波磁场、转子绕组产生的基波磁场、转子永磁体产生的基波磁场。定、转子绕组产生的基波磁场相互作用，产生类似于三相感应电动机的异步电磁转矩。转子永磁体产生的基波磁场与定子绕组相互作用，产生发电制动转矩，叠加在异步电磁转矩曲线上，使电磁转矩出现大幅度下降。转子永磁体产生的基波磁场与定子绕组产生的基波磁场转向相同、极数相同、转速不同，相互作用产生很大的脉动转矩，使起动过程中的最小转矩很小，严重时导致电机无法完成起动，且对电机和负载都有较大冲击。

变极起动永磁同步电动机的结构与普通异步起动永磁同步电动机基本相同，不同之处在于，变极起动永磁同步电动机的电枢绕组采用变极绕组，变极绕组可以通过切换实现两种极对数。在多极数状态，其极对数与永磁转子极对数相同，为 p_2，在少极数状态，其极对数 p_1 少于永磁转子极对数。

变极起动永磁同步电动机的工作原理是，电机起动时，绕组工作在少极数状态，由于定子绕组与永磁转子极数不同，定子绕组内不产生感应电动势或感应电动势很小，基本消除了发电制动转矩；同时，定子少极数绕组产生的基波旋转磁场和转子永磁体产生的基波旋转磁场转向相同，但转速和极数不同，相互作用产生的脉动转矩大幅度削弱，发电制动转矩的消除和转矩波动的大幅度削弱使电机起动能力得到显著提高。当接近或超过正常运行的同步速时，将绕组切换到多极数状态，定子绕组和永磁转子的极数相同，电机牵入同步并正常运行。

2. 性能特点

下面以一台380V、30kW电机为例，介绍变极起动永磁同步电动机的性能特点。该电机的主要参数见表8-11，采用6/8变极绕组，即起动时定子绕组为6极，运行时定子绕组为8极。

表8-11 样机主要参数

参数	数值	参数	数值
功率/kW	30	定子铁心内径/mm	285
额定电压/V	380	铁心长度/mm	165
定/转子槽数	72/56	气隙长度/mm	0.7
定子铁心外径/mm	400	永磁体材料	N35UH
线圈组(1)~(9)的线圈匝数	12	线圈组(10)~(12)的线圈匝数	4
线圈组(1)~(9)的线规	4×ϕ1.06mm	线圈组(10)~(12)的线规	12×ϕ1.06mm
6极绕组的绕组系数	0.944	8极绕组的绕组系数	0.8466

图8-47为6/8变极绕组的总体结构图，各部分的连接图如图8-48所示[7]。当U_1、V_1、W_1三端施加三相对称交流电压而U_2、V_2、W_2三端悬空时，绕组的极数为6；当U_2、V_2、W_2三端施加三相对称交流电压而U_1、V_1、W_1三端悬空时，绕组的极数为8。6极绕组用于起动，8极绕组用于运行。线圈组(10)、(11)、(12)只参与8极绕组的构成，而不参与6极绕组的构成，便于兼顾起动性能和运行性能。下面是有限元法对起动能力的分析结果[8]。

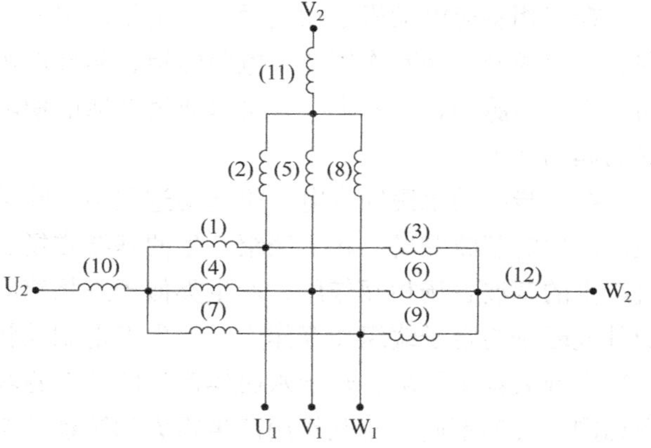

图8-47 6/8变极绕组总体结构图

(1) 电枢反应磁场

当将永磁体及永磁体槽的材料改为铁心材料，并在定子绕组的两种极数状态下分别通以额定电流，计算得到6极和8极绕组产生的电枢反应磁场，如图8-49所示，可以看出，该绕组能够满足6/8变极的需要。

(2) 空载反电动势

将6/8变极起动永磁同步电动机作为发电机运行，绕组的U_1、V_1、W_1、U_2、V_2、W_2端全部悬空，设定电机转速为750r/min，测得绕组的6极端口U_1、V_1、W_1和8极端口U_2、V_2、W_2的感应电动势，如图8-50所示。可以看出，6极绕组的感应电动势接近于零，因此采用6极绕组起动时发电制动转矩将极小。

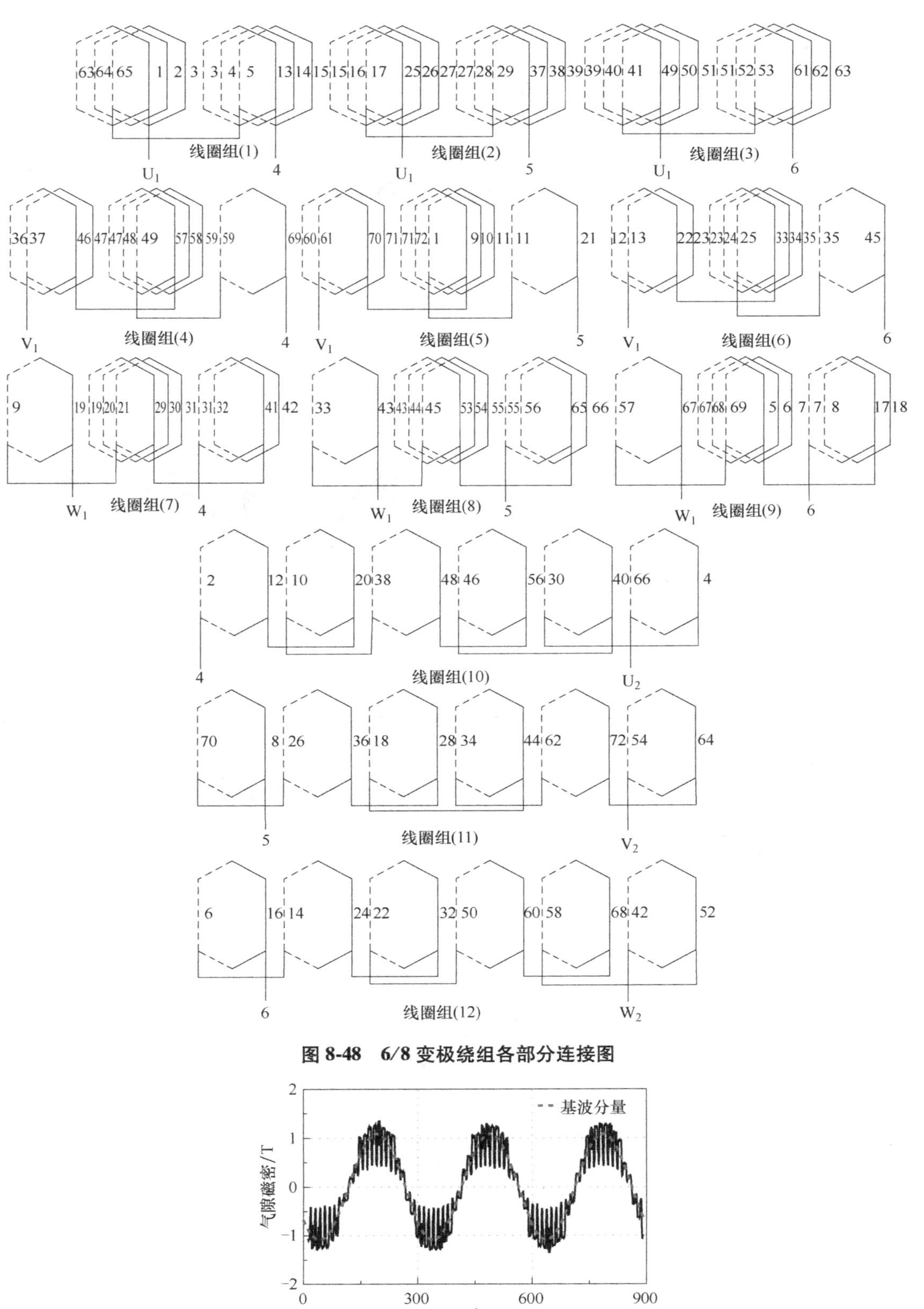

图 8-48　6/8 变极绕组各部分连接图

a) 6极电枢反应磁场

图 8-49　电枢反应磁场

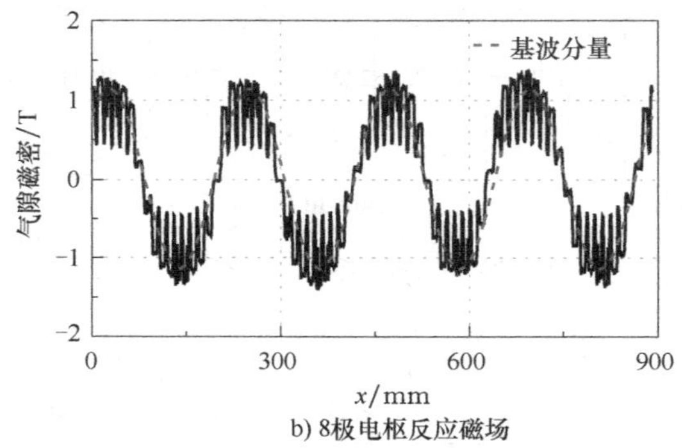

b) 8极电枢反应磁场

图 8-49　电枢反应磁场（续）

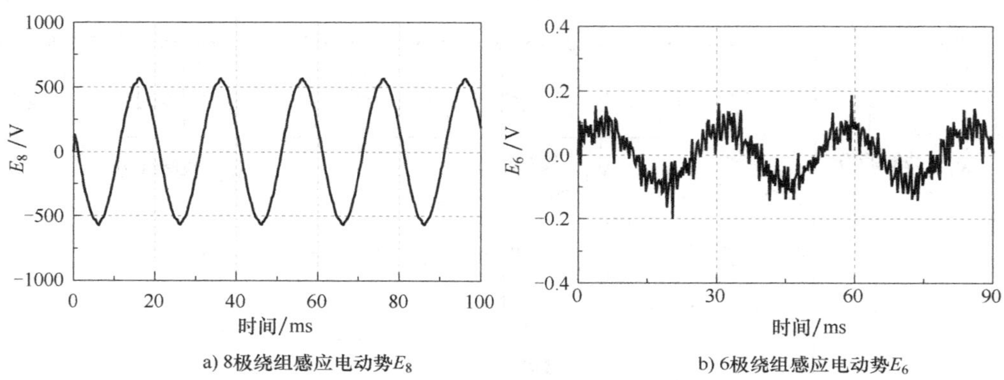

a) 8极绕组感应电动势E_8　　b) 6极绕组感应电动势E_6

图 8-50　感应电动势

（3）堵转转矩

将电机转速设为零，给 6 极绕组和常规 8 极电机分别通电，得到堵转转矩如图 8-51 所示。可以看出，堵转时 6 极绕组产生的脉动转矩很小。

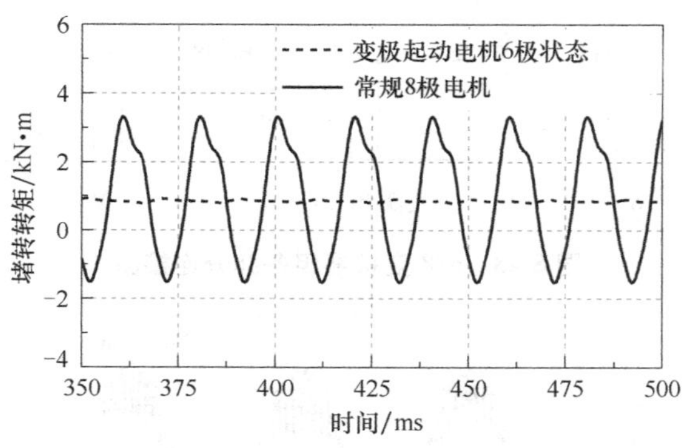

图 8-51　堵转转矩对比

（4）发电制动转矩

在计算发电制动转矩时，将定子绕组三出线端短路，转子转速设定为不同值，计算不同转速下 6/8 变极起动电机 6 极起动过程中的发电制动转矩，以及常规 8 极异步起动永磁同步电动机的发电制动转矩，如图 8-52 所示。可以看出，常规 8 极异步起动永磁同步电动机起动过程中存在着较大的发电制动转矩，尤其在低转速阶段，而 6/8 变极起动永磁同步电机的发电制动转矩很小，可以忽略不计。

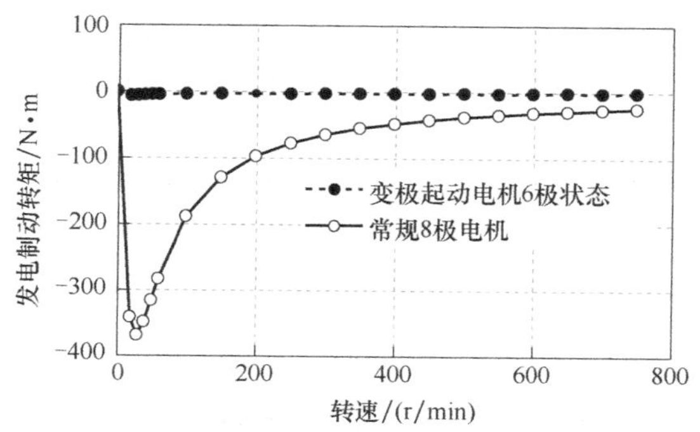

图 8-52　不同转速时发电制动转矩的对比

（5）脉动转矩

将转速设定为不同值，分别对变极起动电机 6 极绕组和常规 8 极异步起动永磁同步电动机三输入端通电，即得到不同转速下的转矩波动，如图 8-53 所示。6/8 变极起动永磁同步电机的转矩波动远小于常规 8 极异步起动永磁同步电动机。

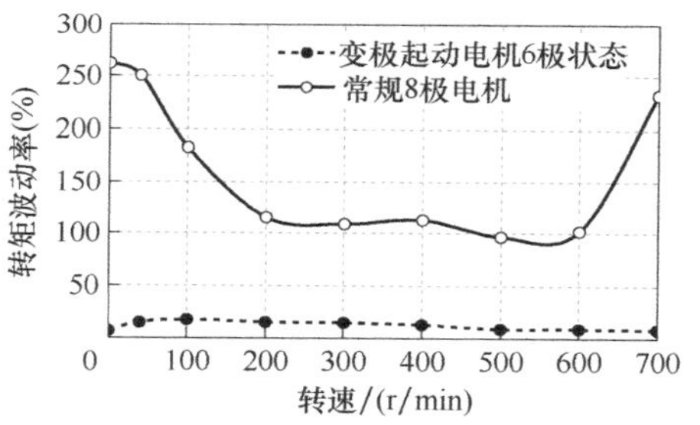

图 8-53　不同转速下的脉动转矩对比

（6）可起动的最大负载转矩

图 8-54 为常规 8 极异步起动永磁同步电动机和变极起动电机 6 极状态下分别带不同负载转矩 T_L 起动时的转速曲线。可以看出，常规 8 极异步起动永磁同步电动机可起动的最大负载转矩约为 550N · m，而变极起动永磁同步电动机能起动的最大负载转矩为 960N · m，起动能力显著提高。

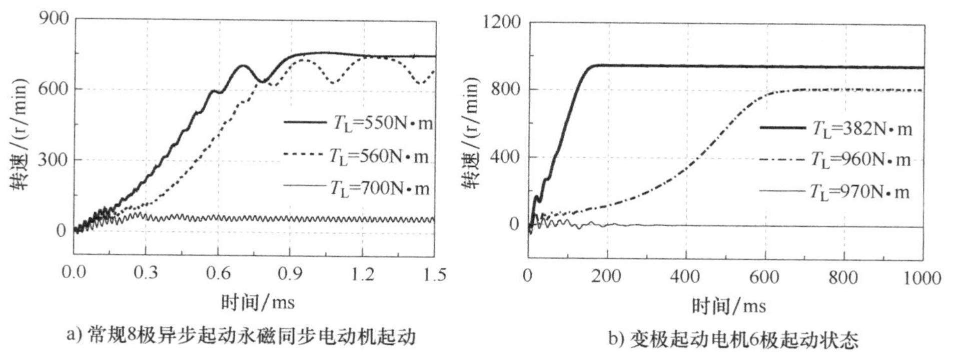

图 8-54　带负载起动能力的对比

参考文献

[1] 唐任远. 现代永磁电机理论与设计［M］. 北京：机械工业出版社，1997.

[2] 杨玉波. 高效高起动转矩永磁同步电动机研究［D］. 济南：山东大学，2003.

[3] 王道涵，王秀和，仲慧，等. 三相不对称供电自起动永磁同步电动机的仿真研究［J］. 中国电机工程学报，2005（19）：152-156.

[4] Zhang Xiaochen, Cheng Shukang，Li Weili. Development of line-start PMSM with solid rotor for electric vehicles［C］. 2008 IEEE Vehicle Power and Propulsion Conference，Harbin，China，2008.

[5] 王鑫,李伟力，程树康，等. 实心转子永磁同步电动机起动性能［J］. 电机与控制学报，2007，11（4）：349-353.

[6] 闫博. 复合实心转子永磁同步电动机的参数计算与性能分析［D］. 济南：山东大学，2021.

[7] 傅丰礼，唐孝镐. 异步电动机设计手册［M］. 北京：机械工业出版社，2007.

[8] 田蒙蒙. 新型变极起动永磁同步电动机研究［D］. 济南：山东大学，2019.

Chapter 9

第9章 变频调速永磁同步电动机

随着永磁材料、高性能永磁电机、电力电子技术和电机矢量控制技术的快速发展，永磁同步电动机调速系统和永磁同步电动机伺服系统的应用日益广泛。变频调速永磁电机采用变频器供电，其输入电压为接近正弦的三相对称电压，转速 n、极对数 p 和供电频率 f 之间满足固定关系 $n=60f/p$，通过调节频率可以方便、准确地调节电机转速；若配以伺服控制系统，可准确地进行位置控制。变频调速系统和伺服控制系统对永磁同步电动机的要求是，效率高、功率密度高、控制精度高、响应速度快、转矩波动小、振动和噪声低，这对永磁同步电动机的设计提出了很高的要求。

由于高速永磁同步电机与常规转速、低速永磁同步电机在结构、性能分析和设计方面有较大差别，因此本章仅介绍常规转速和低速永磁同步电动机的电磁结构及其优化、性能分析计算方法和电磁设计方法等，高速永磁同步电机将单独作为一章。

9.1 变频调速永磁同步电动机的结构和性能特点

9.1.1 结构

图 9-1 为变频调速永磁同步电动机的结构示意图，其中图 a 为内置式电机，图 b 为表贴式电机，都由定子和转子两部分组成，两者之间有空气隙。

1. 定子

变频调速永磁同步电动机与三相感应电动机的定子结构基本相同，主要由机壳、端盖、风罩、定子铁心和定子绕组组成。机壳、端盖和风罩起机械支撑或保护作用。

定子铁心由 0.5mm、0.35mm 或更薄的硅钢片叠压而成，冲有均匀分布的槽，用以嵌放定子绕组。定子槽形与异步起动永磁同步电动机相同，已在上一章介绍，在此不再赘述。

定子绕组主要包括单层绕组、双层叠绕组、双层同心式不等匝绕组和分数槽绕组。单层绕组分为同心式、链式和交叉式，其优点是每个槽内只有一个线圈边，绕组嵌线方便，没有层间绝缘，槽利用率高，缺点是不能通过短距削弱谐波。双层叠绕组的线圈尺寸相同，便于制造，线圈端部排列整齐，便于散热，但需要层间绝缘，增加了绝缘材料用量和嵌线复杂性。分数槽绕组和双层同心式不等匝绕组将单独作为一节介绍，在此不再赘述。

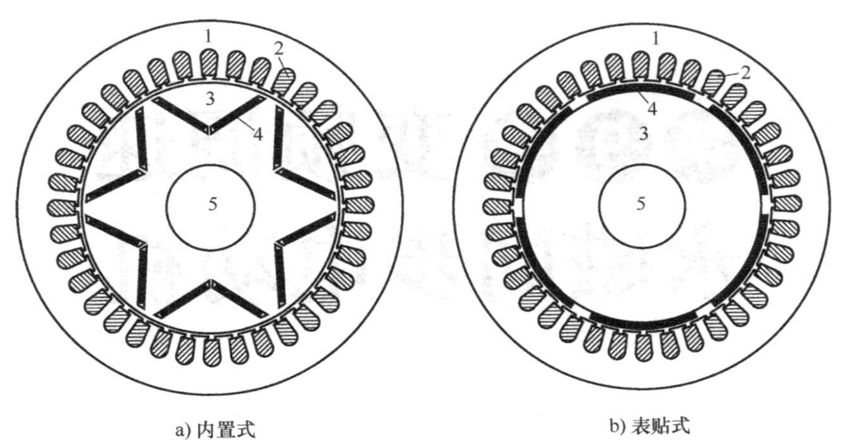

图 9-1　变频调速永磁同步电动机的结构示意图

1—定子铁心　2—定子绕组　3—转子铁心　4—永磁体　5—轴

2. 转子

转子由转子铁心、永磁体和转轴组成。通常变频调速永磁同步电动机的转子结构可分为表面式和内置式两种。

（1）表面式转子结构

表面式结构分为表插式和表贴式两种。图 9-2 为表插式转子结构，永磁体放置在转子铁心表面的永磁体槽内，交轴电枢反应电抗大于直轴电枢反应电抗，电磁上属于凸极结构。图 9-2b 所示的结构便于固定永磁体，在低速电机中应用较多。

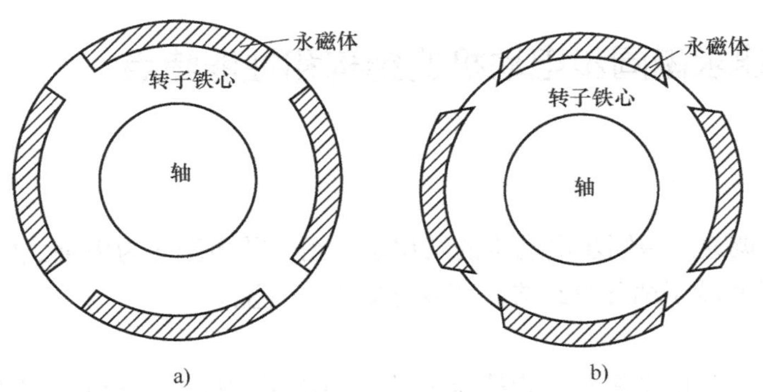

图 9-2　表插式转子结构

图 9-3 为表贴式转子结构。图 9-3a 中，永磁体在转子铁心表面，若无其他固定措施，转子机械可靠性不高，通常用于功率小、转速低的场合。图 9-3b 在图 9-3a 的转子外侧加装了护套，护套由碳纤维或非导磁合金钢制成，具有较高的机械强度，可用于高速电机。图 9-3c 用不导磁材料制成的压条固定永磁体。这三种转子结构的交、直轴电枢反应电抗都相等，电磁上属于隐极结构。三种结构都需要将永磁体粘在铁心上，在粘之前，需将与永磁体接触的铁心表面加工得比较粗糙，以容纳较多的胶，粘接得更牢固。

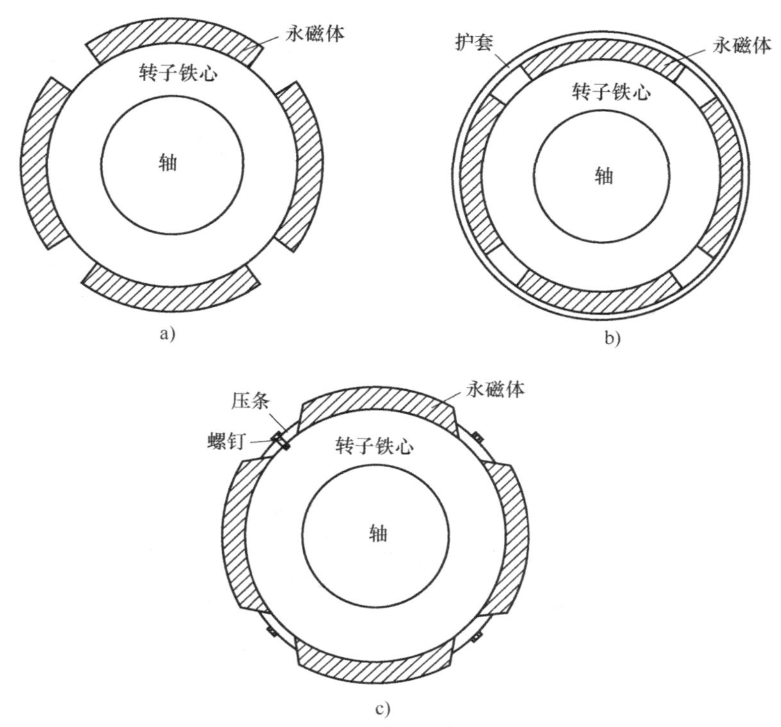

图 9-3　表贴式转子结构

表面式转子结构的永磁体面对空气隙，电枢反应磁场直接作用在永磁体上，使永磁体承受强退磁磁场，抗不可逆退磁能力不如内置式转子结构。

（2）内置式转子结构

内置式转子结构的永磁体处于转子铁心内部，受转子铁心的保护，抗退磁能力强。该结构的交直轴磁路不对称，可利用磁阻转矩提高电机的过载能力和转矩密度。根据相邻两极永磁体所产生磁场的串并联关系，可将内置式转子结构分为并联式和串联式两种磁路结构。

并联式磁路结构如图 9-4 所示，相邻两极永磁体在磁路上为并联关系，每极磁通由两块永磁体并联提供，一块永磁体提供相邻两极的磁动势。图 9-4a 在轴上设有隔磁套，防止磁力线经过导磁性轴闭合，隔磁套一般由铜或不锈钢制成。图 9-4b 有空气槽，相邻两空气槽之间有磁桥。图 9-4c 是在图 9-4b 转子外侧开槽用以隔磁。并联式磁路结构适合于多极电机，可以产生较大的气隙磁通，便于提高电机的功率密度，缺点是转子内部漏磁大，永磁体用量多。

串联式磁路结构如图 9-5 所示，其相邻两极的永磁体在磁路上是串联关系，每极永磁体提供每极气隙磁通，而一个极的永磁体提供每极磁动势。图中，四种磁极结构没有本质上的差别，差别在于放置永磁体的多少。V、U、W 形结构可放置更多永磁体，有利于提高电机的功率密度。应用于高速场合时，这四种结构的机械强度有一定的差别，对磁桥尺寸也有一定影响。

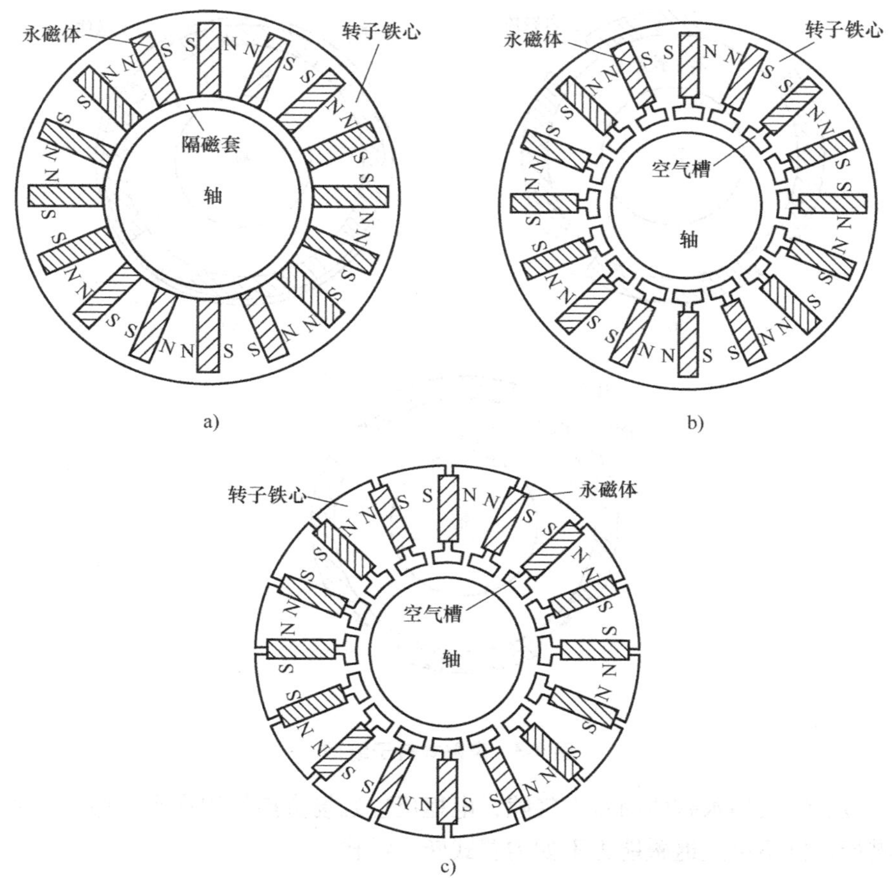

图 9-4　并联式磁路结构

9.1.2　性能特点

变频调速永磁同步电动机具有以下特点：

- 结构简单紧凑。
- 转速与供电频率成正比，改变供电频率即可方便地调节电机转速。
- 气隙磁密高，电机体积小，功率密度和转矩密度高。
- 效率和功率因数高。
- 控制精度高。
- 永磁磁场难以调节，弱磁扩速能力不强。
- 设计或使用不当，以及变频器保护不完善时，可能发生不可逆退磁。
- 转子机械强度不高。
- 内置式转子结构的漏磁较大，永磁体用量较多。
- 电机性能受环境温度等因素影响较大。

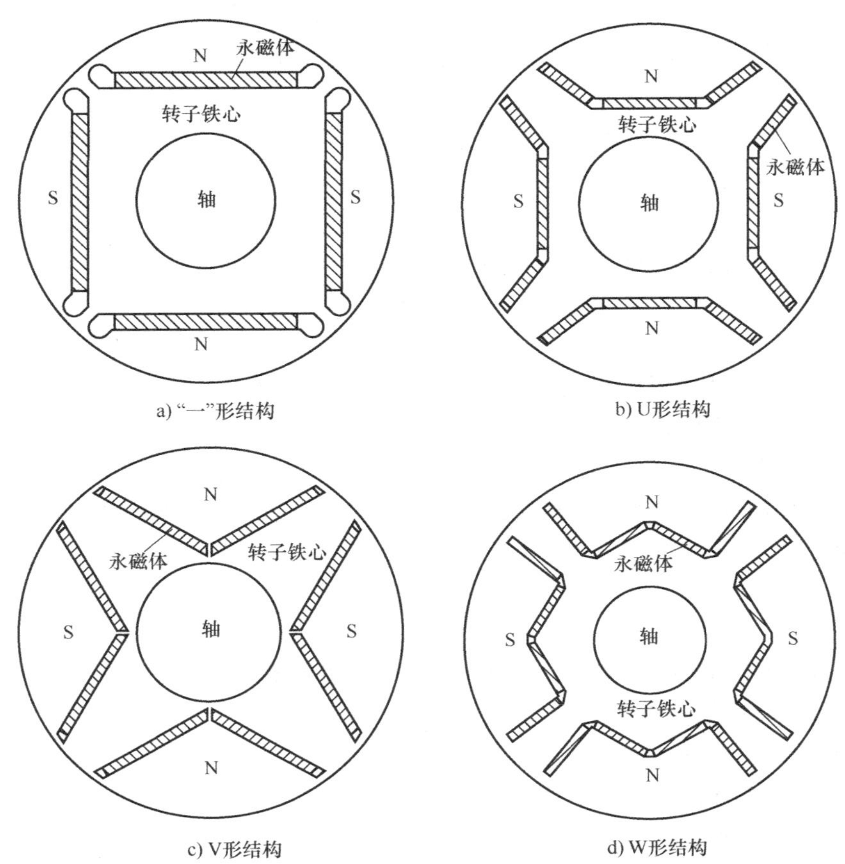

图 9-5　串联式磁路结构

9.2　两种特殊电枢绕组

采用整数槽绕组的永磁同步电动机，其绕组型式与同机座号的三相感应电动机基本相同，通常在 160 及以下机座号的电机中采用单层绕组，在 180 及以上机座号的电机中采用双层绕组，在高压中大功率电机中采用双层短距成型绕组，在此不再赘述。

本节主要介绍双层同心式不等匝绕组和分数槽绕组的连接方式和绕组系数计算方法。

9.2.1　双层同心式不等匝绕组

在交流电机的电枢绕组中，每极每相槽数 q_1 定义为

$$q_1 = \frac{Q_1}{2mp} \tag{9-1}$$

式中，Q_1 为定子槽数，m 为相数，p 为极对数。

对于双层同心式不等匝绕组，每相绕组在每极下有 q_1 个线圈，依次串联，组成一个极相组，这 q_1 个线圈采用同心式结构，且匝数不等。通过合理设计各线圈匝数，得到接近正

弦的定子绕组磁动势，能显著降低谐波磁动势，减小绕组端部长度，从而降低损耗、用铜量、温升、电磁振动和噪声，在小功率交流电动机中已有较多应用。该绕组的缺点是，一个极相组内各线圈的匝数和节距不同，绕线和嵌线工艺复杂。

双层同心式不等匝绕组有短距和整距两种。在短距绕组中，最大线圈的节距 y_1 为

$$y_1=\frac{Q_1}{2p}-1 \tag{9-2}$$

在整距绕组中，最大线圈的节距 y_1 为

$$y_1=\frac{Q_1}{2p} \tag{9-3}$$

下面以 2 极、18 槽永磁同步电机为例介绍双层同心式不等匝绕组的连接方式、线圈匝数比的确定以及绕组系数的计算方法。

1. 绕组展开图

双层同心式不等匝绕组的分析需借助于槽电动势星形图。相邻两槽在空间上相距 α 电角度，称为槽距角

$$\alpha=\frac{p\times360°}{Q_1} \tag{9-4}$$

因而相邻两槽内导体的感应电动势也相差 α 电角度。将各槽内导体正弦变化的基波感应电动势用相量表示，这些相量构成一个辐射星形图，称为槽电动势星形图。槽电动势星形图可以清晰地表示各槽内导体电动势之间的相位关系，据此可划分相带和绘制绕组展开图。

2 极、18 槽电机的槽距角 α 为 20°电角度，槽电动势星形图如图 9-6 所示，其绘制方法是，将 1 号槽电动势的相位设为 0°，然后将 1 号槽电动势相量顺时针旋转 20°（槽距角）即得到 2 号槽电动势相量，再将 2 号槽电动势相量顺时针旋转 20°得到 3 号槽电动势相量，依此类推，一直到 18 号槽的电动势相量，即得到槽电动势星形图。根据槽电动势星形图，按 60°相带方式划分相带，得到 AZBXCY 六个相带，每个相带的槽号见表 9-1。可以看出，每极每相有 3 个线圈，即 $q_1=3$。

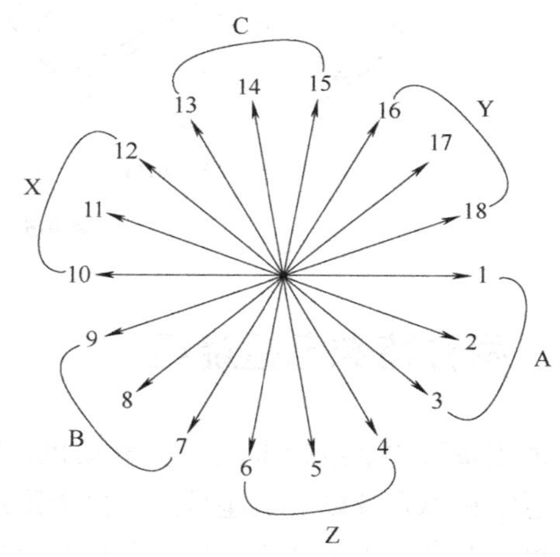

图 9-6　2 极、18 槽电机的槽电动势星形图

表 9-1　各相带的槽号

相带	A	Z	B	X	C	Y
槽号	1，2，3	4，5，6	7，8，9	10，11，12	13，14，15	16，17，18

（1）短距绕组

采用短距绕组的 A 相展开图如图 9-7a 所示。由于最大线圈的节距为 8，由 1 号槽的上层

边与 9 号槽的下层边、2 号槽的上层边与 8 号槽的下层边、3 号槽的上层边与 7 号槽的下层边分别组成线圈，节距分别为 8、6、4，依次串联，组成一个极相组；10 号槽的上层边与 18 号槽的下层边、11 号槽的上层边与 17 号槽的下层边、12 号槽的上层边与 16 号槽的下层边分别组成线圈，节距分别为 8、6、4，依次串联，组成另一个极相组。两个极相组相距一个极距，反向串联（或反向并联），构成 A 相绕组。

（2）整距绕组

采用整距绕组的 A 相展开图如图 9-7b 所示。由于最大线圈的节距为 9，由 1 号槽的上层边与 10 号槽的下层边、2 号槽的上层边与 9 号槽的下层边、3 号槽的上层边与 8 号槽的下层边分别组成线圈，节距分别为 9、7、5，依次串联，组成一个极相组；10 号槽的上层边与 1 号槽的下层边、11 号槽的上层边与 18 号槽的下层边、12 号槽的上层边与 17 号槽的下层边分别组成线圈，节距分别为 9、7、5，依次串联，组成另一个极相组。两个极相组相距一个极距，反向串联（或反向并联），构成 A 相绕组。

B、C 两相绕组的构成方式与 A 相相同，分别落后于 A 相绕组 120°、240°电角度，不再赘述。

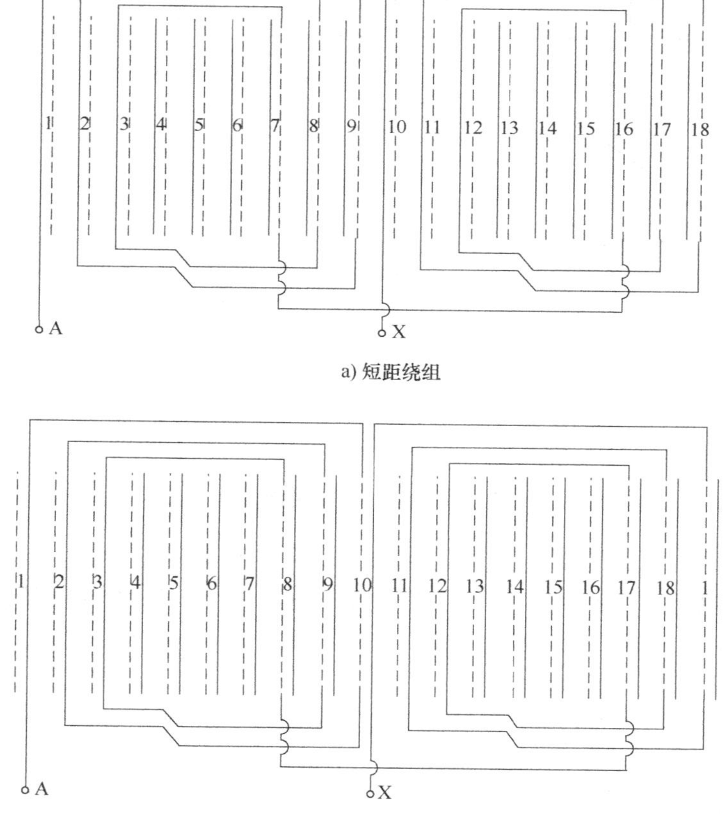

a) 短距绕组

b) 整距绕组

图 9-7　2 极、18 槽电机的 A 相绕组展开图

2. 线圈匝数比的确定

在双层同心式不等匝绕组中，一个极相组内的 q_1 个线圈匝数不相等，这 q_1 个线圈匝数之间的比值称为线圈匝数比。下面以上述 2 极、18 槽电机采用短距绕组为例说明线圈匝数比的确定方法。

设一个极相组中 q_1 个线圈的匝数按节距从大到小的顺序依次为 N_1、N_2、…、N_{q_1}。一个极距内三相绕组上、下层线圈边的分布如图 9-8 所示，其中 A、B、C 和同序号的 X、Y、Z 分别组成一个线圈，如 A1 和 X1、B2 和 Y2、C3 和 Z3 分别组成一个线圈，一个线圈的两个边（如 A1 和 X1）的电流大小相等、方向相反。根据电机电磁场理论，要产生如图 9-8 所示的正弦的理想磁动势，定子铁心须无齿槽且内表面有如图 9-8 所示正弦分布的理想电流密度。由于电流在定子槽内，电流密度无法按正弦分布，无法产生严格正弦分布的磁动势。因此，在电机设计中，将槽内电流视为位于定子铁心内表面的槽中心线位置的线电流，选择合适的线圈匝数比，使磁动势波形尽可能接近正弦。

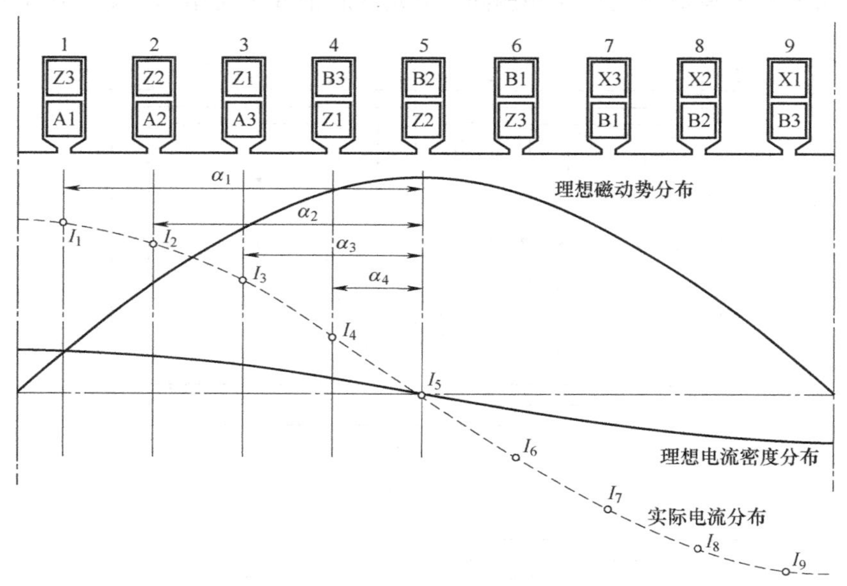

图 9-8 线圈匝数比的确定

取 A 相电流达到最大值即 $i_a = I_m$、$i_b = i_c = -I_m/2$ 的瞬间进行分析，各槽的总电流数见表 9-2，5 号槽内电流数为零，1、2、3、4 号槽分别与 9、8、7、6 号槽的总电流数大小相同、方向相反，它们共同产生的磁场的轴线位于 5 号槽的中心线上。视各槽的总电流数为位于槽口中心线的线电流，分别用 I_1、I_2、I_3、I_4、I_5、I_6、I_7、I_8、I_9 表示，如图 9-8 所示。设 1、2、3、4 号槽中心线与 5 号槽中心线的夹角（电角度）分别为 α_1、α_2、α_3、α_4，则满足

$$I_1 : I_2 : I_3 : I_4 = \sin\alpha_1 : \sin\alpha_2 : \sin\alpha_3 : \sin\alpha_4 \tag{9-5}$$

本例中，$\alpha_1 = 80°$、$\alpha_2 = 60°$、$\alpha_3 = 40°$、$\alpha_4 = 20°$，根据式（9-5），可得线圈匝数比为 $N_1 : N_2 : N_3 = 4.41 : 2.88 : 1$。

当该电机采用整距绕组时，利用类似的方法可得线圈匝数比为 $N_1 : N_2 : N_3 = 1.27 : 1.88 : 1$。

表 9-2 各槽内总电流数

槽号	1	2	3	4	5	6	7	8	9
总电流数	$(N_1+N_3/2)I_m$	$3N_2I_m/2$	$(N_3+N_1/2)I_m$	$(N_1-N_3)I_m/2$	0	$-(N_1-N_3)I_m/2$	$-(N_3+N_1/2)I_m$	$-3N_2I_m/2$	$-(N_1+N_3/2)I_m$

表 9-3 列出了 $q_1=2\sim6$ 时短距绕组和整距绕组的线圈匝数比及其基波绕组系数 K_{dp1}[1]。可以看出，整距绕组的基波绕组系数高于短距绕组。

表 9-3 短距绕组和整距绕组的线圈匝数比及基波绕组系数 K_{dp1}

q_1	短距绕组		整距绕组	
	线圈匝数比	K_{dp1}	线圈匝数比	K_{dp1}
2	$N_1:N_2=2.73:1$	0.89658	$N_1:N_2=1:1.15$	0.9282
3	$N_1:N_2:N_3=4.41:2.88:1$	0.90229	$N_1:N_2:N_3=1.27:1.88:1$	0.91622
4	$N_1:N_2:N_3:N_4=6.08:4.66:2.93:1$	0.90431	$N_1:N_2:N_3:N_4=1.67:2.73:1.93:1$	0.91212
5	$N_1:N_2:N_3:N_4:N_5=$ $7.74:6.40:4.78:2.95:1$	0.90524	$N_1:N_2:N_3:N_4:N_5=$ $2.08:3.57:2.83:1.95:1$	0.91023
6	$N_1:N_2:N_3:N_4:N_5:N_6=$ $9.40:8.11:6.58:4.85:2.97:1$	0.90574	$N_1:N_2:N_3:N_4:N_5:N_6=$ $2.49:4.41:3.70:2.88:1.97:1$	0.90921

3. 绕组系数的计算

表 9-3 列出了不同 q_1 时的线圈匝数比及其基波绕组系数。在实际电机中，不可能严格实现表中的线圈匝数比，绕组系数也就不可能是表中给出的数值，需要根据实际的线圈匝数计算绕组系数。

对于短距绕组，ν 次谐波绕组系数为[1]

$$K_{dp\nu}=\frac{1}{N_1+N_2+\cdots+N_{q_1}}\left[N_1\cos\left(\frac{1}{2}\nu\alpha\right)+\cdots+N_{q_1-1}\cos\left(\frac{2q_1-3}{2}\nu\alpha\right)+N_{q_1}\cos\left(\frac{2q_1-1}{2}\nu\alpha\right)\right] \tag{9-6}$$

对于整距绕组，ν 次谐波绕组系数为[1]

$$K_{dp\nu}=\frac{1}{N_1+N_2+\cdots+N_{q_1}}\{N_1+N_2\cos(\nu\alpha)+\cdots+N_{q_1-1}\cos[(q_1-2)\nu\alpha]+N_{q_1}\cos[(q_1-1)\nu\alpha]\} \tag{9-7}$$

令式（9-6）、式（9-7）中的 ν 等于 1，可求得基波绕组系数。

9.2.2 分数槽绕组

9.2.2.1 分数槽绕组的特点

在交流电机的电枢绕组中，当每极每相槽数 q_1 为整数时，称为整数槽绕组，否则称为分数槽绕组。

分数槽绕组最早用于水轮发电机。水轮发电机转速低、极数多，若采用整数槽绕组，需要很多槽才能通过绕组分布来削弱高次谐波磁动势和电动势，但受结构和制造工艺的限制，无法在有限的电枢直径上加工出足够多的槽。为解决这一问题，水轮发电机采用了 $q_1>1$ 的分数槽绕组。近 20 年来，随着永磁同步电机的低速直驱化，电机需要达到几十极，甚至上百极，使分数槽绕组的应用日益广泛。

根据分数槽绕组的节距，可将分数槽绕组分为分数槽集中绕组和分数槽分布绕组两类。分数槽集中绕组的节距等于 1，节距接近且不等于极距，线圈各自绕在一个定子齿上，是分数槽绕组最常用的结构形式，也是最能体现分数槽绕组优点的结构形式。分数槽分布绕组的节距是大于 1 的真分数，其绕组结构、制造、嵌线和外观都与双层叠绕组类似，但可用较少的槽数改善磁动势和电动势波形。比如 24 极 72 槽电机，其每极每相槽数等于 1，电动势波形的正弦性很差，而采用 20 极 72 槽分数槽绕组，其电动势波形得到很大改善。本书只介绍分数槽集中绕组。

与整数槽绕组永磁同步电机相比，分数槽集中绕组永磁同步电机具有以下优点：

1）通过较少的槽数实现了绕组的分布，改善磁动势和电动势的波形。

2）分数槽集中绕组既减小了线圈节距，又避免了线圈间的端部交叉，显著减少了绕组端部长度，减小了绕组用铜量。

3）用较少的大槽代替了较多的小槽，绝缘材料用量和加工工时减少，槽利用率高。

4）槽利用率高使槽内铜面积增加，可增大导线截面积，加之绕组端部的减小，使绕组电阻减小，降低电枢绕组铜耗。

5）大幅度降低齿槽转矩。整数槽绕组电机的齿槽转矩较大，需要采取相应措施予以削弱；而分数槽电机齿槽转矩较小，除了用于对齿槽转矩要求较高的场合外，无需采取削弱齿槽转矩的措施。

6）便于实现嵌线自动化，提高生产效率。

7）便于实现电机的容错运行。

虽然如此，分数槽集中绕组也存在一些不足：

1）电枢反应磁动势谐波含量丰富，不但有大量的高次谐波，还有次数低于基波的低次谐波，易引起电磁振动和噪声，并在永磁体中产生较大涡流损耗，造成永磁体发热。

2）槽面积大，发热多，绕组和铁心之间散热面积小，不利于散热。

3）电枢绕组漏电抗大。

4）基波绕组系数偏低，特别是槽数/极数比较大的极槽配合，如 8 极 12 槽、6 极 9 槽、4 极 6 槽等。

5）有些极槽配合没有分布效果，磁动势和电动势波形差，如槽数/极数比为 1.5 的极槽配合。

6）某些分数槽电机的磁路不对称，可能会产生固有轴电压，危及轴承的安全运行。

9.2.2.2　分数槽集中绕组永磁电机的极槽配合

在分析分数槽绕组的极槽配合时，通常采用“单元电机”的概念。若电机的槽数 Q_1 和极对数 p 之间有最大公约数 t，即 $Q_1=Q_0t$，$p=p_0t$，则

$$\frac{Q_1}{p}=\frac{Q_0}{p_0} \tag{9-8}$$

式中，Q_0 是 m 的整数倍。

槽数为 Q_0、极对数为 p_0 的电机称为单元电机。原电机由 t 个单元电机组成。分数槽单元电机的槽数 Q_0 和极数 p_0 不能随意选择，必须满足一定的约束条件，即[2]

1）为实现三相对称，槽数必须能被相数 m 整除。对于三相电机，Q_0 必须是 3 的倍数，因此可供选择的槽数为 3、6、9、12、15、18、21、24 等。

2）Q_0/p_0 为不可约的分数，而 Q_0 为相数的整数倍，则 p_0 不能为相数的倍数。对于三相电机，p_0 不能为 3 的倍数，可供选择的极对数为 1、2、4、5、7、8、10、13、14、16、17、19、20 等。

3）线圈的节距比（节距/极距）≥2/3，以保证绕组有较高的节距系数。

根据这些条件，得到 1~20 对极的分数槽集中绕组单元电机的极槽配合，见表 9-4。据此可以得到分数槽集中绕组永磁电机的极槽配合，见表 9-5。

表 9-4　1~20 对极的分数槽集中绕组单元电机极槽配合

$2p_0$ \ Q_0	3	6	9	12	15	18	21	24	27	30	33	36	39	42	45	48	51	54	57	60
2	√																			
4	√																			
8			√																	
10			√	√																
14				√	√	√														
16					√		√													
20							√		√											
22						√	√	√	√	√										
26							√	√	√	√	√	√								
28									√		√		√							
32									√		√		√		√					
34									√	√	√	√	√	√	√	√				
38										√	√	√	√	√	√	√	√	√		
40											√		√				√		√	

表 9-5　1~20 对极的分数槽集中绕组永磁电机极槽配合

$2p$ \ Q_1	3	6	9	12	15	18	21	24	27	30	33	36	39	42	45	48	51	54	57	60
2	√																			
4	√	√																		
6			√																	
8		√	√	√																
10			√	√	√															

（续）

$2p$ \ Q_1	3	6	9	12	15	18	21	24	27	30	33	36	39	42	45	48	51	54	57	60
12			√			√														
14				√	√	√	√													
16				√	√	√	√	√												
18									√											
20					√	√	√	√	√	√										
22						√	√	√	√	√	√									
24						√			√			√								
26							√	√	√	√	√	√	√							
28							√	√	√	√	√	√	√	√						
30									√			√			√					
32								√	√	√	√	√	√	√	√	√				
34									√	√	√	√	√	√	√	√	√			
36									√									√		
38										√	√	√	√	√	√	√	√	√	√	
40										√	√	√	√	√	√	√	√	√	√	√

9.2.2.3 绕组连接图的绘制

与整数槽绕组一样，分数槽绕组的分析也需借助于槽电动势星形图，但在槽电动势星形图绘制、相带划分和绕组连接方法上与一般的整数槽绕组有较大差别。下面以三相、20 极、24 槽永磁同步电机为例进行介绍。

1. 20 极、24 槽永磁电机的绕组连接方式

（1）槽电动势星形图

根据已知数据，求得该电机的每极每相槽数 q_1 和槽距角 α 分别为

$$q_1=\frac{Q_1}{2pm}=\frac{24}{20\times3}=\frac{2}{5}$$

$$\alpha=\frac{p\times360°}{Q_1}=\frac{10\times360°}{24}=150°$$

相邻两槽在空间上相距 150°电角度，所以相邻槽中导体的感应电动势在时间上也相差 150°电角度。如图 9-9a 所示，将 1 号槽内电动势的相位设为 0°，然后将 1 号槽内电动势相量顺时针旋转 150°即得到 2 号槽内电动势相量，再将 2 号槽内电动势相量顺时针旋转 150°得到 3 号槽内电动势相量，依此类推，一直到 13 号槽的电动势相量，该电动势相量滞后于 1 号槽的电动势相量 1800°，即 13 号槽的电动势相量与 1 号槽的电动势相量重合，依次得到 14~24 号槽的电动势相量，即得到如图 9-9a 所示的槽电动势星形图。在槽电动势星形图上，13~24 号槽的电动势相量与 1~12 号槽重复。

可以看出，该电机的槽数与极对数的最大公约数为 2，该电机由两个单元电机组成，这

两个单元电机分别由 1~12 号槽和 13~24 号槽组成。每个单元电机内的槽电动势相量在圆周上均匀分布，相邻两电动势相量之间的相位差为

$$\alpha_0=\frac{360°}{Q_0}=\frac{360°}{12}=30°$$

（2）相带划分与绕组连接

为了使三相绕组对称，每相绕组在槽电动势星形图中所占的范围应相等。要满足这一要求，有两种划分方法。一种是将 360°电角度的范围划分为均匀的 6 份，每份占 60°电角度，每相占两份，六份的排列顺序为 AZBXCY。其中，A 相由 A 和 X 组成，B 相由 B 和 Y 组成，C 相由 C 和 Z 组成，如图 9-9b 所示，称为 60°相带划分。另一种是将 360°电角度的范围划分为均匀的 3 份，每份占 120°电角度，每相占一份，三份的排列顺序为 ABC，如图 9-9c 所示，称为 120°相带划分。

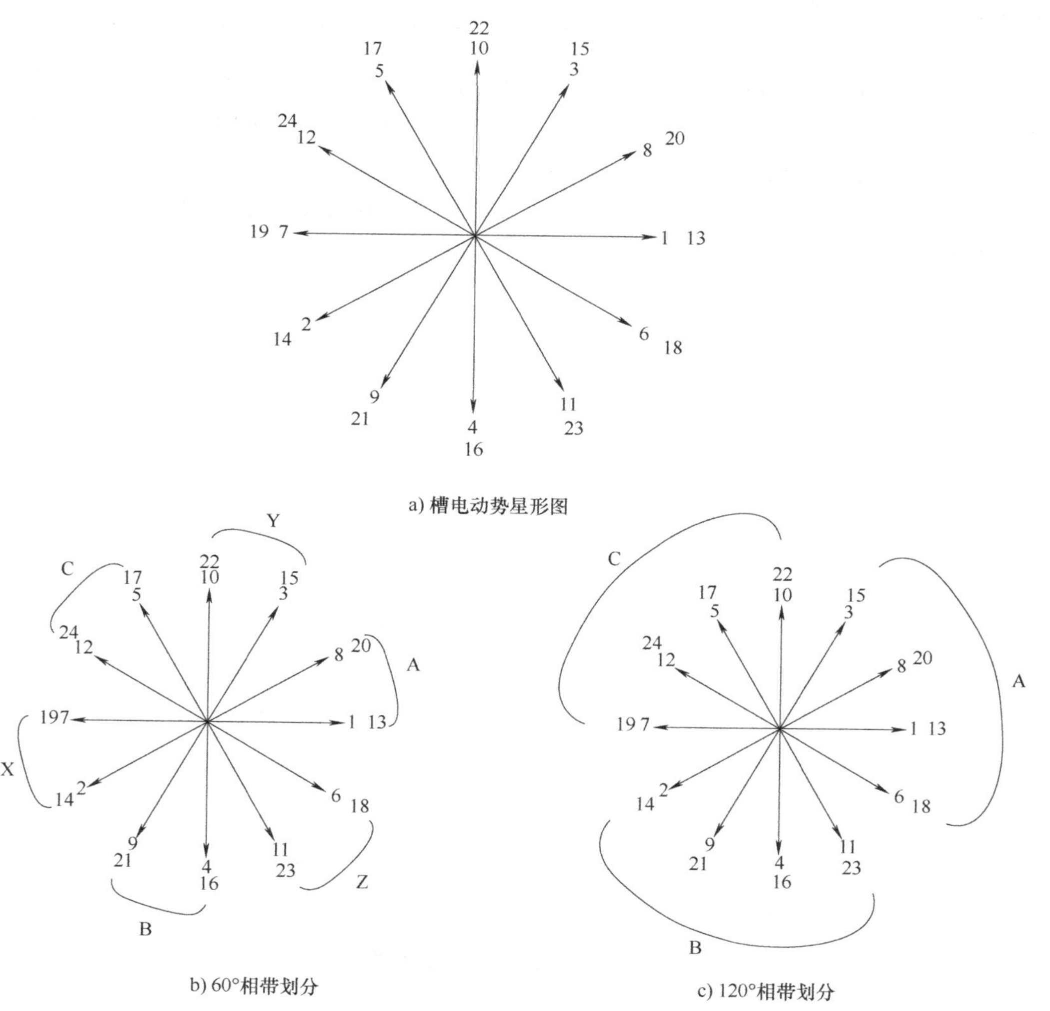

图 9-9　槽电动势星形图与相带划分

60°相带绕组的绕组系数高于 120°相带，可使每相绕组产生更大的感应电动势，因此在

进行相带划分时，应尽可能采用60°相带。需要注意的是，采用表9-5中极槽配合的分数槽绕组都能划分为120°相带，但不都能划分为60°相带。

1）60°相带划分。对于图9-9b所示的60°相带划分，A相在电机中占8个槽，取第1、8、13、20号槽为A相带，取2、7、14、19号为X相带，两个相带相差180°电角度；B相绕组空间上滞后于A相绕组120°电角度，取第4、9、16、21号槽为B相带，第3、10、15、22号槽为Y相带；C相绕组空间上滞后B相绕组120°电角度，取第5、12、17、24号槽为C相带，第6、11、18、23号槽为Z相带。60°相带槽号分布见表9-6。

表9-6 60°相带槽号分布

相带	A	Z	B	X	C	Y
单元电机1	A_1(1、8)	Z_1(6、11)	B_1(4、9)	X_1(2、7)	C_1(5、12)	Y_1(3、10)
单元电机2	A_2(13、20)	Z_2(18、23)	B_2(16、21)	X_2(14、19)	C_2(17、24)	Y_2(15、22)

以A相为例介绍绕组的连接方式。线圈的编号与其上层边所在槽的编号相同。A相带包括A_1（单元电机1的1、8号线圈串联组成）和A_2（单元电机2的13、20号线圈串联组成）两部分，两者相位相同。X相带包括X_1（单元电机1的2、7号线圈串联组成）和X_2（单元电机2的14、19号线圈串联组成）两部分，两者的相位也相同，但与A_1、A_2的相位相差180°电角度。因此通过A_1、A_2、X_1、X_2的串并联可分别组成1、2、4条支路，如图9-10所示。

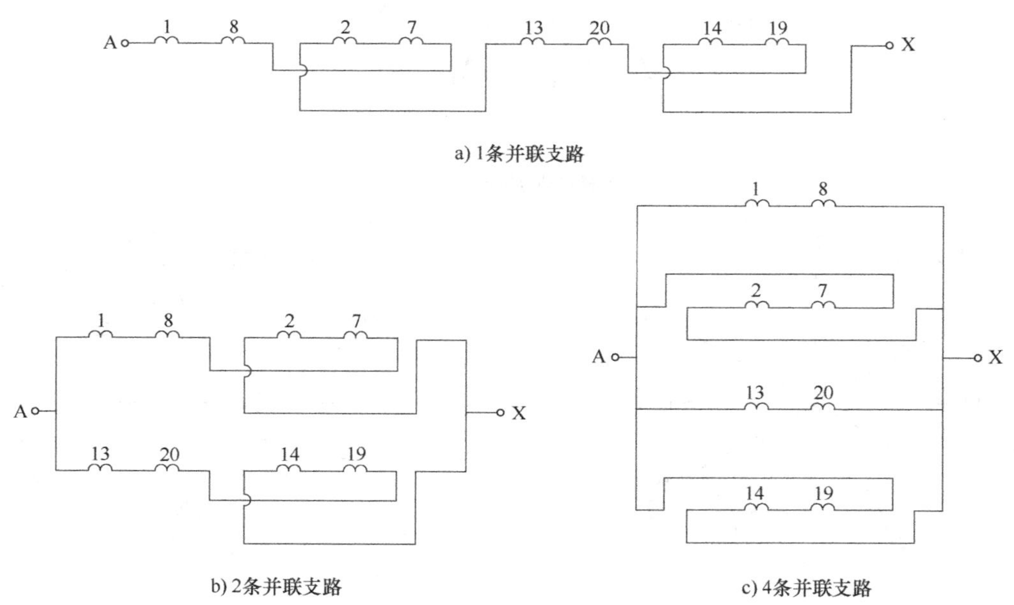

图9-10 60°相带绕组的连接方式

2）120°相带划分。对于图9-9c所示的120°相带划分，A相在电机中占8个槽，取第1、3、6、8、13、15、18、20号槽作为A相带，因B、C相绕组空间上分别滞后于A相绕组120°和240°电角度，取第2、4、9、11、14、16、21、23号槽为B相带，取第5、7、10、

12、17、19、22、24 号槽为 C 相带。120°相带槽号分布见表 9-7。

表 9-7　120°相带槽号分布

相带	A	B	C
单元电机 1	A_1(1、3、6、8)	B_1(2、4、9、11)	C_1(5、7、10、12)
单元电机 2	A_2(13、15、18、20)	B_2(14、16、21、23)	C_2(17、19、22、24)

以 A 相为例介绍绕组的连接方式。A 相带包括 A_1（单元电机 1 的 1、3、6、8 号线圈串联组成）和 A_2（单元电机 2 的 13、15、18、20 号线圈串联组成）两部分，两者相位相同。可以串联构成 1 条并联支路，也可并联构成 2 条并联支路，如图 9-11 所示。

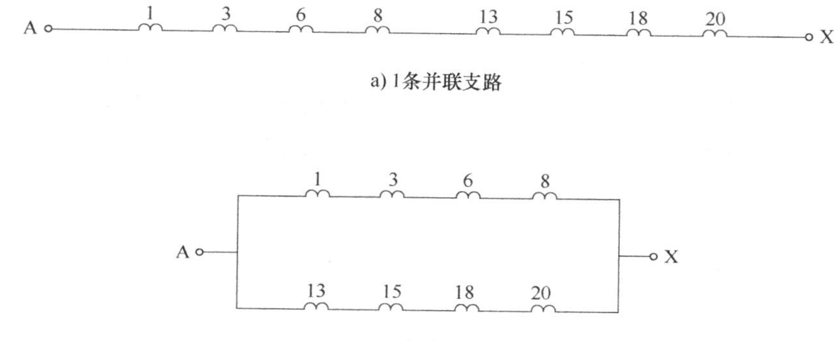

图 9-11　120°相带绕组的连接方式

2. 分数槽集中绕组的连接图通用绘制方法

（1）槽电动势星形图的特点

从上述分析可知，分数槽集中绕组的槽电动势星形图具有以下特点：

1）相邻两槽之间的槽电动势相量相差 α 电角度。

2）一个单元电机内的 Q_0 个槽电动势相量在 360°电角度的范围内均匀分布，槽电动势星形图中相邻两相量之间的夹角为 $\alpha_0=360°/Q_0$ 电角度。

3）第一个单元电机的槽电动势相量与其余 $t-1$ 个单元电机重合。

根据上述特点，可方便地绘制出槽电动势星形图。

（2）相带划分

1）120°相带划分。由于单元电机槽数 Q_0 一定是相数的整数倍，因此将 360°电角度的范围分为相同的 3 份，每份占 120°电角度。每份中的线圈依次串联，构成一相绕组。一个单元电机内，每相绕组只有 1 条并联支路。电机最多有 t 条并联支路，最少有 1 条并联支路。

2）60°相带划分。若要按 60°相带划分，Q_0 必须为 6 的整数倍。将 360°电角度范围分为相同的 6 份，每份占 60°电角度。每相由两个相差 180°电角度的相带组成，这两个相带既可串联，也可并联，分别构成 1 条、2 条并联支路。电机最多有 $2t$ 条并联支路，最少有 1 条并联支路。

3）不均匀六相带划分。若 Q_0 不是为 6 的整数倍，而是 3 的奇数倍，只能划分为 120°相带，不能划分为 60°相带。但 120°相带绕组的绕组系数较低，降低了绕组的利用率。在这种情况下，要提高功率因数，可采用不均匀六相带划分。下面以 16 极、15 槽电机为例介绍不均匀六相带划分的分相和绕组连接方法。该电机的槽电动势星形图如图 9-12a 所示，每相为 5 个槽，要划分为 6 个相带，有两种划分方法，分别如图 9-12b、c 所示，每个相带所占的角度不是 60°电角度。

图 9-12b 将 1、3、5 划为 A 相带，2、4 划为 X 相带，11、13、15 划为 B 相带，12、14 划为 Y 相带，6、8、10 划为 C 相带，7、9 划为 Z 相带，A、X 反向串联组成 A 相绕组，B、Y 反向串联组成 B 相绕组，C、Z 反向串联组成 C 相绕组。其绕组分布系数为

$$K_{d1}=\frac{1+2\cos24°+2\cos12°}{5}=0.9567$$

图 9-12c 将 1、3、5、7 划为 A 相带，4 划为 X 相带，2、11、13、15 划为 B 相带，14 划为 Y 相带，6、8、10、12 划为 C 相带，9 划为 Z 相带，A、X 反向串联组成 A 相绕组，B、Y 反向串联组成 B 相绕组，C、Z 反向串联组成 C 相绕组。其绕组分布系数为

$$K_{d1}=\frac{1+2\cos36°+2\cos12°}{5}=0.9149$$

可以看出，图 9-12b 比图 9-12c 所示划分方法有更高的绕组分布系数，因此应采用图 9-12b 的相带划分方法。

图 9-12b 所示相带划分的特点是，一相的两个相带（如 A 和 X）所包含电动势相量的数量相差 1。其相带划分方法是，将单元电机依次划分为 A、X、B、Y、C、Z 六个相带。A、B、C 三个相带包含的电动势相量数分别比 X、Y、Z 相带多 1，A 相包括 A、X 两个相带，B 相包括 B、Y 两个相带，C 相包括 C、Z 两个相带，每相的两个相带相差 180°电角度。A、B、C 三个相带互差 120°电角度。将每相的两个相带反向串联，即组成 1 相绕组。可以看出，采用不均匀六相带划分方法，每个单元电机只有 1 条并联支路，电机最多有 t 条并联支路，最少有 1 条并联支路。

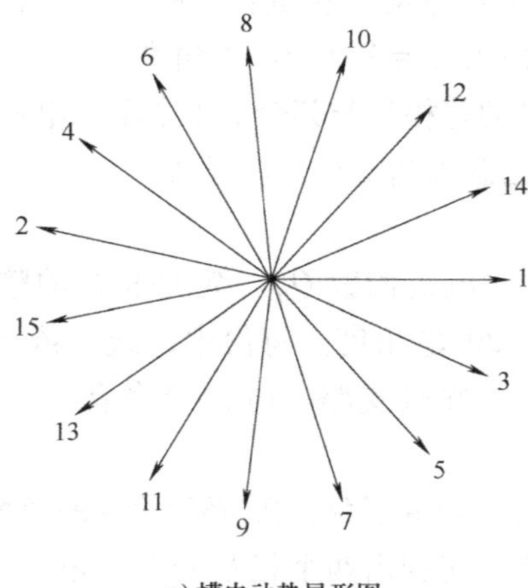

a) 槽电动势星形图

图 9-12　16 极、15 槽永磁同步电机的不均匀六相带划分

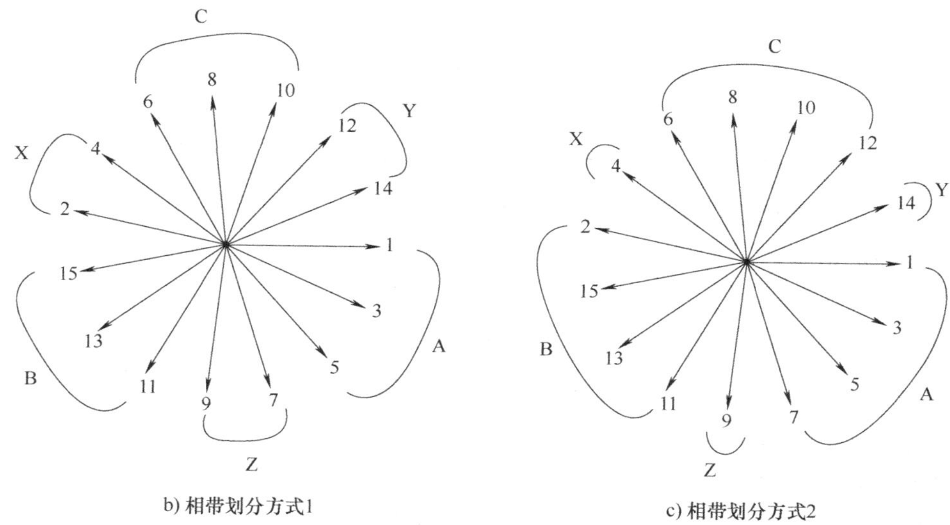

b) 相带划分方式1　　c) 相带划分方式2

图 9-12　16 极、15 槽永磁同步电机的不均匀六相带划分（续）

9.2.2.4　分数槽绕组绕组系数的计算

绕组系数与相带划分有密切关系。ν 次谐波绕组系数

$$K_{dp1}=K_{d1}K_{p1} \tag{9-9}$$

式中，K_{p1}为基波节距系数，K_{d1}为基波分布系数。基波节距系数为

$$K_{p1}=\sin\frac{y_1\pi}{2\tau} \tag{9-10}$$

式中，τ 为用槽数表示的极距，y_1 为线圈节距，对于分数槽集中绕组，$y_1=1$，则

$$K_{p1}=\sin\frac{\pi}{2\tau} \tag{9-11}$$

绕组分布系数与相带划分有关，根据相带划分方法的不同，分布系数分别计算如下：

1）120°相带划分。在单元电机中，120°相带的要求是单元电机槽数 Q_0 是 3 的整数倍，所有的三相分数槽集中绕组都满足这一要求，所以都可以划分为 120°相带。一相只有一个相带，一个相带内的电动势相量数为 $q_e=Q_0/3$，相邻两相量之间相差 $\alpha_e=360°/Q_0$，则基波分布系数为

$$K_{d1}=\frac{\sin\left(\frac{\alpha_e}{2}q_e\right)}{q_e\sin\left(\frac{\alpha_e}{2}\right)}=\frac{\sin(\pi/3)}{\frac{Q_0}{3}\sin\left(\frac{\pi}{Q_0}\right)} \tag{9-12}$$

2）60°相带划分。在单元电机中，60°相带的基本要求是单元电机槽数 Q_0 是 6 的整数倍。每相有两个相带，彼此相差 180°电角度，因此一个相带的分布系数就是一相的分布系数。一个相带内有 $q_e=Q_0/6$ 个均布的电动势相量，相邻两相量之间相差 $\alpha_e=360°/Q_0$，则基波分布系数为

$$K_{d1}=\frac{\sin\left(\dfrac{\alpha_e}{2}q_e\right)}{q_e\sin\left(\dfrac{\alpha_e}{2}\right)}=\frac{\sin(\pi/6)}{\dfrac{Q_0}{6}\sin\left(\dfrac{\pi}{Q_0}\right)} \tag{9-13}$$

3）不均匀六相带划分。在采用不均匀六相带的单元电机中，槽电动势星形图中相邻两个电动势相量的夹角为 $360°/Q_0$ 电角度，每相有两个相带，彼此相差 180°电角度，电动势相量数相差 1。以 A 相为例，A 相包括 A 和 X 两个相带，A 相的电动势相量数为 $q_e=Q_0/3$，A 相带和 X 相带的电动势相量数分别为 q_{e1} 和 q_{e2}，满足 $q_{e1}=q_{e2}+1$。将 X 相带的 q_{e2} 个相量反向延长，q_{e2} 根延长线正好等分 A 相带 q_{e1} 个相量之间的 q_{e2} 个夹角。如果将 A 相带与 X 相带反向串联，则这 q_e 个相量构成一个新的相带，相带内相量夹角为 $\alpha_e=180°/Q_0$，如图 9-13 所示，基波分布系数为

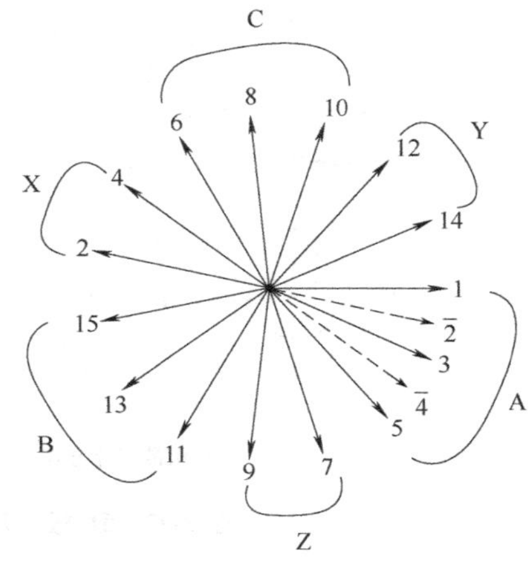

图 9-13　不均匀六相带绕组分布系数计算

$$K_{d1}=\frac{\sin\left(\dfrac{\alpha_e}{2}q_e\right)}{q_e\sin\left(\dfrac{\alpha_e}{2}\right)}=\frac{\sin(\pi/6)}{\dfrac{Q_0}{3}\sin\left(\dfrac{\pi}{2Q_0}\right)} \tag{9-14}$$

9.3　表贴式结构与内置式结构的对比

变频调速永磁同步电机的转子磁极结构及其结构参数非常关键，直接关系到电机的功率密度、转矩密度、抗退磁能力、转矩波动、弱磁能力、损耗、转子机械强度、电磁振动和噪声等。进行转子结构设计时，首先要确定其磁极结构，然后进行磁极结构的优化，进而确定其结构参数。

变频调速永磁同步电动机主要采用表贴式和内置式两种磁极结构。本节以 380V、7.5kW、750r/min 表贴式和内置式永磁同步电动机为例，对两种转子磁极结构进行电磁性能的分析和对比。两台电机的结构参数见表 9-8，两者具有相同的电枢、气隙长度、极弧系数、永磁体厚度和基波反电动势，不同之处是磁极结构和永磁体用量。

利用有限元法，计算了空载气隙磁密和反电动势波形，分别如图 9-14、图 9-15 所示，然后计算了其他性能，见表 9-9。下面结合计算结果，对内置式结构与表贴式结构进行对比。

（1）空载气隙磁密

相对于内置式结构，表贴式结构的空载气隙磁密波动小、谐波含量低。空载气隙磁密的波动主要是由定子开槽引起的。一个极下的转子铁心表面和定子铁心表面都是等磁位面，气隙磁密波形取决于气隙长度沿圆周的分布。表贴式结构电机的有效气隙由永磁体厚度、气隙长度和开槽引起的附加气隙组成，内置式结构电机的有效气隙由气隙和开槽引起的附加气隙

组成，前者的有效气隙长度明显大于后者，开槽对表贴式结构电机气隙磁密的影响比内置式小，因而内置式结构电机的气隙磁密波动和谐波含量明显高于表贴式结构电机。

（2）反电动势及其谐波含量

从图 9-15 可以看出，电机的设计保证了两者的基波反电动势相同；内置式结构电机的线反电动势谐波含量明显大于表贴式结构电机，这是因为其气隙磁密的谐波含量大。

表 9-8　电机结构参数

参数	内置式	表贴式	参数	内置式	表贴式
定子铁心外径/mm	260	260	定子铁心内径/mm	180	180
铁心长度/mm	118	118	定子槽数	36	36
极对数	3	3	定子绕组	单层绕组	单层绕组
并联支路数	2	2	每槽导体数	59	59
气隙长度/mm	1	1	永磁体厚度/mm	3.5	3.5
每极永磁体宽度/mm	80	76.2	极弧系数	0.833	0.833

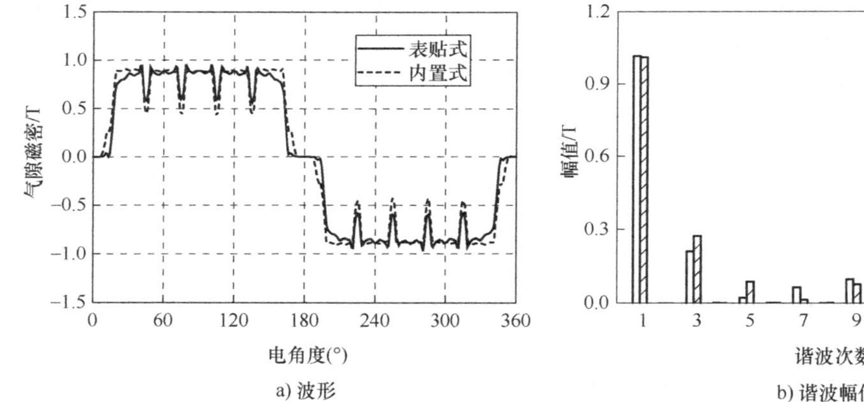

a) 波形　　b) 谐波幅值

图 9-14　气隙磁密

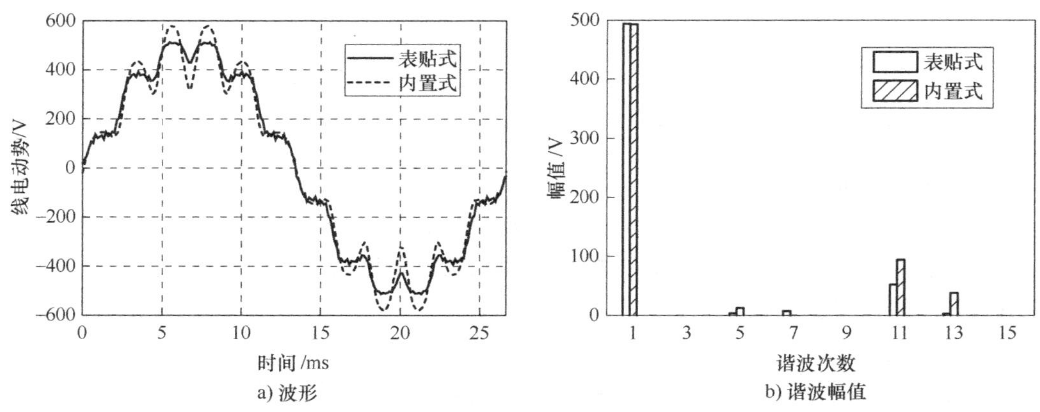

a) 波形　　b) 谐波幅值

图 9-15　线反电动势

(3) 电枢反应电抗

表贴式结构电机的交、直轴电枢反应电抗相同；内置式结构电机的交轴电枢反应电抗大于直轴电枢反应电抗。由于磁桥的存在，内置式结构电机的直轴电枢反应电抗明显大于表贴式结构电机。

(4) 电机的输入电压和电枢电流

变频调速电机的额定转速是恒转矩和恒功率两种运行状态的分界点。在额定转速以下，采用最大转矩/电流比控制，电流由转矩决定，而电机输入电压又由电流和反电动势决定。在负载转矩相同的前提下，内置式结构存在因交直轴磁路不对称而产生的磁阻转矩，因而所需电枢电流略小，但差别并不明显。内置式结构电机的电枢反应电抗大，故所需输入电压明显大于表贴式结构电机。

(5) 抗退磁能力

由于表贴式结构电机的永磁体位于气隙内，直接面对电枢反应磁动势，额定状态下永磁体的最小工作点明显低于内置式结构电机，抗退磁能力弱。

表 9-9　电机性能对比

参数		内置式	表贴式
气隙磁密基波/T		1.022	1.021
空载反电动势/V		353.6	353.4
电枢反应电抗	X_{ad}/Ω	6.55	4.08
	X_{aq}/Ω	14.32	4.08
额定性能	电流/A	12.3	12.54
	电压/V	374	358
额定状态下永磁体最小工作点/T		0.519	-0.033
额定状态损耗	定子绕组损耗/W	323.3	336.1
	定子铁耗/W	59.26	60.62
	转子铁耗/W	2.24	0.065
	永磁体涡流损耗/W	7.12	16.55
永磁体用量/kg		1.79	1.44
过载能力/倍		2.7	3.6
弱磁运行的最高转速/(r/min)		1355	1098

(6) 永磁体用量

由于永磁体位于转子铁心内，内置式结构电机的漏磁系数大于表贴式结构电机。因此，要建立相同的基波气隙磁场，内置式结构电机的永磁体用量大。随着极数的增多，两者在永磁体用量方面的差别越来越大。

(7) 过载能力

内置式结构电机的交直轴磁路不对称，产生磁阻转矩，有助于提高过载能力，但其直轴电抗明显大于表贴式结构电机，使其过载能力明显低于后者。本例中，内置式结构电机、表贴式结构电机的过载能力分别为 2.7 倍和 3.6 倍。

（8）弱磁扩速能力

弱磁扩速范围是宽调速永磁同步电机的重要指标，电机的直轴电感越大，弱磁扩速能力越强。与表贴式结构电机相比，内置式结构电机的直轴电抗大，因而弱磁扩速能力强。本例中表贴式、内置式结构电机弱磁运行时的最高转速分别为 1098r/min 和 1355r/min。

（9）加工工艺

在常规转速下，内置式结构易于满足转子机械强度的要求，虽然对转子冲片的加工和叠压工艺要求较高，但永磁体从端部插入转子铁心内，安装方便，不需要特别的加固措施。相对而言，表贴式结构电机通常需要对永磁体采取一定的固定措施。

（10）极弧系数的可调节性

表贴式结构电机的极弧系数取决于永磁体的极弧长度，极弧长度一定，则极弧系数一定。内置式结构电机的永磁体置于转子铁心内，极弧系数取决于一个极下永磁体槽所包围的极弧长度，与每极永磁体的宽度没有直接关系，因此可在永磁体宽度一定的前提下，通过调整永磁体槽的位置改变极弧系数，也可在极弧系数不变的前提下通过改变永磁体宽度调整气隙磁密。

（11）聚磁能力

内置式结构具有“聚磁”作用，可以通过增加永磁体用量提高气隙磁密，有助于提高电机的功率密度和转矩密度。表贴式结构电机的永磁体安装在转子表面，没有“聚磁”作用。

（12）转子损耗

转子铁耗主要包括转子铁耗和永磁体涡流损耗。从表 9-9 可以看出，内置式结构电机的转子铁耗远大于表贴式结构电机，这是因为内置式结构电机等效气隙长度远小于后者，电枢反应磁动势在转子铁心中产生的谐波磁场幅值大，产生较大的转子表面损耗；但内置式结构电机的永磁体涡流损耗小于表贴式结构电机，这是由于转子铁心对永磁体有保护作用，永磁体受电枢反应磁动势的影响较小。

9.4　气隙磁密波形优化

气隙磁密波形的正弦性直接影响电机性能。正弦性差，则谐波含量高，将导致较大的齿槽转矩、转矩脉动、电磁振动噪声、杂散损耗、谐波电抗、谐波电流和感应电动势谐波含量等。永磁磁极产生的气隙磁场，含有较多的谐波，有必要进行磁极形状优化，以提高气隙磁密波形的正弦性。

在表贴式永磁同步电机中，采用不等厚磁极结构可改变永磁体充磁方向长度和气隙长度沿圆周方向的分布；在内置式永磁同步电机中，采用不均匀气隙结构可改变气隙长度沿圆周方向的分布。这两种方法都可改善永磁同步电机的空载气隙磁场波形，下面对这两种方法进行介绍。

1. 不等厚磁极结构

表贴式永磁同步电动机的不等厚磁极结构如图 9-16 所示。永磁体的外径和内径的圆心不同，两者之间的距离h称为偏心距。磁极中心线处的气隙最小，为δ_{min}，磁极边缘处的气隙最大，为δ_{max}，$\delta_{max}/\delta_{min}$称为气隙比。以表 9-8 中的 7.5kW 表贴式永磁同步电动机为例，分析了气隙比对电机性能的影响。

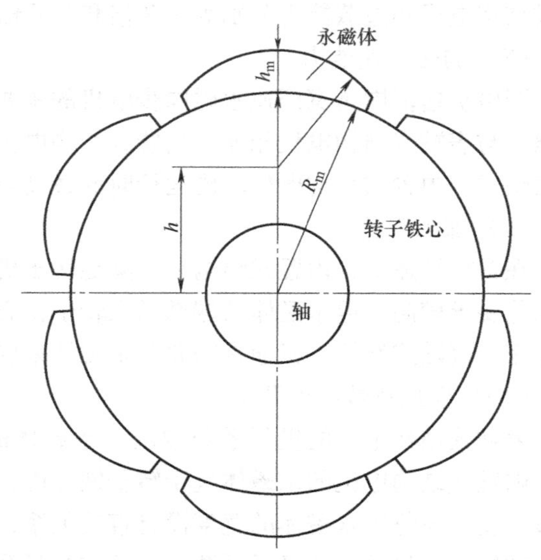

图 9-16　表贴式永磁同步电动机的不等厚磁极结构

利用有限元法计算了不同气隙比时的气隙磁密（定子无齿槽）、相电动势和线电动势，图 9-17 为无齿槽时的气隙磁密计算结果，可以看出，随着气隙比的增大，气隙磁密谐波含量减小，但基波磁密也有所下降。图 9-18 为不同气隙比时的电动势，可以看出，采用不均匀气隙时，电动势波形得以改善，但电动势基波幅值显著下降，降低了电机的功率密度。

在直轴上施加大小为额定电流的纯直轴去磁电流，计算了不同气隙比时的永磁体最大退磁工作点，如图 9-19 所示，可以看出，随着气隙比的增大，最大退磁工作点有显著的改善，表明不均匀气隙结构的抗退磁能力强于均匀气隙结构。

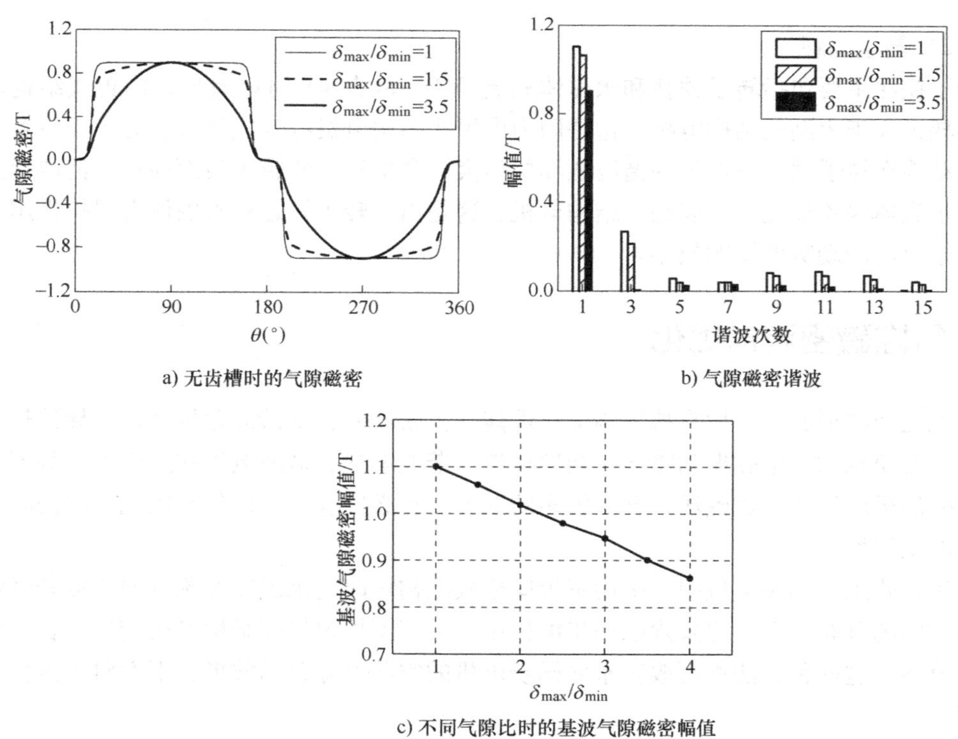

图 9-17　气隙磁密随气隙比的变化

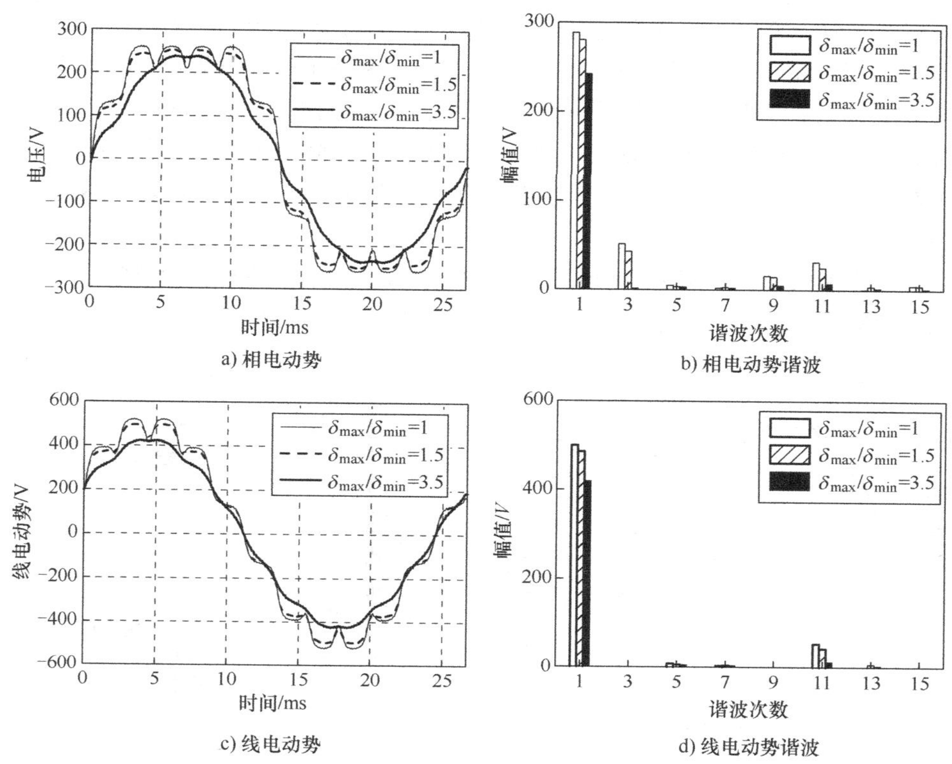

图 9-18 不同气隙比时的电动势

2. 不均匀气隙结构

内置式永磁同步电动机的不均匀气隙转子结构如图 9-20 所示。转子铁心表面圆弧和电机的圆心不同，两者之间的距离称为偏心距。磁极中心线处的气隙最小，为 δ_{min}，磁极边缘处气隙最大，为 δ_{max}，$\delta_{max}/\delta_{min}$ 称为气隙比。以表 9-8 中的 7. 5kW 内置式永磁同步电动机为例进行分析。

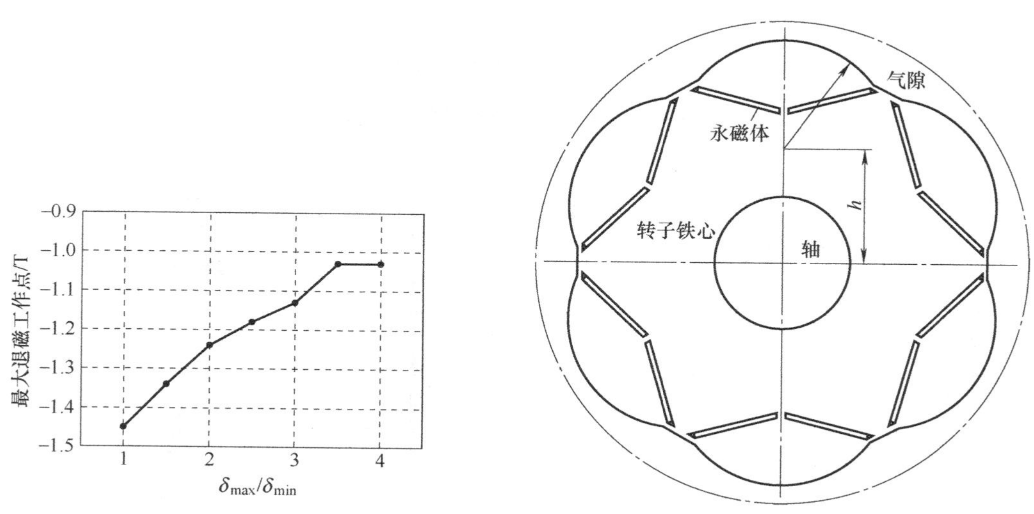

图 9-19 不同气隙比时的永磁体最大退磁工作点　图 9-20 内置式永磁同步电动机的不均匀气隙转子结构

利用有限元法计算了不同气隙比时的气隙磁密（定子无齿槽）、相电动势和线电动势。图 9-21 为无齿槽时的气隙磁密计算结果。可以看出，采用不均匀气隙结构，可以显著改善气隙磁场波形，但基波磁密有所降低。图 9-22 为不同气隙比时的电动势，可以看出，采用不均匀气隙时，电动势波形得以改善，但基波幅值显著下降。与表贴式结构电机的不同在于，由于永磁体内置且永磁体尺寸不变，气隙磁密基波幅值、反电动势基波有效值随气隙比变化较小。

在直轴上施加大小为额定电流的纯直轴退磁电流，计算了不同气隙比时的永磁体最大退磁工作点，如图 9-23 所示，可以看出，随着气隙比的增大，最大退磁工作点基本不变。

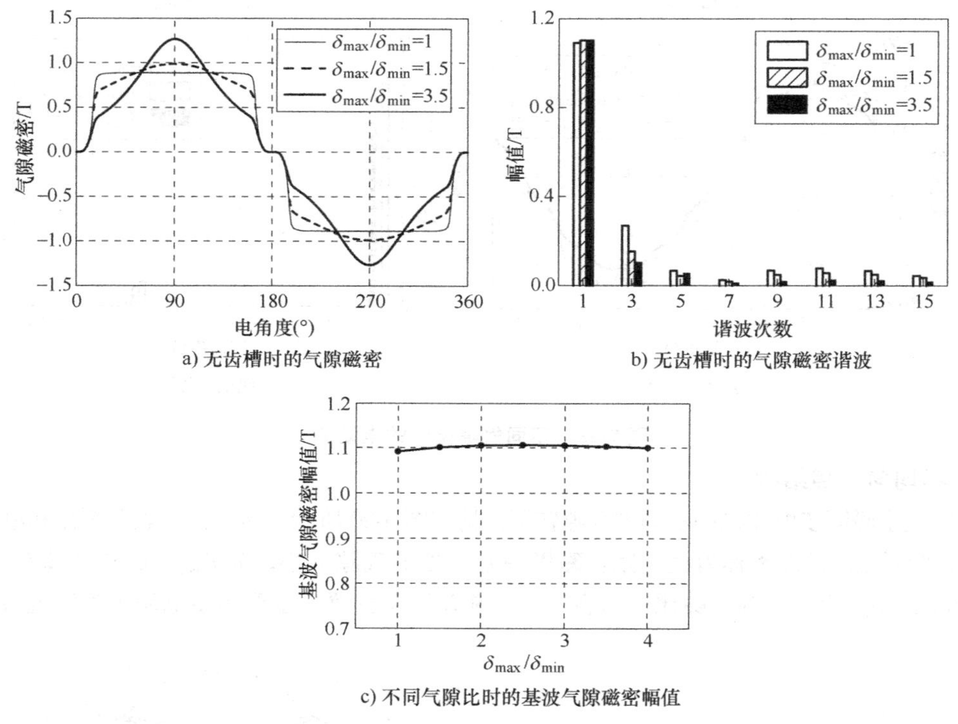

a) 无齿槽时的气隙磁密

b) 无齿槽时的气隙磁密谐波

c) 不同气隙比时的基波气隙磁密幅值

图 9-21　不同气隙比时的气隙磁密

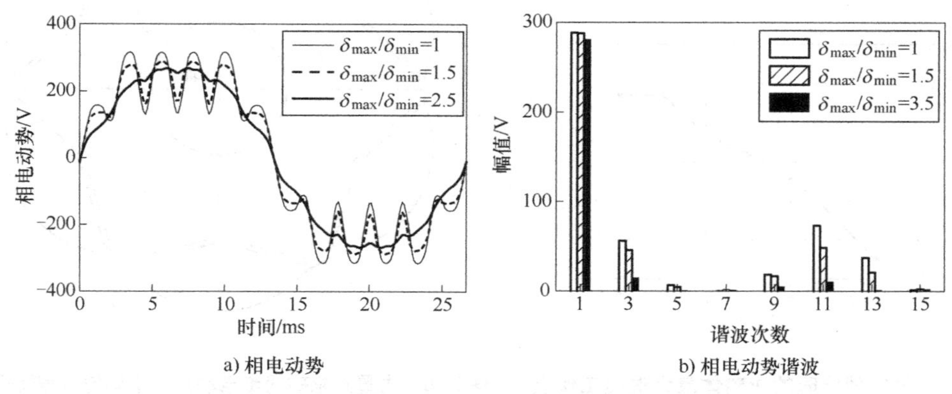

a) 相电动势

b) 相电动势谐波

图 9-22　不同气隙比时的电动势

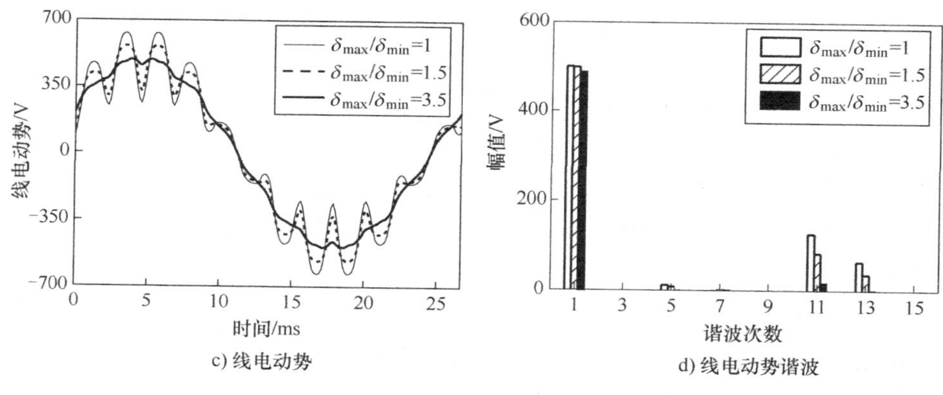

图 9-22　不同气隙比时的电动势（续）

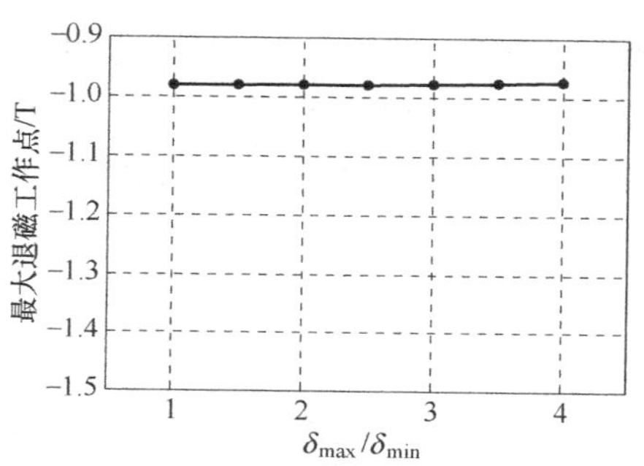

图 9-23　不同气隙比时的永磁体最大退磁工作点

9.5　基于有限元法的交直轴电枢反应电感计算

交、直轴电枢反应电感的大小直接决定了变频调速永磁同步电动机的弱磁扩速、转矩输出和功率输出等能力，准确计算电机的交、直轴电枢反应电感对电机的设计及控制至关重要。

在表贴式永磁同步电动机中，交直轴磁路对称，且电机的等效气隙长度较大，交直轴电枢反应电感受饱和的影响较小，可采用前面介绍的方法进行计算，在此不再赘述。

在内置式永磁同步电机中，转子磁路结构、永磁体结构尺寸和性能、磁桥尺寸、交直轴电流等都对电枢反应电感有较大影响。本节介绍基于有限元法的内置式永磁同步电机电枢反应电感的计算方法，并分析交、直轴电流对电枢反应电感的影响。

1. 交、直电枢反应电感的计算方法

图 9-24 为忽略电枢绕组电阻时永磁同步电动机的相量图，可以看出，直轴电枢反应电感 L_{ad}、交轴电枢反应电感 L_{aq} 可分别如下计算：

$$L_{ad}=\frac{E_{ad}}{\omega I_d}=\frac{|E_0-E_d|}{\omega I_d}=\frac{|\psi_{abc\text{-}f}-\psi_{abc\text{-}d}|}{I_d} \tag{9-15}$$

$$L_{aq}=\frac{E_{aq}}{\omega I_q}=\frac{\psi_{abc\text{-}q}}{I_q} \tag{9-16}$$

式中，磁链为 abc 坐标系下的值，$\psi_{abc\text{-}f}$为永磁体产生的空载基波磁链，而$\psi_{abc\text{-}d}$、$\psi_{abc\text{-}q}$分别为电机施加交、直轴电流后经傅里叶分解而得的直轴基波磁链和交轴基波磁链。

给定交、直轴电流时的磁链计算步骤如下：

1）建立永磁同步电机的二维有限元模型。

2）对给定的 I_d、I_q 进行 $dq0\to abc$ 变换，得到三相电流 I_a、I_b 和 I_c，将其施加在二维有限元模型的三相绕组上，进行磁场的有限元分析，求得三相磁链 ψ_a、ψ_b 和 ψ_c，经过 $abc\to dq0$ 变换得到 $\psi_{abc\text{-}d}$和 $\psi_{abc\text{-}q}$，并冻结磁导率，得到冻结磁导率时的二维有限元模型。

3）在冻结磁导率的二维有限元模型中，令 I_d、I_q 为零，进行二维场分析，求得永磁体产生的三相磁链 ψ_a、ψ_b 和 ψ_c，经过 $abc\to dq0$ 变换得到 $\psi_{abc\text{-}f}$。

2. 电枢电流对交、轴电枢反应电感的影响

以一台 6 极 36 槽内置式永磁同步电机为例进行分析，其结构如图 9-25 所示。利用有限元法得到了该电机在不同电流激励（直轴电流为退磁性质）作用下的磁场分布，如图 9-26 所示。可以看出，在内置式永磁同步电机中，交直轴磁路耦合作用强且存在局部饱和现象。因此，交直轴电枢反应电感随交直轴电流的变化而变化，变化趋势取决于交直轴磁路的耦合和饱和情况。

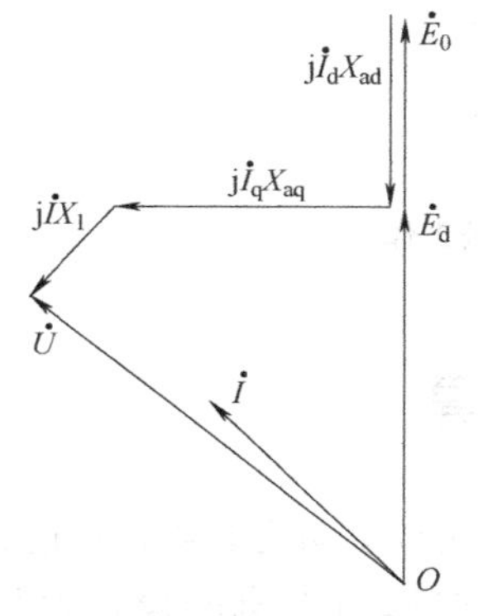

图 9-24　相量图

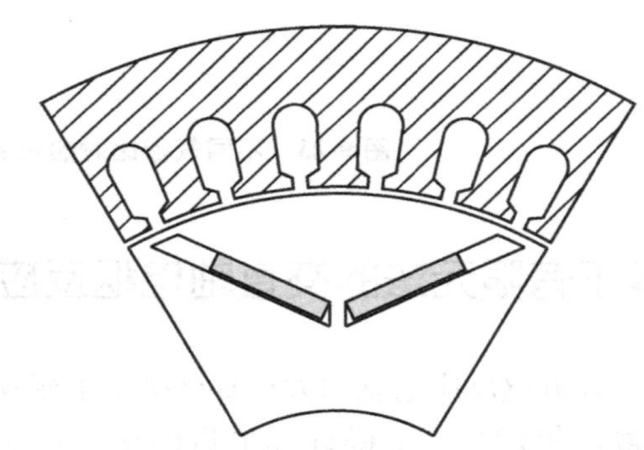

图 9-25　电机磁路结构

利用上述电感计算方法计算了该电机的直轴电枢反应电感和交轴电枢反应电感随交直轴电流标幺值变化的曲线，分别如图 9-27、图 9-28 所示。图中，I_d 取正值时对永磁体退磁。可以看出，该电机的交、直轴电枢反应电感具有以下特点：

1）L_{ad}、L_{aq}受交直轴磁路的交叉耦合影响较大。

2）当 I_q 为零时，L_{ad} 随 I_d 的增大而减小；当 I_q 不为零时，L_{ad} 随 I_d 的变化趋势较为复杂。

3）当 I_d 一定时，L_{ad}随 I_q 的增大而减小；当 I_d 较小时，L_{ad}受 I_q 影响较大；当 I_d 较大时，L_{ad}受 I_q 影响较小。

4）L_{aq}随 I_q 的增大而减小。

5）当 I_q 一定时，L_{aq}随 I_d 的增大而减小；当 I_q 较小时，L_{aq}受 I_d 影响较大；当 I_q 较大时，L_{aq}受 I_d 影响较小。

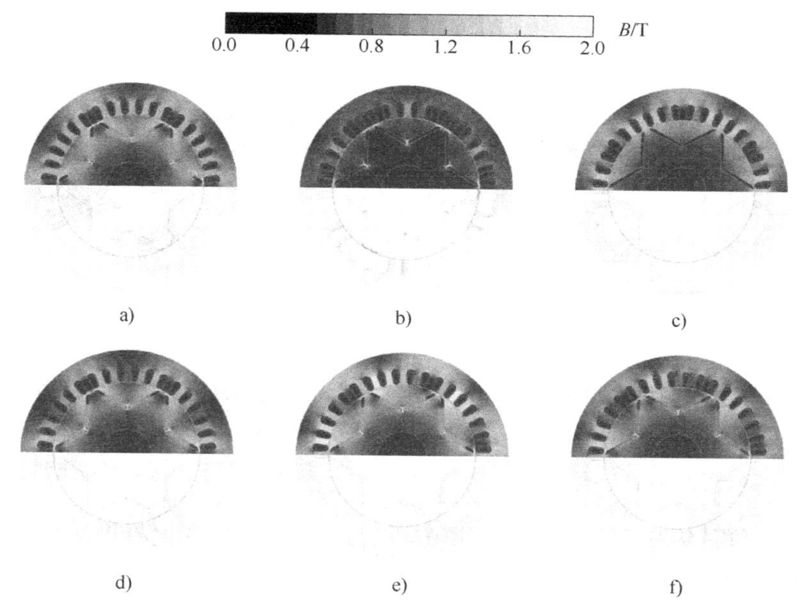

图 9-26　不同电流激励下电机磁场分布

a）永磁体单独激励　b）直轴电流单独激励　c）交轴电流单独激励　d）永磁体和直轴电流共同激励

e）永磁体和交轴电流共同激励　f）永磁体和交、直轴电流共同激励

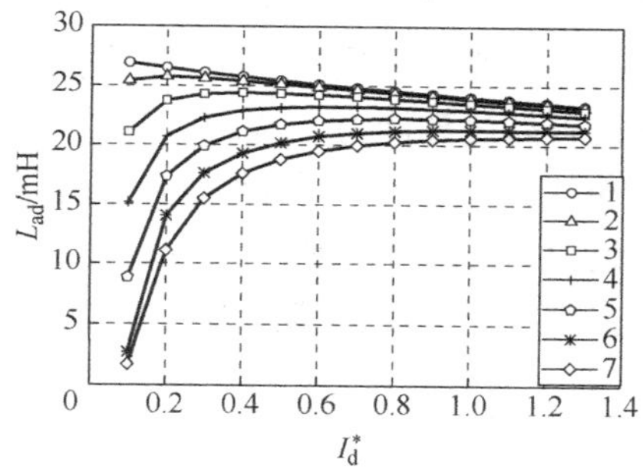

图 9-27　L_{ad}随交直轴电流标幺值的变化

1—$I_q^*=0$　2—$I_q^*=0.2$　3—$I_q^*=0.4$　4—$I_q^*=0.6$

5—$I_q^*=0.8$　6—$I_q^*=1.0$　7—$I_q^*=1.2$

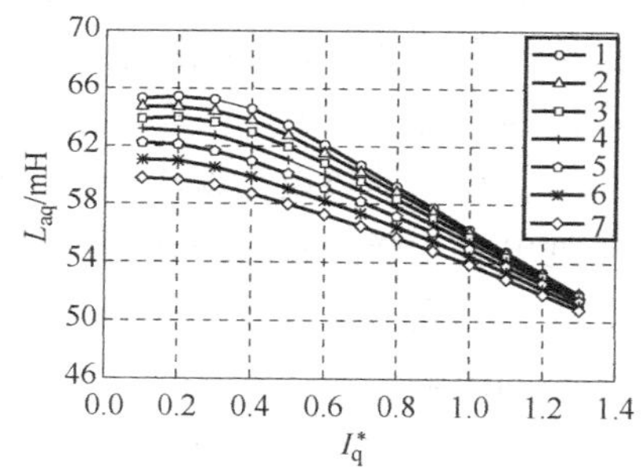

图 9-28　L_{aq}随交直轴电流标幺值的变化

1—$I_d^*=0$　2—$I_d^*=0.2$　3—$I_d^*=0.4$　4—$I_d^*=0.6$

5—$I_d^*=0.8$　6—$I_d^*=1.0$　7—$I_d^*=1.2$

3. 磁桥对交、轴电枢反应电感的影响

如图 9-29 所示，去掉上述 6 极 36 槽内置式永磁同步电机的磁桥，利用相同的方法计算了其直轴电枢反应电感和交轴电枢反应电感随交直轴电流变化的曲线，分别图 9-30、图 9-31 所示。

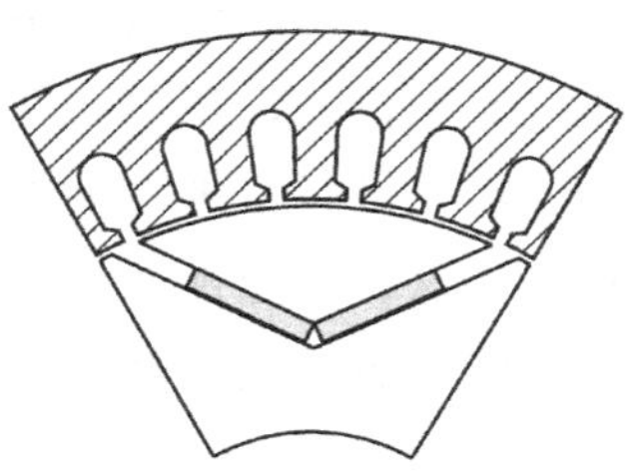

图 9-29　电机磁路结构（已去掉磁桥）

对比图 9-27 和图 9-30 可以看出，去掉磁桥后，L_{ad}的变化范围显著减小，变化趋势也趋于简单，受直轴电流的影响很小，随交轴电流的增大而减小，说明磁桥对 L_{ad}的影响很大。

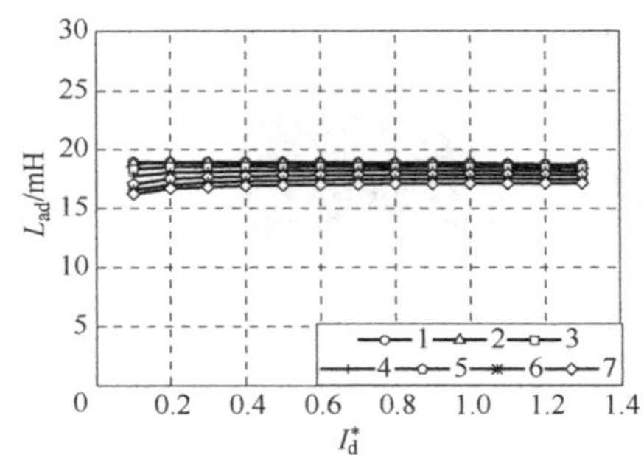

图 9-30 L_{ad}随交直轴电流的变化

1—I_q^* =0 2—I_q^* =0.2 3—I_q^* =0.4 4—I_q^* =0.6 5—I_q^* =0.8 6—I_q^* =1.0 7—I_q^* =1.2

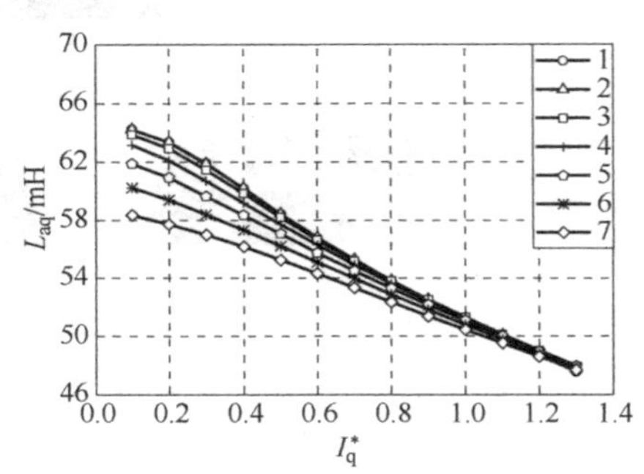

图 9-31 L_{aq}随交直轴电流的变化

1—I_d^* =0 2—I_d^* =0.2 3—I_d^* =0.4 4—I_d^* =0.6 5—I_d^* =0.8 6—I_d^* =1.0 7—I_d^* =1.2

对比图 9-28 和图 9-31 可以看出，去掉磁桥后，虽然 L_{aq}的变化趋势不变，但其值有明显的减小，说明磁桥对 L_{aq}也有一定影响。

9.6 计及变频器控制策略的电机性能计算方法

永磁同步电动机性能的传统计算方法是，给定电机的输入电压和频率并据此计算电机的性能，虽然没有计及变频器控制策略的影响，但计算结果对普通用途的变频永磁同步电动机仍有较高的准确性。在电动汽车驱动用永磁同步电动机等高过载能力、宽调速范围的永磁同步电动机中，反电动势设计得较低，电机输入电压取决于反电动势、负载大小和运行速度，变频器根据电机性能控制的需要提供输入电压，也就是说，在进行电机性能计算时，并不能确定输入电压的大小，因此传统的性能计算方法不再适用，要准确计算性能，必须计及变频器控制策略的影响。

通常，变频调速永磁同步电动机调速范围包括恒转矩区和弱磁恒功率区两部分，如图 9-32 所示。图中 n_b 为转折转速，是恒转矩区和恒功率区的分界点，通常设计为电机的额定转速；n_{max}为最高运行转速。在恒转矩区采用最大转矩电流比控制，在恒功率区采用弱磁控制。需要进行三种性能的计算，即空载性能计算、额定性能计算和最高转速下的性能计算，其中额定性能计算需要计及变频器控制策略的影响。

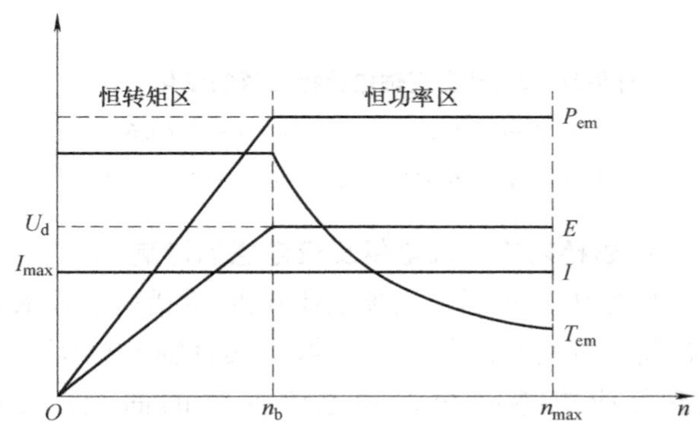

图 9-32 变频调速永磁同步电动机的调速范围

本节以一台 35kW 永磁同步电机为例介绍基于有限元法的性能计算方法。该电机采用非均匀气隙内置式 U 形转子结构，如图 9-33 所示。

1. 空载性能计算

空载性能主要包括空载状态下的磁场分布、气隙磁密和反电动势。

在计算空载磁场和反电动势时，将永磁电机设定为发电机空载运行状态，转速为额定转速，进行瞬态场计算，得到磁场分布、气隙磁密波形和反电动势波形，并对这两个波形进行谐波分析，得到各谐波分量，如图 9-34a～e 所示。

在计算齿槽转矩时，电机空载，转速设定为固定值，为保证避免反电动势影响计算的准确性，应使电机运行在较低的转速，计算得到不同定转子相对位置的转矩，即为齿槽转矩，如图 9-34f 所示。

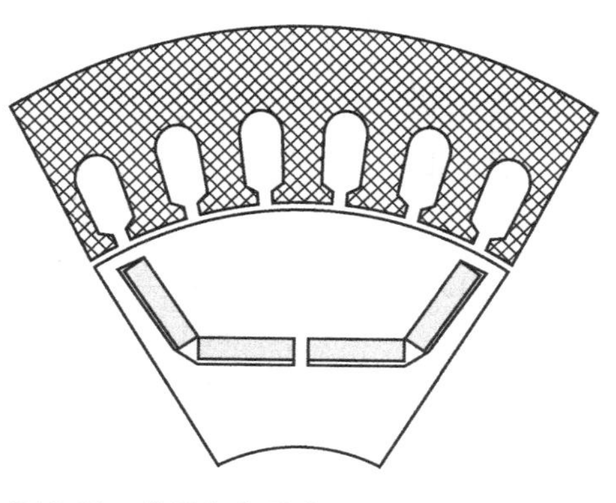

图 9-33　非均匀气隙内置式 U 形转子结构

2. 额定负载性能计算

额定负载性能包括额定电压、额定电流和电磁转矩。计算包括两部分：电流源激励下的稳态磁场计算和电压源激励下的瞬态磁场计算，前者用于确定额定状态下的电压和功率因数角 φ，后者用于确定额定状态下的电压、电流和电磁转矩。

（1）电流源激励下的稳态磁场计算

电机转速为额定转速，采用电流源激励，调整转子初始位置角使 A 相绕组轴线与直轴对齐，进行稳态磁场计算：

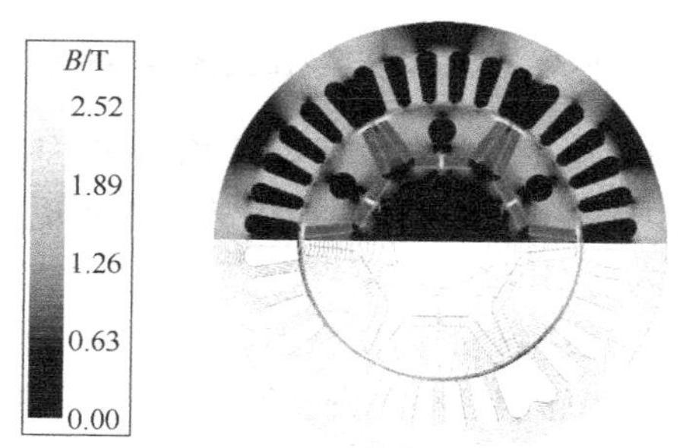

a) 空载磁力线及磁密云图

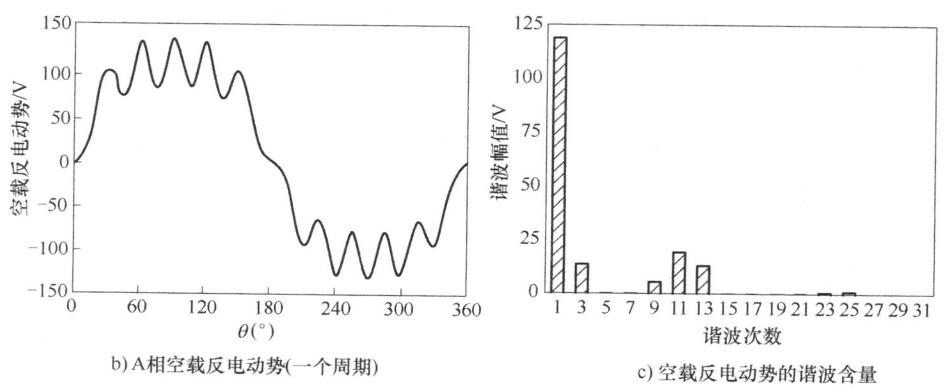

b) A相空载反电动势(一个周期)

c) 空载反电动势的谐波含量

图 9-34　永磁同步电机的空载电磁性能

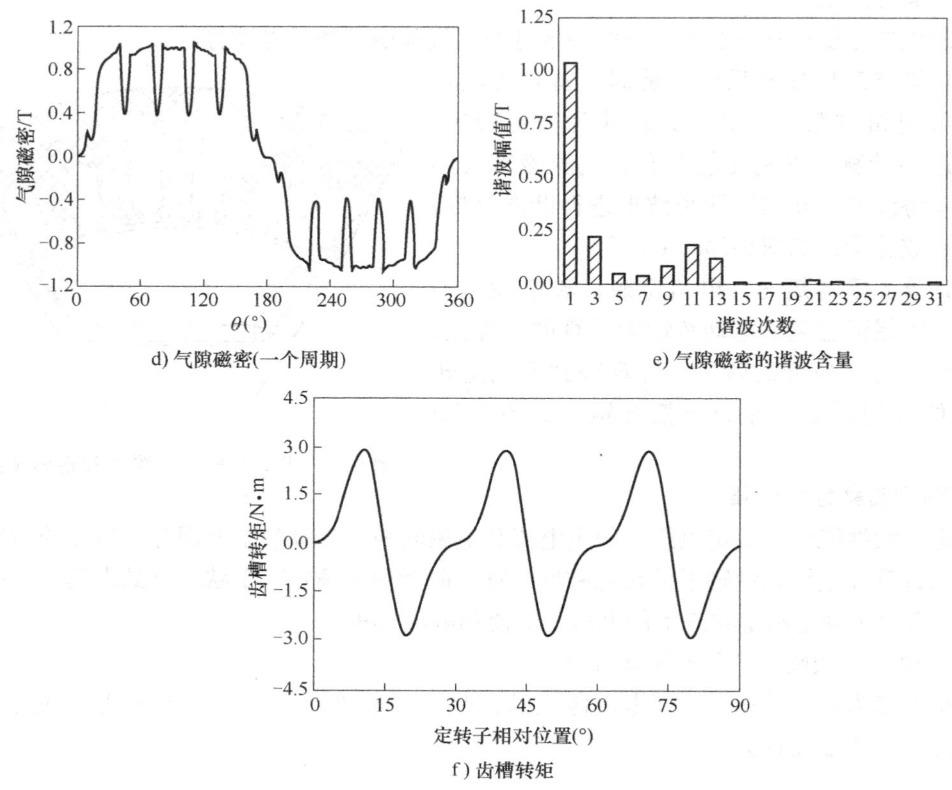

d) 气隙磁密(一个周期)

e) 气隙磁密的谐波含量

f) 齿槽转矩

图 9-34 永磁同步电机的空载电磁性能（续）

1）首先根据电机的额定功率及空载反电动势预估额定电流值，再根据预估的额定电流值，计算该电流值在不同内功率因数角 ψ 时产生的电磁转矩，如图 9-35a 所示，据此求得图中电磁转矩最大值对应的内功率因数角 ψ。

2）对预估的额定电流值及得到的内功率因数角 ψ 在其周围一定范围进行参数化，求得不同电流值和不同 ψ 时的电磁转矩，得到图 9-35b 所示的电磁转矩曲线，据此求得产生额定转矩所需的最小电流及其对应的内功率因数角 ψ。

3）根据上一步得到的最小电流和内功率因数角 ψ 计算得到额定状态下电机的输入电压波形和电流波形，如图 9-35c 所示，对电压波形进行傅里叶分解，得到基波分量及其与电流之间的夹角，即功率因数角度 φ。

（2）电压源激励下的瞬态磁场计算

电机转速为额定转速，采用电压源激励。用电机设计中的有关公式计算定子绕组的电阻和端部电感（用于瞬态场的计算），调整转子初始位置角使 A 相绕组轴线与直轴对齐，进行瞬态磁场分析：

1）根据电流源激励计算得到的电压值及其相位角，对电压值进行参数化，进行瞬态磁场分析，得到不同电压值对应的电磁转矩，如图 9-36a 所示，据此确定额定转矩对应的电压值。

2）施加上一步计算得到的电压（包括电压值、频率和相位角），进行瞬态场计算，得到额定状态下的电流和电磁转矩，分别如图 9-36b、c 所示。

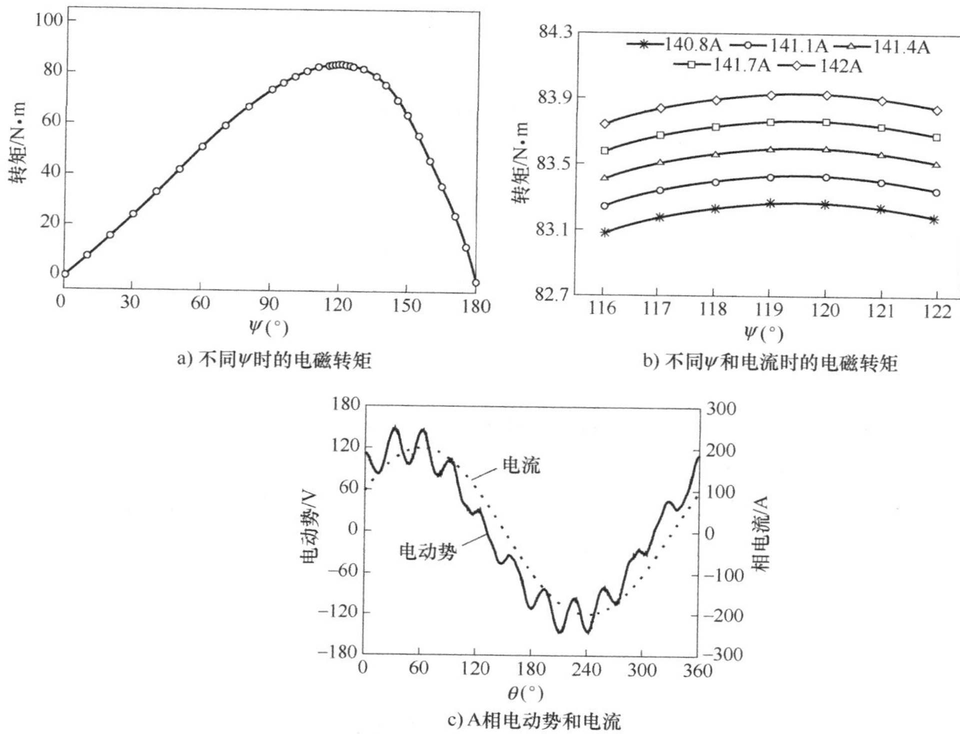

图 9-35 永磁同步电机的负载电磁性能（额定负载，电流源激励）

稳态磁场和瞬态磁场的分析结果一致即可说明电机设计的合理性。

额定性能计算方法同样适用于最大转矩电流比控制下其他负载点性能的计算。

3. 最高转速下电机性能的计算

最高转速下的电机性能主要是电磁转矩和电流。进行有限元计算时，电机转速为最大转速，采用电压源激励，调整转子初始位置角使 A 相绕组轴线与直轴对齐，进行瞬态磁场计算：

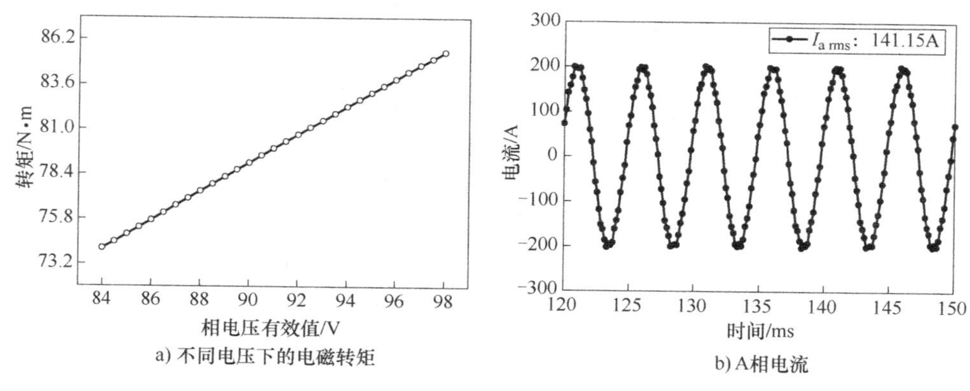

图 9-36 永磁同步电机的负载性能（额定负载，电压源激励）

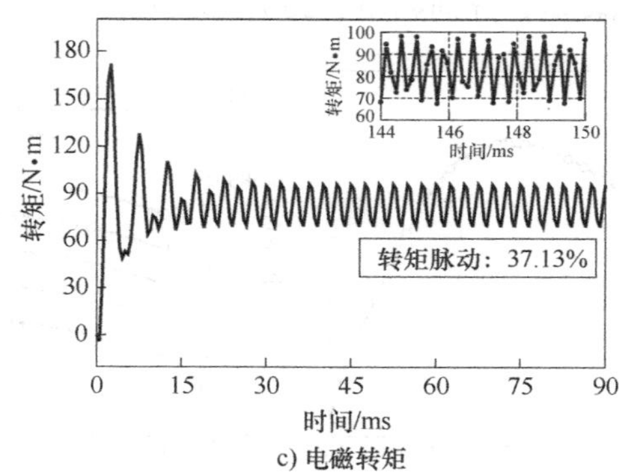

c) 电磁转矩

图 9-36 永磁同步电机的负载性能（额定负载，电压源激励）（续）

1）将允许的最高电压设为电机的输入电压值，对电压的相位角进行参数化，计算不同相位角时的电磁转矩，如图 9-37a 所示，据此求得产生所需转矩的最小相位角。

2）将上一步得到的电压（包括有效值、频率和相位角）施加在电机上，计算得到最高转速下的转矩、电流，分别如图 9-37b、c 所示。

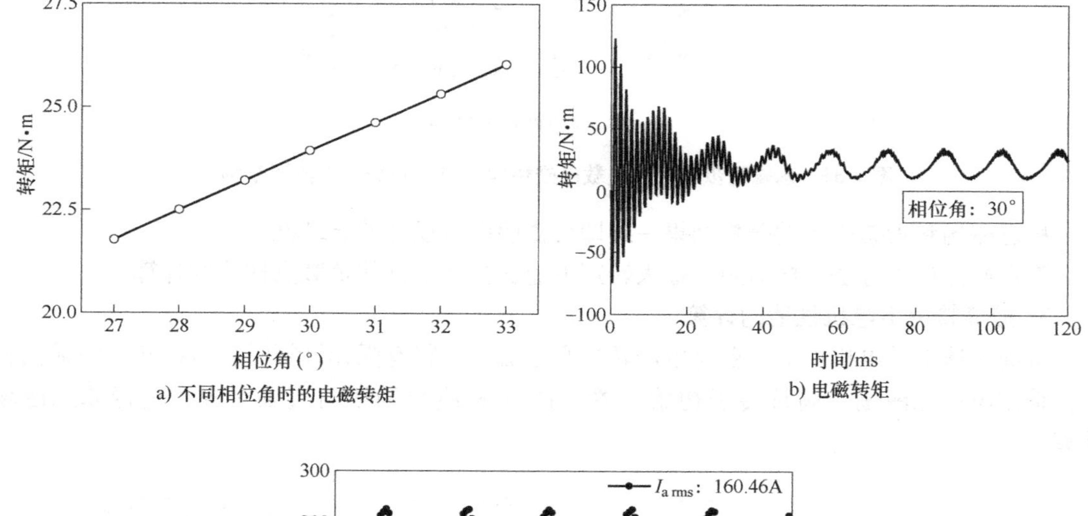

a) 不同相位角时的电磁转矩　　b) 电磁转矩

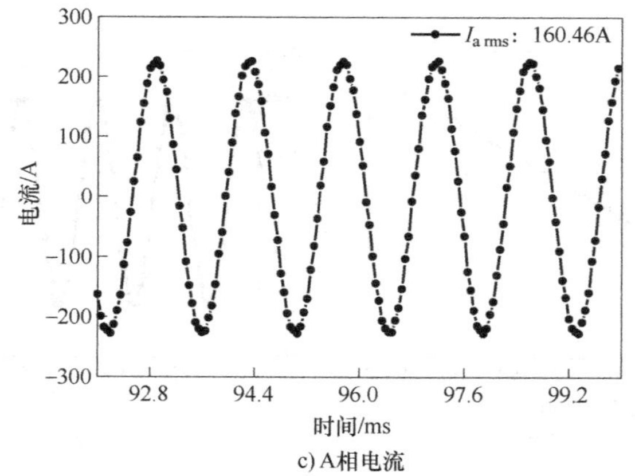

c) A相电流

图 9-37 最高转速下的电机性能

9.7　低速直驱永磁同步电机

1. 低速直驱电机

工频电压供电的交流电机受电机结构、起动能力、功率因数等因素的限制，极数不能太多，因而转速较高。而许多机械负载需要的转速较低，通常采用“工频供电常速电机+减速箱+负载”的驱动方式，但存在传动系统效率低、可靠性差等问题。采用“变频器+低速电机+负载”的方式，可以去掉减速箱，实现低速直驱，提高传动效率和工作可靠性。目前还没有关于低速电机的严格定义，通常认为其转速低于500r/min。与常速电机相比，低速直驱电机具有以下特点：

1）简化了传动链，提高了系统的效率，综合节能效果显著。以常见的游梁式抽油机系统为例，目前大多采用“常速感应电机+减速箱+四连杆”的驱动模式，整个传动系统的效率为30%左右；如果采用低速永磁同步电机直接驱动，系统效率可达85%以上。

2）降低了机械装备的维护成本，减少了维护量，系统运行可靠性高。

3）取消了减速箱，使得整个系统的占用空间小、噪声低、污染小。

4）体积和质量大。根据电机设计理论，在电磁负荷、冷却方式等一定的前提下，电机体积与输出转矩成正比。因此，相同功率的电机，转速越低，则体积越大，因此低速直驱电机的体积与质量都较大。

低速直驱电机在煤炭的加工运输、石油开采与地质勘探、船舶动力装备、风力发电、轨道交通和其他工业加工设备等领域的低速场合，具有非常广阔的应用前景。

2. 低速直驱永磁同步电机

为降低电机转速，一方面要降低供电频率，另一方面要增加电机极数。因此低速直驱电机大多比较扁平，轴向长度较短，直径较大，以便有足够多的槽布置多极绕组。

理论上讲，感应电机、电励磁同步电机和永磁同步电机均可用作低速大转矩直驱电机。但感应电机额定点附近效率不高，轻载时效率下降较快，在多极的情况下效率更低，且极数多导致功率因数大大降低。电励磁同步电机的负载和效率特性与感应电机类似，它采用直流电励磁，功率因数可调，但固有的电刷-集电环结构降低了其运行可靠性，增加了维护成本。永磁同步电机励磁磁场由永磁体提供，可以利用分数槽绕组结构将电机设计成多极低速，从而实现直驱运行，具有磁极形状和尺寸灵活多样、体积小、重量轻、结构简单、运行可靠等优势，特别是永磁电机可以在较宽的速度和负载范围均实现高效率和高功率因数，在低速大转矩直接驱动场合具有无可比拟的优势。

3. 低速大转矩直驱永磁同步电机的关键技术

低速大转矩直驱永磁同步电机具有低频、大转矩、小长径比的特点。高转矩密度、低转矩脉动、低振动噪声、高可靠性（高容错和低维护成本）是对低速大转矩永磁同步电机的要求，也是必须突破的关键技术，这就对该种电机的电磁优化设计、模块化实现与机械强度分析、温升均衡与冷却系统设计、超低频控制技术等提出了更高的要求。

（1）提高转矩密度，降低有效材料成本

由于电机转速很低，所以在同样功率下，电机的转矩很大，目前低速永磁电机的转矩已达几十万 N·m，电机体积很大，如何提高电机的转矩密度和材料利用率，实现电机结构部件轻量化，是低速大转矩永磁电机的核心技术。从交流电机的主要尺寸关系式可知，增大电磁负荷，提高电机利用系数，是提高电机转矩密度、减小电机体积最直接和最有效的方法，另外还可通过设计合理的转子结构，尽可能地增大转子磁阻转矩对电机输出转矩的贡献率。电磁负荷增大，必然引起电机温升提高，要解决这一问题，一是合理选取电机的导电、导磁与绝缘材料，二是有效增强电机的冷却与散热能力。

（2）削弱转矩脉动和振动噪声

转矩脉动会引起振动和噪声，影响传动系统的控制精度，产生瞬时单边磁拉力，严重时会发生转轴疲劳破坏。由于电机的速度很低，转矩脉动对负载转速波动的影响就会非常明显，所以应有效控制该种电机的转矩脉动，以降低速度波动并减小电机的振动噪声。转矩脉动的产生原因主要包括三个方面：一是电机的磁动势谐波，二是电机气隙的磁导谐波，三是供电逆变器的电流谐波。抑制电机的转矩脉动，可从两方面入手：一是优化电机本体结构参数，包括合理选择电机的极槽配合、槽形尺寸、优化电机的绕组设计、采用不均匀气隙、采用磁性槽楔、优化永磁体的形状尺寸等，目的在于尽可能减少气隙磁场的谐波成分；二是尽量降低超低频供电逆变器的电流谐波，从供电电流的角度提高气隙磁场的正弦性。

（3）温升控制与高效散热

温升是永磁电机的主要性能指标，温升过高会加速绕组绝缘老化，严重时会导致永磁体永久退磁，有效控制温升是电机能否长期可靠运行的关键。由于磁通的交变频率低而转矩大，低速大转矩直驱永磁同步电机的铜耗要远大于电机的铁耗，且一般采用扁平式结构（小长径比），因此绕组端部的有效散热对降低和均衡电机温升非常重要。

降低和均衡电机温升的主要措施包括：①降低电机的电磁负荷以降低电机损耗，但会导致电机体积增大，转矩密度下降，因此应综合考虑；②设计高效机壳水冷系统或强迫风冷，提高电机散热能力；③采用如图 9-38 所示的绕组端部导热硅胶整体封装工艺。绕组端部导热硅胶整体封装工艺，一般可使绕组端部温升降低 5～10K 甚至更多，具有很好的均衡温升以及冷却散热效果。

a) 灌封前的绕组端部

b) 灌封后的绕组端部

图 9-38　低速大转矩永磁电机的端部绕组灌封效果图

（4）整机加工装配工艺

低速大转矩的特点决定了该种电机呈现扁平、小长径比的结构特征，特别是大功率的低速永磁电机，对整机加工装配工艺提出了更高的要求，主要表现在三个方面：①低速要求电机具有更多的极数，因此电机的定子槽数通常较多，这就要求定子具有较大的外径，且定子槽型一般为深而窄的细长型结构；②体积大而结构扁平的结构特点，使电机整体结构的机械强度降低，且永磁体安装及整机加工愈加困难，特别是对电机的机械尺寸配合和机壳等结构部件的加工工艺要求更高；③对于大体积和小长径比的电机，更易出现电机的气隙偏心。偏心严重时会产生很大的不平衡单边磁拉力，甚至引起扫膛事故的发生。因此，不仅要求在电机设计阶段对机械强度进行精确计算校核，而且对电机结构部件的加工和装配也提出了更高的要求。

4. 设计实例

某低速大转矩永磁同步电动机，额定值为：额定功率 400kW，额定电压 1140V，额定转速 75r/min，额定转矩 50900N · m，额定频率 25Hz。

电机极数设计为 40 极，选取定子槽数为 48 槽，采用双层绕组，绕组节距为 1，Y联结。定子槽形采用开口矩形槽结构，转子采用内置式切向永磁结构。电机的主要设计方案见表 9-10。电机仿真计算结果如图 9-39～图 9-46 所示。

表 9-10　400kW、75r/min 低速大转矩永磁电机设计方案

额定数据	额定输出功率 P_N/kW	400	额定电流 I_N/A	265
	额定线电压 U_N/V	1140	额定效率 η_N(%)	96.5
	额定转速 n_N/(r/min)	75	额定功率因数	0.91
	额定转矩 T_N/N · m	50900	额定频率/Hz	25
主要尺寸	定子外径 D_1/mm	1170	转子外径 D_2/mm	1164
	定子内径 D_{i1}/mm	960	铁心长度 L_a/mm	860
	定子槽数	48	气隙长度 δ/mm	3.0
电机性能	铜耗/W	11445	风摩耗/W	800
	铁耗/W	5716	杂散耗/W	2000
	堵转转矩倍数	2.81	总损耗/W	11961
	堵转电流倍数	2.1	电机效率(%)	95.25
	失步转矩倍数	1.55	功率因数	0.932

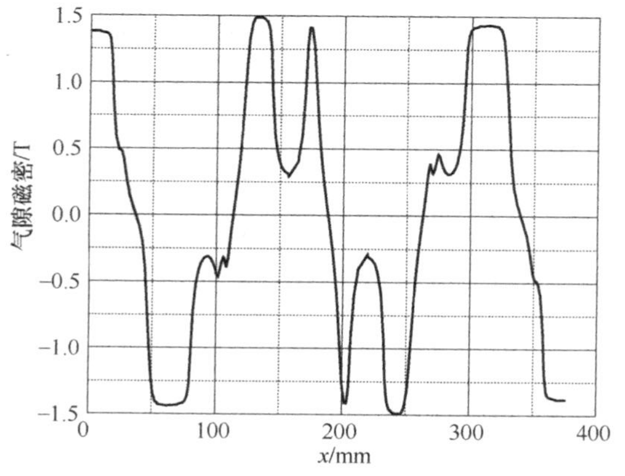

图 9-39　气隙磁密

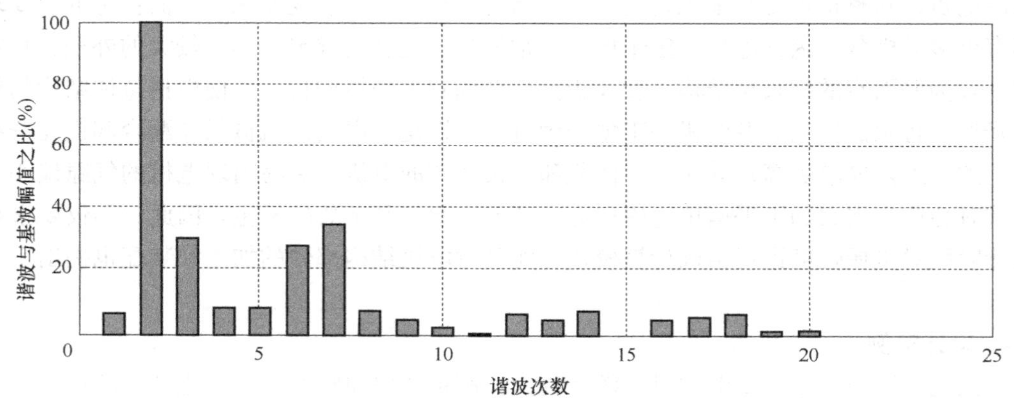

图 9-40　气隙磁密谐波含量

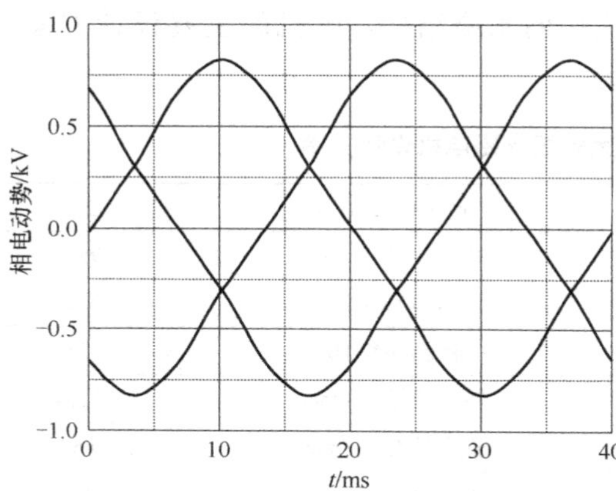

图 9-41　相电动势

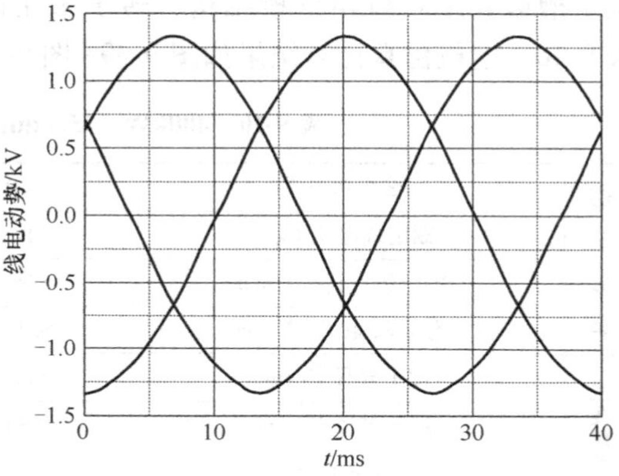

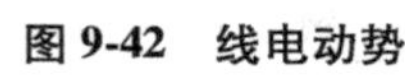

图 9-42　线电动势

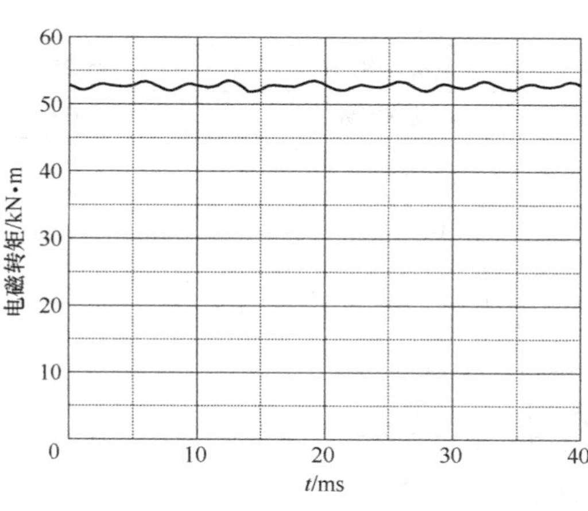

图 9-43　电磁转矩

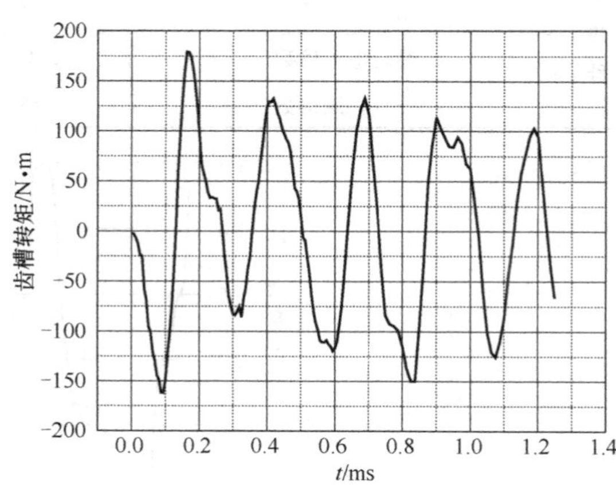

图 9-44　齿槽转矩

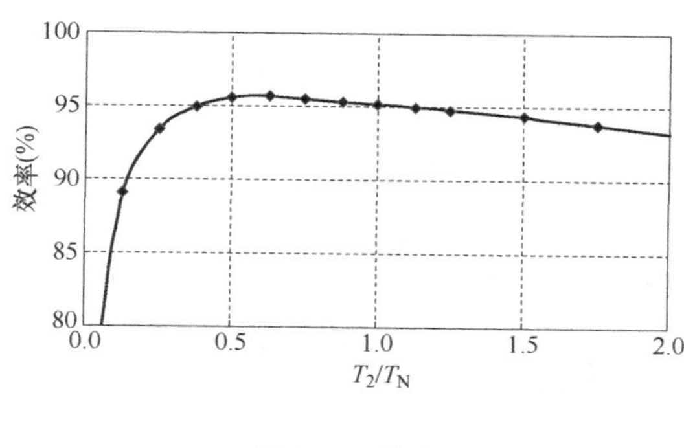

图 9-45　效率

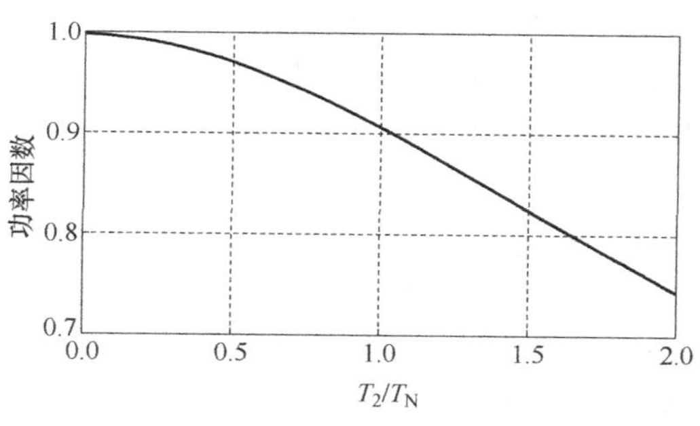

图 9-46　功率因数

9.8　电磁设计

1. 极数和频率的确定

在由电网直接供电的三相感应电动机中，极数与电机转速有较为固定的对应关系。同一机座号的电机，定子铁心外径相同，极数越少，定子轭部高度越大，定子铁心内径 D_{i1} 越小。从电机设计理论可知，电机的转矩与 $D_{i1}^2L_{ef}$成正比，产生相同的转矩，D_{i1}越小，则所需铁心轴向计算长度越大，导致同一机座号上功率相同的两极和四极电机具有相近的铁心长度，如 Y2 系列三相感应电动机中，355 机座号中的 250kW、两极和四极电机的铁心长度分别为 410mm 和 420mm，即两极电机的转矩密度只有四极电机的一半左右，这是由两极电机定子轭部高度大而引起的。

变频调速永磁同步电动机采用变频器供电，可根据电机的转速范围选择合适的电机极数，以解决两极电机转矩密度低的问题。在设计转速不太高的电机时，设计在一个机座号上的所有电机都采用六极或八极结构，不同转速的电机采用不同供电频率，使一个机座号的电机采用相同的定转子冲片，可提高电机零部件的通用性，缩短开发周期，降低生产和管理的复杂程度。

在电机转速一定的前提下，电机的供电频率与极数成正比，八极电机的频率是六极电机的 1.33 倍，采用相同的硅钢片且铁心内磁密相同时，前者的铁耗密度约为后者的 1.45 倍。与六极电机相比，八极电机有更大的定子铁心内径，可缩短铁心长度。选择六极还是八极结构，需要综合考虑。

极数和频率选择原则如下：

1）常规转速的电机，可选六极或八极，定子铁心内径增大，频率还不至于太高，有利于提高功率密度。

2）低速直驱电机，电机体积大，铁耗大，频率选低些，有助于降低铁耗。

3）高速电机，极数选两极或四极，有助于降低铁耗。

2. 极槽配合的选择

在极数选定之后，需要确定槽数，也就是极槽配合。极槽配合直接影响到电机的功率密度、齿槽转矩、电磁振动和噪声、反电动势波形、绕组系数、绕组电阻、抗退磁能力、转子漏磁、永磁体用量和散热能力等。通常针对具体电机，分析极槽配合对电机性能的影响并进行对比，确定最优的极槽配合。由于涉及因素较多，不同用途电机关注的性能也各有侧重，很难给出统一的选择原则。

对于一般用途的常规转速永磁同步电机，以下原则可供参考：

1）首先确定采用整数槽还是分数槽绕组。

2）若采用整数槽绕组，可根据选定的极数和机座号，参考三相感应电动机的极槽配合确定定子槽数；若采用分数槽集中绕组，则槽数与极数相近且供选择的极槽配合不多，可对各极槽配合进行分析和对比，在统筹考虑电机性能的基础上确定槽数。

3. 斜槽

对于 $q\geqslant1$ 的整数槽永磁同步电机，由于斜极或分段斜极工艺比较复杂，通常采用斜槽（斜一个定子齿距）削弱齿槽转矩，由于槽数较多，斜一个定子齿距对槽面积影响较小。

对于采用分数槽集中绕组的永磁同步电机，若采用斜槽削弱齿槽转矩，只需斜 $1/N_p$ 个定子齿距，其中 N_p 为极数除以极数和槽数的最大公约数。但由于分数槽电机槽数较少，斜槽对槽面积影响较大，通常不采用斜槽，而是采用斜极或分段斜极。

4. 定子绕组

定子绕组型式的选择可参考三相感应电动机，即 180 及以上机座号的电机用双层绕组，160 及以下机座号的电机采用单层绕组。单层绕组分为同心式、交叉式和链式，单层同心式适用于每极每相槽数为 4、6、8 的 2 极电机，单层链式适用于每极每相槽数为 2 的 4、6、8 极电机，单层交叉式适合于每极每相槽数为奇数的电机。

5. 极弧系数

如果允许，表贴式和内置式结构的极弧系数可按齿槽转矩最小的原则选取。相对于表贴式结构，内置式结构的极弧系数易受转子空间的限制。

对于内置式结构，在“一”形、U 形、V 形和 W 形中选择哪种结构，取决于永磁体用量多少。

6. 永磁体槽的厚度

内置式结构中，考虑到冲片的冲制产生的毛刺和叠压的误差，为保证永磁体能放入永磁体槽内，永磁体槽和永磁体之间要留有一定间隙，一般为 0.1～0.2mm，工艺水平高的取小值。

7. 气隙长度

内置式结构电机的气隙长度比同规格三相感应电动机略大。选取表贴式结构电机的气隙长度时，要考虑永磁体和护套的安装，气隙大一些。

8. 磁桥

图 9-47 为典型的内置式转子结构的磁桥示意图，图中三个圆圈之内的铁心部分为磁桥，箭头表示其中流过的漏磁通的方向。该结构具有较高的机械强度，使用广泛。磁桥沿其漏磁通方向的长度称为磁桥长度，垂直于漏磁通方向的长度称为磁桥宽度。从图中可以看出，永磁体产生的磁动势加在磁桥的两端，磁桥中的磁密大小取决于永磁磁动势和磁桥长度，磁桥越长，磁密越小；通过磁桥的漏磁通取决于磁桥宽度和磁密。从隔磁的角度，希望磁桥尽可能长而窄。

然而，磁桥除了降低漏磁外，还要具有较高的机械强度。可以看出，三个磁桥要承受电机旋转时转子铁心产生的离心力，需要有足够的宽度保证转子的机械强度。因此，磁桥的设计，应在保证机械强度的前提下使磁桥宽度尽可能小。要确定磁桥尺寸，需要对转子进行机械强度分析，选取合适的磁桥宽度保证转子机械强度。对于额定转速 3000r/min 以下的 355 及以下机座号的小功率电动机，磁桥宽度通常取 1～3.5mm，大机座号、高转速电机取大值；磁桥长度取决于永磁体槽的尺寸，通常与永磁体厚度相差不大。

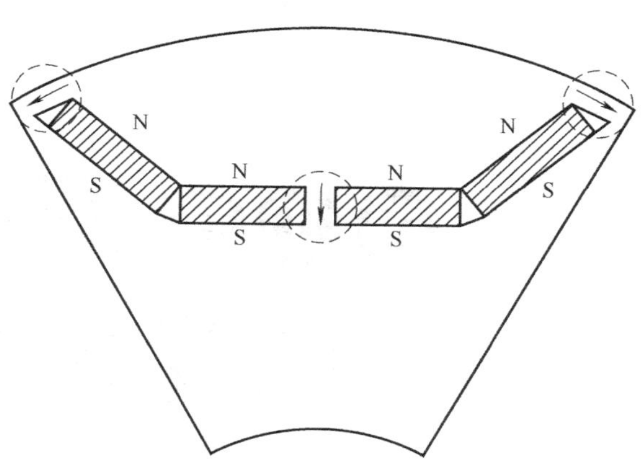

图 9-47　典型内置式转子结构的磁桥示意图

参考文献

[1]　丁华章. 低谐波绕组的原理与计算［J］. 中小型电机，1988（5）：4-9.
[2]　谭建成. 永磁无刷直流电机技术［M］. 北京：机械工业出版社，2011.

Chapter 10

第10章 圆筒型永磁同步直线电机

作为永磁同步电机的一种结构形式，圆筒型永磁同步直线电机采用封闭的圆筒结构，绕组没有端部，单边磁拉力小，能做成细长结构，具有运行效率高、功率及力密度高、控制性能好的优点，具有广泛的应用前景。本章介绍了圆筒型永磁同步直线电机的结构和工作原理，然后讨论了磁场分析方法、极槽配合、绕组排布、推力波动与削弱方法。

10.1 圆筒型永磁同步直线电机的结构、工作原理与分类

1. 圆筒型永磁同步直线电机的结构与工作原理

将一台旋转电机沿一条半径剖开，沿圆周方向展开，就得到一台单边扁平型直线电机，如图 10-1 所示。由定子演变而来的一侧称为初级，由转子演变而来的一侧称为次级，气隙磁场从做旋转运动转变为做直线运动。为保证一定的行程，直线电机的初级和次级长度不同，分为长初级型和长次级型。再将扁平型直线电机沿着垂直于运动的方向卷接成圆筒，就构成了圆筒型直线电机。圆筒型永磁同步直线电机的结构如图 10-2 所示，包括静止的定子和直线运动的动子，两者之间有气隙。定子侧包括定子铁心和定子绕组。为减小铁心损耗，定子铁心一般采用硅钢片轴向叠压而成。采用这种加工方式，定子铁心只能采用开口槽或者无齿槽结构，如果采用半闭口槽，则需要采用实心材料，如软磁复合材料等[1]。定子槽内放置圆环状线圈，即饼式线圈，饼式线圈取消了平板型直线电机和旋转电机的电枢绕组端部，制造工艺简单，线圈利用率高，避免了线圈端部带来的一系列问题。动子侧一般由永磁体、动子铁心和轴组成。永磁磁极存在多种结构形式，图中采用的是径向充磁结构，由 N、S 交替的环形永磁体套装在动子铁心上构成，产生沿轴向 N、S 极交替分布的磁场。

虽然圆筒型永磁同步直线电机与旋转永磁同步电机的结构不同，但其电磁转换过程十分相似，可以采用分析旋转永磁同步电机的方法分析圆筒型永磁同步直线电机的工作原理。

在旋转永磁同步电机中，当电枢绕组中通入对称三相电流时，将产生一个圆形旋转磁场，其转速为同步速，可表示为

$$n_s = \frac{60f}{p} \tag{10-1}$$

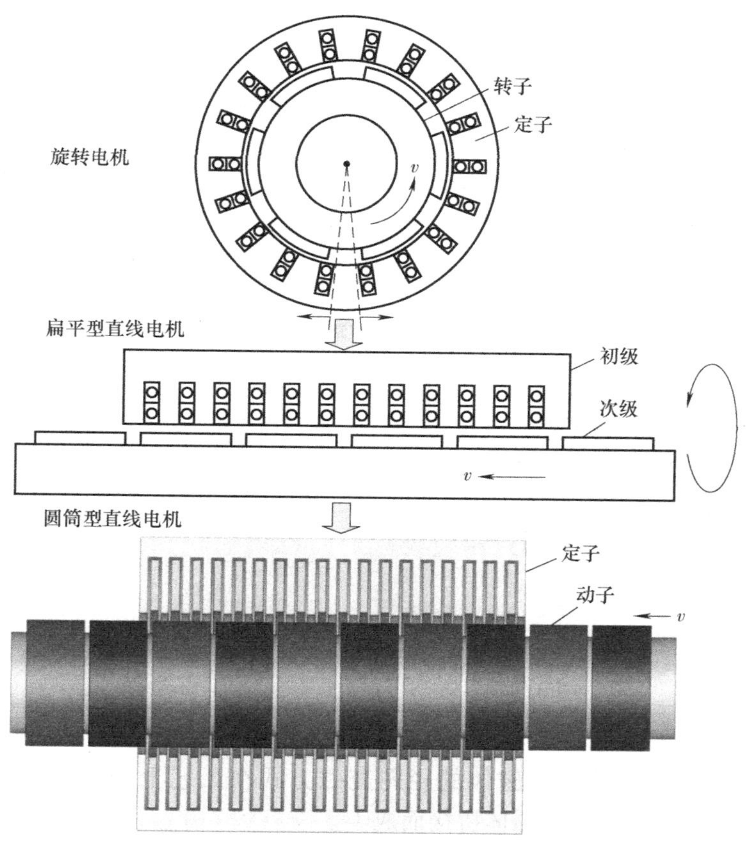

图 10-1　圆筒型永磁同步直线电机的演变

式中，n_s 为同步转速，p 为电机的极对数，f 为电流频率。

在圆筒型永磁同步直线电机的定子绕组中通入三相对称电流，不考虑铁心端部对磁场的影响时，电枢反应磁场是沿轴向做直线运动的行波磁场，电流变化一个周期，磁场运动两个极距的距离，磁场的运动速度为

$$v_s = 2p\tau\frac{n_s}{60} = 2\tau f \tag{10-2}$$

式中，v_s 为磁场运动速度，τ 为极距。

圆筒型永磁同步直线电机的工作原理如图 10-3 所示，定子侧的电枢反应磁场与动子侧的永磁磁场相互作用，产生电磁推力，推动动子沿轴向做直线运动，动子输出机械功率，定子从电网吸收电功率。图中，v 为动子的运动速度。

2. 圆筒型永磁同步直线电机的分类

（1）根据永磁体充磁方式分类

根据永磁体的充磁方式，圆筒型永磁同步直线电机可分为径向充磁、轴向充磁和 Halbach 充磁三种。

采用径向充磁永磁体的动子结构如图 10-4a 所示，永磁体为圆环形结构，径向充磁，相邻永磁体充磁方向相反，沿轴向依次均匀排列在动子磁轭上。其磁场分布和气隙磁密波形分

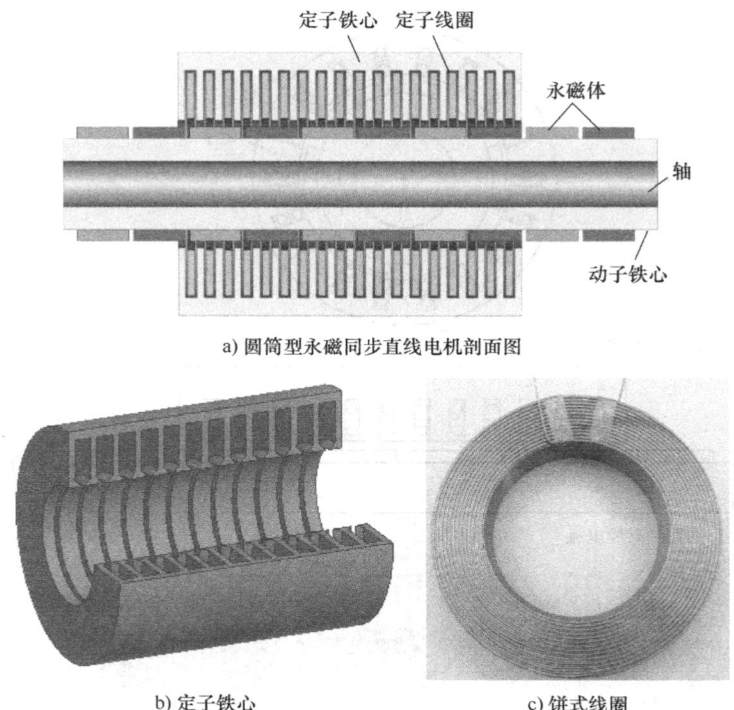

a) 圆筒型永磁同步直线电机剖面图

b) 定子铁心

c) 饼式线圈

图 10-2　圆筒型永磁同步直线电机的结构

别如图 10-4b、c 所示。圆环形永磁体的径向充磁方式在工艺上较难实现，成本高，目前一般采用多片平行充磁瓦片形永磁体拼接而成[1]。

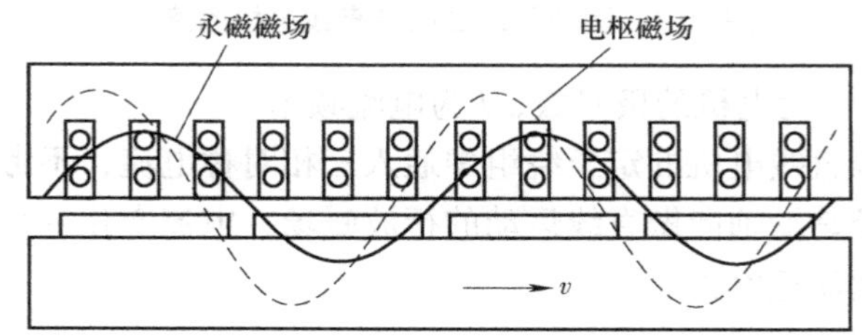

图 10-3　气隙磁场分布

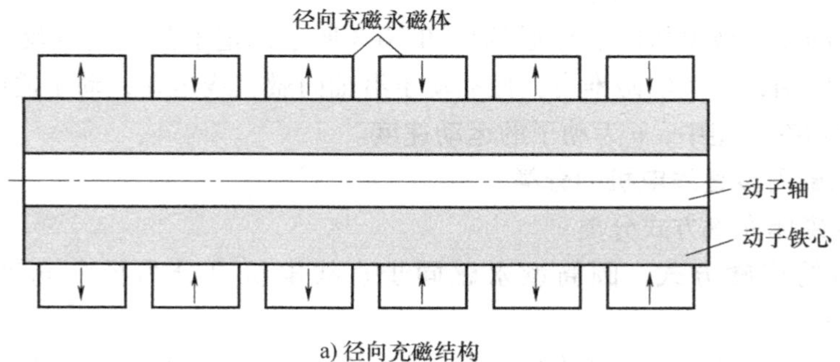

a) 径向充磁结构

图 10-4　径向充磁方式

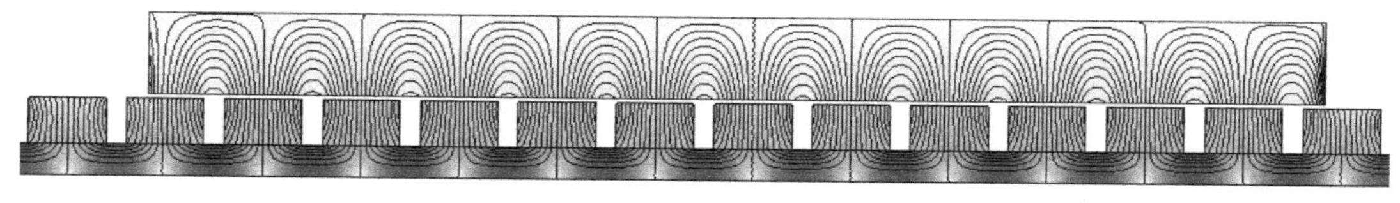

b) 磁场分布

c) 气隙磁密径向分量

图 10-4　径向充磁方式（续）

采用轴向充磁永磁体的动子结构如图 10-5a 所示，永磁体环轴向充磁，套装在非导磁铁心上，相邻两永磁体环充磁方向相反，两者之间放置导磁铁心，每极磁通由两相邻的永磁体共同提供。该结构的磁场分布和气隙磁密波形如图 10-5b、c 所示。该结构的永磁体容易充磁，工艺性好。由于交直轴电感不相等，通过合理利用磁阻推力，能提高电机的推力密度。

采用 Halbach 充磁永磁体的动子结构如图 10-6a 所示。圆环形永磁体有径向充磁和轴向充磁两种，每个磁极由多个按特定充磁方向顺序排列的圆环形永磁体组成。其磁场分布和磁密波形如图 10-6b、c 所示。该结构能提高气隙磁密正弦性，减小推力波动；提高推力密度和效率；减少动子轭部厚度以及动子质量，提高了系统的动态性能。缺点是采用 Halbach 充磁方式的永磁体加工难度较大，成本高。

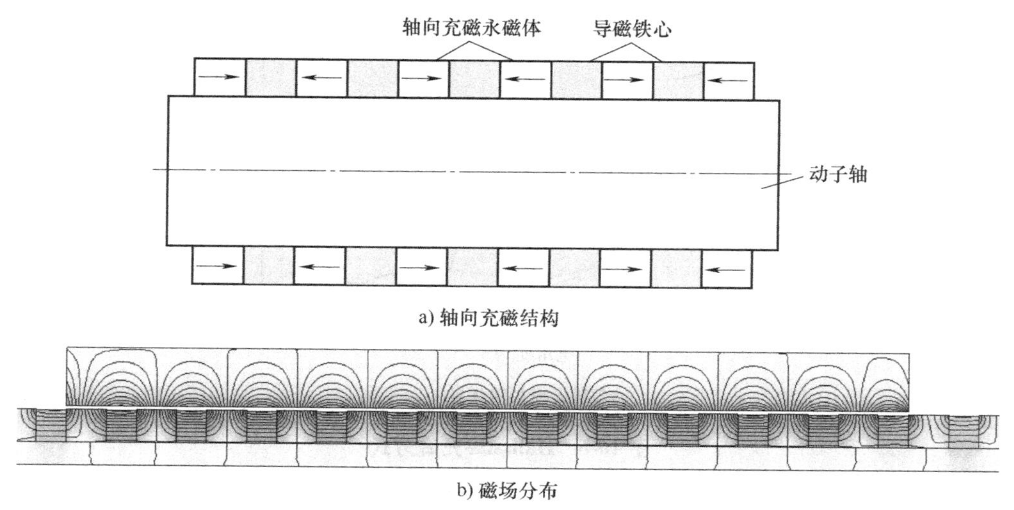

a) 轴向充磁结构

b) 磁场分布

图 10-5　轴向充磁方式

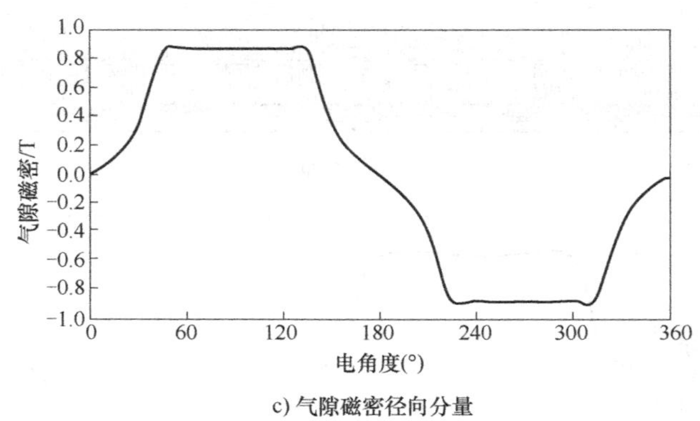

c) 气隙磁密径向分量

图 10-5 轴向充磁方式（续）

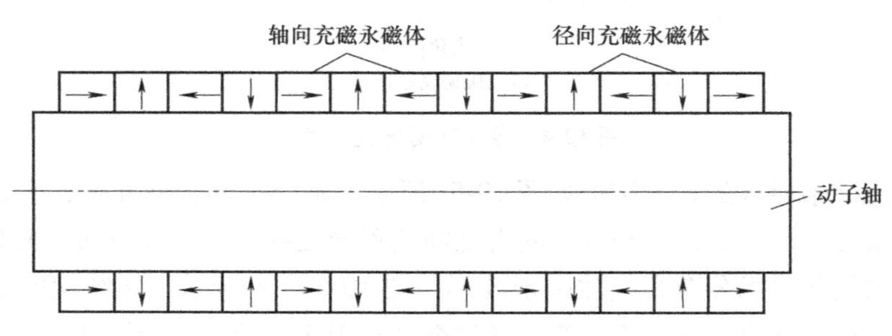

a) Halbach 充磁结构

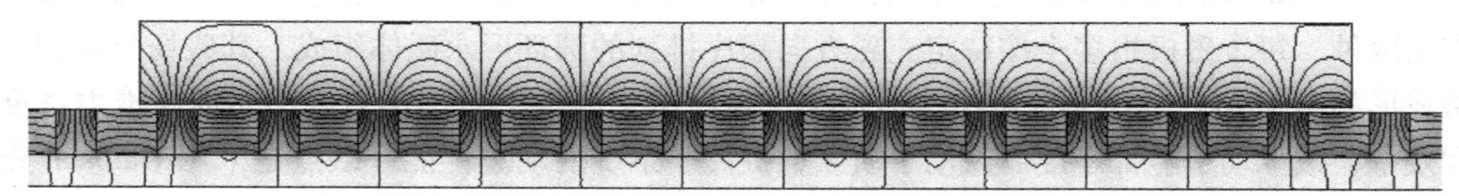

b) 磁场分布

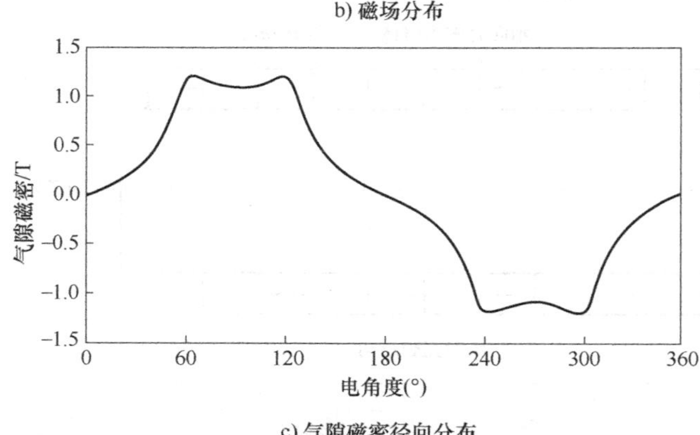

c) 气隙磁密径向分布

图 10-6 Halbach 充磁方式

（2）根据有无定子铁心分类

根据定子有无铁心，圆筒型永磁同步直线电机分为有铁心结构与无铁心结构，有铁心结构又可分为有齿槽结构和无齿槽结构，如图 10-7 所示。有齿槽结构的气隙小、推力密度高，但是由于齿槽效应和端部效应的影响，推力波动大。有铁心无齿槽结构消除了齿槽效应，但端部力仍然存在。无铁心结构不存在齿槽力和端部力，推力波动小，由于气隙长度增大，气隙磁密较低，导致无铁心结构的推力密度低。

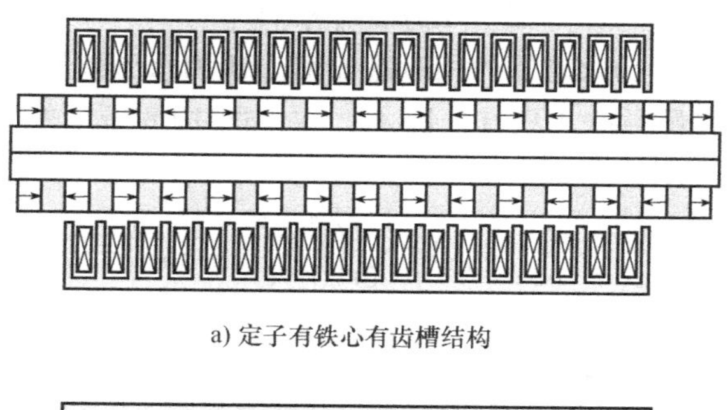

a) 定子有铁心有齿槽结构

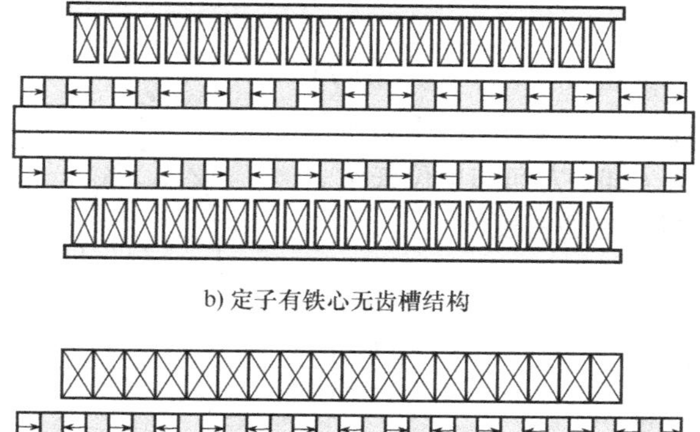

b) 定子有铁心无齿槽结构

c) 定子无铁心结构

图 10-7　有铁心和无铁心结构

10.2　圆筒型永磁同步直线电机的电动势和推力计算

圆筒型永磁同步直线电机的气隙磁场可采用基于圆柱坐标系的矢量磁位分离变量法的磁场解析计算方法求解[2]。根据磁场计算结果，可计算电动势和推力。

1. 磁场解析计算

进行磁场解析计算时需要做如下简化：

1）认为定子和动子的轴向长度为无穷大，不考虑铁心端部效应的影响。

2）铁心的磁导率为无穷大，不考虑铁心磁压降。

3）永磁体的退磁曲线为直线。

4）不考虑定子齿槽的影响。

根据圆筒型永磁同步直线电机的结构，需要计算气隙和永磁体区域的磁场。在气隙内（区域Ⅰ），磁通密度 B 和磁场强度 H 之间的关系为

$$\boldsymbol{B}_{\mathrm{I}}=\mu_0\boldsymbol{H}_{\mathrm{I}} \tag{10-3}$$

在永磁体区域（区域Ⅱ），满足

$$\boldsymbol{B}_{\mathrm{II}}=\mu_0\mu_{\mathrm{r}}\boldsymbol{H}_{\mathrm{II}}+\mu_0\boldsymbol{M}_{\mathrm{II}} \tag{10-4}$$

式中，μ_0 为真空磁导率，μ_{r} 为永磁体的相对磁导率，$\boldsymbol{M}$ 为永磁体的磁化强度。

由于磁场轴对称，矢量磁位 A 只有分量 A_θ，在如图 10-8 所示的圆柱坐标系中，矢量磁位满足：

$$\frac{\partial}{\partial z}\left(\frac{1}{r}\frac{\partial}{\partial z}(rA_{\mathrm{I}\theta})\right)+\frac{\partial}{\partial r}\left(\frac{1}{r}\frac{\partial}{\partial r}(rA_{\mathrm{I}\theta})\right)=0 \tag{10-5}$$

$$\frac{\partial}{\partial z}\left(\frac{1}{r}\frac{\partial}{\partial z}(rA_{\mathrm{II}\theta})\right)+\frac{\partial}{\partial r}\left(\frac{1}{r}\frac{\partial}{\partial r}(rA_{\mathrm{II}\theta})\right)=-\mu_0\nabla\times\boldsymbol{M} \tag{10-6}$$

磁化强度 $\boldsymbol{M}$ 可表示为

$$\boldsymbol{M}=M_{\mathrm{r}}\boldsymbol{e}_{\mathrm{r}}+M_{\mathrm{z}}\boldsymbol{e}_{\mathrm{z}} \tag{10-7}$$

式中，M_{r} 和 M_{z} 分别为永磁体磁化强度 $\boldsymbol{M}$ 的 r 和 z 向分量，$\boldsymbol{e}_{\mathrm{r}}$ 和 $\boldsymbol{e}_{\mathrm{z}}$ 分别为 r 和 z 方向的单位矢量。

根据矢量磁位，可得到磁通密度为

$$\begin{cases}B_{\mathrm{r}}=-\dfrac{\partial A_\theta}{\partial z}\\[2ex]B_{\mathrm{z}}=\dfrac{1}{r}\dfrac{\partial}{\partial r}(rA_\theta)\end{cases} \tag{10-8}$$

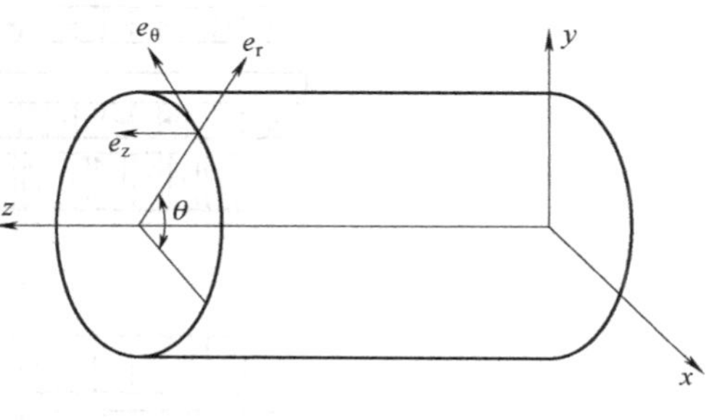

图 10-8　圆柱坐标系

（1）径向充磁结构

对于径向充磁结构，其主要尺寸如图 10-9 所示。对于径向充磁永磁体，磁化强度只有 r 方向分量，分布如图 10-10 所示，对其进行傅里叶分解，得到

$$M_{\mathrm{r}}=\sum_n\frac{4B_{\mathrm{r}}}{\mu_0}\frac{\sin(2n-1)\alpha_{\mathrm{p}}\dfrac{\pi}{2}}{(2n-1)\pi}\cos m_n z \tag{10-9}$$

式中，极弧系数 α_{p} 等于永磁体宽度 τ_{m} 与极距 τ 的比值，$m_n=(2n-1)\pi/\tau$。

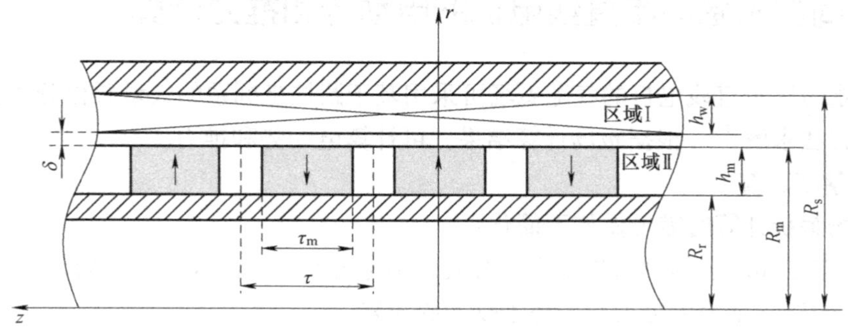

图 10-9　径向充磁结构主要尺寸

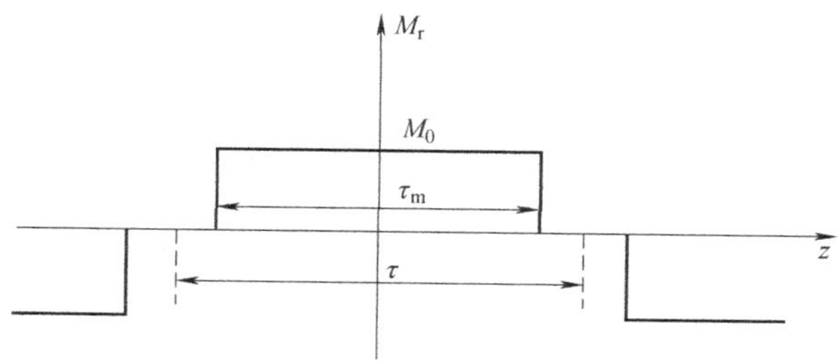

图 10-10　永磁体磁化强度分布

将式（10-9）代入式（10-6），得

$$\frac{\partial}{\partial z}\left[\frac{1}{r}\frac{\partial}{\partial z}(rA_{\text{II}\theta})\right]+\frac{\partial}{\partial r}\left[\frac{1}{r}\frac{\partial}{\partial r}(rA_{\text{II}\theta})\right]=\sum_n P_n\sin m_n z \tag{10-10}$$

式中，P_n 为

$$P_n=\frac{4}{\tau}B_r\sin\left[\frac{(2n-1)\pi}{2}\alpha_p\right] \tag{10-11}$$

在气隙与铁心、气隙与永磁体区域的交界面上，边界条件可表示为

$$\begin{cases}B_{\text{I}z}\big|_{r=R_s}=0;\quad B_{\text{II}z}\big|_{r=R_r}=0\\ B_{\text{I}z}\big|_{r=R_m}=B_{\text{II}z}\big|_{r=R_m};\quad H_{\text{I}z}\big|_{r=R_m}=H_{\text{II}z}\big|_{r=R_m}\end{cases} \tag{10-12}$$

将矢量磁位的通解代入到边界条件，得到磁通密度表达式为

$$\begin{cases}B_{\text{I}r}(r,z)=-\sum_n\left[a_{\text{I}n}BI_1(m_nr)+b_{\text{I}n}BK_1(m_nr)\right]\cos(m_nz)\\ B_{\text{I}z}(r,z)=\sum_n\left[a_{\text{I}n}BI_0(m_nr)-b_{\text{I}n}BK_0(m_nr)\right]\sin(m_nz)\end{cases} \tag{10-13}$$

$$\begin{cases}B_{\text{II}r}(r,z)=-\sum_n\{[F_{An}(m_nr)+a_{\text{II}n}]BI_1(m_nr)+[-F_{Bn}(m_nr)+b_{\text{II}n}]BK_1(m_nr)\}\cos(m_nz)\\ B_{\text{II}z}(r,z)=-\sum_n\{[F_{An}(m_nr)+a_{\text{II}n}]BI_0(m_nr)+[F_{Bn}(m_nr)-b_{\text{II}n}]BK_0(m_nr)\}\sin(m_nz)\end{cases} \tag{10-14}$$

式中，$BI_0(\bullet)$和 $BI_1(\bullet)$分别为零阶和一阶第一类修正贝塞尔函数，$BK_0(\bullet)$和 $BK_1(\bullet)$分别为零阶和一阶第二类修正贝塞尔函数，$F_{An}(\bullet)$、$F_{Bn}(\bullet)$、$a_{\text{I}n}$、$b_{\text{I}n}$、$a_{\text{II}n}$和 $b_{\text{II}n}$可表示为

$$\begin{cases}c_{1n}=BI_0(m_nR_s);\quad c_{2n}=BK_0(m_nR_s)\\ c_{3n}=BI_0(m_nR_r);\quad c_{4n}=BK_0(m_nR_r)\\ c_{5n}=BI_0(m_nR_m);\quad c_{6n}=BK_0(m_nR_m)\\ c_{7n}=BI_1(m_nR_m);\quad c_{8n}=BK_1(m_nR_m)\end{cases} \tag{10-15}$$

$$\begin{cases}F_{An}(m_nr)=\dfrac{P_n}{m_n}\displaystyle\int_{m_nR_r}^{m_nr}\frac{BK_1(x)\,dx}{BI_1(x)BK_0(x)+BK_1(x)BI_0(x)}\\ F_{Bn}(m_nr)=\dfrac{P_n}{m_n}\displaystyle\int_{m_nR_r}^{m_nr}\frac{BI_1(x)\,dx}{BI_1(x)BK_0(x)+BK_1(x)BI_0(x)}\end{cases} \tag{10-16}$$

$a_{\mathrm{I}n}$和$a_{\mathrm{II}n}$为以下方程的解：

$$\begin{bmatrix} \mu_r\left(\dfrac{c_{5n}}{c_{6n}}-\dfrac{c_{1n}}{c_{2n}}\right) & -\left(\dfrac{c_{5n}}{c_{6n}}-\dfrac{c_{3n}}{c_{4n}}\right) \\ \left(\dfrac{c_{7n}}{c_{8n}}+\dfrac{c_{1n}}{c_{2n}}\right) & -\left(\dfrac{c_{7n}}{c_{8n}}+\dfrac{c_{3n}}{c_{4n}}\right) \end{bmatrix} \begin{bmatrix} a_{\mathrm{I}n} \\ a_{\mathrm{II}n} \end{bmatrix} = \begin{bmatrix} F_{An}(m_nR_m)\dfrac{c_{5n}}{c_{6n}}+F_{Bn}(m_nR_m) \\ F_{An}(m_nR_m)\dfrac{c_{7n}}{c_{8n}}-F_{Bn}(m_nR_m) \end{bmatrix} \tag{10-17}$$

$b_{\mathrm{I}n}$和$b_{\mathrm{II}n}$为

$$b_{\mathrm{I}n}=\frac{c_{1n}}{c_{2n}}a_{\mathrm{I}n};\quad b_{\mathrm{II}n}=\frac{c_{3n}}{c_{4n}}a_{\mathrm{II}n} \tag{10-18}$$

（2）轴向充磁结构

轴向充磁圆筒型永磁同步直线电机的主要结构尺寸和磁化强度分布如图 10-11 所示。

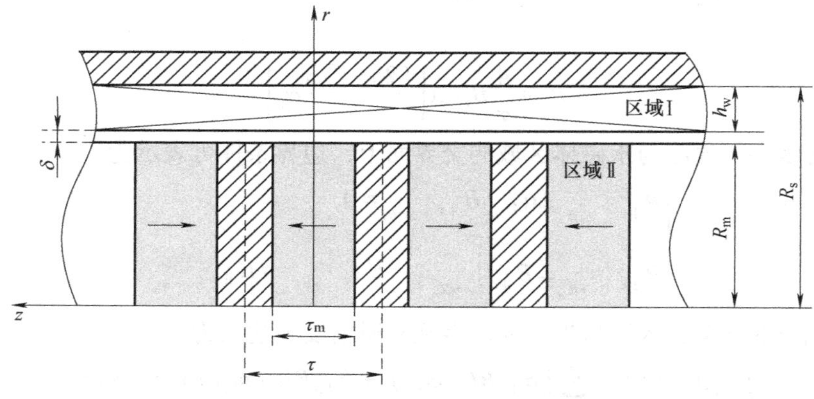

a) 轴向充磁结构主要尺寸

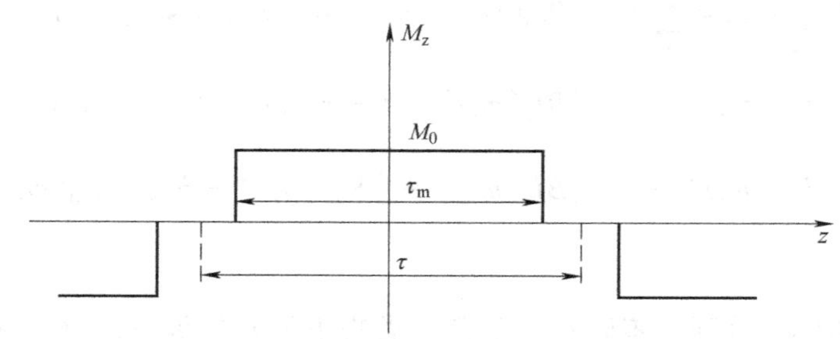

b) 磁化强度分布

图 10-11 轴向充磁结构主要尺寸和磁化强度分布

对磁化强度进行傅里叶分解，得

$$M_z=\sum_n \frac{4B_r}{\mu_0}\frac{\sin(2n-1)\dfrac{\alpha_p\pi}{2}}{(2n-1)\pi}\cos m_nz \tag{10-19}$$

则永磁体区域磁场可表示为

$$\frac{\partial}{\partial z}\left(\frac{1}{r}\frac{\partial}{\partial z}(rA_{\mathrm{II}\theta})\right)+\frac{\partial}{\partial r}\left(\frac{1}{r}\frac{\partial}{\partial r}(rA_{\mathrm{II}\theta})\right)=0 \tag{10-20}$$

边界条件表示为

$$\begin{cases} B_{\mathrm{I}z}\Big|_{r=R_s}=0; \quad B_{\mathrm{II}r}\Big|_{r=0}=0 \\ B_{\mathrm{I}z}\Big|_{\tau_m/2\leqslant z\leqslant \tau/2}=0; \quad B_{\mathrm{II}r}\Big|_{z=\pm\tau_m/2}=0 \\ B_{\mathrm{I}r}\Big|_{\substack{r=R_m\\ -\tau_m/2\leqslant z\leqslant \tau_m/2}}=B_{\mathrm{II}r}\Big|_{\substack{r=R_m\\ -\tau_m/2\leqslant z\leqslant \tau_m/2}} \\ H_{\mathrm{I}z}\Big|_{\substack{r=R_m\\ -\tau_m/2\leqslant z\leqslant \tau_m/2}}=H_{\mathrm{II}z}\Big|_{\substack{r=R_m\\ -\tau_m/2\leqslant z\leqslant \tau_m/2}} \\ \int_0^{R_m}2\pi rB_{\mathrm{II}z}\mathrm{d}r=\int_{\tau_m/2}^{\tau/2}2\pi rB_{\mathrm{I}r}\mathrm{d}z \end{cases} \tag{10-21}$$

求解得到两区域的磁通密度为

$$\begin{cases} B_{\mathrm{I}r}(r,z)=\sum_n\left[a_{\mathrm{I}n}BI_1(m_nr)+b_{\mathrm{I}n}BK_1(m_nr)\right]\sin(m_nz) \\ B_{\mathrm{I}z}(r,z)=\sum_n\left[a_{\mathrm{I}n}BI_0(m_nr)-b_{\mathrm{I}n}BK_0(m_nr)\right]\cos(m_nz) \end{cases} \tag{10-22}$$

$$\begin{cases} B_{\mathrm{II}r}(r,z)=\sum_j a_{\mathrm{II}j}BI_1(q_jr)\sin(q_jz) \\ B_{\mathrm{II}z}(r,z)=\sum_j a_{\mathrm{II}j}BI_0(q_jr)\cos(q_jz)+B_0 \end{cases} \tag{10-23}$$

式中

$$\begin{cases} q_j=2\pi j/\tau_m \\ M_n=\dfrac{4B_r}{\mu_0\pi}\dfrac{\sin(2n-1)\dfrac{\alpha_p\pi}{2}}{(2n-1)} \\ Q_n=\dfrac{4}{\mu_0\pi}\dfrac{\sin(2n-1)\dfrac{\alpha_p\pi}{2}}{(2n-1)} \\ u=\left(\dfrac{2j}{\tau_m}+\dfrac{2n-1}{\tau}\right)\dfrac{\tau_m\pi}{2}; \quad v=\left(\dfrac{2j}{\tau_m}-\dfrac{2n-1}{\tau}\right)\dfrac{\tau_m\pi}{2} \end{cases} \tag{10-24}$$

$$\begin{cases} R_{\mathrm{II}nj}=\dfrac{1}{\mu_r}BI_0(q_jR_m)\alpha_p\left(\dfrac{\sin u}{u}+\dfrac{\sin v}{v}\right) \\ D_{\mathrm{I}n}=c_{5n}-\dfrac{c_{1n}}{c_{2n}}c_{6n}; \quad D_{\mathrm{II}j}=BI_1(q_jR_m) \\ R_{\mathrm{I}nj}=\left(c_{7n}+\dfrac{c_{1n}}{c_{2n}}c_{8n}\right)\alpha_p\left(\dfrac{\sin v}{v}-\dfrac{\sin u}{u}\right) \\ R_{\mathrm{I}n}=\left(c_{7n}+\dfrac{c_{1n}}{c_{2n}}c_{8n}\right)\dfrac{\cos\dfrac{m_n\tau_m}{2}}{m_n}; \quad R_{\mathrm{II}j}=D_{\mathrm{II}j}\dfrac{\cos\dfrac{q_j\tau_m}{2}}{q_j} \end{cases} \tag{10-25}$$

$a_{\mathrm{I}n}$、$a_{\mathrm{II}n}$和 B_0 是下面$(N_\mathrm{E}+J_\mathrm{E}+1)\times(N_\mathrm{E}+J_\mathrm{E}+1)$个方程的解，其中 N_E 和 J_E 为气隙和永磁体区域磁通密度考虑的最高次谐波。

$$\begin{cases} D_{\mathrm{I}n}a_{\mathrm{I}n} - \sum_{j=1}^{J_\mathrm{E}} R_{\mathrm{II}nj}a_{\mathrm{II}j} - Q_n B_0 = -\dfrac{\mu_0}{\mu_\mathrm{r}}M_n \\ \sum_{j=1}^{J_\mathrm{E}} R_{\mathrm{I}nj}a_{\mathrm{I}j} - D_{\mathrm{II}j}a_{\mathrm{II}j} = 0 \\ \sum_{n=1}^{N_\mathrm{E}} R_{\mathrm{I}n}a_{\mathrm{I}j} - \sum_{j=1}^{J_\mathrm{E}} R_{\mathrm{II}j}a_{\mathrm{II}j} - \dfrac{R_\mathrm{m}}{2}B_0 = 0 \end{cases} \tag{10-26}$$

2. 电动势和推力计算

对于无槽结构圆筒直线电机，推力表示为

$$\boldsymbol{F}_\mathrm{w} = \int_V (\boldsymbol{J} \times \boldsymbol{B})\,\mathrm{d}v \tag{10-27}$$

式中，$\boldsymbol{J}$ 为电枢绕组区域的电流矢量。绕组结构如图 10-12 所示，每个多匝线圈占据的区域边界为 $r_1=R_\mathrm{i}$，$r_2=R_\mathrm{s}$，$z_1=z-\tau_\mathrm{w}/2$ 和 $z_2=z+\tau_\mathrm{w}/2$，其中 τ_w 为线圈的轴向宽度。

作用在线圈上的推力可表示为

$$F_\mathrm{w} = -\int_{z-\tau_\mathrm{w}/2}^{z+\tau_\mathrm{w}/2}\int_{R_\mathrm{i}}^{R_\mathrm{s}} 2\pi r J B_{\mathrm{I}r}(r,z)\,\mathrm{d}r\mathrm{d}z \tag{10-28}$$

可进一步表示为

$$F_\mathrm{w} = \sum_n F_n \cos m_n z \tag{10-29}$$

对于径向充磁结构，F_n 可表示为

$$F_n = 2\pi\tau_\mathrm{w} J K_{\mathrm{d}n}\int_{R_\mathrm{i}}^{R_\mathrm{s}} r[\,a_{\mathrm{I}n}BI_1(m_n r) + b_{\mathrm{I}n}BK_1(m_n r)\,]\,\mathrm{d}r \tag{10-30}$$

式中，$K_{\mathrm{d}n}$为 n 次谐波的节距系数，可表示为

$$K_{\mathrm{d}n} = \frac{\sin(m_n\tau_\mathrm{w}/2)}{m_n\tau_\mathrm{w}/2} \tag{10-31}$$

作用在一相绕组上的推力为

$$F_\mathrm{wp} = \left[\sum_n K_{\mathrm{T}n}\sin m_n\left(z - \frac{\tau_\mathrm{wp}}{2}\right)\right] i \tag{10-32}$$

式中，i 为相电流，$K_{\mathrm{T}n}$为 n 次谐波的转矩常数，可表示为

$$K_{\mathrm{T}n} = -\frac{2\pi K_{\mathrm{dp}n}N}{R_\mathrm{s} - R_\mathrm{i}}\int_{R_\mathrm{i}}^{R_\mathrm{s}}[\,a_{\mathrm{I}n}BI_1(m_n r) + b_{\mathrm{I}n}BK_1(m_n r)\,]\,r\mathrm{d}r \tag{10-33}$$

式中，$K_{\mathrm{dp}n}=K_{\mathrm{p}n}K_{\mathrm{d}n}$为 n 次谐波的绕组系数，$K_{\mathrm{p}n}=\sin(m_n\tau_\mathrm{wp}/2)$为 n 次谐波的节距系数，N 为每相串联匝数，τ_wp为同相相邻线圈的距离，如图 10-12 所示。

对于轴向充磁结构

$$F_{wp} = \left[\sum_n K_{Tn} \cos m_n \left(z - \frac{\tau_{wp}}{2} \right) \right] i \tag{10-34}$$

式中，

$$K_{Tn} = -\frac{2\pi K_{dpn} N}{R_s - R_i} \int_{R_i}^{R_s} [a_{In} BI_1(m_n r) + b_{In} BK_1(m_n r)] r\mathrm{d}r \tag{10-35}$$

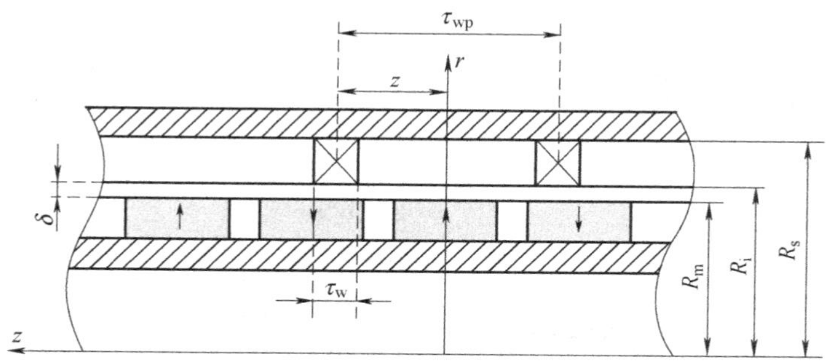

图 10-12 绕组结构

对于径向充磁结构，线圈磁链可表示为

$$\psi_w = \int_{z-\tau_w/2}^{z+\tau_w/2} \int_{R_i}^{R_s} 2\pi r A_{I\theta}(r,z) \mathrm{d}r\mathrm{d}z = \sum_n \psi_n \sin m_n z \tag{10-36}$$

式中，

$$\psi_n = \frac{2\pi \tau_w K_{dn}}{m_n} \int_{R_i}^{R_s} [a_{In} BI_1(m_n r) + b_{In} BK_1(m_n r)] r\mathrm{d}r \tag{10-37}$$

相绕组的磁链可以表示为

$$\psi_{wp} = \sum_n \psi_{np} \cos m_n \left(z - \frac{\tau_{wp}}{2} \right) \tag{10-38}$$

式中，

$$\psi_{np} = \frac{2\pi K_{dpn} N}{m_n (R_s - R_i)} \int_{R_i}^{R_s} [a_{In} BI_1(m_n r) + b_{In} BK_1(m_n r)] r\mathrm{d}r \tag{10-39}$$

据此得到绕组电动势为

$$e_{wp} = -\frac{\mathrm{d}\psi_{wp}}{\mathrm{d}t} = \left[-\sum_n K_{En} \sin m_n \left(z - \frac{\tau_{wp}}{2} \right) \right] v \tag{10-40}$$

式中，v 为动子运动速度，K_{En}为谐波的电动势常数，可表示为

$$K_{En} = -\frac{2\pi K_{dpn} N}{R_s - R_i} \int_{R_i}^{R_s} [a_{In} BI_1(m_n r) + b_{In} BK_1(m_n r)] r\mathrm{d}r \tag{10-41}$$

3. 计算结果的对比

以径向式结构为例，解析法和有限元法计算得到的气隙磁密、绕组磁链和电动势的波形如图 10-13 所示，两者计算结果非常接近。

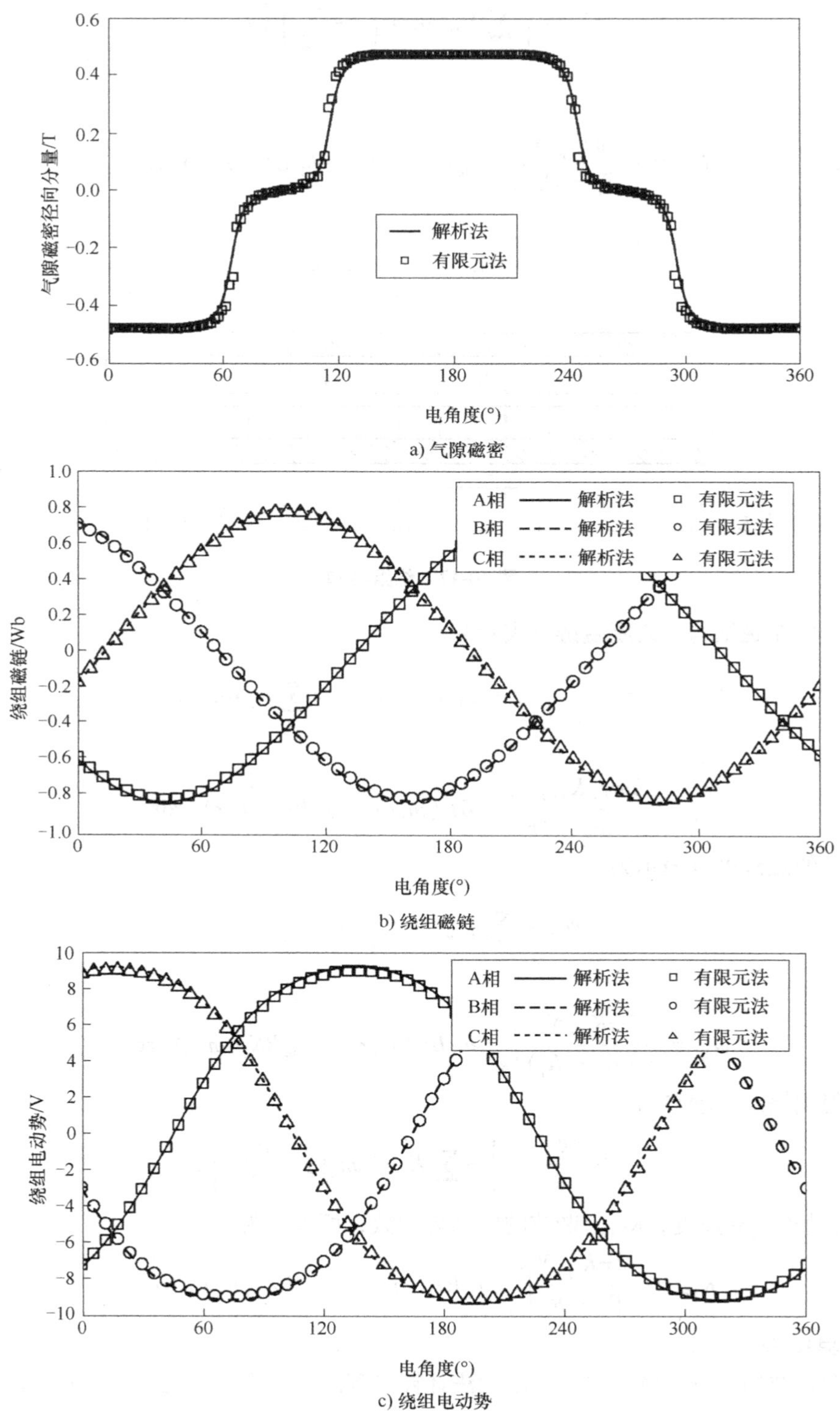

a) 气隙磁密

b) 绕组磁链

c) 绕组电动势

图 10-13　解析法和有限元法计算结果对比

10.3　圆筒型永磁同步直线电机的极槽配合和绕组排布

1. 单元电机

对于旋转电机，电机的相数为 m，定子槽数为 Q，永磁转子极对数为 p，若 Q 与 p 之间有最大公约数 t，即 $Q/p=Q_0/p_0$，Q_0 为 m 的整数倍，则极对数为 p_0，槽数为 Q_0 的电机称为单元电机，原电机由 t 个单元电机组成[3]。在进行直线电机绕组分析时，若不考虑铁心端部的影响，该分析方法仍然适用。

与旋转电机极数为偶数不同，直线电机的极数可以是奇数。为便于分析，此处采用极数而不是极对数，极数用 P 表示。当极数 P 与槽数 Q 具有最大公约数 t 时，可将该电机表示为 t 个单元电机沿轴向的组合，每个单元电机具有相同的绕组排列。单元电机的极数为 $P_0=P/t$，槽数为 $Q_0=Q/t$，其中 Q_0 应为相数 m 的整数倍，对于三相电机，Q_0 应为 3 的倍数。

2. 绕组排布

绕组是电机实现机电能量转换的关键，合理的绕组设计是电机设计的关键步骤之一。对于圆筒型永磁同步直线电机，其绕组通常采用饼式绕组，也称为圆环式绕组。饼式绕组结构简单，易于加工，没有绕组端部，绕组利用率高。

根据定子槽内的饼式线圈的数量，可分为单层绕组和双层绕组，单层绕组结构简单、安装方便，双层绕组通过调节节距可以削弱电动势高次谐波，由于槽内存在两个线圈，需要考虑线圈间绝缘。根据每极每相槽数，可分为整数槽绕组和分数槽绕组。

对于采用单层绕组的圆筒型永磁同步直线电机，在选择极槽配合时，需保证 Q_0 为 3 的倍数。下面以 $Q=36$ 槽圆筒型永磁同步直线电机为例，介绍极槽配合以及绕组排布。

1）当 $t=1$，即 $P_0=P$，$Q_0=Q=36$。每相线圈数为 $Q_0/3=12$，槽距角可表示为

$$\alpha=\frac{P_0}{2}\times\frac{360°}{Q_0}=5P_0 \tag{10-42}$$

槽距角为 5°的奇数倍，同相的 12 个线圈槽电动势夹角为 $\alpha_0=5°$电角度。图 10-14 为 $P=13$ 时的槽电动势星形图和绕组排布。

2）当 $t=2$，即 $P_0=P/2$，$Q_0=Q/2=18$。单元电机内每相线圈数为 $Q_0/3=6$，槽距角可表示为

$$\alpha=\frac{P_0}{2}\times\frac{360°}{Q_0}=10P_0 \tag{10-43}$$

槽距角为 10°的奇数倍，同相的 6 个线圈槽电动势夹角为 $\alpha_0=10°$电角度。图 10-15 为 $P=14$ 时的槽电动势星形图和绕组排布。

3）当 $t=3$，即 $P_0=P/3$，$Q_0=Q/3=12$。单元电机的每相线圈数为 $Q_0/3=4$，槽距角可表示为

$$\alpha=\frac{P_0}{2}\times\frac{360°}{Q_0}=15P_0 \tag{10-44}$$

槽距角为 15°的奇数倍，同相的 4 个线圈槽电动势夹角为 $\alpha_0=15°$电角度。图 10-16 为 $P=15$ 时的槽电动势星形图和绕组排布。

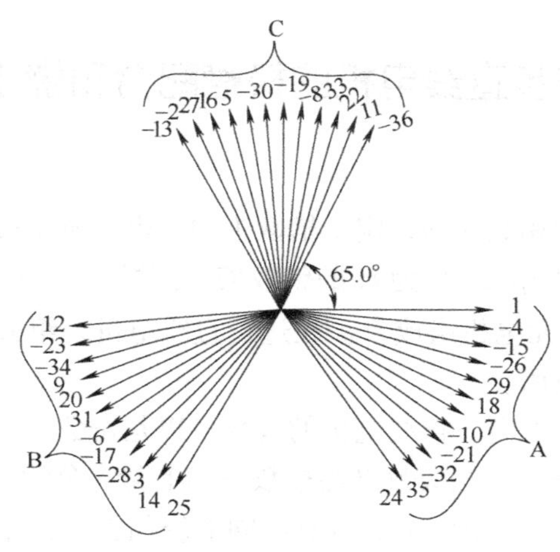

a) 单元电机槽电动势星形图

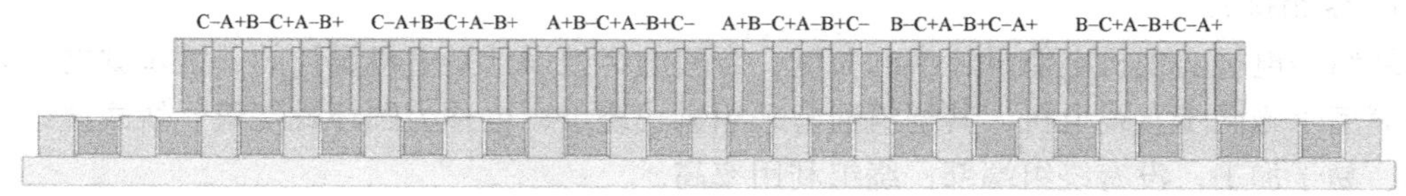

b) 绕组排布

图 10-14　13 极 36 槽电机槽电动势星形图和绕组排布（$P_0=13$, $Q_0=36$）

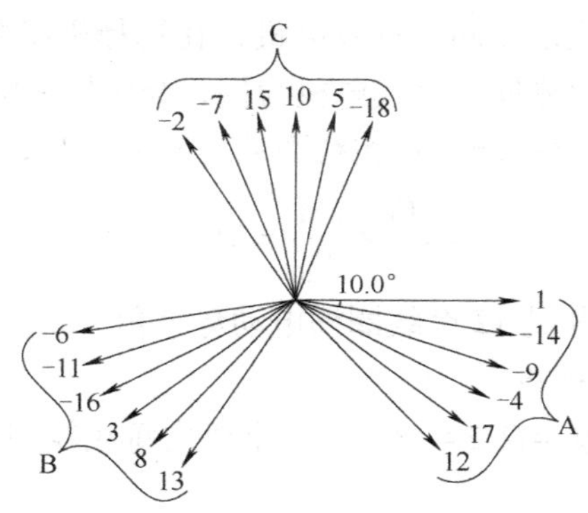

a) 单元电机槽电动势星形图

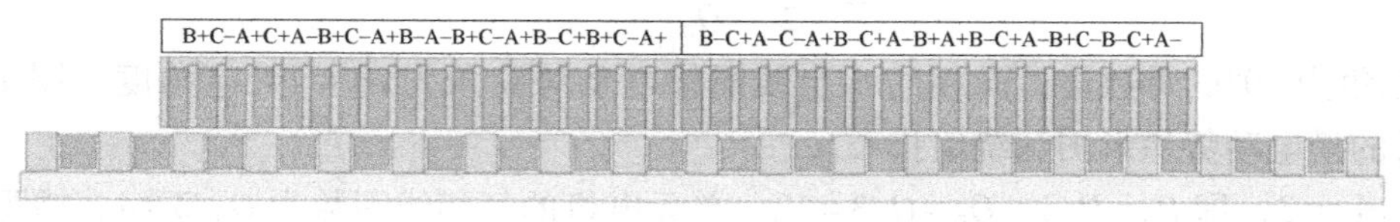

b) 绕组排布

图 10-15　14 极 36 槽电机槽电动势星形图和绕组排布（$P_0=7$, $Q_0=18$）

4）当 $t=4$，即 $P_0=P/4$，$Q_0=Q/4=9$。单元电机的每相线圈数为 $Q_0/3=3$，槽距角可表示为

$$\alpha=\frac{P_0}{2}\times\frac{360°}{Q_0}=20P_0 \tag{10-45}$$

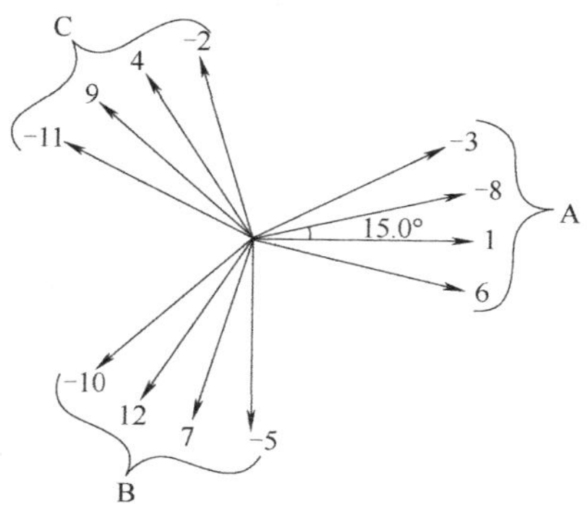

a) 单元电机槽电动势星形图

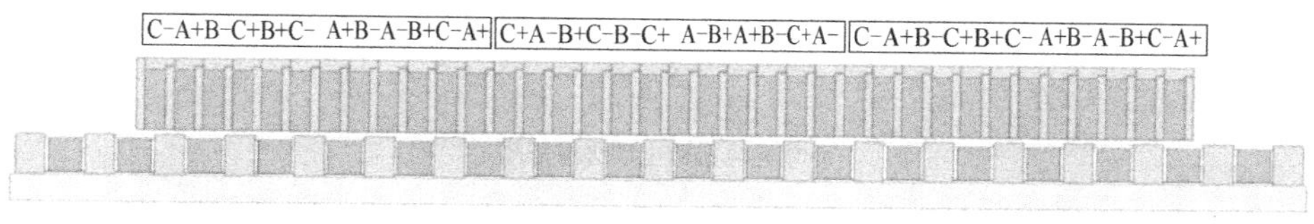

b) 绕组排布

图 10-16　15 极 36 槽电机槽电动势星形图和绕组排布（$P_0=5, Q_0=12$）

槽距角为 20°的整数倍，同相的 3 个线圈槽电动势夹角为 $\alpha_0=20°$电角度。图 10-17 为 $P=16$ 时的槽电动势星形图和绕组排布。

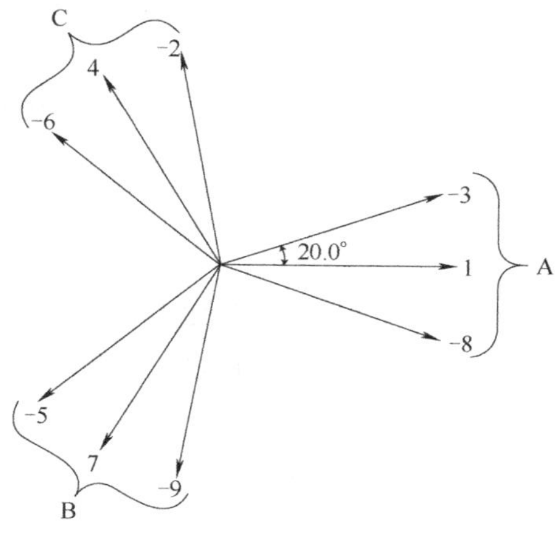

a) 单元电机槽电动势星形图

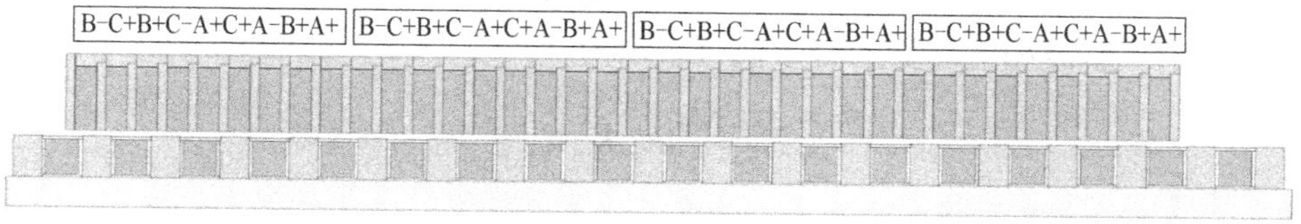

b) 绕组排布

图 10-17　16 极 36 槽电机槽电动势星形图和绕组排布（$P_0=4, Q_0=9$）

5）当 $t=6$，即 $P_0=P/6$，$Q_0=Q/6=6$。单元电机内每相线圈数为 $Q_0/3=2$，槽距角为 30°，同相的 2 个线圈槽电动势夹角为 $\alpha_0=30°$ 电角度。图 10-18 为 $P=6$ 时的槽电动势星形图和绕组排布。

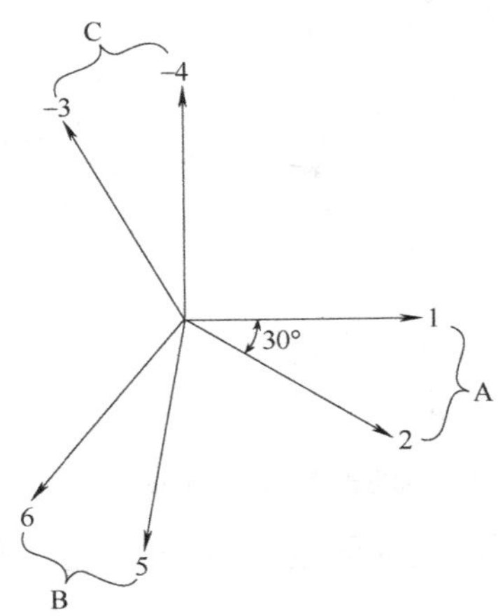

a) 单元电机槽电动势星形图

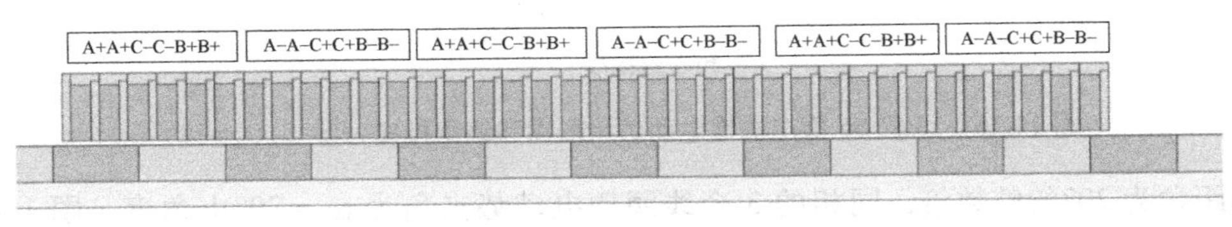

b) 绕组排布

图 10-18　6 极 36 槽电机槽电动势星形图和绕组排布（$P_0=1, Q_0=6$）

6）当 $t=12$，即 $P_0=P/12$，$Q_0=Q/12=3$。单元电机的每相线圈数为 1。图 10-19 为 $P=12$ 时的槽电动势星形图和绕组排布。

3. 相绕组基波电动势

表 10-1 给出了 $Q=36$、33、30、27、24、21、18、15、12、9、6、3 时的极槽配合和绕组排布情况。对于极数和槽数分别为 P_0 和 Q_0 的单元电机，每相绕组由 $Q_0/3$ 个线圈串联而成，如果 $Q_0=3$，每相仅由一个线圈构成；如果 $Q_0>3$，在槽电动势星形图中，同相的相邻槽电动势夹角为

$$\alpha_0=\frac{1}{2}\times\frac{360°}{Q_0} \tag{10-46}$$

基波相电动势是夹角为 α_0 的 $Q_0/3$ 个相量的相量和，相量求和对基波相电动势的影响可用分布系数表示。基波相电动势的有效值可表示为

$$E_1=\frac{Q_0}{3}tE_{c1}K_{p1}K_{d1} \tag{10-47}$$

式中，E_{c1} 为一个线圈的电动势基波有效值，K_{p1} 为基波节距系数，对于单层饼式线圈，$K_{p1}=1$，K_{d1} 为基波分布系数，可表示为

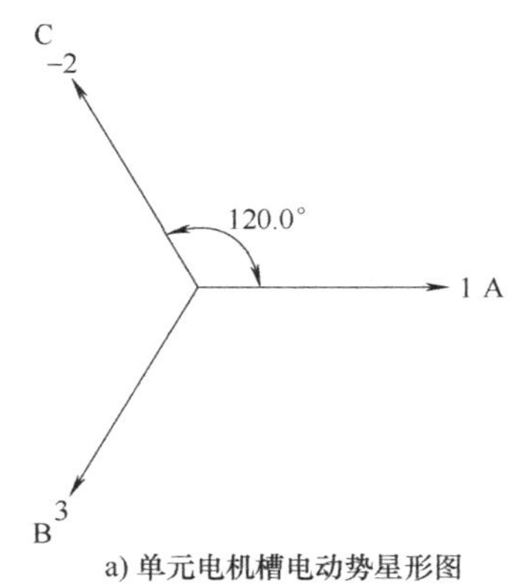

a) 单元电机槽电动势星形图

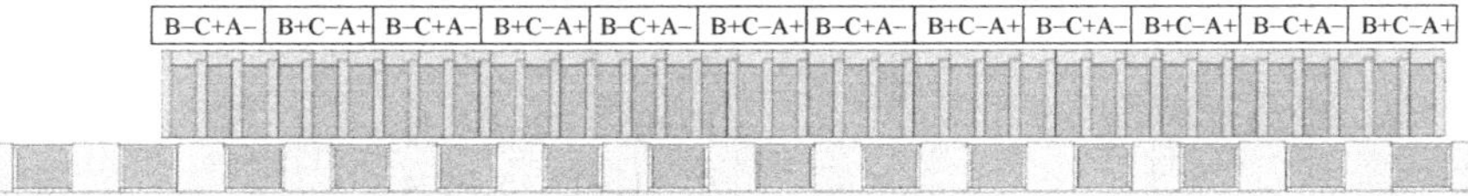

b) 绕组排布

图 10-19　12 极 36 槽电机槽电动势星形图和绕组排布（$P_0=1, Q_0=3$）

$$K_{\mathrm{d1}}=\frac{\sin\left(\frac{Q_0}{3}\times\frac{\alpha_0}{2}\right)}{\frac{Q_0}{3}\sin\frac{\alpha_0}{2}} \tag{10-48}$$

不同极槽配合时的基波分布系数见表 10-1。可以看出，槽数不变时，随着单元电机数的增加，基波分布系数随之增大，当 $Q_0/3=1$ 时，取得最大值 1。

表 10-1　圆筒型永磁同步直线电机的极槽配合

Q	t	Q_0	Q_0/m	α_0	k_{d1}	极槽配合举例		
						P	α	绕组排布
36	1	36	12	5°	0. 955	23	115°	A：1,−12,23,−34,−9,20,−31,−6,17,−28,−3,14 B：−13,24,−35,−10,21,−32,−7,18,−29,−4,15,−26 C：25,−36,−11,22,−33,−8,19,−30,−5,16,−27,−2
	2	18	6	10°	0. 956	26	130°	A：1,−8,15,4,−11,18 B：13,2,−9,16,5,−12 C：−7,14,3,−10,17,6
	3	12	4	15°	0. 958	21	105°	A：1,8,−3,−10 B：9,−4,−11,6 C：−5,−12,7,−2
	4	9	3	20°	0. 96	28	140°	A：1,−5,9 B：7,2,−6 C：−4,8,3
	6	6	2	30°	0. 966	42	210°	A：1,−2 B：5,−6 C：−3,4
	12	3	1	/	1	24	120°	A：1 B：2 C：3

（续）

Q	t	Q_0	Q_0/m	α_0	k_{d1}	极槽配合举例		
						P	α	绕组排布
33	1	33	11	60°/11	0.955	19	103.6°	A：1,8,15,22,29,−3,−10,−17,−24,−31,5 B：23,30,−4,−11,−18,−25,−32,6,13,20,27 C：−12,−19,−26,−33,7,14,21,28,−2,−9,−16
	11	3	1	/	1	11	60°	A：1 B：3 C：−2
30	1	30	10	6°	0.955	17	102°	A：1,−24,−17,−10,−3,26,19,12,5,−28 B：−11,−4,27,20,13,6,−29,−22,−15,−8 C：21,14,7,−30,−23,−16,−9,−2,25,18
	2	15	5	12°	0.957	8	96°	A：1,−3,5,−7,9 B：6,−8,10,−12,14 C：11,−13,15,−2,4
	5	6	2	30°	0.966	25	150°	A：1,6 B：−3,2 C：5,−4
	10	3	1	/	1	20	120°	A：1 B：2 C：3
27	1	27	9	20°/3	0.955	16	106.7°	A：1,−23,18,−13,8,−3,25,−20,15 B：19,−14,9,−4,26,−21,16,−11,6 C：10,−5,27,−22,17,−12,7,−2,24
	3	9	3	20°	0.96	21	140°	A：1,−5,9 B：7,2,−6 C：−4,8,3
	9	3	1	/	1	18	120°	A：1 B：2 C：3
24	1	24	8	7.5°	0.956	13	97.5°	A：1,−14,−3,16,5,−18,−7,20 B：17,6,−19,−8,21,10,−23,−12 C：−9,22,11,−24,−13,−2,15,4
	2	12	4	15°	0.958	14	105°	A：1,8,−3,−10 B：9,−4,−11,6 C：−5,−12,7,−2
	4	6	2	30°	0.966	20	150°	A：1,6 B：−3,2 C：5,−4
	8	3	1	/	1	16	120°	A：1 B：2 C：3
21	1	21	7	60°/7	0.956	10	85.7°	A：1,−20,18,−16,14,−12,10 B：15,−13,11,−9,7,−5,3 C：8,−6,4,−2,21,−19,17
	7	3	1	/	1	14	120°	A：1 B：2 C：3
18	1	18	6	10°	0.956	7	70°	A：1,−14,−9,−4,17,12 B：13,8,3,−16,−11,−6 C：−2,−7,15,10,5,−18
	2	9	3	20°	0.96	14	140°	A：1,−5,9 B：7,2,−6 C：−4,8,3
	3	6	2	30°	0.966	15	150°	A：1,6 B：−3,2 C：5,−4
	6	3	1	/	1	12	120°	A：1 B：2 C：3

（续）

Q	t	Q_0	Q_0/m	α_0	k_{d1}	极槽配合举例		
						P	α	绕组排布
15	1	15	5	12°	0.957	8	96°	A：1,-3,5,-7,9 B：6,-8,10,-12,14 C：11,-13,15,-2,4
	5	3	1	/	1	10	120°	A：1 B：2 C：3
12	1	12	4	15°	0.958	7	105°	A：1,8,-3,-10 B：9,-4,-11,6 C：-5,-12,7,-2
	2	6	2	30°	0.966	10	150°	A：1,6 B：-3,2 C：5,-4
	4	3	1	/	1	8	120°	A：1 B：2 C：3
9	1	9	3	20°	0.96	7	140°	A：1,-5,9 B：7,2,-6 C：-4,8,3
	3	3	1	/	1	6	120°	A：1 B：2 C：3
6	1	6	2	30°	0.966	5	150°	A：1,6 B：-3,2 C：5,-4
	2	3	1	/	1	4	120°	A：1 B：2 C：3
3	1	3	1	/	1	2	120°	A：1 B：2 C：3

10.4　圆筒型永磁同步直线电机推力波动与削弱方法

定子有铁心和齿槽结构的圆筒型永磁同步直线电机具有较高的推力密度，但是铁心和齿槽的存在引起推力波动。推力波动有三个主要来源：电动势谐波引起的推力波动、齿槽力和端部力，其中齿槽力和端部力合称为磁阻力。以定子 36 槽圆筒型永磁同步直线电机为例，研究极数分别为 12、13、14、15 和 16 时的推力波动来源及其削弱方法。

10.4.1　空载电动势谐波与推力波动削弱

1. 空载电动势及其主要谐波

对于圆筒型永磁同步直线电机，采用单层绕组时电动势的 n 次谐波可表示为

$$E_n=\frac{Q_0}{m}tE_{cn}K_{dpn} \tag{10-49}$$

式中，n 为电动势谐波次数，$n=1,3,5,7,\cdots$，K_{dpn} 为 n 次谐波的绕组系数，E_{cn} 为一个线圈的电动势 n 次谐波有效值，可表示为

$$E_{cn}=B_n lv \tag{10-50}$$

式中，B_n 为气隙磁密 n 次谐波有效值，l 为线圈导体有效长度，v 为磁密谐波和导体相对运动速度。

绕组系数可表示为

$$K_{dpn}=K_{pn}K_{dn} \tag{10-51}$$

式中，K_{pn} 为节距系数，对于单层饼式线圈，节距系数为 1；K_{dn} 为分布系数，在单元电机中

每相包含 $Q_0/3$ 个线圈，分布系数可表示为

$$K_{dn}=\frac{\sin\left(\frac{Q_0}{m}\times\frac{n\alpha_0}{2}\right)}{\frac{Q_0}{m}\sin\frac{n\alpha_0}{2}} \tag{10-52}$$

式中，α_0 为每相相邻槽电动势夹角，各种极槽配合时的值见式（10-46）和表 10-1。对于 12 极 36 槽模型，$Q_0/3=1$，单元电机中每相包含一个线圈，对于 13、14、15 和 16 极 36 槽电机模型，α_0 分别为 5°、10°、15°和 20°。

根据各单元电机的三相绕组划分，得到当 $Q=36$、33、30、27、24、21、18、15、12、9、6 和 3 时的基波和主要谐波的绕组系数见表 10-2，绕组系数随 Q_0 的变化曲线如图 10-20 所示。当 $Q_0/m=1$ 时，单元电机中每相仅包含一个线圈，基波和谐波的绕组系数均为 1。当 $Q_0/m>1$ 时，基波绕组系数略小于 1，5 次和 7 次谐波绕组系数的数值很小，对于 11 次和 13 次谐波，除个别极槽配合外，其绕组系数的数值也较小。仅从减小空载电动势高次谐波的角度考虑，最好不要选择 $Q_0/m=1$ 时的极槽配合，以及 $Q_0=6$ 时的极槽配合。

表 10-2　各种极槽配合的绕组系数

Q	t	Q_0	Q_0/m	α_0	K_{dp1}	K_{dp5}	K_{dp7}	K_{dp11}	K_{dp13}
36	1	36	12	5°	0.955	0.193	−0.139	−0.09	0.078
	2	18	6	10°	0.956	0.197	−0.145	−0.102	0.092
	3	12	4	15°	0.958	0.205	−0.158	−0.126	0.126
	4	9	3	20°	0.96	0.218	−0.177	−0.177	0.218
	6	6	2	30°	0.966	0.259	−0.259	−0.966	−0.966
	12	3	1	/	1	1	1	1	1
33	1	33	11	60°/11	0.955	0.193	−0.139	−0.091	0.078
	11	3	1	/	1	1	1	1	1
30	1	30	10	6°	0.955	0.193	−0.14	−0.092	0.08
	2	15	5	12°	0.957	0.2	−0.149	−0.11	0.102
	5	6	2	30°	0.966	0.259	−0.259	−0.966	−0.966
	10	3	1	/	1	1	1	1	1
27	1	27	9	20°/3	0.955	0.194	−0.14	−0.093	0.081
	3	9	3	20°	0.96	0.218	−0.177	−0.177	0.218
	9	3	1	/	1	1	1	1	1
24	1	24	8	7.5°	0.956	0.194	−0.141	−0.095	0.083
	2	12	4	15°	0.958	0.205	−0.158	−0.126	0.126
	4	6	2	30°	0.966	0.259	−0.259	−0.966	−0.966
	8	3	1	/	1	1	1	1	1

（续）

Q	t	Q_0	Q_0/m	α_0	K_{dp1}	K_{dp5}	K_{dp7}	K_{dp11}	K_{dp13}
21	1	21	7	60°/7	0.956	0.196	−0.143	−0.097	0.087
	7	3	1	/	1	1	1	1	1
18	1	18	6	10°	0.956	0.197	−0.145	−0.102	0.092
	2	9	3	20°	0.96	0.218	−0.177	−0.177	0.218
	3	6	2	30°	0.966	0.259	−0.259	−0.966	−0.966
	6	3	1	/	1	1	1	1	1
15	1	15	5	12°	0.957	0.2	−0.149	−0.11	0.102
	5	3	1	/	1	1	1	1	1
12	1	12	4	15°	0.958	0.205	−0.158	−0.126	0.126
	2	6	2	30°	0.966	0.259	−0.259	−0.966	−0.966
	4	3	1	/	1	1	1	1	1
9	1	9	3	20°	0.96	0.218	−0.177	−0.177	0.218
	3	3	1	/	1	1	1	1	1
6	1	6	2	30°	0.966	0.259	−0.259	−0.966	−0.966
	2	3	1	/	1	1	1	1	1
3	1	3	1	/	1	1	1	1	1

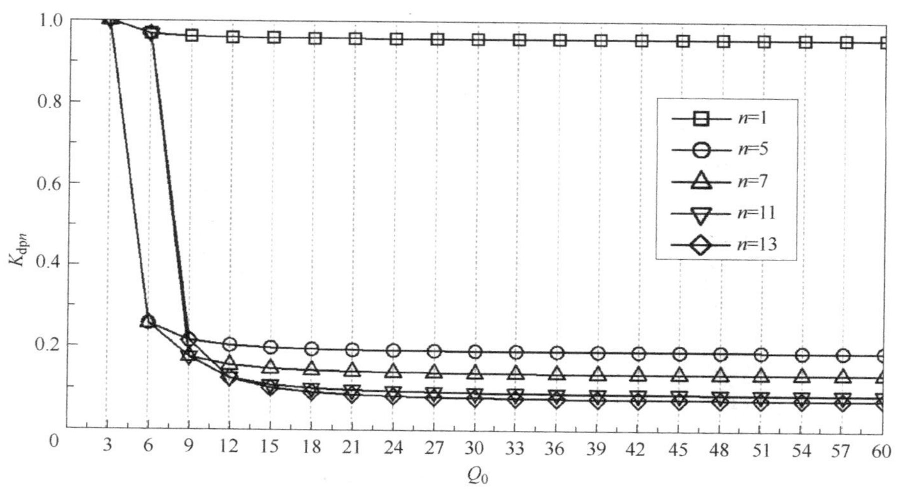

图 10-20　绕组系数随 Q_0 的变化曲线

作为具有轴对称结构的圆柱管状结构，对圆筒型永磁同步直线电机进行有限元分析计算时，可采用 2D 轴对称模型。采用有限元法计算得到了 12、13、14、15 和 16 极 36 槽圆筒型永磁同步直线电机的电动势波形和谐波幅值，如图 10-21 所示。在 5 个模型中，定子结构尺寸、电枢绕组匝数和永磁体体积均保持不变，主要结构参数见表 10-3。可以发现，各模型相电动势的基波幅值相差不大。由于较小的绕组系数，极数为 13、14、15 和 16 模型的 5 次谐波电动势幅值远低于 12 极模型。需要指出的是，本例中极弧系数为 0.57，各模型的 7 次谐波幅值较小。

表 10-3　模型主要结构参数

参数	数值	参数	数值
定子槽数	36	线圈匝数	32
定子齿宽/mm	3.0	导线截面积/mm^2	3.0
定子槽宽/mm	7.1	动子外径/mm	49.0
定子槽深/mm	21.5	动子轴外径/mm	20.0
定子轭高/mm	4.4	额定电流/A	44
气隙长度/mm	1.6	永磁体类型	40SH

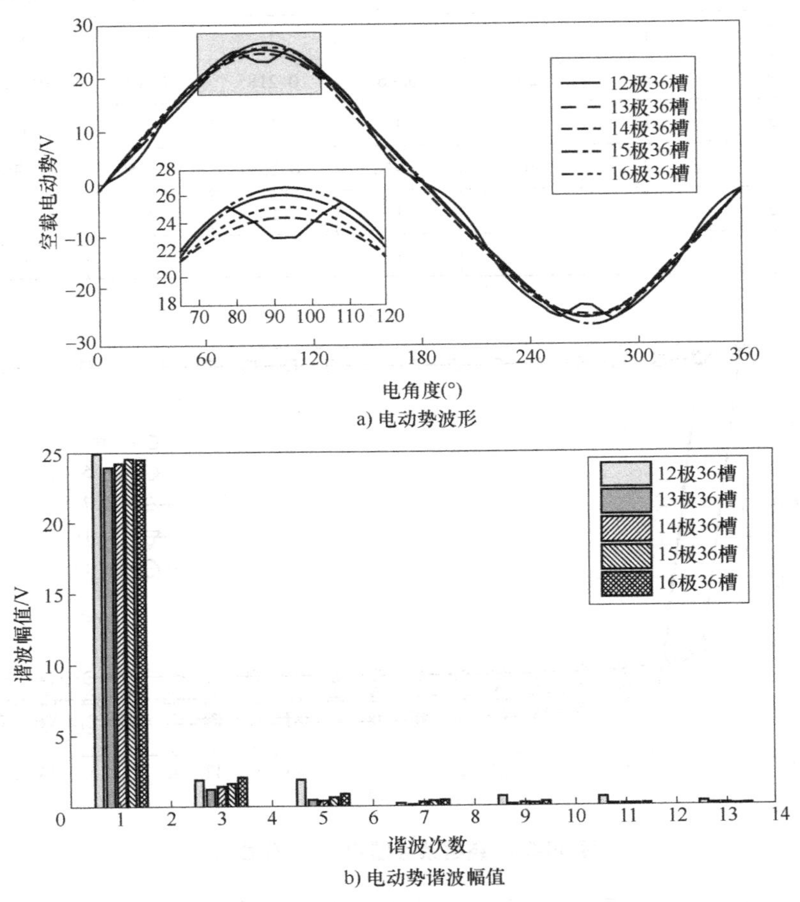

a) 电动势波形

b) 电动势谐波幅值

图 10-21　各极槽配合的电动势波形和谐波幅值

2. 电动势谐波引起的推力波动的削弱

对于直线电机，推力可表示为

$$F=\frac{e_a i_a+e_b i_b+e_c i_c}{v} \tag{10-53}$$

式中，e_a、e_b 和 e_c 为三相电动势，i_a、i_b 和 i_c 为三相电流。

忽略电流谐波和铁心端部的影响，推力波动主要由电动势的 $6k\pm1$ 次谐波引起，电动势谐波可表示为

$$\begin{cases} e_{a(6k-1)}=E_{p(6k-1)}\cos[(6k-1)\omega t+\theta_{(6k-1)}] \\ e_{b(6k-1)}=E_{p(6k-1)}\cos[(6k-1)\omega t+2\pi/3+\theta_{(6k-1)}] \\ e_{c(6k-1)}=E_{p(6k-1)}\cos[(6k-1)\omega t-2\pi/3+\theta_{(6k-1)}] \end{cases} \tag{10-54}$$

$$\begin{cases} e_{a(6k+1)}=E_{p(6k+1)}\cos[(6k+1)\omega t+\theta_{(6k+1)}] \\ e_{b(6k+1)}=E_{p(6k+1)}\cos[(6k+1)\omega t-2\pi/3+\theta_{(6k+1)}] \\ e_{c(6k+1)}=E_{p(6k+1)}\cos[(6k+1)\omega t+2\pi/3+\theta_{(6k+1)}] \end{cases} \tag{10-55}$$

式中，$E_{p(6k\pm1)}$ 为电动势谐波幅值，$\theta_{(6k\pm1)}$ 为谐波相位角。

三相电流基波表示为

$$\begin{cases} i_a=I_p\cos(\omega t+\theta_i) \\ i_b=I_p\cos(\omega t-2\pi/3+\theta_i) \\ i_c=I_p\cos(\omega t+2\pi/3+\theta_i) \end{cases} \tag{10-56}$$

式中，I_p 和 θ_i 分别为电流基波幅值和相位。

电动势的 $6k-1$ 次谐波与基波电流相互作用，产生的推力表示为

$$F_{(6k-1)}=\frac{1}{v}\frac{3}{2}E_{p(6k-1)}I_p\cos(6k\omega t+\theta_{(6k-1)}+\theta_i) \tag{10-57}$$

电动势的 $6k+1$ 次谐波与基波电流相互作用，产生的推力表示为

$$F_{(6k+1)}=\frac{1}{v}\frac{3}{2}E_{p(6k+1)}I_p\cos(6k\omega t+\theta_{(6k+1)}-\theta_i) \tag{10-58}$$

可见，电动势的 $6k\pm1$ 次谐波与基波电流相互作用，产生推力的谐波次数为 $6k$ 次，合成的 $6k$ 次谐波幅值取决于两分量的幅值和相位。

不考虑齿槽力和端部力的影响，上述 5 种极槽配合模型的推力波形和主要谐波幅值如图 10-22 所示（采用 $i_d=0$ 控制）。各模型的推力波动分别为 55.58%、10.75%、9.99%、9.92%和 12.59%，其中 12 极 36 槽模型推力波动最大且主要来源为 6 次谐波。对于其余 4 个分数槽电机模型，由于电动势的 5 次和 7 次谐波幅值较低，推力波动较小。下面分析整数槽模型由电动势谐波引起的推力波动的削弱方法。

（1）优化动子结构参数

根据前面分析，整数槽模型的推力波动主要由电动势的 5 次和 7 次谐波引起，两者产生的推力谐波次数均为 6 次。电动势的 5 次和 7 次谐波产生的总推力谐波取决于各自产生谐波的幅值和相位角，当两者幅值相等，相位相差 180°时，相互抵消。12 极 36 槽轴向充磁圆筒型永磁同步直线电机电动势各谐波幅值和推力波动（采用 $i_d=0$ 控制）随极弧系数的变化曲线如图 10-23a 所示。可以看出，当极弧系数为 0.472 时的推力波动最小，此时由电动势的 5 次和 7 次谐波引起的推力 6 次谐波幅值如图 10-23b 所示，电动势的 5 次和 7 次谐波引起的

推力 6 次谐波幅值相近，且两者相位差接近 180°，两者合成幅值减小。当极弧系数分别为 0.472 和 0.516 时的推力如图 10-23c 所示，可以看出通过优化动子极弧系数，可有效削弱由电动势的 $6k\pm1$ 次谐波引起的推力波动。

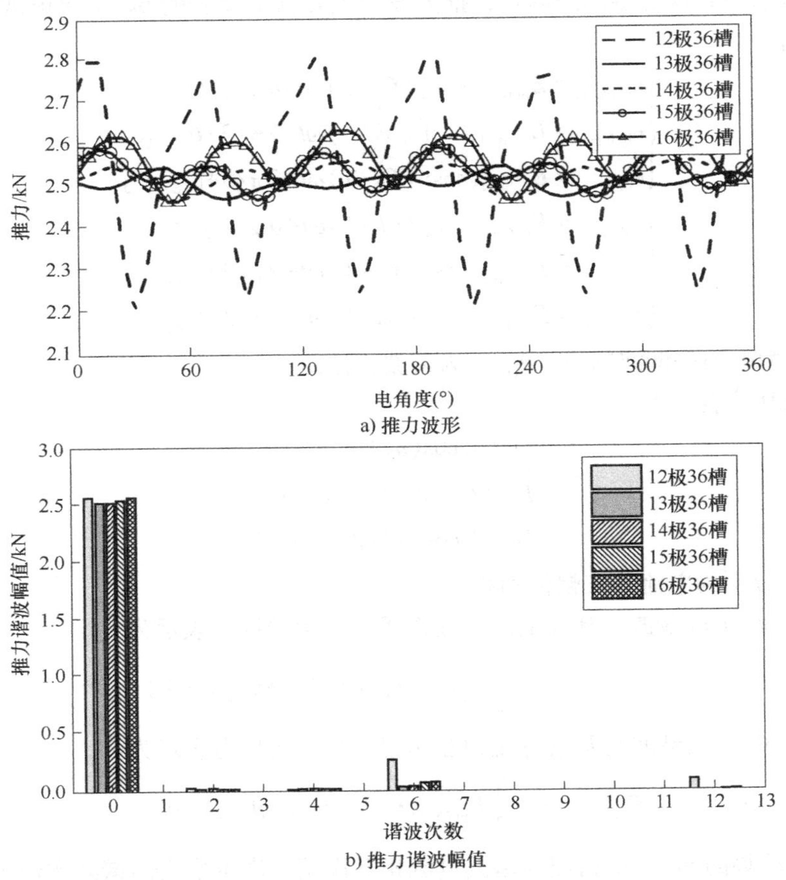

a) 推力波形

b) 推力谐波幅值

图 10-22　5 种极槽配合的推力波形和谐波幅值

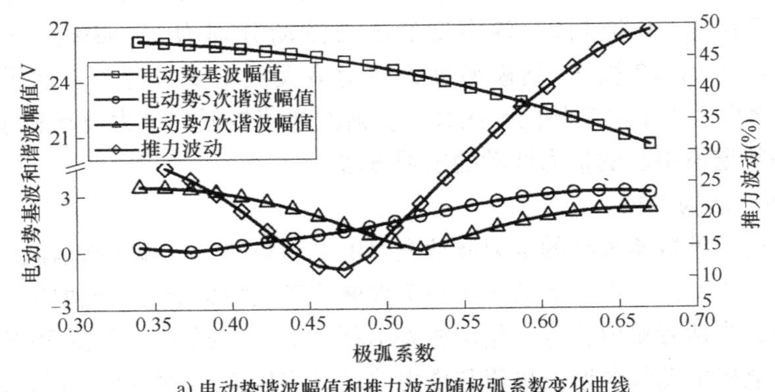

a) 电动势谐波幅值和推力波动随极弧系数变化曲线

图 10-23　极弧系数变化对推力波动的影响（不考虑齿槽力和端部力的影响）

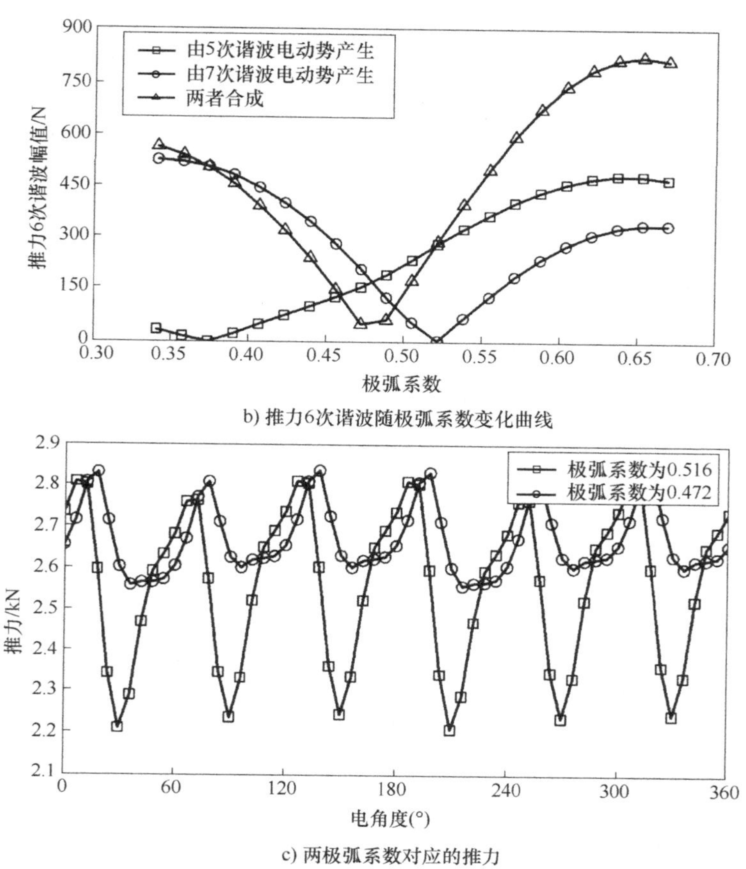

b) 推力6次谐波随极弧系数变化曲线

c) 两极弧系数对应的推力

图 10-23　极弧系数变化对推力波动的影响（不考虑齿槽力和端部力的影响）（续）

（2）采用不均匀气隙削弱电动势的 $6k\pm1$ 次谐波

采用不均匀气隙可以削弱气隙磁密的 $6k\pm1$ 次谐波，从而削弱空载电动势的对应谐波。以 12 极 36 槽轴向充磁圆筒型直线电机为例，不均匀气隙结构如图 10-24 所示。动子铁心外侧采用弧形结构，气隙长度从磁极中心向两侧逐渐增大，本模型中最小气隙长度 $\delta_{min}=1.6$mm，最大气隙长度 $\delta_{max}=3.1$mm。

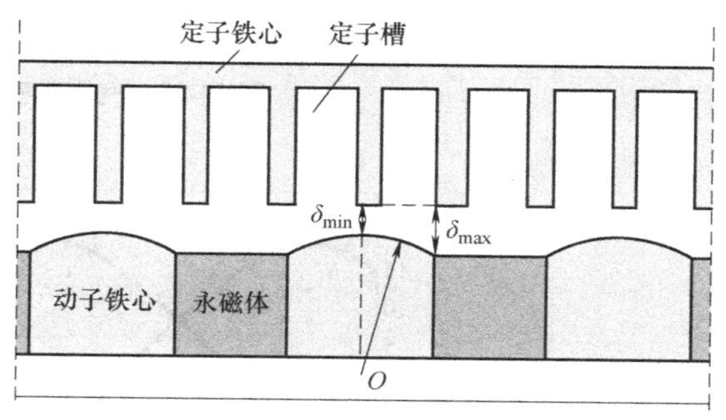

图 10-24　不均匀气隙结构

采用均匀气隙与不均匀气隙时的气隙磁密径向分量波形与谐波幅值如图 10-25 所示。相比于均匀气隙，采用不均匀气隙时，气隙磁密基波幅值减小 2.59%，5 次和 7 次谐波幅值分别减小 65.86%和 65.19%，11 次和 13 次谐波幅值分别减小 88.04%和 87.67%。因此采用不均匀气隙时，磁密基波幅值略有减小，高次谐波得到了极大的削弱。

均匀气隙与不均匀气隙时的空载电动势波形和谐波幅值如图 10-26 所示。采用不均匀气隙时，空载电动势的基波幅值减小 2.96%，5 次和 7 次谐波幅值分别减小 85%和 86.48%，11 次和 13 次谐波幅值分别减小 98.84%和 92.48%，电动势的 $6k\pm1$ 次谐波得到了极大的削弱。

均匀气隙与不均匀气隙时的齿槽力和推力波形如图 10-27 所示。采用不均匀气隙时，齿槽力最大值减小 44.37%，推力波动从 51.48%减小到 5.62%，推力波动削弱效果非常显著。

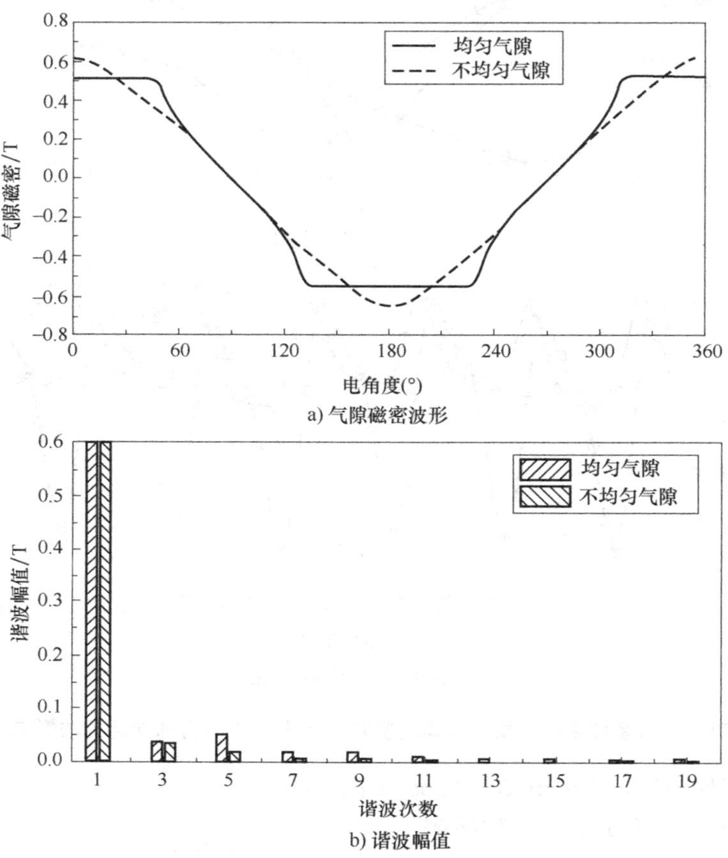

a) 气隙磁密波形

b) 谐波幅值

图 10-25　气隙磁密波形和谐波幅值

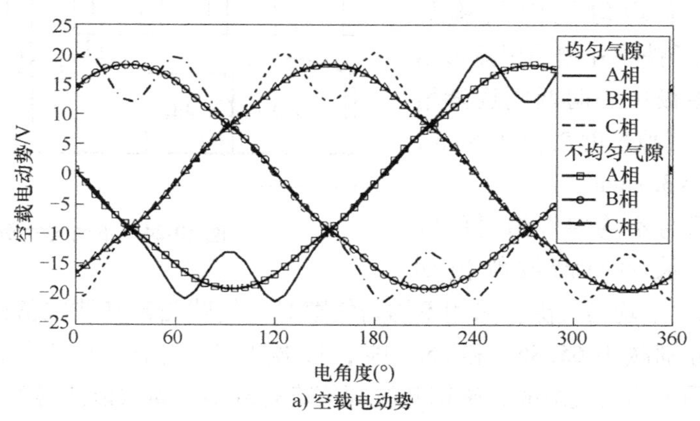

a) 空载电动势

图 10-26　空载电动势波形与谐波幅值

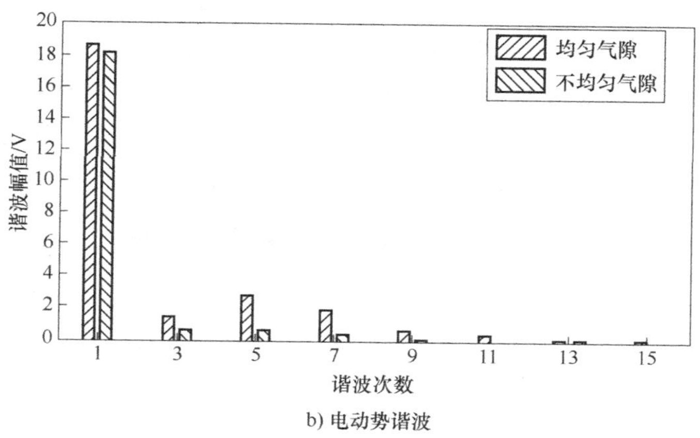

b) 电动势谐波

图 10-26　空载电动势波形与谐波幅值（续）

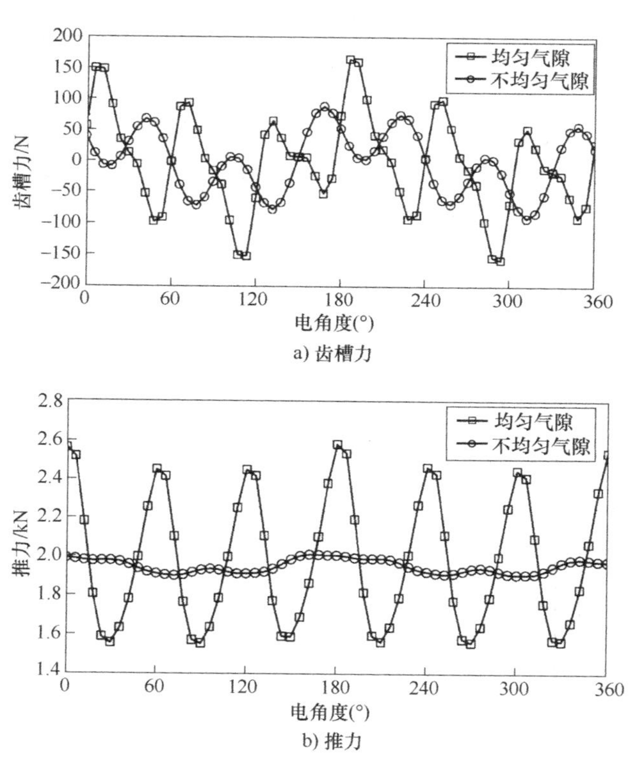

a) 齿槽力

b) 推力

图 10-27　齿槽力和推力

（3）通过采用双层短距分布绕组削弱电动势的 $6k\pm1$ 次谐波

以 6 极 36 槽圆筒型永磁同步直线电机为例，每极每相槽数 $q=2$，极距为 $\tau=Q/P=6$。采用双层绕组时，根据节距系数可知，当线圈节距为 $y_1=5\tau/6$ 时，对电动势的 5 次和 7 次谐波削弱效果较好，对应的绕组系数见表 10-4。可以看出，采用短距分布绕组时，电动势基波绕组系数保持较高的值，5 次和 7 次谐波的绕组系数接近于零，但如前所述，对于 $Q_0=6$ 模型，11 次和 13 次谐波绕组系数较大。当极弧系数为 0.5 时的电动势波形和谐波幅值如图 10-28 所示。可以看出，电动势的5次和7次谐波得到了很好的削弱，11次和13次谐波具有较高的幅值。不考虑齿槽力和端部力的影响，推力波形和主要谐波幅值如图10-29所示。当极弧系数为0.5时，由于电动势的11次和13次谐波的影响，推力波动主要由12次谐波引起。可以通过合理地选择极弧系数削弱其影响，如图10-29所示，当极弧系数为0.37时，推力12次谐波减小75.8%，推力波动由61.7%减小到17.5%，削弱效果非常显著。

表10-4 采用短距分布绕组时的绕组系数

	$n=1$	$n=5$	$n=7$	$n=11$	$n=13$
节距系数 K_{pn}	0.966	0.259	0.259	0.966	0.966
分布系数 K_{dn}	0.966	0.259	0.259	0.966	0.966
绕组系数 K_{dpn}	0.933	0.067	0.067	0.933	0.933

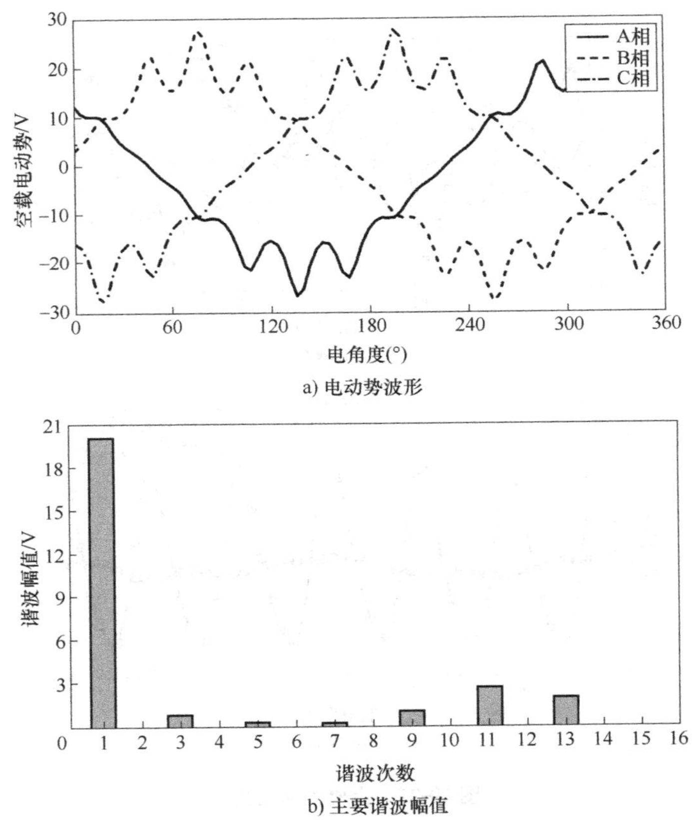

a) 电动势波形

b) 主要谐波幅值

图10-28 6极36槽电机模型的空载电动势

(4) 定子铁心轴向分段削弱推力波动

由于每个单元电机的电动势相同，以单个或者多个单元电机定子为单位将电机分段，适当调整两段的间距，并填充非导磁材料，可在保持电动势基波幅值基本不变的前提下，有效地削弱电动势高次谐波[1]，达到削弱推力波动的目的。

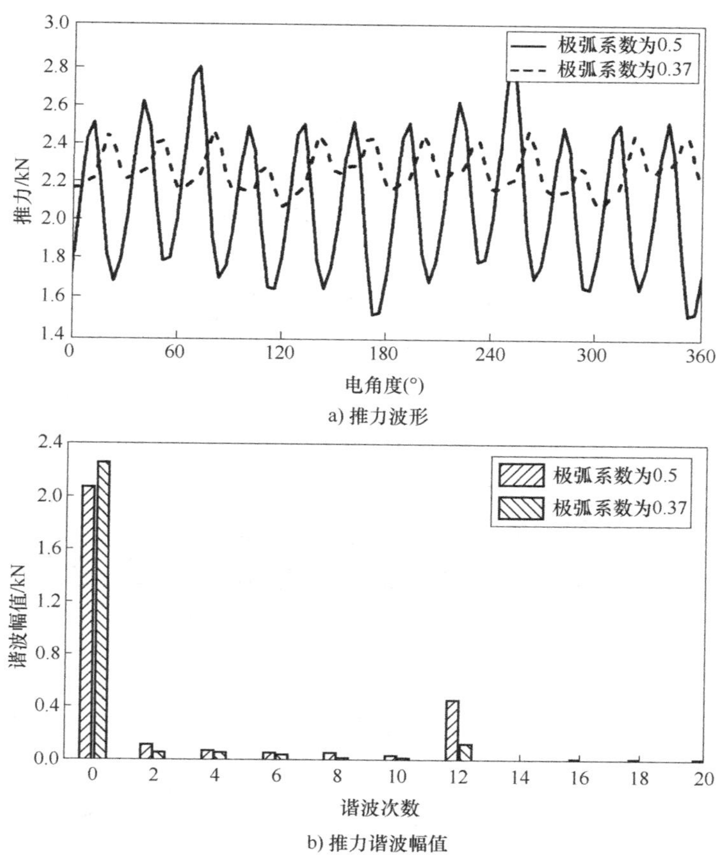

a) 推力波形

b) 推力谐波幅值

图 10-29 6 极 36 槽电机模型推力

以 12 极 36 槽电机模型为例，单元电机槽数为 $Q_0=3$，将 6 个单元电机组成一段，定子沿轴向共分为相等的两段，结构如图 10-30 所示。两段铁心对应相的电动势幅值相等，相位差随着分段间距的变化而变化，总的电动势等于两段电动势的相量和，分段的影响可以采用分布系数 K_{ddn} 表示为

$$K_{ddn}=\frac{\sin\left(nq_d\dfrac{d+t_w}{2\tau}\pi\right)}{q_d\sin\left(n\dfrac{d+t_w}{2\tau}\pi\right)} \tag{10-59}$$

式中，q_d 为定子分段数，d 为分段间距，t_w 为定子齿宽。

图 10-31a 为电动势基波、5 次、7 次、11 次和 13 次谐波分布系数随分段间距的变化曲线，通过合理地调整间距大小，可以在基本不影响基波电动势的前提下，削弱 5 次和 7 次电动势谐波。分段间距对推力平均值和推力波动的影响如图 10-31b 所示。当分段间距为 2mm 时，推力波动最小，此时的推力波形与不分段时的波形对比如图 10-31c 所示。与不分段相比，推力平均值减小了 0.63%，同时推力波动从 55.58%减小到 14.27%，推力波动削弱效果显著。

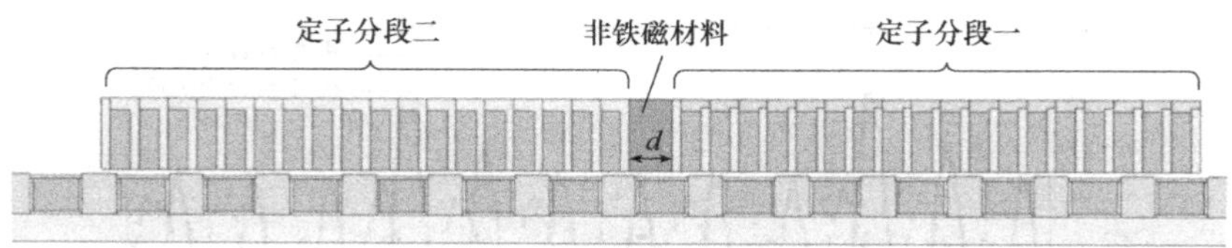

图 10-30 定子铁心分段结构

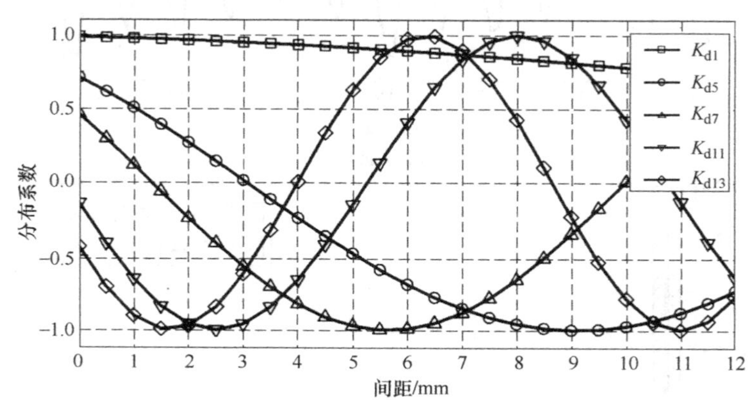

a) 分布系数随分段间距变化曲线

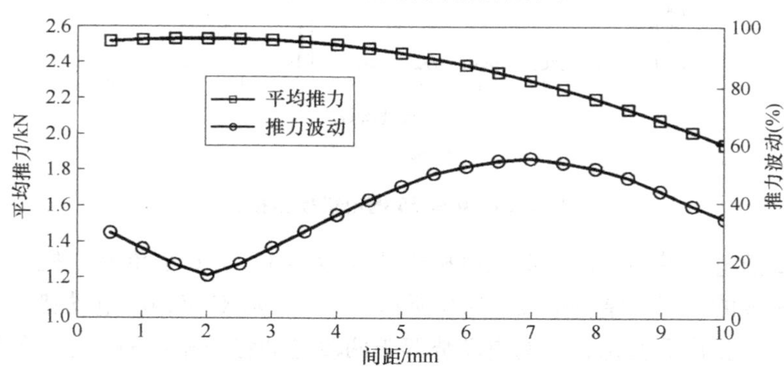

b) 平均推力和推力波动随分段间距变化曲线

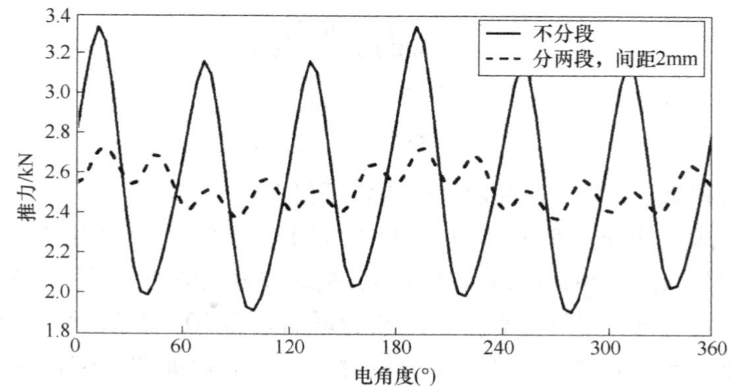

c) 分两段和不分段时的推力波形

图 10-31 采用定子分段削弱推力波动

10.4.2　齿槽力及其削弱

圆筒型永磁同步直线电机的齿槽力是定子绕组不通电时由动子永磁体和定子齿槽之间相互作用产生的，是由于两者的相对运动，气隙磁导不断变化，引起磁场储能的变化导致的。忽略铁心边端效应，圆筒型永磁同步直线电机齿槽力解析表达式的推导与普通的旋转永磁同步电机类似。为便于分析，做以下假设：

1）电枢铁心磁导率为无穷大。

2）永磁体磁导率与空气磁导率相同。

齿槽力定义为电机不通电时的磁场能量 W 相对于定子和动子间相对位移 s 的负导数，即

$$F_{cog}=-\frac{\partial W}{\partial s} \tag{10-60}$$

以永磁体轴向充磁结构为例。假定 s 为某一指定的齿的中心线和某一指定的磁极中心线之间的相对位移，$z=0$ 位置设定在磁极中心线上，如图 10-32 所示。根据以上假设，可以得到磁场能量为

$$W=\frac{1}{2\mu_0}\int_V B^2\mathrm{d}V \tag{10-61}$$

式中，气隙磁密分布可近似表示为

$$B(z,s)=B_r(z)\frac{h_M}{h_M+2\delta(z,s)} \tag{10-62}$$

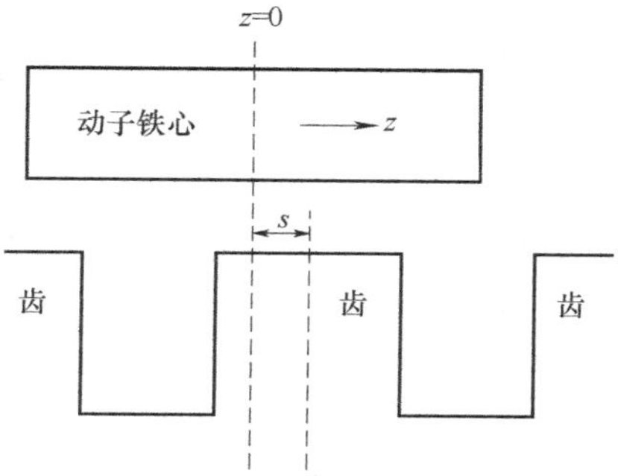

图 10-32　磁极与初级齿的相对位置

式中，$B_r(z)$为永磁体剩磁，h_M 为永磁体充磁方向长度，$\delta(z,s)$为有效气隙长度。

将式（10-62）代入式（10-61），即得到磁场能量为

$$W=\frac{1}{2\mu_0}\int_V B_r^2(z)\left[\frac{h_M}{h_M+2\delta(z,s)}\right]^2\mathrm{d}V \tag{10-63}$$

将 $B_r^2(z)$ 和 $\left[\frac{h_M}{h_M+2\delta(z,s)}\right]^2$ 分别进行傅里叶分解，便可以得到齿槽力的解析表达式。

当永磁体均匀分布时，永磁体剩磁密度 $B_r(z)$沿轴向的分布如图 10-33 所示。由此可得 $B_r^2(z)$的傅里叶展开式为

$$B_r^2(z)=B_{r0}+\sum_{n=1}^{\infty}B_{rn}\cos\frac{2n\pi}{\tau}z \tag{10-64}$$

式中，$B_{r0}=\alpha_p B_r^2$，$B_{rn}=\frac{2}{n\pi}B_r^2\sin n\alpha_p\pi$。

定子槽形如图 10-34 所示。考虑定子齿和磁极之间的相对位移时，$\left[\frac{h_M}{h_M+2\delta(z,s)}\right]^2$ 的傅里叶展开式为

$$\left[\frac{h_M}{h_M+2\delta(z,s)}\right]^2=G_0+\sum_{n=1}^{\infty}G_n\cos\frac{2n\pi}{t_1}(z+s) \tag{10-65}$$

式中，$G_0=\frac{b_t}{t_1}\left(\frac{h_M}{h_M+2\delta}\right)^2$，$G_n=\frac{2}{n\pi}\left(\frac{h_M}{h_M+2\delta}\right)^2\sin\left(n\frac{b_t}{t_1}\pi\right)$，$b_t$ 为齿宽，t_1 为齿距。

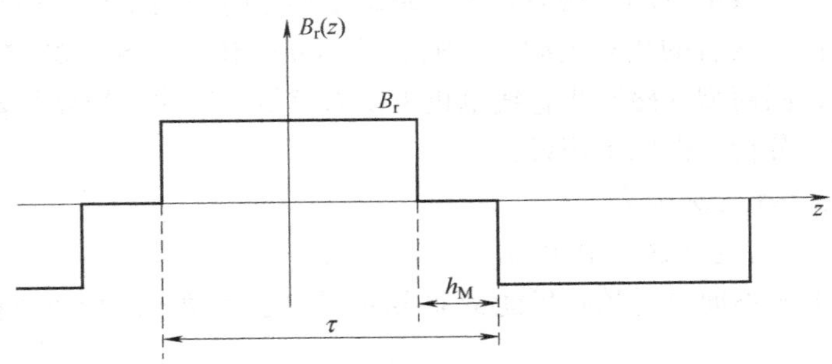

图 10-33　$B_r(z)$ 分布

将式（10-63）、式（10-64）、式（10-65）代入式（10-60）得到齿槽力为[4]

$$F_{cog}=\frac{\pi^2 Q}{8\mu_0}(D_{i1}^2-D_m^2)\sum_{n=1}^{\infty}nB_{r\frac{nQ}{2p}}G_n\sin\frac{2n\pi}{t_1}s \tag{10-66}$$

式中，D_{i1} 和 D_m 分别为定子铁心内径和动子铁心外径。

在定动子相对位置变化一个定子齿距的范围内，齿槽力变化的周期为使 $nQ/2p$ 为整数的最小整数 n。因此，周期数 N_p 为极数和槽数与极数最大公约数的比值。

$$N_p=\frac{2p}{\mathrm{GCD}(Q,2p)} \tag{10-67}$$

式中，$\mathrm{GCD}(Q,2p)$ 为槽数 Q 与极数 $2p$ 的最大公约数。

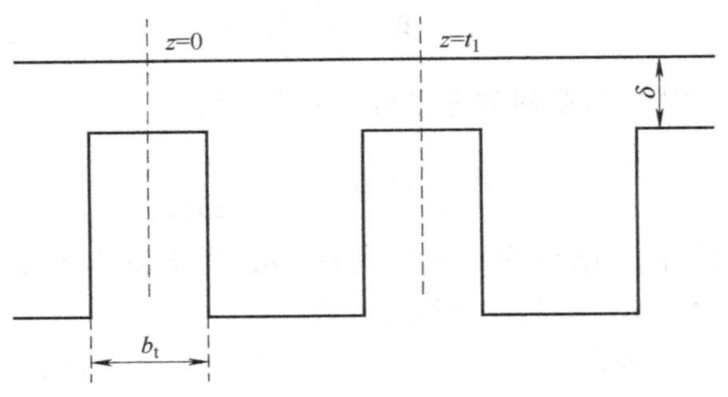

图 10-34　定子槽形示意图

分析圆筒型永磁同步直线电机的齿槽力时，不考虑端部力，2D 有限元模型如图 10-35 所示，将实际的定子铁心两端延长，覆盖动子的两端部，动子运动时两个端部将不会引起磁场储能的变化，因此端部力基本为零。

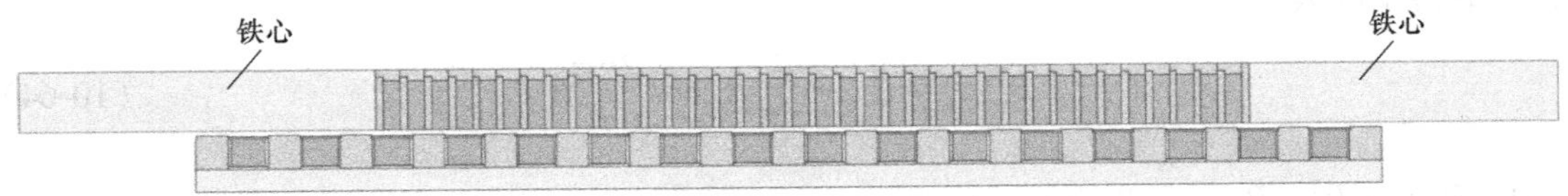

图 10-35　圆筒型直线电机齿槽力分析模型

与旋转电机类似，齿槽力的削弱方法包括：改变磁极参数、改变定子侧参数以及合理地选择极槽配合[5]。

（1）极槽配合的影响

根据齿槽力周期数表达式可知，齿槽力周期数取决于极槽配合。图 10-36 为 12、13、

14、15 和 16 极 36 槽圆筒型永磁同步直线电机在动子运动一对极距时的齿槽力波形。相比于整数槽电机模型，分数槽电机模型由于齿槽力的周期数增加，齿槽力幅值大为减小，因此采用分数槽极槽配合可有效削弱圆筒型永磁同步直线电机的齿槽力。

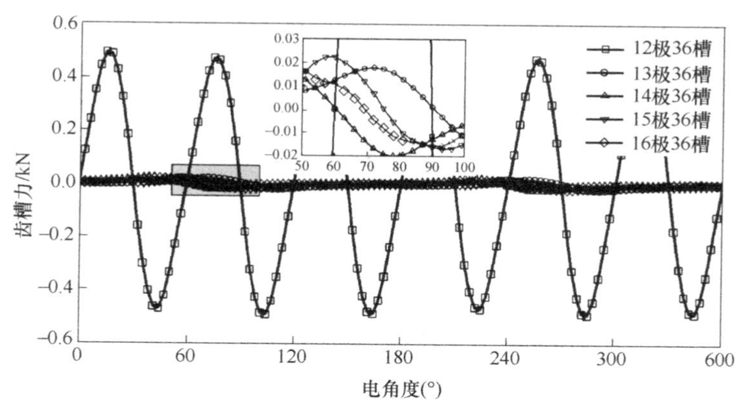

图 10-36　极槽配合对齿槽力的影响

（2）改变极弧系数削弱齿槽力

将永磁磁场简化为矩形波，得到气隙磁密二次方的傅里叶分解系数为

$$B_{rn}=\frac{2}{n\pi}B_p^2\sin(n\alpha_p\pi) \tag{10-68}$$

式中，B_p 为矩形波气隙磁密幅值，α_p 为极弧系数，$n=kQ/2p$。

以 12 极 36 槽圆筒型永磁同步直线电机为例，使得 B_{rn} 为零的极弧系数为 $\alpha_p=0.33$ 和 0.67。有限元法计算得到的齿槽力幅值随极弧系数的变化曲线如图 10-37a 所示，齿槽力幅值随极弧系数的变化近似满足式（10-68），出现较小偏差的原因是对永磁磁场波形的简化。图 10-37b 为极弧系数分别为 0.46 和 0.63 时的齿槽力波形，通过合理选择极弧系数，齿槽力得到了很好的削弱。

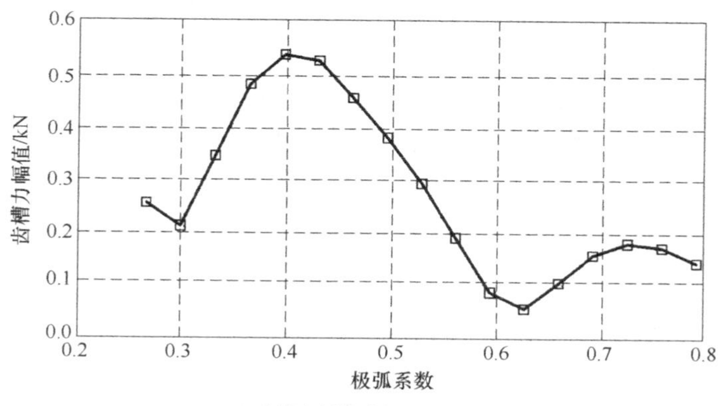

a) 齿槽力幅值随极弧系数变化曲线

图 10-37　改变极弧系数削弱齿槽力

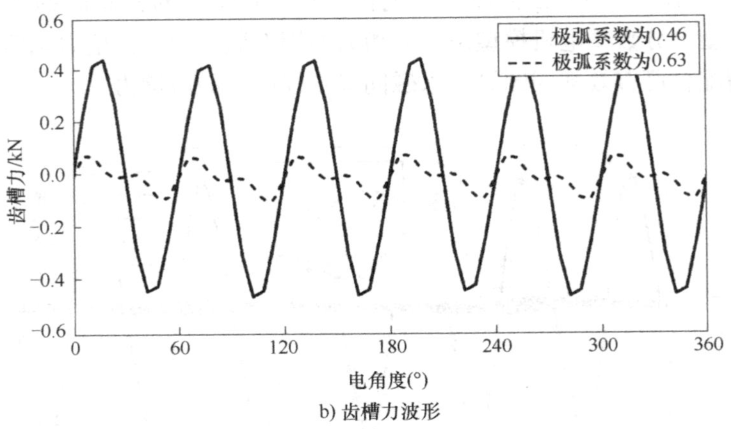

b) 齿槽力波形

图 10-37　改变极弧系数削弱齿槽力（续）

（3）采用定子铁心轴向分段削弱齿槽力

以 12 极 36 槽电机模型为例，其齿槽力波形具有良好的对称性和周期性，将定子铁心沿轴向分为长度相等的两段，每段的齿槽力波形相同，调整两段间距，使得两分段齿槽力相差(k+0.5)个周期，则两分段的齿槽力基波分量可相互抵消。

本例中，当动子运动一个极距 τ 时，齿槽力变化 3 个周期，则合适的间距可表示为

$$d=\frac{\tau}{3}\left(k+\frac{1}{2}\right)-t_{w} \tag{10-69}$$

利用有限元计算得到的齿槽力幅值随分段间距的变化曲线如图 10-38a 所示。可以看出，当分段间距符合式（10-69）时，齿槽力得到了很好的削弱。图 10-38b 为定子铁心不分段和分段间距为 2mm 时的齿槽力波形，当分段间距为 2mm 时，两分段齿槽力基波相差半个周期，相互抵消，齿槽力得到了很好的削弱。

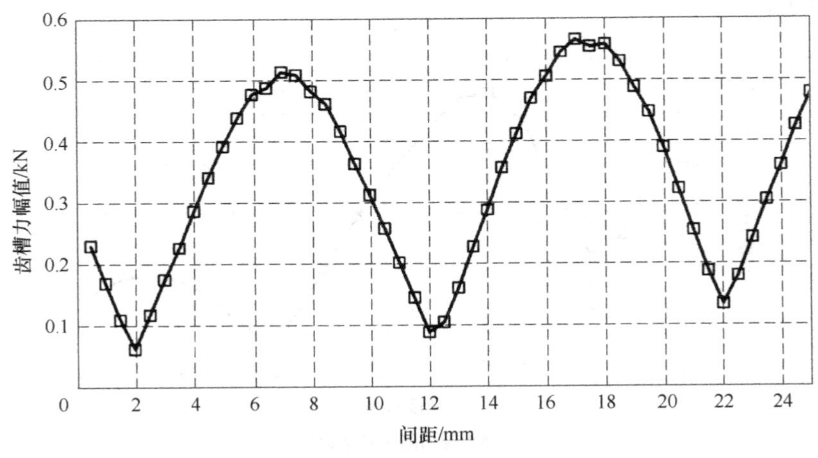

a) 齿槽力幅值随分段间距变化曲线

图 10-38　分段间距对齿槽力的影响

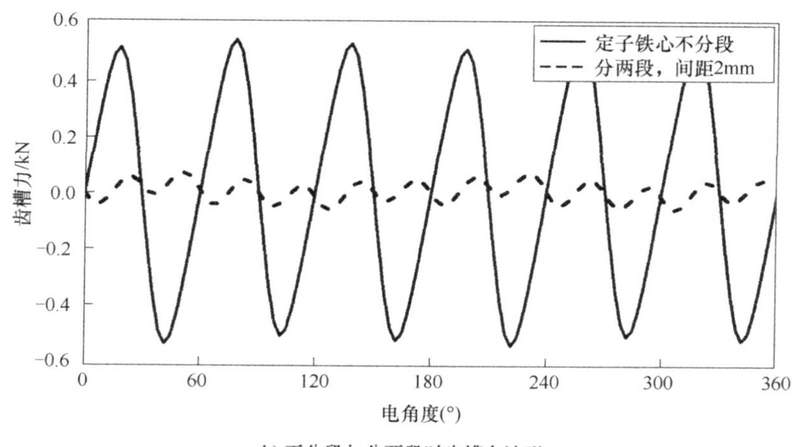

b) 不分段与分两段时齿槽力波形

图 10-38　分段间距对齿槽力的影响（续）

10.4.3　端部力及其削弱

圆筒型永磁同步直线电机的定子铁心在两端为开断结构，随着动子运动，动子永磁体运动到定子两端时，与端部产生作用力，这种周期性作用力称为端部力。根据麦克斯韦张量法，空载时的端部力的表达式为[6]

$$F_{\text{end}} = \frac{w}{2\mu_0}\left[-\int_{CD}(B_x^2 - B_y^2)\,\mathrm{d}y + \int_{AB}(B_x^2 - B_y^2)\,\mathrm{d}y\right] \tag{10-70}$$

式中，B_x 和 B_y 为磁密的 x 和 y 向分量，AB 和 CD 对应于定子铁心的两个端面，如图 10-39 所示，$w=\pi D$，D 为等效气隙直径。

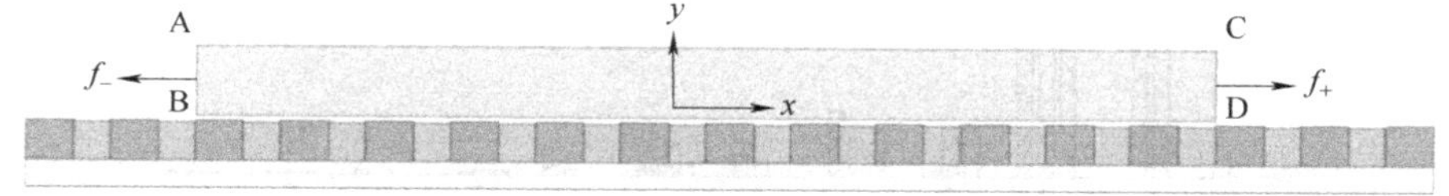

图 10-39　端部力分析模型

以 12 极、36 槽电机模型为例，采用有限元法计算的动子运动一个极距时两个端面的端部力波形和主要谐波如图 10-40 所示。仅考虑端部力的常量和基波分量，两端部对应的端部力可表示为[7,8]

$$\begin{cases} f_+ = F_0 + F_1\cos\left(\dfrac{2\pi}{\tau}\Delta d\right) \\ f_- = -F_0 + F_1\cos\left[\dfrac{2\pi}{\tau}(\Delta d + L)\right] \end{cases} \tag{10-71}$$

式中，F_0 为端部一和端部二的端部力常数项，F_1 为两者的基波幅值，Δd 为定子和动子相对运动位置，L 为定子铁心轴向总长度。

两者之和即为总端部力，可表示为

$$f = f_{+} + f_{-} = 2F_1 \cos\left(\frac{2\pi}{\tau}\Delta d + \frac{\pi}{\tau}L\right)\cos\left(\frac{\pi}{\tau}L\right) \tag{10-72}$$

消除端部力基波，需满足 $\cos(\pi L/\tau) = 0$，即定子铁心长度为[9,10]

$$L = \left(k + \frac{1}{2}\right)\tau \tag{10-73}$$

式中，k 为整数。

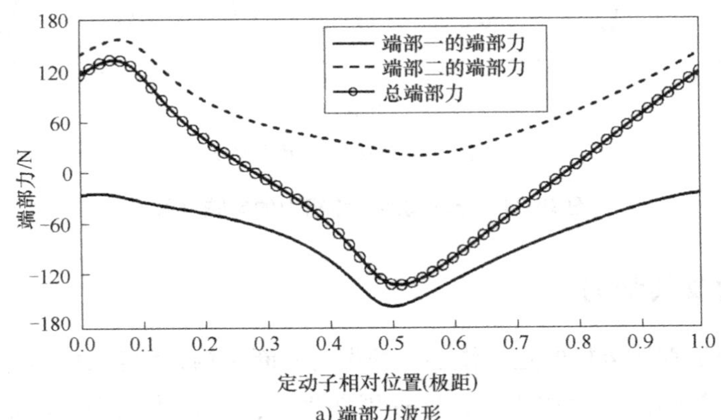

a) 端部力波形

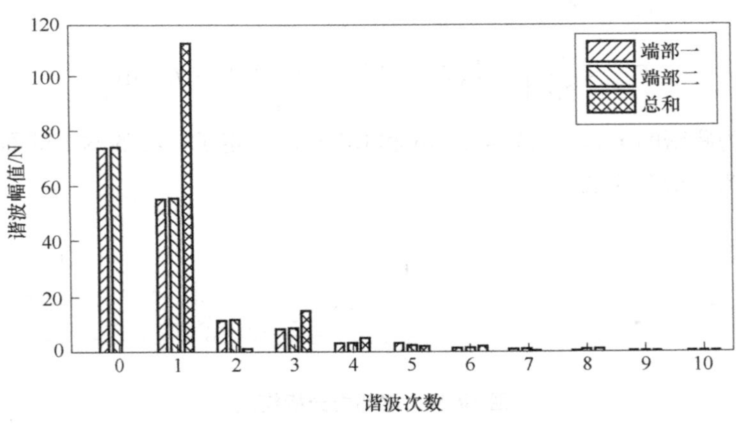

b) 端部力主要谐波幅值

图 10-40　两个端面的端部力波形

通过调整定子铁心端部长度，当铁心总长度为极距的（k+0.5）倍时，由于两端面的端部力基波相位差为 180°，相互抵消，可削弱总端部力。图 10-41a 为两端面端部力基波相位差和总端部力幅值随着定子铁心总长度的变化曲线。可以看出，当铁心长度为极距的整数倍时，基波相位差接近于零，总端部力中基波幅值最大；当铁心长度为极距的(k+0.5)倍时，基波相位差接近于 180°，总端部力中基波幅值接近于零，端部力幅值大为削弱。图 10-41b 为两种情况下总端部力波形对比，可以看出，通过适当选择定子铁心长度，可很好地削弱端部力。

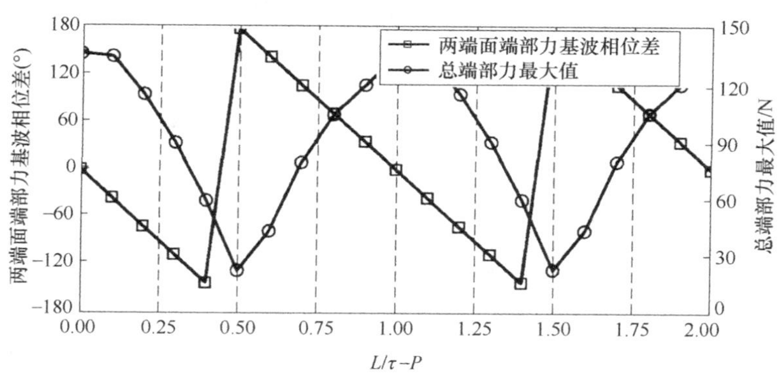

a) 两端面端部力基波相位差和总端部力最大值随铁心长度变化曲线

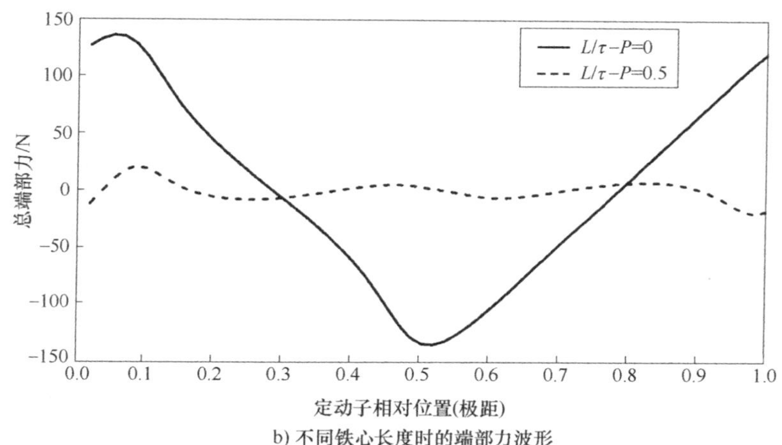

b) 不同铁心长度时的端部力波形

图 10-41 定子铁心长度对端部力大小和相位的影响

10.4.4 总推力波动的削弱

圆筒型永磁同步直线电机推力波动的来源主要包括电动势谐波、齿槽力和端部力，在某些整数槽电机模型中，三种推力波动均存在，因此需要综合考虑，将多种削弱方法组合应用。而在某些分数槽电机模型中，推力波动的来源则主要集中在一个方面，削弱方法只需要专注于单一来源即可。

在前面分析的 12 极、13 极、14 极、15 极和 16 极 36 槽电机模型中，对于分数槽电机模型，推力波动的主要来源为端部力，可通过适当地改变定子铁心端部长度削弱其推力波动。图 10-42 为 13 极、14 极、15 极和 16 极 36 槽电机正常铁心长度和铁心长度满足($L/\tau-P=0.5$)时的推力波形，削弱端部力后，四个模型的推力波动从 10.79%、9.86%、9.70%、12.60%减小到 2.95%、4.16%、6.35%、5.85%，可以看出，通过适当选择端部长度，推力波动得到了很好的削弱。

作为整数槽电机模型，12 极 36 槽圆筒型永磁同步直线电机推力波动来源于电动势谐波、齿槽力和端部力。为削弱其推力波动，可采用定子铁心分段削弱由电动势谐波和齿槽力引起的波动，通过调整定子铁心长度削弱端部力的影响，推力波形如图 10-43 所示，推力波动从 56.9%减小到 13%。通过两种方法，其推力波动得到了很好的削弱。

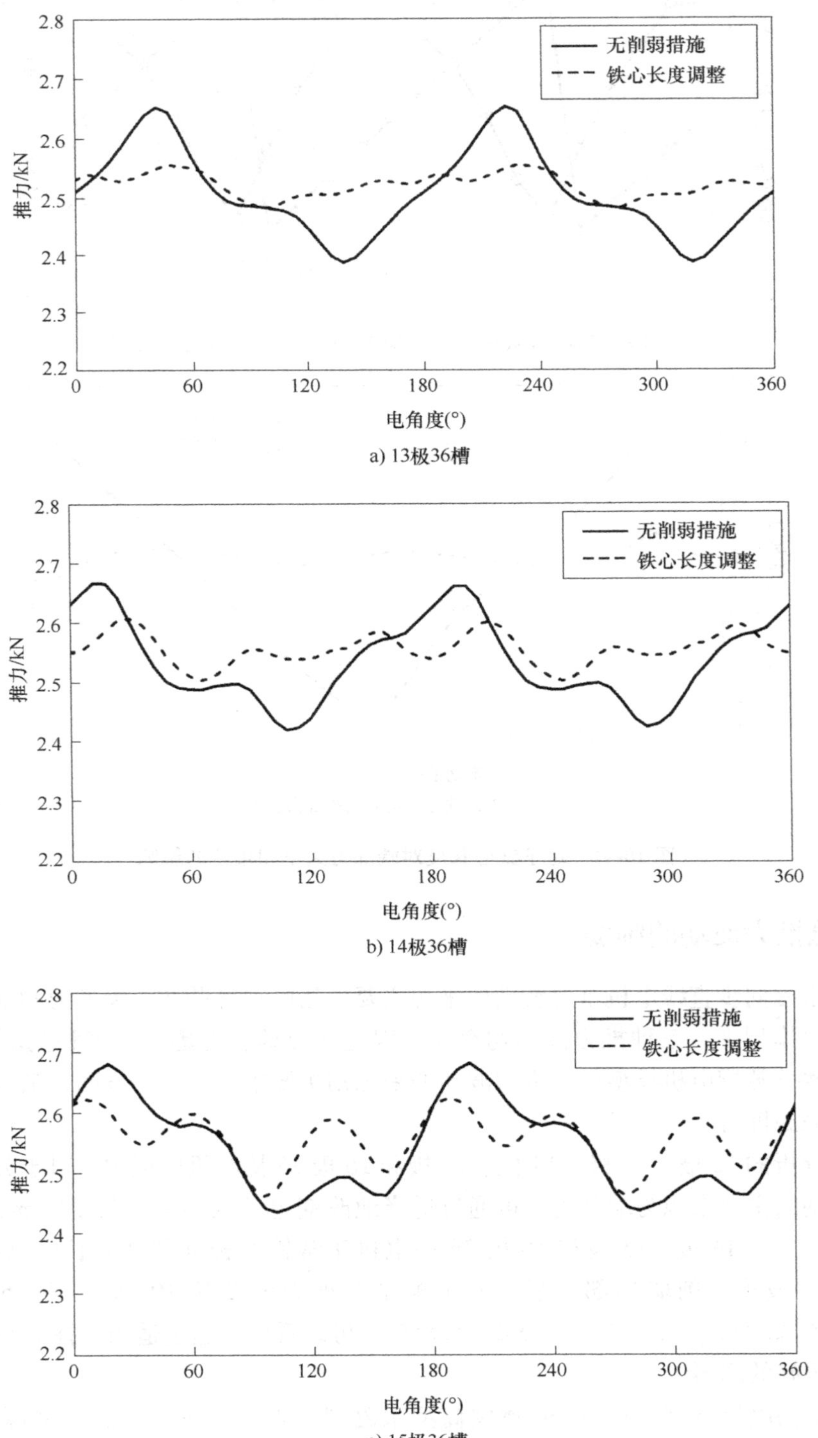

a) 13极36槽

b) 14极36槽

c) 15极36槽

图 10-42　13~16 极模型推力波动削弱

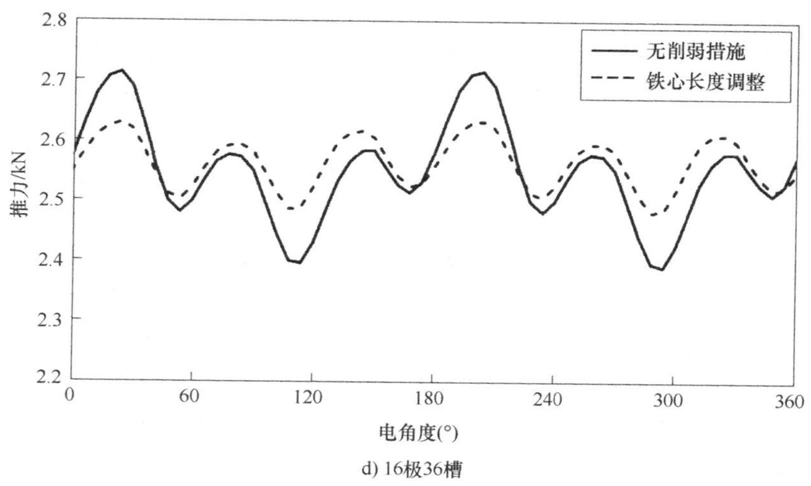

d) 16极36槽

图 10-42　13~16 极模型推力波动削弱（续）

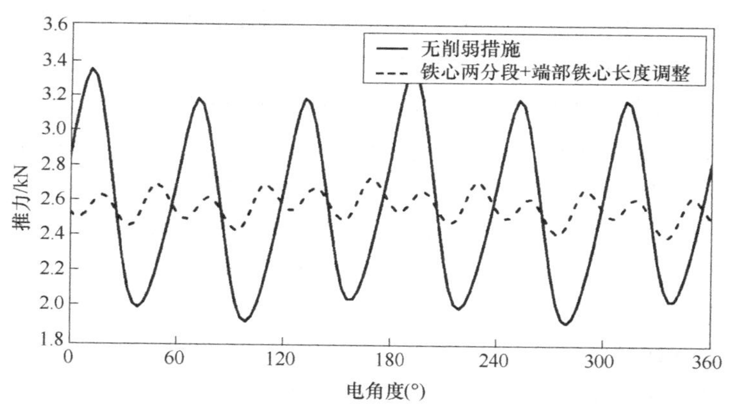

图 10-43　12 极 36 槽电机模型推力波动削弱

10.5　圆筒型永磁同步直线电机的电磁设计

1. 极槽配合的选择

与旋转电机不同，长动子圆筒型永磁同步直线电机中，动子极数既可以选择偶数也可选择奇数，因此极槽配合有更多选择。根据前面的分析，采用整数槽配合时，基波绕组系数略高，推力较大，但是推力波动大，并且来源复杂，一般需要采用两种以上削弱方法。采用分数槽配合时，基波绕组系数略低，推力波动小，削弱较容易。因此，对于有齿槽结构的圆筒型永磁同步直线电机，适合选择分数槽配合。

2. 定子槽形和绕组选择

有齿槽结构圆筒型永磁同步直线电机的气隙小、推力密度高，是高推力密度场合的首选结构。为降低定子铁心损耗，一般采用 0.5mm 厚的硅钢片沿轴向叠压而成，采用这种加工方式，定子铁心只能采用开口槽，如果采用半闭口槽，则需要采用实心材料，如软磁复合材料等。采用实心材料时，定子铁心中会产生涡流，会减小推力输出和增加定子温升，软磁复合材料电阻率高能有效抑制定子涡流，但与硅钢片相比，其磁导率较低，在低频时铁心损耗较高[1]。

齿部和轭部厚度要适中，齿宽和轭宽过小导致磁密过高，引起较高的铁心损耗；宽度过大，磁密较低，导致推力密度减小，浪费材料。

圆筒型永磁同步直线电机的线圈为圆环状，即饼式线圈，饼式线圈取消了电枢绕组端部，制造工艺简单，线圈利用率高。根据槽内线圈层数，分为单层和双层结构，单层绕组结构简单，不需要层间绝缘，双层绕组可以通过调节绕组节距削弱电动势的高次谐波，但是需要放置层间绝缘。

圆筒型永磁同步直线电机一般采用单层绕组，根据单元电机的槽电动势星形图和相绕组相邻槽电动势夹角 α_0 确定绕组排布。

3. 动子结构选择

根据永磁体充磁方式，动子结构主要分为三类，即径向式、轴向式和 Halbach 式结构。径向充磁永磁体为圆环形结构，安装在导磁铁心上。圆环形永磁体的径向充磁方式在工艺上较难实现，成本高，一般采用多片平行充磁瓦片形永磁体拼接而成。轴向充磁结构中，永磁体环轴向充磁，套装在非导磁铁心上，相邻两永磁体环充磁方向相反，两者之间放置导磁铁心。轴向充磁方式的永磁体容易充磁，工艺性好。Halbach 充磁动子包含径向充磁和轴向充磁永磁体，每个磁极由多个按特定充磁方向顺序排列的永磁体圆环组成。Halbach 充磁结构提高了气隙磁密正弦性，减小了推力波动，提高了推力密度和效率，减少了动子轭部厚度以及动子质量，提高了系统的动态性能。缺点是采用 Halbach 充磁方式的永磁体在工艺上加工难度较大，成本高。

4. 电磁负荷的选取

电磁负荷是指线负荷 A_1 和气隙磁密 B_δ，电磁负荷的大小决定了电机的主要尺寸。电机的电磁负荷越高，电机的尺寸就会越小，重量和成本也就相应地减小。

线负荷 A_1 是指电机定子表面沿轴向的单位长度的安培导体数。线负荷的选择与冷却条件有关。磁负荷 B_δ 是指气隙中等效基波磁密幅值，与气隙长度和极距的比值有关。对于永磁直线电机，磁负荷与气隙长度和永磁材料相关，对于钕铁硼永磁，磁负荷通常取值为 0.6~0.8T。

电磁负荷的选择取决于多种因素。材料绝缘等级越高，允许的温升增加，电磁负荷可选择得高一些。材料的导磁性能越好，气隙磁密可选择得高一些。此外，散热条件对电磁负荷的选择影响很大，对于散热条件好的电机，电磁负荷可选择得高一些。

需要注意，电磁负荷不能选择过高，因为过高的线负荷导致定子绕组用铜量增加，增加了绕组铜耗。过高的磁负荷使得磁路饱和程度增加，增加电机铁耗。此外，电磁负荷的比值也要适当，因为这一比值与铜耗和铁耗的分配关系密切，影响电机的性能。

5. 主要尺寸的确定

直线电机的设计首先要确定与机电转换相关性大的尺寸。主要尺寸的合理性直接影响着电机的各种性能。与旋转电机类似，电磁负荷的选取直接影响了电机主要尺寸的大小。圆筒型永磁同步直线电机的主要尺寸包括定子外径 D_1、定子内径 D_{i1}、动子外径 D_2、动子内径 D_{i2}、极距 τ、气隙长度 δ、定子轴向有效长度 L 及槽形尺寸等。

定子内径 D_{i1} 的计算公式为[11]

$$D_{i1}=\frac{2(1-\varepsilon_L)Fv_s}{KfK_{dp1}P\tau^2\eta A_1B_\delta\cos\varphi} \tag{10-74}$$

式中，$(1-\varepsilon_L)$ 为压降系数，等于定子相电动势与相电压的比值，一般取值为 0.35~0.85；F 为直线电机的额定电磁推力；v_s 为直线电机的同步速度；K 为经验系数；f 为交流电流频率；K_{dp1} 为定子的绕组系数；P 为电机极数；τ 为直线电机的极距；η 为效率；$\cos\varphi$ 为功率因数。

实际电机设计中，通过电磁负荷选取的主要尺寸还需要综合考虑其他性能进行修订。

定子内径通过式（10-74）计算得到，对应的外径可由定子侧裂比求解。通过选择合理的裂比确定定子的内外径，同时需要考虑齿部和轭部饱和程度以及槽满率对初选的定子内外径进行修订。

气隙长度是一个重要参数，它的大小影响着直线电机的各种性能，如功率因数、效率和推力等。减小气隙有助于提高效率和推力密度，但是较小的气隙导致加工安装难度增加，并且运行中可能会出现定动子之间的摩擦。因此，选择气隙长度需要从功率因数和运行可靠性两方面考虑。

参考文献

[1] 卢琴芬，沈燚明，叶云岳. 永磁直线电动机结构及研究发展综述［J］. 中国电机工程学报，2019，39（9）：2575-2587.

[2] Jiabin Wang，G W Jewell，D Howe. A general framework for the analysis and design of tubular linear permanent magnet machines［J］. IEEE Transactions on Magnetics，1999，35（3）：1986-2000.

[3] 陈益广，潘玉玲，贺鑫. 永磁同步电机分数槽集中绕组磁动势［J］. 电工技术学报，2010，25（10）：30-36.

[4] 曾文欣. 油井柱塞泵用永磁直线同步电动机设计研究［D］. 济南：山东大学，2017.

[5] 王秀和，等. 永磁电机［M］. 2 版. 北京：中国电力出版社，2010.

[6] 甘旭辉. 轴向充磁式永磁直线发电机的研究［D］. 哈尔滨：哈尔滨工业大学，2010.

[7] Si Jikai，Yan Zuoguang，Nie Rui，et al. Optimal design of a tubular permanent magnet linear generator with 120° phase belt toroidal windings for detent force reduction［J］. Transactions of China Electrotechnical Society，2021，36（6）：1138-1148.

[8] Liu Chunyuan，Yu Haitao，Hu Minqiang，et al. Detent force reduction in permanent magnet tubular linear-generator for direct-driver wave energy conversion［J］. IEEE Transactions on Magnetics，2013，49（5）：1913-1916

[9] 王亚军. 圆筒型永磁直线电机磁阻力研究［D］. 沈阳：沈阳工业大学，2018.

[10] 潘开林，傅建中，陈子辰. 永磁直线同步电机的磁阻力分析及其最小化研究［J］. 中国电机工程学报，2004，24（4）：112-115.

[11] 王晓东. 圆筒型永磁直线电机电磁设计与模糊 PI 控制［D］. 焦作：河南理工大学，2014.

Chapter 11

第11章 高速永磁同步电机

11.1 高速电机概述

在工频供电时，交流电机的最高转速为3000r/min。随着变频调速技术的发展与应用，电机的高速输出成为可能。关于高速电机的界定，目前还没有统一的标准，但通常认为转速高于10000r/min的电机为高速电机。然而，当两台电机转速相同而功率相差较大时，转子外径、转子表面线速度也相差较大，转子机械强度（机械强度、动力学特性）也有很大差别。因此，从转子机械性能设计的角度看，真正体现“高速”的物理量应该是转子表面线速度，一般认为，当电机转子表面线速度超过100m/s时，可界定为高速电机。然而，在电机设计之初，转子表面线速度难以直接给出，目前主要还是用转速界定高速电机。

根据交流电机的主要尺寸关系式，在同样功率下，如果电机的转速提高10倍，电机有效材料的体积大约缩小为原来的1/10。因此，高速电机具有功率密度大、体积小和整个系统传动效率高等优点。高速直驱永磁电机及其高性能控制技术的研究，一直受到电机行业的高度关注。高档数控机床和机器人、航空航天装备、海洋工程装备、先进轨道交通装备、新能源汽车及高性能医疗器械等许多领域均涉及高速电机系统。可以说，在涉及国家能源安全（如燃气轮机分布式发电、飞轮储能）、航空航天（如多电发动机）、节能减排（如压缩机和鼓风机）与军工装备（如电磁炮）等诸多重要领域中均需要大量的高速电机系统。图11-1给出了一些基于高速电机直驱的典型高端电工装备。

a) 高速直驱压缩机

b) 高速直驱鼓风机

c) 高速直驱储能飞轮

图11-1 基于高速电机直驱的典型高端装备

以量大面广的高速压缩机和鼓风机为例，在石油化工、钢铁冶金、污水处理、西气东输等许多重要工业领域，需要大量高速压缩机和鼓风机，其功率等级可达数兆瓦到十几兆瓦，该类负载的电能消耗约占电力总消耗的 30%以上，是真正的耗能大户。高速压缩机的两种驱动方式如图 11-2 所示。图 11-2a 为常速感应电机+增速齿轮箱的高速驱动模式，增速齿轮箱占用空间大，且必须进行润滑，密封难度大，漏油事故时有发生，导致可靠性差、维护成本高、寿命短、噪声严重；另外，增速齿轮箱的传动会带来效率损失，导致系统效率低，能源浪费严重。图 11-2b 为高速永磁电机直接驱动高速负载的模式，去掉了齿轮箱，减小了系统体积，降低了噪声污染，具有可靠性高、维护工作量小等突出优势，因此该模式成为高速负载驱动技术的发展趋势。相对于前者，高速永磁电机直接驱动高速负载的模式对高速永磁直驱电机系统提出了更高要求，如高效、高功率密度、高可靠性、高动态响应、低成本和低振动噪声等。

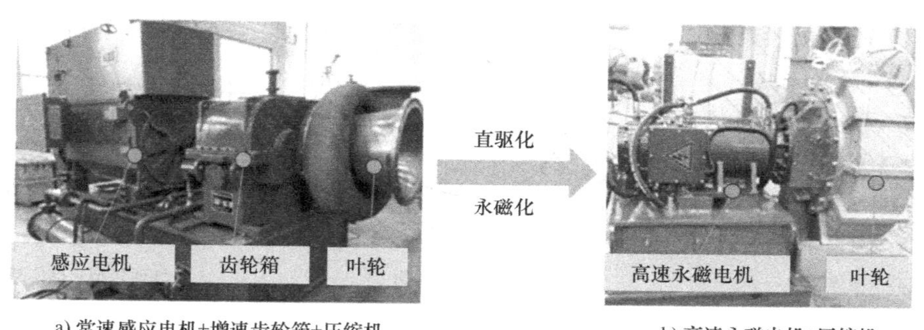

a) 常速感应电机+增速齿轮箱+压缩机　　b) 高速永磁电机+压缩机

图 11-2　高速压缩机的两种驱动方式

11.2　高速电机的主要结构类型

可用于高速驱动的电机主要包括开关磁阻电机、笼型感应电机和永磁电机等。开关磁阻电机具有结构简单、坚固耐用、成本低廉和转子可耐高温等优势，但转子风摩耗、转矩波动和机械振动噪声均较大，且运行效率较低，制约了其在大功率高速驱动系统中的应用。笼型感应电机具有转子结构简单、转子制造工艺简单和可靠性高等优点，但具有转子损耗大、功率因数和效率偏低等固有缺陷。永磁电机包括永磁同步电机和永磁无刷直流电机，具有调速范围宽、可在全负载范围内实现高效和高功率因数等突出优势，特别适合于高速高性能电机系统，但也存在转子温升高和转子机械强度保证困难等问题，且在超载或高温下易发生不可逆退磁，要实现大范围应用，这些问题必须得到很好的解决。图 11-3 给出了根据参考文献［1］总结

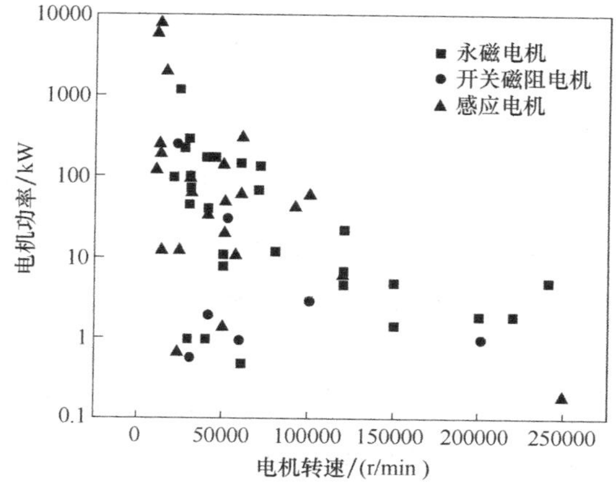

图 11-3　不同类型高速电机功率与转速的统计数据

的国内外不同类型高速电机的统计数据。可以看出，在高转速和大功率区大多采用永磁电机，因此永磁电机是高速电机应用的主流。

与常速永磁电机一样，高速永磁电机也可做成内转子结构或外转子结构，但受线速度和应用场合的限制，除某些特殊应用的高速储能飞轮采用外转子结构外，大多采用内转子结构，这也就是人们常说的高速永磁电机结构。

高速永磁电机的转子结构主要包括内置式和表贴式两种。由于受隔磁桥和硅钢片强度的限制，内置式转子不太适合应用于大功率高速永磁电机，大功率高速永磁电机大多采用表贴式转子结构。图 11-4 为高速永磁电机表贴式转子的常见结构。

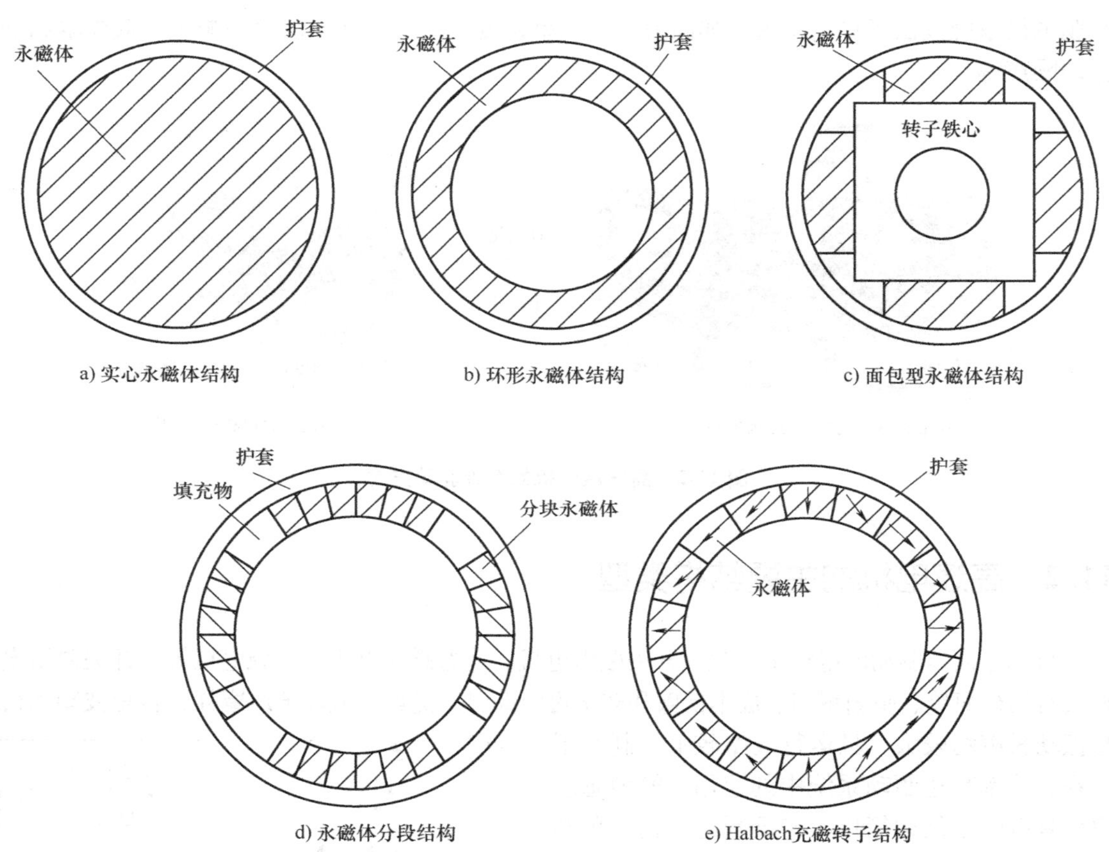

图 11-4　高速永磁电机表贴式转子结构

参考文献［2］对比了额定功率为 30kW 的分别采用实心永磁体转子（采用钐钴永磁材料）和环形永磁体转子（采用钕铁硼永磁材料）结构的两台高速永磁电机的性能。两台电机的额定功率和转速相同，定子结构相同，额定运行时的损耗相近。表 11-1 给出了两台电机的参数。图 11-5 为两台电机的空载反电动势和气隙磁密波形，表 11-2 对比了两台电机的性能。在本例中，在额定功率和损耗接近的前提下，环形永磁转子高速电机的功率密度略高于实心永磁转子高速电机。

表 11-1　两台高速永磁电机的参数

参数	实心永磁转子高速电机	环形永磁转子高速电机
定、转子铁心材料	M350-50A	
护套材料	不锈钢	
永磁体材料	钐钴	钕铁硼
定子铁心外径/mm	103	101
转子外径/mm	39	37
铁心长度/mm	105	103
护套厚度/mm	2	2
气隙长度/mm	1	1
永磁体厚度/mm	19. 5	3. 8
永磁体充磁方向	径向	
电机净重/kg	6. 782	6. 304

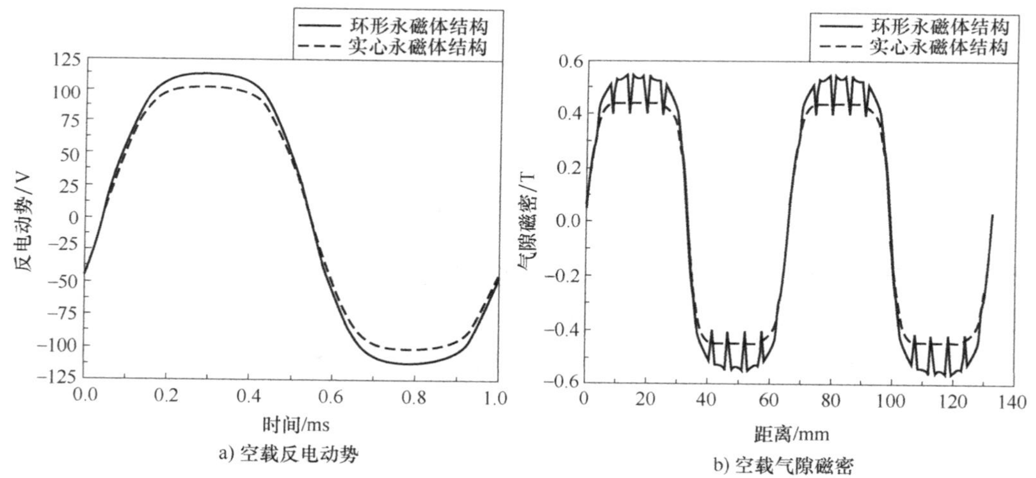

a) 空载反电动势　　b) 空载气隙磁密

图 11-5　电机空载反电动势及气隙磁密

表 11-2　两台高速永磁电机的性能对比

性能	实心永磁转子高速电机	环形永磁转子高速电机
功率/kW	30	30
功率密度/(kW/kg)	4. 4	4. 7
电流密度/(A/mm^2)	8. 5	8. 5
转矩/N · m	9. 5	9. 5
铁耗/W	470. 6	537. 5
铜耗/W	337. 8	310. 4
转子涡流损耗/W	68. 3	50. 7
风摩损耗/W	55. 5	45. 0

（续）

性能	实心永磁转子高速电机	环形永磁转子高速电机
总损耗/W	932.2	943.6
效率(%)	96.9	96.9

无论采用哪种转子结构，高频电流时间谐波和磁场空间谐波，均会在电机永磁转子表面产生较大的涡流损耗，虽然相对于电机内其他损耗不大，但由于没有很好的办法为高速旋转的转子散热，导致转子温度较高。图 11-6 为一台兆瓦级高速永磁电机的温度分布图[3]，可以看出，转子温度远高于定子温度。过高的转子温度会增大永磁体产生不可逆退磁的风险，该类问题必须得到很好的解决。

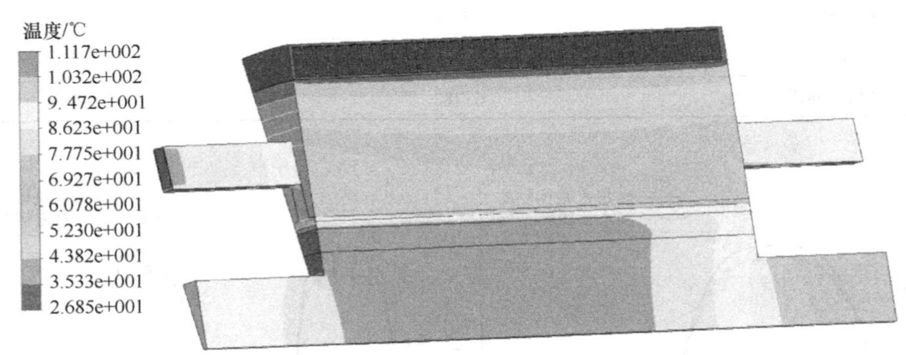

图 11-6　一台兆瓦级高速永磁电机的温度分布

另外，对于表贴式高速永磁电机，高速旋转会产生很大的离心力，必须对永磁体进行可靠保护，常用护套如图 11-7 所示，分别为高强度碳纤维绑扎护套和高强度非导磁合金护套（如钛合金）。由于永磁材料具有抗压不抗拉的特点，无论采用哪种保护套，护套与永磁块之间都要保证严格的过盈配合。

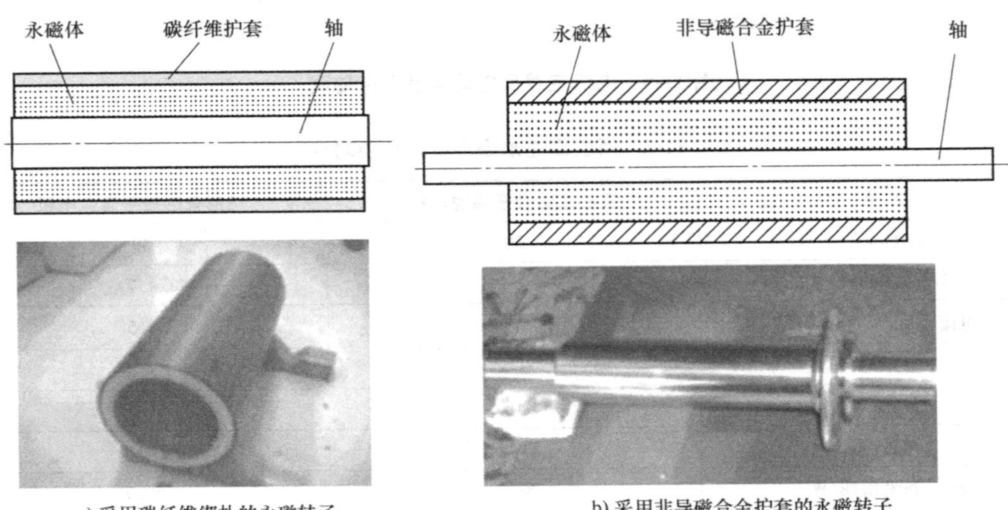

a) 采用碳纤维绑扎的永磁转子　　b) 采用非导磁合金护套的永磁转子

图 11-7　基于不同护套的高速永磁电机转子

高强度碳纤维绑扎护套的厚度一般较薄，自身导电性能差的特点决定了不会在护套中产生较大的高频涡流损耗，但仍会在内部的永磁体中产生涡流损耗，碳纤维是热的不良导体，不利于永磁转子的热量散出。高强度非导磁合金护套具有导电性，可以对高频磁场起到一定的屏蔽作用，从而减小永磁体内的涡流损耗，但护套也产生一定的涡流损耗。

图 11-8　高速永磁转子的损坏

无论采用哪种护套，由于公差配合精度等原因，温度升高时会产生热应力，严重时甚至会造成永磁体及护套的损坏，如图 11-8 所示。由于高速永磁转子的外径受许用线速度的制约，从而限制了高速永磁电机的输出功率，不利于功率密度的提高和长期可靠运行。

11.3　高速电机的特殊问题

与常规电机相比，高速电机具有明显的“三高”属性，即转子线速度高、供电电流和磁通交变频率高、功率密度和损耗密度高，使高速电机具有不同于常速电机的特殊问题。

1. 转子机械强度和动力学问题

在常速电机中，很少考虑转子机械强度和动力学问题。在高速电机中，转子与气隙高速摩擦，在转子表面造成的摩擦损耗远大于常速电机，转子散热困难；另外，转子高速旋转产生较大的离心力，有时甚至常规感应电机的转子叠片都难以承受，甚至需要采用高强度铁心叠片或实心转子结构，对铸铝或铜条转子的工艺要求十分苛刻。在永磁电机中，由于永磁材料不能承受高速旋转产生的巨大拉应力（永磁材料抗压不抗拉），必须对永磁体采取相应的保护措施。

为了保证转子的机械强度，高速电机转子一般设计成细长形。相对于常速电机，高速电机转子系统接近临界转速的可能性大大增加，为了避免发生弯曲共振，必须准确计算转子系统的临界转速，并尽可能使其远离工作转速。另外普通机械轴承无法在高转速下长期可靠运行，必须采用特殊的高速轴承系统，比如，磁悬浮轴承、油压轴承和空气轴承等。

2. 高频附加损耗问题

高速电机的绕组电流和铁心中磁通交变频率高，在定子绕组、铁心以及转子中产生远高于常速电机的高频附加损耗。在常速电机中，供电电流频率较低，通常忽略趋肤效应和邻近效应对定子铜耗的影响，但在高速电机下，定子绕组会产生明显的趋肤效应和邻近效应，使绕组的交流电阻增大，从而在绕组中产生大附加损耗；另外，高速电机定子铁心中磁通交变频率很高，常规的铁耗计算方法已不适用，因此需要探索高频铁耗的准确计算方法；高频电源 PWM 供电产生的电流时间谐波以及定子铁心开槽与磁动势非正弦分布引起的空间谐波，均在永磁电机转子中产生大的涡流损耗。由于转子细长且气隙小，散热十分困难。因此，探索有效降低转子涡流损耗的措施，一直是高速电机研究的热点。

3. 冷却系统设计问题

高速电机具有超高的损耗密度，使温升大大提高，对其冷却系统的设计提出了更高要求。从电机设计原理可知，高速电机的体积远小于同等功率的常速电机，因此功率密度和损耗密度均很大，加之散热困难，如果不采用有效的冷却措施，会使电机温升特别是转子温升过高，从而缩短电机的使用寿命。在永磁电机中，转子温升过高会使永磁体产生不可逆退磁。因此，设计良好的冷却系统以有效降低电机温升，是大功率高速永磁电机设计的关键问题，目前比较常用的是风-水混合冷却系统。

综上所述，高速电机在电磁设计、转子强度与动力学分析、冷却系统设计与温升计算、高速轴承选取设计和电机变流器设计等方面，都有不同于常速电机的特殊问题。高速永磁电机凭借其效率和功率因数高的优势，已经成为当前国内外高速电机领域的研究热点，但与常速电机相比，其“三高”属性也带来了很多新的技术难题，高速电机的设计是一个涉及电磁场-应力场-流体场-温度场等多物理场强耦合、多次迭代的综合设计过程，设计难度很大。

为界定不同功率和转速高速电机的设计难度，国际同行提出了难度值的定义，即难度值为转速和功率平方根的乘积值，单位为$\sqrt{\mathrm{kW}}\times\mathrm{r/min}$。一般认为，当电机的难度值超过$1\times10^5$时，则可界定为高速电机。对近年来国内外高速永磁电机的转子类型进行了统计，统计结果如图 11-9 所示[1]。从统计结果看，除少数采用内置式外（由于受硅钢片强度和隔磁桥厚度的影响，内置式转子很难应用于大功率高速电机），大功率高速永磁电机大多采用表贴式转子结构。高速电机“三高”属性带来的关键问题及其可能的应对措施见表 11-3。

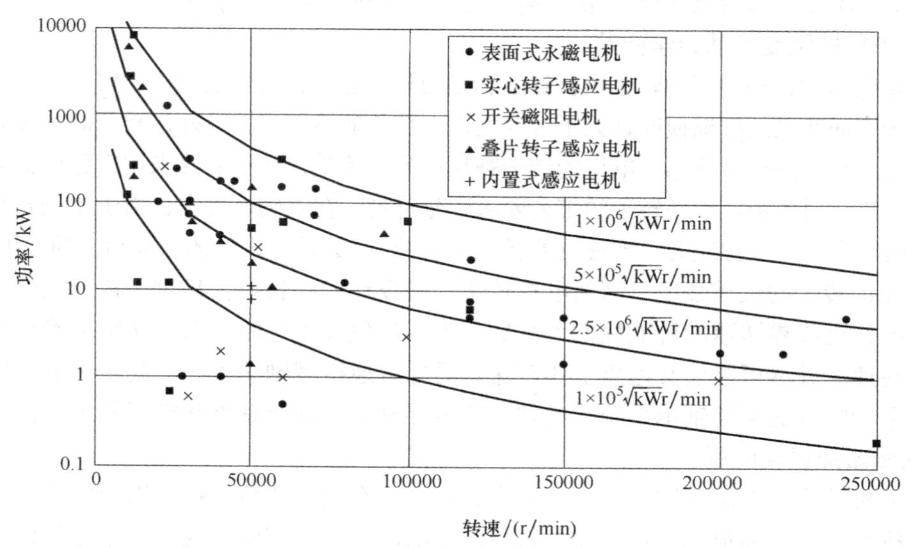

图 11-9 不同转子结构高速永磁电机难度值统计数据对比

表 11-3 高速电机的“三高”属性、关键问题及其可能的应对措施

“三高”属性	关键问题	特殊要求
频率高	• 绕组有明显的邻近效应和趋肤效应，铜耗增加 • 铁耗增加 • 空间谐波和时间谐波会在转子中产生大量的涡流损耗	• 多根导线并绕，绞线 • 可采用软磁复合材料、非晶合金等铁心 • 提高对控制器的要求（谐波含量应尽可能小）

（续）

“三高”属性	关键问题	特殊要求
转速高	• 转子表面线速度大导致离心力大 • 转子与气隙高速摩擦，产生远大于常规电机的风摩耗 • 转子系统接近临界转速可能性大大增加	• 减小转子外径，提高转子强度 • 提高工艺，使转子表面光滑 • 精确计算转子动力学特性 • 采用特殊的高速轴承
损耗密度高	• 电机温升高，永磁体易发生不可逆退磁，机械性能下降	• 改进电机的冷却结构，提高散热能力

11.4　高速永磁电机系统的关键技术

11.4.1　高速电机的轴承

高速电机的长期安全稳定运行与轴承密不可分，应用于高速电机的轴承种类如图 11-10 所示，主要包括：滚球轴承、充油轴承、空气轴承以及磁悬浮轴承等。

a) 滚球轴承　　b) 充油轴承　　c) 空气轴承　　d) 磁悬浮轴承

图 11-10　用于高速电机的轴承

滚球轴承是将球形合金钢珠安装在内钢圈和外钢圈的中间，以滚动方式来降低动力传递过程中的摩擦力和提高动力传递效率，主要用于数百瓦至数百千瓦的小型高速电机。充油轴承是通过在转动体与非转动体之间形成一层油膜使转子悬浮，该类转子需要特殊的油循环系统，主要用于数百千瓦至数兆瓦的高速电机，由于漏油问题时有发生，逐渐被气悬浮和磁悬浮所代替。空气轴承用压缩空气代替油膜实现气悬浮，漏气比漏油问题容易解决，主要用于数十千瓦至数百千瓦的高速电机。磁悬浮轴承是通过磁力耦合实现转动体和非转动体之间的非接触磁悬浮，可以真正解决轴承的寿命问题，但控制难度较大。

高速电机所采用的不同类型轴承的统计数据如图 11-11 所示[4]，由图可以看出，大功率高速电机大多采用磁悬浮轴承，由于磁悬浮轴承可实现主动控制，可以在整个转速范围内调节轴系的动态性能，实现完全无接触，也不需要润滑，使用寿命长，在高速电机领域应用前景十分广阔。

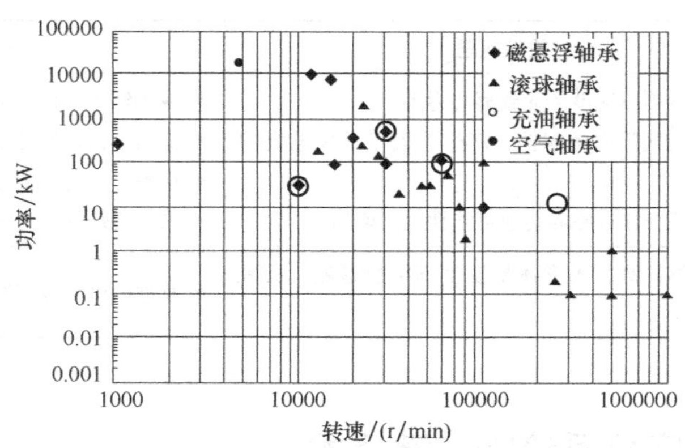

图 11-11　高速电机所采用的轴承类型统计数据

11.4.2　高速永磁电机的损耗计算

各种类型常规转速电机的损耗计算模型和方法已相对成熟，且计算精度能很好地满足电机工程设计的要求。然而，对于高频供电和高转速运行条件下的各种高速电机，损耗的计算模型和方法都发生了很大变化，应给予特殊的考虑；且各损耗在电机总损耗中的占比也发生了很大变化。

1. 定子铜耗

低频供电时，绕组电流产生的铜耗可认为是直流损耗；当电流频率较高时，不仅会在绕组导体中产生趋肤效应（特别是采用扁铜线绕组时，趋肤效应会更加显著），而且也会在相邻导体间产生邻近效应。图 11-12 给出了扁铜线绕组在趋肤效应和邻近效应影响下的电流密度分布[5]。

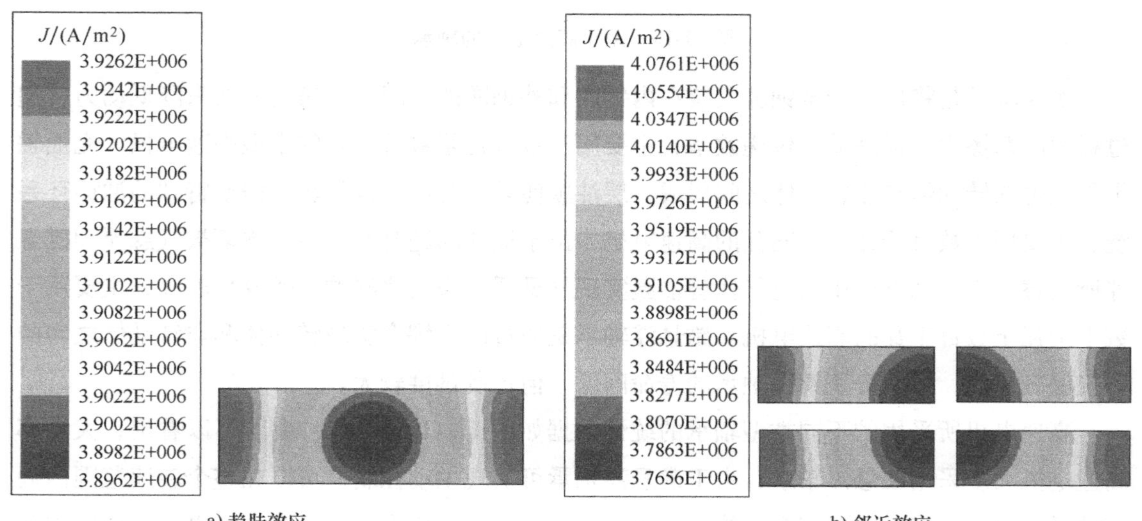

a) 趋肤效应　　b) 邻近效应

图 11-12　扁铜线绕组在趋肤效应和邻近效应影响下的电流密度分布

考虑趋肤效应和邻近效应影响时，电机绕组中除直流损耗外，还会产生交流高频附加损耗，使绕组交流损耗增大。高速电机定子交流铜耗可表示为

$$P_{ac}=P_{ad}+P_{dc} \tag{11-1}$$

式中，P_{dc}为绕组的直流损耗，P_{ad}为考虑趋肤效应和邻近效应影响的绕组高频附加损耗，P_{ac}为绕组的总损耗。绕组的高频附加损耗与电流频率、绕组导体尺寸和在槽中的排列位置等诸多因素有关；为降低趋肤效应和邻近效应对定子铜耗的影响，可采用绞线多根并绕技术，并尽量使每根导线的半径小于透入深度。

2. 定子铁耗

交变磁通会在铁心中产生铁耗，在低频时，铁心中的磁场主要考虑交变磁化的作用，其铁耗计算方法已经比较成熟，Bertotti 铁耗计算模型为

$$P_{Fe}=P_h+P_c+P_e=k_h fB_p^{\alpha}+k_c f^2B_p^2+k_e f^{1.5}B_p^{1.5} \tag{11-2}$$

式中，P_{Fe}为铁耗，P_h为磁滞损耗，P_c为涡流损耗，P_e为附加涡流损耗，B_p为磁通密度幅值，k_h、α为与磁滞损耗有关的系数，k_c为涡流损耗系数，k_e为附加损耗系数。然而，在高频供电时，定子铁心中大多为不规则的旋转磁化，电机定子铁心中任意一点的磁通密度波形都可以分解成如图 11-13 所示的一系列谐波椭圆磁场[5]（图中 k 为谐波次数），铁耗计算的模型和方法实际上发生了很大的变化，椭圆形旋转磁化可以使用两个正交的交变磁化来等效。

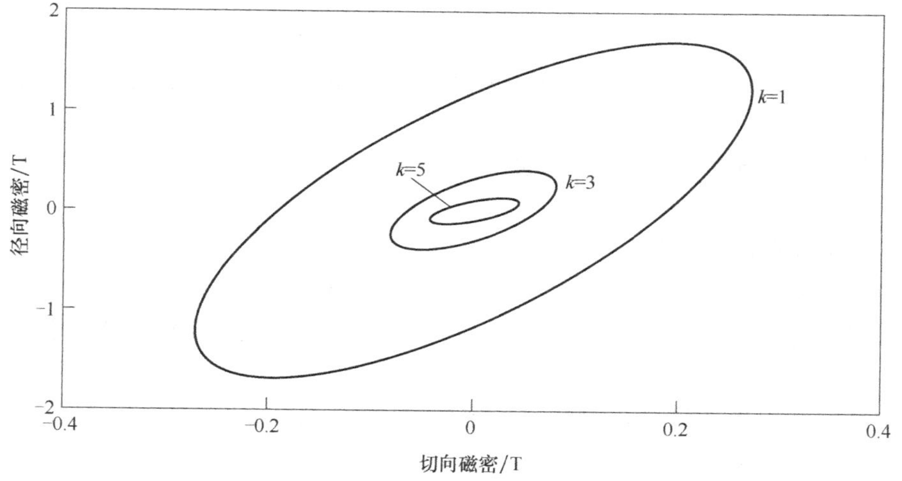

图 11-13　定子各次椭圆谐波磁场示意图

$$\vec{B}(t)=\vec{B}_r(t)+\vec{B}_\theta(t) \tag{11-3}$$

式中，$\vec{B}_\theta(t)$为椭圆形旋转磁化的切向分量，而$\vec{B}_r(t)$为椭圆形旋转磁化的径向分量。将基波及各次谐波产生的铁耗相加，则可得到任意磁化波形下的铁耗计算公式为[5]

$$\begin{aligned}P_{Fe}&=P_h+P_c+P_e\\&=K_h f\sum_{k=0}^{\infty}k(B_{max}^{\alpha}+B_{min}^{\alpha})+K_c f^2\sum_{k=0}^{\infty}k^2(B_{max}^2+B_{min}^2)+\end{aligned}$$

$$\frac{K_e}{(2\pi)^{3/2}}\frac{1}{T}\int_0^T\left(\left|\frac{\mathrm{d}B_r(t)}{\mathrm{d}t}\right|^{1.5}+\left|\frac{\mathrm{d}B_\theta(t)}{\mathrm{d}t}\right|^{1.5}\right)\mathrm{d}t \tag{11-4}$$

式中，k 为谐波次数，B_{max}、B_{min}表示第 k 次椭圆形谐波长轴和短轴上的磁密值。

3. 转子涡流损耗

对于常速永磁同步电机，由于磁通交变频率较低，永磁转子的涡流损耗通常可以忽略不计；但在高频供电时，永磁转子中的涡流损耗大大增加，而转子的散热条件又比较差，有时甚至会使永磁过热退磁，降低高速永磁电机运行的可靠性，因此转子涡流损耗的计算必须引起足够重视。

高速永磁同步电机的电枢绕组放置于槽中，电枢绕组磁动势存在空间谐波分量，定子铁心开槽也会产生气隙磁导空间谐波；电机绕组由脉宽调制（PWM）高频电源供电时，电枢电流中也存在时间谐波。空间谐波和时间谐波共同作用将会在电机气隙中产生较为丰富的高次谐波磁场分量，在高速同步旋转的转子中产生高频涡流损耗。

转子涡流损耗的计算方法主要有解析法和有限元法。解析法计算转子涡流损耗是将实际电机定子绕组用分布于电枢槽口的等效电流片代替，而且其计算过程是建立在一系列假设基础上并忽略了诸多因素的影响，因此用解析法计算高速电机转子涡流损耗的准确性仍需要进一步提高。目前，对于高速永磁电机转子涡流损耗的计算，大多采用有限元法。

在有限元法计算中，转子涡流损耗密度 P_e 可以表示为[6]

$$P_e=\frac{1}{T_e}\int\sum_{i=1}^{k}J_e^2\Delta_e\sigma_r^{-1}l_t\mathrm{d}t \tag{11-5}$$

式中，T_e 为计算周期，J_e 为单元涡流电流密度，Δ_e 为单元面积，l_t 是铁心轴向长度，σ_r 为电导率。

高速电机转子涡流损耗的大小与电机的供电方式、电机材料和结构等诸多因素有关，接下来对此进行讨论。

（1）逆变器 PWM 载波比对转子涡流损耗的影响

对于正弦波驱动的高速永磁电机，当电机采用 PWM 逆变电源供电时，PWM 载波比对转子涡流损耗有着显著的影响。高速永磁电机的转子涡流损耗通常随着 PWM 载波比的增加而减小。因此，为降低转子涡流损耗，应尽量选择高载波比的变频器作为高速永磁电机的供电电源，当然，在需要的供电基波频率一定的情况下，载波比受到所选器件开关频率的限制。

（2）定子槽口对转子涡流损耗的影响

定子槽口会使气隙磁导谐波沿圆周的分布呈现周期性变化，产生齿谐波磁场，从而引起涡流损耗。而随着定子槽口宽度的增加，气隙磁导谐波增大，相应的转子涡流损耗也增加，因此定子槽口的尺寸对高速永磁电机转子涡流损耗有着显著的影响。因此应尽可能选用较小的槽口宽度，但过小的槽口又会增加电机嵌线的难度。

（3）气隙长度对转子涡流损耗的影响

随着电机等效气隙长度（实际气隙长度+护套厚度）的增加，定子开槽等因素对气隙磁场的影响会有所降低，进而转子涡流损耗也会相应减少。因此，增加高速永磁电机的气隙长度有利于降低转子涡流损耗。但需要注意的是，为保证电机的气隙磁密和功率密度，永磁体厚度也应随气隙长度的增大而相应增大；另外电机的风摩耗也与气隙尺寸相关。对于中、小功率高速永磁电机，实际气隙长度一般控制在 1.5~2.5mm 范围内。

（4）护套材料和厚度对转子涡流损耗的影响

为使永磁体免于因承受过高的离心力而损坏，高速永磁转子通常采用非导磁金属护套（如不锈钢、钛合金等）或碳纤维护套。在护套厚度相同的情况下，护套电阻率对转子涡流的分布有较大影响，这种影响体现在谐波透入深度 Δ 上。透入深度反映了谐波磁场透入转子护套及永磁体的程度，其定义为

$$\Delta=\sqrt{\frac{2}{\omega\mu\sigma}} \tag{11-6}$$

式中，ω 为谐波磁场角频率，μ 和 σ 分别为导体材料的磁导率和电导率。相对于碳纤维材料，金属材料往往有更高的电导率和更浅的透入深度。因此，金属护套上由谐波引起的涡流通常分布于护套的外表面，图 11-14 给出了当护套电导率为 5.98×10^7S/m（铜的电导率）时转子涡流电流密度的分布[7]。另外，金属护套由于能够较好地屏蔽气隙磁场的谐波分量，使永磁体基本不受谐波磁场的影响，有效减低了永磁体中的涡流及损耗。但是，相比于等厚度的碳纤维护套，金属自身较大的电导率可使带有金属护套的电机转子有着更高的电流密度幅值，从而导致转子护套和永磁体中总的涡流损耗（永磁体损耗+护套损耗）增大。

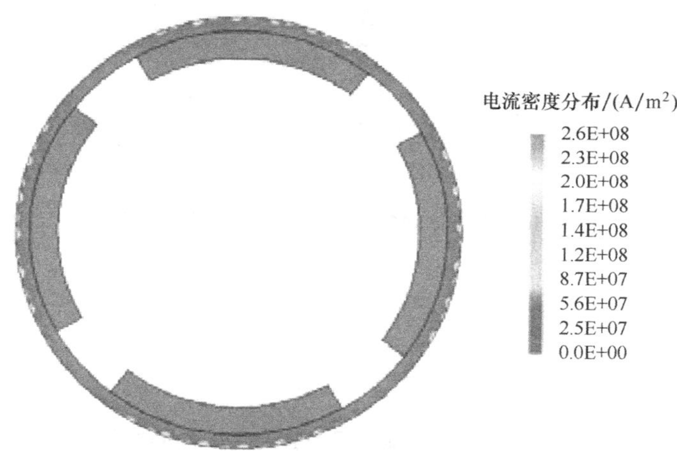

图 11-14　采用钛合金护套的转子涡流电流密度分布

如前所述，高速电机转子涡流损耗通常随护套厚度的增加而增加，因此，在保证转子机械强度的前提下，应尽量减小护套厚度以降低转子涡流损耗。此外，护套厚度对转子涡流损耗的影响也与护套材料有关，对于电导率较低的护套材料（如碳纤维），护套厚度对转子总涡流损耗的影响不是十分显著；对于电导率较高的护套材料（如金属），转子总涡流损耗随着护套厚度的增加而显著增大。

（5）采用转子复合屏蔽层以有效降低转子总涡流损耗

利用高电导率金属材料对谐波磁场的屏蔽作用，在高速转子的永磁体和护套之间添加如图 11-15 所示的金属（例如铜）屏蔽层，所形成的复合屏蔽层可有效降低空间谐波磁场对护套和永磁体的影响，进而减小在护套和永磁体内产生的总涡流损耗。尽管加入的铜屏蔽层也

会产生涡流损耗，但转子总涡流损耗降低。

(6) 永磁体轴向分段和护套开槽可降低转子总涡流损耗

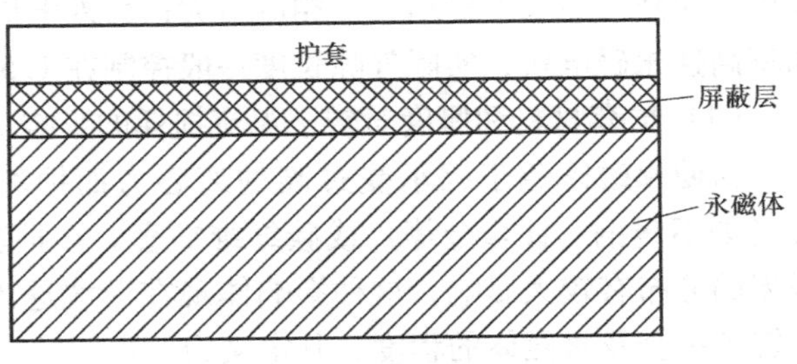

图 11-15 带有屏蔽层的高速永磁转子复合护套示意图

如图 11-16 所示，永磁体沿轴向分段可以阻断涡流轴向流通的路径[8]。如图 11-17 所示，永磁转子护套（如钢套）周向开小槽可阻隔转子护套表面涡流的轴向路径[9]。因此，永磁体轴向分段和护套开小槽均是减小高速永磁电机转子涡流损耗的有效方法，目前在永磁高速电机设计和研发中多有采用。

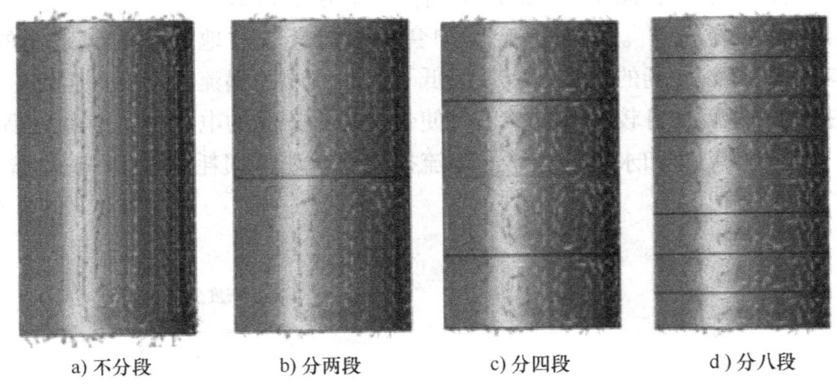

图 11-16 永磁体轴向分段对涡流矢量分布的影响

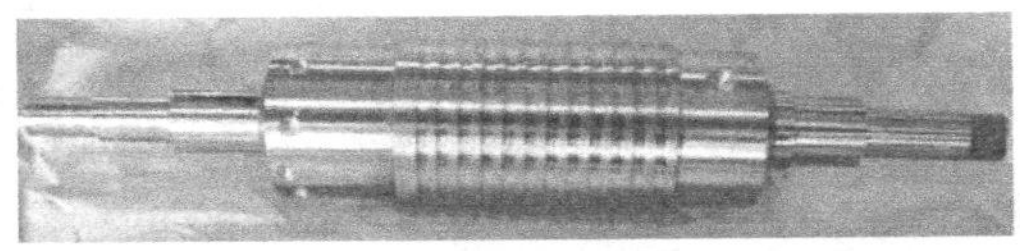

图 11-17 高速永磁转子护套周向开槽示意图

4. 转子风摩耗

风摩耗是高速旋转的转子表面与空气摩擦产生的。当电机转速较低时，风摩耗在总损耗的占比较小；当电机转速大幅提高时，风摩耗急剧增大。因此，与常速电机相比，风摩耗对电机效率的影响非常显著。一台 75kW、60000r/min 的高速电机，在不同转速下的风摩耗及其占比见表 11-4[10]。可以看出，当电机转速从 24000r/min 提高到 60000r/min 以后，风摩耗在总损耗中的占比从 10. 8%提高到了 32. 3%。

表 11-4 一台 75kW、60000r/min 高速电机在不同转速下的风摩耗对比

转速/(r/min)	24000	30000	40000	50000	60000
风摩耗/W	186	286	499	766	1089

（续）

总损耗/W	1725	2078	2316	2813	3369
风摩耗占比(%)	10.8	13.8	21.5	27.2	32.3

计算风摩耗的方法主要有两种，即基于流体计算的有限元法和解析法。如果把转子看成理想圆柱体，则圆柱体表面的摩擦损耗可参考下式计算[3]

$$P=kC_f\pi\rho\omega^3r^4L \tag{11-7}$$

$$\begin{cases}C_f=\dfrac{0.0152}{R_{e\delta}}\left[1+\left(\dfrac{32R_{ea}}{7R_{e\delta}}\right)^2\right]^{0.38}\\ R_{e\delta}=\dfrac{\rho\omega r\delta}{\mu}\\ R_{ea}=\dfrac{\rho\nu_a 2\delta}{\mu}\end{cases} \tag{11-8}$$

式中，δ 为气隙长度，r 为转子半径，L 为转子长度，ω 为转子角速度，k 为转子表面粗糙度，C_f 为摩擦系数，ρ 为气体密度，ν_a 为轴向平均风速，$R_{e\delta}$ 为径向雷诺数，R_{ea} 为轴向雷诺数。

解析法无法像基于流体有限元法那样可以考虑诸多复杂因素的影响，且解析法公式中某些系数是基于实验得出的，普适性差，计算时难免存在较大误差，一般用于初步估算或对比分析。

11.4.3　高损耗密度高速永磁电机的热分析

高速永磁电机体积小、损耗密度大，而永磁体在高温情况下容易发生不可逆退磁，从而影响电机的安全可靠运行。因此，准确计算电机各部分温升，设计良好的冷却系统，对高速永磁电机尤为重要。高速电机中，电磁场、流体场、温度场等多物理场之间是深度相互影响的，因此准确计算电机内的温度分布也应考虑各物理场之间的影响。用于高速永磁电机温升计算的常用方法主要包括：等效热路法、热网络法以及计算流体力学法等。

1. 等效热路法

等效热路法就是将高速永磁电机的复杂温度场问题简化为基于少量集中参数的热路，以热路计算代替温度场计算。将高速永磁电机的各类损耗作为集中热源，而将电机内各个部件间的热传导和热对流散热用等效热阻来表示，在此基础上建立等效热路模型，通过求解热路的热平衡方程，可以得到热路中各节点的平均温升。其优点是，物理概念清晰明了，计算简单快捷；其缺点是该方法只能得到电机部件的平均温升而无法全面了解电机温度分布情况及电机过热点的数值和位置，电机过热点直接影响电机运行的可靠性，是电机热分析关注的重点。对于高速永磁电机，由于表面涡流损耗的存在，其转子的温升特别是永磁体位置的温升通常较高，等效热路法很难求得转子最高温度点。

2. 热网络法

热网络法可以认为是对等效热路法的细化。该方法将高速永磁电机复杂的温度场问题离散化为相对细化的热网络模型，即用含有详细热源和热阻的复杂网络拓扑来模拟高速永磁电机中的温度场，是一种由损耗、热流、热阻和某些节点的温升构成的较复杂分析网络。在热网络中，经过离散的高速永磁电机的各种损耗作为热源集中施加于网络节点上，节点之间由热阻相连，热流经过热阻在热网络相关节点间流动。热网络中的热阻相当于电网络中的电阻，阻碍热流传递，其值与传热方式和热通道尺寸有关。热网络法借助于热网络理论与方程计算高速永磁电机的温度场，根据能量守恒定理建立节点温度方程组来求解各节点温度。热网络法可以求出高速永磁电机部件的温度分布情况，进而找到最热点位置。值得注意的是，热网络中网络热阻参数的准确性对温度计算的结果有较大影响，计算精度与电机模型节点数也有很大关系。由于散热系数很难准确计算，所以热网络中的某些热路结构参数选取往往依赖于经验值。与常速永磁电机相比，高速永磁电机的损耗构成大不相同（如转子风摩耗和转子涡流损耗相对较大），因此在进行热网络划分时，在气隙和转子靠近外径处的热网络应尽可能划分得精细些，以正确反映此处的温度信息及周边的温度分布情况。

3. 计算流体力学（CFD）法

与热网络法不同，CFD 法是在计算机中通过数值计算方法求解流体力学的控制方程。CFD 法可以根据实际研究对象，建立求解域并对求解域进行剖分，在合理的初始条件和边界条件约束下建立数学模型，然后选择合适的计算算法进行求解，得到高速永磁电机的温度计算结果。使用 CFD 法计算得到电机冷却流体运动状态和电机部件中的温度分布，从而得到比热网络法更加准确的结果[11]。与热网络法相比，CFD 法对于电机温度分析结果的显示更为直观，其主要缺点是计算耗时相对较长，对计算机资源配置的要求更高些。

特别应该指出的是，高速永磁电机的损耗与温度具有正相关性，例如，永磁体的剩磁往往随着温度的升高而降低，这将导致定子铁耗和转子损耗随温度的升高而降低，但绕组铜耗则随着温度的升高而增加；损耗的改变将反过来影响电机的温度，因此电机的温度场与电磁场是彼此相互影响的，考虑电磁场-温度场的双向耦合对准确计算高速永磁电机的温升有重要意义。电机电磁场-温度场双向耦合的实现方法是首先将电机电磁场计算出的损耗作为热源赋予电机温度场进行第一次温度计算；然后以第一次温度计算结果作为依据，调整电磁场计算中的电机材料属性，再次计算电机电磁场得到损耗计算值，并将计算结果作为热源赋予电机温度场进行第二次温度计算，如此循环往复迭代计算，直到相邻两次电机温度计算差值小于某一设定值为止，从而得到更为准确的电机温度计算结果。与常速电机相比，高速永磁电机多物理场之间具有深度的非线性强耦合关系，所以必须足够重视并在计算过程中充分考虑这一深度耦合关系对温度场计算结果的影响，提高热分析结果的准确性。

11.4.4 高速永磁同步电机的控制与功率变换技术

高速永磁同步电机系统的控制方法主要有恒压频比控制、PID 控制、矢量控制、直接转矩控制、智能控制等。恒压频比控制方式具有原理简单、动态响应快、受电机参数影响小等优点，但该方法本质上是一种开环控制，控制精度不高，通常适用于一些精度较低的控制系统中。PID 控制是一种传统的闭环控制方法，具有对控制对象数学模型依赖性小、算法和控制器结构简单等优点，一直受到控制领域技术人员的广泛关注，但是随着控制精度要求的不断提高，PID 控制方法显然不能满足高速永磁同步电机系统的性能需求。矢量控制技术的应用大大提升了交流电机控制系统的控制精度，成为交流电机控制领域中应用最为广泛的控制策略。与矢量控制技术相比，直接转矩控制技术不需要进行同步旋转坐标变换，算法相对简单，但其控制精度要低于矢量控制，使得控制系统往往存在较大的转矩脉动。智能控制算法并不依赖于被控对象模型，因此具有较强的抗干扰性，虽然很多专家和学者对智能控制的研究已经取得了不少成果，但还有许多理论和技术问题尚待解决，应用范围不是很广泛。

常规变频器的拓扑大多采用集中式结构，在容错方面不具有优势，不但造成开关频率和开关器件容量的选择受限，而且会导致变频器发热集中，不利于电机驱动器的散热，给大功率高速电机系统的可靠运行带来隐患。大功率高速电机对为其供电的变频器容量、可靠性和开关频率的要求均很高，常规变频器的集中式结构和开关频率很难满足大功率高速永磁同步电机系统的上述要求。此外，变频器开关器件开断频率过快也会导致逆变器产生大量谐波，在很大程度上影响了高速永磁同步电机控制系统的性能。

为了解决这个问题，可以采用基于多电平逆变器的大功率高速永磁同步电机高容错分布式模块化直接转矩控制系统[12]。控制系统采用多个控制模块组成，每个控制模块对电机每相绕组进行独立控制，控制方式更为灵活。对于大功率的高频控制系统，可以利用开关频率更高的器件，如开关频率在 40~60kHz 的 100kVA 碳化硅模块。每个模块采用基于多电平逆变器的简化 SVPWM 直接转矩控制方法，在减小电流谐波和转矩脉动、保证高速永磁同步电机控制系统性能的同时，可进一步简化 SVPWM 算法的复杂性；而且所提出的控制方案使大功率高速永磁同步电机系统的故障冗余能力得到大大改善，电机的总功率和损耗发热得到了合理分配，很大程度上提高了变频器的容错能力及运行可靠性。

11.5　高速永磁电机的设计原则与方法

11.5.1　高速电机主要尺寸的确定方法

电机的主要尺寸是指电枢直径 D 和铁心有效长度 l_{ef}。在确定常速交流电机的主要尺寸时，重点考虑主要尺寸对电机电磁性能的影响，在已知电机的输出功率、额定转速、使用环境、冷却方式的基础上，初选电磁负荷，然后根据如下主要尺寸关系式确定主要尺寸：

$$\frac{D^2 l_{ef} n}{P}=\frac{6.1}{\alpha_p' K_{Nm} K_{dp} A B_\delta}=C_A \tag{11-9}$$

式中，P 和 n 分别代表电机的计算功率和转速，α_p' 为计算极弧系数，K_{Nm} 为波形系数，K_{dp} 为绕组系数，A 为线负荷，B_δ 为气隙磁密最大值。

对于高速电机，主要尺寸的确定，不仅需要考虑主要尺寸对电磁性能的影响，而且要特别或者优先考虑主要尺寸对转子机械性能（强度、刚度和动力学特性）的影响以及高功率密度电机散热的需要，因此高速电机主要尺寸的确定方法与常速交流电机差别较大。高速旋转时，电机转子表面产生非常大的离心力，因此必须保证转子表面的离心力在转子材料允许的极限范围内，并留有一定余量。也就是说，高速电机的转子外径不可像常速电机那样“任性”选取，而必须优先考虑转子材料可承受的最大离心力。

高速电机最大转子外径的确定过程可以按如下步骤进行[13]。高速旋转时电机转子表面产生的离心力为

$$F=\frac{mv^2}{r}=A\rho r^2\omega^2 \tag{11-10}$$

式中，ρ 为转子材料密度，A 为转子断面面积，r 为转子半径，ω 为转子旋转角速度，v 为转子表面线速度，m 为转子质量。对应的离心应力为

$$\sigma=\frac{F}{A}=\rho v^2 \tag{11-11}$$

必须满足强度条件

$$\sigma\leqslant\frac{[\sigma]}{S} \tag{11-12}$$

式中，$[\sigma]$为转子材料的许用应力，S 为选取的安全系数。

当转子材料确定后，转子外表面的最大线速度可取为

$$v_{\max}=\sqrt{\frac{[\sigma]}{S\rho}} \tag{11-13}$$

由此可以计算得到转子的最大外径为

$$D_{\max}=\frac{2v_{\max}}{\omega} \tag{11-14}$$

实际选取电机转子外径 D 时，应使其小于 $D_{\max}$。综合考虑高速电机转子刚度和电机输出功率的要求后，可以按下式确定出高速电机转子的主要尺寸：

$$D^2l_{ef}=\frac{6.1}{\alpha_P' K_{Nm}K_{dp}AB_\delta}\cdot\frac{P}{n} \tag{11-15}$$

最后再根据初选的电机长径比，初步确定电机的主要尺寸 D 和 l_{ef}。

11.5.2 定子设计

1. 极数选取

在转速不变的情况下，极数越多，所需供电电流的频率就越高，铁心中磁场的交变频率也越高，铁耗越大；定子绕组的趋肤效应和邻近效应也越显著，交流电阻随频率的增大而增大，绕组铜耗增大。因此，为降低定子绕组电流和铁心中磁场的交变频率，高速电机的极数大多设计为 2 或 4。对于 2 极电机，永磁体可采用整体结构，定子电流和铁心中磁场的交变频率较低，有利于降低高频附加损耗。2 极电机的定子绕组端部较长，铁心轭部较厚；4 极电机的定子绕组端部较短，铁心轭部较薄，定子绕组电流和铁心中磁场的交变频率偏高，铁耗偏大。

2. 槽数选取

槽数的选取主要应考虑其对电机转子涡流损耗及齿槽转矩的影响。高速电机的定子槽数可采用图 11-18 中的多槽、少槽和无槽三种方案。

无槽方案不产生高频齿谐波磁场，对减小转子涡流损耗十分有利，齿槽转矩几乎为零，但气隙较大，永磁体产生的气隙磁密较小，永磁材料利用率低，需增加绕组匝数，从而增大了定子铜耗。少槽方案的等效气隙较小，气隙磁场较强，但由于槽数少，只能采用集中整距绕组，且气隙磁密中的齿谐波幅值较大、频率较低，转子涡流损耗大，齿槽转矩也较大。多

槽方案可采用分布短距绕组，从而削弱磁动势谐波，且可获得较高的气隙磁密，从而提高材料利用率；槽数较多，齿谐波的含量较小但频率较高，不会产生过大的转子涡流损耗，齿槽转矩也变小。总之，随着槽数的增大，齿槽转矩和永磁体涡流损耗均会减小，采用多槽方案是减小电机齿槽转矩和转子涡流损耗行之有效的方法。另外，为有效减小电机的齿槽转矩，有些情况下还可以设计为分数槽绕组，但这会增加分数次谐波，从而增大转子涡流损耗，设计时应综合考虑。

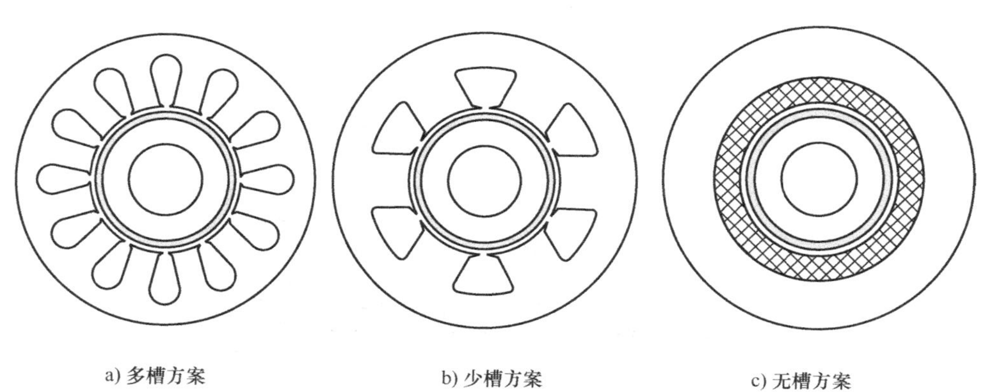

a) 多槽方案　　b) 少槽方案　　c) 无槽方案

图 11-18　高速电机定子铁心槽数选取

3. 定子铁心材料选取

定子铁心材料的选取，主要考虑导磁性能和铁耗。为降低铁耗，应尽量减小铁心材料的厚度，可以选取厚度 0.2mm 以下的硅钢片。

可作为高速电机定子铁心的材料主要包括：高硅钢片（FeSi）、软磁复合材料（SMC）和非晶合金（AMM）等。FeSi 的硅含量是普通硅钢片的两倍左右，内部晶粒间绝缘，可有效降低高频下的铁耗。SMC 是一种新型铁磁材料，具有各向同性、涡流损耗低和可加工成任意形状等优点。与普通硅钢片相比，AMM 具有更高的电阻率和更薄的带材厚度，可有效降低高频铁耗。普通硅钢片、FeSi、SMC 和 AMM 主要性能参数的对比见表 11-5。可以看出，不同导磁材料各有优势。

表 11-5　不同铁心材料的主要性能参数的对比

性能指标	硅钢片	AMM	SMC	FeSi
饱和磁密/T	2.03	1.65	1.45	1.25
矫顽力/(A/m)	<30	<4	—	—
最大磁导率	4×10^4	45×10^4	1000	1.8×10^4
叠片系数	0.95	>0.8	整体	0.9
电阻率/μΩ·cm	45	130	10000	82
密度/(g/cm³)	7.65	7.18	—	—
居里温度/℃	746	415	—	973
抗拉强度/MPa	343	1500	低	480
厚度/mm	0.3	0.03	—	0.1

由于供电频率高，高频下的定子铁心会产生较大的铁耗，所以除尽可能降低铁心磁密外，还应尽可能选用低比损耗的铁心材料。设计时，可以通过选取合适的铁心材料，有效降低定子铁耗，提高电机效率。图 11-19 给出了牌号为 2605SA1 的非晶合金材料和牌号为 B35AV1900 的硅钢材料分别在 50Hz、100Hz 和 200Hz 下的比铁耗曲线[14]。

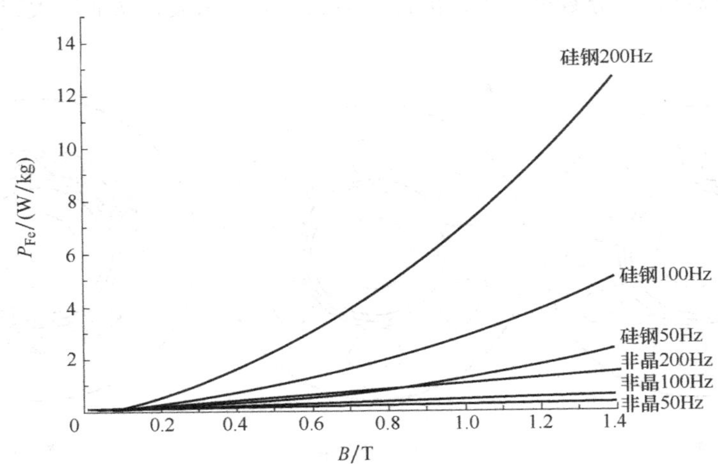

图 11-19　定子不同铁心材料的比铁耗曲线

可以看出，在任何频率下，非晶合金材料的铁耗远小于硅钢材料，但非晶合金材料的磁性能受机械加工（如开槽）的影响比较大，这是该种材料用于电机导磁材料的主要缺陷和不足。

4. 定子绕组型式

高速电机的定子绕组型式如图 11-20 所示，包括传统绕组型式和环形绕组型式。传统 2 极或 4 极电机的定子绕组端部较长，必须相应地增加转子轴向长度，从而降低了转子系统的刚度。而环形绕组结构可以有效缩短定子绕组端部长度，可显著提高转子系统的刚度，其不利之处是线圈嵌线工艺比较复杂，制造工艺性较差，批量生产困难，在具有特殊要求的小批量电机中可以应用。

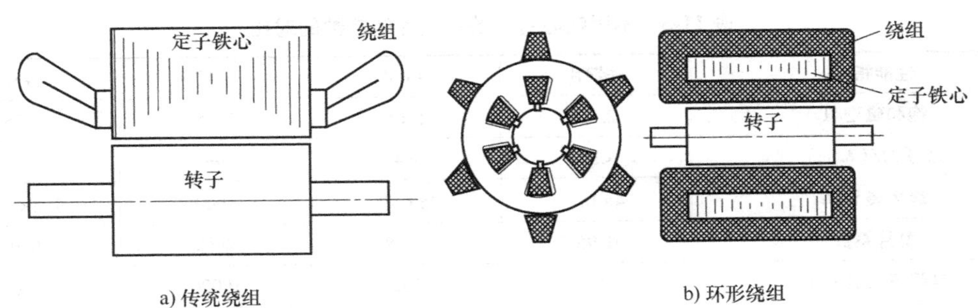

a) 传统绕组　　b) 环形绕组

图 11-20　高速电机的定子绕组型式

前已述及，高速电机频率较高，会在定子绕组导体内产生较大的趋肤效应和邻近效应，从而增加交流附加损耗。为了降低绕组中的交流附加损耗，绕组导体应采用截面积较小的多

根细导线并联绕制。以圆导线为例，导体半径 r 一般要小于磁场在导体中的透入深度，即

$$r \leqslant \sqrt{\frac{2}{\omega\mu\sigma}} \tag{11-16}$$

11.5.3　转子设计

从电机设计的基本原理可知，在满足电磁性能要求的前提下，电机的转子形状既可细长，也可扁平。然而，对于高速电机，增加转子外径会增大转子表面线速度，从而增加转子表面风摩耗和离心力，因此从减小离心力和提高转子强度的角度来看，高速电机转子直径应选得小些；而当转子外径较小时，为了保持相同的电磁特性，必须增加电机的轴向长度，从而影响转子的刚度，且转子外径过小时，会使定子难以加工出合适槽数，因此为了保证转子具有足够的刚度和较高的临界转速，转子轴向又不可过长。总之，转子强度与刚度对转子直径与长度相矛盾的需求特点，决定了对电机主要尺寸的设计必定是多次迭代的设计过程。

1. 磁极结构设计

前已述及，高速永磁转子主要包括内置式和表贴式两种结构型式，但受隔磁桥和硅钢片强度的限制，内置式转子不太适合应用于大功率高速永磁电机。在大功率高速直驱永磁电机中大多采用表贴式转子结构，2 极电机的永磁体可以设计成环形表贴结构，而 4 极电机多采用多块瓦片形永磁块拼装的结构。

高速永磁电机的永磁材料一般选取钕铁硼（NdFeB）永磁或钐钴（SmCo）永磁材料，它们的主要性能参数对比见表 11-6。可以看出，NdFeB 永磁材料的剩磁密度和矫顽力较大，但易受温度影响，最大承受温度约为 220℃，抗拉强度约为 80~140MPa；SmCo 永磁材料的剩磁密度较小，不易受温度影响，最高工作温度达 350℃，但抗拉强度较小，约为 25~35MPa。两种材料各有优势，可根据不同需要做出选择。

表 11-6　钕铁硼永磁和钐钴永磁的材料特性对比

性能参数	钐钴永磁材料	钕铁硼永磁材料
剩磁/T	0.82~1.16	1.03~1.30
矫顽力/(kA/m)	493~1590	875~1990
剩磁温度系数(%/K)	−0.03~−0.04	−0.11~−0.13
内禀矫顽力温度系数(%/K)	−0.15~−0.30	−0.55~−0.65
居里温度/℃	800~850	310~340
最高工作温度/℃	250~350	80~220
密度/(g/cm³)	8.5	7.5
抗拉强度/MPa	25~35	80~140
抗压强度/MPa	700~800	1000~1100
杨氏模量/MPa	1.1×10^5	1.6×10^5
电阻率/μΩ·m	0.8~1	1.1~1.7

2. 永磁转子护套设计

钕铁硼永磁的抗压强度约为 1000~1100MPa，抗拉强度约为 80~140MPa，具有抗压不抗

拉的特点。高速永磁电机采用表贴式永磁转子时，如果没有保护措施，永磁体将无法承受转子高速旋转时产生的巨大离心力，如何对永磁材料加以保护，是高速永磁转子设计与制造的难题。

永磁转子的护套主要有高强度非导磁合金护套（如合金钢 Inconel718 或钛合金等）和碳纤维绑扎护套两种。非导磁合金护套是各向同性材料，而碳纤维绑扎护套是各向异性材料；两种护套的应力计算模型和制造工艺有较大差别。

非导磁合金护套能够对高频磁场起到一定的屏蔽作用，可以减小永磁体中的高频附加损耗。合金护套的导热性能较好，有利于永磁体的散热。但合金护套为电的良导体，会产生较大涡流损耗。中小功率高速永磁电机大多采用整体永磁体或分块永磁体外加合金护套结构。非导磁合金护套设计时，需计算护套厚度以及护套对永磁转子产生的预压力，分析高速旋转和高温情况下永磁体和护套的应力情况。

碳纤维绑扎护套的导电性差，产生的涡流损耗很小，但对永磁体没有足够的磁屏蔽作用，在永磁体内产生涡流损耗，而护套导热性差，不利于永磁转子的散热。为降低转子涡流损耗并提高转子强度，可将永磁体轴向分块。与非导磁合金护套相比，碳纤维绑扎护套具有强度和电阻率高的特点，能够承受更高的离心力，产生更低的涡流损耗，非常适合于大功率高速永磁电机。

表 11-7 给出了几种常用护套材料的性能。

表 11-7　几种常用护套材料的性能对比

参数	Inconel718	钛合金	碳纤维	
密度/(kg/m^3)	8190	4400	1800	
杨氏模量/GPa	211	110	径向 8.8	切向 125
泊松比	0.28	0.31	径向 0.015	切向 0.28
热导率/[W/(m·K)]	11.4	7.5	0.7	
电导率/(S/m)	800000	560000	50000	
许用应力/MPa	750	550	径向 -100	切向 1960

3. 永磁转子及护套的加工工艺

（1）非导磁合金护套转子制作工艺

通常先在轴上开定位槽，将隔磁件固定在转轴上，再粘接永磁体，装配成完整的永磁转子，经过磨削加工达到装配精度要求；将非导磁合金护套按照设计精度及表面粗糙度要求进行磨削加工，采用热套装配工艺进行套装。一定要保证护套与永磁转子的过盈量满足永磁材料在高速旋转下的抗拉强度要求，装配完成后要进行高速动平衡实验。

（2）碳纤维护套转子制作工艺

碳纤维护套转子永磁体的装配要求及流程与合金护套转子相似。碳纤维护套与永磁转子的装配一般有两种方法：永磁转子液氮冷却装配法和碳纤维护套缠绕法。

永磁转子液氮冷却装配法是先按照过盈装配要求加工完整的碳纤维护套，将永磁转子在液氮中冷却，与碳纤维护套实施压力装配，装配过程中为减小对碳纤维护套的损伤，可使护套及永磁转子外圆带有一定锥度，或注入润滑剂，该种方法适合批量生产的转子装配。

碳纤维护套缠绕法通常采用湿法缠绕工艺，将浸过树脂胶液的连续纤维，按照一定张紧力，缠绕到永磁转子外表面，达到护套设计厚度后进行固化处理形成最终转子，装配完成后要进行高速动平衡实验。

11.5.4 高速电机机械性能分析方法

机械性能分析是高速电机设计的重要组成部分，主要包括转子强度分析和动力学分析，转子强度的准确计算和动力学分析是高速电机设计的关键技术。

高速永磁电机转子强度分析的主要目的，是在选择了永磁转子结构的基础上，确定永磁体和护套的基本尺寸和过盈量，并分析永磁体和护套在高速下的应力分布，确保永磁转子的安全。

11.5.4.1 高速永磁转子的强度分析

由于转子表面线速度高，高速电机对永磁转子的强度要求很高，设计时必须进行强度计算与校核。满足转子强度要求的设计准则包括：保证在冷、热态（冷态为常温，热态为150℃）和最高转速工况下，永磁体及填充材料在离心力作用下不脱离转子铁心，始终与铁心保持贴紧状态；护套的预紧力能够确保在冷态和最高转速工况下，永磁体所受拉应力在许用范围内；在热态工况下，需考虑转子及永磁体热膨胀的影响，使碳纤维护套应力在许用范围内。高速永磁电机转子强度的计算主要可采用两种方法：有限元法和解析法。

1. 基于有限元法的转子强度计算步骤

采用有限元法对高速永磁电机转子进行分析的流程如图 11-21 所示[15]。图 11-22 给出了一台采用不锈钢护套的 30kW、30000r/min 高速电机的实心永磁转子应力有限元分析模型及仿真结果[16]。

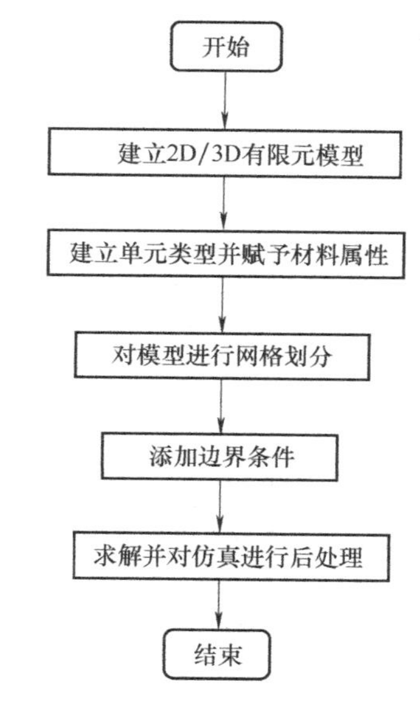

图 11-21 电机转子有限元法分析的流程

2. 转子强度计算的解析模型与分析方法

高速永磁转子机械强度分析的理论基础为弹性力学理论。如前所述，高速电机永磁转子中的护套与永磁体之间为过盈配合，产生的接触压力应能抵抗转子高速旋转带来的离心力，以保护永磁体免于损坏。图 11-23 给出了高速永磁转子的结构示意图，其中，r_{SLo}为护套外半径，r_{SLi}为护套内半径，r_{PM}为永磁体外半径。

高速永磁转子护套的总膨胀位移 ε_{SL}分别包括由于旋转引起的膨胀位移 $\varepsilon_{SL\Omega}$和由于发热引起的热膨胀位移 ε_{SLtemp}；同样地，永磁体的总膨胀位移 ε_{PM}也分别包括由于旋转引起的膨胀位移 $\varepsilon_{PM\Omega}$和由于发热引起的热膨胀位移 ε_{PMtemp}。它们的解析表达式分别为[17]

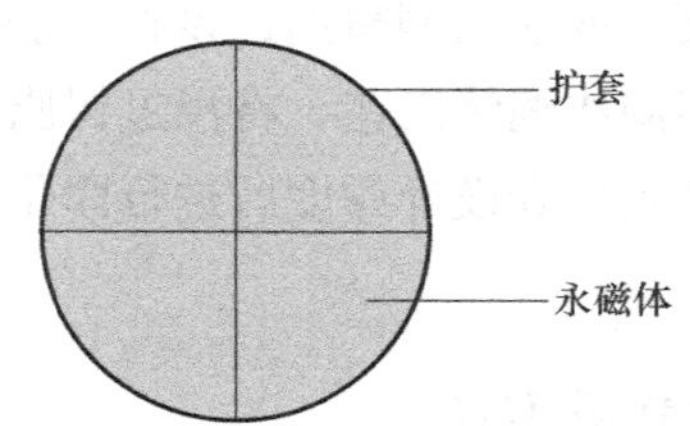

a) 高速永磁电机转子有限元模型

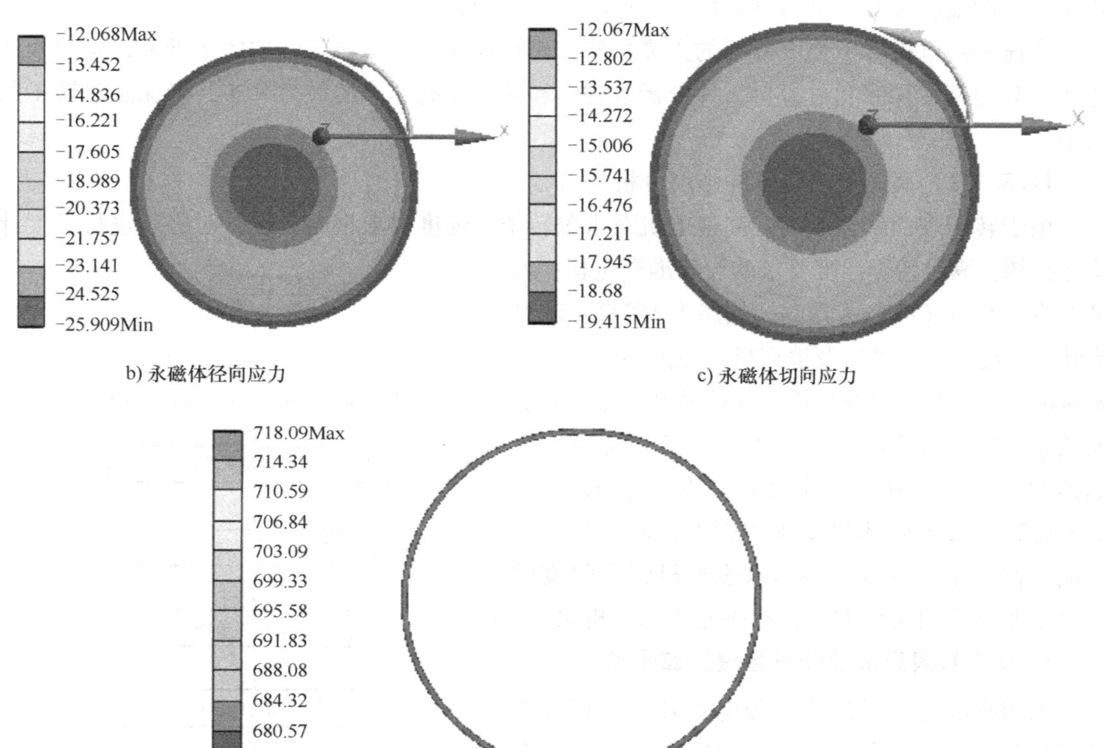

b) 永磁体径向应力

c) 永磁体切向应力

d) 护套等效应力

图 11-22　有限元模型及有限元分析结果

$$\varepsilon_{\mathrm{SL}}(r)=\varepsilon_{\mathrm{SL}\Omega}+\varepsilon_{\mathrm{SLtemp}}=\frac{3+v_{\mathrm{SL}}}{8}\rho_{\mathrm{SL}}\Omega^2\frac{1-v_{\mathrm{SL}}}{E_{\mathrm{SL}}}r\times\left[r_{\mathrm{SLi}}^2+r_{\mathrm{SLo}}^2-\frac{1+v_{\mathrm{SL}}}{3+v_{\mathrm{SL}}}r^2+\frac{1+v_{\mathrm{SL}}}{1-v_{\mathrm{SL}}}\frac{r_{\mathrm{SLi}}^2r_{\mathrm{SLo}}^2}{r^2}\right]+\alpha_{\mathrm{SL}}r\Delta T \tag{11-17}$$

$$\varepsilon_{\mathrm{PM}}(r)=\varepsilon_{\mathrm{PM}\Omega}+\varepsilon_{\mathrm{PMtemp}}=\frac{3+v_{\mathrm{PM}}}{8}\rho_{\mathrm{PM}}\Omega^2\frac{1-v_{\mathrm{PM}}}{E_{\mathrm{PM}}}r\left[r_{\mathrm{PM}}^2-\frac{1+v_{\mathrm{PM}}}{3+v_{\mathrm{PM}}}r^2\right]+\alpha_{\mathrm{PM}}r\Delta T \tag{11-18}$$

式中，r 为膨胀量计算位置处距离转子中心的距离，E_{SL}、v_{SL}、ρ_{SL}分别为护套材料的弹性模量、泊松比和密度；E_{PM}、v_{PM}、ρ_{PM}分别为永磁材料的弹性模量、泊松比和密度，Ω 为转子角速度，α_{SL}和 α_{PM}分别为护套和永磁材料的热膨胀系数，ΔT 表示温升。

动态过盈量为 δ_1，可以根据式（11-17）计算得到的由旋转和热膨胀引起的位移与装配

静态过盈量 δ_0 求得，即

$$\delta_1=\varepsilon_{SL}+\varepsilon_{PM}-\delta_0 \tag{11-19}$$

由于护套和永磁体均为空轴对称结构，因此可在圆柱坐标系下，采用材料力学中的厚壁薄桶理论对高速永磁转子进行解析分析。

（1）护套强度分析

过盈配合产生的接触压应力 P_c 为

$$P_c=\frac{\delta_1(r_{PM}+r_{SLo})E_{PM}E_{SL}(r_{PM}^2-r_{SLo}^2)}{2[((r_{PM}^4-r_{PM}^2r_{SLo}^2)v_{SL}-r_{PM}^4-r_{PM}^2r_{SLo}^2)E_{PM}+((-r_{PM}^4+r_{PM}^2r_{SLo}^2)v_{PM}+r_{PM}^4-r_{PM}^2r_{SLo}^2)E_{SL}]} \tag{11-20}$$

于是，由过盈配合在护套半径 r 位置处产生的径向应力 σ_{rc} 和切向应力 σ_{tc} 则分别为

$$\sigma_{rc}(r)=\frac{r_{PM}^2P_c}{r_{SLo}^2-r_{PM}^2}-\frac{r_{PM}^2r_{SLo}^2P_c}{r^2(r_{SLo}^2-r_{PM}^2)} \tag{11-21}$$

$$\sigma_{tc}(r)=\frac{r_{PM}^2P_c}{r_{SLo}^2-r_{PM}^2}+\frac{r_{PM}^2r_{SLo}^2P_c}{r^2(r_{SLo}^2-r_{PM}^2)} \tag{11-22}$$

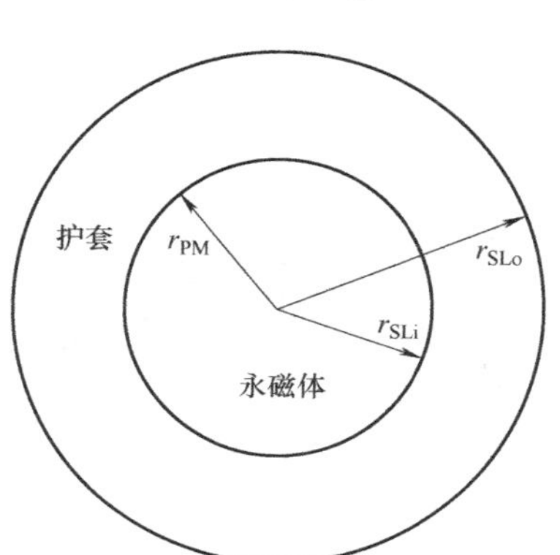

图 11-23　高速永磁转子示意图

由转子高速旋转在护套半径 r 位置处产生的径向应力 $\sigma_{rSL\Omega}(r)$ 和切向应力 $\sigma_{tSL\Omega}(r)$ 分别为

$$\sigma_{rSL\Omega}(r)=\frac{3+v_{SL}}{8}\rho_{SL}\Omega^2\left[r_{PM}^2+r_{SLo}^2-r^2-\frac{r_{PM}^2r_{SLo}^2}{r^2}\right] \tag{11-23}$$

$$\sigma_{tSL\Omega}(r)=\frac{3+v_{SL}}{8}\rho_{SL}\Omega^2\left[r_{PM}^2+r_{SLo}^2-\frac{1+3v_{SL}}{3+v_{SL}}r^2+\frac{r_{PM}^2r_{SLo}^2}{r^2}\right] \tag{11-24}$$

由此可以得到护套的径向总应力(σ_{rtot})和切向总应力(σ_{ttot})分别为

$$\sigma_{rtot}(r)=\sigma_{rc}(r)+\sigma_{rSL\Omega}(r) \tag{11-25}$$

$$\sigma_{ttot}(r)=\sigma_{tc}(r)+\sigma_{tSL\Omega}(r) \tag{11-26}$$

护套总的等效应力为

$$\sigma_{vmises}=\sqrt{\sigma_{ttot}^2-\sigma_{ttot}\sigma_{rtot}+\sigma_{rtot}^2} \tag{11-27}$$

（2）永磁体强度分析

实心永磁体高速旋转引起的径向应力($\sigma_{rPM\Omega}$)和切向应力($\sigma_{tPM\Omega}$)分别为

$$\sigma_{rPM\Omega}(r)=\frac{3+v_{PM}}{8}\rho_{PM}\Omega^2(r_{PM}-r^2) \tag{11-28}$$

$$\sigma_{tPM\Omega}(r)=\frac{3+v_{PM}}{8}\rho_{PM}\Omega^2\left[r_{PM}-\frac{1+3v_{PM}}{3+v_{PM}}r^2\right] \tag{11-29}$$

参考文献［18］分别采用解析法和有限元法（FEM）对一个带有金属护套的高速永磁实心转子的护套和永磁体应力分布进行了分析和对比，其结果如图 11-24 所示，可以看出解析法和有限元法分析两者的计算结果较为接近。

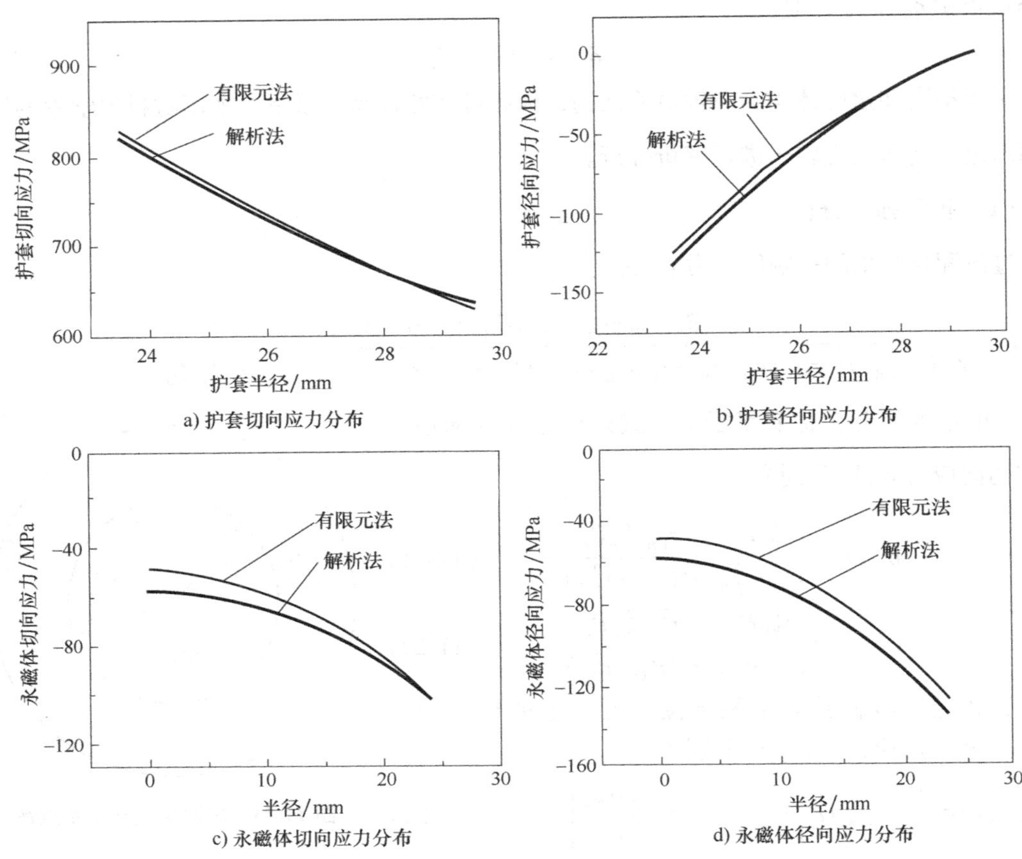

图 11-24　基于解析法和有限元法的高速永磁实心转子应力计算结果对比

11.5.4.2　高速永磁转子的动力学分析

转子动力学分析是高速电机设计的重要内容。为了满足强度要求，高速电机转子直径越小越好；为了提高输出功率要求，需增加电机铁心长度，长度的增加有可能使转子由刚性过渡到柔性，其临界转速下降，电机运行时有可能发生共振，严重影响转子的稳定运行。因此，在高速电机设计阶段需要对转子动力学特性进行详细分析，精确计算转子临界转速并进行模态分析，必要时还要分析各种因素对电机临界转速的影响，避免共振现象的发生（当转子转速与其临界转速接近时，转子将会发生剧烈的弯曲振动），避免严重的振动、噪声和造成灾难性的损坏。对于刚性转子，其工作转速 n 应低于一阶临界转速，电机工作于亚临界区；对于挠性转子，应使工作转速介于第一、二阶临界转速之间，此时电机工作于超临界区，满足这一条件的转子就具备了弯曲振动的稳定性。对于采用磁悬浮轴承的高速电机转子，为了减小跨越临界转速时磁悬浮控制的难度，一般应设计成刚性转子。

转子动力学分析方法主要包括传递矩阵法和有限元法（FEM）。传递矩阵法虽然计算量比较小，但计算误差较大且容易出现漏根现象，因此使用有限元法进行转子建模和相应的动力学分析得到了更为广泛的应用。根据弹性力学的有限元分析理论，转子动力学微分方程可以表示为[19]

$$
\begin{cases}
m\dfrac{\mathrm{d}^2x(t)}{\mathrm{d}t^2}+c_{\mathrm{n}}\dfrac{\mathrm{d}x(t)}{\mathrm{d}t}+c_{\mathrm{r}}\left[\dfrac{\mathrm{d}x(t)}{\mathrm{d}t}+\Omega y(t)\right]+kx(t)=F_{\mathrm{x}}\\
m\dfrac{\mathrm{d}^2y(t)}{\mathrm{d}t^2}+c_{\mathrm{n}}\dfrac{\mathrm{d}y(t)}{\mathrm{d}t}+c_{\mathrm{r}}\left[\dfrac{\mathrm{d}y(t)}{\mathrm{d}t}-\Omega x(t)\right]+ky(t)=F_{\mathrm{y}}
\end{cases}
\tag{11-30}
$$

式中，Ω为转子转速，m为转子质量，k为轴承刚度，c_{n}为转子系统外部阻尼，c_{r}为转子系统内部阻尼，$x(t)$、$y(t)$分别为位移向量，F_{x}、F_{y}分别为X和Y方向上的外加激励。转子位移可以表示为

$$r(t)=x(t)+\mathrm{j}y(t)=r_0\mathrm{e}^{st} \tag{11-31}$$

式中，r_0是常数。当转子自由旋转无外力作用时，非齐次微分方程式（11-30）可转化为齐次方程，即

$$F_{\mathrm{x}}=F_{\mathrm{y}}=0 \tag{11-32}$$

再将式（11-31）代入式（11-30）可得

$$ms^2+(c_{\mathrm{r}}+c_{\mathrm{n}})s+k-\mathrm{j}\Omega c_{\mathrm{r}}=0 \tag{11-33}$$

求解式（11-33），可得

$$s=\sigma+\mathrm{j}\omega=-\frac{c_{\mathrm{r}}+c_{\mathrm{n}}}{2m}\pm\sqrt{\frac{(c_{\mathrm{r}}+c_{\mathrm{n}})^2-4m(k-\mathrm{j}\Omega c_{\mathrm{r}})}{4m^2}} \tag{11-34}$$

可以看到，s有两个根，其中s的虚部代表转子自由旋转时的固有频率，转子的无阻尼模态频率为

$$\omega_{1,2}=\pm\sqrt{\frac{k}{m}} \tag{11-35}$$

式中，ω_1和ω_2分别为正、反进动的固有频率，在高速电机转子临界转速中通常关注正进动的固有频率。各阶固有频率下的振型如图11-25所示。

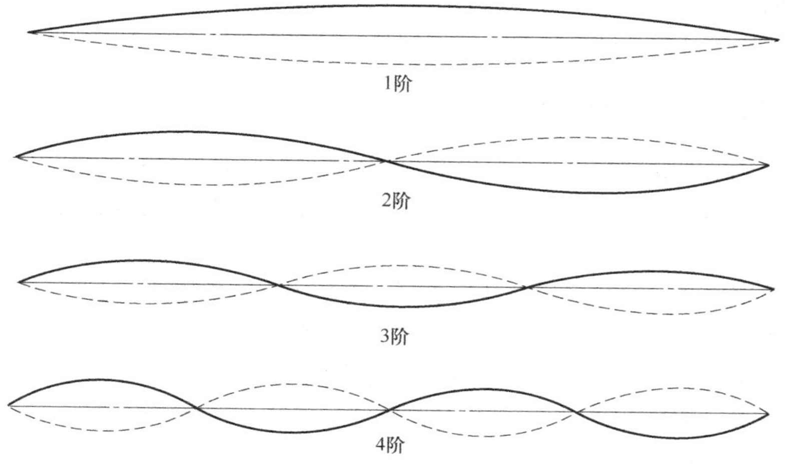

图11-25 高速电机转子的模态振型

在高速电机转子动力学分析中，通过计算转子各个特征点的振动幅值，将转子振动的多个频率随转速变化的规律以曲线的形式表示出来，即可得到坎贝尔图。图11-26为一台额定

转速为50000r/min的高速转子系统的坎贝尔图[20]，反映了转子的各阶固有频率和临界转速，其横坐标为转速（r/min），纵坐标为频率（Hz）。在坎贝尔图中，有斜率为正的正进涡动曲线和斜率为负的反进涡动曲线，通常不考虑反进涡动曲线。另外，坎贝尔图还包含一条经过原点引出倾斜较大的激励线，转子的临界转速就是激励线和正进涡动曲线的交汇点。从图11-26可以看出，考虑正进涡动时，该转子的一阶频率为1441.6Hz，其对应的一阶临界转速为86494r/min。可见，该转子的额定转速低于一阶临界转速，是刚性转子，满足刚性转子的动力学设计要求。

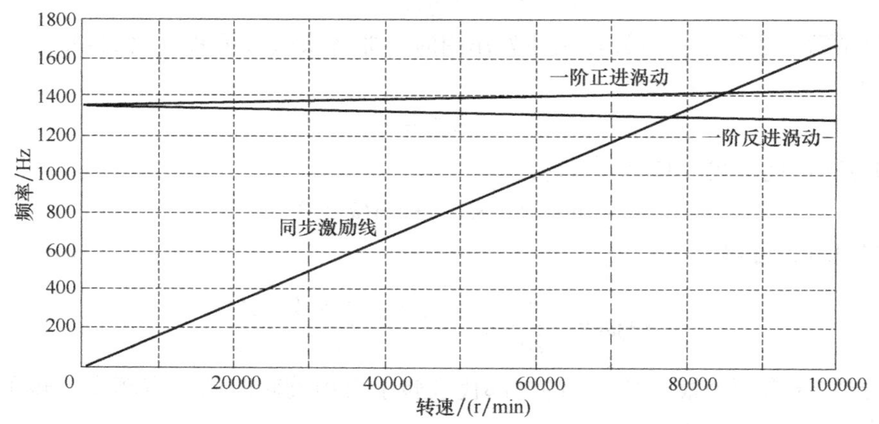

图11-26　转子系统的坎贝尔图

高速电机的转子临界转速与转子材料有关，采用弹性模量高的高速电机转子护套材料，可以提高转子的刚度和临界转速。转子临界转速也与转子尺寸有关，随着转子轴伸端的增加，转子的临界转速降低，因此高速电机转子设计中应该对转子轴伸端的长度加以限制。另外，转子临界转速也与转子轴承的刚度有关，随着轴承刚度的增加，转子的临界转速增加，因此为高速电机转子系统选择高支撑刚度的轴承，可以提高转子动力学性能。

11.5.5　高速电机的冷却系统设计

当电机功率相同时，如果电机的转速提高10倍，电机有效材料的体积将减小为原来的1/10，因此电机的功率密度和损耗密度差不多也要提高10倍，这就给高速电机冷却系统提出了更高的要求。另外，与常速电机相比，由于各类损耗的占比发生了变化，所以在电机中的温升分布也会发生相应变化，因此冷却系统的结构与方式也要适合这种变化。

对于高速永磁电机来讲，与定子铜耗相比，定子铁耗的占比要增大很多，但由于两个损耗都在定子上，尽管损耗密度增大了很多，但定子的冷却实现起来是相对容易的，冷却方式也可采用常规方式（水冷和风冷），只不过需要通过调整冷却系统的参数（增大流体的流量和压力，减小流阻）以提高冷却效果而已。

对于高速永磁电机，为适应高损耗密度的要求，大多采用图11-27所示的定子机壳水冷技术（水道型式可选为螺旋水道或直槽水道）。水冷系统流体的压力、流量的选择，以及风道尺寸参数的确定，应根据电机的各种损耗及其分布情况进行精确计算。

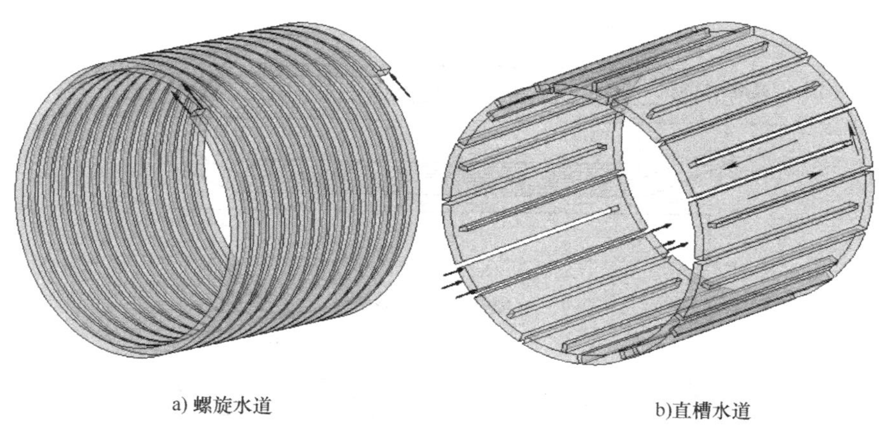

图 11-27　高速电机定子水冷系统示意图

对于高速永磁电机，可能的温升最高位置或者难于冷却的是高速永磁转子。电机转子侧的损耗主要包括转子涡流损耗和转子高速旋转引起的风摩耗，由于该种电机工作在高频和高速工况下，所以这两类损耗特别是转子风摩耗急剧增大，而转子的散热途径又很有局限性，散热十分困难，所以与定子温升相比，通常转子的温升较高。为有效解决这一问题，对转子的冷却需要给予特殊考虑。对转子的冷却，最可能也是最方便的是采用强迫风冷技术。在电机定子槽内开设内风道，冷却空气从电机的一端流入，从另一端流出，如图 11-28 所示[21]。

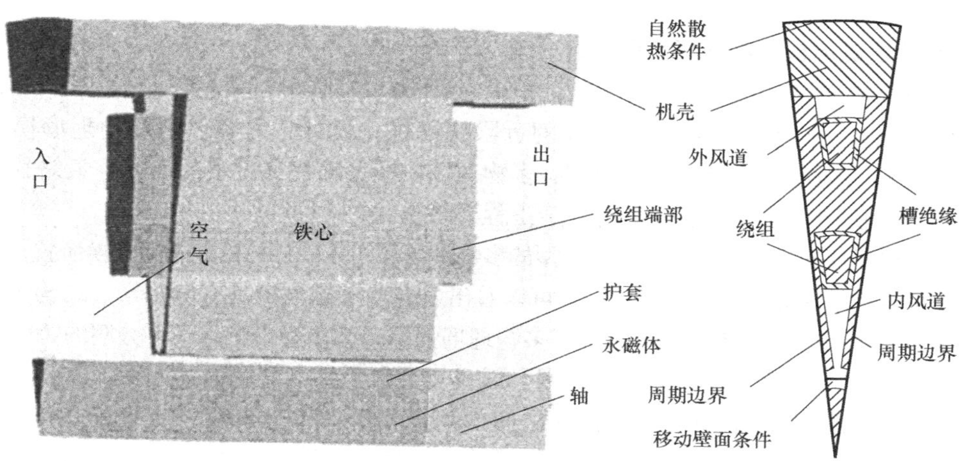

图 11-28　高速永磁电机风冷技术示意图

高速永磁电机可采用风水混合冷却方式以提高电机冷却效果，即定子采用机壳螺旋水道水冷方式，而对电机转子的冷却主要靠风冷模式，风水混合冷却系统的结构示意图如图 11-29 所示[5]。图 11-29a 为端进端出的风路结构，适合铁心轴向长度较短的中小功率高速电机。对于轴向长度过长的大功率高速永磁电机，为减小转子沿轴向的温度梯度，可采用图 11-29b 所示中间进两端出的风路结构。

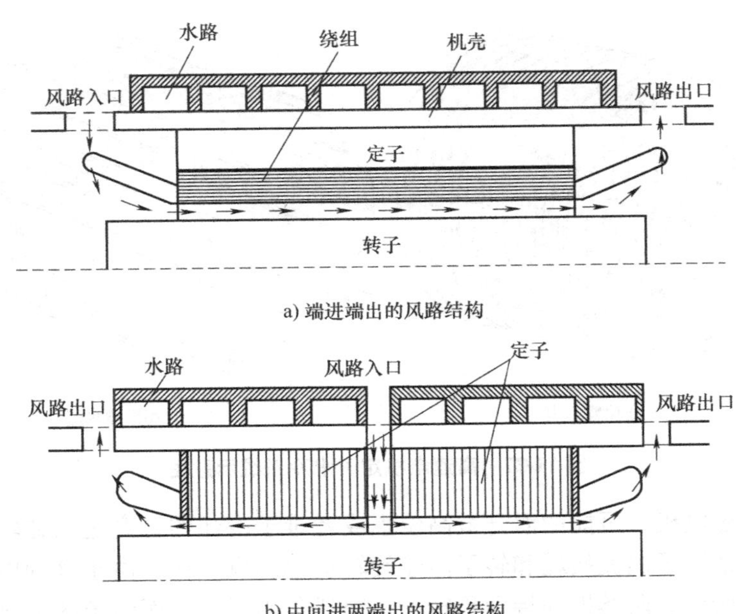

a) 端进端出的风路结构

b) 中间进两端出的风路结构

图 11-29　高速永磁电机风水混合冷却系统示意图

11.6　高速永磁电机的多物理场协同设计与仿真

1. 高速永磁电机多物理场协同设计

多物理场协同设计是指，在研究复杂系统内部不同物理场之间协同机制的基础上，进行复杂系统的设计，实现不同物理场之间的近限协同优化设计，内容包括多物理场模型的建立、多物理场间耦合形式与参数的确定、多物理场协同策略优化方法的研究。最终目标是设计出多物理场协同、综合性能优良的复杂工程系统。

与常速电机相比，高速永磁电机是典型的多物理场深度强耦合的机电能量转换装置，其多物理场的强耦合特征关系如图 11-30 所示，可以看出，高速永磁电机具有电磁学、结构力学、转子动力学、流体力学及传热学甚至声学等多物理场强耦合、相互影响且不可分割的特征属性。

高速永磁电机中部分物理场之间的耦合形式及关联关系可简单描述如下：

1）高速永磁电机中流体场和温度场之间的耦合关系。高速电机的转速高，风摩耗会急剧增大，有必要深入研究电机气隙内由于转子高速旋转引起的流体场变化，准确计算高速永磁电机的风摩耗；气隙内流体场变化会影响转子表面的对流散热系数，进而影响转子温升，因此基于热流耦合计算高速永磁电机转子温升可以提高计算结果的准确性。

2）高损耗密度下的电磁场、温度场和流体场的深度耦合。高速电机的供电频率较高，在定子绕组中会引起趋肤效应和邻近效应，因此交流损耗会增大，同时高频也会引起定子较大的基本铁耗，从而提高定子温升，温升的提高反过来又会影响绕组的交流电阻及其损耗，严重时也会影响电机的绝缘寿命。高次谐波在高速永磁转子中产生较大的涡流损耗，而转子散热困难，永磁体易出现高温导致的不可逆退磁，所以必须准确计算永磁体的温升。总体来

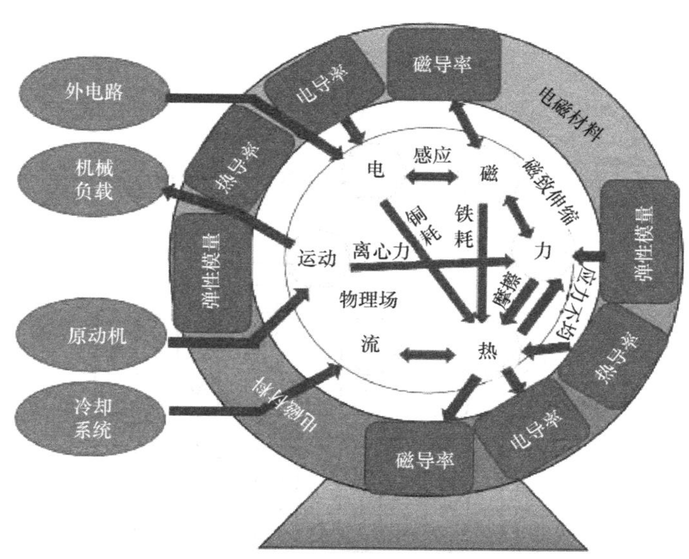

图 11-30　高速电机内部多物理场耦合关系

讲，高速永磁电机的损耗密度较高，必须精细化计算电机的损耗及其分布，并相应地设计合理的机壳水冷、内部风冷的混合冷却系统，加强冷却散热，以降低电机的温升。可以看出，电磁场、温度场、流体场三场耦合设计是高速永磁电机精确设计必须考虑的问题。

3）转子强度分析中温度场与应力场的耦合。高速永磁电机转子承受的离心力较大，而永磁体的力学性能较差，需要护套予以保护。如果护套设计不合理，较大的离心力也可能导致永磁体损坏，所以必须进行强度校核，而转子较高的温升会引起结构件的热应力变化，所以计及温度场与应力场耦合的转子强度计算，有利于提高计算的准确性。

4）主要尺寸比的确定需兼顾机械强度、转子动力学和电磁设计的不同需求。由于转速高，高速永磁电机大多采用细长形转子，即采用大长径比。长径比影响电机的某些电磁参数和性能，在转子机械强度和动力学特性（固有频率、临界转速、转子模态等）之间也要兼顾考虑，因此电机的主要尺寸比选择应适中，兼顾考虑电磁、强度和转子动力学的协同需求。

5）高速永磁电机振动与噪声的计算需同时考虑电机磁场谐波、铁心高频磁致伸缩、不均匀气隙引起的单边磁拉力、与机械设计和工艺缺陷相关的各种因素的耦合影响。不仅如此，转子高速旋转与电机内的空气摩擦，会产生大的风噪，设计电机内风冷系统时也应适当考虑对噪声的综合影响。

综上所述，对高速永磁电机进行电磁场、应力场、温度场、流体场等的单独顺序设计，已经难以满足多物理场深度耦合的高速永磁电机设计的工程需要，在设计阶段必须兼顾多物理场的协同近限设计。

2. 高速永磁电机的多物理场协同设计方法

高速永磁电机的多物理场协同设计方法主要有两类，即常用的串行设计方法和图 11-31 所示的并行设计方法。在并行设计流程中，首先进行预设计，确定电机的初步参数；然后进行系统分解，确定电机需要考虑的物理场，依据参数分别建立模型；再确定电机各物理场之间的耦合参数、耦合形式和协调策略；最后判别电机方案是否满足各物理场的设计要求，若不满足各物理场的设计要求，则调整参数回到第一步，重复上述过程，直到满足各物理场的设计要求为止。

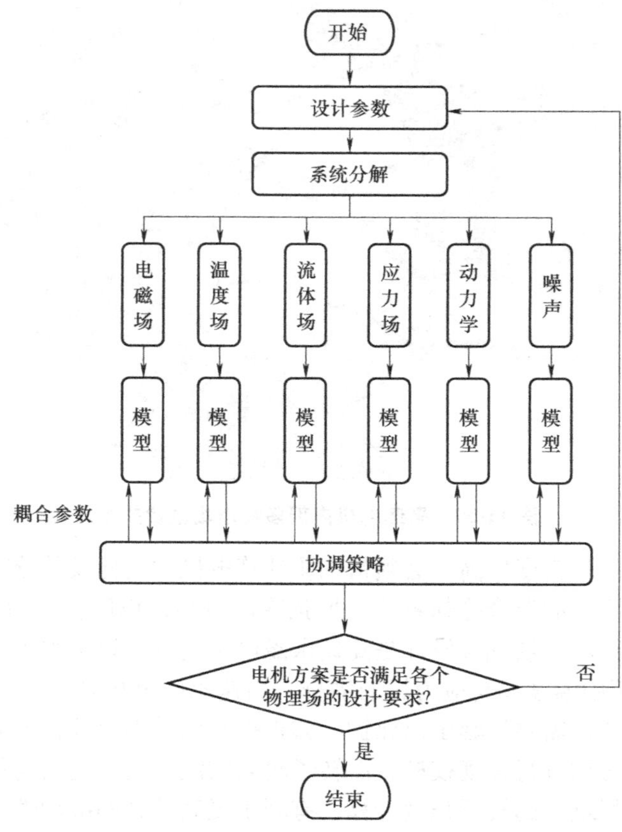

图 11-31　高速永磁电机多物理场协同设计流程

可以看出，高速永磁电机多物理场协同设计的研究内容主要包括：电机系统的分解与模型的建立、物理场之间耦合参数的确定、电机多物理场耦合型式和协调策略的研究。

1）电机系统的分解与模型的建立。首先对设计的高速永磁电机进行系统分解，分别建立不同物理场的模型。不同物理场所建立的模型不尽相同，但必须保证设计变量的一致性。系统的分解应尽量减少各子系统间的耦合关系，降低整个系统的分析复杂性。在高速永磁电机中应用最广泛的模型是有限元模型。

2）电机各物理场之间耦合参数的确定。深入研究高速永磁电机不同物理场之间的耦合参数，确定耦合参数之间的函数关系，如永磁体的剩磁、矫顽力、电阻率等参数与温度的函数关系，永磁体的热膨胀系数与温度的函数关系，电机损耗系数与温度、流体参数之间的函数关系。

3）电机系统多物理场耦合方式的研究。高速永磁电机各物理场之间的耦合方式可以分为单向耦合与双向耦合。单向耦合的参数传递主要形式是载荷传递，即物理场 1 的输出是物理场 2 的输入，而物理场 2 对物理场 1 无影响。双向耦合一般为迭代结构，即物理场 1 的输出是物理场 2 的输入，而物理场 2 的输出对物理场 1 有影响，两个物理场之间的输入输出参数不断进行循环迭代，直到参数之间的误差小于某一阈值时为止。高速永磁电机中的单向耦合主要有：电磁-应力耦合、热-应力耦合、电磁-噪声耦合等。双向耦合主要有：电磁-热耦合、热流耦合等。

4）电机各物理场之间协调策略的研究。针对不同物理场的耦合形式，需要探索物理场之间的协调策略，对多物理场进行适当解耦，缩短高速永磁电机的设计周期。目前针对高速永磁电机并行协调策略的研究较少，大多还停留在串行设计阶段。探索多物理场之间的协调策略是未来高速永磁电机多物理场协同设计的重要发展方向。

3. 高速永磁电机多物理场协同设计实例

高速永磁电机系统的设计比较复杂，目前仍停留在串行设计阶段。参考文献［17］对一台 2 极 6 槽的高速永磁电机进行了多物理场串行协同设计。由于涉及许多设计变量的复杂交互作用，而设计过程又涉及多物理场耦合和反复迭代，因此多物理场协同设计是比较复杂的，高速永磁电机多物理场协同串行设计流程实例如图 11-32 所示。由于有限元模型的计算时间较长，此例中电机的电磁、应力、动力学、温升计算都采用了解析模型。可以看出，整个设计流程包括电磁设计、冷却系统设计、转子动力学设计、轴承设计、机座设计等多个步骤。该设计实例中提出的设计方法已经过两轮样机研制与性能测试，实验结果与计算结果吻合较好。本例中提出的多物理场协同设计方法是一种通用方法，经过少量修改就可推广至其他类型的电机。但多物理场串行协同设计很难考虑各物理场之间的双向耦合，是其主要缺陷。

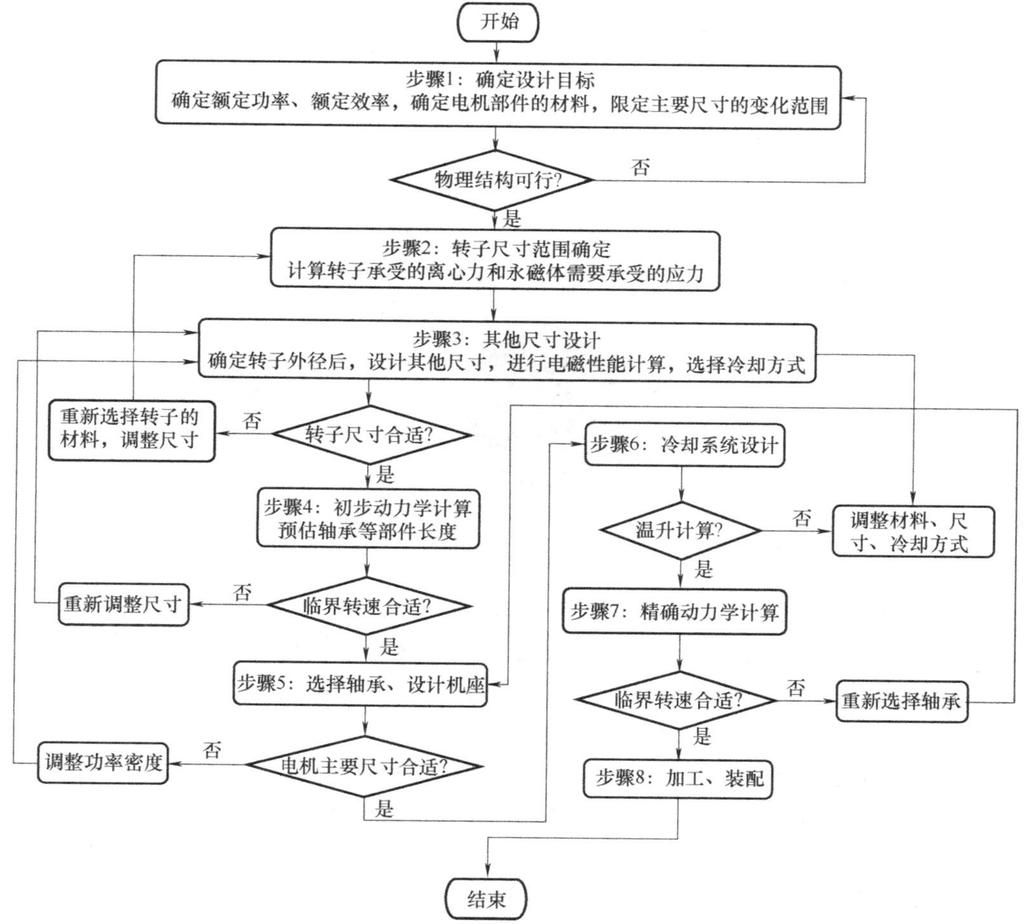

图 11-32　高速永磁电机多物理场协同串行设计流程实例

11.7 基于代理模型的高速永磁电机多学科协同设计与优化方法

前已述及，高速电机内多物理场强耦合特征十分明显，而高速永磁电机多物理场设计，本质上是多学科综合设计问题。针对具有多学科强耦合特征的优化设计问题，早在 20 世纪 80 年代，美国国家航空航天局（NASA）就提出了多学科设计理念与方法[22]，即首先将系统分解并建立以子学科为基础的代理模型，在充分考虑各学科间相互耦合的基础上，通过特定框架协调和控制这些子学科，最终获得系统全局最优解。近年来，该方法已成功应用于航空航天、船舶、高铁等工业领域，其在电机学科的应用也越来越得到关注。

1. 电机代理模型及多学科优化设计简介

由于电机优化中有限元模型的计算成本太高，代理模型以轻量的计算成本得到多学科优化领域的广泛关注，图 11-33 给出了电机代理模型构造示意图。代理模型是一种数据驱动的黑盒模型，通过回归或者插值的方式替代复杂电机模型，其代理精度取决于样本的质量和设计流程的严谨性。基于代理模型的电机多学科协同优化技术是将电机中计算成本高的有限元模型替代为计算成本低的代理模型，从而大幅提升电机多学科协同优化设计的效率。

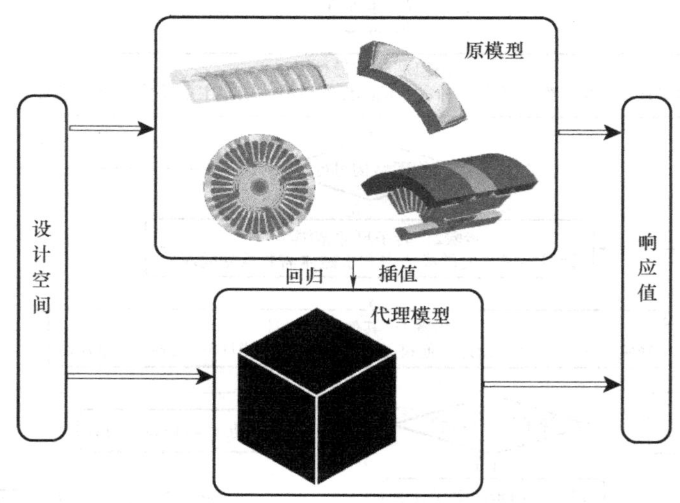

图 11-33 高速永磁电机多学科代理模型构造示意图

在基于代理模型的高速永磁电机多学科多目标协同优化设计方法中，将子学科的主要指标（效率、温升、强度、振动、一阶临界转速等）设置为多目标或约束，在建立各子学科代理模型的基础上，充分考虑各学科间的关联耦合关系，进行基于代理模型的多学科协同优化设计。该方法的主要特色为：①基于代理模型来构建设计变量与目标函数之间的关系，从而避免了调用各子学科高精度分析模型，而且可实现并行优化设计，大幅度提高优化设计效率。②可用样本数较多的二维电磁场分析结果等作为样本构建低保真度的代理模型，并以此寻求电机优化目标函数的整体趋势；以样本数较少的实验结果或三维精细分析结果作为样本构建高保真度代理模型，并以此校正低保真度模型的准确度。两者通过桥函数融合构建可调保真度的代理模型。这样，既可保证代理模型精度又可提高运算效率。

2. 多学科协同设计与多物理场分析的主要区别

多学科协同设计与多物理场分析的主要区别是：①多物理场分析多为串行设计，而多学科协同设计可方便地实现并行设计，从而提高设计效率。②多物理场分析是在物理域底层上进行集成，主要是保证不同物理场相关参数间的一致性，但这种一致性所要达成的目标不是很明确，可能是参数间协调了，但某些性能目标却下降了；多学科协同设计是在目标域中进行多任务冲突的协商，是从系统顶层出发进行全局协调，通过有效的设计优化策略，协商消解学科间冲突，使得各学科既可以实现自身的局部目标，又可以相互协作来达成总体目标，有利于获得多参数多目标的全局最优解。③“学科”的定义比“物理场”更广泛，随着工业领域对电机控制精度需求的不断提高和一些特殊应用场合对电机系统空间的限制，电机及其驱动一体化设计也成为电机系统优化的发展趋势之一，此时的电机优化技术已经超出了多场耦合优化的范畴，此时多学科协同优化则展示了其广泛的适应性和应用前景。

3. 高速永磁电机代理模型的构建方法

计算精度是衡量代理模型优劣的重要指标，在多学科耦合特征明显的高速永磁电机代理模型构建过程中，多学科耦合可能会放大单学科代理模型的误差，所以构建高精度的电机多学科代理模型十分重要。构建代理模型的三大要素为：初始样本的选择、代理模型及其训练、优化加点准则及其子优化求解。基于上述三大要素对代理优化流程进行改进，可以有效提升高速永磁电机代理模型精度。

高速永磁电机高精度代理模型的代理优化流程如图 11-34 所示，其中样本数据的质量直接关系到代理模型的精度。首先进行初始样本的抽样；然后用初始样本点进行有限元计算，随后拟合初始代理模型；利用初始代理模型进行优化，找到设计空间中的最优解；利用有限元的响应值与代理模型响应值之间的误差判断最优解的可信度；若不收敛则增加样本点，在高速永磁电机的多学科协同优化中，首轮优化很难一次性达到多学科收敛，所以增加样本点是提高收敛性的可靠选择。

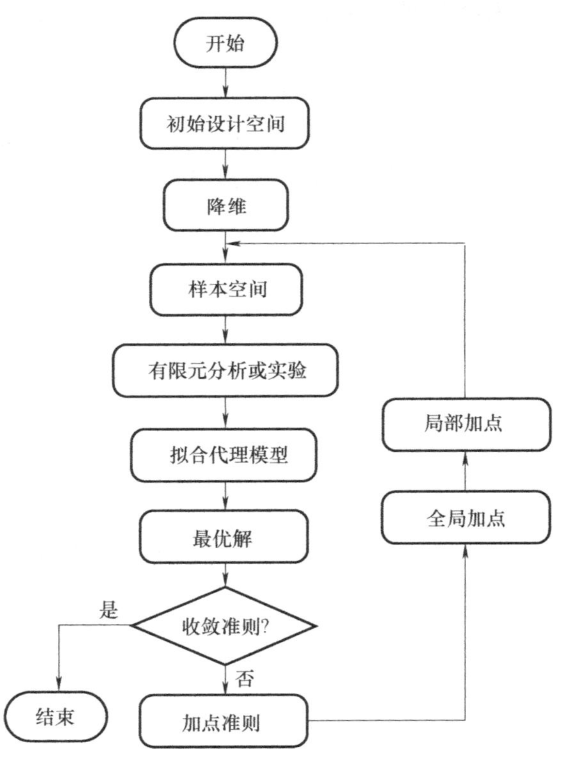

图 11-34　高速永磁电机高精度代理模型代理优化流程

（1）初始样本点的选择

目前在电机中出现的抽样方法有全因子抽样、部分因子抽样、拉丁超立方抽样、均匀试验设计抽样、正交抽样、中心复合设计抽样、Box-Behnken 抽样等。其中，全因子抽样的效果最好，但是在高维设计空间下全因子抽样容易陷入“维数灾难”，在维度较低时可以考虑选择这种抽样方法。除上述抽样方法外，D-最优设计法、Plackett-Burman 设计法、Monte

Carlo 抽样法也是常用的抽样方法。目前在高速永磁电机的代理优化中尚没有文献比较过上述抽样方法对代理模型精度的影响，但电机代理优化中通常采用拉丁超立方抽样法以及正交抽样法，这两种方法都可以较少的样本点得到精度更高的模型。

（2）代理模型及其训练

目前在电机中出现的代理模型有响应面模型、径向基函数模型、克里金模型、支持向量回归模型、神经网络模型、组合代理模型、多可信度代理模型。组合代理模型与多可信度代理模型的构造逻辑复杂，但灵活性高。高速永磁电机可以采用组合代理模型或多可信度代理模型来提高设计精度。

（3）优化加点准则及其子优化求解

增加样本点是提高精度的最直接方法，加点准则可以分为三类：局部发掘型、全局探索型、发掘/探索结合型。局部发掘型是指在优化过程中在最优解附近增加样本，然后再进行迭代搜索，这种加点方法可以不断地逼近真实最优解，提高最优解的可靠性；全局探索型是要确定新样本点在设计空间中的位置，保证新样本点可以有效提高代理模型的全局精度；发掘/探索结合型是指在工程实际中，发掘与探索往往需要同时进行，加点准则需要确定何时进行发掘、何时进行探索。在高速永磁电机的多学科协同优化中，发掘/探索结合型是比较适合于工程实际的加点准则。

通过上述步骤，可以得到高速永磁电机的高精度多学科代理模型。

4. 多学科协同设计的实施方法

多学科协同设计的关键是协同策略的确定。图 11-35 为可用于电机优化的多学科协同优化可行策略。

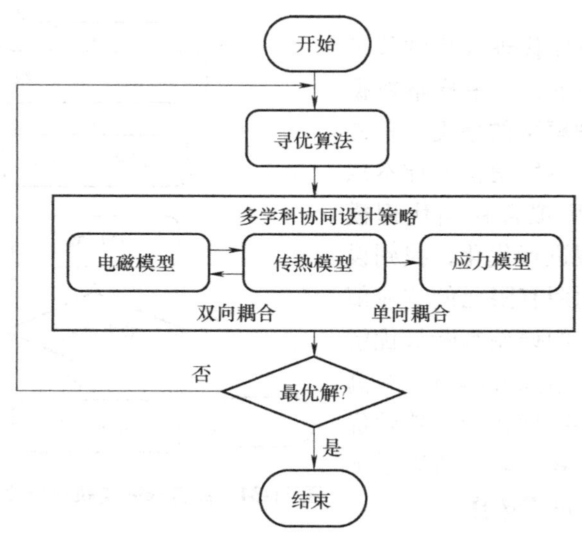

图 11-35　适用于电机优化的多学科协同优化可行策略

高速永磁电机的多学科优化问题通常涵盖三个以上学科，多学科可行策略难以达到众多学科的可行收敛，而目前已经有多种成熟的多学科优化协调策略，部分策略可以实现学科解耦，使得优化更容易覆盖更多的学科，对不同协调策略的含义描述如下。

（1）多学科可行策略

在多学科可行策略优化中，其循环迭代过程的每一步都需要一次多学科分析，并调用所有的子学科模型进行耦合迭代求解。

（2）同时优化策略

同时优化策略中引入了辅助耦合状态变量和辅助局部状态变量。这两个变量的引入可以将学科之间彻底解耦，迭代时将两种辅助变量也作为设计变量，代入每个子学科的分析模型中。这种策略的优点是并行度高，学科自治性强，缺点是增加了设计空间的维度，引入了学科一致性收敛条件，适合于耦合松散的系统。

（3）单学科可行策略

单学科可行策略只引入辅助耦合状态变量，保留了局部状态变量与系统目标函数之间的关系。与同时优化策略相比，单学科可行策略降低了设计空间的维度，但是学科自治性也随之降低了。

（4）并行子空间策略

并行子空间策略与子学科的优化目标一致，但各子学科的设计变量均不相同，形成互不重叠的优化子空间，它们均为系统设计变量的子集，各子学科最优解的集合就是系统最优解。

（5）协同优化策略

协同优化策略是较为成熟的多学科优化策略，与单学科可行策略相似。但单学科可行策略的子学科只进行学科分析，不进行优化；而协同优化策略有两个优化过程，分为系统级和学科级，系统级进行学科一致性判别，所有子学科都进行并行优化。

（6）两级集成优化策略

两级集成优化策略建立了一个代理模型簇，是一种基于代理模型的策略，每个子学科的代理模型都是簇中的一支，子学科对局部设计变量优化，系统级对全局设计变量进行优化，系统目标函数则定义为子学科状态变量的加权总和，其中的权重也作为设计变量。

（7）目标级联分析策略

目标级联分析策略的主要思想是将系统分层，且分解方法不限于学科，将顶层系统的目标分解下去，形成子系统的子目标，顶层优化器将底层优化器的目标作为设计变量，而底层优化器的目的是使子系统目标与顶层传递下来的最优目标的差距最小化。这种策略具有更清晰的逻辑性，适用于层次化清晰的系统。

高速永磁电机是典型的多学科强耦合非线性装置，且全局变量较多。假设子学科的分析模型都采用代理模型，则传统的多学科可行策略是可信度最高的电机多学科优化策略。但是这种策略不仅要保证代理模型的精度，还要保证策略的收敛性，因此也难以得到性能较高的多学科最优解。从收敛效果和求解效率来看，两级集成优化策略可以作为高速永磁电机多学科协同优化的合适选择，因为本质上两级集成优化策略也是基于代理模型的策略，但是要注意优化问题中全局变量的维数。两级集成优化策略不适合解决全局变量维数多的问题。新的混合策略，如多学科可行策略与协同优化策略的混合，比较适合于高速永磁电机的多学科协同优化，可以通过适当引入辅助变量，解耦部分子学科，追求性能更高的多学科最优解。

图 11-36 给出了一种多学科可行策略与协同优化策略相结合的高速永磁电机混合协同优

化方法。在高速永磁电机多学科协同优化中，可以引入辅助变量将学科之间适当解耦，将耦合紧密的电磁、应力、流体三个学科打包作为子系统，采用多学科可行策略；其他学科与子系统之间采用协同优化策略，引入辅助变量进行解耦，最后进行多学科可行判别。这种混合策略可以用于追求性能更高的高速永磁电机多学科可行解。

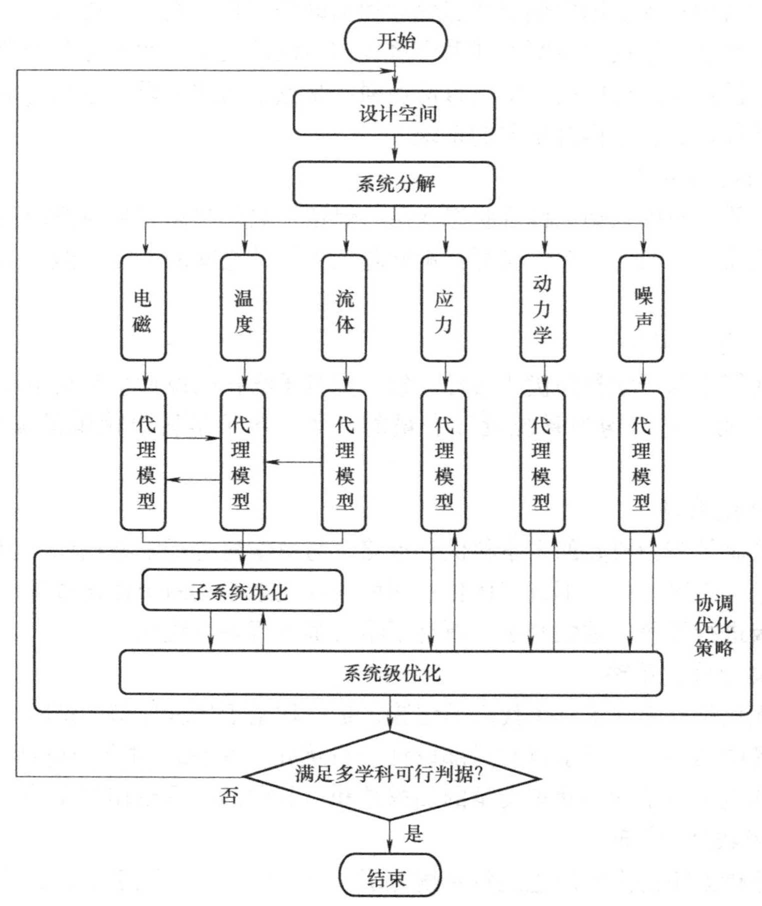

图 11-36　多学科可行策略与协同优化策略相结合的高速永磁电机混合协同优化方法

5. 多学科多目标协同优化设计方法

早期的电机优化多采用以计算梯度为代表的最优化算法，而现代电机优化多采用元启发算法。元启发算法在电机多学科优化中具有独特优势，便于处理离散变量问题，对真实物理模型或数学模型信息需求相对宽松，且全局寻优能力强。元启发算法主要包括：遗传算法及其衍生算法、群智能算法、模拟退火算法等。

遗传算法：遗传算法通过模仿染色体的进化方式，通过复制、交叉、变异等步骤形成新的种群，新种群和旧种群不断比较和淘汰，最后得到最优解。

群智能算法：粒子群算法是群智能算法的典型代表，粒子群算法受到鸟群觅食行为的启发，每只鸟（粒子）通过寻找个体最优值和全局最优值不断更新自己的位置和速度直到收敛，最后得到最优解。由于标准粒子群算法容易陷入局部最优值，因此出现了量子粒子群算法、自适应粒子群算法等改进算法，以防止粒子群算法的早熟收敛。

模拟退火算法：模拟退火算法是受固体的淬火过程启发而得到的一类算法。模拟退火算法对初始参数比较敏感，与遗传算法相比，模拟退火算法容易陷入局部最优，但是算法的结构简单，鲁棒性较高。

在高速永磁电机的实际应用中，遗传算法的编码精度可以满足工程设计的需要，而且可扩展性强，有完整的理论论证和收敛性论证。在高速永磁电机多学科多目标优化的问题上，尤其在多学科协调策略苛刻的约束下，遗传算法及其衍生算法强大的可扩展性和普适性使其非常适合于高速永磁电机的多学科多目标协同优化。

参考文献

[1] D Gerada, A Mebarki, N Brown, et al. High-speed electrical machines: technologies, trends, and developments [J]. IEEE Transactions on Industrial Electronics, 2014, 61 (6): 2946-2959.

[2] Z Qi, Y Zhang, X Wang, et al. Comparative study for high-speed permanent magnet motors with solid and ring type rotors [C]. 2021 IEEE 4th International Electrical and Energy Conference. Wuhan, China: IEEE, 2021.

[3] 梁欣. 余热发电高速永磁电机设计与分析 [D]. 武汉：华中科技大学，2019.

[4] J Bartolo, H Zhang, D Gerada, et al. High speed electrical generators, application, materials and design [C]. IEEE Workshop on Electrical Machines Design, Control and Diagnosis. Paris, France: IEEE, 2013.

[5] 刘云飞. 压缩机用超高速兆瓦级永磁电机损耗研究及温升计算 [D]. 沈阳：沈阳工业大学，2017.

[6] 张晓晨，李伟力，邱洪波，等. 超高速永磁同步发电机的多复合结构电磁场及温度场计算 [J]. 中国电机工程学报，2011，31 (30)：85-92.

[7] Y Zhang, S McLoone, R Dai. Rotor eddy current loss research and design factors analysis on thermal performance for a high-speed permanent magnet synchronous machine [C]. 2019 IEEE Transportation Electrification Conference and Expo, Asia-Pacific. Seogwipo, Korea: IEEE, 2019.

[8] P Zheng, J Li, R Qu, et al. Electromagnetic design issues of high-speed permanent magnet machine [C]. International Conference on Electrical machines. Lausanne, Switzerland: IEEE, 2016.

[9] 沈建新，郝鹤，袁承. 高速永磁无刷电机转子护套周向开槽的有限元分析 [J]. 中国电机工程学报，2012，32 (36)：53-60.

[10] 孔晓光，王凤翔，邢军强. 高速永磁电机的损耗计算与温度场分析 [J]. 电工技术学报，2012，27 (9)：166-173.

[11] 董剑宁，黄允凯，金龙，等. 高速永磁电机设计与分析技术综述 [J]. 中国电机工程学报，2014，34 (27)：4640-4653.

[12] 金无痕. 基于多电平逆变器的高速永磁同步电机控制系统研究 [D]. 沈阳：沈阳工业大学，2019.

[13] 王天煜. 高速永磁电机转子综合设计方法及动力学特性的研究 [D]. 沈阳：沈阳工业大学，2010.

[14] 朱健. 不同铁心材料对纯电动汽车用永磁同步电动机性能影响的研究 [D]. 北京：北京交通大学，2019.

[15] 张萌. 高速永磁同步电动机的设计分析 [D]. 沈阳：沈阳工业大学，2019.

[16] Z Qi, Y Zhang, H Zhang, et al. Thermal and stress analysis for a high-speed permanent magnet motor with solid rotor [C]. 2021 IEEE 4th Student Conference on Electric Machines and Systems. Huzhou, China:

IEEE，2021.

[17] N Uzhegov，E Kurvinen，J Nerg，et al. Multidisciplinary design process of a 6-slot 2-pole high-speed permanent-magnet synchronous machine [J]. IEEE Transactions on industrial electronics，2016，63 (2)：784-795.

[18] 黄孝键. 基于多物理场的高速永磁同步电机多目标优化研究 [D]. 哈尔滨：哈尔滨工业大学，2019.

[19] 侯富余. 高速永磁同步电机转子结构对多物理场的影响研究 [D]. 北京：北京交通大学，2019.

[20] 许治宇. 高速永磁电机转子的关键技术研究 [D]. 南京：南京航空航天大学，2019.

[21] 董剑宁. 高速永磁电机综合设计方法的研究 [D]. 南京：东南大学，2015.

[22] 易永胜. 基于协同近似和集合策略的多学科设计优化方法研究 [D]. 武汉：华中科技大学，2019.

Chapter 12

第12章 表贴式调速永磁同步电机的电磁计算程序和计算实例

12.1 额定数据和技术要求

1. 额定功率：$P_N = 7.5\text{kW}$

2. 相数：$m = 3$

3. 额定线电压：$U_{Nl} = 380\text{V}$

4. 额定转速：$n_N = 750\text{r/min}$

5. 极对数：$p = 3$

6. 额定频率：$f = \dfrac{n_N p}{60} = \dfrac{750\times3}{60} = 37.5\text{Hz}$

7. 额定效率：$\eta_N = 92\%$

8. 额定功率因数：$\cos\varphi_N = 0.95$

9. 绕组型式：单层链式绕组，Y联结

10. 额定相电压：$U_N = \dfrac{U_{Nl}}{\sqrt{3}} = \dfrac{380}{\sqrt{3}} = 220\text{V}$

11. 额定相电流：$I_N = \dfrac{P_N\times10^3}{mU_N\eta_N\cos\varphi_N} = \dfrac{7.5\times10^3}{3\times220\times0.92\times0.95} = 13\text{A}$

12. 额定转矩：$T_N = \dfrac{9.549P_N\times10^3}{n_N} = \dfrac{9.549\times7.5\times10^3}{750} = 95.5\text{N}\cdot\text{m}$

13. 绝缘等级：F 级

12.2　主要尺寸

14. 铁心材料：swh470-50

15. 转子磁路结构形式：表贴式结构，如图 12-1 所示

16. 气隙长度：$\delta=0.1\text{cm}$

17. 定子铁心外径：$D_1=26\text{cm}$

18. 定子铁心内径：取为 $D_{i1}=18\text{cm}$

19. 转子外径：$D_m=D_{i1}-2\delta=18-2\times0.1=17.8\text{cm}$

20. 永磁体充磁方向长度：$h_m=0.35\text{cm}$

21. 转子铁心外径：$D_2=D_{i1}-2(h_m+\delta)$
$=18-2\times(0.35+0.1)$
$=17.1\text{cm}$

22. 转子铁心内径：$D_{i2}=6\text{cm}$

23. 定/转子铁心长度：$L_1/L_2=11.8/11.8\text{cm}$

24. 电枢计算长度：$L_{ef}=L_1+2\delta=11.8+2\times0.1=12\text{cm}$

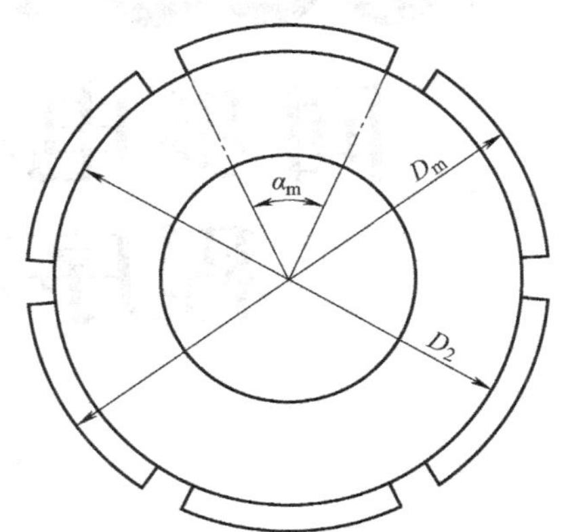

图 12-1　转子磁路结构

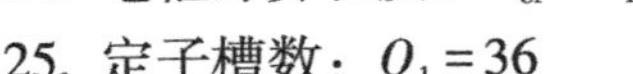

25. 定子槽数：$Q_1=36$

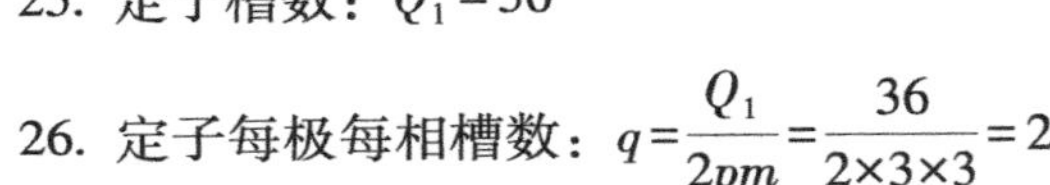

26. 定子每极每相槽数：$q=\dfrac{Q_1}{2pm}=\dfrac{36}{2\times3\times3}=2$

27. 定子极距：$\tau_1=\dfrac{\pi D_{i1}}{2p}=\dfrac{\pi\times18}{6}=9.425\text{cm}$

28. 转子极距：$\tau_2=\dfrac{\pi(D_{i1}-2\delta)}{2p}=\dfrac{\pi\times(18-2\times0.1)}{6}=9.32\text{cm}$

29. 硅钢片用量：$G_{Fe}=\rho_{Fe}L_1K_{Fe}(D_1+\Delta_{Fe})^2\times10^{-3}=7.8\times11.8\times0.98\times(26+0.5)^2\times10^{-3}=63.3\text{kg}$

式中，ρ_{Fe}为铁心密度，7.8g/cm^3；Δ_{Fe}为冲剪余量，一般取 0.5cm；K_{Fe}为叠压系数，0.5mm 厚冷轧硅钢片可取为 0.98。

12.3　永磁体计算

30. 永磁材料：烧结钕铁硼 35UH

31. 计算剩磁密度：$B_r=[1+(t-20)\alpha_{Br}]B_{r20}=\left[1+(75-20)\dfrac{-0.12}{100}\right]\times1.19=1.1115\text{T}$

式中，B_{r20}为 20℃时的剩磁密度，1.19T；α_{Br}为 B_r 的可逆温度系数，−0.12%/K；t 为预计工作温度，75℃。

32. 计算矫顽力：$H_c=[1+(t-20)\alpha_{Br}]H_{c20}=\left[1+(75-20)\times\dfrac{-0.12}{100}\right]\times902=842.5\text{kA/m}$

式中，H_{c20}为 20℃时的矫顽力，902kA/m。

33. 相对回复磁导率：$\mu_r=\dfrac{B_{r20}}{\mu_0 H_{c20}\times10^3}=\dfrac{1.19}{4\pi\times10^{-7}\times902\times10^3}=1.05$

式中，$\mu_0=4\pi\times10^{-7}$H/m。

34. 极弧对应的圆心角：$\alpha_m=50°$

35. 极弧宽度：$b_m=\dfrac{\alpha_m}{360/2p}\tau_2=\dfrac{50}{360/6}\times9.32=7.77$cm

36. 轴向长度：$L_m=11.8$cm

37. 提供每极磁通的截面积：$A_m=b_m L_m=7.77\times11.8=91.7\text{cm}^2$

38. 永磁体总重量：$G_m=2pb_m h_m L_m \rho_m\times10^{-3}=2\times3\times7.77\times0.35\times11.8\times7.4\times10^{-3}=1.425$kg

式中，永磁体密度 $\rho_m=7.4\text{g/cm}^3$。

12.4　定转子冲片

39. 定子槽形：梨形槽，槽形尺寸如图 12-2 所示

定子槽形尺寸：$h_{01}=0.08$cm，$b_{01}=0.32$cm，$b_1=0.84$cm，$r_1=0.53$cm，$h_{12}=1.39$cm，$h_{s2}=1.24$cm，$\alpha_1=30°$

40. 定子齿距：$t_1=\dfrac{\pi D_{i1}}{Q_1}=\dfrac{\pi\times18}{36}=1.57$cm

41. 定子斜槽距离：t_{sk}斜一个定子齿距，$t_{sk}=t_1=1.57$cm

42. 定子齿宽：

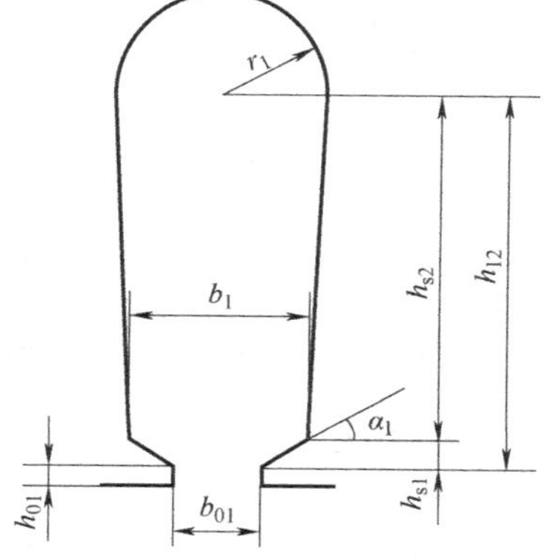

图 12-2　定子槽形尺寸

$$h_{s1}=\frac{b_1-b_{01}}{2}\tan\alpha_1=\frac{0.84-0.32}{2}\times\tan30°=0.15\text{cm}$$

$$b_{t11}=\frac{\pi[D_{i1}+2(h_{01}+h_{12})]}{Q_1}-2r_1=\frac{\pi[18+2\times(0.08+1.39)]}{36}-2\times0.53=0.7673\text{cm}$$

$$b_{t12}=\frac{\pi[D_{i1}+2(h_{01}+h_{s1})]}{Q_1}-b_1=\frac{\pi[18+2\times(0.08+0.15)]}{36}-0.84=0.7709\text{cm}$$

若 $b_{t11}<b_{t12}$，则 $b_{t1}=b_{t11}+\dfrac{b_{t12}-b_{t11}}{3}$；否则 $b_{t1}=b_{t12}+\dfrac{b_{t11}-b_{t12}}{3}$

$$b_{t1}=b_{t11}+\frac{b_{t12}-b_{t11}}{3}=0.7673+\frac{0.7709-0.7673}{3}=0.7685\text{cm}$$

43. 定子轭计算高度：$h_{j1}=\dfrac{D_1-D_{i1}}{2}-\left(h_{01}+h_{12}+\dfrac{2}{3}r_1\right)=\dfrac{26-18}{2}-\left(0.08+1.39+\dfrac{2}{3}\times0.53\right)=$
2.177cm

44. 定子齿磁路计算长度：$h_{t1}=h_{12}+\dfrac{r_1}{3}=1.39+\dfrac{0.53}{3}=1.567$cm

45. 定子轭磁路计算长度：$L_{j1}=\frac{\pi}{4p}(D_1-h_{j1})=\frac{\pi}{4\times3}(26-2.177)=6.237\text{cm}$

46. 定子齿体积：$V_{t1}=Q_1L_1K_{Fe}h_{t1}b_{t1}=36\times11.8\times0.98\times1.567\times0.7685=501.3\text{cm}^3$

47. 定子轭体积：$V_{j1}=\pi L_1K_{Fe}h_{j1}(D_1-h_{j1})=\pi\times11.8\times0.98\times2.177\times(26-2.177)=1884\text{cm}^3$

48. 转子轭计算高度：$h_{j2}=\frac{D_{i1}-2(\delta+h_m)-D_{i2}}{2}=\frac{18-2\times(0.1+0.35)-6.0}{2}=5.55\text{cm}$

49. 转子轭磁路计算长度：$L_{j2}=\frac{\pi}{4p}(D_{i2}+h_{j2})=\frac{\pi}{4\times3}(6+5.55)=3.02\text{cm}$

12.5 绕组计算

50. 绕组形式：单层链式绕组

51. 每槽导体数：$N_s=59$

52. 并联支路数：$a=2$

53. 并绕根数-线径：$N_{t1}-d_{11}=2-0.90\text{mm}$

式中，N_{t1}为并绕根数；d_{11}为导线裸线直径（mm）。

54. 每相绕组串联匝数：$N=\frac{N_sQ_1}{2ma}=\frac{59\times36}{2\times3\times2}=177$

55. 槽满率：$S_f=\frac{N_sN_{t1}(d_{11}+h_{d1})^2\times10^{-2}}{A_{ef}}=\frac{59\times2\times(0.90+0.06)^2\times10^{-2}}{1.4383}=75.61\%$

式中，槽有效面积：$A_{ef}=A_s-A_t=1.5717-0.1334=1.4383\text{cm}^2$

槽面积：$A_s=\frac{2r_1+b_1}{2}(h_{12}-h)+\frac{\pi r_1^2}{2}=\frac{2\times0.53+0.84}{2}(1.39-0.2)+\frac{\pi\times0.53^2}{2}=1.5717\text{cm}^2$

槽绝缘面积：

对于单层绕组，$A_t=C_i(2h_{12}+\pi r_1)=0.03\times(2\times1.39+\pi\times0.53)=0.1334\text{cm}^2$

对于双层绕组，$A_t=C_i(2h_{12}+\pi r_1+2r_1+b_1)$

h 为槽楔厚度，取 0.2cm；h_{d1} 为导线双边绝缘厚度，$d_{11}=0.9\text{mm}$ 时，查表 A-1 得 $h_{d1}=0.06\text{mm}$；C_i 为槽绝缘厚度，取 0.03cm。

56. 节距：$y=6$

绕组短距系数：$K_{p1}=\sin\left(\beta\frac{\pi}{2}\right)=\sin\left(1\times\frac{\pi}{2}\right)=1$

式中，对于双层绕组，$\beta=\frac{y}{mq}$；对于单层绕组，$\beta=1$。

57. 绕组分布系数：$K_{d1}=\frac{\sin\frac{q\alpha}{2}}{2\sin\frac{\alpha}{2}}=\frac{\sin\frac{\pi}{6}}{2\sin\frac{\pi}{12}}=0.966$

式中，$\alpha=\frac{2p\pi}{Q_1}=\frac{2\times3\times\pi}{36}=\frac{\pi}{6}$

58. 斜槽系数：$K_{sk1}=\dfrac{2\sin\dfrac{\alpha_s}{2}}{\alpha_s}=\dfrac{2\sin\dfrac{0.5233}{2}}{0.5233}=0.9886$

式中，$\alpha_s=\dfrac{t_{sk}}{\tau_1}\pi=\dfrac{1.57}{9.425}\times\pi=0.5233$

59. 绕组系数：$K_{dp}=K_{d1}K_{p1}K_{sk1}=1\times0.966\times0.9886=0.955$

60. 线圈平均半匝长：定子线圈如图 12-3 所示，线圈平均半匝长为

$L_{av}=L_1+2(d+L'_E)=11.8+2\times(1.0+6.36)=26.52\text{cm}$

式中，d 为绕组直线部分伸出长，一般取 1～3cm，这里取 $d=1.0\text{cm}$。

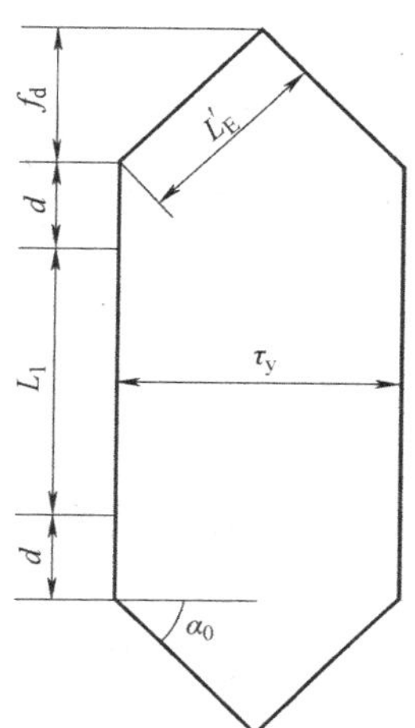

图 12-3　定子线圈示意图

单层线圈端部斜边长 $L'_E=k\tau_y=0.6\times10.6=6.36\text{cm}$，$k$ 为系数，2 极电机取 0.58；4、6 极电机取 0.6；8 极电机取 0.625。

双层线圈端部斜边长 $L'_E=\tau_y/(2\cos\alpha_0)$

$\cos\alpha_0=\sqrt{1-\sin^2\alpha_0}=\sqrt{1-0.5528^2}=0.833$

$\sin\alpha_0=\dfrac{b_1+2r_1}{b_1+2r_1+2b_{t1}}=\dfrac{0.84+2\times0.53}{0.84+2\times0.53+2\times0.7685}=0.553$

$$\tau_y=\frac{\pi(D_{i1}+2h_{01}+h_{s1}+h_{12}+r_1)\beta_0}{2p}$$

$$=\frac{\pi}{6}(18+2\times0.08+0.15+1.39+0.53)\times1=10.6\text{cm}$$

式中，β_0 与线圈节距有关。对于单层同心式线圈或单层交叉式线圈，β_0 取平均值；对于其他形式线圈，$\beta_0=\beta$。

61. 线圈端部投影长：$f_d=L'_E\sin\alpha_0=6.36\times0.553=3.52\text{cm}$

62. 线圈端部平均长：$L_E=2(d+L'_E)=2\times(1+6.36)=14.72\text{cm}$

63. 定子导线重量：$G_{Cu}=1.05\pi\rho_{Cu}Q_1N_sL_{av}\times\dfrac{N_{t1}d_{11}^2}{4}\times10^{-5}=1.05\times\pi\times8.9\times36\times59\times26.52\times\dfrac{2\times0.90^2}{4}\times10^{-5}=6.70\text{kg}$

式中，铜的密度 $\rho_{Cu}=8.9\text{g/cm}^3$

12.6　磁路计算

64. 极弧系数：$\alpha_p=\dfrac{\alpha_m}{360/2p}=\dfrac{50}{360/6}=0.833$

65. 计算极弧系数：$\alpha_i=\dfrac{b_m+2\delta}{\tau_1}=\dfrac{7.77+2\times0.1}{9.425}=0.845$

66. 气隙磁密波形系数：$K_f=\frac{4}{\pi}\sin\frac{\alpha_i\pi}{2}=\frac{4}{\pi}\sin\frac{0.845\times\pi}{2}=1.236$

67. 气隙磁通波形系数：$K_\Phi=\frac{8}{\pi^2\alpha_i}\sin\frac{\alpha_i\pi}{2}=\frac{8}{\pi^2\times0.845}\sin\frac{0.845\times\pi}{2}=0.9309$

68. 气隙系数：$k_\delta=k_{\delta m}\left(\frac{h_m}{\delta}+1\right)-\frac{h_m}{\delta}=1.0232\times\left(\frac{0.35}{0.1}+1\right)-\frac{0.35}{0.1}=1.104$

$$k_{\delta m}=\frac{t_1}{t_1-\sigma_{sm}b_{01}}=\frac{1.57}{1.57-0.111\times0.32}=1.0232$$

$$\sigma_{sm}=\frac{2}{\pi}\left\{\arctan\left(\frac{1}{2}\ \frac{b_{01}}{\delta+h_m}\right)-\frac{\delta+h_m}{b_{01}}\ln\left[1+\left(\frac{1}{2}\ \frac{b_{01}}{\delta+h_m}\right)^2\right]\right\}$$

$$=\frac{2}{\pi}\left\{\arctan\left(\frac{1}{2}\ \frac{0.32}{0.1+0.35}\right)-\frac{0.1+0.35}{0.32}\ln\left[1+\left(\frac{1}{2}\ \frac{0.32}{0.1+0.35}\right)^2\right]\right\}=0.111$$

69. 空载漏磁系数：$\sigma_0=1+\frac{\frac{2}{\pi}k_\delta\delta\ln\left(1+\frac{\pi k_\delta\delta}{h_m}\right)}{\alpha_i\tau_1}+\frac{4\ (k_\delta\delta)^2}{(1-\alpha_p)\alpha_i\tau_1^2}$

$$=1+\frac{\frac{2}{\pi}\times1.104\times0.1\times\ln\left(1+\frac{\pi\times1.104\times0.1}{0.35}\right)}{0.845\times9.425}+\frac{4\times(1.104\times0.1)^2}{(1-0.833)\times0.845\times9.425^2}$$

$=1.01$

70. 永磁体空载工作点：假定值取 $b'_{m0}=0.745$

71. 空载主磁通：$\Phi_{\delta0}=\frac{b'_{m0}B_rA_m\times10^{-4}}{\sigma_0}=\frac{0.745\times1.1115\times91.7\times10^{-4}}{1.01}=0.0075\text{Wb}$

72. 气隙磁密：$B_\delta=\frac{\Phi_{\delta0}\times10^4}{\alpha_i\tau_1L_{ef}}=\frac{0.0075\times10^4}{0.845\times9.425\times12}=0.785\text{T}$

73. 气隙磁位差：$F_\delta=\frac{2B_\delta k_\delta\delta}{\mu_0}\times10^{-2}=\frac{2\times0.785\times1.104\times0.1}{4\pi\times10^{-7}}\times10^{-2}=1379.3\text{A}$

74. 定子齿磁密：$B_{t1}=\frac{B_\delta t_1L_{ef}}{b_{t1}K_{Fe}L_1}=\frac{0.785\times1.57\times12}{0.7685\times0.98\times11.8}=1.664\text{T}$

75. 定子齿磁位差：$F_{t1}=2H_{t1}h_{t1}=2\times34.65\times1.567=108.59\text{A}$

由 B_{t1} 查表 B-1(15) 得 $H_{t1}=34.65\text{A/cm}$。

76. 定子轭磁密：$B_{j1}=\frac{\Phi_{\delta0}\times10^4}{2L_1K_{Fe}h_{j1}}=\frac{0.0075\times10^4}{2\times11.8\times0.98\times2.177}=1.49\text{T}$

77. 定子轭磁位差：$F_{j1}=2C_1H_{j1}L_{j1}=2\times0.345\times6.43\times6.237=27.67\text{A}$

由 B_{j1} 查表 B-1(15) 得 $H_{j1}=6.43\text{A/cm}$。

由图 12-4 和 $\frac{h_{j1}}{\tau_1}=\frac{2.177}{9.425}=0.231$ 得 $C_1=0.345$。

78. 转子轭磁密：$B_{j2}=\frac{\sigma_0\Phi_{\delta0}\times10^4}{2L_2K_{Fe}h_{j2}}=\frac{1.01\times0.0075\times10^4}{2\times11.8\times0.98\times5.55}=0.59\text{T}$

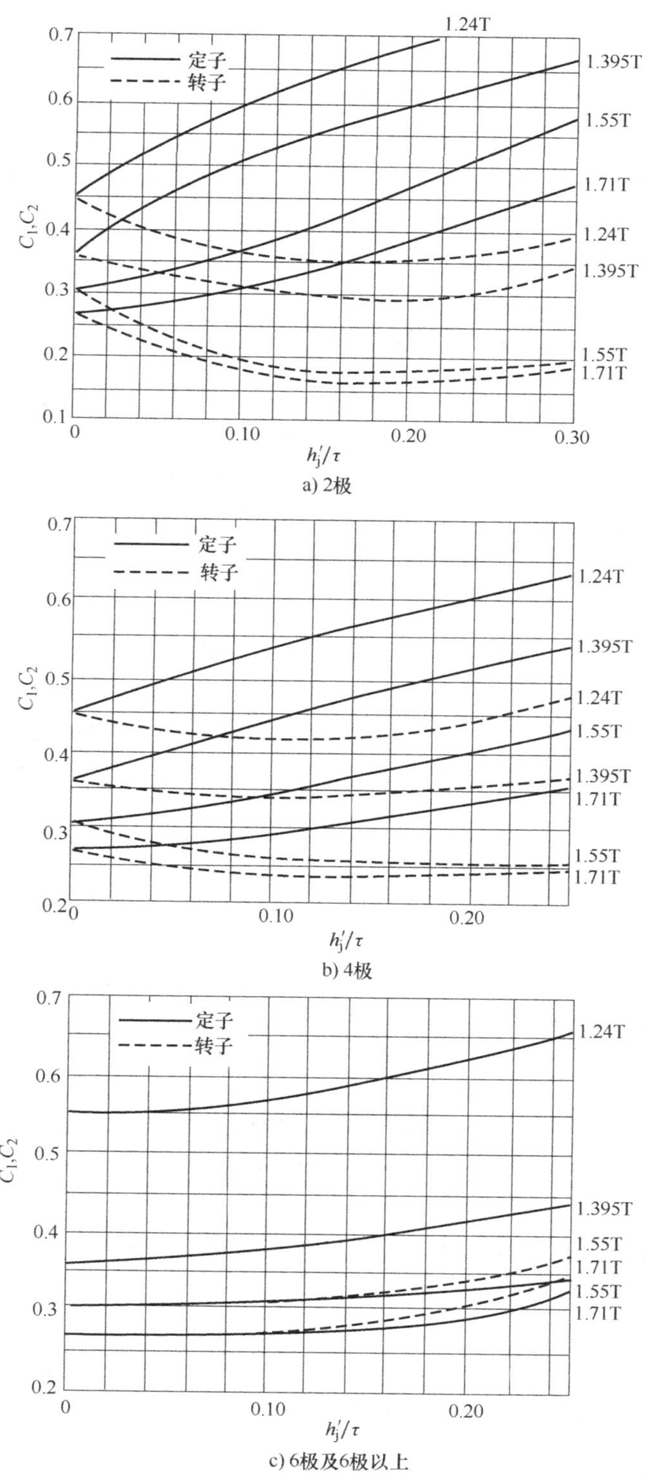

a) 2极

b) 4极

c) 6极及6极以上

图 12-4　轭部磁路校正系数

$\dfrac{h_{j2}}{\tau_1}=\dfrac{5.55}{9.425}=0.59$，远超出图 12-4 曲线范围，可认为 $C_2=1.0$。

79. 转子轭磁位差：$F_{j2}=2C_2H_{j2}L_{j2}=2\times1.0\times0.63\times3.02=3.81\text{A}$

由 B_{j2}查表 B-1(15)得 $H_{j1}=0.63\text{A/cm}$。

80. 每对极总磁位差：$\sum F=F_\delta+F_{t1}+F_{j1}+F_{j2}=1379.3+108.59+27.67+3.81=1519.4\text{A}$

81. 齿磁路饱和系数：$K_{st}=\dfrac{F_\delta+F_{t1}}{F_\delta}=\dfrac{1379.3+108.59}{1379.3}=1.079$

82. 主磁导：$\Lambda_\delta=\dfrac{\Phi_{\delta0}}{\sum F}=\dfrac{0.0075}{1519.4}=4.94\times10^{-6}\text{Wb/A}$

83. 主磁导标幺值：$\lambda_\delta=\dfrac{2\Lambda_\delta h_m\times10^2}{\mu_r\mu_0A_m}=\dfrac{2\times4.94\times10^{-6}\times0.35\times10^2}{1.05\times4\pi\times10^{-7}\times91.7}=2.858$

84. 外磁路总磁导标幺值：$\lambda_n=\sigma_0\lambda_\delta=1.01\times2.858=2.887$

85. 漏磁导标幺值：$\lambda_\sigma=(\sigma_0-1)\lambda_\delta=(1.01-1)\times2.858=0.029$

86. 永磁体空载工作点：$b_{m0}=\dfrac{\lambda_n}{\lambda_n+1}=\dfrac{2.887}{2.887+1}=0.743$

如果计算得到的 b_{m0}与假定值之间误差超过 1%，则应重新设定 b'_{m0}，重复第 71~86 项。

87. 气隙磁密基波幅值：$B_{\delta1}=K_f\dfrac{\Phi_{\delta0}\times10^4}{\alpha_i\tau_1L_{ef}}=1.236\times\dfrac{0.0075\times10^4}{0.845\times9.425\times12}=0.97\text{T}$

88. 空载反电动势：$E_0=4.44fNK_{dp}\Phi_{\delta0}K_\Phi=4.44\times37.5\times177\times0.955\times0.0075\times0.9309=196.5\text{V}$

12.7 参数计算

89. 定子直流电阻：$R_1=\rho\dfrac{2L_{av}N}{\pi aN_{t1}\left(\dfrac{d_{11}}{2}\right)^2}=2.17\times10^{-4}\times\dfrac{2\times26.52\times177}{\pi\times2\times2\times\left(\dfrac{0.90}{2}\right)^2}=0.8\Omega$

式中，$\rho=2.17\times10^{-4}\Omega\cdot\text{mm}^2/\text{cm}$，为铜线在 75℃时的电阻率。

90. 漏抗系数：$C_x=\dfrac{4\pi f\mu_0L_{ef}(K_{dp}N)^2\times10^{-2}}{p}=\dfrac{4\pi\times37.5\times4\pi\times10^{-7}\times12\times(0.955\times177)^2\times10^{-2}}{3}=0.6768$

91. 定子槽比漏磁导：$\lambda_{s1}=K_{U1}\lambda_{U1}+K_{L1}\lambda_{L1}=1\times0.5086+1\times0.6471=1.1557$

式中，$K_{U1}=(3\beta+1)/4=(3\times1+1)/4=1$

$K_{L1}=(9\beta+7)/16=(9\times1+7)/16=1$

$\lambda_{U1}=\dfrac{h_{01}}{b_{01}}+\dfrac{2h_{s1}}{b_{01}+b_1}=\dfrac{0.08}{0.32}+\dfrac{2\times0.15}{0.32+0.84}=0.5086$

$\lambda_{L1}=\dfrac{\beta_2}{\left[\dfrac{\pi}{8\beta_2}+\dfrac{(1+\alpha)}{2}\right]^2}(K_{r1}+K_{r2})=\dfrac{1.17}{\left[\dfrac{\pi}{8\times1.17}+\dfrac{(1+0.792)}{2}\right]^2}\times(0.336+0.503)=0.6471$

$$\alpha=\frac{b_1}{b_2}=\frac{b_1}{2r_1}=\frac{0.84}{2\times0.53}=0.792$$

$$\beta_2=\frac{h_{s2}}{b_2}=\frac{h_{12}-h_{s1}}{2r_1}=\frac{1.39-0.15}{2\times0.53}=1.17$$

$$K_{r1}=\frac{1}{3}-\frac{1-\alpha}{4}\left[\frac{1}{4}+\frac{1}{3(1-\alpha)}+\frac{1}{2(1-\alpha)^2}+\frac{1}{(1-\alpha)^3}+\frac{\ln\alpha}{(1-\alpha)^4}\right]$$

$$=\frac{1}{3}-\frac{1-0.792}{4}\left[\frac{1}{4}+\frac{1}{3(1-0.792)}+\frac{1}{2(1-0.792)^2}+\frac{1}{(1-0.792)^3}+\frac{\ln0.792}{(1-0.792)^4}\right]$$

$$=0.336$$

$$K_{r2}=\frac{2\pi^3-9\pi}{1536\beta_2^3}+\frac{\pi}{16\beta_2}-\frac{\pi}{8(1-\alpha)\beta_2}-\left[\frac{\pi^2}{64(1-\alpha)\beta_2^2}+\frac{\pi}{8(1-\alpha)^2\beta_2}\right]\ln\alpha$$

$$=\frac{2\pi^3-9\pi}{1536\times1.17^3}+\frac{\pi}{16\times1.17}-\frac{\pi}{8\times(1-0.792)\times1.17}-$$

$$\left[\frac{\pi^2}{64\times(1-0.792)\times1.17^2}+\frac{\pi}{8\times(1-0.792)^2\times1.17}\right]\ln0.792=0.503$$

92. 定子槽漏抗：$X_{s1}=\dfrac{2pmL_1\lambda_{s1}}{L_{ef}K_{dp}^2Q_1}C_x=\dfrac{2\times3\times3\times11.8\times1.1557}{12\times0.955^2\times36}\times0.6768=0.4217\Omega$

93. 定子谐波漏抗：$X_{d1}=\dfrac{m\tau_1\sum s}{\pi^2(h_m+k_\delta\delta)K_{dp}^2K_{st}}C_x=\dfrac{3\times9.425\times0.0266}{\pi^2\times(0.35+1.104\times0.1)\times0.955^2\times1.079}\times 0.6768=0.1138\Omega$ 查图 12-5 得 $\sum s=0.0266$。

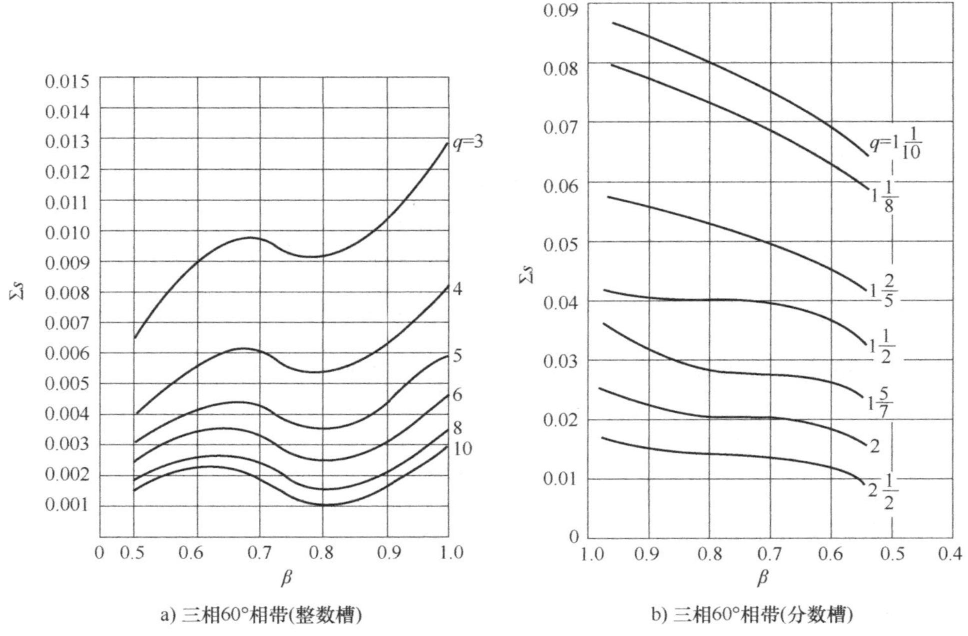

图 12-5　定子三相绕组的谐波漏磁导

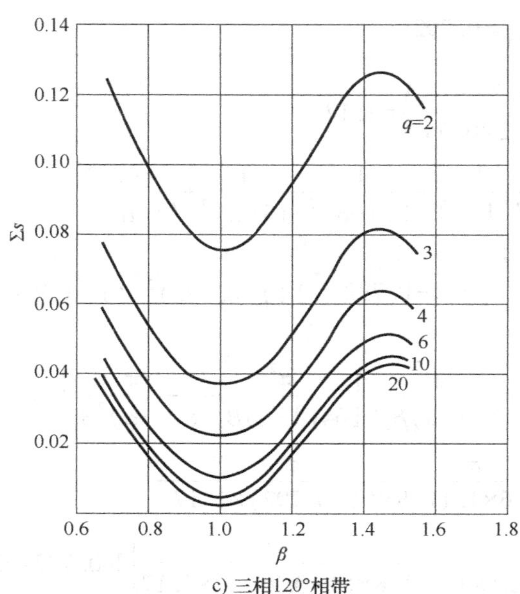

c) 三相120°相带

图 12-5　定子三相绕组的谐波漏磁导（续）

94. 定子端部漏抗：

双层叠绕组：$X_{E1}=\dfrac{1.2(d+0.5f_d)}{L_{ef}}C_x$

单层同心式：$X_{E1}=0.67\,\dfrac{L_E-0.64\tau_y}{L_{ef}K_{dp}^2}C_x$

单层交叉式、同心式（分组的）：$X_{E1}=0.47\,\dfrac{L_E-0.64\tau_y}{L_{ef}K_{dp}^2}C_x$

单层链式：$X_{E1}=0.2\,\dfrac{L_E}{L_{ef}K_{dp}^2}C_x=0.2\times\dfrac{14.72}{12\times0.955^2}\times0.6768=0.182\Omega$

95. 定子斜槽漏抗：$X_{sk}=0.5\left(\dfrac{t_{sk}}{t_1}\right)^2X_{d1}=0.5\times\left(\dfrac{1.57}{1.57}\right)^2\times0.1138=0.057\Omega$

96. 定子漏抗：$X_1=X_{s1}+X_{d1}+X_{E1}+X_{sk}=0.4217+0.1138+0.182+0.057=0.7745\Omega$

97. 直轴电枢磁动势折算系数：$K_{ad}=\dfrac{1}{K_f}=\dfrac{1}{1.236}=0.809$

98. 交轴电枢磁动势折算系数：$K_{aq}=\dfrac{1}{K_f}=\dfrac{1}{1.236}=0.809$

99. 直轴电枢反应电抗：$X_{ad}=\dfrac{|E_0-E_d|}{I_d}=\dfrac{196.5-169.0}{6.5}=4.23\Omega$

式中，$I_d=\dfrac{I_N}{2}=\dfrac{13}{2}=6.5\text{A}$

$$F_{ad}=0.45mK_{ad}\frac{K_{dp}NI_d}{p}=0.45\times3\times0.809\times\frac{0.955\times177\times6.5}{3}=400.0\text{A}$$

$$f_{\rm a}'=\frac{F_{\rm ad}}{\sigma_0 h_{\rm m} H_{\rm c}\times 10}=\frac{400.0}{1.01\times 0.35\times 842.5\times 10}=0.134$$

$$b_{\rm mN}=\frac{\lambda_{\rm n}(1-f_{\rm a}')}{\lambda_{\rm n}+1}=\frac{2.887\times(1-0.134)}{2.887+1}=0.643$$

$$\Phi_{\delta\rm N}=[b_{\rm mN}-(1-b_{\rm mN})\lambda_\sigma]A_{\rm m}B_{\rm r}\times 10^{-4}$$

$$=[0.643-(1-0.643)\times 0.029]\times 91.7\times 1.1115\times 10^{-4}=0.00645\text{Wb}$$

$$E_{\rm d}=4.44fK_{\rm dp}N\Phi_{\delta\rm N}K_\Phi=4.44\times 37.5\times 0.955\times 177\times 0.00645\times 0.9309=169.0\text{V}$$

100. 直轴同步电抗：$X_{\rm d}=X_{\rm ad}+X_1=4.23+0.7745=5.0045\Omega$

12.8　工作特性计算

101. 机械损耗：$p_{\rm fw}=30\text{W}$

可参考同类电机或按经验选取。

102. 设额定功率时定子电流：$I=13.06\text{A}$

103. 电磁功率：电机采用 $I_{\rm d}=0$ 控制时，$P_{\rm em}=mE_0I=3\times 196.5\times 13.06=7698.9\text{W}$

104. 定子铜耗：$p_{\rm Cu}=mR_1I^2=3\times 0.8\times 13.06^2=409.4\text{W}$

105. 输入功率：$P_1=P_{\rm em}+p_{\rm Cu}=7698.9+409.4=8108.3\text{W}$

106. 气隙电动势：$E_\delta=\sqrt{E_0^2+(X_{\rm ad}I)^2}=\sqrt{196.5^2+(4.23\times 13.06)^2}=204.1\text{V}$

107. 定子电压：$U=\sqrt{(E_0+R_1I)^2+(X_{\rm d}I)^2}=\sqrt{(196.5+0.8\times 13.06)^2+(5.0045\times 13.06)^2}=217.0\text{V}$

108. 功率因数：$\cos\varphi=\dfrac{E_0+R_1I}{U}=\dfrac{196.5+0.8\times 13.06}{217.0}=0.954$

109. 负载气隙磁通：$\Phi_\delta=\dfrac{E_\delta}{4.44fK_{\rm dp}NK_\Phi}=\dfrac{204.1}{4.44\times 37.5\times 0.955\times 177\times 0.9309}=0.00779\text{Wb}$

110. 负载气隙磁密：$B_\delta=\dfrac{\Phi_\delta\times 10^4}{\alpha_{\rm i}\tau_1L_{\rm ef}}=\dfrac{0.00779\times 10^4}{0.845\times 9.425\times 12}=0.815\text{T}$

111. 负载定子齿磁密：$B_{\rm t1}=B_\delta\dfrac{t_1L_{\rm ef}}{b_{\rm t1}K_{\rm Fe}L_1}=0.815\times\dfrac{1.57\times 12}{0.7685\times 0.98\times 11.8}=1.73\text{T}$

112. 负载定子轭磁密：$B_{\rm j1}=\dfrac{\Phi_\delta\times 10^4}{2L_1K_{\rm Fe}h_{\rm j1}}=\dfrac{0.00779\times 10^4}{2\times 11.8\times 0.98\times 2.177}=1.547\text{T}$

113. 铁耗：$p_{\rm Fe}=(K_1p_{\rm t1}V_{\rm t1}+K_2p_{\rm j1}V_{\rm j1})\rho_{\rm Fe}\left(\dfrac{f}{50}\right)^{1.3}\times 10^{-3}$

$$=(2.5\times 4.168\times 501.3+2.0\times 3.234\times 1884)\times 7.8\times\left(\frac{37.5}{50}\right)^{1.3}\times 10^{-3}=93.4\text{W}$$

式中，$p_{\rm t1}$、$p_{\rm j1}$为定子齿及定子轭单位损耗，由 $B_{\rm t1}$和 $B_{\rm j1}$查表 B-1(16)硅钢片单位质量铁耗曲线；K_1、K_2 为铁损耗修正系数，一般分别取 2.5 和 2.0。

114. 杂散损耗：$p_{\rm s}=\left(\dfrac{I}{I_{\rm N}}\right)^2p_{\rm sN}^*P_{\rm N}\times 10^3=\left(\dfrac{13.06}{13}\right)^2\times 0.01\times 7.5\times 10^3=75.7\text{W}$

p_{sN}^*可参考实验值或凭经验确定。

115. 总损耗：$\sum p=p_{Cu}+p_{Fe}+p_{fw}+p_s=409.4+93.4+30+75.7=608.5W$

116. 输出功率：$P_2=P_1-\sum p=8108.3-608.5=7500W$

117. 效率：$\eta=\dfrac{P_2}{P_1}\times100\%=\dfrac{7500}{8108.3}\times100\%=92.5\%$

118. 电负荷：$A=\dfrac{2mNI}{\pi D_{i1}}=\dfrac{2\times3\times177\times13.06}{\pi\times18}=245.3A/cm$

119. 电流密度：$J_1=\dfrac{I}{a\pi N_{t1}\left(\dfrac{d_{11}}{2}\right)^2}=\dfrac{13.06}{2\times\pi\times2\times\left(\dfrac{0.9}{2}\right)^2}=5.13A/mm^2$

120. 热负荷：$AJ_1=245.3\times5.13=1258.4A^2/(cm\cdot mm^2)$

121. 工作特性：给定一系列递增的 I，分别求出 P_1、P_2、η、U 和 $\cos\varphi$ 等性能，即为电机的工作特性，见表 12-1。

表 12-1 工作特性

I/A	4	6	8	10	12	14	16	18
P_1/W	2396.4	3623.4	4869.6	6135	7419.6	8723.4	10046.4	11388.6
P_2/W	2235.0	3404.2	4569.4	5730.6	6888.0	8041.4	9190.9	10336.6
U/W	200.7	203.5	206.8	210.5	214.7	219.2	224.1	229.3
η(%)	93.3	93.9	93.8	93.4	92.8	92.2	91.5	90.8
$\cos\varphi$	0.99	0.99	0.98	0.97	0.96	0.95	0.93	0.92

附 录

附录A 导线规格表

表A-1 漆包圆铜(铝)线规格表

(单位：mm)

铜、铝导线外径	薄绝缘	厚绝缘	铜、铝导线外径	薄绝缘	厚绝缘
标称	漆层最小厚度	漆层最小厚度	标称	漆层最小厚度	漆层最小厚度
0.015	0.002		0.470	0.020	0.03
0.020	0.003		0.500	0.020	0.03
0.025	0.004		0.530	0.025	0.04
0.030	0.004		0.560	0.025	0.04
0.040	0.004		0.600	0.025	0.04
0.050	0.005		0.630	0.025	0.04
0.060	0.008	0.009	0.670	0.025	0.04
0.070	0.008	0.009	(0.690)	0.025	0.04
0.080	0.008	0.010	0.710	0.025	0.04
0.090	0.008	0.010	0.750	0.03	0.05
0.100	0.010	0.013	(0.770)	0.03	0.05
0.110	0.010	0.013	0.800	0.03	0.05
0.120	0.010	0.013	(0.830)	0.03	0.05
0.130	0.010	0.013	0.850	0.03	0.05
0.140	0.012	0.016	0.900	0.03	0.05
0.150	0.012	0.016	(0.930)	0.03	0.05
0.160	0.012	0.016	0.950	0.03	0.05
0.170	0.012	0.016	1.00	0.04	0.06
0.180	0.015	0.020	1.06	0.04	0.06
0.190	0.015	0.020	1.12	0.04	0.06
0.200	0.015	0.020	1.18	0.04	0.06
0.210	0.015	0.020	1.25	0.04	0.06
0.230	0.020	0.025	1.30	0.04	0.06
0.250	0.020	0.025	(1.35)	0.04	0.06
(0.270)	0.020	0.025	1.40	0.04	0.06
0.280	0.020	0.025	(1.45)	0.04	0.06
(0.290)	0.020	0.025	1.50	0.04	0.06
0.310	0.020	0.025	(1.56)	0.04	0.06
0.330	0.020	0.03	1.60	0.05	0.07
0.350	0.020	0.03	1.70	0.05	0.07
0.380	0.020	0.03	1.80	0.05	0.07
0.400	0.020	0.03	1.90	0.05	0.07
0.420	0.020	0.03	2.00	0.05	0.07
0.450	0.020	0.03	2.12	0.05	0.07

（续）

铜、铝导线外径	薄绝缘	厚绝缘	铜、铝导线外径	薄绝缘	厚绝缘
标称	漆层最小厚度	漆层最小厚度	标称	漆层最小厚度	漆层最小厚度
2.24	0.05	0.07	2.50	0.05	0.07
2.36	0.05	0.07			

注：1. 括号内规格为不推荐的保留规格。

2. 聚酯漆包圆铜线、缩醛漆包圆铜线规格为 0.02～2.5mm；聚氨酯漆包圆铜线规格为 0.015～1.00mm；聚氨酯漆包圆铝线规格为 0.06～2.50mm。

附录 B　常用导磁材料的磁化曲线和损耗曲线图表

表 B-1　常用冷轧硅钢片磁化曲线和损耗曲线

（1）35SW300 硅钢片的磁化曲线

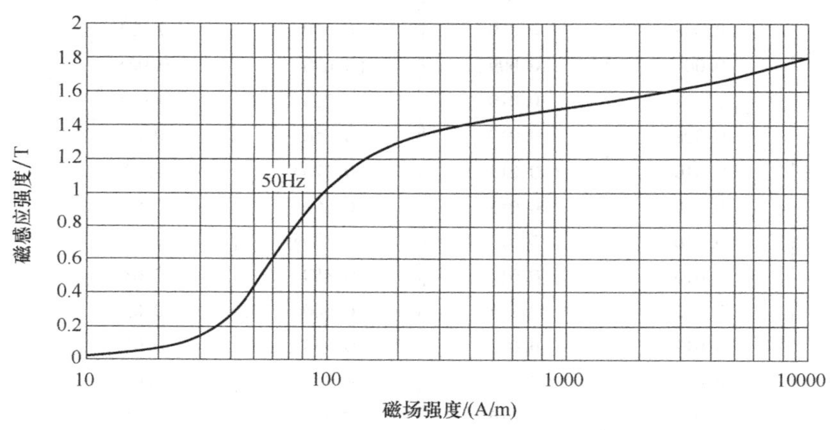

（2）35SW300 硅钢片的单位质量铁耗曲线

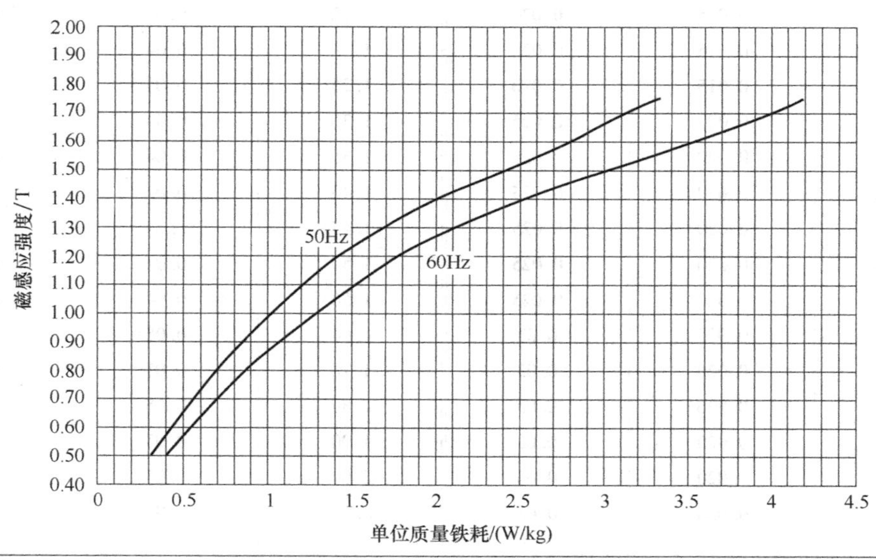

（续）

（3）35SW360 硅钢片的磁化曲线

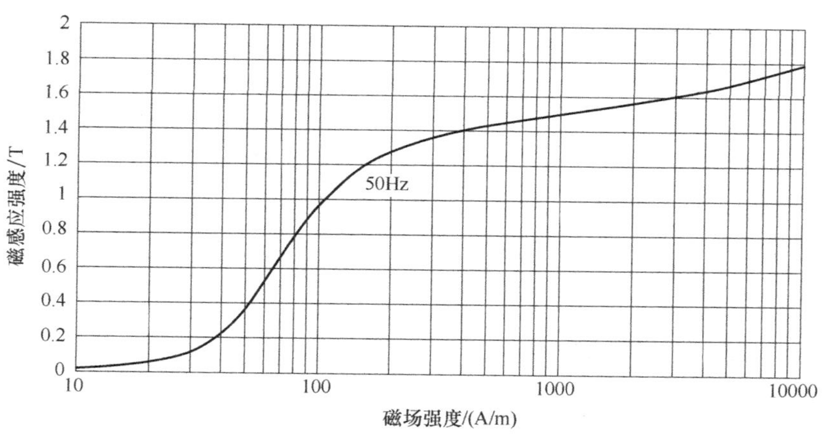

（4）35SW360 硅钢片的单位质量铁耗曲线

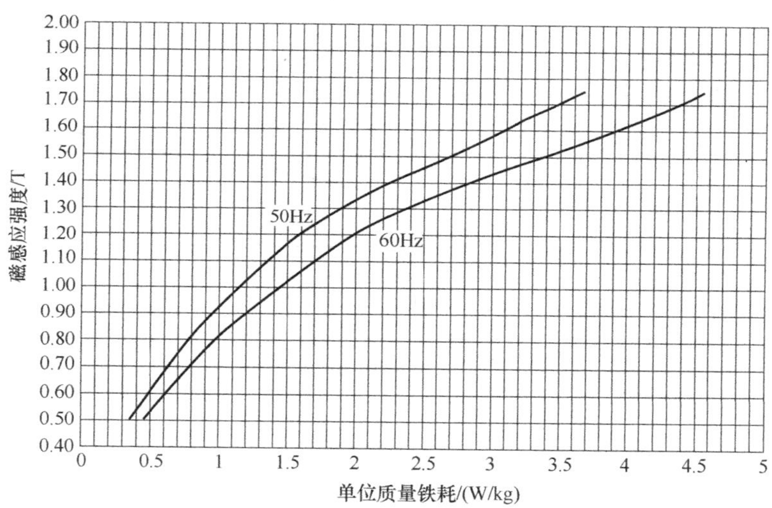

（5）35SW440 硅钢片的磁化曲线

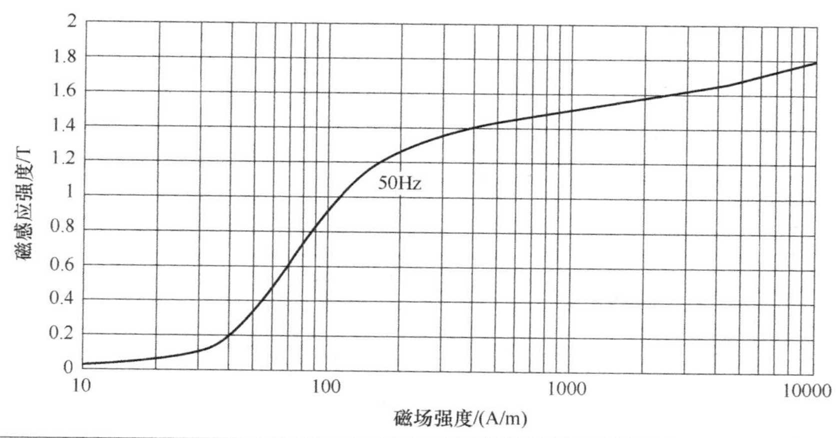

（续）

（6）35SW440 硅钢片的单位质量铁耗曲线

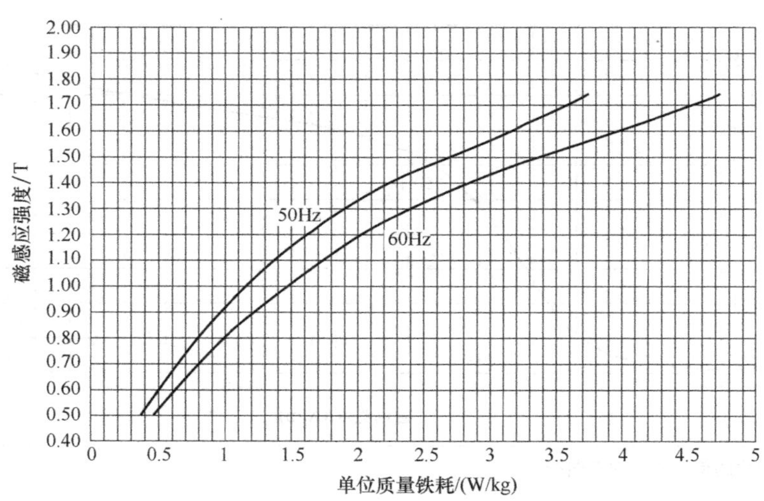

（7）50SW310 硅钢片的磁化曲线

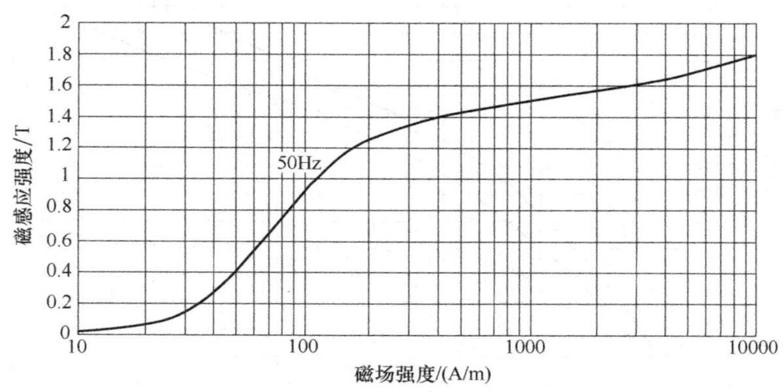

（8）50SW310 硅钢片的单位质量铁耗曲线

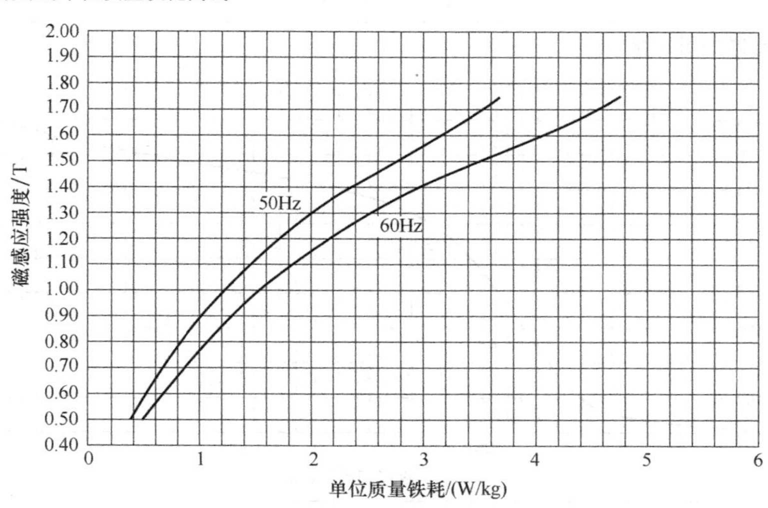

（续）

（9）50SW400 硅钢片的磁化曲线

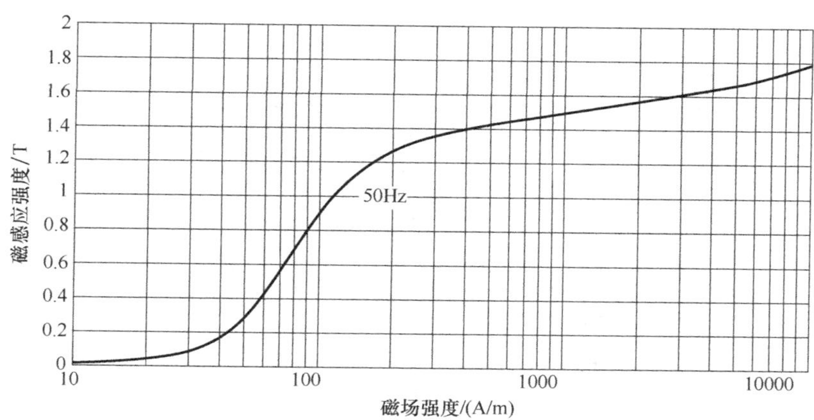

（10）50SW400 硅钢片的单位质量铁耗曲线

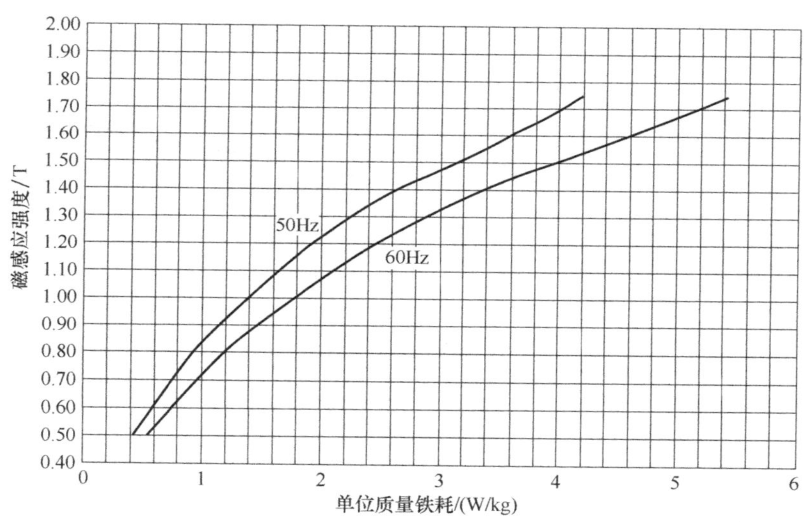

（11）50SW600 硅钢片的磁化曲线

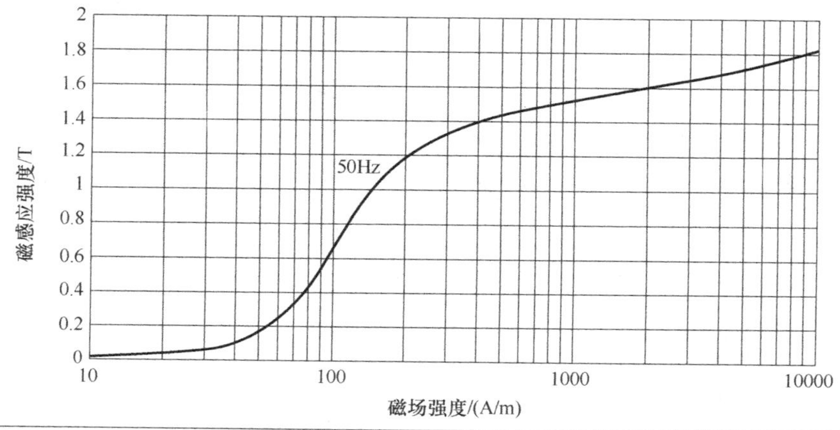

（续）

（12）50SW600 硅钢片的单位质量铁耗曲线

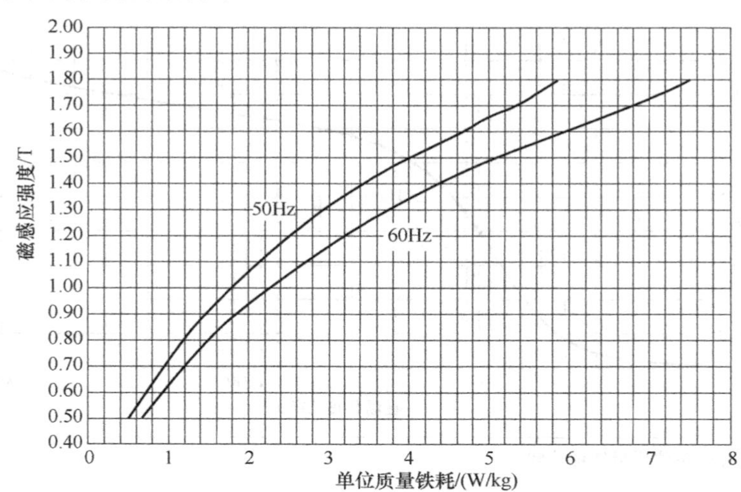

（13）50SW800 硅钢片的磁化曲线

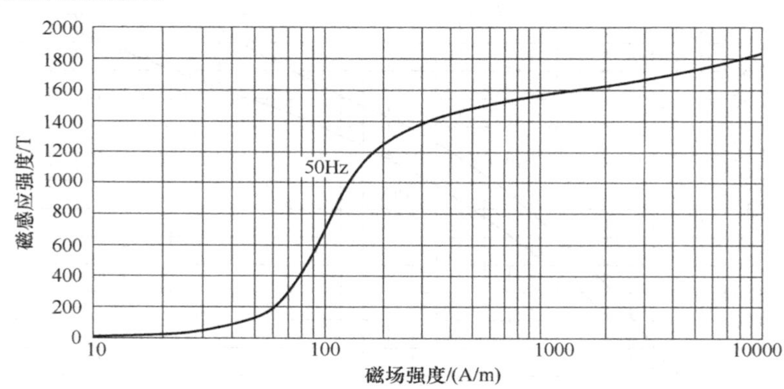

（14）50SW800 硅钢片的单位质量铁耗曲线

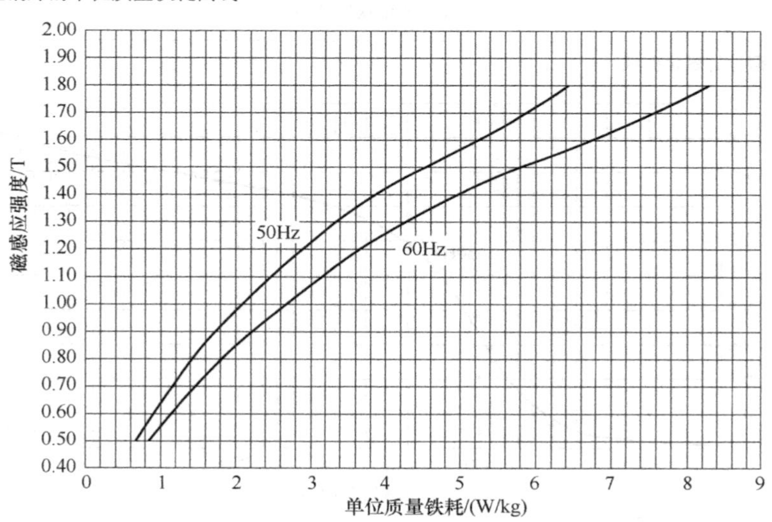

（续）

（15）50SWH470 硅钢片的磁化曲线

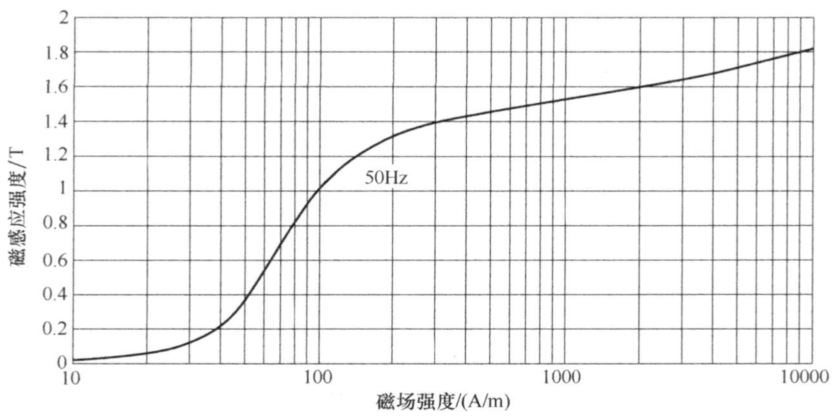

（16）50SWH470 硅钢片的单位质量铁耗曲线

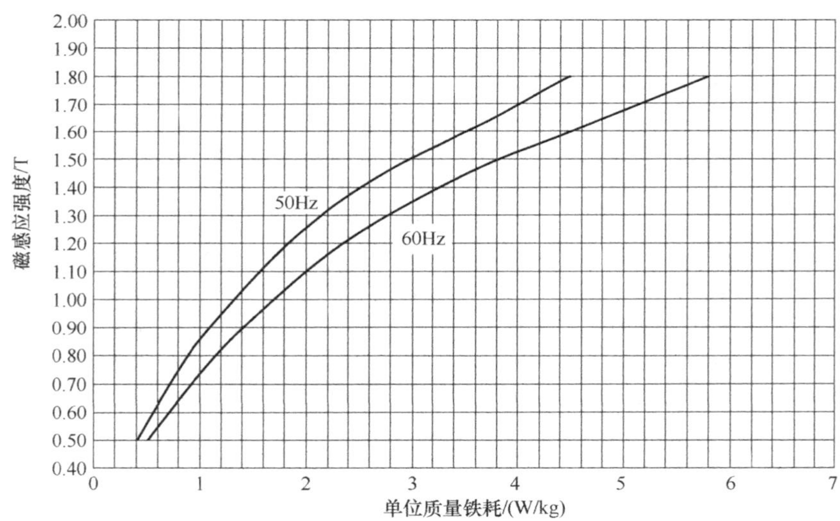

表 B-2　厚度 1~1.75mm 的钢板磁化曲线表　（单位：A/cm）

B/T	0	0.01	0.02	0.03	0.04	0.05	0.06	0.07	0.08	0.09
0.3	1.8									
0.4	2.1									
0.5	2.5	2.55	2.60	2.65	2.7	2.75	2.79	2.83	2.87	2.91
0.6	2.95	3.0	3.05	3.1	3.15	3.2	3.25	3.3	3.35	3.4
0.7	3.45	3.51	3.57	3.63	3.69	3.75	3.81	3.87	3.93	3.99
0.8	4.05	4.12	4.19	4.26	4.33	4.4	4.48	4.56	4.64	4.72
0.9	4.8	4.9	4.95	5.05	5.1	5.2	5.3	5.4	5.5	5.6
1.0	5.7	5.82	5.95	6.07	6.15	6.3	6.42	6.55	6.65	6.8
1.1	6.9	7.03	7.2	7.31	7.48	7.6	7.75	7.9	8.08	8.25

（续）

B/T	0	0.01	0.02	0.03	0.04	0.05	0.06	0.07	0.08	0.09
1.2	8.45	8.6	8.8	9.0	9.2	9.4	9.6	9.92	10.15	10.45
1.3	10.8	11.12	11.45	11.75	12.2	12.6	13.0	13.5	13.93	14.5
1.4	14.9	15.3	15.95	16.45	17.0	17.5	18.35	19.2	20.1	21.1
1.5	22.7	24.5	25.6	27.1	28.8	30.5	32.0	34.0	36.5	37.5
1.6	40.0	42.5	45.0	47.5	50.0	52.5	55.8	59.5	62.3	66.0
1.7	70.5	75.3	79.5	84.0	88.5	93.2	98.0	103	108	114
1.8	119	124	130	135	141	148	156	162	170	178
1.9	188	197	207	215	226	235	245	256	265	275
2.0	290	302	315	328	342	361	380			

表 B-3　铸钢或厚钢板磁化曲线表　　（单位：A/cm）

B/T	0	0.01	0.02	0.03	0.04	0.05	0.06	0.07	0.08	0.09
0	0	0.08	0.16	0.24	0.32	0.4	0.48	0.56	0.64	0.72
0.1	0.8	0.88	0.96	1.04	1.12	1.2	1.28	1.36	1.44	1.52
0.2	1.6	1.68	1.76	1.84	1.92	2.00	2.08	2.16	2.24	2.32
0.3	2.4	2.48	2.5	2.64	2.72	2.8	2.88	2.96	3.04	3.12
0.4	3.2	3.28	3.36	3.44	3.52	3.6	3.68	3.76	3.84	3.92
0.5	4.0	4.04	4.17	4.26	4.34	4.43	4.52	4.61	4.7	4.79
0.6	4.88	4.97	5.06	5.16	5.25	5.35	5.44	5.54	5.64	5.74
0.7	5.84	5.93	6.03	6.13	6.23	6.32	6.42	6.52	6.62	6.72
0.8	6.82	6.93	7.03	7.24	7.34	7.45	7.55	7.66	7.76	7.87
0.9	7.98	8.10	8.23	8.35	8.48	8.5	8.73	8.85	8.98	9.11
1.0	9.24	9.38	6.53	9.69	9.86	10.04	10.22	10.39	10.56	10.73
1.1	10.9	11.08	11.27	11.47	11.67	11.87	12.07	12.27	12.48	12.69
1.2	12.9	13.15	13.4	13.7	14.0	14.3	14.6	14.9	15.2	15.55
1.3	15.9	16.3	16.7	17.2	17.6	18.1	18.6	19.2	19.7	20.3
1.4	20.9	21.6	22.3	23.0	23.6	24.4	25.3	26.2	27.1	28.0
1.5	28.9	29.9	31.0	32.1	33.2	34.3	35.6	37.0	38.3	39.6
1.6	41.0	42.5	44.0	45.5	47.0	48.7	50.0	51.5	53.0	55.0

表 B-4　10 号钢磁化曲线表　　（单位：A/cm）

B/T	0	0.01	0.02	0.03	0.04	0.05	0.06	0.07	0.08	0.09
0	0	0.3	0.5	0.7	0.85	1.0	1.05	1.15	1.2	1.25
0.1	1.3	1.35	1.4	1.45	1.5	1.55	1.6	1.62	1.65	1.68
0.2	1.7	1.75	1.77	1.8	1.82	1.85	1.88	1.9	1.92	1.95
0.3	1.97	1.99	2.0	2.02	2.04	2.06	2.08	2.1	2.13	2.15
0.4	2.18	2.2	2.22	2.28	2.3	2.35	2.37	2.4	2.45	2.48
0.5	2.5	2.55	2.58	2.6	2.65	2.7	2.74	2.77	2.82	2.85
0.6	2.9	2.95	3.0	3.05	3.08	3.12	3.18	3.22	3.25	3.35
0.7	3.38	3.45	3.48	3.55	3.6	3.65	3.73	3.8	3.85	3.9

（续）

B/T	0	0.01	0.02	0.03	0.04	0.05	0.06	0.07	0.08	0.09
0.8	4.0	4.05	4.13	4.2	4.27	4.35	4.42	4.5	4.58	4.65
0.9	4.72	4.8	4.9	5.0	5.1	5.2	5.3	5.4	5.5	5.6
1.0	5.7	5.8	5.9	6.0	6.1	6.2	6.3	6.45	6.6	6.7
1.1	6.82	6.95	7.05	7.2	7.35	7.5	7.65	7.75	7.85	8.0
1.2	8.1	8.25	8.42	8.55	8.7	8.85	9.0	9.2	9.35	9.55
1.3	9.75	9.9	10.0	10.8	11.4	12.0	12.7	13.6	14.4	15.2
1.4	16.0	16.6	17.6	18.4	19.2	20	21.2	22	23.2	24.2
1.5	25.2	26.2	27.4	28.4	29.2	30.2	31.0	32.7	33.2	34.0
1.6	35.2	36.0	37.2	38.4	39.4	40.4	41.4	42.8	44.2	46
1.7	47.6	58	60	62	64	66	69	72	76	80
1.8	83	85	90	93	97	100	103	108	110	114
1.9	120	124	130	133	137	140	145	152	158	165
2.0	170	177	183	188	194	200	205	212	220	225
2.1	230	240	250	257	264	273	282	290	300	308
2.2	320	328	338	350	362	370	382	392	405	415
2.3	425	435	445	458	470	482	500	522		